普通高等院校风景园林专业"十三五"规划精品教材

中外园林通史

The History of Gardening

本书主审　石铁矛

本书主编　张　健

本书副主编

张书鸿　陈　宇　马雪梅　屈海燕　夏　惠
王　君　王　飒　郭　蕊　赵　琰　周　磊
金　煜　李　科　凌　玲

本书编写委员会

张　健　张书鸿　马雪梅　屈海燕　郭　蕊
王　君　李　科　凌　玲　夏　惠　金　煜
赵　琰　王　飒　周　磊　李辰琦　焦　洋
刘大鹏　孙　东　于　淼　孙振邦　陈　宇
侯　钰　范新宇　刘　曦　王　芳

华中科技大学出版社

中国·武汉

图书在版编目(CIP)数据

中外园林通史/张健主编. —武汉：华中科技大学出版社，2016.12 (2022.12 重印)
ISBN 978-7-5680-2367-2

Ⅰ.①中…　Ⅱ.①张…　Ⅲ.①园林建筑-建筑史-世界-高等学校-教材　Ⅳ.①TU-098.41

中国版本图书馆 CIP 数据核字(2016)第 278247 号

中外园林通史　　张　健　主编

Zhongwai Yuanlin Tongshi

责任编辑：简晓思
封面设计：潘　群
责任校对：张　琳
责任监印：张贵君
出版发行：华中科技大学出版社(中国·武汉)　电话：(027)81321913
武汉市东湖新技术开发区华工科技园　邮编：430223
排　版：华中科技大学惠友文印中心
印　刷：武汉科源印刷设计有限公司
开　本：850mm×1065mm　1/16
印　张：31.25
字　数：684 千字
版　次：2022 年 12 月第 1 版第 8 次印刷
定　价：68.00 元

内 容 提 要

《中外园林通史》全面地介绍了中外园林景观的发展历程和其所蕴含的文化背景，内容丰富，结构清晰，理论体系完整，并对国内外景观设计的理念和新发展趋势进行了介绍。本书图文并茂，信息量大，根据高校教学的特点和要求，对所介绍的历史发展时期的园林特点、作用、影响，在每一章节后都有总结与概述，便于读者认识和了解，特别是在各章之后，结合重点内容和教学要求，编写了思考和练习题，对于提高教与学的效果大有裨益。

全书分为四大部分共二十一章，系统而全面地介绍了欧亚非大陆上各个国家和地区的园林景观的发展情况，以及园林景观所体现的历史与文化背景。其中，中国部分有九章，介绍了中国古典园林的历史发展与文化背景；东方部分有四章，主要介绍了东南亚地区和西亚地区的古代园林和发展史；非洲部分有两章，主要介绍的是古代埃及的园林和现代非洲园林景观的发展与建设；西方部分有六章，介绍了欧洲地区园林景观的发展历程和历史文化背景。最后，对于中西方古典园林的景观特点、审美思想、文化背景进行了对比和综述。

本书既可作为普通高等院校风景园林、景观设计、环境艺术专业及建筑学、城市规划等相关专业的教材，又可以作为百科类丛书，以便普通读者了解中外园林景观的发展历史与变迁。

普通高等院校风景园林专业“十三五”规划精品教材

总　序

《管子》一书中《权修》篇中有这样一段话:“一年之计,莫如树谷;十年之计,莫如树木;百年之计,莫如树人。一树一获者,谷也;一树十获者,木也;一树百获者,人也。”这是管仲为富国强兵而重视培养人才的名言。

“十年树木,百年树人”即源于此。它的意思是说培养人才是国家的百年大计,既十分重要,又不是短期内可以奏效的事。“百年树人”并不是非得一百年才能培养出人才,而是比喻培养人才的远大意义,要重视这方面的工作,并且要预先规划,长期、不间断地进行。

当前我国风景园林业发展形势迅猛,急缺大量的风景园林类应用型人才。全国各地风景园林类学校以及设有园林景观专业的学校众多,但能够做到既符合当前改革形势又适用于目前教学形式的优秀教材却很少。针对这种现状,急需推出一系列切合当前教育改革需要的高质量优秀专业教材,以推动应用型本科教育办学体制和运作机制的改革,提高教育的整体水平,并且有助于加快改进应用型本科办学模式、课程体系和教学方法,形成具有多元化特色的教育体系。

这套系列教材整体导向正确,科学精练,编排合理,指导性、学术性、实用性和可读性强,符合学校、学科的课程设置要求。教材以风景园林学科专业指导委员会的专业培养目标为依据,注重教材的科学性、实用性、普适性,尽量满足同类专业院校的需求。教材内容大力补充新知识、新技能、新工艺、新成果。注意理论教学与实践教学的搭配比例,结合目前教学课时减少的趋势适当调整了篇幅。根据教学大纲、学时、教学内容的要求,突出重点、难点,体现建设“立体化”精品教材的宗旨。

以发展社会主义教育事业,振兴园林类高等院校教育教学改革,促进园林类高校教育教学质量的提高为己任,为发展我国高等园林教育的理论、思想,对办学方针、体制,教育教学内容改革等进行了广泛深入的探讨,以提出新的理论、观点和主张。希望这套教材能够真实地体现我们的初衷,真正能够成为精品教材,受到大家的认可。

中国工程院院士 何镜堂

2007年5月

前　言

人们创造园林，是为了给自己创造一处理想的生活环境，摆脱外界的烦恼，躲避现实的困惑，追求自由身心的所在。因此，园林的内容形式，即园林景观所代表的思想和内涵实际上是与现实相对立的，正如各民族神话中所叙述的乐园是一种理想多于现实、抽象内涵多于具象景观的理想环境。这一特征在中外各个国家的园林中都表现得极为明显。

从古今中外各国的庭园景观可以看到，这些园苑大都集中了当时最好的建筑材料，最优美的造景元素，体现着当时最流行的审美思想和设计理念，并应用当时最先进的技术成果体现出来。这些美丽的园苑体现着人类对美的欣赏与追求和对生存环境的不断改进与创新。随着科学技术与生产力的发展，园林景观的构景内容和组成方式也由简单到复杂，由粗朴到精致，而各地区与各民族的历史文化背景，又使园林的表现形式呈现出不同的风格与体系。不同的园林景观形态体现着不同的文化背景，对比中外各个国家的园林景观设计手法和表现形态，可以看到其所反映的东西方文化在哲学、美学、思维方式和文化背景上的根本差异。

近现代园林的发展，表现为内容与性质的变化，不同于产业革命之前的大部分园林私有的形式，出现了向公众开放的公共园林，并由封闭的内向型转变为开放的外向型。它日益成为城市规划建设中不可或缺的组成部分，成为市民日常游憩与交往活动的场所，并积极地发挥着正面的社会效益，改善着城市的环境质量和人民的生活水平。与此同时，园林景观的设计理念开始广泛地将生态学、环境科学及各种先进的工程技术融入其中，特别是在当代的学科建设中，建筑规划、城市规划、园林景观设计三者的关系已密不可分，互相融合、互为补充、互相促进，使得园林学科的领域大大拓宽，成为一门涉及面极为广泛的综合学科。

纵观园林景观的发展历程，不难发现，其是与人类社会文化的发展息息相关的，它不仅体现着地区与民族的文化背景和社会生产力的发展水平，而且伴随着历史的兴衰而变迁。由于对环境和自身认识的深入，人们愈来愈认识到与自然环境和谐相处的重要性，园林景观的形成也体现出了这种变化，被人们所喜爱的景观更多表现的是人与自然和谐共处、自然亲和的关系。这是人类社会发展的必然趋势，也是园林景观发展的必然结果。

近年来，对园林景观设计类专业的迫切需求，反映了人们对于自身所处环境的重视，这也使得园林景观设计类专业迅速成长壮大。园林景观设计类专业的教学范围愈来愈广，对相关专业教材的需求愈加迫切。本书将中国与外国的园林发展史合二为一，内容简洁明了、通俗易懂，既方便高校师生的教与学，同时也可以作为有关学习者与园林爱好者了解中外园林文化的简明读本。

本书充分尊重前辈专家学者的相关学术理论，并在此基础上充实了相关的内容，提出一些关于园林历史认识的新观点。例如，在已有的出版物中，除中国本土和西欧的园林历史内容较为详细外，对其他国家和地区的园林历史介绍极少，甚至没有，而本书则较为详细地收入了日本、韩国、印度、伊朗（古代波斯）等国家和地区的园林历史的相关内容，并对相关文化背景进行了简要的介绍和阐述。书中补充了近现代有关园林历史发展的内容，使本书内容全面，既丰富了园林史的教学课程，又使园林历史教学不致出现盲点。

本书由多位老师参与编写而成。张健（沈阳建筑大学）编写绪论、东方部分第一章第二节和非洲部分第二章；郭蕊（沈阳农业大学）编写中国部分第一章和东方部分第二章；马雪梅（沈阳建筑大学）编写中国部分第二、四章；王君（沈阳建筑大学）编写中国部分第三章；李科（鲁迅美术学院）编写中国部分第五章和西方部分的第一、二章；凌玲（沈阳航空工业学院）编写中国部分第六、七章；夏惠（沈阳建筑大学）编写中国部分第八章和综述；陈宇和王芳（沈阳建筑大学和沈阳市东北设计院）编写中国部分第九章；赵琰（东北大学）编写东方部分第一章第一节；王飒（沈阳建筑大学）编写东方部分第三、四章；周磊（沈阳理工大学）编写非洲部分第一章和西方部分第六章；屈海燕、陈宇（沈阳建筑大学）编写西方部分第三章和第五章；金煜（沈阳农业大学）编写西方部分第四章。参与本书编写的还有沈阳建筑大学的李辰琦、焦洋、刘大鹏、孙东、于淼、孙振邦、侯钰、刘曦、范新宇等。

在此要特别感谢对本书的编写提出了宝贵建议的主审石铁矛老师。全书由张健统稿，由沈阳建筑大学的陈宇校对。

由于编者水平有限，书中难免有不足之处，恳请广大读者评批指正。

编　者

2016 年 8 月 10 日

目　　录

绪　论

在人类社会发展的历史长河中，园林景观艺术和园林文化像一颗璀璨的明珠，凝聚着文明的精华，体现着社会的发展，反映着朝代的兴衰。可以说，集艺术、技术、文化于一身的园林景观与园林文化，集中反映着人类对于理想生活状态的追求，体现着人类社会的精神状态、人类文明的发展程度以及理想家园的畅想。因此，不论哪个国家、哪个时代的造园，其园林景观都寄托着当时那个时代人们的情感与理想，其物质内容与精神需求合二为一，是当时人们所追求的理想家园。

从基督教《圣经》中所描绘的伊甸园、佛教所宣扬的极乐世界到中国古代神话中的瑶池，美好的景观、优越的生活环境、安逸的生活状态，是这些理想境界的共同特点。这些神话描绘，既反映了当时人们对于理想园林景观的想象，又体现了古代的人们对于这种物质和精神同时得到满足，即身心共享的理想生活环境的追求。然而，在经济不发达的古代，对于这种理想生活的追求，也只有少数人能够达到，即那些拥有当时社会上绝大部分财富的帝王贵族和少数有钱人，他们的社会权力和经济实力使自己获得当时最好的物质材料与技术支持。通过对古今中外各国的苑囿和庭园景观进行研究，可以看到，这些园苑大都集中了当时最好的建筑材料、最优美的造景元素，体现着当时最流行的审美思想和设计理念，并应用当时最先进的技术成果体现出来。尽管有很多客观原因使一些园林景观未能留存至今，但毋庸置疑的是，这些美丽的园苑体现着人类对美的欣赏与追求、对生存环境的不断创新，可以说，园林是人类的理想家园。

一、四大文明与园林文化

中国、印度、埃及、巴比伦是世界公认的四大文明古国，在这四个国家，伴随着各自的文明发展，园林景观与园林文化的发展同样璀璨夺目。徜徉其间，会发现古代埃及的庭园体现着当时先进的农业文明成果，古代巴比伦的空中花园壮美奇幻，古代印度的庭园浸润着哲学与宗教的理想，古代中国的园林包容着千山万水……

在这些古代文明发达的地区，园林景观的形成有着深厚的社会文化背景，并得到了当时发达的科技与工艺的有力支持，自然而然地成为了人类文明的结晶。

古代埃及发达的农业文明，特别是测量学与数学的发展，影响着古代埃及园林的布局形式，使其从实用的种植园圃发展成园林雏形，形成了规整而精巧的布局；古埃及人的世界观，又促进了当时圣苑、墓园的产生。由于埃及大部分地区特殊的自然环境，如干旱少雨、森林匮乏，促使了其引水灌溉技术的发达，表现在园林中形成了强烈的人工气息，是西方规整式园林的前身。

巴比伦文明由两河流域的农业文明孕育而出。据近现代的考古证实,巴比伦文明对西方文明的影响也许更为深远,其在建筑艺术与园林审美文化方面,深刻地影响着西方世界。巴比伦的园林艺术与建筑艺术交相辉映,其建筑技术、灌溉设施及园艺水平,都达到了相当高的程度。巴比伦园林艺术的代表作品空中花园,是享誉世界的古代七大奇迹之一。

古代印度人理想的乐园是佛教的净土宗所宣扬的极乐世界。根据佛经的描述,在这个环境中,四周珠宝镶嵌、雕栏环绕、水清花香,定时有曼陀罗花雨。这是一处与当时印度所处的热带干燥、炎热气候环境相对的所在,反映了早期印度地区的居民对于这种理想生活环境的向往和追求。

以中国为代表的东亚园林景观,是循着对自然山水的欣赏和审美道路的发展而来的。从中国有史记载的帝王苑囿到明清的园林,虽然园林景观与园林文化的发展历程悠远漫长,但总的来说,对于自然山水的审美思想一直没有改变。在发展后期,更加注重对自然美的抽象与升华,即园林写意手法的运用和景观氛围的营造,形成了中国古典园林特有的山水景观与审美文化。

总的来说,四大文明的发祥地各自孕育出了独特的园林景观与园林文化。这些园林景观与园林文化与本地区的社会历史进程同步发展,从最初的产生到蓬勃发展,再由兴盛到衰败的过程,同时也印证着朝代的更替与历史的兴衰。

人们创造园林,是为了给自己创造一处理想的生活环境,摆脱外界的烦恼,躲避现实的困惑,追求身心的自由。因此,园林的内容形式,即园林景观所代表的思想和内涵实际上是与现实相对立的,正如各民族神话中所叙述的乐园是一种理想多于现实、抽象的内涵多于具象景观的理想环境。这一特征在中国的古典园林中表现得尤为明显。

二、东西方园林的特点

纵观东西方的园林构景要素,不外乎山、水、植物、建筑四个基本要素,这些都属于物质要素,其内容和组合方式都受到当时社会的生产力发展及文化审美思想所制约。随着科学技术与生产力的发展,园林景观的构景内容和组成方式也由简单到复杂,由简朴而趋精致,而各地区与各民族的历史文化背景,又使园林的表现形式呈现出不同的风格。总的来说,大致分为西方规整式和东方风景式两类。

西方规整式园林往往具有明确的轴线与几何对位关系,重在体现园林景观的人工图案之美,表现出一种由人力所控制的、有序的景观。而东方风景式园林的造景特点与西方规整式园林相反,它自由灵动,呈现着一种自然美的风韵,特别是以中国古典园林为代表的东方园林,以对大自然风景的描摹和提炼为特点,形成特有的自然风景式园林景观。

这两种不同的园林景观形态,有着各自深厚的文化背景,其园林景观的构成形式可以说是各自文化背景的具体体现,在各自的园林造景过程中,更加集中地反映了东西方文化在哲学、美学、思维方式和文化背景上的根本差异。

三、近现代园林的发展

发生于18世纪中叶的产业革命，对全世界的文明进程都产生了巨大而深刻的影响，在仅仅百年的时间里，大多数国家陆续由农业社会过渡到了工业社会。巨大的社会变革不仅使人们的生活环境发生了巨大的改变，同时也改变着人们对自身的认识。

产业革命之后，工业化大规模的机器生产方式，使人们更加便捷而快速地获得自然中大量的物质财富，但过度的开发和利用对自然环境也造成了严重破坏，具体表现为自然生态失衡、环境污染严重、人居环境恶化，人与自然的关系由先前的亲和转为对立。幸好，一些有识之士对于这种情况的发展恶果有所认识，提出了多种自然保护的对策，创立了城市景观与园林建设方面的学说，并进行了可贵的实践。

美国人奥姆斯特德(F. L. Olmsted)首先将城市公园的理念应用于实践，他与沃克斯(Calvert Vaux)合作设计的纽约中央公园成为现代城市公园的典范；他首创的"国家公园"的理念与实践，有效地保护了美国的一些原生态生物区和特殊地景区。同时，他把自己所从事的工作称为景观规划设计(landscape architecture)，与传统的园艺景观(landscape gardening)区别开来，并致力于这方面的人才培养，培养出了一大批具有现代园林景观概念的职业造园师。

英国的霍华德(Ebenezer Howard)则从改造城市的理念出发，提出了"田园城市"的设想，即一处大约有3万居民的社区，四周环以开阔的"绿化地带"。霍华德希望以此种形式解决当时城市无序扩大膨胀的问题，并形成宜人的居住与生活环境。这种田园城市的理念对现代的城市规划与城市景观设计产生了深远的影响，成为现代园林概念的重要组成部分。

近现代园林的发展，一方面表现为内容与性质的变化，也就是说不同于产业革命之前大部分园林私有的形式，出现了许多由政府出资经营、向公众开放的公共园林，由封闭的内向型转变为开放的外向型；另一方面，它日益成为城市规划建设中不可或缺的组成部分，成为市民日常游憩与交往活动的场所，并积极发挥着它的社会效益，改善着城市的环境质量。与此同时，园林景观的设计理念开始广泛地将生态学、环境科学及各种先进的工程技术融入其中，特别是建筑、城市规划、园林三者的关系已密不可分，互相融合、互为补充、互相促进，使得园林学科的领域大大拓宽，成为一门涉及面极为广泛的综合学科。

纵观古今中外的园林景观发展历程，不难发现，园林景观的发展与人类社会文化的发展息息相关。它不仅体现着地区与民族的文化背景和社会生产力的发展水平，而且随着历史的兴衰而变迁，甚至伴随着一个王朝的覆灭而消亡。随着社会的不断进步，人们对于环境和自身认识的深入，人们愈来愈清楚地认识到与自然环境和谐相处的重要性，园林景观的形成也体现出了这种变化。在当今世界，为人们所喜爱的景观更多表现的是人与所处环境和谐共处，人与生态自然的亲和关系。这是人类社会发展的必然趋势，也是园林景观发展的必然结果。

第一篇
中 国 部 分

第一章　中国古典园林总说

第一节　园林景观的发展历程

自古以来，人们对眼前的世界总不大满足，因而有所向往，向往一个理想的地方，这个地方是最完美的。在这种信念下，这个理想的地方逐渐升华成为宗教里的天堂。吸引人修身养性、争取到里面去过逍遥日子的天堂，正是一所园林。园林，在中国古籍里也称为园、圃、苑、园亭、庭园、园池、山池、池馆、别业、山庄等，英美各国则称之为garden、park、landscape garden。虽然它们的性质不完全一样，但是都具有一个共同的特点：在一定的地段范围内，利用并改造天然山水地貌，或者人为地开辟山水地貌，结合植物的栽植和建筑的布置，从而构成一个供人们观赏、游憩、居住的环境。创造这样一个环境的全过程（包括设计和施工在内）一般称为造园。总而言之，在全世界，园林就是造在地上的天堂，是最理想的生活场所的模型。

园林是在一定自然条件和人文条件综合作用下形成的优美的景观艺术作品，而自然条件复杂多样，人文条件更是千差万别。园林的出现是社会财富积累的反映，也是社会文明的标志，它必然与社会历史发展的一定阶段相联系。与此同时，社会历史的变迁、生产力的发展、生产关系的变化以及科学技术的变革也会导致园林种类的新陈代谢，推动新型园林的诞生。抛开各种独特的现象而从共性视角来看，园林景观的形成和发展大致可以分为四个阶段。虽然这四个阶段之间并不存在截然的断裂，但是随着历史的推进以及科学和文化的进步，园林的内容、性质和范围当然也就有所不同。因此，应以园林景观所从属的那个阶段的政治、经济、文化背景作为评价的基点来阐述它的发展历程。依据人类的不断进化、发展，社会的不断演变和文明的不断进步，将世界园林的发展划分为如下四个阶段。

一、园林景观的孕育阶段——原始文明、奴隶阶段

这一阶段相当于人类社会的原始时期，历经一百多万年，当时整个自然界处于荒凉、冷漠、恐怖和神秘之中，到处是洪水泛滥、猛兽出没、疾病侵袭，处于愚昧的原始人类主要通过采集和狩猎来获取生活资料，使用的劳动工具十分简单，人对自然界的作用有限。随着人类的发展，形成了一种群居的形式，即原始聚落，人作为大自然生态的一部分而进入它的良性循环之中，处于感性适应状态，人与自然呈现亲和关系，在这种情况下，没必要也不可能产生园林。直到后期，进入原始农业的公社聚落附近出现了种植场地，随着原始农业的发展，出现了果蔬菜圃，虽然是出于生产的目的，但是

客观上接近园林的雏形，开始了园林的萌芽状态。

二、古典园林阶段——奴隶社会后期、封建社会

人类在不断进化，社会在不断进步，这是客观规律所在。但由于地域分隔，原始人类所处的环境条件不同，发展是不平衡的。亚洲和非洲的一些地区发展最快，它们首先发展了农业。农业生产是人类的第一次技术革命，人类随之进入了以农耕经济为主的文明社会。农业的兴起使人们能够按照自己的需要利用和改造自然界，开发土地资源，利用太阳的热能进行农作物的栽培。随着种植和驯养技术的发达，早先的采集和狩猎已经不再是获取生活资料的主要手段。这个阶段相当于中国古代历史上的奴隶社会后期和整个封建社会时期。人们对自然界有所了解，并加以开发，创造了农业文明所特有的"田园风光"，同时也对自然环境造成了一定程度的破坏。但限于当时低下的生产力和技术条件，从宏观来看，尚未引起严重的自然生态失衡，也没有导致生态系统的恶性变异。在这一阶段，人与自然环境之间已从感性的适应状态转变为理性的适应状态，但仍保持亲和关系。

由于农业的发展和进步，生产力得到了发展，生产关系也得到了改变，劳动果实有了剩余，便出现了阶级社会分化，进而产生了国家，出现了城镇。久居在城镇中的统治阶级的富有阶层，为了享受被隔离的大自然风光，充实自己的精神生活，便在城镇及近郊开发各式各样的园林，浓缩大自然，回归大自然。

园林的发展经历了萌芽-发展-成熟三个时期。自然美是不同国家、不同民族的园林艺术共同追求的东西，每个优秀的民族似乎都经过自然崇拜-自然模拟与利用-自然超越三个阶段，到达自然超越阶段时，具有本民族特色的园林也就完全形成了。

然而，各民族对自然美或自然造化的认识存在着较显著的差异。因此这一阶段产生了诸多园林体系：中国古典园林体系、日本园林体系、伊斯兰园林体系、罗马园林体系、文艺复兴园林体系、欧洲古典园林体系、英国园林体系等。在园林发展方面，从诞生、发展到成熟，各成体系、各具特色。

从各国园林来看，虽各具特色，但它们的基本构成是一致的，都是由山或土地（自然山、人造山、冈阜、平地）、水体（自然水和理水）、建筑（功能性建筑和景观建筑）和植物等构成，即构成园林的四大要素。如果按照山、水、植物、建筑四者构配方式来加以划分，则有两种基本形式：规整式园林（如法国凡尔赛宫），讲究规矩格律，对称匀齐，具有明确轴线和几何对位关系，着重体现总体的人工图案美，表现一种为人所控制的理性、有序的自然；风景式园林（如中国古典园林），讲究自由灵活，不拘一格，重在体现纯自然的天成之美，表现一种顺乎大自然风景构成规律的缩移和模拟。这两种形式也反映了东西方哲学、美学、思维方式和文化背景上的根本差异。

这个时期的园林绝大多数是直接为统治阶级服务，或者归他们私有。园林空间是封闭的、内向型的。园林造景以追求视觉景观美和精神陶冶为主要目的，没有体现社会效益和环境效益。

三、近现代园林阶段——资本主义阶段

18 世纪中叶，蒸汽机和纺织机的发明促成了产业革命，随之许多国家由农业社会逐渐过渡到工业社会，科学技术的飞速发展和大规模机器的生产方式为人们开发大自然提供了更有效的手段。人们从大自然那里获得空前丰富的物质财富，但这种无计划、掠夺性的开发造成了对自然环境的严重破坏。结果，植被减少、水土流失、水体和空气污染、气候变异、自然生态失衡，自然生态系统从早先的良性循环急剧向恶性循环转化，与此同时，由于资本主义的大工业相对集中，城市人口密集，大城市不断膨胀，居住环境恶化，这种情形到 19 世纪中叶以后在一些发达国家更为严重。这是人类与大自然友善关系转向对立的时刻，大自然开始对人类报复，这种现象如果继续发展下去，其后果是不堪设想的。

针对上述问题，一些先知、学者提出了种种学说，以缓和人与自然这种不友好的关系。

奥姆斯特德(1822—1903)是开创自然保护与现代城市公共园林的先驱者之一，他提出政府应禁止对一些原生生物区和特殊地景区的开发，永久保留，作为“国家公园”。1857 年，他与他的助手沃克斯合作，将理论应用于实践，将纽约市内大约 348 公顷的一块空地改造、规划成为供市民游览和娱乐的场地，这就是世界上最早的城市公园之一——美国纽约的中央公园。随后，他又陆续主持设计了费城的斐索公园及布鲁克林的前景公园，建起了华盛顿特区的国会山园林绿化系统及波士顿的公园林荫路系统等。他致力于人才培养，是造园职业化的倡导者，在哈佛大学创办了景观规划设计专业，专门培养这方面的从业人员——现代型的职业造园师(landscape architect)。1860 年他首创了“园景建筑”。奥姆斯特德的贡献在于针对无计划、掠夺性地开发自然资源以及自然资源逐渐被蚕食和破坏的情况，提出“人类要爱惜自然、保护自然、合理地利用自然”；针对大城市恶劣的居住环境提出“把乡村带进城市，城市实现园林化”，建立公共园林、开放性的空间和绿地系统。他的思想渐成共识，于是，公园绿化、街道绿化、广场绿化及住宅区绿化，随之都出现了。

继奥姆斯特德之后，英国学者霍华德针对改善城市环境质量，提出了著名的“田园城市”的设想，他与奥姆斯特德的实践活动共同推动了现代园林概念的形成。

与上一阶段相比，这个阶段的园林在内容和性质上均有所变化和发展。首先，除了一些私人所有的园林之外，还出现了政府出资经营所有的对公众开放的公共园林。其次，园林规划设计已经摆脱了私有的局限性，从封闭的内向型转变为开放的外向型。最后，兴造园林除了获得视觉景观美和精神陶冶之外，还有一定的社会效益和生态效益。在这一时期，开始由现代职业造园师主持园林的规划设计工作。

四、生态园林阶段——第二次世界大战后

第二次世界大战后，世界园林的发展又出现了新的趋势。19 世纪末期兴起了研

究人类、生物与自然环境之间关系的一门学科——生态学，到 20 世纪 50 年代，完整的生态系统理论和生态平衡理论已经建立起来，而且逐渐向社会科学延伸，这为园林朝着自然生态方向发展提供了可能。人类对自然界物质资源的需求日益增长。由于地球上的自然资源毕竟是有限的，人们开始认识到，在利用、改造、开发大自然的时候，必须做到有计划、有步骤，必须注意到它们的恢复、更新和再生，以达到可持续发展的目的，使社会经济发展的规律与自然界生态规律相协调。人与自然的理性适应状态逐渐升华到一个更高的境界，两者之间由前一阶段的排斥、对立关系又逐渐回归为亲和关系。

这些情况体现在园林上，引起园林内容和性质的变化。

首先，私人园林已不占主导地位，城市公共园林绿地及户外交往空间不断扩大，与城市建设构成外部环境设计，确定了城市生态系统的概念。

其次，园林规划与设计以创造合理城市生态系统为根本目的，广泛利用生态学、环境科学以及各种先进技术，园林由城市延至郊外，与防护林、森林公园构成有机整体。

最后，园林艺术成为环境艺术的重要组成部分，成为多学科、多专业的综合体，公众亦参与其中，跨学科的综合性和公众参与性成了园林艺术创作的主要特点。

在这一阶段，园林的内容更充实、范围更广泛。它向着人类所创造的各种人文环境全面延伸，同时又广泛地渗透到人们生活的各个领域，前景更加辉煌灿烂。

第二节　中国古典园林的分期

中国的园林艺术是中华文化一颗光辉耀眼的明珠，是中华民族审美心理和艺术智慧的结晶，在世界文化历史上具有重要的艺术价值并产生了深远的影响。

中国古典园林历史悠久，大约从公元前 11 世纪的奴隶社会末期到 20 世纪初封建社会解体，在三千余年漫长、不间断的发展过程中形成了世界上独树一帜的风景式园林体系——中国古典园林体系。这种园林体系并不像同一阶段的西方园林那样，在各个时代呈现出迥然不同的形式、风格，而是在漫长的历史进程中自我的完善、发展表现得极为缓慢，然而却持续不断，受外来的影响很小。

中国古典园林漫长的演进过程，与以汉民族为主体的封建大帝国的形成、全盛、成熟直至消亡的进程几乎同步。根据中国历史的发展情况，将中国古典园林的全部发展过程划分为以下五个时期。

一、幼年期——历史上的商、周、秦、汉(建筑宫苑大发展)

园林产生和成长的幼年期发展的园林主要是皇家苑囿，规模虽不大，但基本属于圈地的性质。秦、汉时期虽出现过人工开池、堆山活动，但造园的主旨、意趣依然很淡薄。到了汉代，由于确认了以皇权为首的官僚统治，儒学逐渐获得正统地位，以地主小农经济为基础的封建大国初步形成。相应地，皇家宫廷园林规模宏大、气势雄伟，成为这个时期造园活动的主流，因此这个阶段主要发展的是建筑宫苑。另外，皇亲国戚、将相豪门、富商巨贾也开始兴建园林，标志着私家园林的兴起。

二、转折期——魏、晋、南北朝(自然山水园兴起)

这一时期小农经济受到豪族庄园经济的冲击，而北方少数民族的入侵致使中国处于分裂状态。而意识形态方面则突破了儒学的正统地位，呈现儒道释竞相登坛、思想活跃的局面。豪门士族在一定程度上削弱了以皇权为首的官僚机构的统治，民间的私家园林异军突起，一大批饶有田园风光的私家园林涌现，自然山水园林兴起。这一时期也可以看作是造园艺术的形成期，初步确立了再现自然山水的园林美学思想，逐步取消了狩猎、生产方面的内容，而把园林作为观赏艺术来看待，除皇家苑囿和私家园林之外，还出现了寺观园林，奠定了中国风景式园林大发展的基础。

三、全盛期——隋、唐(写意山水园兴起与发展)

这一时期的豪族势力和庄园经济受到沉重打击，中央集权的官僚机构更加健全、完善。大唐盛世，开创了中国历史上一个意气风发、勇于开拓、充满活力的全盛时代。科举制的发展，极大地调动了中国文人、士流建功立业的创造性。从这个时代能够看到中国传统文化曾经有何等豪放的气度和旺盛的生命力。相对地，园林的发展也进入了全盛期，作为一种园林体系，它所具有的风格特征，也就是写意山水园林，已基本形成。这一时期的园林，不仅数量多、规模大、类型多样，而且从造园艺术上来讲也达到了一个新水平，由于文人直接参与造园活动，从而把造园艺术与诗画相联系，有助于在园林中创造出诗情画意的境界。

四、成熟前期——两宋(诗画山水园)

园林的发展由全盛期而升华为富于创造进取精神的完全成熟的境地。尤其是宋代，中国封建科技、文化更加辉煌灿烂，农村的地主小农经济稳步发展，城市的商业空前繁荣，市民文化的勃兴，这些都为传统的封建文化注入了新鲜血液。不仅造园活动空前高涨，而且伴随着文学诗词特别是绘画艺术的发展，人们对自然美的认识不断深化，当时出现了许多山水画的理论著作，对造园艺术产生了深刻的影响，这一时期是诗画山水园大发展的时期。

五、成熟中期——元、明、清初(文人园)

中国古典园林成熟期的第二阶段，它上承两宋第一阶段的余绪，又在某些地方有所发展。这个阶段的造园活动，大体上是第一阶段的继续、延伸，当然也有变异和发展。士流园林的全面“文人化”，民间造园活动广泛普及，涌现出一大批优秀的造园家。皇家园林的规模趋于宏大，兴起又一轮皇家园林建设高潮。造园的理论方面，虽未能系统化，但已出现现代园林学的萌芽。

六、成熟后期——清中至清末（建筑山水园）

清乾隆朝是中国封建社会的最后一个繁盛时代，表面的繁华下隐藏着四伏的危机。随着西方入侵，封建社会盛极而衰，逐渐趋于解体，封建文化也越来越呈现衰退的现象，园林的发展一方面继承了前一时期的成熟传统而趋于精致，表现了中国古典园林的辉煌成就，另一方面则暴露出某些衰退倾向，缺少积极创新精神。由于这一时期各种建筑理论与技术日趋成熟，建筑山水园林有了较好的发展。

1911 年，辛亥革命推翻了清王朝的统治，也结束了中国漫长的封建社会，历史发生了急剧变化，中国园林的发展也产生了根本性的变化，结束了它的古典时期，开始进入园林发展的第三阶段——现代园林阶段。

第三节　中国古典园林的类型与特点

中国园林体系，与其他同时期园林体系相比较，历史悠久，分布广泛，是一种博大精深而又源远流长的风景式园林体系。

一、中国古典园林的类型

（一）按照基址选择方式和开发方式的不同划分的类型

1. 人工山水园

人工山水园在平地上开凿水体，堆筑假山，人为创建山水地貌，配以花木栽植和建筑营构，把天然山水风景缩移、模拟在一个小范围之内。这类园林一般都修建在平坦地段，以城镇居多。

人工山水园的四大造园要素中，无论是建筑、花木还是山水地貌，全部为人工经营，因此造园所受的客观制约条件很少，人的创造性得到最大限度的发挥，艺术创造游刃有余，必然促成造园手法和园林内涵的丰富多彩。因此，人工山水园是最能代表中国古典园林艺术成就的一个类型。

2. 天然山水园

天然山水园一般建在城镇近郊或远郊的天然风景地带，全部或部分以天然山水植被为基址，适当配以植物栽培和建筑营构。

天然山水园包括山水园、山地园和水景园。因此，兴造天然山水园的关键在于选择基址，基址选择适当，则能以少量的花费而获得远胜于人工山水园的天然风景之真趣。

（二）按照园林隶属关系的不同划分的类型

1. 皇家园林

皇家园林属于皇帝个人和皇室所有。皇帝是封建政权的最高统治者，拥有雄厚的经济实力和强大的政治特权。因此，凡与皇帝有关的起居环境无不利用其建筑形象和整体布局关系来显示皇家气派与皇权的至尊。历史上每个朝代都有皇家园林的建置，它们不仅是庞大的艺术创作，同时也是一项耗资巨大的土木工程，因此皇家园林数量的多寡、规模的大小也在一定程度上反映了一个朝代的盛衰与国力的强弱。

皇家园林又分为大内御苑、行宫御苑和离宫御苑三种类型。大内御苑建在皇城或宫城以内，相当于私家园林的宅院；行宫御苑建在近郊风景地带，是皇帝偶尔游憩、短期居住及处理朝政的地方；离宫御苑建在远郊风景地带，是较长期居住、游玩和处理朝政的地方。

2. 私家园林

私家园林是指为贵族、官僚、文人、富商所私有的园邸。私家园林一般以宅院的形式存在，由于封建礼法的束缚，规模一般都不大，大多呈前宅后园的格局。私家园林一般都是达官显贵游憩、宴乐、会友、读书的场所，同时也以此作为一种夸耀身份和财富的手段。此外还有少数单独建置的别墅园，规模一般比宅园大。

3. 寺观园林

寺观园林是指佛寺道观的附属园林，也包括寺观内外的园林化环境。单独建置的寺观园林类同私家园林宅园的模式，很讲究内部庭院的绿化，多以栽培名贵花木而闻名于世。古木参天、绿树成荫，再配以小桥流水或少许亭榭的点缀，又形成寺、观外围的园林化环境。历来文人名士都喜欢借住在其中读书养性，帝王以之作为驻跸行宫。寺观园林营造了一种清幽雅致的环境，追求人间的赏心悦目、恬适宁静，是私家园林所不能比拟的。

皇家园林、私家园林、寺观园林是中国古典园林主要的三种类型，除此之外，还有一些非主流的园林类型，如衙署园林、祠堂园林、书院园林、会馆园林以及茶楼酒肆的附属园林等。它们的数量相对较少，内容同私家园林类似。

二、中国古典园林的特点

与世界上其他园林体系相比较，中国古典园林体系所具有的个性是鲜明的，但其不同类型之间也存在着共性，概括起来有以下四点。

（一）师法自然，高于自然

中国古典园林绝非一般地利用或者简单地模仿这些构景要素的原始状态，而是有意识地加以改造、调整、加工、剪裁，从而表现出一个精练概括、典型化的自然，这个特点在人工山水园的筑山、理水、植物配置方面表现得尤为突出。

在古典园林的地形整治工作中，筑山是一项最为重要的内容。园林假山都是真山抽象化、典型化的缩移和模拟，能在很小的地段上展现咫尺山林的局面，幻化千岩万壑的气势，体现源于自然而高于自然的特点，这主要得益于叠山这种高级的艺术创作。

水体在大自然的景观构成中是一个重要因素，它既具有静态美，又具有动态美，因而也是最活跃的因素。人工水体务必做到“虽由人作，宛自天开”。再小的水面亦必曲折有致，并利用山石点缀岸矶，在有限的空间内尽量仿写天然水景的全貌。

园林植物配置以树木为主，让人联想到大自然丰富繁茂的生态，并按照树木和花卉的形、色、香而赋予不同的性格和品德，在园林造景中尽显其象征寓意。

英国园林与中国园林同为风景式园林，前者是原原本本地把大自然的构景要素经过艺术的组合，根据用地的大小而呈现在眼前，而后者则通过大自然及其构景要素的典型化、抽象化，传达给人们自然生态的信息，不受地段限制，能小中见大，也可大中见小。

“师法自然，高于自然”是中国古典园林创作的主旨，目的在于求得一个概括、精练、典型而又不失自然之美的山水环境。

（二）建筑美与自然美有机融合

对比法、英两国的园林形式，可以看出二者均将建筑与自然对立起来，中国古典园林则不然，建筑无论多寡，也无论其性质、功能如何，都力求与山水植物有机地组织在一系列的风景画面之中，突出彼此的协调与相互补充的特点，从而达到一种天人合一、人工与自然高度协调的境界——天人谐和。

能够达到建筑美与自然美的结合，从根本上应追溯其造园的哲学、美学乃至思维方式，中国传统木结构建筑为此提供了优越条件。木框架结构的个体建筑，空间可虚可实、可隔可透，与自然山水、花木嵌合密切。中国古代的造园匠师们为了进一步把建筑协调融合于自然环境之中，还创造发展了许多别致的建筑形象和细节处理，如亭、临水之舫、陆地的船厅、廊等。

中国古典园林中虽然建筑物比较密集，但不会让人感觉到囿于建筑空间之内，虽处处有建筑，却处处洋溢着大自然的盎然生机，这种情况反映了中国传统的天人合一的哲学思想，与西方园林相比，体现出全然不同的审美观念。

（三）浓郁的诗情画意充盈其中

中国古典园林的诗情画意有一定的历史原因。在古代，文人画家常常作为造园的主体，即园林的艺术创作大部分是由文人、画家来完成的，势必会带入园林诗画之情趣。

文学是时间的艺术，绘画是空间的艺术，园林的景物既需静观，又需动观。中国古典园林充分运用了各种艺术之间触类旁通的技巧，熔铸诗画艺术于园林艺术中，因而园林是时空综合的艺术，即所谓的诗情画意。

诗情不仅是把前人诗文的某些境界、场景在园林中以具体的形象复现出来，或者运用景名、匾额、楹联等文学手段对园景作直接点题，而且还在于借鉴文学艺术的章法、手法使得规划设计颇类似于文学艺术的结构，表现诗一般的严谨和精练。园内的动观游览线路绝非一般平铺直叙的简单道路，而是将各种构景要素以迂回曲折的手法形成渐进的空间序列，也就是空间的划分和组合。划分，不流于支离破碎；组合，务求开合起承、变化有序、层次清晰。这个序列一般按照文学作品的行文顺序来安排，包括前奏、起始、主题、高潮、转折、结尾，形成内容丰富多样、整体和谐统一的连续的流动空间，也是多样统一规律在中国古典园林中很好的应用，同时表现了诗一般的章法。在这个序列中有时还会穿插一些对比和悬念的手法，欲扬先抑也是中国古典园林特别是江南私家园林中常用的手法之一，这种出人意料的景物安排往往更增加了犹如诗歌般的韵律感。这便是中国古典园林艺术中所包含的“诗情”，优秀的园林作品无异于凝固的音乐、无声的诗歌。

风景式园林或多或少地具有诗情画意的特点，在一定程度上体现绘画的原则。可以说中国古典园林是把作为大自然的概括和升华的山水画以三度空间的形式复现到人们的现实生活中来，特别是在人工山水园的造园过程中尤为明显。

在中国古典园林的假山尤其是石山的堆叠章法和构图经营上，人们既能看到天然山岳构成规律的概括、提炼，也能看到“主峰最宜高耸，客山须是奔趋”的山水画理的表现，甚至某些笔墨技法的具体模拟。许多叠山匠师都精于绘事，有意识地汲取各绘画流派的长处用于叠山的创作。植物配置也表现出绘画的意趣，选择树木花卉就受文人画标榜的“古、奇、雅”的影响，非常讲究体态、颜色及象征意义。园林建筑的外观，通过举折起翘而表现出生动的线条美，还因多种材料的运用而显示出色彩美和质感美。由此可见，中国绘画与造园之间关系密切。甚至有不少园林作品直接以某个画家的笔意、某种流派的画风作为造园的粉本。因此，中国古典园林与其他园林艺术相比，更具有诗情画意。

（四）园林意境深邃高雅

意境是中国艺术创作和鉴赏方面一个极重要的美学范畴。意，即主观的理念、情感；境，即客观的生活、景物。意境产生于艺术创作中意与境的结合，即创作者将自己的情感、理念熔铸于客观的生活、景物之中，从而引发鉴赏者类似的情感激动和理念联想。

中国的诗画艺术十分强调意境。诗人特别讲究诗的抒情表意、借景抒情或情景结合。绘画中，写意贵在神似，写意和神似都带有浓厚的主观色彩。在中国画家看来，形象的准确性是次要的，重要的在于如何通过对客观事物的写照来表达画家的主观情思，如何借助于对客观事物的抽象而赋予理念的联想。园林由于其与诗画的综合性、三维空间的形象性，其意境内涵的显现较之其他艺术门类更明晰、更易于把握。

中国古典园林意境的蕴涵大体上有下面三种不同情况：

①借助于人工的叠山理水，把广阔的大自然山水风景缩移、模拟于咫尺之间（人工山水园）；

②预先设定一个意境的主题，然后借助于山、水、花木、建筑所构配的物境把这个主题表述出来，从而传达给观赏者意境的信息（皇家园林）；

③意境并非预先设定，而是在园林建成之后，再根据现成物境的特征作文字的点题——运用景题、匾、联、刻石等。

营造园林意境时还可以运用文字信号来直接表述意境的内涵，表述的手法就更多样化，如比附、象征、寓意等，表述的范围也十分广泛，如哲理、生活、理想、愿望等。匾题和对联是中国古典园林中常用的艺术形式，既是诗文与造园艺术最直接的结合，也是表现园林“诗情”的主要手段，还是文人参与园林创作、表述意境的主要手段。它们的文字点出了景观的精髓所在，同时这种借景抒情也易感染游人，令他们浮想联翩。中国古典园林所达到的情景交融的境界，远非世界上其他园林体系所能企及。

上述四大特点使得中国古典园林在世界上独树一帜。中国古典园林的形成乃至发展，从根本上来讲，与中国传统的天人合一哲理，以及注重整体观念、直觉感知、综合推演的思维方式有直接关系。这四个特点是这种哲理和思维方式在园林艺术领域内的具体体现。中国古典园林的发展历史反映了这四大特点的形成过程，造园创作技法的成熟也意味着四大特点的最终形成。

【思考和练习】

1. 中国古典园林的发展史是如何分期的？
2. 中国古典园林的特点有哪些？

第二章　园林的幼年时期——商、周、秦、汉（公元前11世纪—公元220年）

在奴隶社会末期至封建社会初期1200多年的漫长岁月（相当于商、周、秦、汉四个朝代）中，中国古典园林从萌芽、产生到逐渐成长。这个时期的园林发展尚处在初级阶段。

第一节　时代与文化背景

一、历史背景

我国黄河中游地区，最先出现农业文明的曙光。新石器时期以仰韶文化和龙山文化为代表的氏族公社，开始从事原始农业生产，早先的游牧生活转化为定居生活，从而开始有了集体定居的氏族聚落。后来，生产力的发展促使原始公社解体，生产关系从氏族的公有制转化为奴隶主的私有制，并出现阶级分化。夏王朝的建立，标志着奴隶制国家的诞生。夏朝最后一个统治者桀暴虐无道，而东方的商部落在首领汤的领导下强大起来，灭夏并建立商（公元前17世纪—公元前11世纪），进一步发展了奴隶制，在以河南中部和北部为中心，包括山东、湖北、河北、陕西的一部分地方建立起一个文化相当发达的奴隶制国家。这时，人们已使用青铜器，生产力较以前大为提高。商朝的首都曾多次迁徙，最后定都于“殷”，因此，商王朝的后期又称为殷。

大约在公元前11世纪，生活在陕西、甘肃一带，农业生产水平较高的周族灭殷，建立了中国历史上最大的奴隶制王国周（约公元前11世纪—公元前256年），先后以丰、镐（今西安西南）为都城，运用宗法与政治相结合的方式强化周王朝的统治。周王、诸侯、卿、士大夫为大小奴隶主，也就是贵族统治者和土地拥有者。周代历经300多年，由于国内动乱和外族侵扰，被迫于公元前770年迁都到洛邑，是为东周。东周的前半期称“春秋”时代，后半期称“战国”时代。春秋、战国时代正值社会巨大变动的时期，随着社会生产力的发展，土地被卷入交换、买卖，奴隶制经济崩溃，封建制经济代之而兴。

春秋时代的140多个诸侯国互相兼并，到战国时代只剩下七个大国。七国之间互相争霸、扩大自己的势力范围，“士”这个阶层的知识分子受到各国统治者的重用，他们所倡导的各种学说亦有了实践的机会，形成学术上百家争鸣、思想上空前活跃的局面。

公元前221年，秦灭六国，统一天下，建立了以咸阳为都城的中央集权的大帝国。

为了巩固秦王朝的统治，秦始皇在经济、政治、意识形态方面采取了一系列的改革措施：解除农民对采邑领主的人身依附，发展封建制经济，确立封建土地私有制；《秦律》正式肯定土地私有合法，新兴地主阶级的力量迅速壮大，成为皇帝集权专政的支柱；皇帝君临天下，大权独揽，废除宗法分封制，改为郡县制，设官分职以健全国家机器，由中央政府任命各级官吏，全国政令出自中央；统一全国文字、律令、度量衡和车辆的轨辙，尊崇法家思想。秦始皇还大力修筑驰道，并连接了战国时赵国、燕国和秦国的北面围城，筑成了西起临洮、东至辽东的万里长城以抵御北方匈奴、东胡等游牧民族的侵袭。与此同时，秦始皇还聚敛天下财富，大力营造国都咸阳，修上林苑，起骊山陵墓，开创了我国造园史上的辉煌篇章。

由于实施暴政，秦朝很快灭亡。经过秦末的大动乱，西汉王朝(公元前 206 年—公元 25 年)统一全国，建都长安。汉初平定诸王叛乱，改革税制，兴修水利，封建制的地主小农经济得以进一步巩固。工商业发展促进了城市繁荣，开辟了西域对外贸易和文化交流的通道。在政治上强化官僚机构，通过“征辟”的方式广开贤路，严格选拔各级官员。到汉武帝时中央集权大帝国国势强盛、疆域扩大。政治上的大一统要求相应的意识形态上的大一统作为巩固皇权的保证。于是，汉武帝罢黜百家、独尊儒术。儒家倡导尊王攘夷、纲常伦纪、大义名分，封建礼制得以确立，封建秩序进一步巩固。

在王莽篡汉建立短暂政权和农民起义之后，东汉(公元 25 年—公元 220 年)又统一全国。东汉建都洛阳，继承西汉中央集权大帝国的局面，地主阶级中的特权地主逐渐转化为豪族，地方豪族势力强大，在兼并土地之后又成为豪族大庄园主。他们之中，多数是拥有自己的“部曲”而形成与中央抗衡、独霸一方的豪强。东汉末年，全国各地相继发生农民暴动，最后酿成声势浩大的黄巾起义。各地官员亦拥兵自重，成为大小军阀。外戚与宦官之间的斗争导致军阀大混战。军阀、豪强武装镇压了黄巾军农民起义，同时也冲垮了汉王朝中央集权的政治结构。公元 220 年，东汉灭亡。

二、社会与文化背景

(一)中国山水审美观念的确立

崇拜自然思想是一个古老的话题。中国人在漫长的历史过程中，很早就积累了种种与自然山水息息相关的精神财富，构成了“山水文化”的丰富内涵。山水文化在我国悠久的古代文化史中占有重要的地位。

远古原始宗教的自然崇拜，把一切自然物和自然现象视为神灵的化身，大自然生态环境被抹上了浓厚的宗教色彩，覆盖以神秘的外衣。随着社会的进步和生产力的发展，人们在改造大自然的过程中所接触到的自然物逐渐成为可亲可爱的东西，它们的审美价值也逐渐为人们所认识、领悟。狩猎时期的动物、原始农耕时期的植物，都作为美的装饰纹样出现在黑陶和彩陶上面，但它们仅仅是自然物的片段和局部，把大自然环境作为整体的生态美来认识，则要到西周时才始见于文字记载。《诗经·小雅》收集的早期民歌作品中体现了山水审美观念的萌芽状态，如，“秩秩斯干，幽幽南山。如竹苞矣，如松茂矣”记述了作者在南山（终南山）所见的风景之美。山水审美观念的萌芽，也在人们开始把自然风景作为品赏、游观的对象这样一个侧面上反映出来。

我国古代把自然作为人生的思考对象，从理论上加以阐述和发展。老子时代的哲学家们已经注意到了人与外部世界的关系，首先是面对自身赖以立足的大地，人们的悲喜哀乐之情常常来自自然山水。老子从大地呈现在人们面前的主要是山岳河川这个现实中，用自己对自然山水的认识去预测宇宙间的种种奥秘，去反观社会人生的纷繁现象，感悟出“人法地，地法天，天法道，道法自然”这一万物本源之理，认为“自然”是无所不在、永恒不灭的，提出了崇尚自然的哲学观。庄子进一步发展了这一哲学观，认为人只有顺应自然规律才能达到自己的目的，主张一切纯朴自然，并提出“天地有大美而不言”的观点，即所谓“大巧若拙”“大朴不雕”，不露人工痕迹的天然美。老庄哲学的影响是非常深远的，几千年前就奠定了的自然山水观，后来成为中国人特有的观赏价值观。

（二）三个重要的思想要素

除了社会因素之外，影响园林向着风景式方向上发展的还有三个重要的意识形态方面的因素——天人合一思想、君子比德思想和神仙思想。

1. 天人合一思想

“天人合一”命题由宋儒提出，但相关哲学思想，早在西周时就已出现了。它原本是古代人政治伦理主张的表述，儒家的孟子再加以发展，将天道与人性合而为一，寓天德于人心，把封建社会制度的纲常伦纪外化为天的法则。秦、汉时，以《易经》为标志的早期阴阳理论与当时的五行学派相结合，天人合一又衍生为“天人感应”说。认为天象和自然界的变异能够预示社会人事的变异，反之，社会人事变异也可以影响天象和自然界的变异，两者之间存在着互相感应的关系。

天人合一的思想源于上古的原始农业经济，因而必然会深刻地影响人们的自然观，即人应该如何对待大自然这个重要问题的思考。它影响人们对山林川泽的认识，体现着人对大自然的精神改造。相应地，大自然的气质也对人性产生潜移默化的影响，形成民族心理、习俗，进而形成了朴素的环境意识——保护山林川泽的生态环境。据《周礼》记载，周代对生态环境的管理已制度化，并设专职掌管山林川泽。先秦儒家学说中已有维护大自然生态平衡、保护植被和动物的简单的片段主张，并且提出了相应的行为规范。

正是由于天人和谐哲理的主导和环境意识的影响，中国园林风景式的发展方向才得以明确。两晋南北朝以后，通过人的创造性劳动更多地将人文的审美融入大自然的山水景观之中，形成中国风景式园林“源于自然、高于自然”“建筑与自然相融糅”等基本特点，并贯穿于此后园林发展的始终。

2. 君子比德思想

君子比德思想源于先秦儒家，它从功利、伦理的角度来认识大自然。在儒家看来，大自然山林川泽之所以会使人们产生美感，在于它们的形象能够表现出与人的高尚品德相类似的特征，因此将大自然的某些外在形态、属性与人的内在品德联系起来。孔子云："知者乐水，仁者乐山。知者动，仁者静。"就是以水的流动表现智者的探索，以山的稳重与仁者的敦厚相类比，山中蕴藏万物，可施惠于人，正体现仁者的品质。

把泽及万民的理想的君子德行赋予大自然而形成山水的风格，这种"人化自然"的哲理必然会导致人们对山水的尊重。中国自古以来即把"高山流水"作为品德高洁的象征，"山水"成了自然风景的代称，园林从一开始便重视筑山和理水，也就决定了中国园林的发展必然遵循风景式的方向。

3. 神仙思想

神仙思想产生于周末，盛行于秦、汉。神仙思想的产生，一是由于时代的苦闷感，战国时代正值奴隶社会转化为封建社会的大变动时期，人们对现实不满，于是祈求成为仙人而得到解脱；二是由于思想解放，旧制度、旧信仰解体，形成百家争鸣的局面，激发人们幻想的能力，人们借助于神仙这种浪漫主义的幻想方式来表达破旧立新的愿望。神仙思想乃是原始的神灵、山岳崇拜与道家的老、庄学说融糅混杂的产物。到秦、汉时，民间已广泛流布着许多有关神仙和神仙境界的传说，其中以东海仙山和昆仑山最为神奇，流传也最广，成为我国两大神话系统的渊源。

东海仙山相传在山东蓬莱县沿海一带，包括岱屿、圆峤、蓬莱、方丈（方壶）、瀛洲五山，其上住着许多仙人并有长生不老药，后来岱屿、圆峤飘走不知去向，仅余三山。

昆仑山在今新疆维吾尔族自治区，西接帕米尔高原，东面延伸到青海。据古籍描述，昆仑山可以通达天庭，人如果登临山顶便能长寿不死。山上居住着仙人，山顶为太帝之居，半山有黄帝在下界的行宫——悬圃。成书于汉代的《穆天子传》记述周穆王巡游天下，曾登昆仑山顶的瑶池会见仙人的首领西王母的情形。

东海仙山的神话内容比较丰富，因而对园林发展的影响也比较大。园林里面由于神仙思想的主导而模拟的神仙境界实际上就是山岳风景和海岛风景的再现，这种情况盛行于秦、汉时的皇家园林，对园林向着风景式方向上的发展，当然也起到了一定的促进作用。

第二节　商、周时期的园林

商、周时期，王、诸侯、卿、士大夫所经营的园林，可统称为"贵族园林"。它们尚未完全具备皇家园林性质，却是皇家园林的前身。它们之中，最早见于文献记载的两处即商纣王修建的"沙丘苑台"和周文王修建的"灵囿、灵台、灵沼"，时间为公元前 11 世纪的商末周初。

一、中国古典园林的起源

（一）囿和台

"囿"是最早见于文字记载的园林形式，园林里面的主要建筑物是"台"，中国古典园林的雏形产生于囿与台的结合(见图 2-1),时间为公元前 11 世纪,也就是奴隶社会后期的商末周初。

图 2-1　园林文字的变化

1. 囿

当人类进入文明时期以后,农业生产占主要地位,统治阶级便把狩猎转化为再现祖先生活方式的一种娱乐活动,兼有征战演习、军事训练的意义,同时还可以供应宫廷之需。商代的帝王、贵族奴隶主很喜欢大规模狩猎,古籍里面多有“田猎”的记载。田猎即在田野里行猎,又称为游猎、游田,这是经常性的活动。大规模的田猎往往会殃及附近的在耕农田,激起民愤,这在卜辞里也曾多次提到。商末周初的帝王为了避免因进行田猎而损及在耕的农田,于是明令把这种活动限制在王畿内的一定地段,形成“田猎区”。田猎除了获得大量被杀死的猎物之外,还会捕捉到一定数量的活着的野兽、禽鸟。后者需要集中豢养,“囿”便是王室专门集中豢养这些禽兽的场所,《诗经》毛苌注“囿,所以域养禽兽也”。域养需要有坚固的藩篱以防野兽逃逸,故《说文》释:“囿,苑有垣也。”

商、周时畜牧业已相当发达,周王室拥有专用的“牧地”,设置官员主管家畜的放牧事宜。相应地,驯养野兽的技术也必然达到一定的水准。据文献记载,周代的囿范围很大,里面域养的野兽、禽鸟由“囿人”专司管理。在囿的广大范围之内,为便于禽兽生息和活动,需要广植树木、开凿沟渠水池等,有的还划出一定地段经营果蔬。

因此,囿的建置与帝王的狩猎活动有着直接的关系,也可以说,囿起源于狩猎。囿除了具有为王室提供祭祀、丧纪所用的牺牲,以及宫廷宴会所需的野味的功能之外,还兼有“游”的功能,即在囿里面进行游观活动。囿无异于一座多功能的大型天然动物园。《诗经·大雅》的“灵台”篇有一段文字描写周文王在灵囿时“麀鹿濯濯,白鸟翯翯”的情形。据此可知,文王巡游之际,也把走兽飞禽作为一种景象来观赏,囿的游观功能虽然不是主要的,但囿已具备园林的雏形了。

2. 台

台是用土堆筑而成的方形高台。《吕氏春秋》高诱注:“积土四方而高曰台。”台的原初功能是登高以观天象、通神明，因而具有浓厚的神秘色彩。

在生产力水平很低的上古时代，人们不可能科学地理解自然界，因而视之神秘莫测，对许多自然物和自然现象都怀着敬畏的心情加以崇拜。山是人们所见到的体量最大的自然物，它巍峨高耸，仿佛有一种拔地通天、不可抗拒的力量，它高入云霄，又被人们设想为天神在人间居住的地方。所以世界上的许多民族在上古时代都特别崇拜高山，甚至到现在仍保留为习俗。

先民们之所以崇奉山岳，一是山高势险，犹如通往天庭的道路；二是高山能兴云作雨，犹如神灵。风调雨顺是原始农业生产的首要条件，是攸关国计民生的第一要务。我国早在商代的卜辞中已有帝王祭祀山岳的记载，到了周代，统治阶级的代表人物——天子和诸侯都要奉领土内的高山为祇，用隆重的礼仪来祭祀它们，并在全国范围内选择位于东、南、西、北的四座高山定为"四岳"，特别崇奉它们，祭祀之礼也最隆重。后又演变为"五岳"，历代皇帝对五岳的祭祀活动，便成了封建王朝的旷世大典。

这些遍布各地、被崇奉的大大小小的山岳，在人们的心目中就成了"圣山"。圣山毕竟路遥山险，难以登临，统治阶级便想出一个变通的办法，就近修筑高台，模拟圣山。台是山的象征，有的台即是削平山头加工而成的。高台既然是模拟圣山，人间的帝王筑台登高，也就可以顺理成章地通达天上的神明。因此帝王筑台之风大盛，传说中的尧帝、舜帝均曾修筑高台以通神。夏代的启"享神于大陵之上，即钧台也"。这些台都十分高大，须驱使大量劳动力经年累月才能修造完成，如商纣王建鹿台"七年而成，其大三里，高千尺，临望云雨"。

台还可以登高远眺，观赏风景。周代的天子、诸侯也纷纷筑台，孔子所谓"为山九仞，功亏一篑"，可能就是描写用土筑台的情形。台上建置房屋谓之"榭"，往往台、榭并称。周代的天子、诸侯"美宫室""高台榭"遂成为一时的风尚。台的"游观"功能亦逐渐上升，台成为一种主要的宫苑建筑物，并结合以绿化种植形成以它为中心的空间环境，开始逐渐向着园林雏形的方向转化了。

囿和台是中国古典园林的两个源头，前者关涉栽培、圈养，后者关涉通神、望天。也可以说，栽培、圈养、通神、望天，是园林雏形的原初功能，游观则尚在其次。之后，尽管游观的功能上升了，但其他的原初功能一直沿袭到秦汉时期的大型皇家园林中。

（二）园圃

上古时代，已有园圃的经营。

园，是种植树木（多为果树）的场地。商墟出土的甲骨卜辞中有的字样，即圃字的前身；从字形看来，下半部为场地的整齐分畦，上半部是出土的幼苗，显然为人工栽植蔬菜的场地，并有界定的范围。西周时，往往园、圃并称，其意亦互通，还设置专职专门管理官家的这类园圃。春秋战国时期，由于城市商品经济的发展，果蔬纳入市场交易，民间经营的园圃亦相应地普及起来，更带动了植物栽培技术的发展和栽培品种的多样化，同时单纯的经济活动也逐渐受到人们审美的影响。相应地，许多食用和药用的植物被培育成为以观赏为主的花卉。老百姓在住宅的房前屋后开辟园圃，既是经济活动，又兼有观赏的目的，而人们看待树木花草也愈来愈重视其观赏价值。

观赏树木和花卉在商、周时期的各种文字记载中已经很多，人们不仅取其外貌形象的美姿，而且还注意其象征性的寓意，《论语》中就有“岁寒，然后知松柏之后凋也”的比喻。《论语》又载，“哀公问社于宰我，宰我对曰：‘夏后氏以松，殷人以柏，周人以栗。’”。社即社木，也就是神木，而以松、柏、栗分别为代表的三个朝代的神木，则更赋予这三种观赏树木以浓郁的宗教色彩和不同寻常的神圣寓意，也足见古人对树木的重视和崇敬。根据《诗经》等文字记载，西周时的观赏树木已有栗、梅、竹、柳、杨、榆、槲、栎、桐、梧桐、梓、桑、槐、楮、枫、桂、桧等品种，花卉已有芍药、茶花、女贞、兰、蕙、菊、荷等品种。

园圃内所栽培的植物，一旦兼具观赏功能，植物配置便会向着有序化的方向上发展，从而具备园林雏形的性质。东周时，甚至有用“圃”来直接指称园林的，如赵国的“赵圃”等。

因此，“园圃”也应该是中国古典园林除囿、台之外的第三个源头。这三个源头之中，囿和园圃属于生产基地的范畴，它们的运作具有经济方面的意义，也就是说，中国古典园林在其产生之初便与生产、经济有着密切的关系，这个关系甚至贯穿于中国古典园林的整个幼年发展期的始终。

二、商代的园林

商自盘庚迁殷，传至末代为帝辛，即纣王。纣王大兴土木，修建规模庞大的宫室（见图 2-2），史载“南距朝歌，北据邯郸及沙丘，皆为离宫别馆”。朝歌在河南安阳以南的淇县境内，沙丘在安阳以北的河北广宗县境内。《史记·殷本纪》云：“（纣）厚赋税以实鹿台之钱，而盈钜桥之粟。益收狗马奇物，充仞宫室。益广沙丘苑台，多取野兽蜚鸟置其中。”说的就是南至朝歌、北至沙丘的广大地域内离宫别馆的情况。

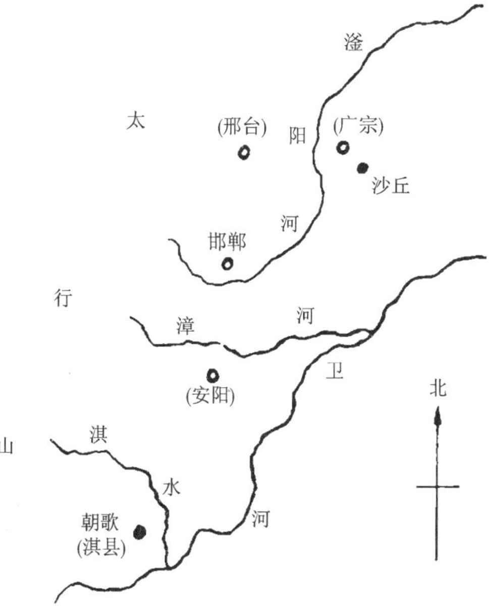

图 2-2 商纣王的宫苑分布示意图

鹿台在朝歌城内，“大三里，高千尺”。这个形容不免夸张，但台的体量的确十分庞大，它的遗址在北魏时尚能见到。除了通神、游赏的功能之外，鹿台还存储政府的税收钱财，具有“国库”的功能，因而附近的宫室建筑亦多为收藏奇物、娱玩狗马的场所。“沙丘苑台”中的苑也就是囿，“囿”“台”并提意味着两者相毗连为整体。其中“置野兽蜚鸟”，则说明其已不仅是圈养、栽培、通神、望天的地方，也是略具园林雏形格局的游观、娱乐的场所。商末奴隶社会的生产力已发达到一定程度，修造如此规模和内容的宫苑，并非不可能。

三、周代的园林

周族原来生活在陕西、甘肃的黄土高原，后迁于岐，即今陕西岐山县。周文王时国力逐渐强盛，公元前 11 世纪，又迁都于沣河西岸的丰京，经营城池宫室，另在城郊建成著名的灵台、灵沼、灵囿。今陕西户县东面、秦渡镇北约 1 千米处的大土台，相传即为灵台的遗址。秦渡镇北面董村附近的一大片洼地，相传是灵沼遗址。至于灵囿的具体位置，也应在秦渡镇附近。此三者鼎足毗邻，总体上构成规模甚大的略具雏形的贵族园林。

《诗经·大雅》的“灵台”篇有关这座园林的情况，据说周文王兴建灵台，老百姓都像儿子为父亲干活那样踊跃参加，因此施工进度很快。灵沼是人工开凿的水体，水中养鱼。诗中还描写文王在灵囿看到母鹿体态肥美、白鸟羽毛洁白光泽，在灵沼看到鱼儿跳跃在水池中。显然，其赏观的主要对象是动物，植物则偏重实用价值，观赏的功能尚在其次。灵囿内树繁草茂，野兽很多，定期允许老百姓入内割草、猎兔，但要交纳一定数量的收获物。

文王以后，囿成为奴隶主统治者政治地位的象征，周王的地位最高，囿的规模最大，诸侯也有囿的建置，但规模要小一些。《诗经》毛苌注：“囿……天子百里，诸侯七十里。”

东周时，台与囿结合、以台为中心而构成贵族园林的情况已经比较普遍，台、宫、苑、囿等的称谓也互相混用，均为贵族园林。其中的观赏对象，从早先的动物扩展到植物，甚至宫室和周围的天然山水都已收摄为成景的要素了。例如，秦国的林光宫建在云阳风景秀丽的甘泉山上，能眺望远近之山景；齐国的柏寝台与燕国的碣石宫建在渤海之滨，可以观赏辽阔无垠的海景；齐国的琅琊台倚山背流，“齐宣王乐琅琊之台，三月不返”；燕国的仙台，“台有三峰，甚为崇峻，腾云冠峰，高霞翼岭，岫壑冲深，含烟罩雾”；楚国的放鹰台，建置在云梦泽田猎区内的薮泽间，四望空阔，登台可环眺极目千里之景；魏国的梁囿，松鹤满园，池沼可以荡舟；赵国的赵圃，广植松柏，赵王经常于圃内游赏；楚国的渚宫，建在湖泊中央之小洲上面……不一而足。

这时的宫苑，尽管还保留着自上代沿袭下来的诸如栽培、圈养、通神、望天的功能，但游观的功能显然已上升到主要的地位。树木花草以其美姿而成为造园的要素，建筑物则结合天然山水地貌而发挥其观赏作用，园林里面开始有了出于游赏的目的而经营的水体。

春秋战国时期，也正是奴隶社会到封建社会的转化期。旧的礼制处在崩溃之中，所谓“礼崩乐坏”。诸侯国势力强大，周天子的地位相对式微。诸侯国商业经济发达，全国各地大小城市林立。随着城市工商业的发展，大量农村人口流入，城乡的差别扩大了。诸侯国君和贵族们摆脱宗法等级制度的约束，在郊野山林川泽、风景优美的地段修筑离宫别苑，从而出现宫苑建设的高潮。其名称有台、宫、苑、囿、圃、馆等，而以"台"命名的占大多数。"高台榭，美宫室"遂成为诸国统治阶级竞相效尤的风尚。一些台是为某种特定功能而修筑的，如通神、招贤、瞭望、会盟等。尽管它们具有特定的功能，但大多数台仍然兼作游观的功能，略近宫苑的性质。

春秋战国时期见诸文献记载的众多贵族园林之中，规模较大，特点较突出，也是后世知名度最高的，当推楚国的章华台、吴国的姑苏台。

章华台又名章华宫，在湖北省潜江市境内（见图 2-3），始建于楚灵王六年（公元前 535 年），6 年后才全部完工。经考古发掘的遗址范围东西长约 2 千米，南北宽约 1 千米，总面积达 220 公顷，位于古云梦泽内。云梦泽是武汉以西、沙市以东、长江以北的一大片水网和湖沼密布的丘陵地带，自然风景绮丽，流传着许多上古神话，益增其浪漫色彩。遗址范围内共有大小、形状不同的台若干座，还有大量的宫、室、门、阙遗址。可以设想，当年楚灵王临幸章华台，率众游观、赏玩，以及进行田猎活动的盛大场面。其主体建筑章华台更是钜丽非凡，据考古发掘，方形台基长 300 米、宽 100 米，其上为四台相连。最大的一号台，长 45 米、宽 30 米、高 30 米，分为三层，每层的夯土上均有建筑物残存的柱础。昔日登临此台，需要休息三次，故俗称"三休台"。章华台不仅"台"的体量庞大，台上的建筑亦辉煌富丽，乃是当时宫苑"高台榭"之典型。

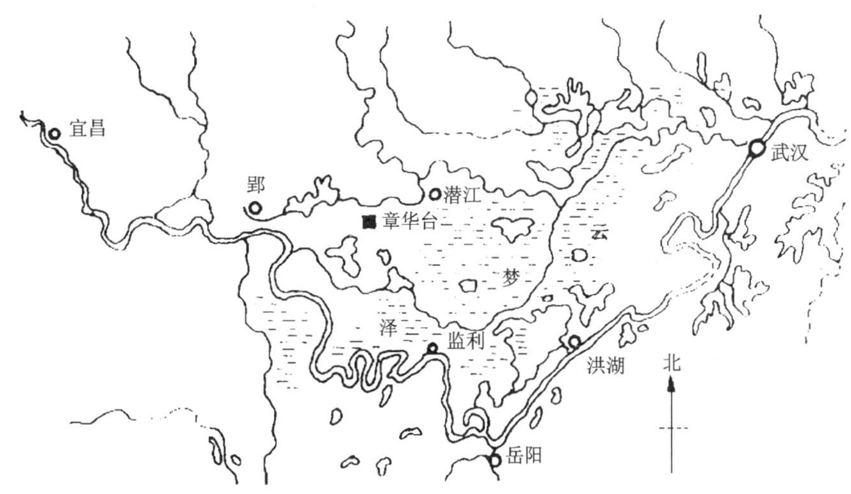

图 2-3　章华台位置图

由文献记载可知，章华台的三面由人工开凿的水池环抱着，临水而成景，水池的水源引自汉水，同时也提供了水运交通之便利。这是模仿舜在九嶷山墓葬山环水抱的做法，也是在园林中开凿大型水体工程见于史书记载之首例。

姑苏台在吴国国都吴（今苏州）西南 12.5 千米的姑苏山上（见图 2-4），始建于吴王阖闾十年（公元前 505 年），后经夫差续建，历时 5 年乃成。姑苏山横亘于太湖之

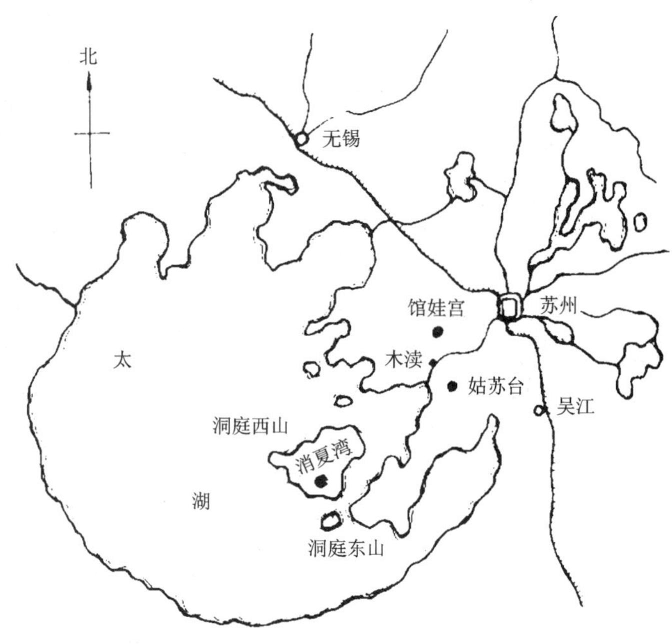

图 2-4　姑苏台位置图

滨，山上怪石嶙峋，峰峦奇秀，至今尚保留着古台址十余处。

姑苏台是一座山地园林，居高临下，观览太湖之景，最为赏心悦目，其建筑地段的选址是十分优越的。包括馆娃宫在内的姑苏台，与洞庭西山消夏湾的吴王避暑宫、太湖北岸的长洲苑，构成了吴国沿太湖岸庞大的环状宫苑集群。

这座宫苑的建筑全部在山上，因山成台，联台为宫，规模极其宏大，建筑极其华丽。除此之外，还有许多宫、馆及小品建筑物，并开凿山间水池。其总体布局因山就势，曲折高下。人工开凿的水池，既是水上游乐的地方，又具有为宫廷供水的功能，相当于山上的蓄水库。宫苑横亘五里，可容纳宫妓数千人，足见其规模之大。为便于吴王随时临幸而"造曲路以登临"，山上修筑专用的盘曲道路直达都邑吴城的胥门。今灵岩山上的灵岩寺即馆娃宫遗址之所在，附近还有玩花池、琴台、响廊裥、砚池、采香径等古迹。响廊裥即"响屧廊"，相传是吴王特为宠姬西施修建的一处廊道。廊的地板用厚梓木铺成，西施着木底鞋行走其上，发出清幽的响声，宛若琴音。采香径，顾名思义，是栽植各种花卉以供观赏的"花径"。

章华台和姑苏台是春秋战国时期贵族园林的两个重要实例。它们的选址和建筑经营都利用了大自然山水环境的优势，并发挥了其成景的作用。园林里面的建筑物比较多，包括台、宫、馆、阁等多种类型，以满足游赏、娱乐、居住乃至朝会等多方面的功能需要。园林里面除了栽培树木之外，姑苏台还有专门栽植花卉的地段，章华台所在的云梦泽也是楚王的田猎区，因而园内很可能有动物圈养的地方。园林里面人工开凿水体，既满足了交通与供水的需要，同时也提供水上游乐的场所，创设了因水成景的条件——理水。所以说，这两座著名的贵族园林代表着古代囿与台相结合的进一步发展，为过渡到幼年发展期后期秦汉宫苑的先型。

上有所好，下必效之。诸侯国君不惜殚费民力经营宫苑，卿士大夫亦竞相效仿，这类园林在史籍中偶有记载，而具体的形象表现则见于某些战国铜器的装饰纹样。例如，河南辉县出土的赵固墓中一个铜鉴纹样图案（见图 2-5）所描绘的贵族游园情况：正中是一幢两层楼房，上层的人鼓瑟投壶，下层为众姬妾环侍。楼房的左边悬编磬，二女乐鼓击且舞。磬后有习射之圃，磬前为洗马之池。楼房的右边悬编钟，二女乐歌舞如左，其侧有鼎豆罗列，炊饪酒肉。围墙之外松鹤满园，三人弯弓而射，迎面张网罗以捕捉逃兽。池沼中有荡舟者，亦搭弓矢作驱策浴马之姿势。可见，它的内容与前述的宫苑颇相类似，只是规模较小而已。

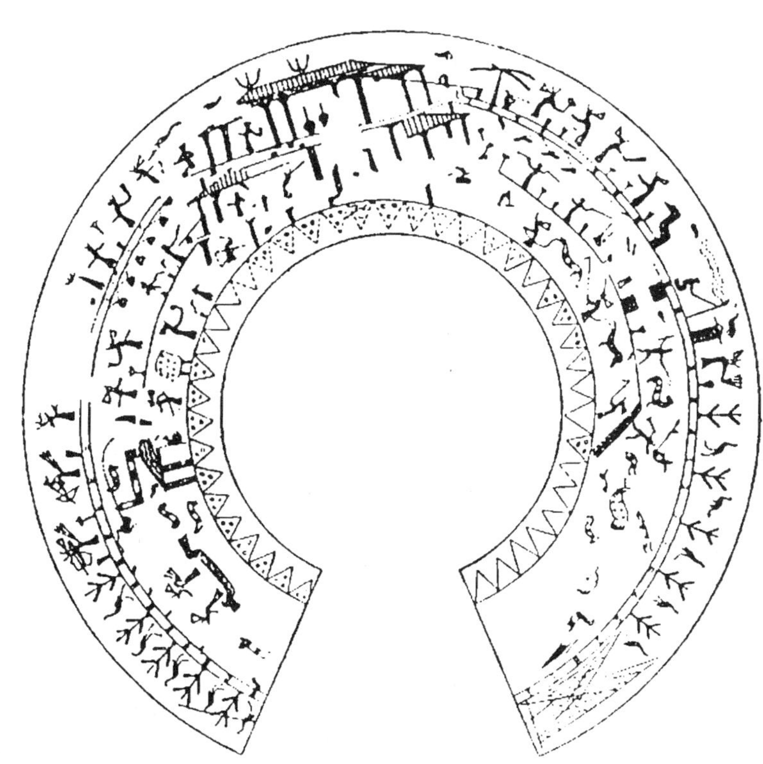

图 2-5　辉县出土的铜鉴纹样图案

第三节　秦、汉时期的园林

一、秦代的园林

秦国原本是周代的一个诸侯国，春秋时称霸西陲，成为当时的“五霸”之一。秦孝公任用商鞅为相，进行了历史上著名的“商鞅变法”，秦国遂一跃成为战国七雄之一。

秦孝公十二年(公元前350年)，秦国自栎阳迁都渭河北岸的咸阳以后，城市日益繁荣，一些宫苑如上林苑等已发展到渭河的南岸。秦孝公之子秦惠王即位，励精图治，不断向外扩张势力范围，开始以咸阳为中心进行大规模的城市、宫苑建设，所经营的离宫别馆，已达三百处之多。

秦始皇二十六年(公元前221年)，秦灭六国，统一天下，建立中央集权的封建大帝国，由过去的贵族分封政体转化为皇帝独裁政体。园林的发展亦与此新兴大帝国的政治体制相适应，开始出现真正意义上的“皇家园林”。秦始皇在征伐六国的过程中，每灭一国便仿建该国的王宫于咸阳北阪。于是，咸阳的雍门以东、泾水以西的渭河北岸一带，遂成为荟萃六国地方建筑风格的特殊宫苑群。此后，秦始皇便逐步实现其“大咸阳规划”，以及近畿、关中地区史无前例的大规模宫苑——皇家园林的建设。

大咸阳规划的范围为渭水的北面和南面两部分的广大地域。渭北包括咸阳城、咸阳宫以及秦始皇增建的六国宫，渭南部分即扩建的上林苑及其他宫殿、园林(见图2-6)。

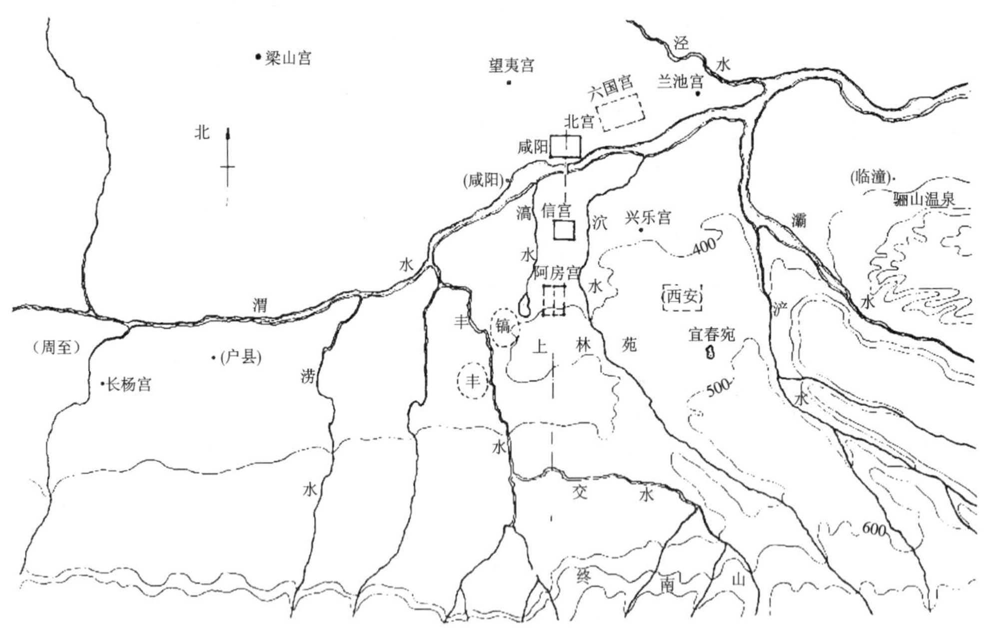

图2-6 咸阳主要宫苑分布图

秦始皇二十七年(公元前220年)开始经营渭南，新建的信宫与渭北的咸阳宫构成南北呼应的格局。宫苑的主体沿着这条南北轴线向渭南转移，原上林苑遂得以扩大、充实。这时候，咸阳城已横跨渭河南北两岸，但由于渭北地势高，咸阳宫仍起着统摄全局的作用，因而把它作为“紫宫”星座的象征，也是实际上的“天极”。再利用“甬道”等交通道路作为联系手段，参照天空星象，组成一个以咸阳宫为中心、具有南北中轴线的庞大宫苑集群。

这个庞大的宫苑集群突出了咸阳宫统摄全局的主导地位，其他宫苑则作为咸阳宫的烘托，犹如众星拱北极。它体现了人间皇帝的至高至尊，以皇帝所居的朝宫沟通于天帝所居的天极，又把天体的星象复现于人间的宫苑，从而显示天人合一的哲理。如此恢弘、浪漫的气度，在中国城市规划的历史上实属罕见。

根据各种文献的记载，秦代在短短的12年中所营建的离宫别苑有数百处之多。仅在都城咸阳附近以及关中地区就有百余处。关中地区不仅风景优美，也是当时的粮食丰产区，膏腴良田多半集中于此，这里散布着秦代众多的离宫、御苑，其中比较重要且能确定具体位置的有上林苑、宜春苑、梁山宫、骊山宫、林光宫、兰池宫等。

上林苑原为秦国的旧苑，至晚建成于秦惠王时，秦始皇再加以扩大、充实，成为当时最大的一座皇家园林。它的范围，南面包括终南山北坡，北界渭河，东面到宜春苑，西面直抵周至，规模可谓大矣。苑内最主要的一组宫殿建筑群为阿房宫，它同时也是上林苑的核心。此外，还有许许多多的宫、殿、台、馆散布各处，它们都依托于各种自然环境、利用不同的地形条件而构筑，有的还具备特殊的功能和用途。例如，长杨宫、射熊馆在上林苑的极西，今周至县境内，秦昭王时已建成作为王室游猎之所，秦始皇在其旧址加以修葺，亦作为狩猎专用的离宫。

上林苑内有专为圈养野兽而修筑的兽圈，如“虎圈”“狼圈”等，并在其旁修建馆、观之类的建筑物，以供皇帝观赏动物和射猎之用。

上林苑内森林覆盖，树木繁茂，郁郁葱葱，这从汉代《上林赋》《西京赋》等文字描写中也可以看得出来。除了原有河流之外，还开凿了许多人工湖泊，既丰富了水景，又起到了蓄水库的作用。

宜春苑位于隑州(今西安东南之曲江)，这里林木蓊郁、风景优美。一条弯曲的河流“曲江”萦回其间，水景绮丽。秦时建“宜春宫”，作为皇帝在宜春苑内游赏、游猎时歇憩之所。

梁山宫始建于秦始皇时，在渭水北面的好畤县境内。这一带山水形胜，环境优美，气候凉爽，为避暑胜地。

骊山宫位于临潼县南面的骊山北麓，其苑林包括骊山北坡的一部分。这里不仅林木茂盛，风景优美，山麓还有温泉多处，秦始皇时建成离宫，经常前往沐浴、狩猎、游赏。骊山宫离咸阳不远，当时曾修筑了一条专用的复道直达上林苑内的阿房宫，以备皇帝来往交通之方便并保证其人身安全。

林光宫的遗址在今淳化县甘泉山之东坡。甘泉山风景优美，是避暑休闲胜地。

兰池宫据《元和郡县图志》记载，“秦兰池宫在咸阳县东二十五里”，“兰池陂，即秦之兰池也，在县东二十五里。初，始皇引谓水为池，东西二百丈，南北二十里，筑为蓬莱山，刻石为鲸鱼，长二百丈”。由此可知，兰池宫利用挖池筑岛来模拟海上仙山，以满足秦始皇接近神仙的愿望。

兰池宫在园林发展史的初期占有重要地位。首先，引渭水为池，池中堆筑岛山，乃是首次见于史册记载的园林筑山、理水之并举。其次，堆筑岛山名为蓬莱山以模拟神仙境界，比起战国时燕昭王筑台以求仙的做法更赋予一层意象的意味，开启了西汉宫苑中求仙活动之先河。从此以后，皇家园林又多了一个求仙的功能。

二、西汉的皇家园林

西汉王朝建立之初，秦的旧都咸阳已被项羽焚毁，乃于咸阳东南、渭水之南岸另营新都长安。先在秦的离宫"兴乐宫"的旧址上建"长乐宫"，后又在其东侧建"未央宫"，其后又建成"桂宫""北宫""明光宫"。西汉初年，战乱甫定，朝廷遵循与民休养生息的政策。汉高祖即位的次年便下诏把苑内的一部分土地分给农民耕种，其余的仍保留为御苑禁地。

汉武帝在位时(公元前 140 年—公元前 87 年)，削平同姓诸王，地主小农经济空前发展，中央集权的大一统局面空前巩固。泱泱大国的气派、儒道互补的意识形态影响到文化艺术的诸方面，产生了瑰丽的汉赋、羽化登仙的神话、现实与幻想交织的绘画、神与人结合的雕刻等。园林方面当然也会受到这种影响，再加上当时的繁荣经济、强大国力以及汉武帝本人的好大喜功，皇家造园活动遂达到空前兴盛的局面。西汉的皇家园林除了少数在长安城内，其余的遍布于近郊、远郊、关中以及关陇各地(见图2-7)，其中的大多数建成于汉武帝在位期间。

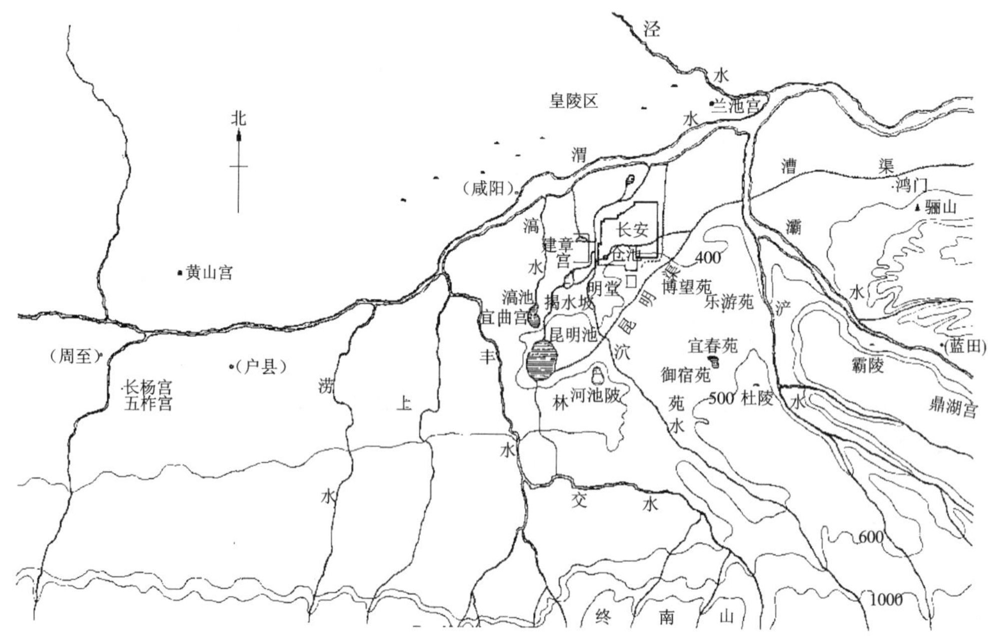

图 2-7 西汉长安及其附近主要宫苑分布图

西汉的众多宫苑之中比较有代表性的为上林苑、甘泉宫、未央宫、建章宫、兔园五处。它们都具备一定的规模和格局，代表着西汉皇家园林几种不同的形式（见图2-8）。

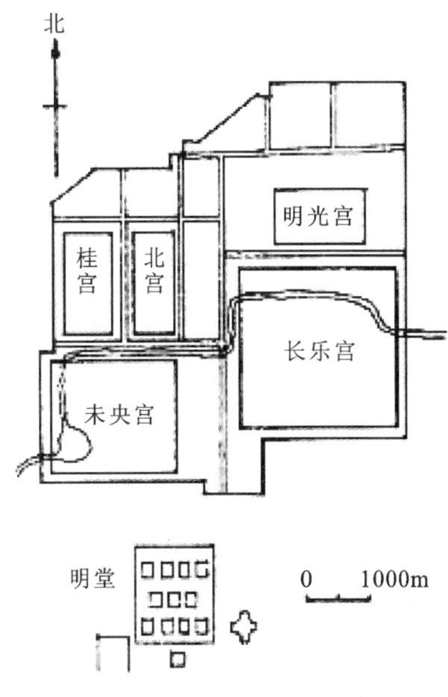

图 2-8　汉长安城宫苑分布图

1. 上林苑

建元三年（公元前 138 年），汉武帝就秦上林苑加以扩建。上林苑的占地面积，文献记载不一：方三百里、三百四十里，周墙四百余里，周袤三百里。按汉代一里相当于 0.414 千米计，则苑墙的长度为 130～160 千米，共设苑门 12 座。它的占地之广可谓空前绝后，乃是中国历史上最大的皇家园林。

根据有关文献及已进行考古发掘的情况，上林苑大致布局如下。

上林苑的外围是终南山北坡和九嵕山南坡，关中的八条大河，即所谓“关中八水”，贯穿于苑内辽阔的平原、丘陵之上，此外还有天然湖泊十处，自然景观极其恢弘、壮丽。人工开凿的湖泊较多，一般都利用挖湖的土方在其旁或其中堆筑高台。这些人工湖泊除了供游赏之外还兼有其他用途，比较大的有昆明池、影娥池、琳池、太液池四处。

昆明池位于长安城的西南面，面积有 100 余公顷。据文献记载的内容来分析，昆明池具有多种功能：训练水军、水上游览、渔业生产基地、模拟天象。此外，还有“蓄水库”的作用。在水上安置巨型的动物石雕，则是效仿秦兰池宫的做法。由于开凿了昆明池和整治有关河道，附近的自然风景亦相应地得以开发。当年环池一带绿树成荫，建置许多观、台建筑。如今，在池旁及附近的南丰镐村、孟家寨、石匣口村、客省庄等地，均发现了不少西汉建筑遗存，即当年观、台的遗址。

影娥池和琳池分别为汉武帝赏月、玩水、观景之处。太液池在建章宫内，池中筑三岛模拟东海三仙山。

上林苑地域辽阔、地形复杂，既有极为丰富的天然植被，又有大量人工栽植的树木，见于文献记载的有松、柏、桐、梓、杨、柳、榆、槐、檀、楸、柞、竹等用材林，桃、李、杏、枣、栗、梨、柑橘等果木林，以及桑、漆等经济林，这些林木同时也发挥其观赏作用而成为观赏树木。有些品种，如槐、守宫槐、柳等一直繁衍至今，仍为关中著名的乡土树种。另有不少是从南方移栽的品种，如菖蒲、山姜、甘蔗、留求子、龙眼、荔枝等。汉武帝时与西域各国交往频繁，许多西域的植物品种亦得以引进苑内栽植，如葡萄、安石榴等。

汉武帝初修上林苑时，群臣远方进贡的“名果异树”就有 3000 余种之多。上林苑内的许多建筑物甚至是因其周围的种植情况而得名的，如长杨宫、五柞宫、葡萄宫、棠梨宫、青梧观、细柳观、柘观等。此外，苑内还有好几处面积甚大的竹林，谓之“竹圃”。

上林苑内豢养百兽，放逐各处，“天子秋冬射猎取之”，则苑内的某些区域也相当于皇家狩猎区。一般的野兽放养在各处山林之中供射猎之用，但猛兽必须圈养起来以防伤人，故苑中建有许多兽圈，如虎圈、狼圈、狮圈、象圈等。一些珍稀动物或家禽，为了饲养方便也有建置专用兽圈的。这类兽圈一般都在宫、观的附近，以便于就近观赏，大型的兽圈还作为人与困兽搏斗的“斗兽场”，另外苑内的飞禽也非常多。汉武帝通西域，开拓了通往西方的“丝绸之路”。随着与西方各国交往、贸易之频繁，西域和东南亚的各种珍禽奇兽都作为贡品而云集于上林苑内，被人们视为祥瑞之物。

因此，上林苑既有大量的常见动物，还有不少珍禽奇兽，相当于一座大型动物园。据史料记载，上林苑范围内的宫殿建筑群共计 12 处，实际则远远超过此数。其中以建章宫的规模最大，属朝宫的性质，其余大多有特殊用途。

上林苑内有许多台，仍然沿袭先秦以来在宫苑内筑高台的传统。有的是利用挖池的土方堆筑而成的，如眺瞻台、望鹄台、桂台、商台、避风台等，一般作为登高观景之用；有的是专门为了通神明、察符瑞、候灾变而建造的，如神明台；有的则是用木材堆垒而成的，如建章宫北之凉风台。灵台又名清台，东汉时尚存，是一座名副其实的天文观测台。

观、馆二名往往互相通用，是汉代对体量比较高大的非宫殿建筑物的通称。《三辅黄图》记载了上林苑内 21 观的名字，分别为昆叫观、蚕观、平乐观、博望观、燕升观、观象观、便门观、白鹿观、三爵观、阳禄观、阴德观、鼎郊观、椤木观、椒唐观、鱼鸟观、元华观、走马观、柘观、上兰观、郎池观、当路观。从它们的命名可以看出，观是一种具有特定功能和用途的建筑物。例如，平乐观为角羝表演场，走马观为表演马术的场所，观象观相当于天文台，蚕观是养蚕、观蚕的地方，等等。

另外，上林苑内有丰富的自然资源，为了利用这些资源，发挥其经济效益能增加皇室收入，上林苑内设作坊多处，调集工匠制造各种工艺品和日用器物如铜器、草席等，设果园、蔬圃、养鱼场、牲畜圈、马厩，供应宫廷和皇室所需。上林苑内的大量膏腴之地以及圈占的农民庄田，后来又陆续租赁给贫民、官佃奴耕种，从事粮食作物的生产。由此看来，上林苑又类似于一座庞大的“皇家庄园”。

综上所述，仅就这些有限的文字材料分析，可以得到三点认识。第一，上林苑是一个范围极其广阔的天然山水环境。其中除了最大的宫苑建筑之外，还有皇帝的狩猎区，饲养大量御马的牧场，庞大的工、农、林、渔业生产基地等。第二，上林苑内的建筑（宫、苑、台、观等）就其已知的数量而言，它们在这个辽阔的天然山水环境内的分布是极其疏朗的，间距也很大，一般需乘马车和骑马方能当日往返。这种疏朗的、随意的“集锦式”总体布局，与秦代上林苑之建筑比较密集，复道、甬道相连成网络的情况全然不同。第三，上林苑是一座多功能的皇家园林，具备幼年期古典园林的全部功能——游憩、居住、朝会、娱乐、狩猎、通神、求仙、生产、军训等。此外，苑内还有帝王的陵墓，如白鹿原上的汉文帝霸陵（也作灞陵）、汉宣帝杜陵等。

西汉后期，由于园林的范围太大，难于严格管理，逐渐有百姓不顾禁令入苑任意垦田开荒。到西汉末年，苑内大部分可耕土地已恢复成膏腴良田，上林苑作为皇家园林，除了保留部分古迹之外，已是名存实亡了。

2. 甘泉宫

甘泉宫始建于秦代，元狩三年（公元前 120 年），汉武帝听信方士李少翁之言，修复并扩建甘泉宫，其建筑群规模堪与建章宫相比。

甘泉宫之北，利用甘泉山南坡及主峰的天然山岳风景开辟为苑林区，即甘泉苑。甘泉山层峦叠翠，溪河贯穿山间，四季景色各异，山坡上分布着许多宫、台之类的建筑物。

3. 未央宫

未央宫位于长安城的西南角，是长安最早建成的宫殿之一，也是皇帝、后妃居住的地方，其性质相当于后来的宫城，其规模据现存遗址实测，周长共 8560 米。未央宫的总体布局，由外宫、后宫和苑林三部分组成。

苑林在后宫的南半部，开凿大池沧池，用挖池的土方在池中筑台，由城外引来昆明池之水，穿西城墙而注入沧池，再由沧池以石渠导引，分别穿过后宫和外宫，汇入长安城内之王渠，构成一个完整的水系。沿石渠建置皇家档案馆“石渠阁”、皇帝夏天居住的“清凉殿”，苑内还有观看野兽的“兽圈”、皇帝行演耕礼的“弄田”。

沧池及其附近是未央宫内的园林区，凿池筑台的做法显然受到秦始皇在兰池宫开凿兰池、筑蓬莱山的影响，而它本身无疑又影响着此后建章宫内园林区“一池三山”的规划。

4. 建章宫

建章宫建于汉武帝太初元年（公元前 104 年），是上林苑内主要 12 宫之一，文献多有片段记载，可大致推断出有关它的内容和布局的情况。如图 2-9 所示，建章宫的总体布局，北部以园林为主，南部以宫殿为主，成为后世“大内御苑”规划的滥觞，它的园林一区是历史上第一座具有完整三仙山的仙苑式皇家园林。从此以后，“一池三山”遂成为皇家园林的主要模式，一直沿袭到清代。

建章宫的外围宫墙周长约 12 千米，宫墙之内，又有内垣一重。宫内的主要建筑物“前殿”为建章宫之大朝正殿，建在高台之上，与东面的未央宫前殿遥遥相望。宫内的其他殿宇，有骀荡宫、天梁宫、奇华殿、鼓簧宫、神明台等。宫的西部还有圈养猛兽的“虎圈”，其西南为上林苑天然水池之一的“唐中池”。可以说，建章宫尚保留着上代囿、台结合的余绪，具备多种功能。

建章宫的西北部辟为以园林为主的一区，开凿大水面，称太液池，汉武帝也像秦始皇一样迷信神仙方术，因而效仿秦始皇的做法，在太液池中堆筑三个岛屿，象征东海的瀛洲、蓬莱、方丈三仙山。

在太液池的西北面，利用挖池的土方分别堆筑“凉风台”和“谶台”，前者台上建观，后者高约 70 米。太液池岸边种植雕胡、紫萚、绿节等植物，凫雏、雁子布满其间，又多紫龟、绿鳖。池边多平沙，沙上野鸟动辄成群。池中种植荷花、菱角等水生植物，

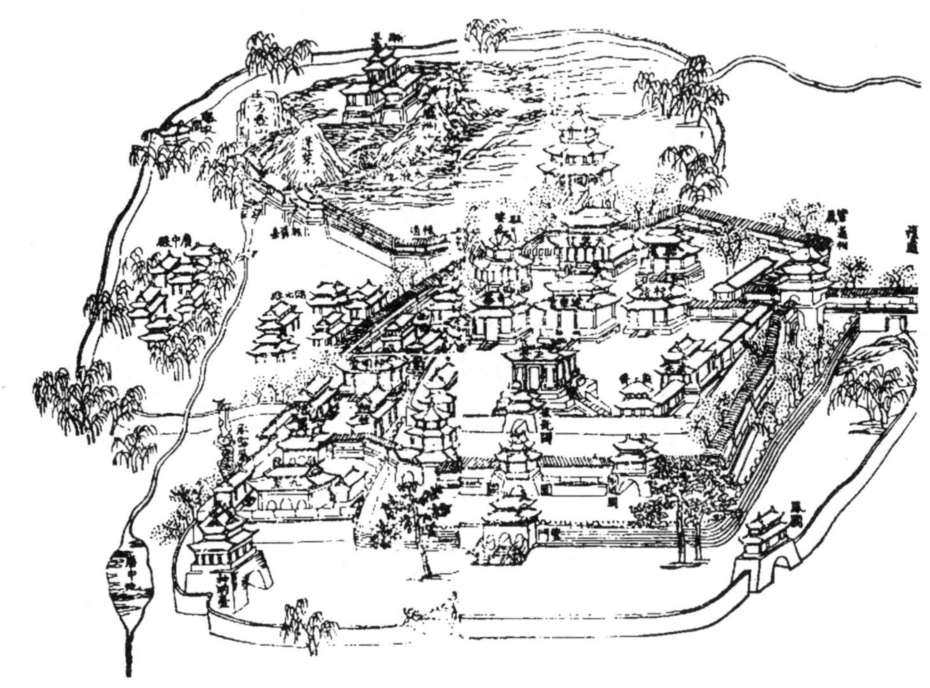

图 2-9 建章宫图

水上有各种形式的游船。

5. 兔园(梁园)

汉初,曾一度分封宗室诸王就藩国、营都邑,其地位相当于周代的诸侯国。这些藩王都要在封土内经营宫室园苑,其中以梁国的梁孝王刘武所经营的最为宏大富丽,与皇帝的宫苑几无二致。

据文献记载,兔园位于睢阳城东郊的平台,其规模相当大,而且已具备人工山水园的全部要素——山、水、植物、建筑。园内有人工开凿的水池——雁池和清泠池,有人工堆筑的山和岛屿;园内有奇果异树等观赏植物,放养许多野兽;宫、观、台等建筑"延亘数十里"。孝王礼贤下士,梁园为养士之所,一时文人云集,司马相如、枚乘在住园期间分别写成著名的汉赋《子虚赋》和《七发》。兔园以其山池、花木、建筑之盛以及人文之荟萃而名重于当时。直到唐代,仍不时有文人为之作诗文咏赞、发思古之幽情。

皇家园林是西汉造园活动的主流,它继承秦代皇家园林的传统,保持其基本特点而又有所发展、充实。因此,秦、西汉皇家园林可以相提并论。

功能的多样、驳杂导致造园的极不规范和园地的大幅度拓展。西汉皇帝把对离宫别苑的经营当作自己权力的展示,并到了狂热的程度。离宫别苑规模之大、建筑之美轮美奂足以令后人为之瞠目,其表现出仿佛涵盖宇宙的魄力,显示了中央集权的强大气概。这与汉代艺术所追求的镂金错彩、夸张扬励之美颇相似,反映了西汉国力之强盛和统治者的好大喜功，也同样是受到儒家美学观念的影响。儒家反对过分奢靡的风气，却很讲究通过人为创造来表现外貌的堂皇美饰，这种雍容华贵之美，遂成为西汉宫廷造园的审美核心——皇家气派。它作为一个传统，在以后的历代宫廷造园的实践中都有不同程度的体现。

三、东汉的皇家园林

西汉末年，天下大乱。在王莽短暂篡位后，起自宛、洛一带的地方割据势力、豪族大地主刘秀建立东汉王朝，公元 26 年定都洛阳，为汉光武帝。

汉光武帝在洛阳城的北面建方坛，祀山川神祇，南面建灵台、州堂、辟雍、太学。近郊一带伊、洛河水滔滔，平原坦荡如砥，邙山逶迤绵延，优美的自然风光和丰沛的水资源为经营园林提供了优越的条件。如图 2-10 所示，这一带散布着许多宫苑，见于文献记载的有苹圭灵昆苑、平乐苑、上林苑、广成苑、光风园、鸿池、西苑、显阳苑、鸿德苑等九处。

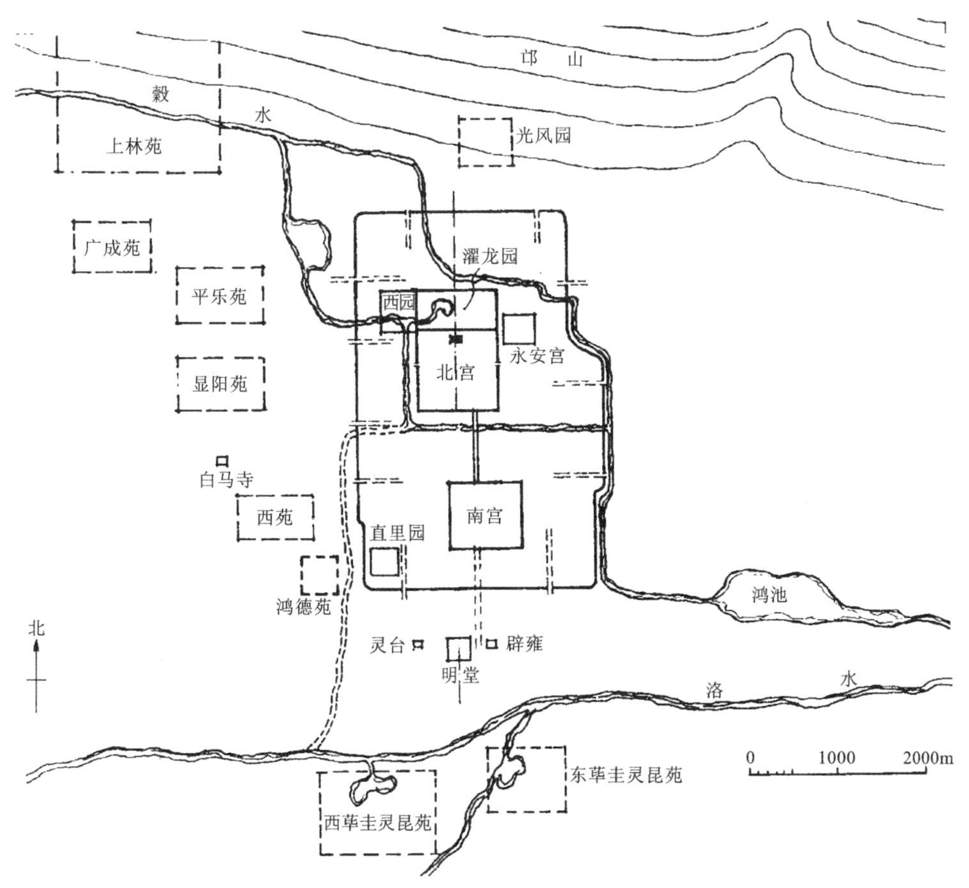

图 2-10　东汉洛阳主要宫苑分布图

东汉初期，朝廷崇尚节俭，反对奢华，故宫苑的兴造不多。到后期，统治阶级日益追求享乐，桓、灵二帝时，除扩建旧宫苑之外，又兴建了许多新宫苑，形成东汉皇家造园活动的高潮。

洛阳作为东汉都城，在建都之初便着手解决漕运和城市供水的问题，乃开凿漕渠，引洛水进入洛阳以通漕和补给城市用水，形成一个比较完整的水系，鸿池便是调节水量的蓄水库。这个水系为城内外的园林提供了优越的供水条件，因而绝大多数御苑均能够开辟各种水体，因水而成景，也在一定程度上促进了园林理水技艺的发展。东汉科学发达，曾有造纸术、候风地动仪等发明。城市供水方面也引进科学技术而多有机巧创新，对园林理水产生了一定影响，增益园林理水的机巧性和多样化，如史载有"激上河水，铜龙吐水，铜仙人卸杯，受水下注"的做法。

东汉称皇家园林为"宫苑"，亦如西汉之有宫、苑之别。此外，也有称之为"园"的。总的看来，东汉的皇家园林数量不如西汉的多，规模远较西汉的小，但园林的游赏功能已上升到主要地位，因而比较注意造景的效果。

四、汉代的私家园林

西汉初年，朝廷崇尚节俭，私人造园的情况并不多见。汉武帝以后，贵族、官僚、地主、商人广置田产，拥有大量奴婢，过着奢侈的生活。关于私家园林的情况就屡有见于文献记载，所谓"宅""第"，即包括园林在内，也有称之为"园""园池"的。其中尤以建置在城市及近郊的居多，《汉书·田蚡列传》记汉武帝时的宰相田蚡"置宅甲诸第，田园极膏腴，市买郡县器物，相属于道，前堂罗钟鼓，立曲旃，后房妇女以百数，诸奏珍物狗马玩好不可胜数"。此外，大官僚灌夫、霍光、董贤，以及贵戚王氏五侯的宅第园池，均规模宏大、楼观壮丽。

西汉地主小农经济发达，政府虽然采取重农抑商的政策，对商人规定了种种限制，但由于商品经济在沟通城乡物资交流，供应皇室、贵族、官僚的生活享受方面起着重要作用，由经商而致富的人不少。大地主、大商人成了地方上的豪富，民间营造园林已不限于贵族、官僚，富豪们造园的规模也很大。汉武帝时茂陵富人袁广汉所筑私园的规模相当大——东西四里、南北五里。楼台馆榭，重屋回廊，曲折环绕，重重相连，人工开凿水体引激流水注其内，水池面积辽阔，积沙为洲屿；人工堆筑的土石假山体量巨大，延绵数里，高十余丈；园中豢养着众多的奇禽怪兽，种植大量的树木花草。可以想象其类似于皇家园林的规模和内容。

到东汉时，私家园林见于文献记载的已经比较多了，除了建在城市及其近郊的宅、第、园池之外，随着庄园经济的发展，郊野的一些庄园也掺入了一定分量的园林化经营，表现出一定程度的朴素的园林特征。东汉初期，经济有待复苏，社会上尚能保持节俭的风尚。中期以后，吏治腐败，外戚、宦官操纵政权，贵族、官僚敛聚财富，追求奢侈的生活。他们竞相营建宅第、园池，到后期的桓、灵两朝，此风更盛。

梁冀为东汉开国元勋梁统的后人，家世显赫，顺帝时官拜大将军，历事顺、冲、质、桓四朝。他当政的二十余年间先后在洛阳城内外及附近的千里范围之内，大量修建园、宅供其享用。一人拥有园林数量之多，分布范围之广，均为前所未见者。梁冀所营诸园，分布在东至荥阳（今河南省郑州市西）、西至弘农（今河南省灵宝县）、南至备阳（今河南省鲁山县）、北至黄河和淇水的广大地域内，其规模简直可以比拟于皇家园苑了。梁冀的两处私园——园圃和菟园，作为东汉私家园林的精品，在一定程度上反映了当时贵戚、官僚的营园情况。

园圃"深林绝涧、有若自然"，具备浓郁的自然风景的意味。园林中构筑假山的方式，尤其值得注意，它模仿崤山形象，是真山的缩移和摹写。崤山位于河南与陕西交界处，东、西二崤相距约 15 千米，山势险峻，自古便是兵家必争的隘口。园内假山即以"十里九坂"的延绵气势来表现二崤之险峻恢弘，假山上的深林绝涧亦为了突出其险势，足见园内的山水造景是以具体的某处大自然风景作为蓝本，已不同于皇家园林虚幻的神仙境界了。梁冀园林假山的这种构筑方式，可能是中国古典园林中见于文献记载的最早的例子。

建置在洛阳西郊的菟园"经亘数十里"，园内建筑物体量较大，尤以高楼居多，而且营造规模十分可观。东汉私家园林内建置高楼的情况比较普遍，当时的画像石、画像砖都有具体的形象表现。这与秦、汉盛行的"仙人好楼居"的神仙思想固然有着直接关系，另外也是出于造景、成景方面的考虑。楼阁的高耸形象可以丰富园林总体的轮廓线，人们似乎已经认识到楼阁所特有的"借景"功能。

传世和出土的东汉画像石、画像砖，其中有许多是刻画住宅、宅园、庭院形象的，都很细致、具体，可以和文字记载互相印证。图2-11(a)表现的是一座完整的住宅建筑群，呈两路跨院，左边的跨院有两进院落，前院设大门和过厅，其后为正厅所在的正院，庭院中畜养着供观赏的禽鸟。右边的跨院亦有两进，前院为厨房，其后的一个较大的院落即是宅园，园的东南隅建置类似"阙"的高楼一幢。图 2-11(b)表现的是住宅的大门，从门外可以看到庭院内种植的树木。图 2-12 则全面地描绘了一座住宅的绿化情况，不仅宅内的几个庭院种植树木，宅门外的道路两旁也都成片地种植树木。住宅内的庭院既有进行绿化而成为庭园的，也有作为公共活动场地的。图 2-13 所表现的是住宅的一个庭院内正在演出杂技的情形。

东汉园林理水技艺发达，私家园林中的水景较多，往往把建筑与理水相结合而因水成景。图 2-14 表现的便是一幢临水的水榭，整幢建筑物用悬臂梁承托悬挑，使之由岸边突出于水面，以便于观赏水中游鱼嬉戏之景。此外，山东诸城出土的一方画像石描绘一座华丽邸宅，其第二进院落中有长条状的水池，池岸曲折自然，类似于梁冀宅邸庭院内"飞梁石蹬，陵跨水道"的开凿水体的点缀。

五、秦汉时期隐逸思想的发展及其对园林的影响

隐士古而有之，即避世隐逸的士人，传说中的许由、巢父、伯夷、叔齐就是这样的人物。他们的抱负往往不见重于统治者，为了维护个人相对独立的社会理想、人格价

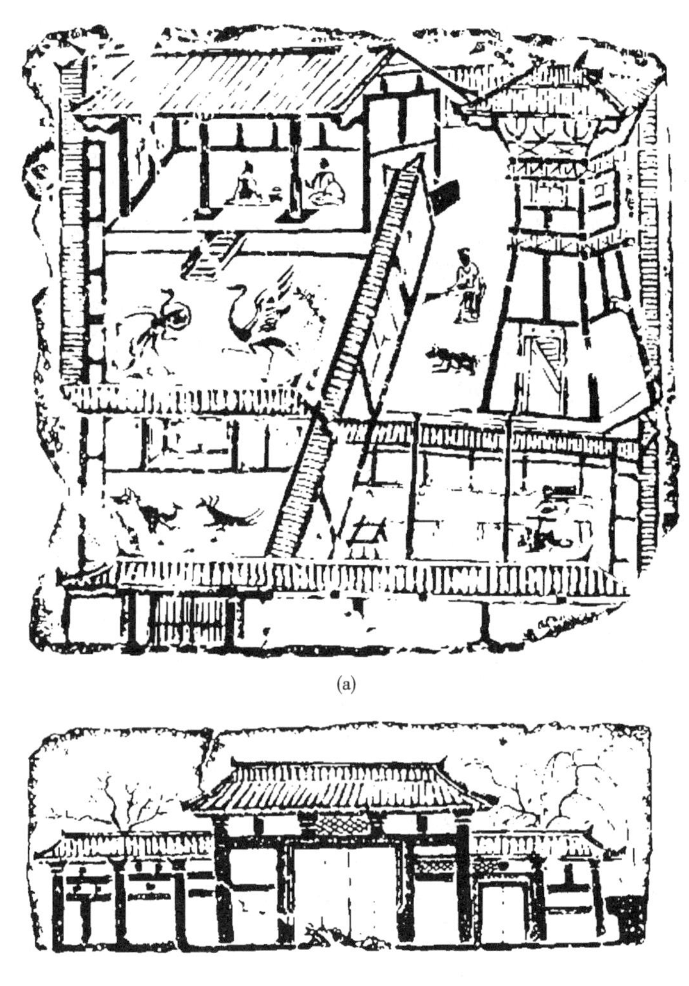

(a)

(b)

图 2-11　四川出土的东汉画像砖

(a)庭院(四川成都画像砖);(b)大门(四川德阳画像砖)

值和审美情趣,乃避开现实社会,隐居于山林。对于中国的士大夫来说,“天下有道则见,无道则隐”,“穷则独善其身,达则兼济天下”,先儒们早已为后世文人指出了人生中相互补充而又协调的两条人生道路。

隐士们在不同的时代提出了不同的隐逸思想。虽然隐逸文化并未占据过中国传统思想文化的主流,但作为中国历史上一种奇异的文化现象,隐逸思想曾传承和沉淀于历代不畅其志的士人的血脉之中,并创造出了灿烂丰富的文化。

东汉初年,豪强群起,奴役贫苦农民充当徒附,强迫精壮之士充当部曲,形成各地的大小割据势力。他们逐渐瓦解了西汉以来的地主小农经济,促成了农民人身依附于庄园主的庄园经济的长足发展。庄园远离城市,进行着封闭性的农业经营和手工业生产,相当于一个个在庄园主统治下的相对独立的政治、经济实体。

图 2-12 河南郑州出土的东汉画像砖

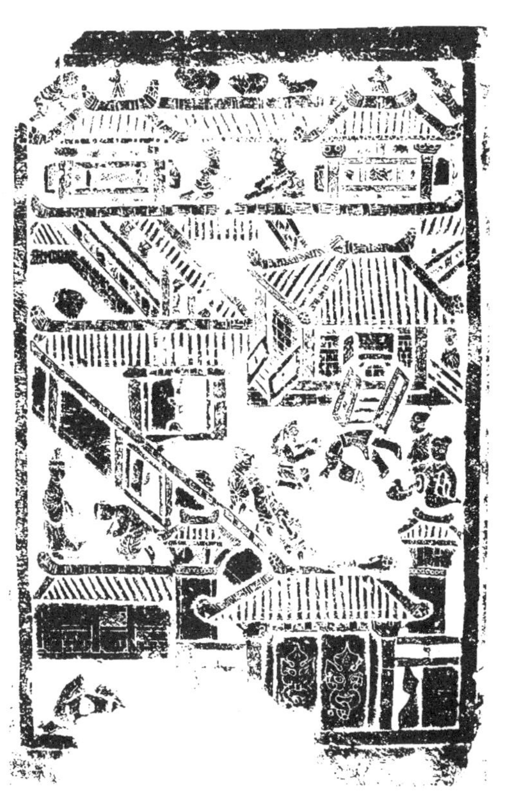

图 2-13 山东曲阜旧县村出土的东汉画像石

庄园主除豪强之外，还有一些出身世家的大族。例如光武帝的舅父樊宏，拥有大量庄田和奴仆，经营农工商业，又出身高贵、位居要津，在地方上有很高的威望。像这样的世家大族庄园主，也就是魏晋南北朝时期“士族”的前身。政府的各级官僚也通过种种方式兼并土地而拥有自己的庄园。

西汉时期，大一统的皇帝集权政治空前巩固，“普天之下莫非王土，率土之滨莫非王臣”，士人若欲建功立业，必须依附于皇帝这一最高统治者并接受其行为规范和思想意识的控制，否则就只能选择做隐士一族，方可以保持自己独立的社会理想和人格价值。到东汉时，情况有了很大的变化，庄园经济的发展形成了许多相对独立的政治、经济实体，它们在一定程度上能避开皇帝的集权政治，得以成为比较理想的隐居之所。东汉中期以后，帝王荒淫，吏治腐败，外戚宦官专政，许多文人出身的官僚由于不满现状、逃避政治斗争所带来的灾祸和迫害，纷纷辞官回到自己的庄园隐居起来，一些世家大族的文人也有终生不愿为官而甘心于在庄园内过隐居生活的。这时的隐

图 2-14　山东微山县两城镇出土的东汉画像石

士，不论致仕退隐者或终生不仕之隐者，绝大多数已不必遁迹山林了，取而代之的是“归园田居”，即到各自的庄园中去做那优哉游哉的安逸的庄园主——隐士庄园主。他们的物质生活能保证一定的水准，精神生活则能远离政坛是非和复杂的人际关系，回归大自然的怀抱，充分享受诗书酒琴和园林之乐。所以，隐士的人数逐渐增多。他们的言行影响到意识形态，“隐逸思想”便在文人士大夫的圈子里逐渐滋长起来。

隐士庄园主多半为文人出身，他们熟习儒家经典而思想上更倾向于老庄，又深受传统的天人谐和哲理的浸润，因而很重视居处生活与自然环境的关系，尤为关注后者的审美价值。他们经营的庄园，往往有意识地去开发内部的自然生态之美，延纳、收摄外部的山水风景之美。这样的园林化庄园既是生产、生活的组织形式，也可以视为私家园林的一个新兴类别——别墅园的雏形。它们远离城市喧嚣，为庄园主创造了淡泊宁静的精神生活条件和一定水准的物质生活条件。

更难能可贵的是，他们有意识地把人工建置与大自然风景相融糅而创造“天人谐和”的人居环境，这种极富自然清纯格调之美的环境，正是士人们所向往的隐逸生活的载体，当然，也可视为流行于东汉文人士大夫圈子里面的隐逸思想的物化形态。这样，隐逸不仅与山林结缘，而且也开始与园林发生了直接关系。应该说，园林化的庄园在东汉时尚处于萌芽状态，到了下一个时期的魏晋南北朝才得以长足发展。相应地，隐逸思想亦随之而丰富其内涵，更深刻地渗透于后世私家园林的创作活动之中。

小　结

中国古典园林的幼年发展时期持续了近 1200 年，从萌芽、产生到逐渐成长，大致可以分为三个阶段：第一阶段是商、周时期；第二阶段是秦、西汉时期；第三阶段是东汉时期。

商、周是园林幼年发展时期的初始阶段，天子、诸侯、卿、士大夫等大小贵族奴隶主所拥有的“贵族园林”相当于皇家园林的前身，但尚不是真正意义上的皇家园林。

秦、西汉为生成期园林发展的重要阶段，相应于中央集权的政治体制的确立，出现了皇家园林这种园林类型。它的“宫”“苑”两个类别，对后世的宫廷造园影响极为深远。

东汉则是园林由幼年时期发展到魏晋南北朝的发展时期的过渡阶段。

应该说，处于幼年发展时期的中国古典园林演进变化极其缓慢，始终处在发展的初级状态，原因主要有以下三方面。

第一，这一时期造园活动的主流是皇家园林，尚不具备中国古典园林的全部类型。园林的内容驳杂，园林的概念也比较模糊。私家园林虽已见诸文献记载，但为数甚少，而且大多数是模仿皇家园林的规模和内容，两者之间尚未出现明显的类型上的区别。

第二，园林的总体规划尚比较粗放，设计经营的艺术水平不高。无论天然山水园或者人工山水园，建筑物只是简单地散布、铺陈、罗列在自然环境中。园林的功能由早先的以狩猎、通神、求仙、生产为主，逐渐转化为以后期的游憩、观赏为主。

第三，早期的台、囿与园圃相结合已包含着风景式园林的因子，之后又受到天人合一、君子比德、神仙思想的影响而朝着风景式方向上发展，但毕竟仅仅是大自然的客观写照，本于自然却并未高于自然。由于原始的山川崇拜、帝王的封禅活动，再加上神仙思想的影响，大自然在人们的心目中尚保持着一种浓重的神秘感。儒家的“君子比德”之说，又导致人们从伦理、功利的角度来认识自然之美。对于大自然山水风景，仅仅构建了低层次的自觉的审美意识。因此，秦、汉时期的帝王苑囿规模宏大，其布局多出于法天象、仿仙境、通神明的目的，而在园林里面所进行的审美的经营尚处在低级的水平上，造园活动并未完全达到艺术创作的境地。

【思考和练习】

1. 中国古典园林的早期是如何从实用型转为观赏型的？
2. 描写中国古典园林的字、词有哪些？
3. 从商周到秦汉时期，园林的发展有哪些变化？

第三章　园林的定向发展时期——魏、晋、南北朝(公元 220 年—公元 589 年)

魏、晋、南北朝在中国历史上是颇具特色的一个时期。政治混乱，军阀、豪强互相兼并，形成魏、蜀、吴三国各据一方的局面。其后虽经西晋的短暂统一，但不久塞外少数民族南下中原相继建立政权，汉族政权则偏安江南，又形成南、北朝的分裂局面，直到隋王朝建立。人民生活在战乱频繁、命如朝露的残酷现实中，社会混乱，民生凋敝。然而精神上却是历史上极自由、极解放，最富有智慧和热情的一个时代，也是最富有艺术精神的一个时代。这一时期的哲学主要有两大派，一是以“玄学”为代表的唯心主义，一是以“无君论”和“神灭论”为代表的唯物主义。这一时期的宗教也有相当发展，主要有两种，一为佛教，一为道教。思想的解放促进了艺术领域的开拓，也给予园林发展很大的影响。同时魏、晋、南北朝时期是我国美学思想转变的关键时期，达到“初发芙蓉，自然可爱”美的更高境界。魏晋美学确立了中国古典园林的思想基础，“天人合一”思想真正运用于以满足人的物质享受和精神享受为主的园林中，中国园林真正形成了自然山水园的风格，并升华到艺术创作的新境界，完成了造园活动从生成到全盛的转折，奠定了中国古典园林的发展基础。

第一节　时代与文化背景

一、魏、晋、南北朝时期的时代背景

公元 2 世纪末，东汉统治衰落，中国历史由此进入一个较长的分裂时期。军阀、豪强互相兼并，形成魏、蜀、吴三国割据的局面。公元 263 年，魏灭蜀。两年后司马氏篡魏，建立晋王朝。公元 280 年吴亡于晋，结束了分裂的局面。中国复归统一，史称西晋。

公元 317 年，南渡的司马氏建立东晋王朝。东晋在外来的北方士族和当地士族的支持下维持了 103 年。东晋十六国之后，中国历史进入南北分裂、对峙的阶段。公元 420 年，东晋大将刘裕即帝位，国号宋，为南朝开始，建都建康，史称刘宋。公元 479 年，萧道成废刘准即帝位，国号齐，定都建康，史称南齐。这一时期是中国历史上帝王更换极快的一朝。公元 502 年，萧衍即帝位，国号梁，定都建康，史称南梁。萧衍在位 48 年，由于他的失策，导致“侯景之乱”，使梁朝国土失去大半。公元 557 年，梁敬帝萧方智被迫让位与陈。公元 557 年，陈霸先即帝位，国号陈，定都建康。公元 578 年，北周军攻占淮南，陈朝江北之地尽失。公元 589 年，陈被隋灭。历史上把宋、

齐、梁、陈这南方四朝称为南朝。南朝的历史是门阀士族由盛而衰的历史，南朝的皇权比较强大，门阀士族社会地位虽然高贵，却已不能完全左右政局。随着江南开发的不断深入，当地汉人在政治上势力逐渐上升，步入官僚行列，为皇帝所倚重。从梁陈之际开始，南方内地的土豪，也成为割据的一方势力。

北方有五个少数民族先后建立十六国政权。后期，一个极为落后的少数民族拓跋鲜卑逐渐强盛起来，打败后燕，入主中原，在建立北魏政权(公元386年—公元534年)之后，消灭各割据政权。公元439年，魏太武帝拓跋焘统一北方，史称北魏，结束了十六国的割据混乱，使北魏和南方的刘宋形成南北对峙的局面，为南北朝之开始。孝明帝正光四年(公元523年)，六镇起兵，北魏陷入分裂和内战，分裂为东魏和西魏，随后又分别为北齐、北周所取代。

公元589年，隋文帝灭北周和陈，结束了魏晋南北朝这一历时369年的分裂时期，中国又恢复大一统的局面。这三百多年的动乱分裂时期，打破了儒学独尊的局面。人们敢于突破儒家思想的桎梏，藐视正统儒学制定的礼法和行为规范，在非正统的和外来的种种思潮中探索人生的真谛。由于思想解放而带来了人性的觉醒，便成了这个时期文化活动的突出特点。

二、魏、晋、南北朝的文化背景

魏、晋、南北朝是中国历史上一个长期的混乱时代。魏晋之际，皇族集团间的明争暗斗愈演愈烈，斗争的手段不是丰厚的赏赐便是残酷的诛杀。士大夫知识分子一旦牵连到政治斗争，则荣辱死生毫无保障。于是消极情绪与及时行乐的思想较为普遍，并导致了行动上的两个极端倾向——贪婪奢侈、玩世不恭。魏晋朝廷上下敛聚财富、荒淫奢靡成风。特殊的政治经济社会背景是产生大量隐士、滋长隐逸思想的温床，因而魏晋时期隐士数量之多，隐逸思想波及面之广，远远超过东汉。号称“竹林七贤”的阮籍、嵇康、刘伶、向秀、阮咸、山涛、王戎是这一时期名士的代表人物。名士们以纵情放荡、玩世不恭的态度来反抗礼教的束缚，寻求个性的解放。一方面表现为饮酒、服食、狂狷等具体行动，另一方面则表现为崇尚隐逸和寄情山水的思想作风，也就是所谓的“魏晋风流”。名士的种种言行，实际上也从一个侧面反映出隐逸思想在知识分子群体中的流播情况。

为了自我解脱而饮酒、服食丹药，隐士们狂狷、放浪形骸，都无非是想要暂时摆脱名教礼制的束缚。对于他们来说，最理想的精神寄托莫过于置身于远离人事纷扰的大自然环境中。战乱频繁、命如朝露的残酷现实生活，迫使人们对老庄哲学的“无为而治、崇尚自然”进行再认识。所谓自然，即非人为的、一切保持自然而然的状态，而大自然山林环境正是这种非人为的、自然而然状态的最高境界。再者，玄学的返璞归真与佛家的出世思想也都在一定程度上激发人们对大自然的向往之情。玄学家和名士们还倾心玄学、佛学，通过“清谈”进行理论上的探讨，论证人们必须处于自然而然的无为状态才能达到人格的自我完善，而名教礼法则是虚伪的表现，只有大自然山水是最“自然”的、最“真”的。在他们看来，大自然山水才是他们心目中真善美的寄托和化身，而这种“真”表现为社会意义就是“善”，表现为美学则是“美”，这就是名士们寄情山水的思想基础，也就是魏晋哲学的鲜明特征。

寄情山水与崇尚隐逸作为社会风尚，启发着知识分子阶层从审美角度认识和理解大自然山水，于是社会上又普遍形成了士人们游山玩水的浪漫风习(见图3-1)。人们一方面通过寄情山水的实践活动取得与大自然的自我协调，并对之倾诉纯真的感情；另一方面又结合理论的探讨去深化对自然美的认识，去发掘、感知自然风景构成的内在规律。于是人们对大自然风景的审美观念便上升到较高层次而成熟起来，其标志就是山水风景的大开发和山水艺术的兴盛。山水风景的开发是山水艺术兴起和发展的直接原因，而后者的兴盛又反过来促进了前者的开发，形成了中国历史上两者同步发展的密切关系。两晋南北朝时，山水艺术的各门类都有很强劲的发展势头，包括山水文学、山水画、山水园林。相应地，人们对自然美的鉴赏遂取代了过去对自然所持的神秘、功利和伦理的态度，进而形成了此后传统的美学思想核心。文人士大夫直接鉴赏大自然，或者借助于山水艺术的间接手段来享受山水风景之乐趣，也就成了他们精神生活的一个主要内容。

图 3-1　兰亭修禊图(明，文徵明)

东晋统治阶级提倡信仰佛教，西域的许多僧侣东来，中国人西去求教的也不少。名僧法显曾到古印度求法，带回大量经典。他所著的《佛国记》(汉名《法显传》)一书，是极重要的历史文献。当时的名僧还有佛图澄、释道安、慧远等。随着佛教勃兴，佛寺建筑迅速发展，木塔、砖塔也就在南北朝时朝兴建。

伴随佛教而来的绘画艺术、人物肖像画出现了繁荣的新面目，雕刻艺术就是这一时期的重大成就。北魏开始开凿的敦煌千佛洞、炳灵寺石窟、麦积山石窟、云冈石窟和龙门石窟等，都是中国艺术的瑰宝。东晋顾恺之等人的绘画技巧及绘画理论都有极高的成就，现有顾恺之的摹本《女史箴图》，是我国文化的珍品。王羲之父子的书法以及当时的音乐、戏剧等都有很高的成就。

魏晋南北朝社会的变迁，学术思潮以及文学观念的变化，文学的审美追求，带来了诗歌的变化。题材方面，出现了咏怀诗、咏史诗、游仙诗、玄言诗、宫体诗，以及陶渊明创造的田园诗，谢灵运开创的山水诗等；诗体方面，五古诗更加丰富多彩，七古诗也有明显进步，还出现了作为律诗开端的"永明体"，中国古代诗歌的几种基本形式如五律、五绝、七律、七绝等，在这一时期都有了雏形；辞藻方面，追求华美的风气愈来愈甚。藻饰、骈偶、声律、用典成为普遍使用的手段。

这一时期的文学除文人诗外，还有南北朝乐府民歌、辞赋、小说、文论等。儒学丧失独尊的地位，渐次衰微，玄学及佛教、道教从兴起走向兴盛，都对人们的思想和文学观念产生了较大的影响。文学创作不仅逐渐摆脱大量引经据典的风习，开始重视作家情感的自由抒发，而且在作品的表现形式上有多方面的探索。这一时期的文学主要包括散文、辞赋与骈文三种形式。散文较之两汉散文，有着明显的变化，一变板滞、凝重的面目而为清峻、通脱；辞赋创作也呈现出新的格局，抒情小赋的出现，是这一变化的重要标志。受讲究对偶、声律和藻饰风气的影响，骈文出现并走向成熟。

建安时代的诗歌中描写山水风景的越来越多。晋室南渡以后，江南各地秀丽的自然风景相继得到开发。文人名士游山玩水，终日徜徉于林泉之间，对大自然的审美感受日积月累，在客观上为山水诗的兴起创造了条件。再加之受老庄和玄学、佛学的影响，文人名士对待现实的态度由入世转向出世，企图摆脱礼法的束缚，追求顺应自然，因而便以完全不同于上代的崭新的审美眼光来看待大自然山水风景，把它们当作有灵性的、人格化的对象。于是山水诗文大量涌现于文坛，东晋的谢灵运便是最早以山水风景为题材进行创作的诗人，陶渊明、谢朓、何逊等人都是擅长山水诗文的大师。另外，当时的一些文人受到道教神仙思想的影响，在诗作中结合游历神仙境界的想象来抒发脱离尘俗的情怀，这就是所谓"游仙诗"，也给近代的江南诗坛带来了一股清新之风。这类山水题材的诗文尽管尚未完全摆脱玄言的影响，技巧上仍处在不太成熟的幼年期，不免带有矫揉造作的痕迹，但毕竟突破了两汉大赋的崇尚华丽、排比罗列，不仅描写山川形神之美，而且托物言志，抒发作者的感情，达到情景交融的境地。山水诗文与山水风景之间互相浸润启导的迹象十分明显，后者的开发为前者的创作提供广泛的素材，前者的繁荣则成为促进后者开发的力量。绘画方面，山水已经摆脱作为人物画的背景状态，开始出现独立的山水画。王微的《叙画》一文提出"画之情"，他认为山水画家必须对大自然之美产生感情，内心有所激荡才能形成创作的动力，即所谓"望秋云，神飞扬，临春风，思浩荡"。宗王的"神""情"之说主张山水画创作的主观和客观相统一，这就是中国传统思维方式与天人合一哲理的表现，当然也会在一定程度上影响到人们对大自然本身美的鉴赏，多少启发了人们以自然界的山水风景作为"畅神"和"移情"的对象。著名画家谢赫在《古画品录》中提出的六法——气韵生动、骨法用笔、应物象形、随类赋彩、经营位置、传移摹写，对我国园林艺术创作中的布局、构图、手法等，有较大的影响。

处在这样的时代文化氛围之中，越来越多的优美自然生态环境作为一种无限广阔的景观被利用而纳入人的居住环境，自然美与生活美相结合而向着环境美转化。

三、魏、晋、南北朝的园林艺术

魏、晋、南北朝时期，是中国古代园林史上的一个重要转折时期。文人雅士厌烦战争，玄谈玩世，寄情山水，以风雅自居。富豪们纷纷建造私家园林，把自然式风景山水缩写于自己的私家园林中。如西晋石崇的“金谷园”，是当时著名的私家园林。石崇，晋武帝时任荆州刺史，他聚敛了大量财富广造宅园，晚年辞官后，退居洛阳城西北郊金谷涧畔之“河阳别业”，即金谷园。他的《金谷诗》云：“余有别庐在金谷涧中，或高或下。有清泉茂林，众果竹柏药草之属，田四十顷，羊二百口，鸡猪鹅鸭之类莫不毕备。又有水碓鱼池土窟，其为娱目欢心之物备矣。”晋代著名文学家潘岳有诗咏金谷园之景物，说明石崇经营的金谷园，是为老年退休之后安享山林之乐趣，并作为吟咏作乐的场所。地形既有起伏，又临河而建，把金谷涧的水引来，形成园中水系，河洞可行游船，人坐岸边又可垂钓，岸边杨柳依依，又有繁多的树木配置，养鸡鸭等，真是游玩、吃喝皆具了。

北魏自武帝迁都洛阳后，造园之风极盛。在平面布局中，宅居与园也有分工，“后园”是专供游憩的地方。“石蹬碓尧”，说明有了叠假山。“朱荷出池，绿萍浮水。桃李夏绿，竹柏冬青”的绿化布置，不仅说明绿化的树木品种多，而且讲究造园的意境，即是注意写意了。

私家园林在魏、晋、南北朝时已从写实到写意。例如北齐庾信的《小园赋》，说明了当时私家园林受到山水诗文绘画意境的影响，而宗炳所提倡的山水画理之所谓“坚画三寸当千仞之高，横墨数尺体百里之回”，这成为造园空间艺术处理中极好的借鉴。

此外建筑技术的进步及观赏植物栽植之普遍，则又为造园的兴旺发达提供了技术和物质上的保证。在建筑技术方面，木结构的梁架、斗拱已趋于完备。立柱除八角形和方形之外，还出现了圆形的梭柱，栏杆多为勾片式。斗拱方面，额上施一斗三升拱，拱端有卷杀，柱头补间铺作人字拱，其中人字拱的形象也由起初的生硬平直发展到后来优美的曲脚人字拱。屋顶方面，东晋壁画中出现了屋角起翘的新样式，且有了举折，使体量巨大的屋顶显得轻盈活泼。楼阁式建筑相当普遍，平面多为方形。斗拱有卷杀、重叠、跳出，人字拱大量使用，有人字拱和一斗三升组合的结构，后期出现曲脚人字拱；令拱替木承转，栌斗承栏额，额上施一斗三升柱头人字补间铺作，还有两卷瓣拱头；栏杆是直棂和勾片栏杆兼用；柱础覆盆高，莲瓣狭长；台基有砖铺散水和须弥座；门窗多用版门和直棂窗，天花常用人字坡，也有覆斗形天花；屋顶愈发多样，屋脊已有生起曲线，屋角也已有起翘；梁坊方面有使用人字叉手和蜀柱现象，栌斗上承梁尖，或栌斗上承栏额，额上承梁；柱有直柱和八角柱等，八角柱和方柱多具收分。木结构建筑已完全取代了两汉的夯土台榭建筑，不仅有单层的，还有多层的，大量的木塔建筑显示了木结构技术所达到的水准。建筑作为一个造园要素，与山水地形、花木鸟兽等自然要素取得了较为密切的协调关系。园林的规划由粗放方式转变为细致精密的设计，升华到艺术创作的境界。

第二节　皇家园林

魏晋南北朝时期的皇家园林仍沿袭上代传统，虽然狩猎、通神、求仙、生产的功能已经消失或仅具象征意义，景观的规划设计已较为细致精练，但毕竟不能摆脱封建礼制和皇家气派的制约。与同时期的私家园林相比，其创作不如私家园林活跃，直到南北朝后期似乎才接受私家园林的某些影响，在造园艺术方面得以升华。

一、皇家园林实例

三国、两晋、南北朝相继建立的大小政权都在各自的首都进行宫苑的建置。其中建都比较集中的几个城市有关皇家园林的文献记载比较多:北方为邺城、洛阳，南方为建康。这三个地方的皇家园林大抵都经历了若干朝代的踵事增华，规划设计上达到了这一时期的较高水平，也具有一定的典型意义。

1. 邺城

邺城遗址在今邯郸市南 40 千米处临漳县的漳河河畔。自公元前 11 世纪商王朝灭亡之后，1500 年前，这里再度崛起，成为中国的政治、经济、文化中心。从东汉末年起，历经两晋、南北朝时期，先后有曹魏、后赵、冉魏、前燕、东魏、北齐等 6 个王朝在这里建都，长达 126 年。公元 580 年，邺城被毁，当时的相州、魏郡、邺县南迁至安阳城，安阳亦称邺。

邺城初建于春秋时期，相传为齐桓公所筑。公元前 439 年，魏文侯封邺，把邺城当作魏国的陪都。此后，邺城一步步成为侯都、王都、国都。战国时，西门豹为邺令，兴修水利，使千里荒原变成丰腴之地。他治河投巫的故事，几乎妇孺皆知。

东汉末年，曹操封爵魏公，独揽朝政，开始发展自己的割据势力，营建封邑邺都，并在战国时期兴修水利的基础上开凿运河，沟通河北平原的河流航道，形成了以邺城为中心的水运网络，同时也受到灌溉之利。因此曹魏时的邺地已盛产稻谷，再经以后历朝的经营而成为北方的稻米之乡。由于邺城在经济上所占的优势地位，又是曹魏的封邑，因此，曹操当政时只把许昌作为政治上的“行都”，在这里挟天子以令诸侯。而自己则坐镇邺城，以此为割据政权的根据地，锐意进行城池、宫苑之建设。当时邺城(见图 3-2)东西长 3.5 千米，南北长 2.5 千米，外城有 7 个门，内城有 4 个门。曹操还以城墙为基础，建筑了著名的 3 个台，即金凤台(即金虎台，后赵时因避建武帝石虎讳更名金凤台)、铜雀台、冰井台，达到了我国古代台式建筑的顶峰。曹操和他的儿子们在这里宴饮赋诗，造就了著名的三曹七子，为后世留下了“建安风骨”的美誉，是我国文学史上的一段佳话。

曹魏邺地城市结构严整，以宫城(北宫)为全盘规划的中心。宫城的大朝文昌殿建置在全城的南北中轴线上，中轴线的南段建衙署。利用东西干道划分全城的南北两大区。南区为居住坊里，北区为禁宫及权贵府邸。城市功能分区明确，有严谨的封

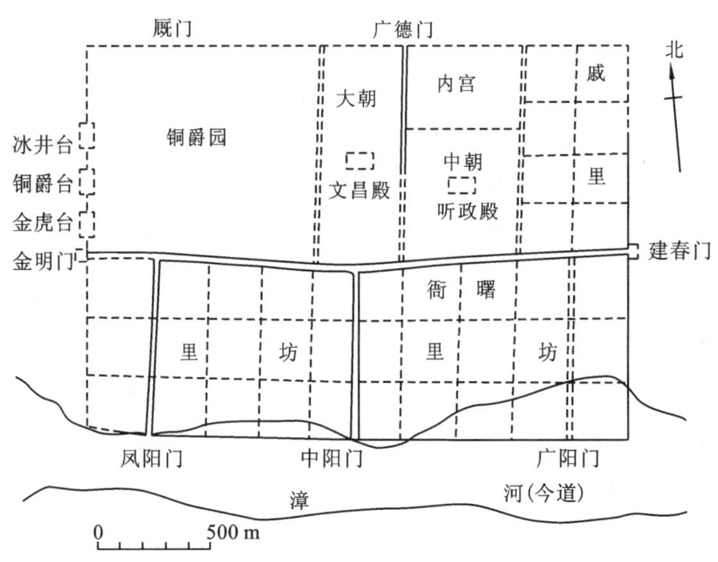

图 3-2 曹魏邺城平面图

建礼制秩序,也有利于宫禁的防卫。

御苑“铜雀园”又名“铜爵园”,初建于建安十五年(公元 210 年),后赵、东魏、北齐屡有扩建。这是以邺北城城墙为基础而建的大型台式建筑。当时共建有 3 台,前为金虎台、中为铜雀台、后为冰井台。据《水经注·漳水》的记述,铜雀台居中,高 33.3 米,上建殿宇百余间,楼宇连阙、飞阁重檐、雕梁画栋、气势恢弘,达到了我国古代高台建筑的顶峰。在台下引漳河水经暗道穿铜雀台流入邺城北郊的离宫别馆“玄武苑”中的玄武池,玄武池以肆舟楫,有鱼梁钓台、竹木灌丛,同时也是曹操操练水军之所,可以想象景象之盛。铜雀台的南面为金虎台,高 26.7 米,台上有屋 135 间。长明沟之水由铜雀台与金虎台之间引园入水,开凿水池作为水景亦兼可养鱼。北面是冰井台,因上有冰井而得名,高 26.7 米,上面建殿宇 140 间,有 3 座冰室,每个冰室内有数眼冰井,井深 50 米,储藏着大量的冰块、煤炭、粮食和食盐等物资,极具战略储备意义。冰井台距铜雀台 100 米。两者之间由阁道式浮桥相连接,凌空而起宛若长虹。铜雀台与金虎台之间的联系也是如此。所以 3 个台既有独立性,又是不可分割的整体。

铜雀园紧邻宫城,已具有“大内御苑”的性质。除宫殿建筑之外,铜雀园还有储藏军械的武库,进可以攻、退可以守,是一座兼有军事坞堡功能的皇家园林。

西晋建都洛阳,八王之乱后,政权已濒于崩溃,洛阳亦屡遭战乱而迅速萧条。东晋偏安江南,黄河流域为少数民族豪强所据,邺城以其优越的地理位置和曹魏奠定的城市宫苑基础而先后成为后赵、冉魏、前燕、东魏、北齐五朝建都之地,历时 79 年。

羌族人石勒创立后赵,先定都于襄国,督劝农桑,施行汉化政策,经济得到恢复发展。夺得邺城后,开始经营宫殿。公元 335 年石虎继位,正式迁都邺城,建东宫、西宫、太极殿,又在曹魏的基础上修葺 3 个台,铜雀台在原有 33.3 米高的基础上又增加

6.7 米，并于其上建 5 层楼，高 50 米，共去地 90 米。巍然崇举，其高若山。窗户都用铜笼罩装饰，日初出时，流光照耀。在楼顶又置铜雀，高 5 米，舒翼若飞，神态逼真。铜雀台有殿室 120 间。正殿上安御床，挂蜀锦流苏帐，四角设金龙头，衔五色流苏，又安全钮屈戍屏风床。又在铜雀台下挖两口井，两井之间有铁梁地道相通，称为“命子窟”，窟中存放了很多财宝和食品。北齐天保九年（公元 558 年），征发工匠 30 万，大修 3 台。元末，铜雀台被漳水冲毁一角，周围尚有 260 多米，高 16.7 米，上建永宁寺。明朝中期，三台尚在。明末，铜雀台大半被漳水冲没。

建武帝石虎荒淫无道，在连年战乱、民不聊生的情况下，役使成千上万的劳动人民经营邺都宫苑，同时还在襄国、洛阳、长安等地进行宫殿建设，在邺城新建的宫殿中，首推城北面的华林园。据《邺中记》记载，华林园内开凿大池“天泉池”，引漳水作为水源，再与宫城内的御沟连通成为完整的水系。千金堤上做两铜龙，相向吐水，以注天泉池。每年三月上巳，建武帝及皇后、百官临水宴游。园内栽植大量果树，多有名贵品种如春李、西王母枣、羊角枣、勾鼻桃、安石榴等，为了掠夺民间果树移栽园内，特制一种“蛤蟆车”，其“箱阔一丈，深一丈四，搏掘根面去一丈，合土载之，植之无不生”。文中虽没有提到假山，但既然役使十余万人，开凿大池，则利用土方堆筑土山完全是可能的。除了华林园之外，还修建了一些规模较小的御苑，如专门种植桑树的“桑梓苑”等。

公元 357 年，鲜卑族人建立的前燕政权将国都由蓟迁邺。后燕时期兴建御苑“龙腾苑”，起景云山于苑内，又起逍遥宫、甘露殿，连房数百，观阁相交，凿天河渠，引水入宫。又凿曲光海、青凉池。

公元 538 年，东魏扩建南邺城于曹魏邺城之南，东西长 3 千米，南北长约 4 千米。增修了许多奢华建筑，如太极殿、昭阳殿、仙都苑等。新的南邺城约为旧城的两倍大，东西城墙各四门，南城墙三门。宫城居中靠北，位于城市的中轴线上，呈前宫后苑的格局（见图 3-3）。

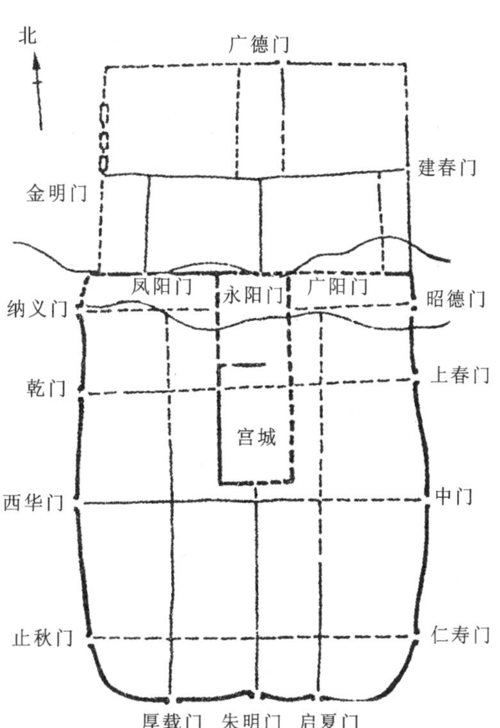

图 3-3　北齐邺城平面图（贺业钜：《中国古代城市规划史》）

公元 571 年，北齐后主高纬于南邺城之西兴建仙都苑，这座皇家园林较之以往的邺城诸苑，规模更大，内容也更丰富。仙都苑周围数十里，苑墙设三门、四观，苑中堆有五座山，象征五岳，在五岳中间引水象征中国的长江、黄河、淮河、济水四条独流入海的“四渎”，名曰东海、南海、西海、北海四海，又汇集成为一个大海，这个水系通行舟船的水程长达12.5千米。大海中有连璧洲、杜若洲、荒芜岛、三休山，还有万岁楼建在水中央。万岁楼的门窗垂五色流苏帐帷，梁上悬玉佩，柱上挂方镜，下悬织成的香囊，地上铺锦褥地衣，中岳之北有平头山，山的东、西侧为青云楼，楼北为九曲山，西有陛道名叫通天坛。大海之北有七盘山及若干殿宇，正殿为飞鸾殿，十六间，柱础镌作莲花形，梁柱“皆苞以竹，作千叶金莲花三等束之”，殿“后有长廊，檐下引水，周流不绝”。北海之中建密作堂，这是一座建于大船之上的漂浮在水面上的多层建筑物。北海附近有两处特殊的建筑群：一处是城堡，齐后主高纬命高阳王思宗为城主据守，高纬亲率宦官、卫士鼓噪攻城以取乐；另一处是“贫儿村”，效仿城市贫民居住区的景观，高纬与后妃宫监装扮成店主、店伙、顾客，往来交易三日而罢。其余楼台亭榭之点缀，则不计其数。

仙都苑不仅规模宏大，其总体布局用以象征五岳、四海、四渎乃是继秦汉仙苑式皇家园林之后象征手法的发展。苑内的各种建筑物从它们的名称上看，形象相当丰富，如贫儿村模仿民间的村肆，密作堂宛若水上漂浮的厅堂，城堡类似园中的城池，等等。这些在皇家园林的历史上都具有一定的开创性意义。

2. 洛阳

魏文帝曹丕黄初元年（公元220年）初营洛阳宫，以建始殿作为大朝正殿，黄初二年（公元221年）筑陵石台，黄初三年（公元222年）穿灵芝池，黄初五年（公元224年）穿天渊池，黄初七年（公元226年）筑九华台。到魏明帝时，洛阳开始大规模的宫苑建设，其中包括著名的芳林园。

此时，东汉的南宫已废弃不用，新的宫城是以东汉的北宫为基础作适当的调整变更而成的单一集中的宫城。魏明帝参照邺城的宫城规制，以太极殿与尚书台骈列为外朝，其北为内廷，再北为御苑芳林园。这一皇都模式不仅为西晋、东晋所继承，两百多年后北魏重建洛阳所遵循的大体上也是这个模式。单一的宫城正门前形成一条直达南城门的御街——铜驼大街，重要的衙署府邸均分布于街的两侧。御街与其后的宫苑建设，对洛阳的水系又作了一次全面的整治，以加强宫城的防卫能力，保障皇居的安全。由于宫城工程浩繁，魏明帝甚至亲率百官参加劳动，以表示政府对城市建设的重视。

芳林园是当时最重要的一座皇家园林，后因避齐王讳改名为华林园。园的西北面为各色文石堆筑成的土石山——景阳山，山上广植松、竹。东南面的池陂（可能是天渊池的扩大部分），引来榖水绕过主要殿堂之前而形成完整的水系。创设各种水景提供舟行游览之便，这样的人为地貌显然已有全面缩移大自然山水景观的意图。天渊池中有九华台，台上建清凉殿，流水与禽鸟雕刻小品结合于机枢之运用而做成各式水系。园内畜养山禽杂兽，建高台“凌云台”及多层楼阁，殿宇森列并有足够的场地进行上千人的活动和表演“鱼龙漫延”的杂技。这些都仍然保留着东汉苑囿的遗风。

北魏政权自平城迁都洛阳之后统一了北方，为适应经济发展、文化繁荣、人口增加的要求，也为了强化北魏王朝对北方的统治，就需要在曹魏、西晋的基础上重新加以营建。为此，政府曾派人到南朝考察建康的城市建设情况并制定新洛阳的规划方案，于北魏文帝太和十七年（公元493年）开始了大规模的改造、整理、扩建工程。

北魏洛阳（见图3-4）在中国城市建筑史上具有划时代的意义，它的功能分区较之汉、魏时期更为明确，规划格局更趋完备。内城即魏晋洛阳城址，在其中央的南半部纵贯着一条南北向的主要干道——铜驼大街，大街以北为政府机构所在的衙署区，衙署以北为宫城（包括外朝和内廷），其后为御苑华林园，已邻近于内城北墙了。干道—衙署—宫城—御苑，自南而北构成城市的中轴线，这条中轴线是皇居之所在，也是政治活动的中心。它利用建筑群的布局和建筑体形变化形成一个具有强烈节奏感的完整的空间序列，以此来突出封建皇权的至高无上。大内御苑毗邻于宫城之北，既便于帝王游赏，又具有军事防卫上"退足以守"的用意。这个城市完全成熟的中轴线规划体制，奠定了中国封建时代都城规划的基础，确立了此后皇都格局的模式。内城以外为外廓城，构成宫城、内城、外城三套城垣的形制。外城大部分为居民坊里。整个外廓城"东西二十里，南北十五里"，比隋唐长安城还要略大一些。

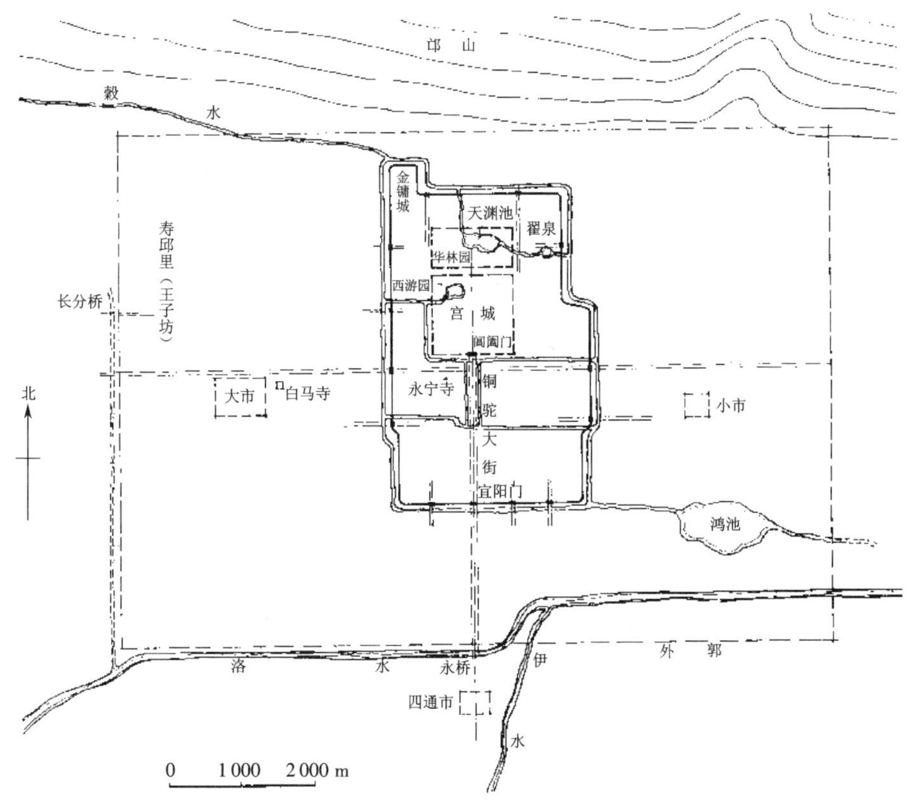

图3-4　北魏洛阳平面图

北魏的洛阳城完全恢复了魏、晋时的城市供水设施，而且更加完善，水资源得以充分利用。因此，内城清流萦回，绿荫夹道，外城河渠通畅，环境十分优美。水渠不仅接济宫廷苑囿，并且引流入私宅、寺观，为造园创造了优越的条件，因而城市园林十分兴盛。

主要的大内御苑华林园（见图 3-5）位于城市中轴线的北端，是利用曹魏华林园的大部分基址改建而成的。华林园可以说是仿写自然、以人工为主的一个皇家园林，园内的西北面以各色文石堆筑土石山，东南面开凿水池，名为“天渊池”，引来穀水绕过主要殿堂前，形成园内完整的水系。沿水系有雕刻精致的小品，形成很好的景观。华林园中又有各种动物和树木花草，还有供演出活动的场所。从布局和使用内容来看，既继承了汉代苑囿的某些特点，又有了新的发展，并为以后的皇家园林所模仿。

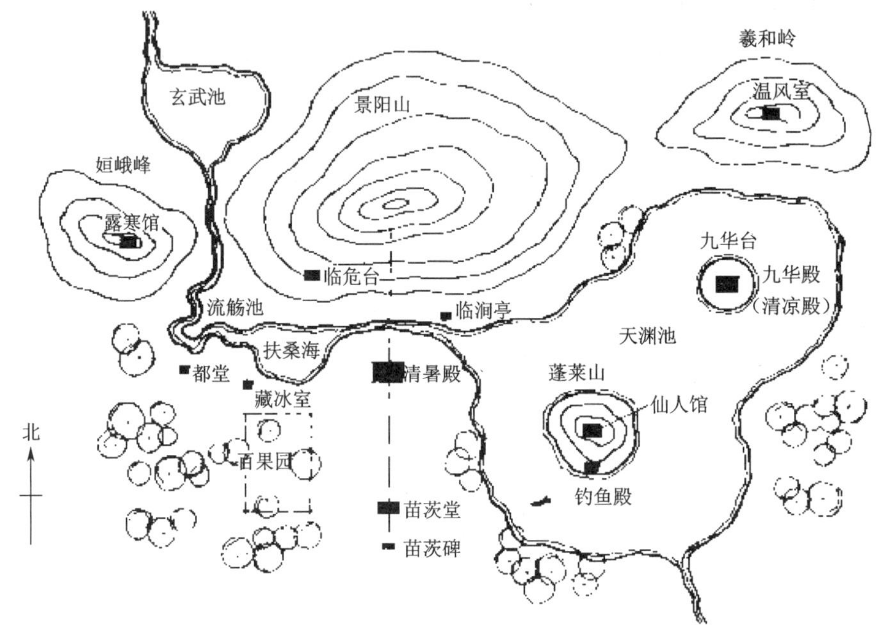

图 3-5　北魏洛阳大内御苑华林园平面设想图

3. 建康

建康（见图 3-6）即今南京，在魏晋南北朝时期有 370 年作为各朝的建都之地。建康城周长约 10 千米，城内的太初宫为孙策的将军府改建而成。公元 267 年，孙皓在太初宫之东营建显明宫，太初宫之西建西苑，又称西池，即太子的园林。在建设城市和宫殿的同时，也修整河道供水设施，先后开凿青溪（东渠）、潮沟、运渎、秦淮河，改善了城市的供水和水运条件，建康城遂日益繁荣。出城之南至秦淮河上的朱雀航（航即浮桥），官府衙署鳞次栉比，居民宅室延绵迤西直至长江岸，大体上奠定了此后建康城的总体格局。

建康的皇家园林，宋以后历代均有新建、扩建和添改的，到梁武帝时臻于极盛，后经“侯景之乱”而破坏殆尽，陈代立国才又重新加以整建。南方汉族政权偏安江左，皇

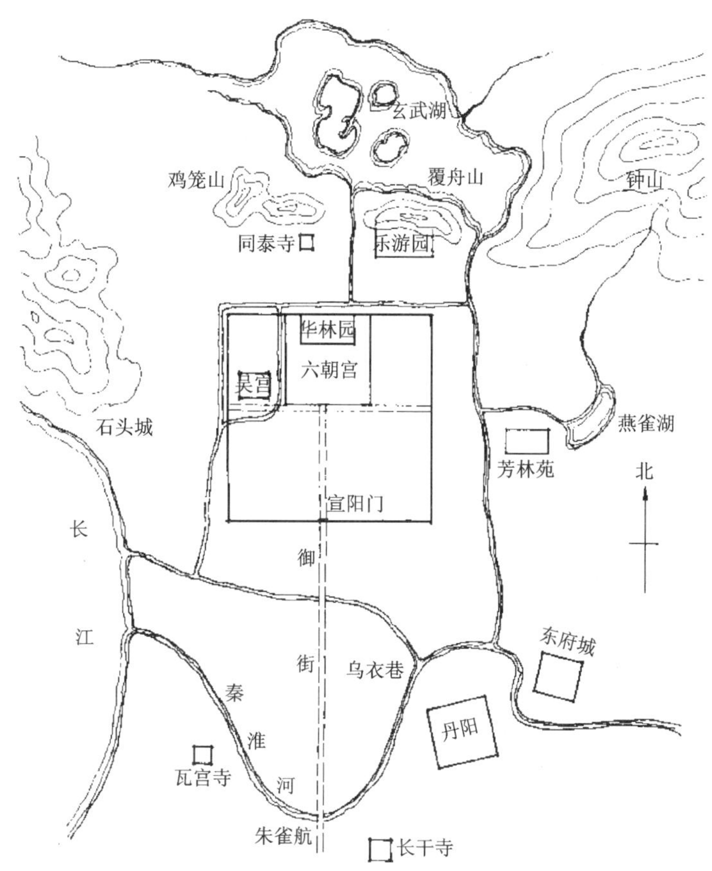

图 3-6　六朝建康平面图

家园林的规模都不太大。但设计规划上则比较精致，内容也十分豪华，这在后来的文人笔下乃是"六朝金粉"的主要表现。隋文帝灭陈，"金陵王气黯然收"，这些园林也就随之而灰飞烟灭了。

大内御苑"华林园"位于台城北部，与宫城及其前的御街共同形成干道-宫城-御苑的城市中轴线规划序列。华林园始建于吴，历经东晋、宋、齐、梁、陈的不断经营，是南方一座重要的、与南朝历史相始终的皇家园林。

早在东吴，已引玄武湖之水入华林园。东晋在此基础上开凿天渊池，堆筑景阳山，修建景阳楼。此时，园林已初具规模，显示一派犹若自然天成之景观。到刘宋时大加扩建，保留景阳山、天渊池、流杯渠等山水地貌并整理水系。园内除保留上代的仪贤堂、景阳楼之外，又先后兴建琴室、灵曜殿、芳香琴堂、日观台、清暑殿、光华殿、醴泉殿、朝日明月楼、竹林堂等，开凿花萼池，堆筑景阳东岭。

侯景叛乱，尽毁华林园，陈代又予以重建。至德二年(公元 584 年)，荒淫无道的陈后主在光昭殿前为宠妃张丽华修建著名的临春、结绮、望仙三阁，"阁高数丈，并数十间。其窗牖、壁带、悬楣、栏槛之类，皆以沉檀香木为之，又饰以金玉，间以珠翠，外施珠帘，内有宝床、宝帐，其服玩之属，瑰奇珍丽，近古所未有。每微风暂至，香闻数里，朝日初照，光暎后庭。其下积石为山，引水为池，植以奇树，杂以花药"，阁间以复道联系，复道即飞阁，同样的情况亦见于曹魏邺城的铜雀园和北魏洛阳的华林园中。

华林园之水引入台城南部的宫城，为宫殿建筑群的园林化创造了优越条件。台城（见图 3-7）的宫殿，多为三殿一组，或一殿两阁，或三阁相连的对称布置，其间泉流环绕，杂植奇树花药，并以廊庑阁道相连，具有浓郁的园林气氛。这种做法即是敦煌唐代壁画中常见的"净土宫"背景之所本，也影响到日本的以阿弥陀堂为中心的净土庭园。著名的京都平等院凤凰堂，若追溯其源，则很可能脱胎于南朝宫苑的模式。

台城之内，还有另一处大内御苑"芳乐苑"，始建于南齐。南齐东昏侯于台城阅武堂旧址兴建芳乐苑，苑内穷奇极丽，多种树水，"山石皆涂以五彩，跨池水立紫阁诸楼观……种好树美竹，天时盛暑，未及经日便就萎枯。于是征求民家，望树便取，毁撤墙屋以移致之，朝栽暮拔，道路相继，花药杂草亦复皆然"。东昏侯在芳乐苑内也搞了一个仿市井的街道店肆，于时百姓歌云："阅武堂，种杨柳。至尊屠肉，潘妃酤酒。"

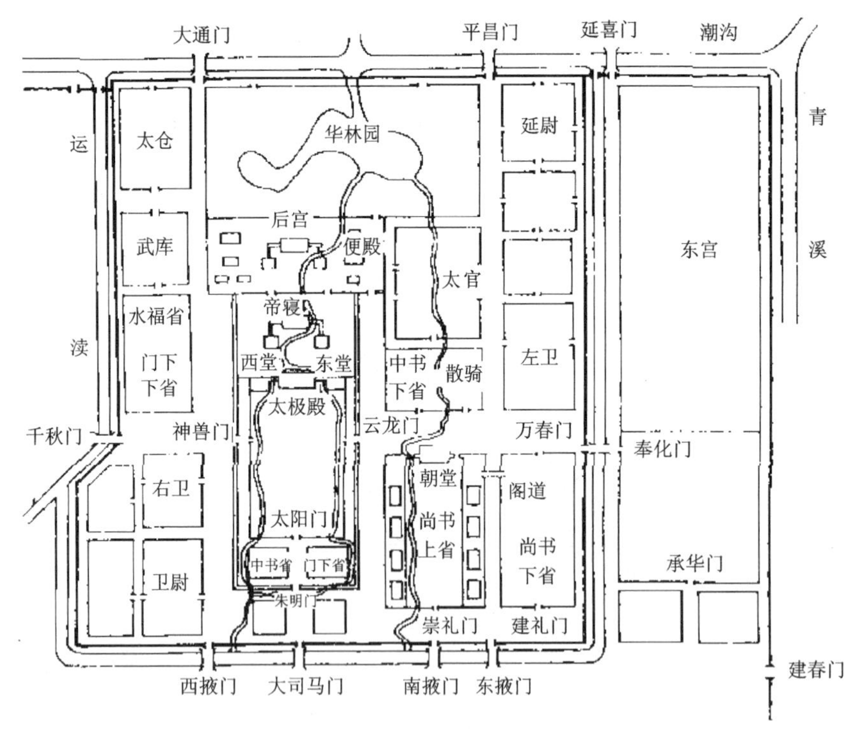

图 3-7 台城平面示意图(摹自郭瑚生《六朝建康》)

除大内御苑之外，南朝历代还在建康城郊及玄武湖周围兴建行宫御苑多达 20 余处。著名的如（南朝）宋代的乐游苑、上林苑，齐代的青溪宫（芳林苑）、博望苑，梁代的江潭苑、建新苑等处，星罗棋布，蔚为壮观。

乐游苑位于覆舟山之南麓，又名北苑，始建于刘宋。覆舟山北临玄武湖，东际青溪，南近台城，周围不过 1.5 千米，是台城的重要屏障，也是登山顶观赏玄武湖景的最佳处。芳林苑亦名桃花园，位于燕雀湖之东侧。

此外，上林苑作为皇家狩猎场，位于落星山之阳，玄武湖之北；青林苑、东田小苑、博望苑散布在钟山东麓。相传梁昭明太子曾在玄武湖的岛屿上建果园、植莲藕，并在梁洲设立读书台。梁洲是湖中大岛，朱武帝建揽胜楼以检阅水军，登楼远眺近观，则钟山闲云、玄湖烟柳、鸡笼云树、覆舟塔影的一派水光山色，尽在眼底。

二、综述

魏、晋、南北朝时期，因为没有过多的政治束缚，当时的文化思想领域也比较自由开放，人们的思想比较活跃。加之文学绘画等方面的发展，人们对自然美从直观、机械、形式的认识中有所突破，不再单纯地追求规模、崇尚富贵、铺张罗列，而是追求自然恬静、情景交融，这是园林艺术创作一个崭新的开拓。

魏、晋、南北朝以前的苑囿，其主要特点是气派宏大、豪华富有，在内容方面尽量包罗万象；而艺术性还处于起步阶段，既不可能富有诗情画意，又不可能考虑韵味和含蓄，更没有悬念。与同时期的私家园林相比，它已具有规模大、风格华丽、建筑体量大的特点，却没有私家园林富有曲折幽致、空间多变等特点。魏、晋、南北朝时期的皇家园林作为一个园林类型，具有以下特点。

第一，园林的规模仍较小，也未见有生产、经济运作方面的记载，其重点已从模拟神仙境界转化为世俗题材的创作，更多地以人间的现实取代仙界的虚幻。园林造景的主流仍然是追求“镂金错彩”的皇家气派，但其规划设计则更趋于精密细致；个别规模较大，如北齐高纬的仙都苑，由暴君驱使大量军民劳动力在很短时期内建成，估计施工十分粗糙，总体质量不高。

第二，由山、水、植物、建筑等造园要素综合而成的景观，其筑山理水的技艺达到一定水准。已多采用石堆叠为山的做法，山石一般选用稀有的石材。水体的形象多样化，理水与园林小品的雕刻物（石雕、木雕、金属铸造等）相结合，再运用机枢创造各种特殊的水景。植物配置多为珍贵的品种，动物的放逐和圈养仍占一定的比重。建筑的内容多样、形象丰富，楼、阁、观等多层建筑物，以及飞阁、复道都是承袭秦汉传统而又有所发展，台已不多见。亭在汉代本是一种驿站建筑物，这时开始被引进宫苑，但其已完全改变成为点缀园景的园林建筑了。

第三，皇家园林开始受到民间私家园林的影响，南朝的个别御苑甚至由当时的著名文人参与经营。西晋洛阳的华林园和南朝建康的华林园都有类似的禊堂、禊坛、流杯沟、流杯池、流觞池等建置，成为皇家园林的特有景观，也是宫廷模仿民间活动、帝王附庸文人风雅的表象。从此以后，在三大园林类型并行发展的过程中，皇家园林不断从私家园林中汲取新鲜养分，这成为中国古典园林发展史上一直贯穿着的事实。

第四，以筑山、理水构成地貌基础的人工园林造景，已经较多地运用一些写意的手法，把秦、汉以来的着重写实的创作方法转化为写实与写意相结合。经过几个朝代的踵事增华，这种形式定型化，在皇家园林中也不免或多或少地透露出一种“自然清纯”之美。

第五，皇家园林的称谓，除了沿袭上代的“宫”“苑”之外，称为“园”的也比较多。就园林的性质而言，它的两个类别——宫、苑，前者已具备“大内御苑”的格局。此后，大内御苑的发展便纳入了规范化的轨道，在首都城市的总体规划中占有重要的地位，成为城市中轴线空间序列的结束部位。它不仅为皇帝提供了日常游憩场所，也是拱卫皇居的屏障，军事上足以作攻防之应变，起着保护禁宫的作用。北魏的洛阳、南朝的建康就是这种规范化皇都模式的代表作，对于隋唐以后皇都的城市规划有着深远的影响。

第三节 私家园林

这一时期，寄情山水、雅好自然成为社会的风尚，那些身居庙堂的官僚士大夫们不满足于一时的游山玩水，亦不愿付出长途跋涉的艰辛。因此，除了在城市近郊开辟可当日往返的风景游览之外，他们纷纷造园，营造“第二自然”——园林。门阀士族的名流、文人也非常重视园居生活，有权势的庄园主亦竞相效尤，私家园林便应运而兴盛起来。经营园林成了社会上的一项时髦活动，出现民间造园成风、名士爱园成癖的情况。其中有建在城市里面的城市型私园——宅园、游憩园，也有建在郊外、与庄园相结合的别墅园。由于园主人的身份、素养、趣味不同，官僚、贵戚的园林在内容和格调上与文人、名士的园林并不完全一样。而北方和南方的园林，也多少反映出自然条件和文化背景的差异。

一、城市私园

北方的城市型私家园林，以北魏首都洛阳诸园为代表。

北魏自武帝迁都洛阳后，进行全面汉化，并大力吸收南朝文化，百姓由于北方的统一而获得短暂的休养生息。作为首都的洛阳，经济和文化逐渐繁荣，人口日增，乃在汉、晋旧城的基址上加以扩大。内城东西长 10 千米，南北长 15 千米，内城之外又加建外廓。共有居住坊里 220 个，大量的私家园林就散布在这些坊里之内。

城东的“寿丘里”位于退酤以西、张方沟以东，南临洛水，北达邙山，这是王公贵戚私邸和园林集中的地区，民间称之为王子坊。园林里面已有用石材堆叠的“礁峣”假山，建筑物为飞馆、重楼等形象，“飞梁跨阁”可能类似后世亭桥或廊桥的做法。大官僚张伦的宅园为其代表。张伦宅园的大假山景阳山作为园林的主景，已经能够把自然山岳形象的主要特征比较精练而集中地表现出来。它的结构相当复杂，显然是以土石凭借一定的技巧筑叠而成的土石山。园内高树成林，足见历史悠久，可能是利用前人废园的基址建成的。畜养多种珍贵的禽鸟，尚保持着汉代遗风。此园具体规模不得而知，在洛阳这样人口密集的大城市的坊里内建造私园，用地毕竟是有限的，一般不可能太大。唯其小而又要全面地体现大自然山水景观，就必须求助于“小中见大”的规划设计。也就是说，人工山水园的筑山理水不能再运用汉代私园那样大幅度排比铺陈的单纯写实模拟的方法，必得从写实过渡到写意，并与写实相结合。这是造园艺术创作方法的一个飞跃。

南方的城市型私家园林也像北方一样，多为贵戚、官僚所营建。为了满足奢侈的生活享受，也为了争奇斗富，很讲究山池楼阁的华丽格调，刻意追求一种近乎奢靡的园林景观。

南齐的文惠太子于建康开拓私园“玄圃”，园址的地势较高，“因与台城北堑等(高度相等)。其中起土山、池、阁、楼、观、塔宇，穹巧极丽，费以千万计，多聚异石，妙极山水”(《太平御览》)。为了不被皇帝从宫中望见，乃别出心裁于“旁门列修竹，内施高鄣，造游墙数百间，施诸机巧”，把园子的华丽隐藏起来。

梁武帝之弟——湘东王萧绎在他的封地首邑江陵的子城中建“湘东苑”。这是南朝一座著名的私家园林，此园的建筑形象相当多样化，或倚山，或临水，或映衬于花木，或园外借景，均具有一定的主题性，发挥点景和观景的作用。假山的石洞长达200余步，足见当时叠山技术已达到一定的水平。可见，建造湘东苑时在山池、花木、建筑综合创造园林景观的总体规划方面，是经过一番精心构思的。

这个时期，城市私园(见图3-8)相对于汉代而言，大多数趋向于小型化。所谓小，非仅仅指其规模，更在于其小而精的布局及某些小中见大的迹象萌芽。相应地，造园的创作方法受到时代美学思潮的影响，也从单纯写实向写意再与写实相结合过渡。小园获得了社会上的广泛赞赏。另外，在城市的私家营园之中，筑山的运作已经比较多样而自如。除了土山之外，耐人玩味的叠石为山也较之前普遍，开始出现单块美石的特置。园林理水的技巧比较成熟，因而园内的水体多样纷呈，丰富的水景在园中占着重要位置。园林植物品类繁多，专用于观赏的花木也不少，而且能够与山、水配合作为分隔园林空间的手段。园林建筑则力求与自然环境相协调，构成因地制宜的景观，还应用一些细致的“借景”与“框景”手法造景。总之，园林的规划设计显然更向着精致细密的方向上发展。

图3-8　北魏时期宅园(北魏孝子石棺侧壁雕刻)

二、庄园、别墅

无论在北方或南方，庄园经济都占据主导地位，门阀士族拥有大量庄园，许多官僚、名士、文人也是大庄园主。因此，城市以外的别墅园一般都与庄园相结合，或者毗邻于庄园而独立建置，或者成为园林化的庄园。它们在利用自然山水方面较之城市型私园有着更多的便利条件，园林的造景也相应地表现出与后者有所不同的某些特色。

西晋大官僚石崇的金谷园是当时北方著名的庄园别墅（见图3-9）。大约在今洛阳市东北10千米，孟津县境内的马村、左坡、刘坡一带，正好位于魏晋洛阳故城的西北面，是一座临河的、地形略有起伏的天然水景园。园内有主人居住的房屋，有许多"观"和"楼阁"，有从事生产的水碓、鱼池、土窟等，当然也有相当数量的辅助用房，从这些建筑物的用途可以推断，金谷园似乎是一座园林化的庄园。人工开凿的池沼和由园外引来的金谷涧水穿错萦流于建筑物之间，河道能行驶游船，沿岸可垂钓，园内树木繁茂，植物配置以柏树为主调，其他的种属则分别与不同的地貌或环境相结合而突出其成景作用，如前庭的沙棠、后园的乌椑、柏木林中点缀的梨花等。可以设想金谷园赏心悦目、恬适宜人的风貌，其成景的精致处与两汉私园的粗放显然不大一样，但楼、观建筑的运用，仍然残留着汉代的遗风。

图3-9　金谷园图（宋，王诜）

东晋以后，江南一带由于北方汉族士族大量迁入而人文荟萃，文化的发展自然要快于少数民族统治下的北朝。加之当地山水风景钟灵毓秀，风景式园林的艺术造诣有北朝所不及的地方，这主要表现在别墅园林，尤其是文人、名士们所经营的别墅园林上，就文献记载的情况看来，这类园林比较普遍，应该说是南方造园活动的主流。

东晋谢灵运的庄园别墅就是一个典型的例子。据谢灵运《山居赋》记载，这是谢家在会稽的一座大庄园，其中有南、北两居，南居为谢灵运父、祖卜居之地，北居则是其别业。《山居赋》特别详细描写了南居的自然景观特色，以及建筑布局如何与山水风景相结合，道路敷设如何与景观组织相配合的情况。

《山居赋》利用相当的篇幅叙述庄园内的农作物、果蔬、药材的种植情况，家畜和家禽的养殖情况，各种手工作坊的生产情况，水利的灌溉情况等，勾画出一幅自给自足的庄园经济图景。《山居赋》作为魏晋南北朝山水诗文的代表作品之一，对于大自然山川风貌有较细致的描写，而且还涉及卜宅相地、选择基址、道路布设、景观组织等方面的情况。这些都是在汉赋中所未见的，是风景式园林发展到一个新阶段的标志，与当时开始发展起来的风水堪舆学说恐怕也不无关系。

石崇、谢灵运所经营的庄园别墅，规模不会太小，但比起汉代私园模拟皇家园林的规模，毕竟不可同日而语。在文献记载中，小型的别墅园占绝大多数，而南方那些朴素雅致、妙造自然的小园更是屡屡出现在文人的诗文吟咏之中。南朝的文人、名士居处园林，尽情享受大自然的美好赐予。造园活动普及于民间的情况似乎更胜于北朝，开启了后世文人经营园林的先河。

私家园林的规模从汉代的宏大变为这一时期的小型规模，意味着园林内容从粗放到精致的飞跃。造园的创作方法从单纯的写实到写意再与写实相结合的过渡，也是老庄哲理、佛道精义、六朝风流、诗文趣味影响浸润的结果。小园获得了社会上的广泛赞赏。私家园林因此而形成它的类型特征，足以和皇家园林相抗衡。它的艺术成就尽管尚处于比较幼稚的阶段，但在中国古典园林的三大类型中却率先迈出了转折时期的第一步，为唐、宋私家园林臻于全盛和成熟奠定了基础。

第四节　寺观园林

佛教早在东汉时已从印度经两域传入中国。相传东汉明帝曾派人到印度求法，指定洛阳白马寺庋藏佛经。“寺”本来是政府机构的名称，从此以后便作为佛教建筑的专称。东汉佛教并未受到社会的重视，当时的人们仅把它作为神仙方术一类看待。魏、晋、南北朝时期，战乱频繁的局势正是各种宗教盛行的温床，思想的解放也为外来的及本土的宗教学说的成长提供了传播条件。为了能够适应汉民族的文化心理结构，立足于中土，外来的佛教把它的教义和哲理进行一定程度的改变，融会一些儒家和老庄的思想，以佛理而入玄言，于是知识界也盛谈佛理。作为一种宗教，它的因果报应、轮回转世之说对于苦难深重的人民颇有诱惑力和麻醉作用。因而它不仅受到人民的信仰，统治阶级也加以利用和扶持，佛教遂流行起来。

道教形成于东汉，其渊源为古代的巫术，合道家、神仙、阴阳五行之说，奉老子为教主。张道陵倡导的五斗米道为道教定型化之始。经过东晋葛洪理论上的整理，北魏寇谦制定乐章诵戒，南朝陆修静编著斋醮仪范，宗教形式更为完备。道教讲求养生之道、长寿不死、羽化登仙，正符合统治阶级企图永享奢靡生活、留恋人间富贵的愿望，因而不仅在民间流行，同时也经过统治阶级的改造、利用而兴盛起来。

佛、道盛行，作为宗教建筑的佛寺、道观大量出现，由城市及其近郊而遍及远离城市的山野地带。例如，北方的洛阳，佛寺始于东汉明帝时的白马寺，到晋永嘉年间已建置42所。北魏奉佛教为国教，迁都洛阳后佛寺的建置陡然大量增加。据《洛阳伽蓝记》记载，从汉末到西晋时只有佛寺42座，到北魏时，洛阳城内外就有1000多座，其他州县也建有佛寺。到了北齐时佛寺约有3万多所，可见当时佛寺的盛况。南朝的建康也是当时南方佛寺集中之地，东晋时有30余所，到梁武帝时已增至700余所。

由于当时汉民族传统文化具有兼容并包的特点，对外来文化有强有力的同化作用，以及中国传统木结构建筑对于不同功能的广泛适应性和以个体组合为群体的灵活性，随着佛教的儒学化，佛寺建筑的古印度原型亦逐渐被汉化了。另一方面，深受儒家和老庄思想影响的中国人，对宗教信仰一开始便持着平和、执中的态度，完全没有西方那样狂热和偏执的激情，因此也并不要求宗教建筑与世俗建筑有根本性的差异。宗教建筑的世俗化，意味着寺观无非是住宅的放大和宫殿的缩小。当时的文献中多有“舍宅为寺”的记载，足见住宅大量转化为佛寺的情形。

随着寺观的大量兴建，相应地出现了寺观园林这个新的园林类型。它也像寺观建筑的世俗化一样，并不直接表现多少宗教意味和显示宗教特点，而是受到时代美学思潮的浸润，更多地追求人间的赏心悦目、畅情抒怀。寺观园林包括三种情况。其一，毗邻于寺观而单独建置的园林，犹如宅园之于邸宅。南北朝的佛教徒盛行“舍宅为寺”的风气，贵族官僚们往往把自己的邸宅捐献出来作为佛寺。原居住用房改造成为供奉佛像的殿宇和僧众的用房，宅园则原样保留为导院的附园。其二，寺、观内部各殿堂庭院的绿化或园林化。其三，郊野地带寺观外围的园林化环境。

城市的寺观园林多属第一、二两种情况。城市的寺观不仅是举行宗教活动的场所，也是居民公共活动的中心，各种宗教节日、法会、斋会等都吸引大量群众参加宗教活动、观看文娱表演和游览寺观园林。有些规模较大的寺观，它的园林定期或经常开放，游园活动盛极一时。

南朝城市的寺观园林也很普遍。建康的同泰寺是南朝的著名佛寺，《建康实录》对寺的园林化作了扼要的描述：“浮屠九层，大殿六所，小殿及堂十余所，宫各像日月之形。禅窟禅房，山林之内。东西般若，台各三层。筑山构陇，亘在西北，柏殿在其中。东西有璇玑殿，殿外积石种树为山，有盖天仪，激水随滴流转。”

郊野地带的寺观，一部分类似于世俗的庄园，或者以寺观地主的身份占领山泽、建立别墅，进行农、副业生产的经济运作，谢灵运《山居赋》和郦道元《水经注》中屡次提到的“精舍”，其中不少即是寺观地主的别墅、庄园。另一部分则是单独建置的，它们一般依靠社会的布施供养，或者从各自拥有的田园和生产基地分离开来，类似于后期的世俗别墅。

郊野的寺观，都需要选择山林水畔作为参禅修炼的洁净场所。对自然风景条件的要求非常严格：一是近水源，以便于获取生活用水；二是要靠树林，既是景观的需要，又可就地获得木材；三是地势凉爽、背风向阳和良好的小气候。具备以上三个条件的往往都是风景优美的地方，“深山藏古寺”就是寺院园林惯用的艺术处理手法。这又往往成为开发风景的主要手段。基址既经选定，则不仅经营寺观本身的园林，尤其注意其外围的园林化环境。

寺观的选址与风景的建设相结合，意味着宗教的出世感情与世俗的审美要求相结合。殿宇僧舍往往因山就水、架岩跨涧，布局上讲究曲折幽致、高低错落。因此，这类寺观不仅成为自然风景的点缀，其本身也无异于山水园林。寺观园林不同于一般帝王贵族的苑囿。寺观与山水风景的亲和交融情形，既显示佛国仙界的氛围，也像世俗的庄园、别墅一样，呈现为天人谐和的人居环境。山水风景地带一经有了寺观作为宗教基地和接待场所，相应地也修筑道路等基础设施。于是，以宗教信徒为主的香客、以文人名士为主的游客纷至沓来，寺观园林已经有了公共园林的性质。自此以后，远离城市的名山大川不再是神秘莫测的地方，它们已逐渐向人们敞露其无限优美的风姿，形成以寺观为中心的风景名胜区。由于游人多，求神拜佛者都愿施舍，这又从经济上大大促进了我国不少名山大川，如庐山、九华山、雁荡山、泰山等的开发。

小　　结

与生成期园林相比较，转折期园林的规模由大入小，园林造景由过多的神话色彩转化为浓郁的自然气氛，创作方法由写实趋向于写实再与写意相结合。

在以自然美为核心的时代美学思潮的直接影响下，中国古典风景式园林由再现自然进而到表现自然，由单纯地模仿自然山水进而到适当地概括、提炼，但始终保持着“有若自然”的基调。建筑作为一个造园要素，与其他的自然诸要素取得了较为密切的协调、融糅关系。园林的规划设计由此前的粗放转变为较细致的、更自觉的经营，造园活动完全升华到艺术创作的境界。

皇家园林的狩猎、求仙、通神的功能基本上消失或仅保留其象征性的意义，生产和经济运作则已很少存在，游赏成为主导的甚至唯一的功能。它的两个类别之一的“宫”已具有“大内御苑”的性质，被纳入都城的总体规划之中。大内御苑居于都城中轴线的结束部位，这个中轴线的宅间序列构成了都城中心区的基本模式。

私家园林作为一个独立的类型异军突起，集中地反映了这个时期造园活动的成就，城市私园多为官僚、贵族所经营，代表一种靡华的风格和争奇斗富的倾向。庄园、别墅随着庄园经济的成熟而得到很大发展，它们作为生产组织、经济实体，同时也是文人名流和隐士们“归园田居”“山居”的精神寄托。它们作为后世别墅园的先型，代表一种天然清纯的风格。其所蕴涵的隐逸情调、表现的山居和田园风光，深刻地影响着后世的私家园林特别是文人园林的创造。

寺观园林拓展了造园活动的领域，一开始便向着世俗化的方向发展。郊野寺观尤其注重外围的园林化环境，对于各地风景名胜区的开发起到了主导性的作用。

这一时期"园林"一词已出现于当时的诗文中，中国古典园林开始形成皇家、私家、寺观这三大类型并行发展的局面和略具雏形的园林体系，它上承秦汉余绪，把园林发展推向转折的阶段，导入升华的境界，成为此后全面兴盛的伏脉。中国的风景式园林，正是沿着这个脉络进入隋、唐的全盛期。

【思考和练习】

1. 转折时期的皇家园林与上一时代相比有哪些变化？
2. 转折时期的私家园林有哪些？与上一时代相比有哪些变化？
3. 转折时期的寺观园林的特点是什么？
4. 转折时期的时代审美思想是什么？对后世有什么影响？

第四章　园林的全盛发展时期——隋、唐（公元589年—公元960年）

公元581年，北周贵族杨坚废北周静帝而自立王朝，改元“开皇”，建立“隋朝”。公元589年，隋军南下灭陈，结束了两晋南北朝三百余年的分裂局面，中国复归统一。

隋文帝杨坚爱惜民力、革除弊政、勤俭治国，封建经济有所发展，社会安定繁荣。隋炀帝杨广即位后，一反其父俭朴作风，穷奢极侈地营建宫苑、游幸江南，还多次发动对外侵略战争。结果，国力耗尽、民怨沸腾，终于酿成了隋末的农民大起义。各地官僚、豪强亦乘机叛乱，割据一方。

公元617年，乘隋末大乱之际，李渊起兵入长安，公元618年自称皇帝，创建唐王朝。公元628年其子李世民削平群雄完成统一大业。唐太宗李世民继位后，以隋亡为鉴，重用贤能，虚心纳谏，轻徭薄赋，并进一步推行均田制、府兵制和科举制等，使唐朝社会走向安定，经济迅速得到恢复，开创了唐王朝在中国历史上空前繁荣兴盛的局面。中唐以后，边塞各地的节度使拥兵自重，又逐渐形成藩镇割据。天宝年间，节度使安禄山、史思明发动叛乱，唐玄宗被迫出走四川。从此藩镇之祸愈演愈烈，吏治腐败，国势衰落。公元907年，节度使朱全忠自立为帝。唐王朝灭亡，中国又陷入五代十国的分裂局面。

第一节　时代与文化背景

隋、唐推行均田制，在经济结构中消除庄园领主经济的主导地位，逐渐恢复地主小农经济并奠定其在宋以后长足发展的基础。在政治结构中削弱门阀士族势力，维护中央集权，确立科举取士制度，强化官僚机构的严密统治。在意识形态上，儒、道、释共尊而以儒家为主，儒学重新获得正统地位。广大知识分子改变了避世和消极无为的态度，通过科举积极追求功名、干预世事，成为维护国家大一统局面的主要力量。秦、汉开创的封建大帝国得以进一步巩固，对待外来文化的宽容襟怀使得传统的封建文化能够在较大范围内积极融汇、蓄纳外来因素，从而促成了本身的长足进步和繁荣。

唐代国势强大、版图辽阔，初唐和盛唐成为古代中国继秦、汉之后的又一个昌盛时代。贞观之治和开元之治把中国封建社会推向发达兴旺的高峰。文学艺术方面，诸如诗歌、绘画、雕塑、音乐、舞蹈等，在发扬汉民族传统的基础上吸收其他民族甚至外国的养分，呈现出群星灿烂、盛极一时的局面。绘画的领域已大为拓展，除了宗教画之外，还有直接描写现实生活和风景、花鸟的世俗画。按照题材区分画科的做法具体化了，花鸟、人物、神佛、山水均成独立的画科。山水画已脱离在壁画中作为背景处理的状态而趋于成熟，山水画家辈出，开始有工笔、写意之分。天宝年间，唐玄宗命画家吴道子、李思训于兴庆宫大同殿各画嘉陵山水一幅。事毕，玄宗评曰："李思训数月之功，吴道子一日之迹，皆极其妙。"无论工笔或写意，既重客观物象的写生，又能注入主观的意念和感情，即所谓"外师造化，内法心源"，确立了中国山水画创作的准则（见图 4-1、图 4-2）。通过对自然界山水形象的观察、概括，再结合毛笔、绢素等工具而创设皴擦、泼墨等特殊技法。山水画家总结创作经验，著为《画论》。山水诗、山水游记已成为两种重要的文学体裁。这些都表明人们对大自然山水风景的构景规律和自然美有了更深一层的把握和认识。

图 4-1　江帆阁楼图（唐，李思训）

图 4-2　八十七神仙图局部（唐，吴道子）

唐代已出现诗、画互渗的自觉追求。唐朝是我国诗歌史上的黄金时代，流传到现在的有 2000 多位诗人的近 5 万首诗歌。唐诗反映了唐代社会生活的丰富内容，具有完美的艺术形式。大诗人王维的诗作生动地描写了山野、田园如画的自然风光，他的画也同样饶有诗意。宋代苏轼评论王维艺术创作的特点在于"诗中有画，画中有诗"。同时，山水画也影响园林，诗人、画家直接参与造园活动，园林艺术开始有意识地融糅诗情、画意，这在私家园林尤为明显。柳宗元散文中最有成就的是寓言和山水游记。寓言揭露当时政治的腐朽和社会的黑暗，成为富有战斗特色的讽刺文学。

传统的木结构建筑，无论在技术或艺术方面均已趋于成熟，具有完善的梁架制度、斗拱制度以及规范化的装修、装饰。建筑物的造型丰富、形象多样，这从保留至今的一些殿堂、佛塔、石窟、壁画以及传世的山水画中都可以看得出来。建筑群在水平方向上的院落延展表现出深远的空间层次，在垂直方向上则以台、塔、楼、阁的穿插而显示丰富的天际线。

观赏植物栽培的园艺技术有了很大进步，培育出许多珍稀品种如牡丹、琼花等，也能够引种驯化、移栽异地花木。李德裕在洛阳经营私园平泉庄，曾专门写过一篇《平泉山居草木记》，记录园内珍贵的观赏植物七八十种，其中大部分是从外地移栽的。段成式《酉阳杂俎》一书中的《木篇》《草篇》和《支植》共记载了木本和草本植物200余种，大部分为观赏植物。树木是供观赏的品种，常见于文人的诗文吟咏的有杏、梅、松、柏、竹、柳、杨、梧桐、桑、椒、棕、榕、檀、槐、漆、枫、桂、槠等。在一些文献中还提到许多具体的栽培技术，如嫁接法、灌浇法、催花法等。《全唐诗话》记载了一段武则天下诏要花速开的故事，“天授二年腊，卿相欲诈称花发，请幸上苑，有以谋也，许之。寻疑有异图，遣使先宣诏曰：‘明朝游上苑，火速报春知；花须连夜发，莫待晓风吹。’于是凌晨名花布苑，群臣咸服其异”。可能施用了催花之法。另外，唐代无论宫廷和民间都盛行赏花、品花的风习。姚氏《西溪丛话》把30种花卉与30种客人相匹配，如牡丹为贵客、兰花为幽客、梅花为清客、桃花为妖客，等等。

在这样的历史、文化背景下，中国古典园林的发展相应地达到了全盛的时期。仿佛一个人结束了幼年和少年阶段，进入风华正茂的成年期。长安和洛阳两地的园林，就是隋唐时期的这个全盛局面的集中反映。

第二节　隋、唐时期城市建设与园林建设

隋文帝杨坚取代北周建立隋王朝后，为了巩固其统治地位则必须依靠鲜卑贵族，因而把都城建在关陇军事集团的根据地——长安。当时，汉代的长安故城经过长年的战乱已残破不堪，隋文帝于开皇二年（公元582年）下诏营建新都于长安故城东南面的龙首原一带，任命左仆射高颖总理其事，具体的规划建设工作则由太子左庶子宇文恺主持。翌年，新都基本建成，命名为大兴城。

大兴城东西宽9.72千米，南北长8.65千米，面积约为84平方千米。它的总体规划形制保持北魏洛阳的特点：宫城偏处大城之北，其中轴线亦即大兴城规划结构的主轴线，由北至南通过皇城和朱雀门大街直达大城之正南门。皇城紧邻宫城之南，为衙署区之所在。宫城和皇城构成城市的中心区，其余则为坊里居住区。宫城的北垣与大城的北垣重合，这种做法则又类似于南朝的建康。此外，大兴城的规划还明显地受到当时已常见于州郡级城市的“子城-罗城”制度的影响，即宫城和皇城相当于子城（内城），大城相当于罗城（外城）。

全城共有南北街14条、东西街11条，纵横相交成方格网状的道路系统，形成居住区的108个“坊”和2个“市”，采取市、坊严格分开之制。坊一律用高墙封闭，设坊以供居民出入。坊内概不设店肆，所有商业活动均集中于东、西二市。居住区为“经纬涂制”道路网，街道纵横犹如棋盘格，唐代诗人白居易形容其为“百千家似围棋局，十二街如种菜畦”。街道的宽窄并不一致，东西街宽40～55米，南北街宽70～140米。皇城正门以南、位于城市中轴线上的朱雀门大街或称天街，宽达147米，可谓壮

观开阔至极致。大城与皇城之间的那条横街则更宽阔，达 441 米。它不仅是长安城一条最宽的大街，而且成为皇城前面的一个广场。大城以北为御苑“大兴苑”，北枕渭河，南接大城之北垣，东抵黄河，西面包括汉代的长安故城。

大兴城开凿了龙首渠、永安渠、清明渠、曲江等四条水道(渠)引入城内。这四条水渠的开凿主要是解决城市供水问题，也为城市的风景园林建设提供了用水的优越条件。皇家园林的大量建设需要保证足够供水的基础设施，而作为城市建设的一项重要基础设施的供水水系，其完善又促进了皇家园林建设的开展。此外，再开凿广通渠，把渭水和黄河沟通起来，供漕运之用。这一整套完善的水系一直沿用到唐代，唐代仅开辟了一条运木材和薪炭至西市的漕渠，作为补充。

隋代大兴城并未全部建成，其宫苑和坊里只是初具规模。唐代继续建造，并恢复了“长安”之名，一直作为唐王朝的都城。唐长安城的人口达 100 多万，为当时世界上规模最大、规划布局最严谨的一座繁荣城市。长安作为全国的经济中心和财富集中之地，又是大运河“广通渠”的终点和国际贸易“丝绸之路”的起点。商业繁荣，商品经济日益兴盛，逐渐突破坊、市分离的格局，唐中叶已经出现夜市，坊里内也兴起商店和作坊，茶楼酒肆遍布全城，坊里的封闭高墙大多数已不复存在。长安作为全国的文化、政治中心，也是当时的东方各国所向往之地。日本、朝鲜经常派遣留学生和学问僧来往居留长安，他们带回高水平的盛唐文化，也传回长安城的宏伟规划和建筑的信息。渤海国的上京龙泉府，日本的平城京和平安京，新罗的庆州，均采取了长安的规划制度。

如图 4-3 所示，长安城宫城位于皇城之北城市中轴线的北端，面积约 42 平方千米，共有苑囿四处，即禁苑、西内苑、东内苑及南内苑。禁苑就是隋朝大兴苑，位于城北，占地广袤。据记载，唐时苑内有宫殿及许多亭构，苑囿主要用于饲养禽兽、种植蔬果，以备四时的祭祀及招待宾客用。苑内设四监，分别掌管宫中苑中的花木种植、禽兽饲养，以及建筑修缮事宜。这完全承袭了汉苑的功用和管理方式。西内苑位于宫城北侧，南北 0.5 千米，东西略与宫城太极宫等，呈狭长形，其中大安宫原是唐太宗为秦王时所建，宫苑之中多山村景色，深为太宗喜爱。东内苑在宫城东北，始建于贞观初年(公元 627 年)，原用于太上皇清暑消闲，称大明宫。唐高宗年间开始大肆兴建，成为前宫后苑格局的庞大宫苑。渐渐地前宫的含元殿转变成为处理日常政务的主要殿宇，而正宫太极宫反而不常使用了，后苑部分按照秦汉以来的传统开凿太液池，堆筑蓬莱诸岛，并营建了诸多景观及观景建筑。南内苑即兴庆宫，最初是唐玄宗继位前的蕃邸，位于皇城之东，偏南，占地约一个半里坊。开元初辟为离宫，内有池沼、花木、宫殿、楼阁，唐玄宗和杨贵妃经常居住于此。唐代对城南曲江一带也进行了建设。疏浚曲江，开凿黄渠，引来浐水，临水建水榭楼阁，又在周围植树种花，使景致更为优美，成了唐代都人仕女公共游娱的场所。这里也是唐皇经常游幸的地方，为了便于行幸，东城筑为夹城，北接大明宫，南通曲江，中联兴庆宫。此外，唐朝对隋洛阳西苑也有很大的改造，工程由韦机主持，并更其名为神都苑。

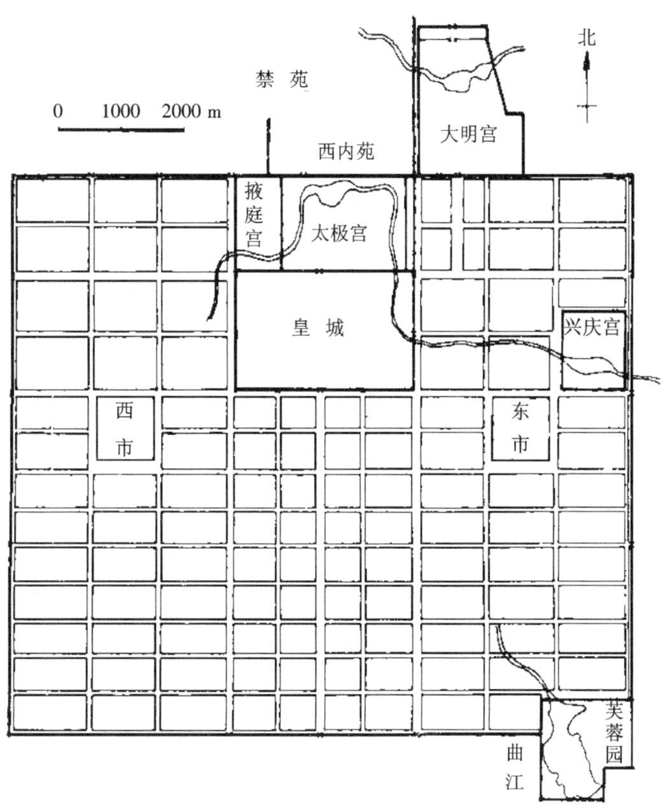

图 4-3　隋、唐长安城平面图

隋文帝建都长安，其初衷是为笼络关陇集团势力，但灭陈以后，长安作为统一大帝国的都城便显得偏处一隅。关中虽有八百里秦川沃野，毕竟人烟稠密，长安的粮食和物资供应均仰仗于南方。由于黄河三门峡之险阻，南方粮食物资不可能及时水运到长安，因而大量积存在水陆交通均很方便的洛阳。唐天宝八年(公元 749 年)，洛阳仅含嘉仓一处便存粮约 35 吨，相当于全国粮仓储存量的三分之一。每逢关中灾荒之年，皇帝多次率百官“就食”洛阳。洛阳又是军事上的“四战之地”，为拱卫长安之屏障。因此，隋炀帝便在洛阳另建新都，唐代则以洛阳为东都，长安为西京，正式建立“两京制”。两京同样设置两套宫廷和政府机构，贵戚、官僚也分别在两地建置邸宅和园林。

隋炀帝大业元年(公元 605 年)，任命宇文恺在北魏洛阳故城以西约 9 千米处、东周王城的东侧正式兴建东都洛阳，次年完工。“徙豫州郭下居人以实之……又于皂涧营显仁宫，采海内奇禽异兽草木之类，以实园苑。徙天下富商大贾数万家于东京。辛亥，发河南诸郡男女百余万，开通济渠，自西苑引穀、洛水达于河，自板渚(在虎牢关之东)引河通于淮”。

隋、唐之洛阳城(见图 4-4)前直伊阙、后据邙山，洛水、伊水、穀水、瀍水贯城中。

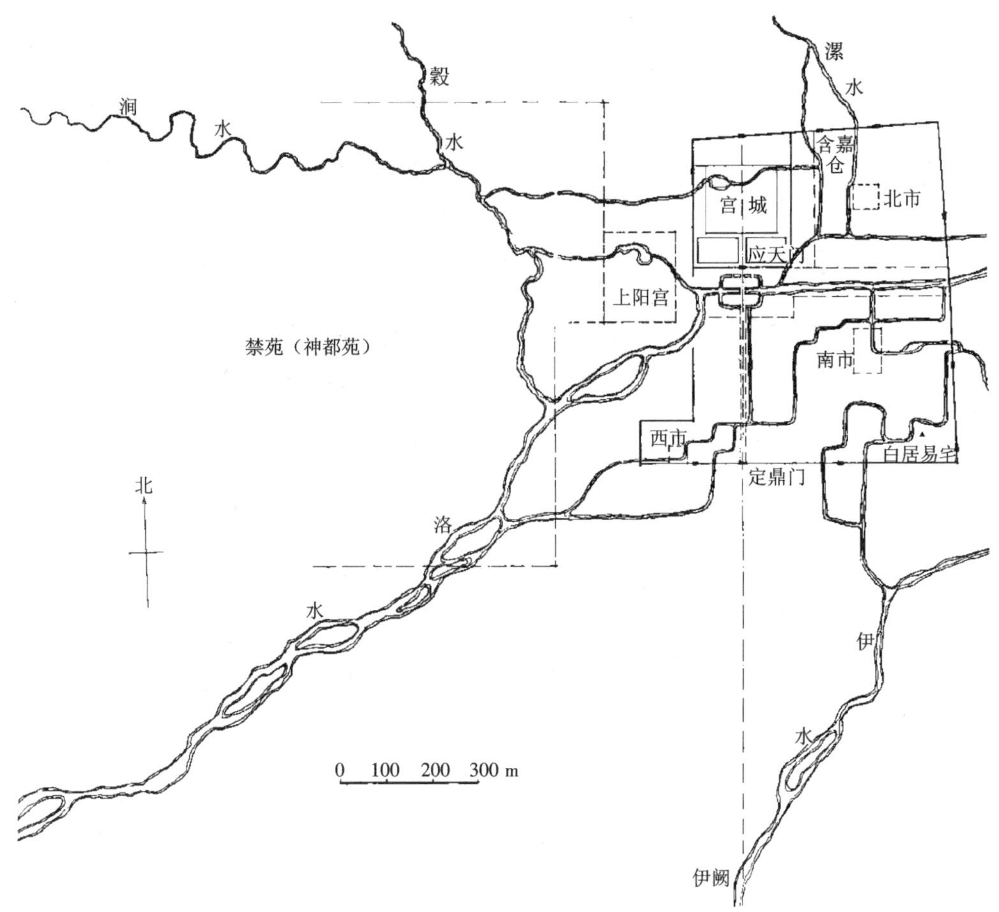

图 4-4 隋、唐洛阳平面图

它的规划与长安大体相同，不过因限于地形，城的形状不如长安规整。根据遗址实测，外廓城之东墙长 7.3 千米、西墙 6.8 千米、北墙 6.1 千米、南墙 7.3 千米。宫城、皇城偏居大城之西北隅，因为这里地势较高，便于防御。都城中轴线一改过去居中的惯例，它北起邙山，穿过宫城、皇城、洛水上的天津桥、外廓城的南门定鼎门，往南一直延伸到龙门伊阙。居住区由纵横的街道划分为 103 个坊里，设北、南、西 3 个市。坊里原先也像长安一样由高墙封闭，中唐以后受到商品经济的冲击，一些坊墙逐渐拆毁而开设商店，商业活动已不仅局限于三市了，城内纵横各 10 街。“天街”自皇城之端门直达定鼎门，宽百步，长八里，当中为皇帝专用的御道，两旁道泉流渠，种榆、柳、石榴、樱桃等行道树。每当春夏，桃红柳绿，流水潺潺，宛若画境。城内水道密布如网，供水和水运交通十分方便，这是促成洛阳园林兴盛的一个重要条件。宫城周长约 7 千米，隋名紫微城，唐名洛阳宫，是皇帝听政和日常居住的地方。皇城隋名太微城，围绕在宫城的东、南、西三面，呈“凹”形，为政府衙署之所在，南面的正门名端门。上阳宫在皇城之西南，南临洛水，西距榖水，北连禁苑。禁苑在洛阳城西，隋名西苑，唐名东都苑，其规模比洛阳城还大。

唐代的两京制，始于唐高宗显庆二年(公元 657 年)。初唐以来，洛阳逐渐成为关东、江淮漕粮的集散地，运往长安的漕粮必先存储于洛阳。武则天执政二十余年，大部分时间住在洛阳，只有两年住在长安。唐玄宗开元年间，就曾五次来洛阳。每当皇帝来往于两京时，政府官员除少数留守之外都要随行，而且可以携带家眷。因此，唐代的王公贵族和中央政府的高级官员在长安和洛阳都有邸宅。安史之乱后，洛阳残破不堪。皇帝已不再临幸东都，它的政治地位明显下降，远不如当年繁荣了。

第三节　皇 家 园 林

历时近 400 年的分裂和动乱终于结束了，隋唐时期实现了人民渴望已久的统一与安定，并且还将中国悠久的封建文化推向了成熟和繁荣。隋唐时期的皇家园林集中建置在两京——长安、洛阳，两京以外的地方，也有建置。其数量之多，规模之宏大，远远超过魏晋南北朝时期。隋唐的皇室园林多样化，相应地，大内御苑、行宫御苑、离宫御苑这三种类别的区分就比较明显，它们各自的规划布局特点也比较突出。长安城大内御苑壮丽。大明宫北有太液池，池中蓬莱山独踞，池周建回廊四百多间。兴庆宫以龙池为中心，围有多组院落。大内三苑以西苑最为优美。苑中有假山、湖池，渠流连环。长安城东南隅有芙蓉园、曲江池，一定时间内向公众开放，实为古代一种公共游乐地。唐代的离宫别苑，比较著名的有麟游县天台山的九成宫，是避暑的夏宫；临潼县骊山之麓的华清宫，是避寒的冬宫。这时期的皇家造园活动以隋代、初唐、盛唐最为频繁，天宝以后随着唐王朝国势的衰落，许多宫苑毁于战乱，皇家园林的全盛局面逐渐消失，一蹶不振。

一、皇家园林实例

1. 大明宫

大明宫(见图 4-5)位于长安禁苑东南之龙首原高地上，又称“东内”，相对于长安宫城之“西内”(太极宫)而言。大明宫是一座相对独立的宫城，也是太极宫以外的另一处大内宫城，面积大约 32 公顷。地形比太极宫更利于军事防卫，气候凉爽也更适宜于居住，故唐高宗以后即以此代替太极宫作为朝宫。宫城平面呈不规则长方形，南宽北窄。它的南半部为宫廷区，沿袭唐太极宫的三朝制度，沿着南北向轴线纵列了大朝含元殿、日朝宣政殿、常朝紫宸殿。三殿东西两侧建有若干殿阁楼台。外朝部分还附有若干官署，如中书省、门下省、弘文馆、史馆等。北半部为苑林区，也就是大内御苑，池中建蓬莱山，池周布置曲廊。周围殿宇厅堂、楼台亭阁罗布。寝殿在池南，这是帝王后妃起居游憩的场所，呈典型的宫苑分置的格局。北墙长 1135 米，南墙(即长安城北垣的一段)长 1674 米，西墙与南北墙垂直，长 2256 米，东墙倾斜有曲折。宫城内有三道平行的东西向宫墙。所有宫墙均为夯土墙，仅在同城门相接处和城墙转角处

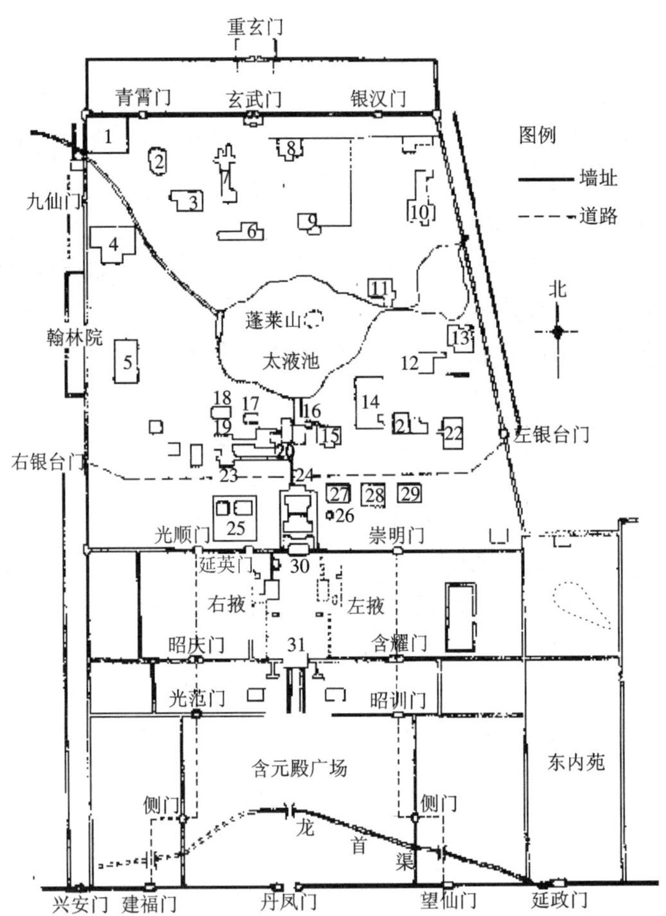

图 4-5 大明宫平面图(摹自《中国古代建筑史》)

1—大福殿;2—三清宫;3—含水殿;4—拾翠殿;5—麟德殿;6—承香殿;7—长阁;8—元武殿;9—紫兰殿;10—望云殿;11—含凉殿;12—大角观;13—玄元皇帝庙;14—珠镜殿;15—清晖阁;16—蓬莱殿;17—金銮殿;18—仙居殿;19—长安殿;20—还周殿;21—清思殿;22—太和殿;23—承欢殿;24—紫宸殿;25—延英殿;26—望仙台;27—凌绮;28—浴堂;29—宣辉;30—宣政殿;31—含元殿

内外表面砌砖。城基宽 13 余米、深 1 米余,城墙底宽 10 余米。宫城北部的东、北、西三面城墙之外平行筑有夹城。西、东两面的夹城距宫城均 55 米,北夹城距宫城 160 米。沿宫墙共设宫门 11 座,南面正门名丹凤门,东有延政、望仙二门,西有建福、兴安二门;西墙中部有右银台门,其北有九仙门;东墙有左银台门;北墙正中为玄武门,其东有银汉门,西有青霄门,玄武门正北夹墙有重玄门。北门一带是当时北衙禁军的驻地,关系到宫廷的安危,所以在不到 200 米距离内设了三道门。北面和东面的宫墙均做成双重的“夹城”,一直往南连接南内兴庆宫和曲江池以备皇帝游幸。

宫廷区的丹凤门内为外朝之正殿含元殿(见图 4-6),雄踞龙首原最高处,是举行重要典礼仪式的场所。其后为宣政殿，再后为紫宸殿即内廷之正殿，正殿之后为蓬莱殿。这些殿堂与丹凤门均位于大明宫的南北中轴线上，这条中轴线往南一直延伸，正对慈恩寺内的大雁塔。

图 4-6　大明宫含元殿复原设想图

含元殿利用龙首原做殿基，现残存遗址高出南面地坪 10 余米。殿东、北、西三面为夯筑土墙，白灰抹面。殿宽 11 间，每间面阔 5 余米，进深 4 间，北墙距北内槽柱中心 5 米，内槽柱南北跨距 9.8 米，殿四周为副阶围廊。殿址上现存方形柱础一座，下面方形部分长宽各 1.4 米，高 0.52 米，上凸覆盆高 10 厘米，上径 84 厘米。仅从这一构件的尺寸，可见含元殿的尺度规模。殿前龙尾道长 75 米，道面平段铺素面方砖，坡面铺莲花方砖，两边为有石柱和螭首的青石勾栏。含元殿东西两侧前方有翔鸾、栖凤两阁，以曲尺形廊庑与含元殿相连。这组同字形平面的庞大宫殿建筑群，其中央及两翼屹立于砖台上的殿阁和向前延伸、逐步下降的龙尾道相配合，充分表现了中国封建社会鼎盛时期的宫廷建筑之浑雄风姿和磅礴气势，成为后世宫殿的范例。

苑林区地势陡然下降，龙首之势至此降为平地，中央为大水池“太液池”。太液池遗址的面积约 16 公顷，整个太液池有东池和西池两部分，西池为主池，其平面呈椭圆形，面积约有 14 公顷。池侧回廊屈曲，池中筑蓬莱诸山，上有太液亭，池中浮有巨大的鹤首船，水上有拱桥飞跨。据唐代的许多诗文可知，太液池中植有菱荷，池岸栽种柳树和桃树。太液池的四周建有众多的殿宇，琼宫波光，景色甚是壮观华丽。根据池岸和池底最低处落差判断，池水当时应有 2～3 米深，太液池的池岸是由黄土与淤泥混合夯筑起来的，考古者称之为“淤泥夯”，夯筑面积不等，大小应是根据岸边建筑的需要确定的，在池西边表现出宽达 100 余米的遗迹。在太液池岸边发现了大量柱洞，都是沿着池岸密集分布的，判断是骑岸跨水的水榭建筑。新、旧《唐书》和《资治通鉴》中都有太液池岸周边有廊庑 400 间的记载，对太液池南部等地进行的考古发掘表明，处于低势的太液池与南岸的高地宫殿区在建筑布局上是有过渡的，过渡自然且讲究。从南至北的斜坡地势上建有大量廊庑及由其组成的院落。这些院落和组廊布局非常均衡、规整。从已发掘的部分廊庑木桩洞遗迹看，廊屋有多排柱洞，形成多个建筑单元空间。此地呈现的土墙、廊道、水渠、水井、假山石等遗迹说明，这一坡地也被皇家以多种园林建筑手段点缀修饰。

苑林区是多功能的园林，除了一般的殿堂和游憩建筑之外，还有佛寺、道观、浴室、暖房、讲堂、学舍等，不一而足。麟德殿是皇帝饮宴群臣、观看杂技舞乐和做佛事的地方，位于苑西北之高地上。根据发掘出来的遗址判断，它由前、中、后三座殿阁组成，面阔 11 间、进深 17 间，面积大约相当于北京明清故宫太和殿的 3 倍，足见其规模之宏大。

2. 洛阳宫

隋名紫微城，即洛阳之宫城。唐贞观六年(公元 632 年)改名洛阳宫(见图4-7)，武后光宅元年(公元 684 年)改名太初宫。宫的南垣设三座城门，中门应天门。应天门之北为正殿含元殿，也是天子大朝之所，殿有四门，南曰乾元门。含元殿北为贞观殿，再北为徽猷殿。应天门、含元殿、贞观殿、徽猷殿构成宫廷区的中轴线，其东、西两侧散布着一系列的殿宇建筑群，其中有天子的常朝宣政殿、寝宫，以及嫔妃居住和各种辅助用房。宫廷区的东侧为太子居住的东宫，西侧为诸皇子、公主居住的地方。北侧即大内御苑"陶光园"。

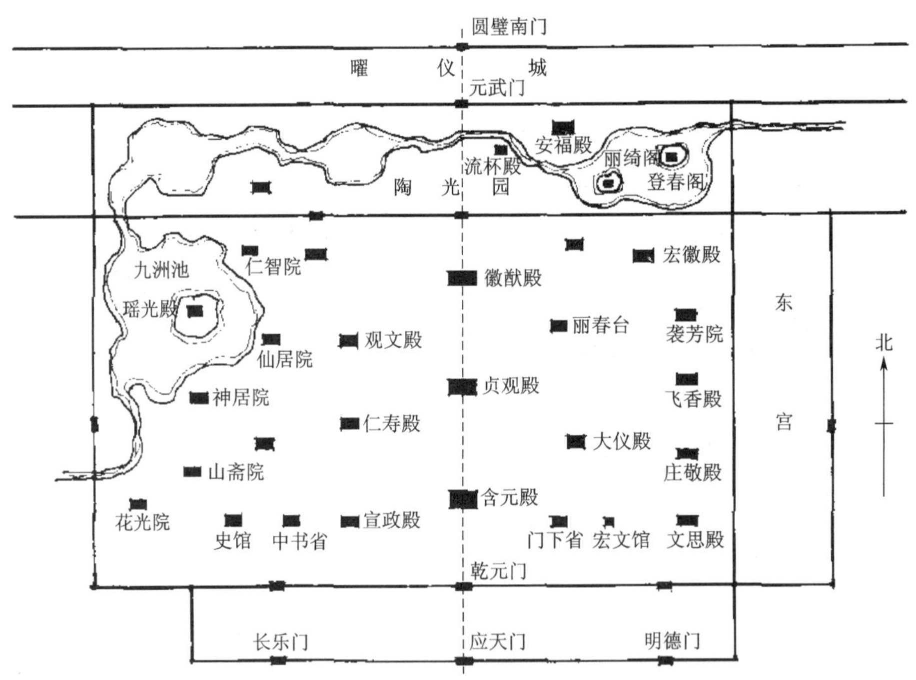

图 4-7 隋、唐洛阳宫城平面设想图(据《唐两京城坊考》绘制)

陶光园呈长条状，园内横贯东西向的水渠，在园的东半部潴而为水池。池中有二岛，分别建登春、丽绮二阁，池北为安福殿。据考古探测，宫城西北角有大面积的淤土堆积，西距西墙 5 米，北距陶光园南墙 148 米。淤土东西最长为 280 米，南北最宽 260 米，总面积约为 5.56 公顷。淤土距今地表深度不一，西部及西南部一般深在 2 米以下，东部深 1.8 米左右，东北部深 0.5 米左右。这处淤土堆显然是一个大水池的遗迹，可能就是当年的九洲池。宫城的西北角还有一处以九洲池为主体的园林区。

它不在陶光园内而是在宫城内，足见当年宫内有苑、宫苑一体的情况。九洲池的北面与陶光园内的水渠连接，南面伸出约 9 米的缺口应是通往宫城外的另一条水渠。

禁苑(见图 4-8)在长安宫城之北，即隋代的大兴苑。因其包括禁苑、西内苑和东内苑三部分，故又名三苑。它与宫城太极宫和大明宫相邻，又在都城的北面，就其位置而言，应属大内御苑的性质。

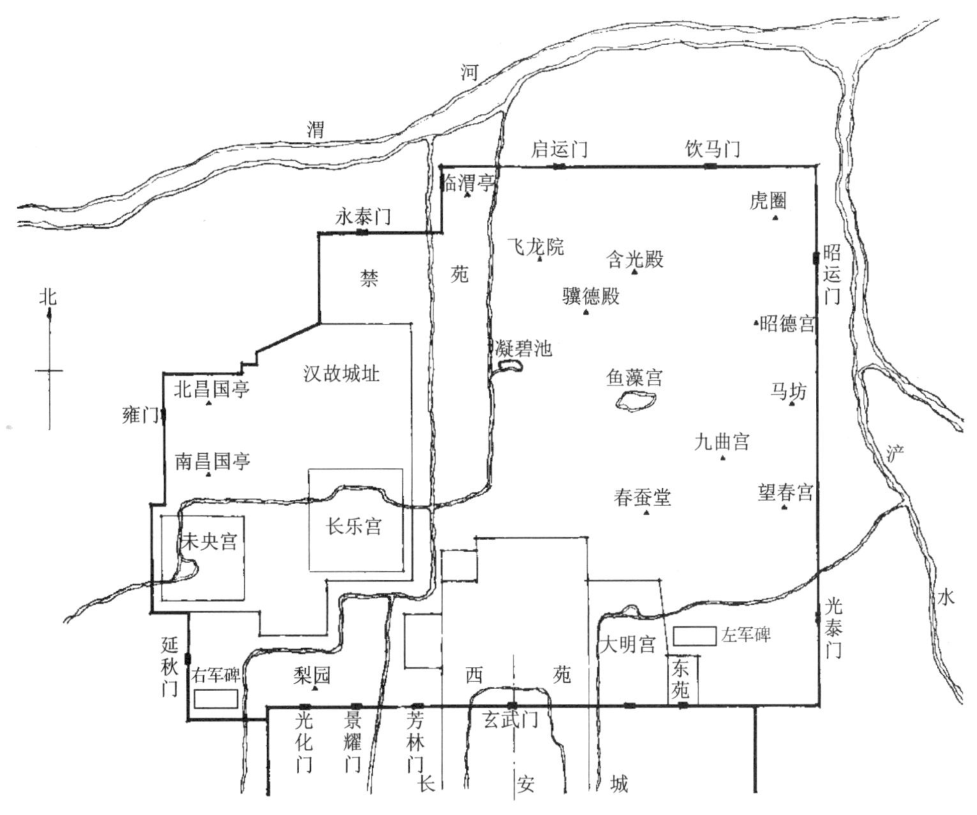

图 4-8　禁苑平面示意图(据《长安志》绘制)

禁苑的范围辽阔，据《唐两京城坊考》记载，禁苑东界浐水，北枕渭河，西面包入汉长安故城，南接都城。东西长 13.5 千米，南北长 11.5 千米，周长 60 千米。南面的苑墙即长安北城墙，设三门，东、西苑墙各设二门，北苑墙设三门。管理机构为东、西、南、北四监，“分掌各区种植及修葺园苑等，又置苑总监都统之，皆隶司农寺”。禁苑的地势南高北低，长安城内的永安渠自景耀门引入苑内连接汉代故城的水系。清明渠经宫城、西内苑引入，往北纵贯苑内而注入渭河，接济禁苑西半部之用水，并潴而为凝碧池。另外，从浐水引支渠自东垣墙入苑，接济禁苑东半部之用水，并潴而为广运潭、鱼藻池。“苑中宫亭，凡二十四所”，即 24 处建筑群。

此外，苑内尚有飞龙院、骥德殿、昭德宫、光启宫、白华殿、会昌殿、西楼、虎圈等殿宇，以及亭 11 座，桥 5 座。顾名思义，骥德殿应当是观看跑马的地方，虎圈为养虎的地方。唐代宫廷盛行打马球的游戏，禁苑内有马球场一处，旁建“球场亭子”。

禁苑占地大，树林茂密，建筑疏朗，十分空旷。因而除供游憩和娱乐活动之外，还兼作驯养野兽、驯马的场所，供应宫廷果蔬禽鱼的生产基地，皇帝狩猎、放鹰的猎场。其性质类似西汉的上林苑，但比上林苑要小得多。禁苑扼据宫城与渭河之间的要冲地段，也是拱卫京师的一个重要的军事防区。苑内驻扎禁军神策军、龙武军、羽林军，设左军碑、右军碑。

西内苑在西内之北，亦名北苑。南北一里，东西与宫城齐。南面的苑门即宫城之玄武门，北、东、西苑门各一。据《唐两京城坊考》，苑内的殿宇建筑共有三组：玄武门北以东的一组为观德殿、含元殿、冰井台、樱桃园、拾翠殿、看花殿、歌舞殿，以西的一组为广达楼、永庆殿、通过楼，西苑门外夹城中的一组为大安宫。东内苑在东内之东侧，南北二里，东西相当于一坊之宽度。南门延政门，门之北为龙首殿和龙首池。池东有灵符应瑞院、承晖殿、看乐殿诸殿宇，以及小儿坊、内教坊、御马坊、球场亭子等附属建筑。

3. 兴庆宫

在长安外廓城东北、皇城东南面之兴庆坊，原名隆庆坊，唐玄宗李隆基为皇太子时的府邸即在此处。相传府邸之东有旧井，为隆庆池。玄宗即帝位后，于开元二年(公元714年)就兴庆坊藩邸扩建为兴庆宫(见图4-9)，合并北面永嘉坊的一半，往南把隆庆池包入，为避玄宗讳改名“兴庆池”，又名龙池。开元十六年(公元728年)，玄宗移住兴庆宫听政。宫的总面积相当于一坊半，根据考古探测，东西宽1.08千米，南北长1.25千米。有夹城(复道)通往大明宫和曲江，皇帝车驾“往来两宫，人莫知之”。为了因就龙池的位置和坊里的建筑现状，以北半部为宫廷区，南半部为苑林区，呈北宫南苑的格局。

根据《唐两京城坊考》的叙述，兴庆宫总体布局的大致情况为：宫廷区共有中、东、西三路跨院。中路正殿为南薰殿；西路正殿为兴庆殿，后殿大同殿内供老子像；东路有偏殿“新射殿”和“金花落”。正宫门设在西路之西墙，名兴庆门。

兴庆宫又称“南内”，那么其苑林区相当于大内御苑的性质。苑林区的面积稍大于宫廷区，东、西宫墙各设一门，南宫墙设二门。苑内以龙池为中心，池面略近椭圆形。池的遗址东西长914米，南北宽214米，面积约1.8公顷，由龙首渠引来活水接济。池中植荷花、菱角及藻类等水生植物。池西南的“花萼相辉楼”和“勤政务本楼”是苑林区内的两座主要殿宇，楼前围合的广场遍植柳树，广场上经常举行乐舞、马戏等表演。这两座殿宇也是玄宗接见外国使臣、策试举人，以及举行各种仪式典礼、娱乐活动的地方，兴庆宫的西南隅地段曾经考古发掘，清理了宫城西南隅的部分墙垣，发掘了勤政楼及其他宫殿遗址多处。南城墙有内、外两重，内墙自转角处往东发掘出140米的遗址，墙基宽5米，上部宽为4.4米。勤政务本楼即建在这一道城墙之上，遗址西距西墙125米，很像一座城门楼。楼的平面呈长方形，现存柱础东西6排、南北4排，而阔5间，共26.5米，进深3间，共19米，面积约500平方米。楼址的周围

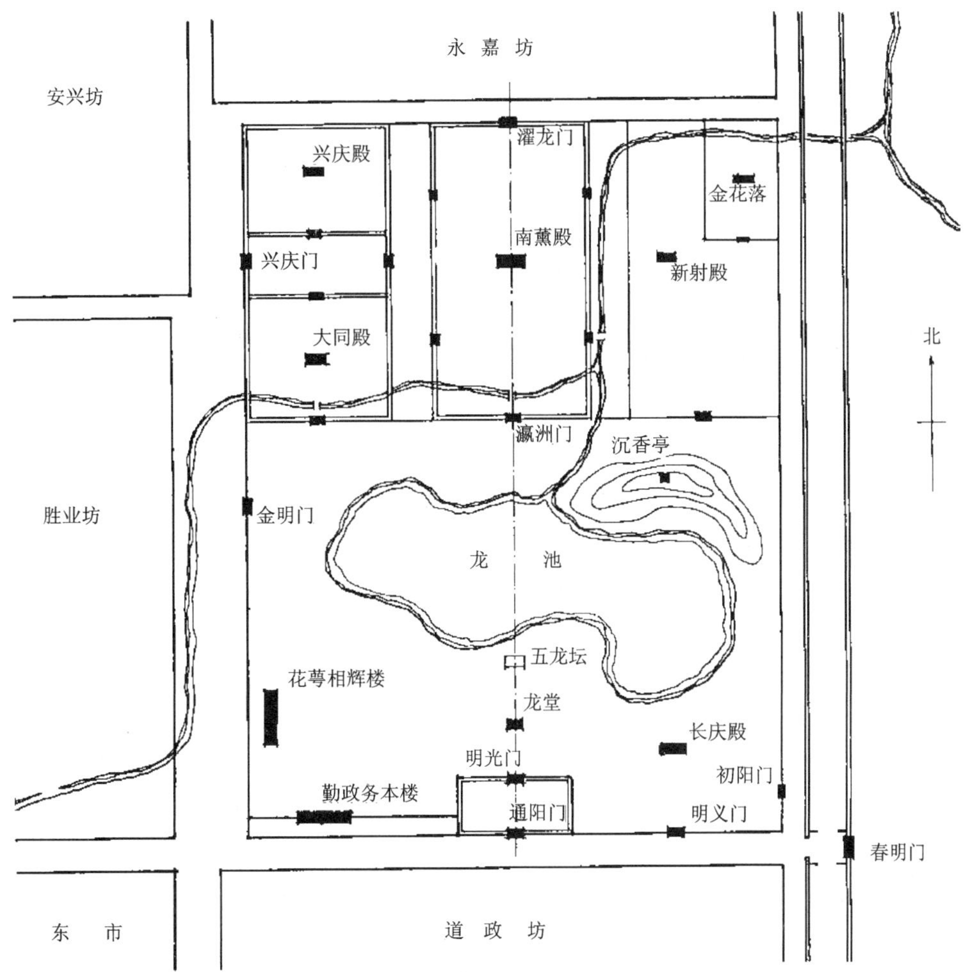

图 4-9 兴庆宫平面设想图(据《唐两京城坊考》绘制)

均铺有散水,宽 0.85 米。勤政楼的遗址与各种文献的记载大体上是相符的。

苑内林木蓊郁,楼阁高低,花香人影,景色绮丽。龙池之北偏东堆筑土山,上建"沉香亭"。亭用沉香木构筑,周围的土山上遍种红、紫、淡红、纯白诸色牡丹花,是兴庆宫内的牡丹观赏区。池之东南面为另一组建筑群,包括翰林院、长庆殿及后殿长庆楼。

4. 西苑

隋之西苑即显仁宫,又称会通苑,在洛阳城之西侧,隋大业元年(公元 605 年)与洛阳城同时兴建。这是历史上仅次于西汉上林苑的一座特大型皇家园林。唐代改名东都苑,武后时名神都苑,苑城东面长 8.5 千米、南面长 19.5 千米、西面长 25 千米、北面长 10 千米。西苑苑址范围内是一片略有丘陵起伏的平原,北背邙山,西、南两面都有山丘作为屏障。洛水和穀水贯流其中,水资源十分充沛(见图 4-10)。

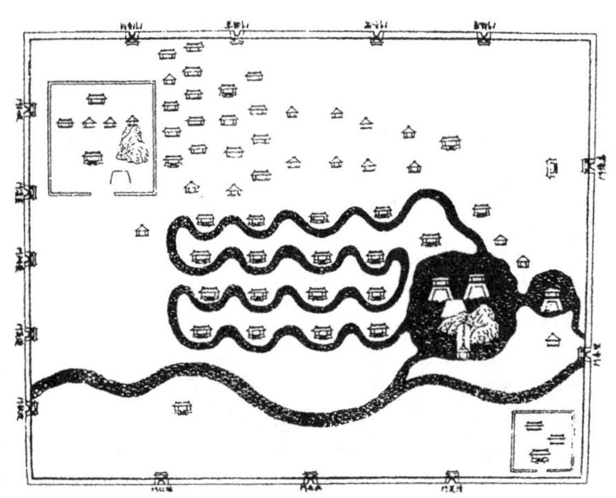

图 4-10 《元河南志》所附《隋上林西苑图》

西苑是一座人工山水园，从文献记载看来，园内的理水、筑山、植物配置和建筑营造的工程极其浩大，都是按既定的规划进行的。总体布局以人工开凿的北海为中心。北海周长十余里，海中筑蓬莱、方丈、瀛洲三座岛山，高出水面 30 多米。海北的水渠曲折萦行注入海中，沿着水渠建置 16 院，均穷极华丽，院门皆临渠。

西苑大体上仍沿袭汉代以来"一池三山"的宫苑模式。山上有道观建筑，但仅具求仙的象征意义，实则作为游赏的景点。五湖的形式象征帝国版图，可能渊源于北齐的仙都苑。西苑内的不少景点均以建筑为中心，用 16 组建筑群结合水道的穿插而构成园中有园的小园林集群，则是一种创新的规划方式。就园林的总体而言，龙鳞渠、北海、曲水池、五湖构成一个完整的水系，模拟天然河湖的水景，开拓水上游览的内容，这个水系又与"积土石为山"相结合而构成丰富的、多层次的山水空间，都是经过精心安排的。而龙鳞渠绕经 16 院更需要依据精确的竖向设计。苑内还有大量的建筑营造，植物配置范围广泛、移栽品种极多。所有这些都足以说明西苑不仅是复杂的艺术创作，也是庞大的土木工程和绿化工程。它在设计规划方面的成就具有里程碑式的意义，它的建成标志着中国古典园林全盛期到来。唐代的西苑后来改名为东都苑，面积缩小，水系未变，建筑物则有所增损、易名（见图 4-11）。

5. 玉华宫

玉华宫在今西安北面的铜川市玉华乡，位于子午岭南端一条风景秀丽的山谷——凤凰谷中，玉华河由西向东蜿蜒流经谷地，而后注入洛河。这里气候宜人，"夏有寒泉，地无大暑"。玉华宫始建于唐高祖武德七年（公元 624 年），原名仁智宫。唐太宗在此基础上大兴土木加以扩建，于贞观二十一年（公元 647 年）落成，改名玉华宫。据当地出土的宋人张岷《游玉华山记》碑文记载：殿址"可记其名与处者六"，正殿为玉华殿，其上为排云殿，又其上为庆云殿；正门为南凤门，其东为晖和殿；宫门曰嘉礼门，此处为太子之居；"知其名而失其处者一"，曰金飚门。此外，又在珊瑚谷和兰芝

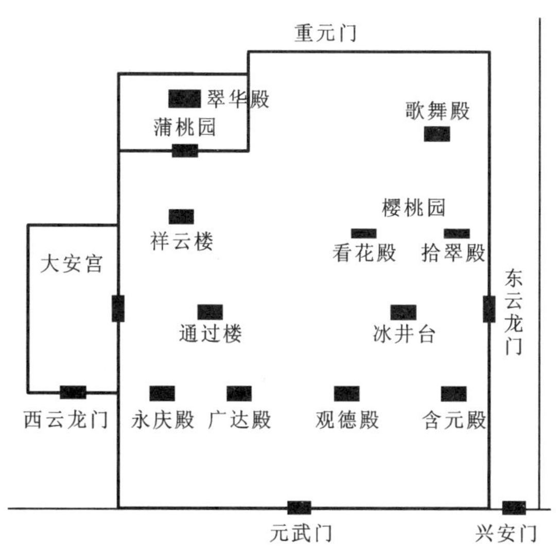

图 4-11　西苑平面设想图(根据《长安志》绘制)

谷中建成若干殿宇及辅助用房。玉华宫的建筑除南风门屋顶用瓦覆盖之外，其余殿宇均葺以茅草，意在清凉，并示俭约。

玉华宫建成后，唐太宗于贞观二十二年(公元 648 年)前往游幸，作《玉华宫铭》，在玉华殿召见高僧玄奘，询问译经情况，又命上官仪宣读《大唐三藏圣教序》。唐高宗时废宫为寺，改名玉华寺，玄奘由长安慈恩寺移居这里继续翻译佛经。玄奘十分欣赏此处的幽静环境、秀美风景，在返回京城后仍念念不忘。

玉华宫所在的凤凰谷，北依陕北黄土高原，南临八百里秦川。子午岭为秦代“直道”穿过的地方，岭的东、西麓分别为洛河与泾河的河谷，地势平坦，农业发达，自古以来就是关中通往塞北的要道。玉华宫正好位于上述三条交通要道的咽喉要冲，在经济、军事方面都具有十分重要的意义。

到唐玄宗天宝年间，玉华宫已完全坍塌，沦为一片废墟了。

6. 仙游宫

仙游宫(见图 4-12)在今周至县城南 15 千米，始建于隋开皇十八年(公元 598 年)。这里青山环抱，碧水萦流，气候凉爽宜人，隋文帝曾多次临幸、避暑。行宫的基址在黑水河的河套地段，坐南朝北。南面以远处的秦岭(终南山)为屏障，其支脉“四方台”蜿蜒曲折，东、西分别有“月岭”和“阳山”两侧回护，形成太师椅状的山岳空间。北面平地上突起小山冈“象岭”，与四方台遥相呼应成对景。黑水河来自西南，从东北面流出构成水口的形势。仙游宫周围的自然环境空间层次丰富，景观旷奥兼备，一水贯穿其间又形成河谷的穿插，不仅风景优美如画，而且还呈现为龙、砂、水、穴的上好风水格局。

隋仁寿元年(公元 601 年)，文帝下诏在全国各地选择若干高爽清静之处建灵塔安置佛舍利。仙游宫作为被选中的一处，由大兴善寺的童真法师奉敕送舍利建塔安

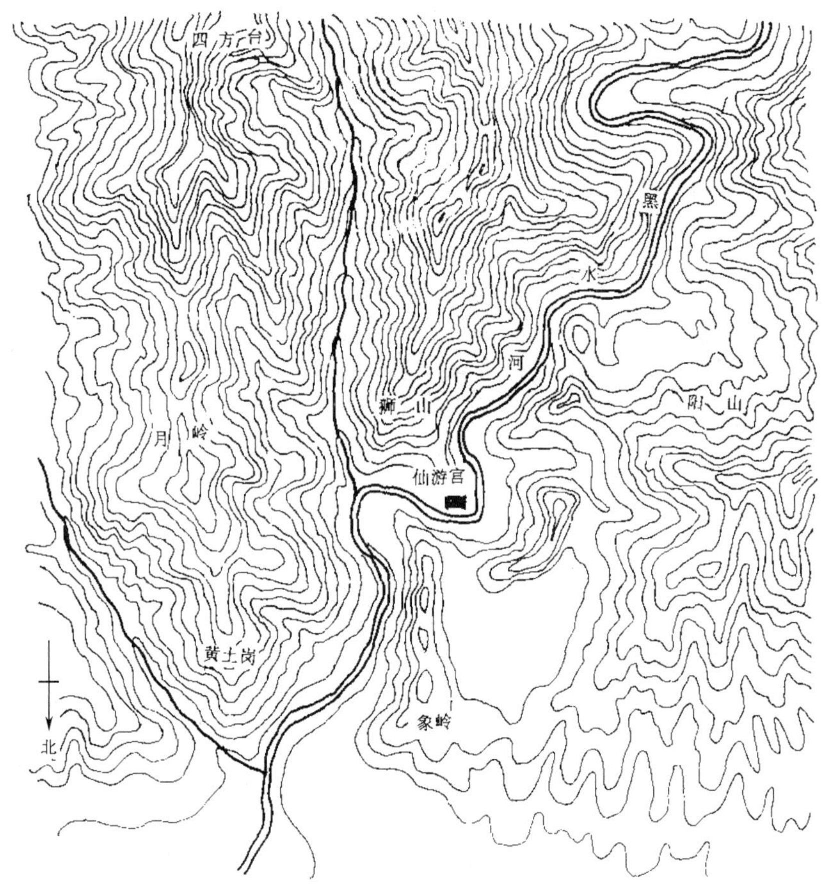

图 4-12　仙游宫环境平面图

置。此后，仙游宫便因建塔而改为佛寺“仙游寺”。唐宋两代是仙游寺的鼎盛时期，殿宇林立，古塔挺秀，其宛若人间仙境的自然风光吸引了众多的文人墨客来此游览，并留下不少诗文题咏。唐元和年间，大诗人白居易任职周至县尉，曾与陈鸿、王质夫结伴同住仙游寺数日，谈及唐玄宗与杨贵妃的爱情故事。他据此故事写成的《长恨歌》，以及陈鸿撰写的《长恨歌传》，均成为传诵千古的光彩华章。元代以后，此寺屡毁屡建，现存建筑除隋代的法王塔之外，其余的均为清末民初所重建。

7. 翠微宫

翠微宫在长安南 25 千米之终南山太和谷，初名太和宫，唐武德八年（公元 625 年）始建，贞观十年（公元 636 年）废。二十一年（公元 647 年），唐太宗嫌大内御苑燥热，公卿乃请求重修太和宫作为避暑的离宫。诏从之，命将作大匠阎立德负责筹划。建成后改名翠微宫。

终南山横亘于关中平原之南缘，山势巍峨、群峰峙立。它的北坡比较陡峻，且多断崖，山间河流湍急，切入山岩成为许多峡谷。山岳空间层次丰富，自然风景十分优美。北坡还有不少小盆地，太和谷便是其中之一。这个盆地高出长安城约 800 米，夏天气候凉爽宜人。它背倚终南山，东有翠微山，西有清华山双峰耸立回护，往北呈三级台地下降，通往山外的关中平原，林木蓊郁、溪流潺湲，的确是建设离宫的理想基址。翠微宫的范围包括宫城和苑林区，苑林包围着宫城，这是汉唐离宫的普遍形制。宫城的正门北开曰“云霞门”，其南为大朝“翠微殿”，再南为正寝“含风殿”，三者构成宫城的中轴线。大朝的一侧另建皇太子的别宫，正门西开曰“金华门”，内殿曰“安善殿”。这是一组殿宇台阁延绵的庞大建筑群。现经考古发掘，已探明遗址多处，发现唐代的筒瓦、莲花纹方砖、素面砖、瓦当、柱础、碑刻、造像、石狮、青瓷樽等多件，以及舍利塔残体。

贞观二十一年（公元 647 年）五月，翠微宫甫完工，唐太宗就临幸避暑，到秋七月返回长安。二十三年（公元 649 年）太宗再次临幸，随即病逝于宫内的含风殿。此后就再没有皇帝临幸，到唐宪宗元和年间，废宫为寺，改名翠微寺。

8. 华清宫

华清宫（见图 4-13）在今西安城以东 35 千米的临潼县，南倚骊山之北坡，北向渭河。骊山是秦岭山脉的一支，东西绵亘 20 余千米。两岭三峰平地拔起，山形秀丽、植被极好。远看犹如黑色的骏马，故曰骊山。两岭即东绣岭和西绣岭，中间隔着一条山谷。西绣岭北麓之冲积扇有天然温泉，也就是华清宫之所在。

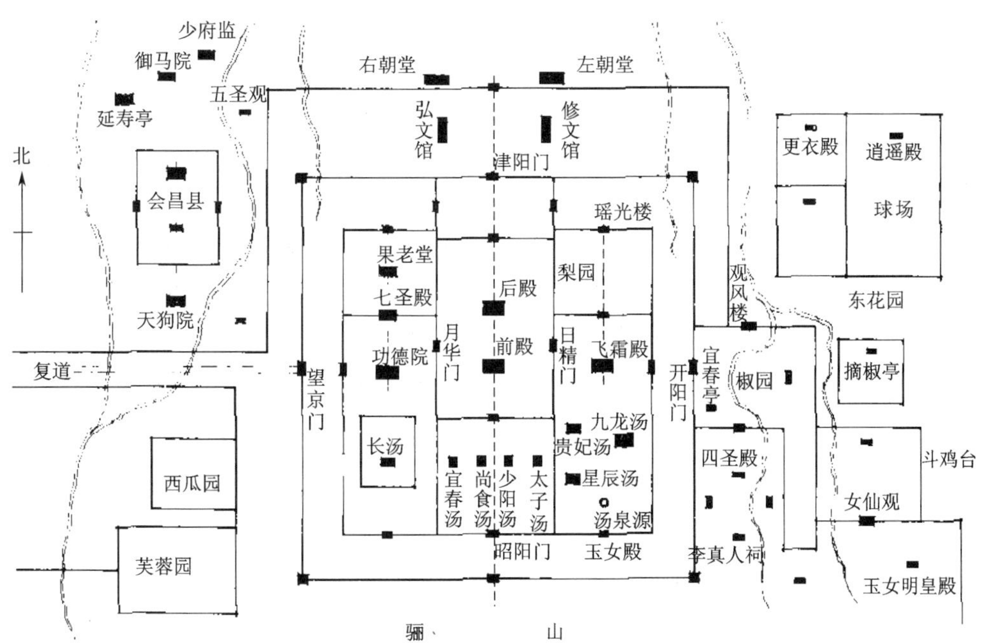

图 4-13　华清宫平面设想图（据《长安志》绘制）

据《长安志》：秦始皇始建温泉宫室，名“骊山汤”，汉武帝又加以修葺。隋开皇三年（公元 583 年），“又修屋宇，列树松柏千余株”。唐贞观十八年（公元 644 年），营建宫殿，名汤泉宫，作为皇家沐浴疗疾的场所。天宝六年（公元 747 年）扩建，改名华清宫。“骊山上下益治汤井，为池台殿环列山谷，明皇岁幸焉。又筑会昌城，即于汤所置百司及公卿邸第焉。”唐玄宗长期在此居住，处理朝政，接见臣僚，这里遂成为与长安大内相联系着的政治中心。相应地建置了一个完整的宫廷区，它与骊山北坡的苑林区结合，形成了呈北宫南苑格局的规模宏大的离宫御苑，宫苑的外围更绕以外廓墙，即“会昌城”。安史之乱后，华清宫逐渐荒废，五代时改建为道观，明清又废。

唐玄宗锐意经营这座骊山离宫，其规划布局基本上以首都长安城作为蓝本：会昌城相当于长安的外廓城，宫廷区相当于长安的皇城，苑林区则相当于禁苑，只是方向正好相反。可以说，华清宫乃是长安城的缩影，足见它在当时众多离宫中的重要地位。

华清宫的宫廷区平面略呈梯形，中央为宫城，东部和西部为行政、宫廷辅助用房，以及随驾前来的贵族、官员的府邸。宫廷区的南面为苑林区，呈前宫后苑之格局。宫廷区的北面平原坦荡，除少数民居之外均为赛球、赛马、练兵的场地，包括讲武殿、舞马台、大球场、小球场等。唐玄宗曾经在这里观看过兵阵演练，参加过马球比赛。

宫城为一个方整布局，坐南朝北，两重城垣。北面设正门津阳门、东门开阳门、西门望京门、南门昭阳门，昭阳门往南即为登骊山苑林区大道。宫廷区的北半部为中、东、西三路：中路津阳门外左右分列弘文馆和修文馆，其南为前殿、后殿，相当于外朝；东路的主要殿宇为瑶光楼和飞霜殿，是皇帝的寝宫；西路诸殿宇自北而南分别为果老堂、七圣殿、功德院等，均属宫廷寺观。

宫城的南半部为温泉汤池区，除少数殿宇之外，分布着八处汤池供帝、后、嫔妃和皇室人员沐浴之用，自东到西分别为九龙汤（莲花汤）、贵妃汤、星辰汤、太子汤、少阳汤、尚食汤、宜春汤和长汤。

开阳门以东的廓城内建置的殿宇有观风楼、四圣殿、逍遥殿、重明阁、宜春亭、李真人祠、女仙观、桉歌台、斗鸡台等，另建球场一处。玄宗精通音律，能歌舞，喜欢打马球，尤其癖好斗鸡。于华清宫建置鸡坊和斗鸡台，每次来华清宫，都要与杨贵妃高坐斗鸡台上观看训练有素的斗鸡之戏。胜负决出后，由胜者领头，众鸡列队雁行归于鸡坊。

望京门以西的廓城内除建置少量殿宇之外，其余均为百官衙署、供应机构和各种园圃、马厩等。自望京门起，有复道通往长安城，作为皇帝往来两地的专用道路。

苑林区亦即东绣岭和西绣岭北坡之山岳风景地，以建筑物结合于山麓、山腰、山顶等不同地貌而规划为各具特色的许多景区和景点。山麓分布着若干以花卉、果木为主题的小园林兼生产基地，如芙蓉园、粉梅坛、看花台、石榴园、西瓜园、椒园、冬瓜园等。山腰则突出嶝岩、溪谷、瀑布等自然景观，放养驯鹿出没于山林之中。朝元阁是苑林区的主体建筑物，从这里修筑御道循山而下直抵宫城之昭阳门。山顶上高爽清凉，俯瞰平原，历历在目，视野最为开阔，修建许多亭台殿阁，高低错落，发挥其“观景”和“点景”作用。东绣岭有王母祠，其侧为骊山瀑布，飞流直泻冲击岩石成石瓮状，即石瓮谷。谷之西为福岩寺，亦名石瓮寺。寺之西北面为绿阁、红楼，两者隔溪遥遥相对。西绣岭三峰并峙，主峰最高，周代的烽火台设于此，相传为周幽王与宠妃褒姒烽火戏诸侯之处。峰顶建翠云亭，视野可及于数百里外。次峰上建老母殿、望京楼，后者亦名斜阳楼，每当夕阳西下，遥望长安城得景最佳。第三峰稍低，上建朝元阁。其南即老君殿，殿内供奉老子玉像。这两处建筑物均属道观性质，唐代皇帝多信奉道教，皇家园林中亦多有道观的建置。值得一提的是，苑林区在天然植被的基础上，还进行了大量的人工绿化种植，“天宝所植松柏，遍满岩谷，望之郁然”。不同的植物配置更突出了各景区和景点的风景特色，所用品种见于文献记载的有松、柏、槭、梧桐、柳、榆、桃、梅、李、海棠、枣、榛、芙蓉、石榴、紫藤、芝兰、竹子、旱莲等约 30 种，还生产各种果蔬供给宫廷。因此，骊山北坡通体花木繁茂，如锦似绣。

9. 九成宫

九成宫在今西安城西北 163 千米的麟游县新城区，始建于隋开皇十二年（公元 593 年），原名仁寿宫，由宇文恺主持规划、设计事宜。仁寿宫的基址选择在杜河北岸一片开阔谷地，这里层峦叠翠，树林茂密，风景优美，气候凉爽宜人，乃是避暑胜地。麟游在隋唐时为通往西北大道的交通枢纽，又是拱卫首都西北面的军事要地，常驻重兵防守。所以仁寿宫的建置，不仅是为了满足皇帝游赏、避暑的需要，还出于军事上的考虑（见图 4-14）。

隋代仁寿宫的规模宏大，建筑华丽。隋文帝先后六次到此避暑，居住时间最长达一年半。隋亡后，宫殿废毁。唐贞观五年（公元 631 年），唐太宗为了避暑养病，诏令修复仁寿宫，改名九成宫。唐高宗永徽二年（公元 651 年）改名万年宫，乾封二年（公元 667 年）又恢复九成宫之名。九成宫利用隋代旧宫的基址重建而成，未作变动，只是于成亨二年（公元 671 年）增建太子新宫一区。唐太宗、高宗经常到此避暑，于驻跸期间接见臣僚，处理朝政。所以，九成宫内除了宫廷、禁苑之外，还建置官署府库，成为一处与华清宫齐名的离宫御苑。

九成宫的宫墙有内、外两重。内垣之内为宫城，也就是宫廷区，位于杜河北岸山谷间的三条河流——北马坊河、永安河、杜水的交汇处。它前临杜河，北倚碧城山，东有童山，西邻屏山，南面隔河正对堡子山，山上森林茂密，郁郁葱葱。该地海拔近 1100 米，夏无酷暑，七八月份的平均温度仅 21℃，确是一处风水宝地。宫墙东西 1010 米，南北约 300 米。地势西高东低，呈长方形沿杜河北岸展开。

宫城为朝宫、寝宫及府库、官寺衙署之所在。宫城之外、外垣以内的广袤山岳地带，则为禁苑，也就是苑林区。宫城设城门三座，分别为南门永光门、东门东宫门、西门玄武门。这座宫苑的建筑顺应自然地形，因山就势。宫城西部的一座小山丘“天台”作为大朝正殿“丹霄殿”（即隋“仁寿殿”）的基座。正殿连同其两侧的阙楼和其前的两重前殿，组合为一组建筑群，把山坡覆盖住，类似汉代宫苑的“高台榭”做法，只不过是以小山丘代替人工夯土筑台。大朝正殿之后是寝宫，前面正对永光门，此三者构成了宫城的南北中轴线。宫城的中部和东部散布着许多殿宇，最大的永安殿建置长

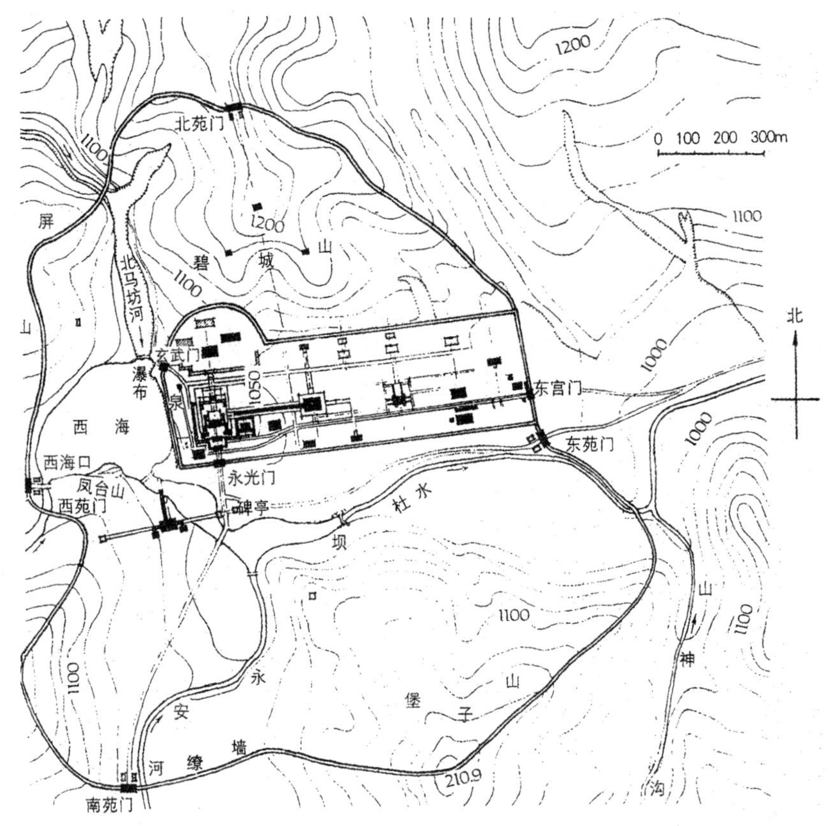

图 4-14　九成宫总平面复原图

长的阁道直通西面的大朝，颇有秦代宫苑的遗风；其余殿宇均为官署、府库、文娱和供应建筑。贞观年间发现的“醴泉”泉眼就在大朝的西侧，为此而修建了一条水渠沿宫城西垣转而东，直达东宫门。

苑林区在宫城的南、西、北三面，周围的外垣（即“缭墙”）沿山峦的分水岭修建，把制高点都围揽进来，以利于安全防卫。在三条河流交汇处筑水坝潴而为一个人工大池，即《醴泉铭》所谓“绝壑为池”，因其紧邻宫城之西，称为西海。苑林区内有山有水，山水之景互相映衬，自然风光优美。宫城北面的碧城山顶位置最高，在这里建置一阁、二阙亭，可供远眺观景之用，也作为山的制高部位的建筑点缀。西海的西北端靠近玄武门处，利用北马坊河的水位落差设一处高约 60 米的瀑布，又为山岳景观增添了动态水景之生趣。从西海南岸隔水观赏宫城殿宇、瀑布及其后的群山屏障，上下天光倒影水中，宛若仙山琼阁。西海的南岸建水榭一座，两侧出阙亭，均建在高台之上，为苑林区的主体建筑。东、西连接复道及龙尾道下至地面，北面连接复道直接下至池上桥梁。

九成宫作为皇帝避暑的离宫御苑，由于它的规划设计能够谐和于自然风景而又不失宫廷的皇家气派，在当时是颇有名气的。许多画家以它作为创作仙山琼阁题材的蓝本，李思训、李昭道父子就曾画过《九成宫纨扇图》《九成宫图》。著名文人为之诗文咏赞而留下千古名作的，则更多了，《九成宫醴泉铭》是其中最有名的一篇。中唐以后，文人墨客来此游览者络绎不绝。唐代以九成宫为主题的诗文绘画对后世影响很大，九成宫几乎成为从宋代到清代怀古抒情之作的永恒题材了。

二、综述

隋唐皇家园林的建设已经趋于规范化，大体上形成了大内御苑、行宫御苑和离宫御苑的三大类别。建置处在两京城内、附廓的皇家园林外，隋唐时的皇帝为了消夏避暑，游览巡幸，多选择比较凉爽的地方修建行宫、离宫。如扬州、长安的远郊，以及关中、河南一带等地，行宫、离宫星罗棋布。这些宫苑的绝大多数都建置在山岳风景优美地带，非常注重建筑基地的自然环境条件和小气候条件，尤其重视其本身的园林化处理。

大内御苑紧邻宫廷区的后面或一侧，呈宫、苑分置的格局。但宫与苑之间往往还彼此穿插、延伸，宫廷区中有园林的成分，苑林区内也有宫殿的建置。西京长安的太极宫，引清明渠流入而潴为南海、北海、西海，并就此三海创造宫城的园林化环境，适当地淡化其严谨肃穆的建筑气氛。宫城和皇城内广种松、柏、桃、柳、梧桐等树木。东内大明宫呈前宫后苑的格局，但苑林区内分布着不少宫殿、衙署，宫廷区的庭院内种植大量松、柏、梧桐，甚至还有果树。《新唐书·契苾何力传》载，唐高宗龙朔三年（公元663年），管理宫廷事务的官员梁修仁于新作之大明宫中“植白杨树于庭”，谓“此木易成，不数年可庇”。适逢左卫大将军契苾何力入大明宫参观，诵古诗“白杨多悲风，萧萧愁煞人”，修仁闻后立即命令拔去，“更植以桐”。可见，宫廷区内的绿化种植很受重视，树种也是有所选择的。

郊外的行宫、离宫，绝大多数都建置在山岳风景优美的地带，如“锦绣成堆”的骊山、“诸峰历历如绘”的天台山、“重峦俯渭水，碧嶂插遥天”的终南山等。这些宫苑都很重视建筑基址的选择，于“相地”独具慧眼，不仅保证了帝王避暑、消闲的生活享受，为他们创设了一处处得以投身于大自然怀抱的天人谐和的人居环境，同时也反映出唐人在宫苑建设与风景建设相结合方面的高素质和高水准。许多行宫、离宫一般都有广阔的苑林区，或者在宫廷区的后面，或者包围着宫廷区，均视基址的自然条件而因地制宜。其所在地直到今天仍然保留着它们的游赏价值，个别的甚至已开发成为著名的风景名胜区。

第四节　私家园林

隋代统一全国，修筑大运河，沟通南北经济。盛唐之时，政局稳定，经济、文化繁荣，呈现历史上空前的太平盛世和安定局面。人民的生活水平和文化素质提高了，民间便相应地普遍追求园林享受之乐趣；在一些经济、文化比较发达的地方，尤其如此。中原、江南、巴蜀是当时最发达的地区，有关私家造园活动的文献记载很多。中原的西京长安、东都洛阳作为全国政治、经济、文化中心，民间造园之风更甚。盛唐之世，为私家造园的兴旺创造了条件，而当时园林兴盛的程度也正是这个盛世的象征。

科举制度确立，朝廷通过考试遴选政府各级官吏，于是，皇帝以下的政权机构已不再为门阀士族所垄断，广大庶族地主知识分子有了晋身之阶。官僚政治取代了门阀士族政治，知识分子一旦取得官僚的身份便有了优厚的俸禄和相应的权力、地位。他们可以尽享荣华、大展宏图，只是失去了世袭的保证。宦海浮沉，显达与穷通莫测，升迁与贬谪无常，出处进退的矛盾心态经常困扰着他们。“达则兼济天下”，显达者固然春风得意，但也摆脱不掉为之心力交瘁的政治斗争和人际关系。于是，他们便把眼光投向园林，借助于园居生活而得到暂时“穷则独善其身”的解脱，既可以居庙堂而寄情于林泉，又能够居林泉而心系于庙堂。园林的享受在一定程度上满足了入世者的避世企望，在“显达”与“穷通”之间起到了缓冲的作用。于是，士人几乎都刻意经营自己的园林，而且都或多或少地附着上这种感情的色彩。唐代确立的官僚政治，便逐渐在私家园林中催生出一种特殊的风格园林——士流园林。

科举取士制度施行以后，士大夫阶层的生活和思想受到前所未有的大一统集权政治的干预。读书人的“隐逸”行为已经不再是目的，而更多地成为入仕的一种手段，即所谓“终南捷径”。大多数读书人做隐士的动机由过去的隐姓埋名转变为扬名显声、待价而沽。史书中就屡有皇帝亲自出面延聘隐士的记载，地方官也纷纷效仿，推荐隐士。甚至有人“结庐泉石，目注市朝”而毛遂自荐的。真正的隐士固然有，却愈来愈少了，更多的是“隐于园”者。中唐以后，这种“隐于园”的隐逸已逐渐发展成为无需身体力行的精神享受，普遍流行于文人士大夫的圈子里。它直接刺激私家园林的普及和发展，对于士流园林的日益繁荣是一个尤其重要的促进因素。

唐中宗的韦后之弟韦嗣立，官拜太仆寺少卿，兼掌吏部选事，后又迁任兵部尚书。他在骊山修建了一处别墅，中宗曾亲临游览，令从官赋诗，并自作诗序。御赐别墅之名为“清虚原幽栖谷”，封韦嗣立为“逍遥公”。于是，韦嗣立便因此而具有权倾朝野的显宦和逍遥幽栖的逸士的双重身份，随驾游园的从官们对此也称道不已。

白居易根据自己的生活体验，在《中隐》这首诗中提出所谓“中隐”的说法，可以作为流行于当时的文人士大夫圈子里隐逸思想的真实写照。“中隐”颇有中庸色彩的论调，普遍为当时士人们所接受。隐逸的具体实践已不必“归园田居”，更不必“遁迹山林”，园林生活完全可以取而代之。而园林也受到了“中隐”所代表的隐逸思想之浸润，同时又成为后者的载体。于是士人们都把理想寄托于园林，把感情倾注于园林，凭借近在咫尺的园林而尽享隐逸之乐趣了。因此，中唐的文人士大夫都竞相兴造园林，竞相“隐于园”。他们对园林可谓一往情深，甚至亲自参与园林的规划设计。园林在文人士大夫生活中所占的重要地位，可想而知。在这种社会风尚的影响下，士流园林开始兴盛起来，同时也必然促成了私家园林长足发展的局面。

长安作为首都，私家园林荟萃自不待言。在朝的权贵和官僚们同时也在东都洛阳修造宅第、园林，“唐贞观开元之间，公卿贵戚开馆列第于东都者，号千有余所”。洛阳私园之多并不亚于长安，但其中多有园主人终生未曾到过的，正如白居易《题洛中第宅》诗中所谓“试问池台主，多为将相官；终身不曾到，唯展宅图看”。

江南地区，政治中心北移之后私家园林当然已非六朝之鼎盛。但扬州一地，由于隋代开凿大运河而成为运河南端的水陆码头、江淮交通的枢纽，同时也带来了城市经济的繁荣。私家园林的兴建，当亦不在少数，正如诗人姚合《扬州春词三首》中所说的“园林多是宅”“暖日凝花柳，春风散管弦”的盛况。史载扬州青园桥东，有裴堪的“樱桃园”，园内“楼阁重复，花木鲜秀”，景色之美“似非人间”。江南的园林盛景，正如诗人方干在《旅次洋州寓居郝氏林亭》诗中，出于对家乡的怀念所描写的江南风景和园林景观，“鹤盘远势投孤屿，蝉曳残声过别枝；凉月照窗敧枕倦，澄泉绕石泛觞迟”，显示那一派犹如画意的园景。见于文献著录的扬州私家园林，大都以主人的姓氏作为园名，如刘氏园、席氏园等，这种做法一直沿袭到清代。

成都为巴蜀重镇，也是西南地区的经济和文化中心城市。文献多有记载私家造园情况。著名的如大诗人杜甫经营的浣花溪草堂。

唐代，风景名胜区作为区域综合体已得到进一步的开发而遍布全国各地，原始型的旅游亦相应地普遍开展起来。文人们遍游名山大川，也纷纷在这些地方相地卜居、经营别墅园林。

一、私家园林实例

1. 履道坊宅园

太和三年(公元 829 年)白居易以刑部侍郎告病归洛阳，长期居住在那里。这座宅园位于坊(里)之西北隅，洛水流经此处，被认为是城内“风土水木”最胜之地，白居易于杨凭旧园的基础上稍加修葺改造。白居易有《池上篇》诗，诗前自序记宅园创造经过和景物布局。履道里在洛阳城东南，占地约 1.1 公顷，“屋室三之一，水五之一，竹九之一”，又筑池塘、岛、桥于园中。后又在池东筑粟凛，池北建书库，池西修琴亭，园中又开环池路，置天竺石、太湖石等，池中植白莲、折腰菱，放养华亭鹤，池中有三岛，先后作西平桥、中高桥以相联通。园中环境优美，亭台水榭，竹木掩映。

“屋室”包括住宅和游憩建筑，“水”指水池和水渠而言，水池面积很大，为园林的主体，池中有三个岛屿，其间架设拱桥和平桥相连。他购得此园后，又进行一些增建，“虽有台，无粟不能守也”，乃在水池的东面建粟廪；“虽有子弟，无书不能训也”，乃在池的北面建书库；“虽有宾朋，无琴酒不能娱也”，乃在池的西侧建琴亭，亭内置石樽。他本人“罢杭州刺史时，得天竺石一、华亭鹤二以归，始作西平桥，开环池路。罢苏州刺史时，得太湖石、白莲、折腰菱、青板舫以归，又作中高桥，通三岛径”。白居易对这座园林的改造和筹划是用过一番心思的，造园的目的在于寄托精神和陶冶性情，那种清纯幽雅的格调和“城市山林”的气氛，也恰如其分地体现了当时文人的园林观——

以泉石竹树养心，借诗酒琴书怡性。

履道坊宅园也是园主人以文会友的场所，白居易 74 岁时曾在这里举行“七老会”，与会者有胡杲、吉皎、郑据、刘真、卢贞、张深及他本人，寿皆 70 以上。同光二年(公元 924 年)，宅园改为佛寺，白氏后人移居洛阳东南郊、洛水南滨的白碛村，一直繁衍至今。

唐代的私家宅园中有前宅后园的布局，履道坊宅园即属此类；也有园、宅合一的，即住宅的庭院内穿插着园林，或者在园林中布置住宅建筑(见图 4-15)。

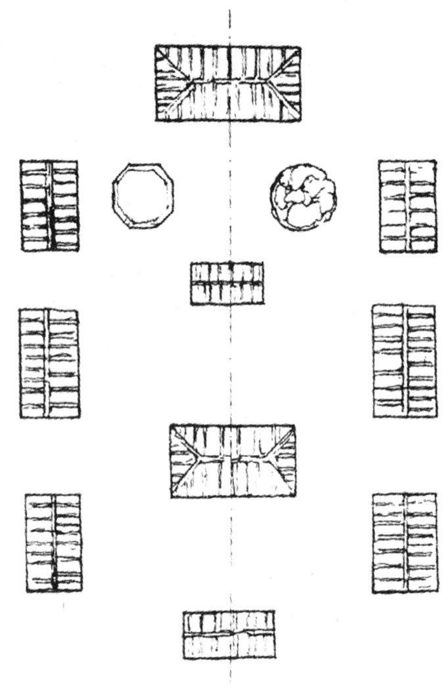

图 4-15　唐三彩住宅模型平面

2. 平泉庄

平泉庄位于唐东都洛阳城南 1.5 千米，靠近龙门伊阙，玄宗年间，这里曾是乔处士隐逸之所，天宝末其地即被荒弃，直到敬宗宝历初为李德裕所得，经数年苦心经营，渐为当时的名园(见图 4-16)。园主人李德裕出身官僚世家，年轻时曾随其父宦游在外 14 年，每至名山大川都心有所感。其父曾有诗云：“龙门南岳尽伊原，草树人烟目所存。正是北州梨枣熟，梦魂秋日到郊园。”李德裕对此极为倾心，因而有退居伊洛之志。自出任浙西观察史期间，得龙门之西废园，即着手营缮。园基周围 5 千米，其间建台榭不下百余，有书楼、瀑泉亭、流杯亭、钓台之属。园中凿池引泉，模仿巫峡、洞庭、九派、十二峰之状为景。由于他曾在元和二年及太和七年两度拜相，因此修建平泉庄时，即有许多人将远方奇石珍木、名贵禽兽送来并移于园中，其后或宦游所历随时访求，或他人投其所好不时地奉送，又有大量的奇花异草、珍松怪石移至园中，致使园中景致有若仙府。李德裕一生大多在外为官，身居平泉庄的时间极短，但他对此园一直十分关心，不仅先后题写了不少咏怀平泉庄的诗文，希望能终老林泉，并且还叮嘱子孙，不许出卖此园或以园中一草一木予人。然而结果却均未如他所愿，非但自己最后客死贬官之所崖州，而且园中名品怪石不久也多为洛中有力者取去。相传庄中有一名石，“以手摩之，皆隐隐见云霞、龙凤、树草之形”，五代时为一军阀所得，李德裕之孙李延古托人希望赎回，军阀怒道：“自黄巢乱后，洛阳园石谁复能守？岂独平泉一石哉！”竟不能复得。

图 4-16　平泉庄复原想象图

关于园林用石的品类，李德裕的《平泉山居草木记》记录，“日观、震泽、巫岭、罗浮、桂水、严湍、庐阜、漏泽之石”，以及“台岭、八公之怪石，巫峡之严湍，琅琊台之水石，布于清渠之侧；仙人迹、鹿迹之石，列于佛榻之前”。平泉庄内栽植树木花卉数量之多，品种之丰富、名贵，尤为著称于专时《平泉山居草木记》中记录的名贵花木品种计有“天台之金松、琪树，稽山之海棠、榧、淞，剡溪之红桂、厚朴，海峤之香柽、术兰，天日之青神、风集，钟山之月桂、青飕、杨梅，曲房之山桂、温树，金陵之珠柏、栾荆、杜鹃，茆山之山桃、侧柏、南烛，宜春之柳柏、红豆、山樱，蓝田之栗、梨、龙柏”，“蘋洲之重台莲，芙蓉湖之白莲，茅山东溪之芳荪”，等等。之后又陆续得到“番禺之山茶，宛陵之紫丁香，会稽之百叶木芙蓉、百叶蔷薇，永嘉之紫桂、簇蝶，天台之海石楠”“钟陵之同心木芙蓉，剡中之真红桂，稽山之四时杜鹃、相思、紫苑、贞桐、山茗、重台蔷薇、黄槿，东阳之牡桂、紫石楠。九华山药树、天蓼、青枥、黄心枕子、朱杉龙骨。庚申岁复得宜春之笔树、楠、稚于、会荆、红笔、密蒙、勾票木。其草药又得山薑、碧百合”等。园内还建置“台榭百余所”，有书楼，瀑泉亭、流杯亭、两园、烈碧潭、钓台等，驯养了白鹭鸶、猿等珍禽异兽。可以推想，这座园林的“若造仙府”格调，正符合园主人位居相国的在朝显宦身份和地位，与一般文人官僚所营园墅确实很不一样。

3. 浣花溪草堂

除两京之外，当时一些经济、文化繁荣的城市，如扬州、苏州、杭州、成都等的近郊和远郊都有别墅园林建置情况的记载。著名的像成都的杜甫草堂(浣花溪草堂)，迭经历代的多次改建而一直延续至今。

大诗人杜甫为避安史之乱，流寓成都。于上元元年(公元 760 年)，择城西之浣花溪畔建置"草堂"，两年后建成。杜甫在《寄题江外草堂》诗中简述了兴建这座别墅园林的经过："诛茅初一亩，广地方连延；经营上元始，断手宝应年。敢谋土木丽，自觉面势坚；亭台随高下，敞豁当清川；虽有会心侣，数能同钓船。"可知园的占地初仅 670 平方米，随后又加以扩展。建筑布置随地势之高下，充分利用天然的水景，"舍南台北皆春水，但见群鸥日日来"。

园内的主体建筑物为茅草葺顶的草堂，建在临浣花溪的一株古楠树的旁边，"倚江楠树草堂前，故老相传二百年；诛茅卜居总为此，五月仿佛闻寒蝉"。园内大量栽植花木，"草堂少花今欲栽，不问绿李与黄梅"。杜甫当年处境贫困，向亲友觅讨果树、桤木、绵竹等移栽园内。满园枝繁叶茂，浓荫蔽日，再加上浣花溪的绿水碧波，以及翔于其上的群鸥，构成一幅极富田园野趣和寄托着诗人情思的天然图画(见图4-17)。

图 4-17 四川成都浣花溪草堂

除避乱川北的一段时间外，杜甫在草堂共住三年零九个月，写成二百余首诗。以后草堂逐渐荒芜。唐末，诗人韦庄寻得旧址，出于对杜甫的景仰而加以维修，但已非原貌。自宋代历明清，又经过十余次的重修改建。最后一次重修在清嘉庆十六年(公元 1811 年)，大体上奠定今日"杜甫草堂"之规模。

4. 庐山草堂

元和年间，白居易在庐山修建了一处别墅园林——"草堂"。白居易还专门撰写了《草堂记》一文，记述了别墅园林的选址、建筑、环境、景观，以及他的感受，由于这篇著名文章的广泛流传，庐山草堂亦得以知名于世(见图 4-18)。

任江州司马的白居易登临庐山，为奇秀的山景所动，于是将基址选择在香炉峰之

图 4-18　《庐山草堂图》

北、遗爱寺之南的一块“面峰腋寺”的地段上。次年二月草堂落成，三月下旬始居新堂。

草堂建筑和陈设极为简朴，仅“三间二柱，二室四牖”。南面，“抵石涧，夹涧有古松、老杉，大仅十人围，高不知几百尺……松下多灌丛，茑萝，叶蔓骈织，承翳日月，光不到地。盛夏风气如八九月时。下铺白石为出入道”。北面，“堂北五步，据层崖积石，嵌空垤堄，杂木异草，盖覆其上”。东面，“堂东有瀑布，水悬三尺，泻阶隅，落石渠，昏晓如练色，夜中如环佩琴筑声”。西面，“堂西依北崖右趾，以剖竹架空，引崖上泉，脉分线悬，自檐注砌，累累如贯珠，霏微如雨露，滴沥飘洒，随风远去”。

其较远处的一些景观亦冠绝庐山，“春有‘锦绣谷’花，夏有‘石门涧’云，秋有‘虎溪’月，冬有‘炉峰’雪，阴晴显晦，昏旦含吐，千变万状，不可殚记，覼缕而言，故云‘甲庐山’者”。

白居易贬官江州，心情十分郁悒，退居山林、独善其身，尤其需要山水泉石作为精神的寄托。司马又是一个清闲差事，有足够的闲暇时间到庐山草堂居住，因而白居易把自己的全部情思寄托于这个人工经营与自然环境完美谐和的园林上面。白居易以草堂为落脚的地方，遍游庐山的风景名胜，并广交山上的高僧，经常与东、西二林之长老聚会草堂，谈禅论文，结下深厚的友谊。

白居易庐山草堂与谢灵运的始宁墅及王维的辋川别业具有很大的差异，一方面因草堂是暂居的寓所，因而没有必要也不可能经营成极大的规模，另一方面也由于这一时期城市中的文人园林渐渐兴起，而山居形式即将被取代。然而庐山草堂的精心选择基址，借助四外景致，与自然融为一体以及不拘建筑传统形制，对以后文人园林的营建具有深刻的影响，不久后白居易在洛阳履道里所构筑的宅园在诸多方面表现出与庐山草堂具有相似的旨趣。

5. 辋川别业

辋川别业（见图 4-19）是自魏晋山居栖逸盛行以来又一座十分优美的山水庄园，在中国历史上也极为有名，地处唐长安城附近蓝田县的辋川谷，在陕西蓝田县南约 20 千米。这里山岭环抱、溪谷辐辏有若车轮，故名“辋川”，山林葱郁，田原肥沃，川水汇聚成村，经过两山夹峙的峣山口往北流入灞河。

图 4-19 《辋川图》摹本

辋川别业原为初唐诗人宋之问修建的一处规模不小的庄园别墅，当王维出资购得时，已呈一派荒废衰败景象，王维乃刻意经营，因就天然山水地貌、地形和植被加以整治重建，并作进一步的园林处理。

王维对于辋川别业的规划整理，确实费过一番心思。别业建成之后，一共有二十处景点，即孟城坳、华子冈、文杏馆、斤竹岭、鹿柴、木兰柴、茱萸沜、宫槐陌、临湖亭、南垞、欹湖、柳浪、栾家濑、金屑泉、白石滩、北垞、竹里馆、辛夷坞、漆园、椒园。王维住进别墅，心情十分舒畅，经常乘兴出游，即使在严冬和月夜，也不减游兴，其余时间便弹琴、赋诗、学佛、绘画，尽情享受回归大自然的赏心乐事。

辋川别业有山、岭、岗、坞、湖、溪、泉、沜、濑、滩以及茂密的植被，总体上以天然风景取胜，局部的园林化则偏重于各种树木花卉的大片成林或丛植成景，建筑物并不多，形象朴素，布局疏朗。

王维是在政治上失意、心情郁悒的情况下退隐辋川的，这在他对某些景点的吟咏上也有所流露。如《华子冈》"飞鸟去不穷，连山复秋色；上下华子冈，惆怅情何极"，流露出自己在政治上走下坡路时的无限惆怅；《文杏馆》一诗则因山馆的形象而引起遐思，以文杏、香茅来象征自己的高洁；《辛夷坞》因木芙蓉而抒发孤芳自赏的感慨，表达了自己不甘心沉沦，仍有兼济天下的意愿。

王维是著名的诗人，也是著名的画家。王维对辋川别业的描述与他的所有山水诗文一样，给人一种清新而空灵的感受。这是由于他对现实冷漠，而将全部的身心和所有的才智都用于对大自然的观察上，因此其能用生花妙笔勾勒出自然山水丰富多彩的面貌，展示出清丽动人的画面。后人评价说："味摩诘之诗，诗中有画；观摩诘之画，画中有诗。"这同样也体现在他对山居别业的经营上，每一处景致皆被处理得如同诗画一般，并用诗画的语言予以描述，读其诗文就像被带进了他的别业，所有的美景一幅幅地再现于眼前，从而得到无穷的享受。从王维、裴迪的唱和诗中还可以领略到山水园林之美与诗人抒发的感情和佛、道哲理的契合、寓诗情于园景的情形。而辋川别业、《辋川集》和《辋川图》的同时问世，亦足以从一个侧面显示山水园林、山水诗与山水画之间的密切关系。

二、综述

隋、唐时期，园林较之魏晋南北朝更为兴盛，艺术水平也大为提高。其一，隋代统一全国，修筑大运河，沟通南北经济。盛唐之世，政局稳定，经济、文化繁荣，呈现为历史上空前的太平盛世，人们普遍追求园林享受。其二，兴起科举制度，广大的庶族地主知识分子有了晋升的机会，他们一旦取得官僚的身份便有了优厚的俸禄和崇高的社会地位，只是没有世袭的保证。宦海浮沉，升迁贬谪无常，共同的经历形成了共同的处世哲学。在朝为官努力做一番事业的同时，也为自己预留致仕罢官后的路。经营园林，便是为将来退隐林下独善其身。其三，科举取士，文人做官的比较多，园林成为他们社会交往的场所，受到文人趣味、爱好的影响也较上代更为广泛、深刻。

中唐以后，文人直接参与造园规划，出于对当地山水风景的向往之情，他们不仅参与风景的开发、环境的绿化和美化，而且还参与营造自己的私园。凭借他们对自然风景的深刻理解和对自然美的高度鉴赏能力来进行园林的经营，同时也把对人生哲理的体验、宦海浮沉的感怀注于造园艺术之中。于是文人官僚的士流园林所具有的那种清新雅致的格调得以更进一步地提高和升华，更添上一层文化的色彩，便出现了"文人园林"。文人园林乃是士流园林更侧重于赏心悦目而寄托理想、陶冶情操、表现隐逸者，也泛指那些受到文人趣味浸润而"文人化"的园林。文人经常写作山水诗文，对山水风景的鉴赏必然都具备一定的能力和水平。例如，中唐杰出的文学家柳宗元在贬官永州期间，十分赞赏永州风景之佳美，并且亲自指导、参与了好几处风景区和景点的开发建设，为此而写下了著名的散文《永州八记》。柳宗元经常栽植树木、美化环境，把他的住所附近的小溪、泉眼、水沟分别命名为“愚溪”“愚泉”“愚沟”。他还负土垒石，把愚沟的中段开拓为水池，命名“愚池”，在池中堆筑“愚岛”，池南建“愚堂”，池东建“愚亭”，这些命名均寓意他“以愚触罪”而遭贬谪，“永州八愚”遂成当地名景。另一位杰出的诗人白居易于杭州刺史任内，曾对西湖进行了水利和风景的综合治理。他力排众议，修筑湖堤，提高西湖水位，解决了从杭州至海宁的上塘河两岸千顷良田的旱季灌溉。同时，沿西湖岸大量植树造林、修建亭阁以点缀风景。两湖得以进一步开发而增添风景的魅力，以至于白居易离任后仍对之眷恋不已，“未能抛得杭州去，一半勾留是此湖”。诸如此类的文人地方官积极开发当地风景的事例，见于文献记载的不少。

文人官僚开发风景、参与造园，通过这些实践活动而逐渐形成其对园林的看法。参与较多的则形成了比较全面、深刻的“园林观”。大诗人白居易便是其中有代表性的一人。

白居易非常喜爱园林，在他的诗文集中，有相当多的诗歌、文章是描写、记述或评论山水园林的。他曾先后主持营建自己的四处私园——洛阳履道坊宅园、庐山草堂、长安新昌坊的宅园和渭水之滨的别墅园。白居易是一位造诣颇深的园林理论家，也是历史上第一个文人造园家。他的“园林观”是经过长期对自然美的领悟和造园实践的体会而形成的，不仅融入儒、道的哲理，还注入佛家的禅理。白居易经常在园林里面与佛教高僧交往应对，《夏日与闲禅师林下避暑》诗曰“落景墙西尘土红，伴僧闲坐竹泉东。绿萝潭上不见日，白石滩边长有风”，说明了参悟禅理与园居生活的契合。白居易的园林观与他平易近人、质朴恬适的诗歌创作风格也是一致的。这在唐代文人中有一定的代表性，对于宋代文人园林的兴盛及其风格特点的成熟，也有一定的启蒙意义。

这一时期山水文学兴旺发达。在这种社会风尚影响之下，文人官僚的士流园林所具有的清沁雅致格调，得以更进一步地提高、升华，更附着上一层文人的色彩，这便出现了“文人园林”。文人园林乃是士流园林更侧重于以赏心悦目而寄托理想、陶冶性情、表现隐逸者。推而广之，则不仅是文人经营的或者文人所有的园林，也泛指那些受到文人趣味浸润而“文人化”的园林。如果把它视为一种造园艺术风格，则“文人化”的意义就更为重要，乃是广义的文人园林。它们不仅在造园技巧、手法上表现了园林与诗、画的沟通，而且在造园思想上融入了文人士大夫的独立人格、价值观念和审美观念，作为园林艺术的灵魂。文人园林的渊源可上溯到两晋南北朝时期，唐代已呈必起状态，辋川别业、嵩山别业、庐山草堂、浣花溪草堂便是其滥觞之典型。

就文献记载的情况来看，唐代园林继承魏晋南北朝时期园林风格的发展趋向也是十分明显的，皇亲贵族、世家官僚的园林偏于豪华；而一般文人官僚的园林则重在清新雅致。后者似乎较多地受到社会上的称道而居于主导地位，其间的消长变化足以说明文人园林早在唐代即已呈现萌芽状态了。当时，比较有代表性的如庐山草堂、浣花溪草堂、辋川别业等，比较有代表性的造园文人有白居易、柳宗元、王维等。文人官僚开发园林、参与造园，通过这些实践活动而逐渐形成了比较全面的园林观——以泉石竹树养心，借诗酒琴书怡性。这对于宋代文人园林的兴起及其风格特点的形成也具有一定的启蒙意义。

中华民族是一个具有悠久历史和文化传统的民族。由文化凝聚积淀的园林景观，清幽中见画意，细腻中见诗情，平淡中见蕴藉，变化中见新奇，可谓异彩纷呈。中国古典园林有别于世界同时期的其他园林，主要可概括为四大特点：第一，本于自然，高于自然；第二，建筑美与自然美的融糅；第三，诗画的情趣；第四，意境的蕴涵。它们的形成，一方面是政治、经济、文化等诸多因素的合力，另一方面，从根本上来说，与中国传统的天人合一的自然观，以及重渐悟、重直觉感知、重综合推衍的思维方式有着更为直接的关系。其中，推动园林兴盛、园林艺术普及和提高的，乃是一大批文人直接参与园林规划的结果。他们借鉴文学、绘画的表现形式，将自身的自然观和思维方式融入造园艺术中，赋予园林以深刻的内涵。从一定程度上来说，他们是中国园林风格和特色形成的主体人物。

另外从这一时期的私家园林的分布来看，可大致分为以下四类。

①分布于城市居住坊里的“山池院”或“山亭院”。

山池院或山亭院即是唐代人对城市私园的普遍称谓。最具代表性的例子，则是白居易的履道坊宅园。在《长安志》等古籍中零星地提到几处这类园林的情况。a. 琼山县主宅，在太平坊。“（县主）即吐谷浑之苗裔，富于财产。宅内有山池院，溪磴自然，林木葱郁，京城称之。”b. 左仆射令狐楚宅，在开化坊。宅内庭园“牡丹最盛”。c. 中书侍郎同中书门下平章事元载宅，在安仁坊。“载宅有芸辉堂，芸辉，香草名也，出于阗国。”d. 剑南东川节度使冯宿宅，在亲仁坊。“宅南有山亭院，多养鹅鸭及杂禽之类，常遣一家人主之，谓之‘鸟省’”。e. 汝州刺史昕园宅，在昭行坊。宅园饮水安渠为池，“弥亘顷亩，竹木环市。荷荇丛秀”。长安的众多私园中，格调绮丽豪华的园林大抵属于大官僚、皇亲贵戚，格调清幽雅致的多是寄托着身居庙堂的士人们向往隐逸、心系林泉的情怀。私园的筑山理水，刻意追求一种缩移和模拟天然山水、以小观大的意境。洛阳有伊、洛二水穿城而过，城内河道纵横，为造园提供了优越的供水条件，故洛阳城内的私家园林亦多以水景取胜。洛阳城内的私园也像长安一样，纤丽与清雅两种格调并存。前者如宰相牛僧儒的归仁里宅园，“嘉木怪石，置之阶廷，馆宇清华，竹木幽邃”；而后者更多地见于时人诗文的吟咏，也更见重于当世。《旧唐书·裴度传》记载曾历事四朝君主的大官僚裴度，以一身之出处系国家之安危，晚年在宦官得势、朝纲不振的时候，于集贤里修筑宅园，“中官用事，衣冠道丧，度以年及悬舆，王纲版荡，不复以出处为意，东都立第于集贤里，筑山穿池，竹木丛萃，有风亭水榭，梯桥架阁，岛屿回环，极都城之胜概”。其山、池、花木、建筑配合成景，看来是偏于清雅格调。

②单独建置在离城不远，交通往返方便，且风景比较优美地带的私家园林。

一般建置者多为两京的贵戚、官僚，他们除了在城内构筑宅园之外，不少人还在郊外兴建园林，甚至一人有十余处之多。长安作为首都，近郊极多。从文献记载的情况看来，凡属贵族、大官僚的几乎都集中在东郊一带，这一带接近皇居大朝的大明宫、兴庆宫，是浐、灞两河的流域，供水方便。这里集中了当时许多权贵，如太平公主、长乐公主、安乐公主、薛王、宁王、驸马崔惠童、权相李林甫等人的山庄和别业。格调的华丽纤侬，自不待言。

而一般文人官僚所建的私家园林多半分布在南郊。南郊的樊川一带，风景优美，靠近终南山，多涧溪，地形略具丘陵起伏，并且物产丰富。杜曲和韦曲是杜、韦两姓大族世代居住的田庄之所在，"（杜）佑有别墅，亭馆林池为城南之最""樊川长安名胜之地……唐人皆曰：'城南韦、杜，去天尺五。'可见昔时之盛"。诗人杜甫曾有诗句咏赞，"杜曲花光浓似酒""韦曲花无赖，家家恼杀人"。在政治局面比较稳定的太平盛世，这里的自然条件和人文条件必然会吸引许多文人、官僚纷纷兴建别墅，形成知识界精英荟萃的特殊社区。他们所经营的私家园林也必然会有意无意地彼此影响，追求一种与东郊贵族别墅区相抗衡的迥然不同的情调——朴素无华、寓于村野意味的情调。这在当时人们的诗文吟咏中，是屡见不鲜的。

东都洛阳，也像长安一样，建置在近郊的别墅很多。南郊一带风景优美，引水方便，私家园林尤为密集，其中不少是由在朝的达官显宦修造的。

③单独建置在风景名胜区内的私家园林。

唐代，全国各地的风景名胜区陆续开发建设，其中尤以名山风景区居多。文人、官僚们纷纷到这些地方选择合适的地段，依托于优美的自然风景，兴建私家园林，成为一时之风尚，文献记载的不少，著名的如李泌的衡山别业、白居易的庐山草堂、王维的辋川别业、卢鸿一的嵩山别业等。

④依附于庄园而建置的私家园林。

唐初制定的"均田制"逐渐瓦解，土地兼并和买卖盛行起来。中唐"两税法"的实施，更导致土地买卖成为封建地主取得土地的重要手段。唐代官员的物质待遇很优厚，除了俸禄之外还由政府颁给职分田和永业田。职分田自一品官至九品官均有，永业田自五等爵下至职事官，以及五品以上的散官均颁给，可以由子孙继承，也可以自由买卖。官员们领到这些田地之后，往往又通过收买和其他手段逐渐兼并附近农田而成为拥有一处或若干处庄园的大地主，显宦权贵尤其如此。他们身居城市，坐收佃租之经济效益。同时也在各自的庄园范围内，依附于庄园而建置园林。作为闲暇时悠游的地方，亦预为致仕之后颐养天年之所。许多人有城内的宅园、郊外的别墅，还拥有庄园别墅，成为显示其财富和地位的标志。此种庄园别墅，颇多为文人官僚所经营。它们受到园主人的文人书卷气影响，往往具有很高的文化品位。园主人经常悠游于此，吟风弄月，饱览田园美景，并以文会友而诗酒唱和，又留下许多不朽的诗篇。这对唐代文坛中"田园诗"的长足发展，无疑也起到一定的促进作用。

其中后三种总称为别墅园，它们为建在郊野地带的私家园林，渊源于魏、晋、南北朝时期的别墅、庄园。但其性质已经从原先的生产、经济实体转化为游憩、休闲，属于园林的范畴了。这种别墅园在唐代统称为别业、山庄、庄，规模较小者也称为山亭、水亭、田居、草堂等。名目很多，但其含义则大同小异。

另外，这一时期政局稳定，经济、文化繁荣，呈现为历史上空前的太平盛世和安定局面。人民的生活水平和文化素质提高，民间便相应地普遍追求园林享受之乐趣；尤其是中原、江南、巴蜀等当时的发达地区，有关私家造园活动的文献记载已经不少。中原的西京长安和东都洛阳作为全国政治、经济、文化中心，民间造园之风更甚。安定繁荣的局面为私家造园的兴旺创造了条件，在唐代，风景名胜区作为区域综合体已得到进一步的开发而遍布全国各地，原始型的旅游亦相应地普遍开展起来。文人们遍游名山大川，也纷纷在这些地方相地卜居、经营别墅园林。

文人参与营造园林，意味着文人的造园思想——“道”与工匠的造园技艺——“器”开始有了初步的结合。文人的立意通过工匠的具体操作而得以实现，“意”与“匠”的联系更为紧密。所以说，以白居易为代表的一帮文人承担了造园家的部分职能，“文人造园家”的雏形在唐代即已出现了。中国古典园林自唐代出现了诗人和画家自成一派的“文人园林”以来，经过漫长的、不间断的发展，直至现代园林景观的布局、构景，仍与文学、绘画紧密结合，从某种程度上来说，也是中国古典园林发展的一个重要组成部分和关键环节。

第五节　寺观园林

佛教和道教经过东晋、南北朝的广泛传布，到唐代达到了普遍兴盛的局面。佛教的 13 个宗派都已经完全确立，道教的南北天师道与上清、灵宝、净明逐渐合流，教义、典仪、经籍均形成完整的体系。唐代的统治者出于维护封建统治的目的，采取儒、道、释三教共尊的政策，在思想上和政治上都不同程度地加以扶持和利用。

随着佛教的兴盛，佛寺遍布全国，寺院的地主经济亦相应地发展起来。大寺院拥有大量田产，相当于地主庄园的经济实体。田产有官赐的，有私置的，有信徒捐献的。唐代皇室奉老子为始祖，道教也受到皇家的扶持。宫苑里面建置道观，皇亲贵戚多有信奉道教的。

寺观的建筑制度已趋于完善，大的寺观往往是连宇成片的庞大建筑群，包括殿堂、寝膳、客房、园林四部分功能分区。封建时代的城市，市民居住在封闭的坊里之内，缺少为群众提供公共活动的场所设置。在这种情况下，寺观往往于进行宗教活动的同时也开展社交和公共活动，佛教提倡“是法平等，无有高下”，佛寺更成为各阶层市民平等交往的公共中心。寺院每到宗教节日举行各种法会、斋会。届时还有艺人的杂技、舞蹈表演，商人设摊做买卖，以此吸引大量市民前来观看。寺院平时一般都是开放的，市民可入内观赏殿堂的壁画，聆听通俗佛教故事的“俗讲”，无异于群众性的文化活动。寺院还兴办社会福利事业，为贫困的读书人提供住处，收养孤寡老人等。道观的情况，亦大抵如此。

由于寺观进行大量的世俗活动，成为城市公共交往的中心，它的环境处理必然会把宗教的肃穆与人间的愉悦相结合考虑，因而更重视庭院的绿化和园林的经营。许多寺观以园林之美和花木的栽培而闻名于世，文人们都喜欢到寺观以文会友、吟咏、赏花，寺观的园林绿化亦适应于世俗趣味，追慕私家园林。

据《长安志》和《酉阳杂俎寺塔记》的记载，唐长安城内的寺、观共有 152 所，建置在 77 个坊里之内。部分为隋代的旧寺观，大部分为唐代兴建的，其中不少为皇室、官僚、贵戚舍宅改建的。这些寺观占地面积都相当可观，规模大者竟占一坊之地，如靖善坊的大兴善，是京城规模最大的佛寺之一。

隋唐时期的佛寺建筑均为"分院制"，即由若干个以廊庑围合而成的院落组织为建筑群。大的院落或主要殿堂所在的院落，一般都栽植花木而成为绿化的庭院，或者点缀山、池、花木而成为园林化的庭院。

几乎每一所寺、观之内均莳花植树，往往繁花似锦、绿树成荫。甚争有以栽培某种花或树而出名的，如《剧谈录》载，"上都安业坊唐昌观，旧有玉蕊花，甚繁，每发若琼林玉树……车马寻玩者相继"。著名的慈恩寺尤以牡丹和荷花最负盛名，人们到慈恩寺赏牡丹、赏荷，成为一时之风尚。当时的长安贵族显宦们都很喜爱牡丹的国色天香，因而哄抬牡丹的市价，一些寺观甚至以出售各种珍品牡丹来牟取高利。兴唐寺内一株牡丹开花 2100 朵，慈恩寺的两丛牡丹花亦著花五六百朵。牡丹的花色，有浅红、深紫、黄白檀，还有正晕、倒晕等。这些均足以说明唐代花卉园艺的技术水平之高。

寺观内栽植树木的品种繁多，松、柏、杉、桧、桐等比较常见。汉唐时期，关中平原的竹林是很普遍的，因而寺观内也栽植竹林，甚至有单独的竹林院。此外，果木花树亦多栽植，而且具有一定的宗教象征寓意，如道教认为仙桃是食后能使人长寿的果品，因而道观多栽植桃树，以桃花之繁茂而负盛名。白居易《华阳观桃花时招李六拾遗饮》诗云："华阳观里仙桃发，把酒看花心自知。争忍开时不同醉，明朝后日即空枝。"

长安城内水渠纵横，许多寺观引来活水在园林或庭院里面建置山池水景。寺观园林及庭院山池之美、花木之盛，往往使得游人们流连忘返。描写文人名流到寺观赏花、观景、饮宴、品茗的情况，在唐代诗文中是屡见不鲜的。新科进士到慈恩寺塔下题名，在崇圣寺举行樱桃宴的故事则传为一时之美谈。凡此种种，足见长安的寺观园林和庭院园林化之盛况，也表明了寺观园林所兼具城市公共园林的职能。

寺观不仅在城市兴建，而且遍及郊野。但凡风景优美的地方，尤其是山岳风景地带，几乎都有寺观建置，故云"天下名山僧(道)占多"。全国各地以寺观为主体的山岳风景名胜区，到唐代差不多都已陆续形成。如佛教的大小名山，道教的洞天、福地、五岳、五镇等，既是宗教活动中心，又是风景游览的胜地。寺观作为香客和游客的接待场所，对风景名胜区之区域格局的形成和原始型旅游的发展，起着决定性的作用。佛教和道教的教义都包含尊重大自然的思想，又受到魏晋南北朝以来所形成的传统美学思潮影响，寺观的建筑当然也就力求与自然的山水环境相和谐，起着"风景建筑"的作用。郊野的寺观把植树造林列为僧、道的一项公益劳动，也有利于风景区环境保护。因此，郊野的寺观往往内部枝繁叶茂，外围古树参天，成为游览的对象、风景的点缀。许多寺观的园林、绿化、栽培名贵花木、保护古树名木的情况，也屡见于当时人的诗文中。

敦煌莫高窟唐代壁画的西方净土变中，另见一种“水庭”的形制(见图 4-20)，在殿堂建筑群的前向开凿一个方整的大水池，池中有平台。如第 217 窟的北壁净土变，背景上的二层正殿厢中，其后的回廊前折形成“凹”字形，回廊的端部分别以两座楼阁作为结束。然后又各从东、西折而延伸出去，在它们的左右还有一些楼阁和高台。建筑群的前面是大水池和池中的平台，主要平台在中轴线上，它的左右又各一个，其间联以平桥，类似池中二岛。这种水池是依据佛经中所述说的西方净土“八功德水”画出来的。《阿弥陀经》云：“有七宝池，八功德水充满其中……四边阶道，金、银、琉璃、玻璃合成，上有楼阁。”殿庭中的大量水面，显然是出于对天国的想象，可能与印度热带地方经常沐浴的习惯也有关系。

图 4-20　敦煌盛唐第 217 窟净土变(萧默:《敦煌建筑研究》)

净土变中的寺院水庭形象虽然是理想的天国，实际上也是人间的反映。这种水庭形象在有关唐代佛寺的文献中虽无明确的记载，但也有迹可寻。云南昆明圆通寺，始建于唐代，重建于明成化年间，正殿的东西两侧伸出曲尺形回廊，经过东西配殿连接于南面穿堂殿两侧。此回廊围合的庭院全部为水池——水庭，池中央建八角亭，南北架石拱桥分别与正殿和穿堂殿前的月台相连接，这个水庭基址应是保留下来的唐代遗构。云南巍山县巍宝山的文昌宫，始建于南诏时期（相当于唐代），现存的庭院内亦全部为水池，池中一岛，岛上建亭，其前后架桥通向正殿和山门。这两处寺观建筑群的形制相同，大体上类似于敦煌壁画中唐代净土变所描绘的水庭，可谓古风犹存。此外，山西太原晋祠宋代建筑圣母殿前的“鱼沼飞梁”，与唐代寺观的水庭似乎也有渊源关系。所以说，水庭也是唐代寺观园林的一种表现形式。

第六节　其他园林

一、公共园林

唐代，随着山水风景的大开发，风景名胜区、名山风景区遍布全国各地，在城邑近郊一些小范围的山水形胜之处，建置亭、榭等小体量建筑物作简单点缀，使之成为园林化公共游览地的情况也很普遍。以亭为中心、阁亭而成景的邑郊公共园林有很多见于文献记载。文人出身的地方官，往往把开辟此类园林当作是为老百姓办实事的一项政绩，当然也为了满足自己的兴趣爱好，提高自己的官声。

在经济、文化比较发达的地区，大城市里一般都有公共园林，作为文人名流聚会饮宴、市民游憩交往的场所。例如扬州，嘉庆重修的《扬州府志——古迹一》就记载了几处由官府兴建的公共园林。长安作为首都，是当时规模最大的城市和政治、经济、文化中心，其公共园林绝大多数在城内，少数在近郊。长安城内，开辟公共园林比较有成效的，包括三种情况：其一，利用城南一些坊里内的冈阜——“原”，如乐游原；其二，利用水渠转折部位的两岸而作为以水景为主的游览地，如著名的曲江；其三，对街道进行绿化。

乐游原是唐长安城的最高点，呈现为东西走向的狭长形土原。东端的制高点在长安城外，中间的制高点在紧邻东城墙的新昌坊，西端的制高点在升平坊。乐游原的城内一段地势高爽、景界开阔，游人登临原上，长安城的街市宫阙、绿树红尘，均一览无余，为登高览胜最佳景地。早在西汉宣帝时，曾在西端的制高点上建“乐游庙”。隋开皇二年（公元 582 年），在中间的制高点上建灵感寺。唐初寺废，唐太平公主在此添造亭阁，营造了当时最大的私宅园林——太平公主庄园。韩愈《游太平公主山庄》诗云：“公主当年欲占春，故将台榭压城闉，欲知前面花多少，直到南山不属人。”仅在乐游原上的一处园林，因太平公主谋反被没收后，就分赐给了宁、申、歧、薛四王，可以想象当时乐游原规模之大。后来四王又大加兴造，遂成为以冈原为特点的自然风景游览胜地。乐游原地势高耸，登原远眺，四望宽敞，京城之内，俯视如掌。同时，它与南面的曲江芙蓉园和西南的大雁塔相距不远，游人如眺望在近前，景色十分宜人。

曲江又名曲江池（见图 4-21），在长安城的东南隅，因水流曲折得名。这里在秦代称恺洲，并修建有离宫称“宜春苑”，汉代在这里开渠，修“宜春后苑”和“乐游苑”。隋初宇文恺奉命修筑大兴城，以其地在京城之东南隅，地势较高，根据风水堪舆之说，遂不设置居住坊巷而凿池以厌胜之。宇文恺详细勘测了附近地形之后，在南面的少陵原上开凿一条长十余千米的黄渠，把义縠水引入曲江，扩大了曲江池之水面。隋文帝不喜欢以“曲”为名，又因为它的水面很广而芙蓉花盛开，故改名芙蓉池。据记载，唐玄宗时引浐河上游之水，经黄渠汇入芙蓉池，恢复曲江池旧名。池水充沛，池岸曲折优美，且为芙蓉园增建楼阁。芙蓉园占据城东南角一坊的地段，并突出城外，环池楼台参差，林木蓊郁。其周围有围墙，园内总面积约 2.4 平方千米。曲江池位于园的西部，水面约 0.7 平方千米。全园以水景为主体，一片自然风光，岸线曲折，可以荡舟。池中种植荷花、菖蒲等水生植物。亭楼殿阁隐现于花木之间。杜甫《哀江头》中有“江头宫殿锁千门，细柳新蒲为谁绿”之诗句。曲江的南岸有紫云楼、彩霞亭等建筑，还有御苑“芙蓉苑”；两面为杏园、慈恩寺。这是一处大型的公共园林，也兼有御苑的功能。

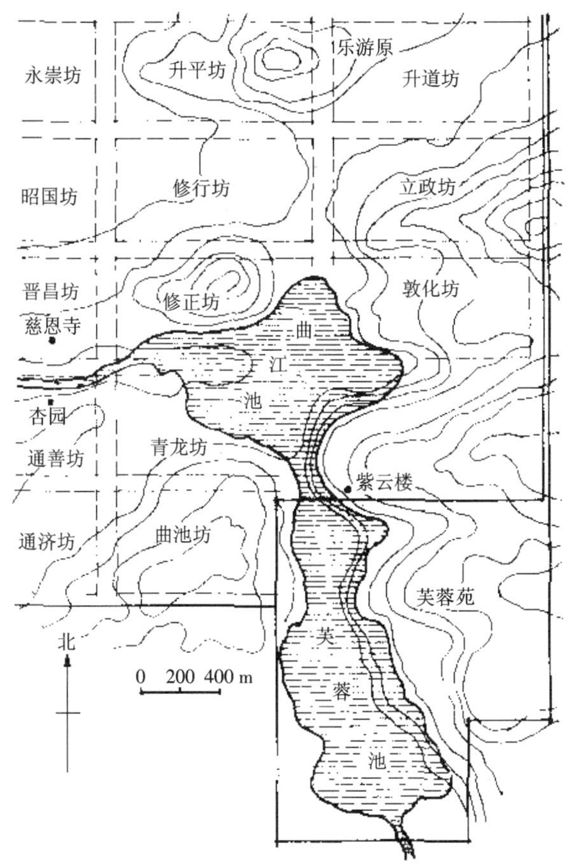

图 4-21　唐长安曲江位置图

唐代曲江池作为长安名胜，定期开放，民众均可游玩于其中，以中和（农历二月初一）、上巳（三月初三）最盛；中元（七月十五日）、重阳（九月九日）和每月晦日（月末一天)也很热闹。届时,“彩屋翠帱,匝于堤岸;鲜车健马,比肩击毂”。上巳节这一天,按照古代修禊的习俗,皇帝照例必率嫔妃到曲江游玩并赐宴百官。沿岸张灯结彩,池中泛画舫游船,乐队演奏教坊新谱的乐曲。平民百姓则熙来攘往。少年衣华服、跨肥马扬长而行。平日深居闺阁的妇女亦盛装出游。城市里面的市民公共游览地同时兼有皇家御苑的功能,这在以皇权政治为轴心的封建时代是极为罕见的情况。曲江池的繁荣也从一个侧面反映了盛唐之世的政局稳定、社会安宁。

曲江最热闹的季节是春天,新科及第的进士在此举行的“曲江宴”又为春日景观平添了几笔重彩。曲江宴十分豪华,排场很大,长安的老百姓多有往观者,皇帝有时亦登上紫云楼垂帘观看。这种宴集无疑会助长奢侈的社会风气,在唐武宗时曾一度禁止,但不久便恢复而且更为隆盛,时间上一直延长到夏天。曲江宴之后,还要在杏园内再度宴集,即是“杏园宴”。刘沧《及第后宴曲江》诗有云:“及第新春选胜游,杏园初宴曲江头。”杏园探花之后,还有雁塔题名,即到慈恩寺的大雁塔把自己的名字写在壁上。至此,便最终完成士子们“十年寒窗苦,一朝及第时”所举行的隆重庆祝的三部曲活动。

中国的园林艺术是自然景观与文人想象的结合物,“诗中有画,画中有诗”,人们在流动的过程中循环往复地观察自然,品味人生的意境。城市建筑不曾忘记人们的要求,于是在唐都长安内,会有乐游原与曲江池这样专供游览的公共场所。

长安城的街道绿化,由于政府重视而十分出色。贯穿于城内的三条南北向大街和三条东西向大街称为“六街”,宽度均在百米以上,其他的街道也都有几十米宽。长安的街道全是土路,两侧的坊墙也是夯土筑成,可以设想刮风天那一派尘土飞扬的情况,大大降低了城市环境质量。但街的两侧有水沟,栽种整齐的行道树,称为“紫陌”。远远望去,一片绿荫,间以各种花草,保养及时,足以在一定程度上抑制尘土飞扬,对改善城市环境质量是有利的。树茂花繁郁郁葱葱,则又淡化了大片黄土颜色的枯燥。“行行避叶,步步看花”,对城市环境的美化起到了很大的作用。街道的行道树以槐树为主,公共游息地则多种榆、柳。

二、衙署园林

唐代的衙署内,多注重衙署园林的经营。以长安的中南书院为例,“院门北辟,以取其向朝廷也。其制自中书南廊,架南北为轩。入院门分东西厢,为拜揖折旋之地。内外皆有庑,蟠回诘曲,瞩之盈盈然,梁栋甚宏,柱石甚伟。椽栾篥税,丽而不华;门牕中牖,华而不侈。名木修篁,奇葩秀实,若升绿云,若编青箫……”在雕梁画栋的殿宇间,点缀着竹树奇花,为严整的衙署建筑更增添了几分清雅宜人的气氛。位于大明宫右银台门之北的翰林学士院,“院内古槐、松、玉蕊、药树、柿子、木瓜、庵罗、峘山桃、杏、李、樱桃、柴蔷薇、辛夷、葡萄、冬青、玫瑰、凌霄、牡丹、山丹、芍药、石竹、紫花芜青、青菊、商陆、蜀葵、萱草”等诸多品种的花木,大多由诸翰林学士自己种植而逐渐繁衍起来,可以说是一种别开生面的绿化方式。

山西绛州（今新绛县）州衙的园林（见图 4-22），位于城西北隅的高地上，始建于隋开皇年间，历经数度改建、增饰，到唐代已成为晋中一处名园。唐穆宗时，绛州刺史樊宗师再加修整，并写成《绛守居园池记》一文，详细记述了此园的内容及园景情况：园的平面略呈长方形，自西北角引来活水横贯园之东、西，潴而为两个水池。东面较大的水池“苍塘”，石砌护岸，围以木栏。塘水深广，水波粼粼呈碧玉色，周围岸边种植桃、李、兰、慈，阴凉可祛暑热。塘西北的一片高地，原为当年音乐演奏和宴请宾客之地，居高临下可以俯视苍塘中之鹇、鹭等水鸟嬉戏。西面较小的水池当中筑岛，岛上建小亭名“洄涟”。岛之南北各架设虹桥名“子午梁”以通达池岸。子午梁之南建轩舍名“香”，轩舍周围缭以回廊，呈小院格局。轩舍之东，约当园的南墙之中央部位有小亭名“新”，亭前有巨槐，浓荫蔽日。亭之南，紧邻园外的公廨堂庑，为判决衙事之所，也可供饮宴。亭之北，跨水渠之上足联系南北交通的“望月”桥。园的北面为土堤“风堤”横亘，堤抱东、西以作围墙，分别往南延伸，即州署的围墙。园的南墙偏西设园门名“虎豹门”，门之左扇绘虎与野猪相搏，右扇绘胡人与豹相搏的图画。园内的观赏植物计有柏、槐、梨、桃、李、兰、蕙、蔷薇、藤萝、莎草等，还畜养鹇、鹭等水禽。园林的布局以水池为中心，池、堤、渠、亭间以高低错落的土丘相接，使景有分有隔而成原、隰、堤、骆、壑等自然景观之缩移。建筑物均为小体量，数量很少，布置疏朗有致，显然是以山池花木之成景为主调。由于园址地势高爽，可以远眺，故园外之借景也很丰富。唐代以后，此园历经宋、明、清之多次重修改建。

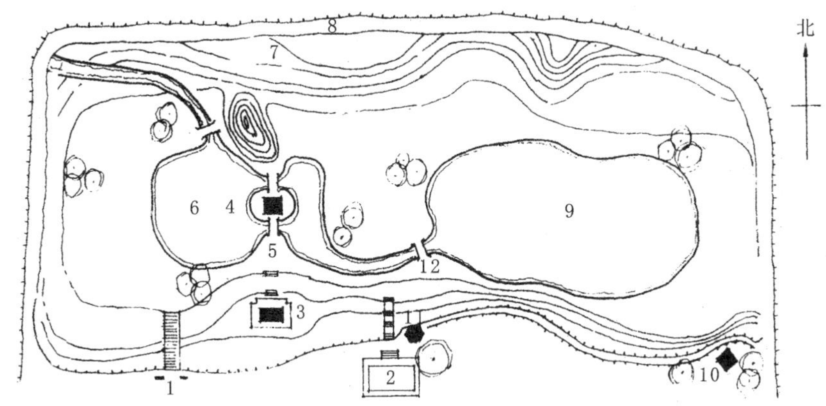

图 4-22 绛守居园平面图

1—园门（虎豹门）；2—堂庑；3—香轩；4—洄涟亭；
5—子午梁；6—西子池；7—鳌滕原；8—风堤；
9—苍塘；10—柏亭；11—新亭；12—望月桥

从上述的情况看来，唐代衙署园林的建置已经很普遍了。甚至连听讼断狱的严肃场所，也要为官员提供园林的享受。

小　结

隋唐园林在魏晋南北朝所奠定的风景式园林艺术的基础上，随着封建经济、政治和文化的进一步发展而臻于全盛的局面。根据以上叙述，可以把这个全盛时期的造园活动所取得的主要成就大致概括为以下六方面。

第一，皇家园林的“皇家气派”已经完全形成。它作为这种园林类型所独具的特征，不仅表现为园林规模的宏大，而且反映在园林总体的布置和局部的设计处理上。皇家气派是皇家园林的内容、功能和艺术形象的综合而予人一种整体的审美感受。它的形成，与隋唐宫廷规制的完善、帝王园居活动的频繁和多样化，有着直接的关系，标志着以皇权为核心的集权政治进一步巩固和封建经济、文化的空前繁荣。因此，皇家园林在隋唐三大园林类型中的地位，比魏晋南北朝时期更为重要，出现了像西苑、华清宫、九成宫等这样一些具有划时代意义的作品。

就园林的性质而言，已经形成大内御苑、行宫御苑、离宫御苑三种类别，每种类别都有其不同的特征。

第二，私家园林的艺术性较之上代又有所升华，其着意于刻画园林景物的典型性格以及局部的细致处理。唐人已开始诗、画互渗的自觉追求。诗人王维的诗作生动地描写了山野、田园的自然风光，令人神往，他的画亦具有同样的气质而饶有诗意。中唐以后，文献记载的某些园林已有把诗、画情趣赋予园林山水景物的情况。以诗入园、因画成景的做法于唐代已见端倪。通过山水景物而诱发游赏者的联想活动、意境的塑造，亦已处于朦胧的状态。

隐与仕结合，表现为“中隐”思想而流行于文人士大夫圈子里，成为士流园林风格形成的契机。同时，官僚这个社会阶层的壮大和官僚政治的成熟，也为士流园林的发展创造了社会条件和经济基础。文人参与造园活动，把士流园林推向文人化的境地，又促成了文人园林的兴起。

第三，寺观园林的普及是宗教世俗化的结果，同时也反过来促进宗教和宗教建筑的进一步世俗化。城市寺观具有城市公共交往中心的作用，寺观园林亦相应地发挥了城市公共园林的职能，郊野寺观的园林，把寺观本身由宗教活动的场所转化为兼有点缀风景的建筑，吸引香客和游客，促进原始型旅游的发展，也在一定程度上保护了郊野的生态环境。宗教建设与风景建设在更高的层次上相结合，促成了风景名胜区，尤其是山岳风景名胜区，普遍开发的局面，同时也使中国所特有的“园林寺观”获得了长足发展。

第四，公共园林已更多地见于文献记载。作为政治、经济、文化中心的两京，尤其重视城市的绿化建设。公共园林和城市绿化配合宫廷、邸宅、寺观的园林，完全可以设想长安城内的那一派郁郁葱葱的景象。长安城地形起伏，自南而北横贯着六条东西走向的冈阜——原，象征《易》之六爻，它们突破城市的平面铺陈而构成制高部位。

北面的两条最高，分别建置皇帝居住的宫阙和中央政府的百官衙署，显示统治者的高高在上，同时有利于安全和提供高爽的居住条件。南面的四条低一些，寺观园林和公共园林多建在这里，其中之一即著名的乐游原。这六条冈阜及其上的建筑、园林，既丰富了城市总体的天际线，更增益了原本已很出色的城市绿化效果。

长安城的郊外林木繁茂，山清水秀，散布着许多“原”，南郊和东郊都是私家园林荟萃之地。关中平原的南面、东面、西面群山回环，层峦叠翠，隋唐的许多行宫、离宫、寺观都建置在这一带。北面则是渭河天堑，沿渭河布列以唐帝王陵墓，陵园内广植松柏，更增益了这里的绿化效果。就这个宏观环境而言，长安的绿化不仅仅局限于城区，还以城区为中心，更向四面辐射，形成了近郊、远郊乃至关中平原的绿色景观大环境。

第五，风景式园林创作技巧和手法的运用有所提高并跨入了一个新的境界，造园用石的美学价值得到了充分肯定，园林中的“置石”做法已经比较普遍。“假山”一词开始用作园林筑山的称谓，筑山既有土山，也有石山（土石山），但以土山居多。石山因材料及施工费用昂贵，仅见于宫苑和贵戚官僚的园林中。但无论土山或石山，都能够在有限的空间内堆造出起伏延绵、模拟天然山脉的假山，既表现园林“有若自然”的氛围，又能以其造型而显示深远的空间层次。园林的理水，除了依靠地下泉眼而得水之外，更注意于从外面的河渠引来活水。郊野的别墅园一般都依江临河，即便城市的宅园也以引用沟渠的活水为贵。西京长安城内有好几处人工开凿的水渠；东都洛阳城内水道纵横，城市造园的条件较长安更优越。活水既可以为池、为潭，又能成瀑、成濑、成滩，回环萦流，足资曲水流觞，潺湲有声，显示水体的动态之美，人为丰富了水景的创造。皇家园林内，往往水池、水渠等水体的面积占去相当大的比重，而且还结合于城市供水，把一切水资源都利用起来，形成完整的城市供水体系。像西苑那样在丘陵起伏的辽阔范围内，人工开凿一系列的湖、海、河、渠，尤其是回环蜿蜒的龙鳞渠，离不开竖向设计技术的发展。园林植物题材则更多样化，文献记载有足够品种的观赏树木和花卉以供选择。园林建筑从极华丽的殿章楼阁到极朴素的茅舍草堂，它们的个体形象和群体布局均丰富多样而不拘一格。

第六，山水画、山水诗文、山水园林这三个艺术门类已有互相渗透的迹象。中国古典园林的诗画情趣开始形成，虽然意境的蕴涵尚处在朦胧的状态，但隋唐园林作为一个完整的园林体系已经成形。

唐朝因农民起义和藩镇反叛而于公元 907 年灭亡。五代十国时期北方战争频繁，破坏严重，唐朝所建的宫苑、园林大多毁于战乱。相对而言，南方较为稳定，隋唐时业已兴起的许多商业城市如扬州、南京、苏州、杭州等地的经济和文化在此时期也有发展，而且大多有园林建设，园林建设不仅发扬了秦汉的磅礴气度，又在精致的艺术经营上取得了辉煌的成就。这个全盛局面继续发展到宋代，在两宋的特定历史条件和文化背景下，进入了中国古典园林的成熟时期。

【思考和练习】

1.说说盛唐文化对中国古典园林的影响。

2.全盛时期的皇家园林有哪些？与上一时期相比有哪些变化？

3.全盛时期的私家园林有哪些？各自特点是什么？

4.山水画、山水诗文、山水园林这三个艺术门类对园林有什么影响？有哪些代表园林实例？

第五章　园林成熟前期——宋朝的园林（公元 960 年—公元 1271 年）

第一节　时代与文化背景

宋朝（公元 960 年—公元 1279 年）是中国历史上继五代十国后的朝代，分为北宋（公元 960 年—公元 1127 年，定都开封）与南宋（公元 1127 年—公元 1279 年，定都杭州），合称两宋。

公元 960 年正月，宋太祖赵匡胤发动陈桥兵变，建立宋朝，定都东京（今河南开封），史称北宋（见图 5-1）。

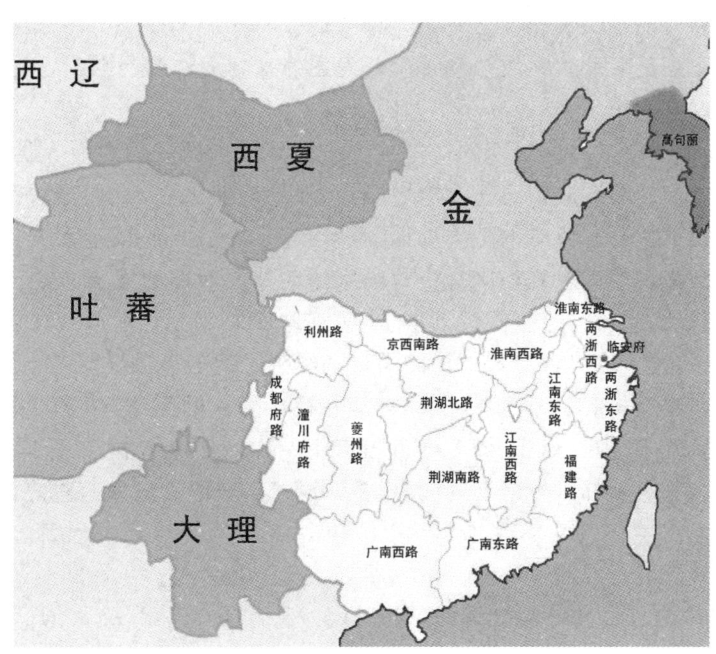

图 5-1　北宋时期中原势力范围

北宋开国后，宋太祖通过杯酒释兵权、削相权及制钱谷等措施，进一步强化了中央集权统治，提出以文为治国之本，重文轻武，文人的社会地位比任何时代都高，并使得科举制度获得极大发展。北宋中叶，朝政日益萎靡，形成积贫积弱的局面。宋仁宗时，出现短暂的“庆历新政”。熙宁时，宋神宗任用王安石变法产生了巨大的影响，但是后来遭到保守派反对而废弃。北宋末年，统治极度腐朽。公元 1127 年，金国军队攻入开封，宋徽宗、宋钦宗被俘，史称“靖康之变”，北宋灭亡。

徽宗第九子赵构即宋高宗在应天府(今河南商丘)即位，建立半壁河山的南宋王朝，与北方的金王朝对峙。公元1138年正式定都临安(今浙江杭州)，从此南宋长期偏安江南。

南宋时期，当权者长期执行求和政策，向金朝称臣纳贡，并压制军民抗金斗争，甚至不惜惨杀爱国将领。公元1142年秦桧等人合谋以莫须有的罪名害死了力主抗金的岳飞。南宋后期，抗蒙战争连年不休。公元1276年，元朝军队占领临安，益王赵昰、广王赵昺等残余势力继续抵抗元朝，直到公元1279年，8岁的小皇帝宋幼主赵昺被元朝逼得走投无路，被大臣陆秀夫背着跳海而死，南宋残余势力才被元朝消灭。

宋代是中国封建社会中各种文化现象承上启下的关键时期。园林历经千余年的发展亦“造极于赵宋之世”而进入完全成熟的时期，造园的技术和艺术达到了历史以来的最高水平，形成中国古典园林史上的一个高潮阶段。

一、繁荣的社会经济

“苏湖熟，天下足”，农业生产技术在南宋时获得了显著的进步。其次，南宋时手工业生产有了长足发展。在农业和手工业发展的基础上，南宋的商品经济更加发达，具体表现为城市的繁华，商业和手工业的兴盛，海外贸易的空前活跃。张择端《清明上河图》所描绘的就是高墙封闭的坊里被打破而形成了繁华的商业大街的景象。而宋代从建国之初的澶渊之盟经历靖康之难后，最终南渡江左，只剩半壁河山，以割地赔款的屈辱政策换来了暂时的偏安局面。全国上下，无论帝王、士大夫或者庶民，都始终处于国破家亡的忧患意识困扰中。国家的动荡固然能激发有志之士奋发图强、匡复河山的行动，同时也导致了沉湎享乐、苟且偷安的负面心理出现，人们更重视个体心灵的自得，较多地追求自我精神的满足。经济发达与国势羸弱的矛盾状态，又成为这种心理普遍滋长的温床，最终形成宫廷和社会生活的浮华、侈靡和病态的繁华。在这种社会风气的影响下，上自帝王，下至庶民，无不大兴土木、广营园林。皇家园林、私家园林、寺观园林大量修建，其数量多，分布广，较隋唐时期有过之而无不及。

二、光辉灿烂的文化

宋代是中国古代文化最光辉灿烂的时期。宋代重文轻武，文人的社会地位比以往任何时代都高，读书应举的人比以前任何时候都多，学校教育得到了较大的发展，推动了文化的普及和学术的繁荣。理学盛行，道教、佛教及外来的宗教均颇为流行。文学上出现了欧阳修等散文大家。宋词是这一时期的文学高峰，晏殊、柳永、苏轼、周邦彦、李清照、辛弃疾等均为一代词宗。宋、金时代话本和戏曲也较盛行。绘画、造园艺术也空前成熟。以写实和写意相结合的方法表现“可望、可行、可游、可居”的理想境界，体现“对景造意，造意而后自然写意，写意自然不取琢饰”的画理。在题材选择上更倾心于园林景色和园林生活的描绘，更多体现对意境的追求。这一时期，文人也广泛参与造园。在这种文化氛围之中，园林规划设计更注重意境的创造。而山水诗、山水画、山水园林则相互渗透（见图 5-2）。

三、领先世界的科技成就

宋代是中国古代科技发展的黄金时期。闻名于世的中国古代四大发明中，指南针、印刷术和火药三项主要是在宋代得到应用和发展的。在数学、天文、地理、地质、物理、化学、医学、农学、农业技术、建筑等方面，都有许多开创性的探索。沈括是宋代主要的科技代表人物，有笔记小说《梦溪笔谈》和医书《良方》传世。北宋也有两次天文史上著名的超新星记录。苏颂和韩公廉制造了水运仪象台和浑天仪，成为世界上第一台天文钟和浑天仪。南宋时，广泛使用车船，应用了原始的螺旋桨，等等。

图 5-2 《秋庭戏婴图》（宋，苏汉臣）

在建筑技术方面，宋代的建筑艺术较之汉唐，发生了相当巨大的变化。这是中国建筑最大的一个转型期，这一时期的建筑由汉唐的雄浑质朴、宏伟大气，转变为宋代的柔丽纤巧、清雅飘逸。最具特征的是，宋代建筑挑檐，不似汉唐的沉实稳重，而是翘立飞扬，极富艺术感，而且相当柔美细腻、轻灵秀逸。这其实较集中地体现出了宋代建筑的风格。李明仲的《营造法式》和喻皓的《木经》，是官方和民间对当时发达的建筑工程技术实践经验的理论总结。建筑单体已经出现架空、复道、坡顶、歇山顶、庑殿顶、攒尖顶、平顶等造型，有一字形、曲尺形、折带形、丁字形、十字形、工字形等各种平面，还有以院落为基本模式的各种建筑群体组合的形式及其依山、临水、架岩、跨涧结合于局部地形地物的情况，建筑已经充分发挥了其点景作用。

园艺技术发达，园林树木和花卉的栽培在唐代的基础上又有所提高，已经出现嫁接和引种驯化的方式。此外，文人对花艺的热情又促使园林品赏向精美细腻、高雅格调方向发展，栽植竹、菊、梅、兰。宋代文人追求雅致情趣的手段，成为园林雅致格调的象征。“疏影横斜水清浅，暗香浮动月黄昏”“可使食无肉，不可居无竹。无肉令人瘦，无竹令人俗”。种竹成景，有“三分水、二分竹、一分屋”的说法，即使一些不起眼的小酒店亦置“花竹扶疏”的小庭院以招揽顾客。

园林叠石技术水平大为提高，出现了以叠石为业的技工，吴兴称之为“山匠”，苏州称之为“花园子”。品石已成为造园要素之一，广泛应用于园林兴造，江南地区尤甚。园林用石盛行单块的“特置”，以“漏、透、瘦、皱”作为太湖石的选择和品评的标准。所有这些，都为园林的广泛兴造提供了技术上的保证，也是造园艺术成熟的标志(见图 5-3)。

图 5-3　四景山水图(宋，刘松年)

两宋时期，文人主题园大量出现，园林景观中包含的主题情致进一步浓化，体现了审美观念质的变异和飞跃。除了视觉景象的简约而留有余韵之外，还借助于景物题书的“诗化”来获得象外之旨。这种由“诗化”的景题而引起的联想多半引导为操守、哲人、君子、清高等寓意，抒发文人、士大夫的脱俗和孤芳自赏的情趣，诱导游赏者的联想，创造深远而耐人寻味的意境，形成文人园林简远、疏朗、雅致、天然的风格特点。

第二节　宋朝的城市建设与园林建设

一、东京

北宋定都的东京(见图 5-4)，原为唐代的汴州，即今河南开封，是一个因大运河而繁荣的古都。东京城的布局，基本上承袭隋唐以来的传统，但较之隋唐的长安又有所不同。东京不是在有完整规划和设计下建设的，而是在一个旧城的基础上改建而来的。东京在五代开始成为政治经济中心，后周正式定都于此。

北宋时东京城市人口近百万，商业经济空前繁荣，城三重相套，即宫城、内城、外城，每重城垣之外围都有护城河环绕。最外的郭城为后周显德二年(公元 955 年)扩建，周 40 余里，略近方形，为民居和市肆之所。第二重内城即唐时州城，史载“周二十里五十步”，除部分民居、市肆外，主要为衙署、王府邸宅、寺观之所。内城中心偏北为州衙改建成的宫城，周长 5 里。由宫城正门宣德门向南，通过汴河上的州桥及内城正门朱雀门到达郭城正门南薰门，路宽约330米，称为"御道"，是全城的中轴线。整个城郭的各种分区，基本上都是按此轴线为中心来布置的，城市中心与重心合一。州桥附近有东西向的干道与纵轴相交，为全城横轴。这些都和汉魏邺城以来都城的布局相似。在宫城外东北有皇家园林艮岳，城内有寺观70余处，城外有大型园林金明池和琼林苑，这些都丰富了城市景观。东京首次在宫城正门和内城正门间设置了丁字形纵向广场。这些，都对以后直至明清的都城布局产生了很大影响。

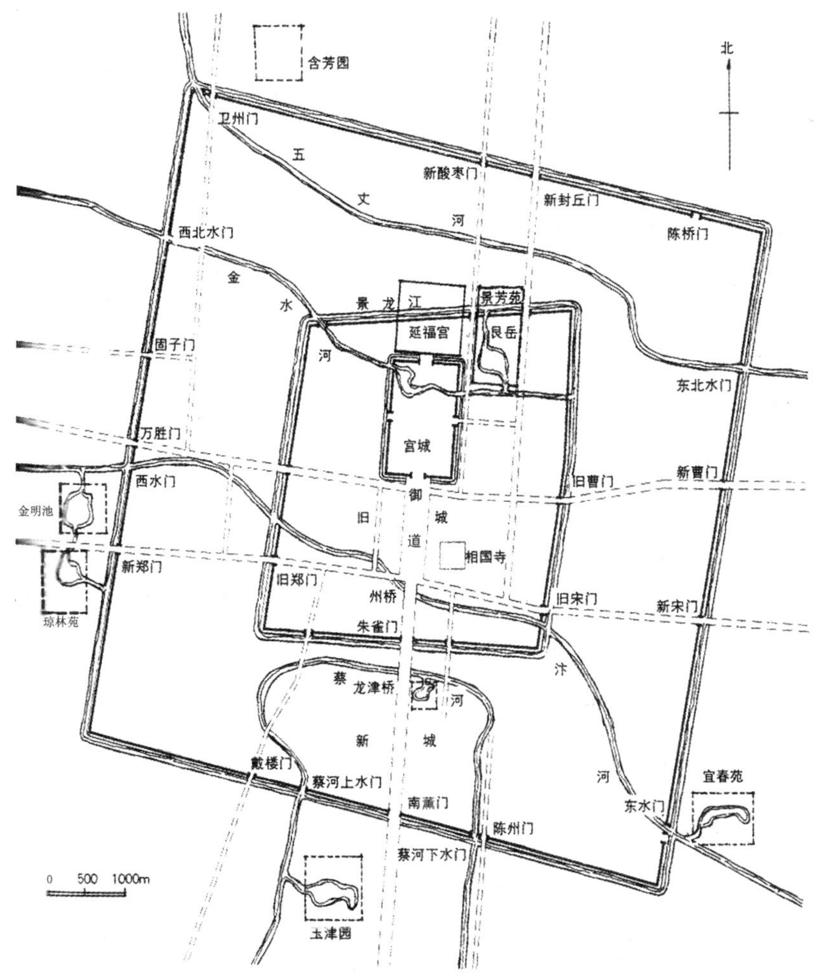

图5-4　北宋都城平面示意图

东京开封府有汴、蔡(惠民)、金水、广济(五丈)四河，流贯城内，合称漕运四渠，形成了以东京开封府为中心的水运交通网。跨河修建了各种式样的桥梁，包括天汉桥和虹桥。这四条运河不仅输送漕粮及各种物资，而且解决了城市供水，以及宫廷、园林的用水问题。

北宋东京规划上的最大特点，是沿着通向街道的巷道布置住宅。城市内部布局发展为街市、桥市的坊市混合型，坊市突破，莫过于彻底废弃了“里坊制”，取消了坊墙，使街坊完全面向街道，沿街设置商铺，坊墙消灭，沿街的铺面房屋多为二三层，使得居住和商用在有限的平面空间内可得到更有效的利用。城市营建规划具有前瞻性，如已经考虑到了防泥泞、防火等要求。

二、临安

宋室南迁，于公元1138年定都临安（今杭州）（见图5-5），临为界限。逾越过外城界限，城关区、城郊等城市边缘地区成为城内外居民和外来客、商的重要活动场所，城市活动平面空间向外扩展。废除了商用、民居限制起楼的禁令，沿热闹街道设置商业区。临安原为地方政权吴越国的都城，濒临钱塘江，连接大运河，水陆交通非常方便。南宋定都后，便扩建原有吴越宫殿，增建礼制坛庙，疏浚河湖，增辟道路，改善交通，发展商业、手工业，使之成为全国的政治、经济、文化中心。直至公元1276年南宋灭亡，前后共计138年。

临安南倚凤凰山，西临西湖，北部、东部为平原，城市呈南北狭长的不规则长方形。临安仍分内外城，宫殿独占南部凤凰山，整座城市街区在北，形成了“南宫北市”的格局。而自宫殿北门向北延伸的御街贯穿全城，成为全城的繁华区域。内城北起凤山门，南到钱塘江边，东止候潮门，西至万松岭，城周约九里，是在吴越“子城”的基础上改建的。宫城包括宫城区和苑林区，宫城内有“大殿三十座、室三十三、阁十三、斋四、楼七、台六、亭十九”，这些建筑都是雕梁画栋，十分华丽。宫城内除了这些华丽的宫殿外，还有专供皇室享用的御花园——后苑。苑内有模仿西湖景致精心建筑的人造小西湖，假山飞泉，亭台楼阁，美不胜收。政府衙署集中在宫城外的南仓大街附近，经过皇城的北门朝天门与外城的御街连接。城市布局保持御街-衙署区-大内的传统皇都规划的中轴线格局，但由于城市发展和地形限制的矛盾，于是在不断扩展过程中呈现不规则的腰鼓形，有龙飞凤舞之称。

外城又名“罗城”，基本上是吴越西府城的规模，只是在东南部略有扩展，西北部稍有紧缩，成了内跨吴山，北到武林门，东南靠钱塘江，西濒西湖的气势宏伟的大城。城墙高10米，宽3米多，共有城门13座。外城的规划采取新的市坊规划制度，着重于城市经济性的分区结构。自朝天门直达众安桥的御街中段两侧的大片地带，均划作中心综合商业区。外城已经成为大宗日用商品集散地或称批发中心，也是人口流动频率最高、流动人口数量最多的地区。当时即有民谚用“东门菜、西门水、南门柴、北门米”来形容各外城城关因地理位置不同而形成的市场的经营特色。与长安、洛阳和开封不同的是，临安城外的西湖沿岸形成集居住、商业、娱乐为一体的多功能区，虽然位置在城外，实际上也属于城区的重要部分。以都城为中心，周边的15个赤镇在一定意义上形成了大临安的地域范畴。因此，城市平面空间已经突破了城墙的界限，城市外城空间的利用率已经突破了平面布局的局限。但城墙还是长期存在，对城市形态的固定作用是持久的。而城墙的长期存在，也表明城乡界限以及战争威胁的长

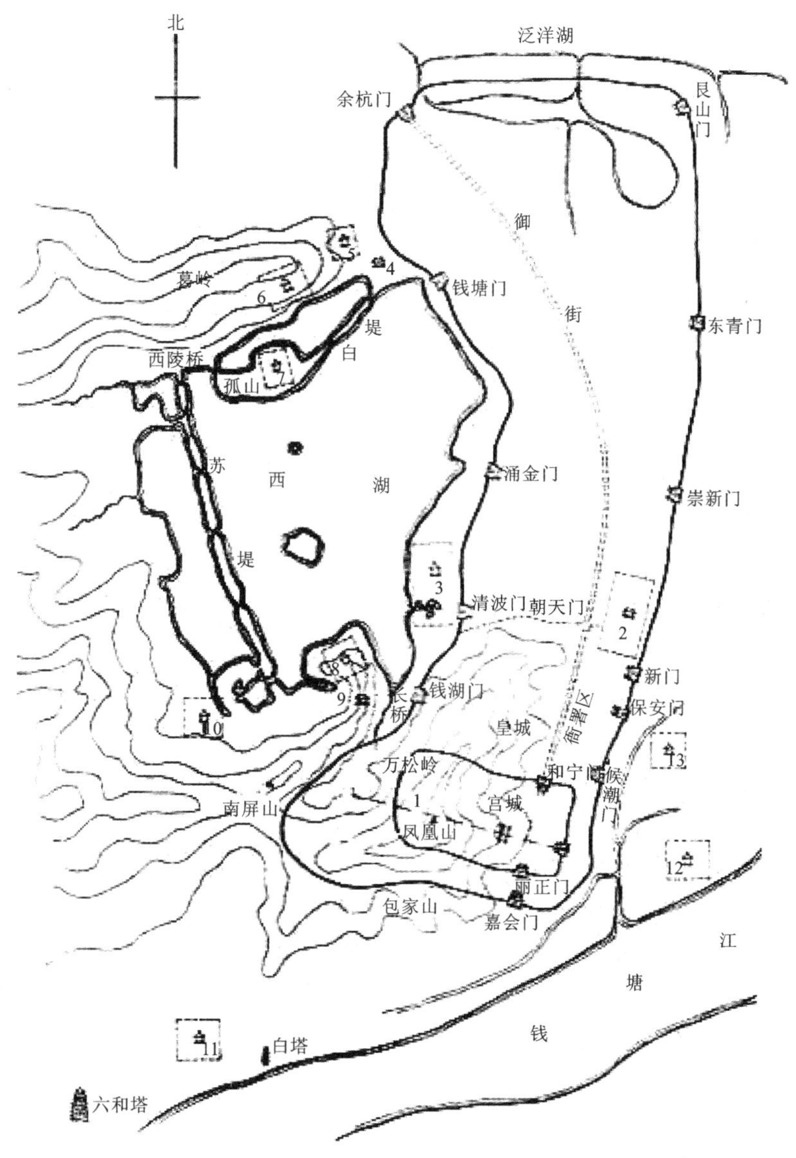

图 5-5　南宋都城平面示意图

1—大内御苑；2—德寿宫；3—聚景园；4—昭庆寺；5—玉壶园；6—集芳园；7—延祥园；8—屏山园；9—净慈寺；10—庆乐园；11—玉津园；12—富景园；13—五柳园

期存在。

临安城西紧邻着山清水秀的西湖风景区。西湖在古代原为钱塘江入海的湾口处，由淤泥淤积而形成的“泻湖”。关于“西湖”这个名称，最早开始于唐朝。在唐以前，西湖有武林水、明圣湖、金牛湖、龙川、钱源、钱塘湖、上湖等名称。东晋、隋唐以来，地方政府对西湖不断疏浚、整治。唐代诗人白居易出任杭州刺史期间，治理西湖，筑堤建闸,放水灌田,并重修六井。离任时留诗“唯留一湖水,与汝救凶年”,又有诗句“最爱湖东行不足,绿杨荫里白沙堤”。后人为纪念他,将西湖白沙堤改名为“白堤”。

北宋统一后,杭州为两浙路治所,已经成为“东南第一州”。宋时对西湖曾进行过多次疏浚,特别是苏轼任杭州知州时,对西湖作了一次大规模的疏浚工程。这次工程,在清除占湖面二分之一的私围葑田时,将疏浚出来的大量葑泥堆积成一条从南到北、横贯湖面长达五里的长堤,又于其上建石桥六座以流通湖水,堤上遍植桃柳以保护堤岸,这就是著名的“苏堤”。湖中建三塔,即今“三潭印月”,亦为“西湖十景”之一。在疏浚西湖的同时,苏轼一方面建筑闸堰于运河与西湖之间,使运河专受湖水、隔绝江潮,保证漕运的畅通;另一方面擘划用瓦管代替竹管引湖水入城区的六井,改善了城市居民的给水条件。经过一番整治之后,西湖划分为若干大小水域,绿波盈盈、烟水淼淼,苏轼为此美景写下了千古传唱的诗句“水光潋滟晴方好,山色空蒙雨亦奇。欲把西湖比西子,淡妆浓抹总相宜”。

西湖经过唐宋以来的疏浚和整治,到了南宋时,其繁华已达于极点。南宋统治者为了满足其穷奢极侈的享受,先后建造了聚景、真珠、南屏、集芳、延祥、玉壶等御花园,遍布于西湖之上及其周围,正是“自六蜚(皇帝车驾)驻跸,日益繁艳;湖上屋宇连接,不减城中。有为诗曰:‘一色楼台三十里,不知何处觅孤山。’”,其盛可想矣。

三、平江

平江,是历史上南宋时苏州城的名称,始建于春秋吴国,历史上几易其名,为吴县、吴郡、吴州等。隋文帝开皇九年(公元589年)改称苏州。因城西南有姑苏山,别称“姑苏”。宋代平定江南后,恢复苏州建置,沿称苏州。宋徽宗政和三年(公元1113年)升苏州为平江府,故苏州又称平江城,平江图即宋之苏州城图。

平江城地处长江南岸,南临太湖,河湖串通成网。因此,河道是平江城的主要交通通道。城内河道与街道相伴出现,把平江城分为一块块的街区。稠密的河网与街道由小桥连接,有300余座。

城市平面为南北较长、东西较短,呈长方形,城墙略有屈曲,为南北略偏东数度。东西宽3000多米,南北长4000多米,共开有5个城门。城墙外有宽阔的护城河,城门旁都有水城门。城市道路呈方格形,主要道路呈井字或丁字形相交。正对城门的几条道路比较重要。大街之间是较小的巷道,多为东西方向。城内的河道和街道一样都是南北、东西的直线,东西向有三条、南北向有四条较大的河道,人们称为“三横四直”。许多小河与街道平行,常是前街后河,在城市北半部尤为明显。这些河道多为人工开凿而成的,有整齐的驳岸。府治所在称子城,在城市的中央略偏东南。主要建筑物布置在一条明显的轴线上。子城周围还有城墙包围,在城市中心筑有城墙的衙城,是当时地区政治军事中心的州府城市的特点。

《平江图》(见图5-6)采用中国古代传统的地形地物形象画法,较全面而详细地表示了城市的社会要素和自然要素。如平江府、平江军、吴县等机关宅院在第一平面突出表示。

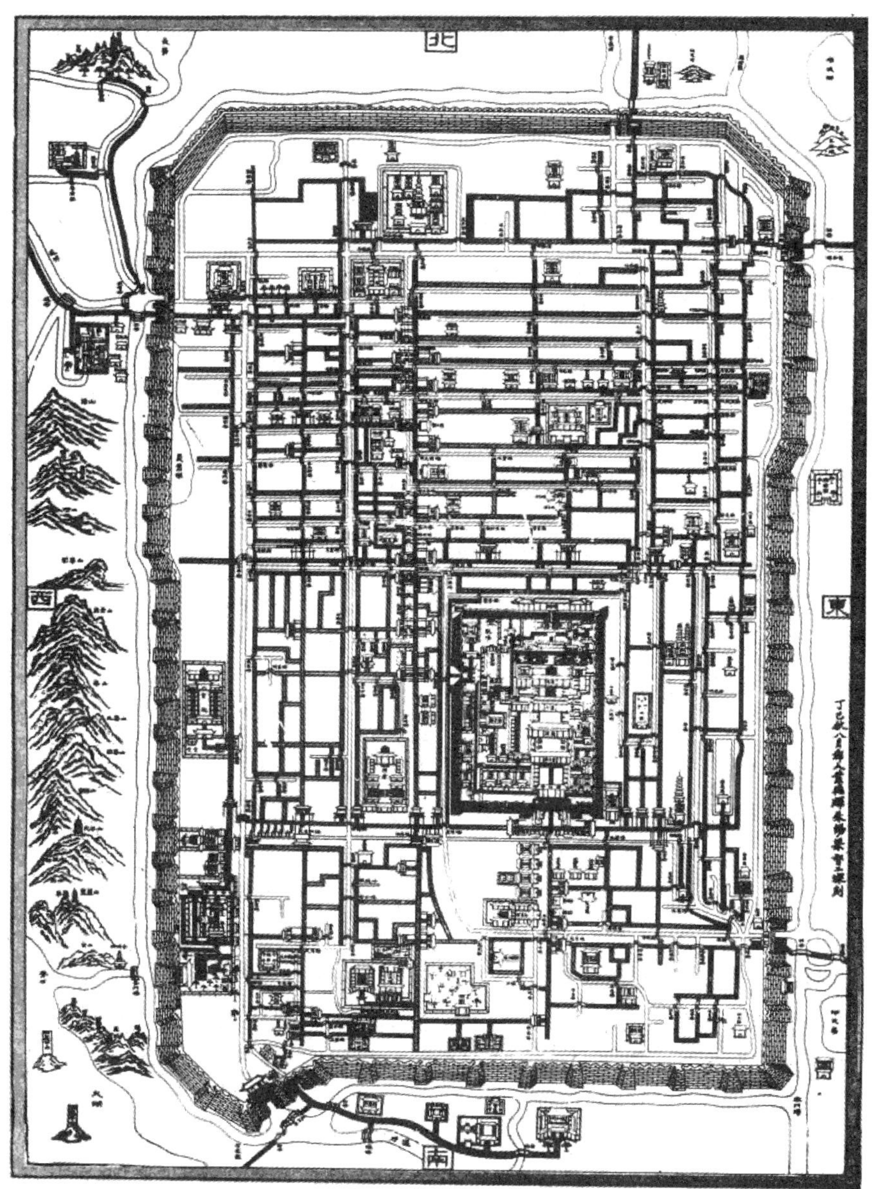

图 5-6　《平江图》(平江府图碑)

用透视方法表现城墙在空间上的立体形象,城墙符号给人以砖质的印象。这幅图还着重反映了平江的内城,规模大的寺院、府宅、园林绘有符号,符号线条一目了然。

宋苏州的手工业和商业很发达,一条街或一个坊常是同一行业手工业聚居的地方。在《平江图》上可以找到许多以手工行业为名称的街、巷、坊等,像米行、果子行、胭脂绣线等，也有以贸易交流的集市为名的，如米市、鱼市、花市、皮市等。

宋代佛、道两教并崇，因而这类建筑很多，在《平江图》上记载的就有一百多个寺观。这些寺观在城市中占地量很大，位置都在主要道路旁或尽端，反映了宗教建筑在城市中重要的地位。由于这些高耸建筑物的位置选择恰当，与城市道路及河道配合良好，形成很好的城市对景，构成丰富美丽的城市立体轮廓。

平江城在宋代以前就有较大的私家园林，在宋朝时期得到较大发展，园林规模不断扩大，形成独具风格的苏州古典园林艺术。

第三节　皇家园林

宋代的皇家园林集中在东京和临安两地，由于国力国势及政治风尚的影响，园林规划设计精致，较少皇家气派，而更多地接近私家园林。

一、东京

东京的皇家园林包括后苑、延福宫、艮岳三处大内御苑和“东京四苑”的琼林苑、宜春园、金明池、宜春苑及瑞圣园等行宫御苑。下面仅选择几处进行介绍。

1. 艮岳

艮岳（见图 5-7）初名万岁山，后改名艮岳、寿岳，或连称寿山艮岳，亦号华阳宫，位于今河南开封，是北宋有名的皇家园林，唐、宋写意山水园的代表。艮岳构园设计以情为立意，以山水画为蓝本，以诗词品题为主题，园中有诗、园中有画，创造了一种趋向自然情致的意态和趣味，成为元、明、清宫苑的重要借鉴。

“山周十余里，其最高一峰九十步，上有亭曰介，分东、西二岭，直接南山。山之东有萼绿华堂，有书馆、八仙馆、紫石岩、栖真嶝、览秀轩、龙吟堂。山之南则寿山两峰并峙，有雁池、噰噰亭，北直绛霄楼。山之西有药寮，有西庄，有巢云亭，有白龙沜、濯龙峡，蟠秀、练光、跨云亭，罗汉岩。又西有万松岭，半岭有楼曰倚翠，上下设两关，关下有平地，凿大方沼，中作两洲：东为芦渚，亭曰浮阳；西为梅渚，亭曰雪浪。西流为凤池，东出为雁池，中分二馆，东曰流碧，西曰环山，有阁曰巢凤，堂曰三秀，东池后有挥雪厅。复由嶝道上至介亭，亭左复有亭曰极目、萧森，右复有亭曰丽云、半山。北俯景龙江，引江之上流注山间。西行为漱琼轩，又行石间为炼丹、凝观、圌山亭，下视江际，见高阳酒肆及清澌阁。北岸有胜筠庵、蹑云台、消闲馆、飞岑亭。支流别为山庄，为回溪。又于南山之外为小山，横亘二里，曰芙蓉城，穷极巧妙。而景龙江外，则诸馆舍尤精。其北又因瑶华宫火，取其地作大池，名曰曲江，池中有堂曰蓬壶，东尽封丘门而止。其西则自天波门桥引水直西，殆半里，江乃折南，又折北。折南者过阊阖门，为复道，通茂德帝姬宅。折北者四五里，属之龙德宫。宣和四年，徽宗自为《艮岳记》，以为山在国之艮，故名艮岳”。

寿山艮岳是先经过周详的规划设计，然后根据图纸施工建造的，园的设计者就是

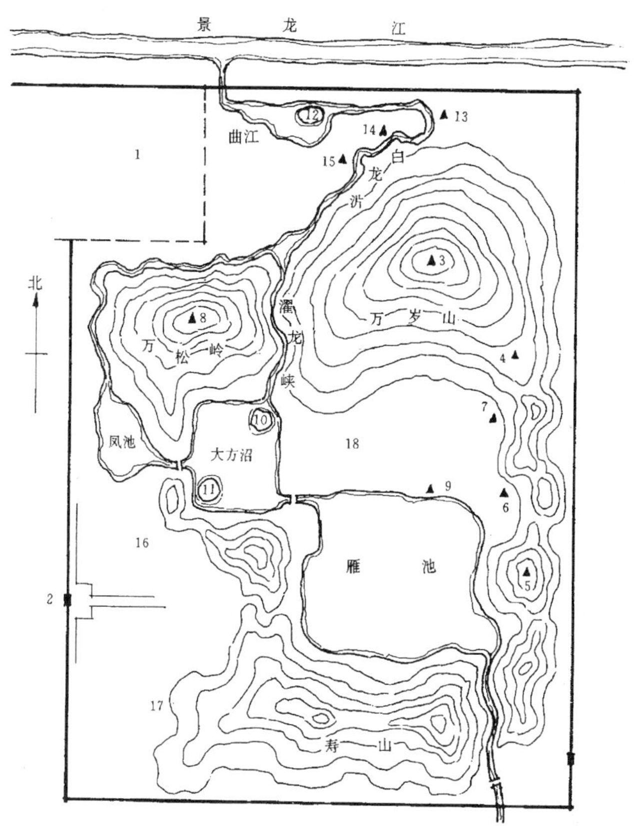

图 5-7　寿山艮岳平面设想图

1—上清宝箓宫；2—华阳门；3—介亭；4—萧森亭；5—极目亭；6—书馆；
7—萼绿华堂；8—巢云亭；9—绛霄楼；10—芦渚；11—梅渚；12—蓬壶；
13—消闲馆；14—漱琼轩；15—高阳酒肆；16—酒庄；17—药寮；18—射圃

以书画著称的宋徽宗赵佶本人，因此艮岳具有浓郁的文人园林意趣。艮岳位于东京(今河南开封)景龙门内以东，封丘门(安远门)内以西，东华门内以北，景龙江以南，周长约 3 千米，面积约为 50 公顷。宋徽宗营造此园，不惜花费大量财力、物力、人力，巧取豪夺，达到玩物丧志的地步。他在位时，命平江人朱勔专搜集江浙一带奇花异石进贡，号称“花石纲”，并专门在平江设应奉局狩花石。载以大舟，挽以千夫，凿河断桥，运送汴京，营造艮岳。

全园的东半部以山为主，西半部以水为主，形成“左山右水”的格局，山体从北、东、南三面环抱水体。以艮岳为园内各景的构图中心，以万松岭和寿山为宾辅，形成主从关系。介亭立于艮岳之巅，成为群峰之主，景界极为开阔。侧岭“万松岭”上建有巢云亭，与主峰的介亭东西呼应形成对景，即“先立宾主之位，次定远近之形”的山水画的创作手法，以此作为造园宗旨，再加上恰到好处的叠石理水，使得山无止境，水无尽意，“左山而右水，后溪而旁陇”，山因水活，绵延不尽。

“寿山两峰并峙，列峰如屏，瀑布下入雁池，池水清澈涟漪，凫雁浮泳水面，栖息石间，不可胜数”。池水出为溪，自南向北行岗脊两石间，往北流入景龙江，往西与方沼、风池相通，形成了谷深林茂、曲径两旁完整的水系，包罗内陆天然水体的全部形态，即河、湖、沼、溪、涧、瀑、潭等。合理的水系，形成艮岳极好的布局，所谓“穿凿景物，摆布高低”。艮岳的西麓，植梅万株，以梅取胜，谓之梅渚，之西偏南是药用植物与农作物配置，谓之药寮、西庄。西庄即农家村舍，是帝王贵族“放怀适情，游心玩思”的别苑。

艮岳中的建筑物具有使用与观赏的双重功能，即“点景”与“观景”作用，造型艺术充分结合地形地貌无一定之规，集宋代建筑艺术之大成，建筑不仅发挥重要成景作用，而且就园林总体而言又从属于自然景观。“宜亭斯亭，宜榭斯榭”，亭、台、轩、榭等，布局疏密错落，有的追求清淡脱俗、典雅宁静，有的可供坐观静赏，而在峰峦之势，则构筑可以远眺近览的建筑。除了游赏性园林建筑之外，艮岳中的宫殿，已不是成群或成组为主的布置，而是因势因景点的需要而建的，这与唐以前的宫苑有了很大的不同。建筑还有道观、庵庙、图书馆、水村、野居等。建筑作为造园的四要素之一，在园林中的地位愈加重要。

园内植物已知的数十个品种，包括乔木、灌木、果树、藤本植物、水生植物、药用植物、草本花卉、木本花卉及农作物等，其中很大一部分是从南方引种驯化的。植物的配置方式有孤植、丛植、混交、片植等多种形式。园内许多景区、景点都是以植物景观为题，如植梅万本的梅岭、在山冈上种植丹杏的杏岫、山冈险奇处丛植丁香的丁嶂，以及椒崖、龙柏坡、斑竹麓、海棠川、万松岭、梅渚、芦渚、萼绿华堂、药寮、雪浪亭等。

林间放养的珍禽异兽较多，但其功能作用有了根本的变化，已不再供狩猎之用，而是起增加自然情趣的作用，是园林景观的组成部分之一。

艮岳的营建，是我国园林史上的一大创举，它不仅有艮岳这座全用太湖石叠砌而成的园林假山之最，更有众多反映我国山水特色的景点。它既有山水之妙，又有众多的亭、台、楼、阁的园林建筑，是一座典型的山水宫苑，是一座叠山、理水、花木、建筑完美结合的具有浓郁诗情画意而较少皇家气派的人工山水园，代表宋代皇家园林的风格特征和宫廷造园艺术的最高水平，成为宋以后元、明、清宫苑的重要借鉴。

2. 金明池

金明池是北宋著名别苑，又名西池、教池，位于宋代东京顺天门外，遗址在今开封市城西的南郑门口村西北、土城村西南和吕庄以东和西蔡屯东南一带。金明池始建于五代后周显德四年（公元 957 年），原供演习水军之用。后经北宋王朝的多次营建，池内各种设施逐渐完善，池的功能由训练水军慢慢为水上娱乐表演所取代，金明池随之成为一处规模巨大、布局完备、景色优美的皇家园林。金明池周长九里三十步，池形方整，四周有围墙，设门多座，西北角为进水口，池北后门外，即汴河西水门。正南门为棂星门，南与琼林苑的宝津楼相对，门内彩楼对峙。在其门内自南岸至池中心，有一巨型拱桥——仙桥，长数百步，桥面宽阔。桥有三拱，“朱漆栏楯，下排雁柱”，中央隆起，如飞虹状，称为“骆驼虹”。桥尽处，建有一组殿堂，称为五殿，是皇帝游乐期间的起居处。北岸遥对五殿，建有一"奥屋"，又名龙奥、大奥，是停放大龙舟处。"大奥"解决了修船"在水中不可施工"的困难，是一大创造，应为世界上最早的船坞。仙桥以北近东岸处，有面北的临水殿，是赐宴群臣的地方。金明池开放之日，称为"开池"，基本上定于每年三月一日至四月八日，对庶民开放，其间游客如蚁，"虽风雨亦有游人，略无虚日矣"。而每当皇帝幸池观看以龙舟为中心进行的争标比赛，则"游人倍增"，这时游池活动达到高潮。沿岸"垂杨蘸水，烟草铺堤"，东岸临时搭盖彩棚，百姓在此看水戏。西岸环境幽静，游人多临岸垂钓。宋画《金明池夺标图》（见图 5-8）是描述当时在此赛船夺标的生动写照，描绘了宋东京皇家园林内赛船场景。北宋诗人梅尧臣、王安石和司马光等均有咏赞金明池的诗篇。金明池园林风光明媚，建筑瑰丽，诗云"金明池上雨声闻，几阵随风入夜分。"故"金池夜雨"为著名的东京八景之一。靖康年间，随着东京被金人攻陷，金明池亦"毁于金兵"，池内建筑破坏殆尽。

图 5-8 金明池夺标图

3. 琼林苑

琼林苑是北宋东京城皇家四御园之一，位于外城顺天门西南，南临顺天大街，建于乾德二年（公元 964 年）。因琼林苑在新郑门外，俗称为西青城。大门北向，牙道皆长松古柏，两旁有石榴园、樱桃园等，内有亭榭。苑内松柏森列，百花芳郁。其树木、花草多为南方引种驯化。政和年间在苑东南筑华嘴冈，高数十米，上建横观层楼，金碧辉煌。山下有锦石缠道、宝砌池塘。根据史书记载，琼林苑是皇家重要的游乐场所。北宋帝王每年春天都要到金明池主持"开池"仪式，观军士水嬉。然后到琼林苑，在宝津楼上由教坊奏乐，大宴群臣。在这座园林中，皇帝有时与大臣们一起作诗，有时和大臣们一起射箭，或是看军士们表演射柳枝的技艺。太宗时，皇帝亲自在琼林苑中宴请新科进士，名曰“琼林宴”，此后成为定制。在宴会上，皇帝还要赐袍、赐诗、赐书。新科进士在享受赐宴之日，还可享受一项特权，即可在苑中折鲜花佩戴于冠顶。

二、临安

临安的地理环境极为优越，城西是万顷碧波的西湖，湖外三面青山环抱，城东濒临钱塘江，美丽的湖山胜境俨然是一座极大的天然花园。虽然临安的南宋皇宫简陋，规模狭小，常一殿多用，但御园却精致、华美。临安大内御苑只有后苑一处，行宫御苑主要分布在西湖四周，如湖北岸有集芳园、玉壶园，湖南岸有屏山园、南园，湖东岸有聚景园，湖北部的小孤山上有延祥园。此外还有宫城附近的德寿宫、樱桃园，城市西部三天竺峰下的天竺御园等处。据《湖山便览》记载这些苑囿大都“俯瞰西湖，高挹两峰；亭馆台榭，藏歌贮舞，四时之景不同，而乐亦无穷矣”。

1. 后苑

后苑为宫城大内御苑的苑林区，位于杭州凤凰山的西北部，地势高爽，地形旷奥兼备，视野广阔，《梦粱录》云“山据江湖之胜，立而环眺，则凌虚骛远、瑰异绝胜之观，举在眉睫”，受钱塘江之江风，较杭州其他地方凉爽，故为宫中避暑之地。据明万历《钱塘县志》载，南宋大内共有殿三十、堂三十三、斋四、楼七、阁二十、轩一、台六、观一、亭九十。园内有人工开凿的水池，约 7000 平方米，称为小西湖，湖边有 180 间长廊与其他宫殿相连。据《南渡行宫记》记载，宫后苑以小西湖为中心，山上山下散置若干建筑，建筑中有用茅草作顶的茅亭，名“昭俭”。有不施彩绘的建筑，如翠寒堂。后苑广种花木，形成梅冈、小桃园、杏坞、柏木园等以植物为特色的景点。后苑建筑布置疏朗，遍植名花嘉木，宫殿参差排列，掩映在青山碧水之间，效仿东京艮岳之做法。

2. 德寿宫

德寿宫位于临安城望仙桥东，史料记载最早是秦桧府邸，他死后被收归官有，改筑新宫。公元 1162 年，宋高宗倦于政事，将此地重新修治，改名“德寿宫”，打算作为养老之所，不久后即退位并移居于此，当时人称“北内”。德寿宫占地总面积为 17 公顷，殿宇楼阁森然，又有大量名花珍卉，其后苑被布置为东、南、西、北四区，并有亭榭溪池点缀其间。东区以观赏各种名花为主，有香远堂（赏梅）、清深堂（赏竹）、松菊三径（间植菊、芙蓉、竹）、梅坡、月榭、清新堂（赏木樨）、芙蓉冈等。南区主要为各种文娱活动场所，如冈南载忻堂为御宴之所，观射箭的射厅，还有马场、球场等。荷花池中有至乐亭。另有集锦亭（观金林檎）、清旷堂（赏木樨）、半丈红（赏郁李）、泻碧池（赏金鱼）。西区以山水风景为主调，回环萦流的小溪沟通大水池，建有冷泉堂（赏古梅），文杏、静乐二馆（赏牡丹），浣溪楼（观海棠）。北区则建置各式亭榭，如用日本椤木建造的绛华亭，观赏桃花的清香亭，遍植苍松的盘松亭，又有茅草顶的倚翠亭。后苑四个景区的中央为人工开凿的大水池，引西湖水，从池中可乘画舫至西湖，池中遍植荷花，叠巧石拟为飞来峰之景，景物悉如西湖。“飞来峰”石洞内可容纳百人，模仿西湖灵隐的飞来峰建造，孝宗誉之“壶中天地”。于其西构大楼，取苏轼“赖有高楼能聚远，一时收拾与闲人”诗句，题额为“聚远楼”。远香堂前有方池，四畔雕镂栏杆晶莹可爱，池有1公顷，内广植千叶白莲。堂东有万岁桥，长六丈，玉石砌成，桥中做四面亭，用新罗白椤木盖造，极为雅洁。

德寿宫曾因生芝之瑞而一度改名为康寿宫，后来咸淳年间将德寿宫的一半改为道观，宫中花木也被刊删整治，名宗阳宫，以祠感生帝君。德寿宫的另一半则已散为民居，园地改作道路，起桥曰宗阳宫桥，直通清河坊。

1985年，杭州市在疏浚市区河道时发现德寿宫遗址。考古工作者随后对它进行了数次小规模发掘，发现了众多园林遗迹，它也是中国首座宋元皇家园林遗址，填补了考古空白。

第四节 私家园林

两宋山水文化繁荣，能诗善画者大多经营园林，他们对奇石有独特的鉴赏力，置石、叠山、理水、莳花、植木都十分考究，构景日趋工致，技术水平日渐提高。建筑造型及内外檐的装修，注重与自然环境有机结合。园林规模越来越小，而空间变化愈见丰富，景物愈趋精致。南宋时期，借助于优越的自然条件，园林风格一度表现为清新活泼，自然风景与名胜得到进一步的开发利用。江南出现了文人园林群。中原和江南是宋代的政治、经济、文化中心，中原洛阳、东京，江南临安、吴兴、苏州等地是历代名园荟萃之地。

北宋李格非的《洛阳名园记》记述了他所亲历的中原地区比较著名的园林19处，其中的18处为私家园林，包括宅园、游憩园和花卉专类园。南宋周密《吴兴园林记》记述了他亲身游历过的江南地区园林36处，比较有代表性的是南、北沈尚书园，即南宋尚书沈德和的一座宅园与一座别墅园。

一、中原

北宋初年李格非所作《洛阳名园记》中，介绍了19个洛阳名园(《洛阳名园记》共记录了园林25个)。多数是在唐朝庄园别墅园林的基础上发展起来的，但在布局上已有了变化。它与以前园林的不同特点是，园景与住宅分开，园林单独存在，专供官僚富豪休息、游赏或宴会娱乐之用。这种小康式的私家园林，属于宅园性质的有6处，分别为富郑公园、环溪、苗帅园、赵韩王园、大字寺园、湖园；属于单独建制的游憩园性质的有10处，分别为董氏西园、董氏东园、刘氏园、丛春园、松岛、独乐园、东园、紫金台张氏园、水北胡氏园、吕文穆园；属于以配置花卉为主的花园性质的有3处，分别为天王院花园子、归仁园、李氏仁丰园。《洛阳名园记》是有关北宋私家园林的一篇重要文献，对所记载诸园的总体布局，以及山池、花木、建筑等园林景观描写翔实生动。从《洛阳名园记》的记述中可以看出，宋宅园别墅都采取山水园形式。在面积不大的宅旁园地里，就低凿池，引水注沼，因高累土为山，但很少叠石，亭廊建筑依景而设，散漫自由布置。布局的章法、借景的运用、理水的技艺较前代都有较大的进步。

(一)属于宅园类型的园林

①富郑公园。富弼是北宋神宗两朝宰相，在洛阳建有著名的私家园林——富郑公园(见图5-9)。李格非说："独富郑公园最为近辟，而景物最盛。"园林布局大致为：以水池为中心并略作偏东，南北为山，东西为林，除中轴线上两座主体建筑外，其他建筑均为亭、轩之类的小型园林建筑。北区包括有三纵一横四个山洞的土山，山北为竹林，竹林深处布置了一组被命名为"丛玉""披风""漪岚""夹竹""兼山"的亭子，错落有致。南区以开朗的景观为主，由东北方的小渠引园外活水，注入大水池，池北为全园主体建筑"四景堂"。登四景堂则全园景色一览无遗。过"通津桥"即池东的平地，广植竹林与花木，点染竹林中幽静、素雅、深邃的环境。池南为土山，山上植梅、竹林，建有"梅台""天光台"。

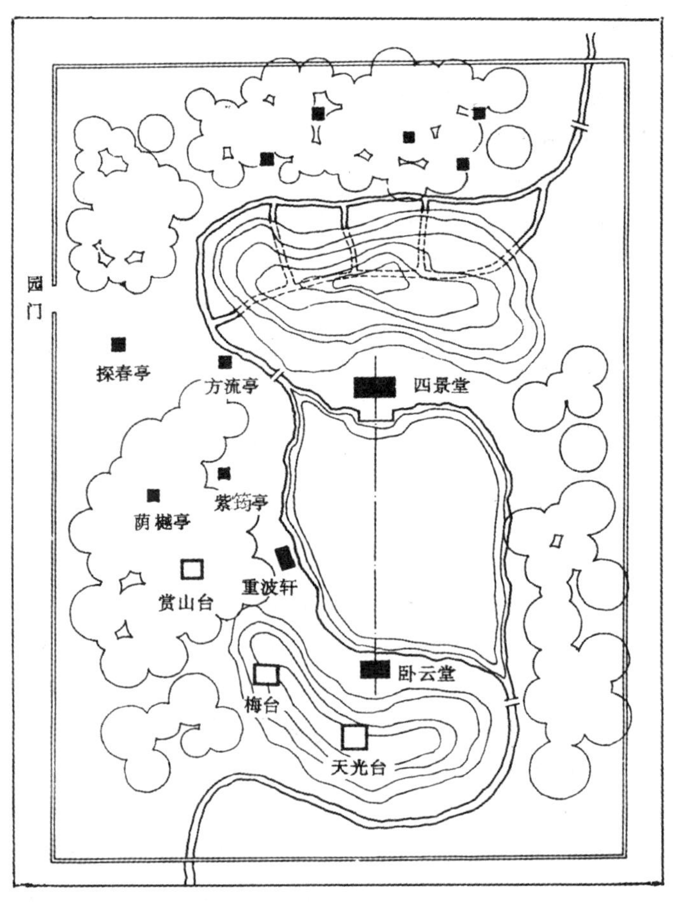

图5-9 富郑公园平面设想图

富郑公园为典型的一池二山布局，该园的艺术特点在于以景分区，在景区中注意起景、高潮和结束的安排。每个景区各具特色，或幽深宁静，半露半含于花木竹林中，翠竹摇空，曲径通幽；或为开朗之景，如四景堂等；或以梅台取胜，园林空间多层次多变化，从而达到岩壑幽胜、峰峦隐映、松桧阴郁、秀若天成的意境。

②环溪，宣徽南院使王拱辰的宅园。该园布局别致，南、北开凿两个水池，两池东西两端以各小溪连接，收而为溪，放而为池，从而形成溪水环绕当中一大洲的格局，故名“环溪”。主建筑集中在大洲上，南水池之北岸建洁华亭，北水池之南岸建凉榭，均为临水建筑。多景楼在大洲当中，登楼南望，“则篙高、少室、龙门，大谷、层峰、翠嗽，毕效奇于前”。凉榭之北有风月台，登台北望，“则隋唐宫阅楼殿，千门万户，宫竞璀璨，延亘数十里，凡左太冲十余年极力而赋者，可瞥目而尽也”。凉榭西有锦厅和秀野台，园中遍植松、桧等各类花木千株，时可赏玩。此园的布局可谓别具一格，以溪流和池水组成的水景为主题，临水除构置园林建筑外，绿化配置以松梅为主调，花木丛中辟出空地搭帐幕供人们赏花，足以看出在园林布局中匠心独运的妙处。

借景的手法在环溪中也运用得体。南望层峦叠嶂，远景天然造就，北望有隋唐宫阙楼殿，千门万户，延亘十余里，山水、建筑尽收于眼底。园内又有宏大壮丽的凉榭、锦厅，其下可坐数百人，正是“洛中无可逾者”。环溪的园林建筑成为洛阳名园中之最。

③苗帅园，又号“最佳处”，原为唐朝天宝年间宰相王溥的宅园，“……园既古，景物皆苍然。复得完力藻饰出之，于是有欲凭陵诸园之意矣”。园中本来有两株七叶树，“对峙，高百尺，春夏望之如山然”，园中有“竹万众杆”。园的东部有水，自伊水分行而来，可行大舟。在溪旁建亭，有大松七棵，引水绕之。有一水池，池中种植莲荷荇菜，建水轩，跨于水上。“对轩有桥亭，制度甚雄侈”。

此园的特点是，在总体布局中，水景起了很重要的作用，而且布置自然得体，轩榭桥亭因池、溪流，就势而成，更有古木苍松，为该园大大增色。

④赵韩王园，开国功臣赵普之宅园。此园“国初诏将作营治，故其经画制作，殆侔禁、省”。园内“高亭大榭，花木之渊薮”，足见其华丽程度，堪与宫廷衙署媲美。

⑤大字寺园，唐代白居易之宅园。宋人李格非的《洛阳名园记》云：“大字寺园，唐白乐天园也……今张氏得其半为会隐园。水竹尚甲洛阳。但以图考之，则某堂有某水，某亭有某木，至今犹存。而曰堂、曰亭者，无复仿佛矣。岂因于天者可久，而成于人力者可恃也。寺中乐天石刻存者尚多。”这一建于唐代的宅与园相结合的园林，以水竹茂盛为其主要的特点。有一池水，并翠竹千竿，这在洛阳来说，以水竹组成的园正是甲洛阳之名园了。而宅与园相结合的布局手法，对明清时期的造园影响非常大。

⑥湖园，此园原为唐代宰相裴度的宅园，但宋时归何人却不详。湖园为一水景园，全园的构图中心是一大湖，湖中有一大洲，名曰百花洲，洲上建堂。湖北岸有一个大堂叫四并堂，堂名出于谢灵运《拟魏太子邺中集诗》序“天下良辰、美景、赏心、乐事，四者难并”之句。大洲种有许多花木，环湖多为成片的林木和修竹。园中的主要建筑百花洲堂和四并堂隔水遥相呼应。此外，湖的东面有桂堂，湖西岸有迎晖亭、梅台、知止庵隐蔽在林莽之中，环翠亭超然高出于竹林之上，而翠椒亭前临渺渺大湖，“既有池亭之胜，犹擅花卉之妍”。当时人以为园林“务宏大者，少幽邃，人力胜者，少

苍古，多水泉者，艰眺望"，唯独湖园兼此六者，因而在当时也是颇有名气的。李格非对该园推崇备至，并给予很高的评价，"虽四时不同，而景物皆好"。

（二）属于游憩园类型的园林

①董氏西园，特点是"亭台花木，不为行列"，也就是说它的布局方式是模仿自然，又取山林之胜。入园门之后的起景点是三堂相望，一进门的正堂和稍西一堂划为一个景区，过小桥流水有一高台。这里在地形处理上注意了起伏变化，不使人进园后，有一览无余之感，又可以说是障景和引人入胜的设计手法。

如登高台而望，则可略观全园之胜。从台往西，竹丛之中又有一堂。树木浓郁，竹林深处有石芙蓉（荷花），更有"水自花间涌出"。在幽深的竹林之中，有令人清心的涌泉，使人"开轩窗四面甚敞，盛夏懊暑，不见畏日，清风忽来，留而不去"。这里确实是盛夏纳凉的好去处，更是有"幽禽静鸣，各夸得意"，使人流连忘返了。

循林中小路穿行，可达清水荡漾的湖池区。这种先收后放的设计方法，创造出豁然开朗的境界。湖池之南有堂与沏池之北的高亭遥相呼应，形成对景。登亭又可总览全园之胜，但又不是一览无余。"堂虽不宏大，而屈曲甚苗，游音至此，往往相失，岂前世所谓述楼者类也"。小小的西园，意境幽深，空间变化有致，不愧为"城市园林"。

②董氏东园，是专供载歌载舞游乐的园林。园中宴饮后醉不可归，便在此坐下，"有堂可居"。记载说明当时园中有的部分已经荒芜，而流杯亭、寸碧亭尚完好，其他的景观与建筑内容本多，而比较有特色的是除了有大可十围的古树外，西有大池，四周有水喷泻池中而阴出，故朝夕如飞瀑而池水不溢出，说明此园的水景有其高人一等的地方。《洛阳名园记》中说，盛醉的洛阳人到了这里就清醒，故俗称醒酒池，恐怕主要是清逸幽新的水面和喷泻的水，凉爽宜人，使人头脑清醒，这真是水景的妙用了。

③刘氏园，以园林建筑取胜。最为突出的是，凉堂建筑高低比例构筑非常适合人意。又有台一区，在不大的建筑空间中，楼横堂列，廊庑相接，组成完整的建筑空间，又有花木的合理配置，使得该园的园林建筑更为优美。说明宋代的园林中，不仅重视绿化的配置，而且技艺也相当成熟了。

④丛春园，这里的树木皆成行排列种植。这种西方园林布置绿化的方式在宋以前还不多见，在洛阳各园中恐怕也只此一园。不过由于唐宋时期对外交流已相当多，因此西方园林绿化配置方法被应用于我国古典园林艺术中，也不是没有可能的。

丛春园的另一特点是借景与闻声。《洛阳名园记》中写道："其大亭有丛春亭、先春亭，丛春亭出茶园架上，北可望洛水，益洛水自西汹涌奔激而东，天津桥者，垒石为之，直力搚其怒而纳之于洪下，洪下皆大石，底与水争，喷薄成霜雪，声闻数十里。予尝穷冬月夜登是亭，听洛水声，久之觉清洌侵入肌骨，不可留，乃去。"

丛春园的设计手法有其独特之处，别出心裁地辟地建亭得景，借景园外，景、声俱备，为我所用的借景手法是极为成功的。

⑤松岛，在唐朝时为袁象先园，宋为李文（李迪）公园，后为吴氏园。园中多古松，数百年的古松参天，苍劲古老的松树，形成本园的一大特色，松岛园也就此得名。特

别是在园的东南隅，双松尤奇。从记载中看，园中还有茅草搭建的亭榭，植竹其旁，又可以说是竹篱茅舍了。这种古雅幽静、野趣自然的园林建筑，也多为现代园所借鉴，实为今日造园者的样板。

⑥东园，坐落在土地贫瘠的城东，那里有一片浩渺弥漫的大水，舟游湖上，如江湖间。以水景为主，形成动观的园林布局，又有渊映、摄水二堂建筑，倒映水中，成为水景中的主要建筑。而在湘肤、药圃二堂间列水石，这说明叠石理水的处理手法是有创新的。建筑之间以水石自然过渡，又丰富了园景。因地制宜地充分利用地形，形成景色优美的水景园。

该园的另一特点是将原来的药圃改建为园，与水景结合，使得园林内容更为丰富。

⑦紫金台张氏园，是借景湖水，并引水于园中，又设置四亭，供游园者远眺近览，是一座非常好的游憩类的园林。

⑧水北、胡氏二园，是相距只十多步的两个园子，它们的主要特点是依就地势，沿渭水河岸掘窑室，开窗临水，远眺“林木荟蔚，烟云掩映，高楼曲榭，时隐时见，使画工极思不可图……”。近览花草树木荟萃，远眺近览皆有景可借，由于“相地合宜”，方达到“天授地设”的境界，当然无须人为施巧，而能“构图得体”，成为洛阳城中胜景。

⑨独乐园，司马光的“独乐园”，谓仕途不得意，君子独善其身，旨在自适其乐，以排遣其“自伤不得与众同也”的抑郁之所。园中有藏书五千卷的读书堂。堂北有大池，池中筑岛，环岛种竹一圈。池北有竹斋，土墙茅顶。读书堂南面有弄水轩，轩内有水池，从暗渠引水入池，内渠分成五股，又称“虎爪泉”。池水过轩后成两条小溪，流入北部大池。此外便是大片的药圃和花圃。整个园子面积虽然不大，格调简素，但园中各景点的文化内涵却很丰富，有不少景名来自诗文的典故。一草一木一石，都成为抒发情感的特殊工具，园林完全成为“立体的画、凝固的诗”。

⑩吕文穆园，利用自然水系，因地制宜，这是该园的一大特点。木茂竹盛，清澈的流水，真可谓是“水木清华”了。

另一特点是三亭一桥的园林建筑艺术设计手法，成为宋以后的园林艺术中的楷模，是造园中经常采用的亭桥的手法之一，亭桥结合往往成为园林中很重要的景观建筑。

(三)属于花园类型的园林

①天王院花园子，园中既无池也无亭，独有牡丹十万株。牡丹花开时，花园子的吸引力是非常大的，这种专供赏花而建的园林在我国古典园林中还很少见。

②归仁园，原为唐丞相朱僧孺所有，宋时属中书李侍郎(李清臣)。该园所在地是洛阳城市中一个花簇锦绣、植物配置种类繁多，以花木取胜的园子。但它与天王院花园子不同，天王院花园子是单一的牡丹园，花过即游园结束，而归仁园则是一年四季花期不断，真可以说是百花园了。

③李氏仁丰园，是名副其实的花园类型的园林，不仅洛阳的名花在李氏仁丰园中

应有尽有，远方移植来的花卉等也有种植，品种总计在千种以上。更值得注意的是，从该园的记载中可以断定，至少是在宋代，已用嫁接的技术来创造新的花木品种了，这在我国造园史上是了不起的成就。李氏仁丰园也不仅仅养花木，也有四并、迎翠、濯缨、观德、超然五亭等园林建筑，供人们在花期游园时赏花和休息之用。

（四）中原地区私家园林特点

根据《洛阳名园记》的描写，宋朝私家园林有如下特点。

①游园一般都是定期向市民开放，主要是供公卿士大夫们进行宴集、游赏等活动。园内一般均有较广阔的空间供人们集会。

②洛阳私家园林多以花木成景取胜，相对而言山池、建筑仅作陪衬。

③筑山仍以土山为主，仅在特殊需要的地方掺以少许石料。

④园内建筑形象丰富，但数量不多，布局疏朗。建筑物的命名均能据出该处景观的特色，有一定的意境含蕴。

二、江南

北宋时期，江南的经济、文化都保持着发展不衰的势头。宋室南渡，偏安江左，江南成为全国最发达的地区，私家园林的盛况比之北宋的东京和洛阳有过之而无不及。仅《梦粱录》卷十九记述了比较著名的16处，《武林旧事》卷五记述了45处，周密《吴兴园林记》记述江南园林36处。下面就选择几处园林进行介绍。

1. 南园

南园在南宋临安城（今杭州）外南山长桥，原是皇帝的御花园。庆元二年（公元1196年），宋宁宗将其赐给平原郡王韩侂胄。庆元五年，韩侂胄请当时著名的诗人陆游为之作记。开禧三年（公元1207年），韩侂胄在权力之争中被杀，南园不久也被收归御前，并更名为庆乐园，后又赐嗣荣王与丙，改名为胜景园。

南园倚山傍湖，取天地之造化，极湖山之优美。韩侂胄受赐后据其自然，辅以雅趣。因高就下，通窒去蔽，使之呈现出“升而高明显敞，入而窈窕邃深”的丰富变化，成为自绍兴年间以来最具登临游观之美的园林，当年王侯将相的园第无一能与之媲美。园中以许闲堂为主殿，其额是宋宁宗亲笔御题，其景有和容射厅、寒碧台、藏春门、凌风阁、西湖洞天、归耕庄等，另有夹芳、豁望、鲜霞、矜春、岁寒、忘机、照香、堆锦、清芬、红香等堂，又有远尘、幽翠、多稼、晚节香诸亭。园内还有射圃、走马廊、流杯亭、假山石洞。屋宇之属皆宏丽精美。归耕庄中点缀着蔬圃稻田，牧场畜栏。十样锦亭制度工巧，为当时罕见。凌风阁前有一香山更为出名，有人说是沙蚀涛激之余的玲珑岩石，也有人称是古沉香或枯孽木。

韩侂胄因与皇室有亲情关系，而操纵朝政，排斥异己，被时人视作奸臣，陆游也因撰写《南园记》而遭到非议。《南园记》当时曾被韩镌于石碑，至韩败，碑亦被毁。后来有人赋诗云：“清芬堂下千株桂，犹是韩家旧赐园。白发老翁和泪说，百年中见两平原。”又云：“旧事凄凉尚可寻，断碑空卧草深深。凌风阁下搓牙树，当日人疑是水沈。”

2. 南沈尚书园、北沈尚书园

南、北尚书园是南宋尚书沈德和的一座宅园与一座别墅园。南沈尚书园在吴兴城南，占地约 7 公顷，园内果木丰茂，建有聚芝堂、藏书室。堂前有数公顷的大池，池中有小山名蓬莱，池南竖立三块数丈高的太湖石，高数丈，秀润奇峭。

北沈尚书园在城北，又名被村，占地约 2 公顷，三面临水，前临太湖，园中又凿五个水池，均与太湖沟通，有对湖台，可望太湖诸山。

南沈尚书园以山石之类见长，北沈尚书园以水景之秀取胜，两者为同一园主人因地制宜而处之以不同的造园立意。

3. 沧浪亭

北宋庆历五年（公元 1045 年），诗人苏舜钦蒙冤遭贬，流寓到苏州，见五代孙承佑的废园便以四万钱购得，傍水建亭。苏舜钦遭贬后便自号沧浪翁，吟唱着《楚辞·渔父》中的《沧浪歌》“沧浪之水清兮，可以濯我缨；沧浪之水浊兮，可以浊我足”，沧浪亭便是以“沧浪濯缨”之典故取名，也是唯一以“亭”命名的园林。

沧浪亭（见图 5-10）全园以清幽古朴见长，其布局和风格，在江南诸园林中别树一帜。江南园林往往以高墙围筑，自成丘壑。沧浪亭则善借外景，容园内外景观于一体，以“崇埠广水”为特色，颇具山林野趣。而尤为胜绝的是，沧浪之水不像通常所见那样平常。

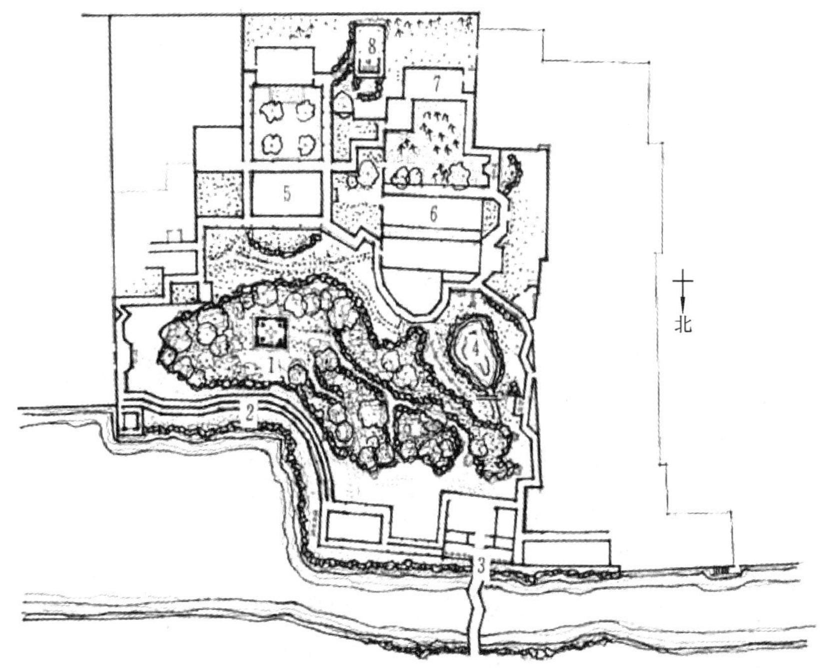

图 5-10　沧浪亭平面

1—沧浪亭；2—复廊；3—入口；4—水池；5—明道堂；6—五百名贤祠；7—翠玲珑；8—看山楼

沧浪亭占地1.1公顷，为内山外水的格局。绿水环绕，入园需过石桥。入园后东行至面水轩，轩北临水，南面假山。自面水轩东行经复廊，可透过廊壁花窗观赏内外水光山色。再向东至一方亭，三面临水，是观鱼垂钓处，名钓鱼台。自此穿复廊循小径登山即达沧浪亭。“沧浪亭”三字为俞樾所书，亭柱有联“清风明月本无价，近水远山皆有情”，也许是沧浪亭最好的写照。

沧浪亭布局开畅自然，巧于因借，通过复廊，将园外萦回之葑溪纳入园景，自然地将园外之波与园内假山之景组为一体。假山与池水之间的复廊的廊壁开有花窗，透过漏景，沟通内山外水。全园有108种花窗样式，图案花纹变化多端，构作精巧，无一雷同，被称为沧浪亭一绝。

4. 梦溪园

梦溪园位于江苏镇江东侧的东河边中段，是被列为世界名人的中国北宋科学家、政治家沈括晚年在镇江定居的住宅。沈括在此完成了闻名古今中外的不朽著作《梦溪笔谈》。沈括三十岁时，常梦见一风景秀美之地，山清水秀，登小山，花木如覆锦；山之下有水，澄澈悦目，心中乐之，因欲谋居。后来他托人在镇江买了一块园地。几年后沈括路过镇江，见其地，不禁又惊又喜，觉得宛若梦中所游之地，于是遂举家移居于此，建草舍，筑小轩，将门前小溪命名为“梦溪”，庭院命名为“梦溪园”。他在这里潜心撰著，完成了包罗他毕生科学研究结晶的不朽著作《梦溪笔谈》。梦溪园原占地约1公顷，依山而筑，环境幽静，景色宜人。园内有花堆阁、岸老堂、肖肖堂、壳轩、深斋、远亭、花峡亭等建筑。沈括居于此八年，死后归葬于杭州，其家属仍居镇江，而梦溪园逐渐荒芜。南宋宁宗年间，辛弃疾任镇江知府时，曾修葺之。后梦溪园数易其主，原貌早已荡然无存。

5. 沈园

沈园位于现浙江绍兴，建于南宋，占地约5公顷，由一位姓沈的绅士所建，故名沈园（见图5-11）。

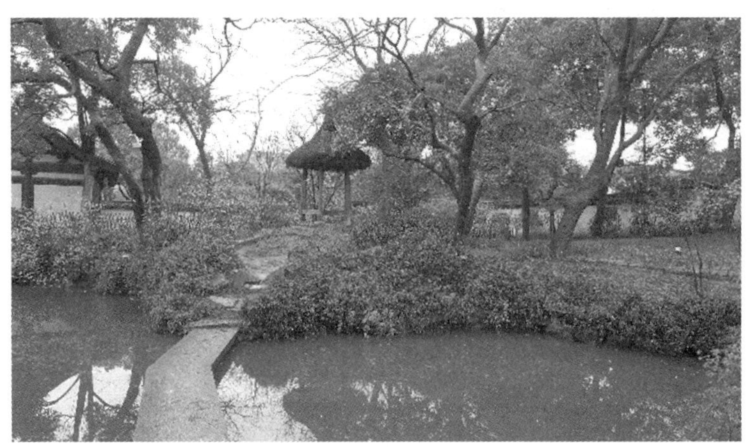

图5-11 绍兴沈园

园内有葫芦形水池，池南建有假山，池西为古井。园西以气势雄浑、形制古朴的孤鹤轩为中心。东南有俯仰亭，西南有闲云亭，登亭可揽全园之胜。孤鹤轩之北，有碧池一泓，池东有冷翠亭，池西有六朝井亭，井亭之西为冠芳楼。整个园林景点疏密有致，高低错落有序，花木扶疏成趣。中国历代文人墨客常来此游览，赋诗作画。

沈园闻名的另一原因是与宋代大诗人陆游(公元 1125 年—公元 1209 年)的一桩爱情悲剧有关。陆游初娶表妹唐琬，夫妻恩爱，却为陆母所不喜，陆游被迫与唐琬分离。后来唐琬改嫁赵士程，陆游再娶王氏。十余年后他们春游沈园时相遇，陆游伤感之余，在园壁题了著名的《钗头凤》词："红酥手，黄縢酒，满城春色宫墙柳。东风恶，欢情薄，一怀愁绪，几年离索。错，错，错！春如旧，人空瘦，泪痕红浥鲛绡透。桃花落，闲池阁，山盟虽在，锦书难托。莫，莫，莫！"唐琬看后感伤之余也依律赋了一首《钗头凤》："世情薄，人情恶，雨送黄昏花易落。晓风干，泪痕残，欲笺心事，独雨斜阑。难，难，难！人成各，今非昨，病魂常似秋千索。角声寒，夜阑珊，怕人寻问，咽泪妆欢。瞒，瞒，瞒！"此次邂逅不久唐琬便抑郁而死。陆游为此哀痛至甚，后又多次赋诗忆咏沈园，写有"城上斜阳画角哀，沈园非复旧池台。伤心桥下春波绿，曾是惊鸿照影来"的诗句。沈园亦由此而久负盛名。

6. 网师园

网师园位于苏州城东南，始建于南宋淳熙年间，原是吏部侍郎史正志的万卷堂故址，名"渔隐"。清乾隆时由宋宗元重建，取"渔隐"原意，自比渔人，自号"网师"，改名"网师园"。网师园分为三部分：东部为住宅，中部是主园，西部为内园。园林部分占地约 6000 平方米，是一座紧临住宅的中型宅院。中部以水池为中心，于岸边叠砌石矶、假山，配以花木建筑，形成园中主要景区。园西北部是一个相对独立的小院殿春簃，旧时遍植芍药，每逢春末，这里"尚留芍药殿春风"，因此而得名。殿春簃系中国古典园林出口首例——美国纽约大都会博物馆"明轩"的蓝本，因此美国人到苏州旅游时都爱来网师园参观。网师园以布局紧凑、空间尺度处理得当取胜。园中建筑造型精巧秀丽，环池布置错落有致。

三、文人园林的兴盛

两宋年间的私家园林呈现的一个显著特点就是文人园的迅速发展，究其原因，是多方面的。首先，因宋朝既定的偃武修文国策，给文人带来了诸多优厚的待遇，致使宋代文人数量陡增，这无疑是文人园得以普及的前提。其次，宦海沉浮，失意者通常只能以林泉山水来平衡忧愤之心。由于唐人创造了"中隐"的方法，城市山林普遍为人们所接受，进而取代了过去那种山居隐逸的形式，因此在这一时期已经很少见到较著名的山庄别墅，而更多的是购地营园，将全部的身心投入到造园艺术之中。最后，两宋三百多年间虽然因经济发展而呈现出繁荣富庶的太平盛世景象，但外族的军事威胁始终存在，而当时的国策又常令人难以进一步施展自己的抱负，因此人们心中普遍存在着一种无可奈何的压抑，这就使得居官显赫者也要借助园林以排遣淡淡的愁思。

一些具有一定历史的城市，诸如北宋的长安、洛阳，南宋时期的苏州、扬州、湖州等地也由于经济发达、民物康阜而成为官宦退居之地。他们或在城中傍宅修建园林，或在郊野择地开筑池馆，造园之风盛行。同时，园林艺术的水准、技法及大众园林审美观念也比前代有了较大的提高，成为我国园林艺术在明清之际全面发展成熟的一个先声。

宋代文人园林的特点如下。

①简远，景象简约而意境深远。

②疏朗，景物数量不求其多，但整体性强，不流于琐碎。建筑相对独立，感官疏朗；山多平缓；水面面积较大，形成开朗气氛；植物利用较多，以大面积的丛植或群植为主，留出林间隙地，虚实相衬。

③雅致，文人文化的精髓。

④天然，园林本身与外部自然环境契合，使园内外两相结合浑然一体；内部以植物造景为主，借助于“林”的形式来创造幽深而独特的景观。

第五节　寺观园林

寺观园林在中国园林家族中是一个庞大的分支。论其数量，它比皇家园林和私家园林的总和多达几百倍；论其特色，它具有一系列皇家园林和私家园林难以具备的特点；论其选址，它突破了皇家园林和私家园林分布上的局限，可以广布在自然环境优越的名山胜地，正如诗句所说“可惜湖山天下好，十分风景属僧家”；论其优势，自然景色的优美，环境景观的独特，天然景观与人工景观的高度融合，内部园林氛围与外部园林环境的有机结合，都是皇家园林与私家园林所望尘莫及的。

寺观园林，狭者仅方丈之地，广者则泛指整个宗教圣地。其实际范围包括寺观周围的自然环境，是寺庙建筑、宗教景物、人工山水与天然山水的综合体。

寺观园林总体布局大致分三大部分。第一部分为宗教空间，是供奉神像和进行宗教活动的空间。寺庙中的山门、钟鼓楼、藏经楼等宗教建筑，放在总体布局的核心位置，沿一条中轴线展开，成为寺庙基本的程式化格局，以显示神权的至高无上。布局特点是重点突出，等级森严，对称规整，以城市化的刻板布局方式，营造出宗教庄严肃穆、神秘的气氛，为信徒提供“收心敛神”和“顶礼膜拜”的宗教氛围。第二部分为寺内园林空间，在布局上破除中轴对称、严谨庄重的宗教建筑格局，采用自由灵活的园林布局方式，竭力冲淡宗教空间森严、沉闷的气氛，增强空间的渗透、连续和流动，用园林构景要素点缀内外空间，把宗教空间变成开朗活泼、生趣盎然的园林观赏空间。在构景上，除了采用亭、廊、桥、楼、轩、水池、假山等园林建筑形式外，还以塔、经幢、摩崖造像、宗教胜迹等宗教空间小景观进行点缀。第三部分为寺外园林环境空间，包括园林化了的寺庙前登山香道和寺庙周围的自然山水景观环境空间。宗教空间相对孤立、静止，适应以静为主的宗教活动，以体现宗教功能；寺内园林空间和寺外园林空间，让香客、游客进行游赏，以动为主，以体现其游赏功能。寺庙园林双重功能的密切结合，使它不但有雍容华丽的风格，而且也有朴拙素雅的风格。

中、晚唐开始，美学发展呈现出三教合流的态势，特别是禅宗思想对文学艺术影响较大。禅宗主张“即心见佛”“心外无佛”“顿悟成佛”，既追求超出人世烦恼、达到绝对自由，又泯灭了人佛之间的根本差别，不离此生此岸即可得到解脱，极大地强调了主观心灵的能动性，强调了个体的“心”对外物的决定作用，主张通过个体的直觉、顿悟而达到一种绝对自由的人生境界，有着比儒道两家都更为深刻的对审美特征的理解。它适应了我国封建社会后期的个体与社会的分裂不断加深这样一种客观的社会历史状况和社会心理，特别是统治阶级中因种种原因而失意、苦闷的知识分子的心理，同时也反映了相当多的下层人民在黑暗生活的压迫下希望求得精神解脱和得到安慰的愿望。

两宋时代，中国化的佛教进一步儒化，佛教诸宗向禅宗融合，产生了新儒学——理学，成为思想界的主导力量。随着禅宗与文人士大夫在思想上的沟通，儒、佛合流，一方面在文人士大夫之间盛行禅悦之风，另一方面禅宗僧侣也日益文人化。许多禅僧都擅长书画诗酒风流，以文会友，经常与文人交往、酬唱，而佛寺园林正是这种交往、酬唱最理想的场所。

道教方面，宋代南方盛行天师道，北方盛行全真道，但也有天师道。宋末南北天师道合流，元代时期天师道的各派都归并为正一道。正一道的道士绝大多数不出家，俗称“火居道士”，从此以后，全国范围内正式形成正一、全真两大教派并峙的局面。宋代继承唐代儒、道、释三教共尊的传统，更加以发展为儒、道、释互相融汇。道教向佛教靠拢，逐渐发展分化成两种趋势。其中一种趋势便是向老庄靠拢，强调清静、空灵、恬适、无为，表现为高雅闲逸的文人士大夫情趣。同时，也有一部分道士像禅僧一样逐渐文人化。

禅宗教义倡导内心的自我解脱，注重从日常生活的细微小事中得到启示和从大自然的陶冶欣赏中获得超悟，这种深邃玄远、纯净清雅的情操，使得他们更向往远离城镇尘俗的幽谷深山。同样，道士也具有类似禅僧的情怀，讲究清静简寂、栖息山林如闲云野鹤般逍遥。这种思想与当时文人士大夫的思想相接近，进而加强沟通，促进儒、佛的合流，使得文人士大夫之间盛行禅悦之风。同时，禅宗僧侣也日益文人化。僧道文人化的素养和对大自然美的鉴赏能力，掀起了继两晋南北朝之后又一次在山野风景地带建置寺观的高潮，客观上无异于对全国范围内的风景名胜区特别是山岳风景名胜区的再度大开发。由于政府对佛教的保护，宋朝时期的寺院一般都拥有田地、山林，享有减免赋税和徭役的特权，佛教势力遍布大江南北。尤其南宋迁都临安之后，江南地区逐渐发展成为佛教禅宗的中心。著名的“禅宗五山”都集中在江南地区。其中，临安的西湖一带是当时国内佛寺建筑最集中的地区之一。

由于文人广泛地参与到佛寺的造园活动中，从而使寺观园林由世俗化进而达到文人化的境地。它们与私家园林之间的差异，除了尚保留着一点烘托佛国、仙界的功能之外，基本上已消失。

宋代东京城内及城郭的许多寺观都有各自的园林，其中大多数在节日或一定时期内向市民开放。除宗教法会和定期的庙会之外，游园已经成为一项主要内容，多少具有类似城市公共园林的职能。并形成以佛寺为中心的公共游览地，吸引众多居民甚至皇帝到此探春、消夏或访胜寻幽。南宋时期，在西湖的山水间大量兴建私家园林和皇家园林，而兴建的佛寺之多，绝不亚于两者之和。在《平江图》上有记载的寺观也有一百多个。由于大量佛寺的建置，临安成了东南的佛教圣地，前来朝山进香的香客络绎不绝。东南著名的佛教禅宗五山，有两处在西湖，即灵隐寺和净慈寺。众多的佛寺一部分位于沿湖地带，其余则分布在南北两山。现举数例，以便略窥一斑。

1. 灵隐寺

灵隐寺位于杭州西湖灵隐山麓，处于西湖西部的飞来峰旁，离西湖不远。灵隐寺又名“云林禅寺”，始建于东晋(公元 326 年)，到现在已有 1600 多年历史，是我国佛教禅宗十刹之一。当时印度僧人慧理来杭，看到这里山峰奇秀，以为是“仙灵所隐”，就在这里建寺，取名灵隐。后来济公在此出家，由于他游戏人间的故事家喻户晓，灵隐寺因此闻名遐迩。五代吴越国时，灵隐寺曾两次扩建，大兴土木，建成为九楼、十八阁、七十二殿堂的大寺，房屋达 1300 余间，僧众达 3000 人。

灵隐寺布局与江南寺院格局大致相仿，进天王殿正中佛龛里坐着袒胸露腹的弥勒佛，两边为四大天王。弥勒佛后壁佛龛里站着手执金刚杵的韦驮菩萨，韦驮佛像造型端庄，由独块香樟木雕成，是南宋遗物，已有 700 多年历史，很有观赏价值。过天王殿为庭院，院中古木参天。正面是大雄宝殿(原称觉皇殿)，单层三叠重檐，重檐高 33.6 米，十分雄伟、气势嵯峨。大殿正中是一座高 24.8 米的释迦牟尼莲花坐像，造像“妙相庄严”“气韵生动”，是一件不可多得的宗教艺术作品。佛祖释迦牟尼像高踞莲花座之上，颔首俯视，令人敬畏。这也是我国最高大的木雕坐式佛像之一。正殿两边是二十诸天立像，殿后两边为十二圆觉坐像。大殿后壁有“慈航普度”“五十三参”立体彩绘群塑，共有姿态各异的大小佛教塑像 150 尊，正中为足踏鳌背、手执净瓶的观世音菩萨，她意态潇洒，普度众生，祥和地接受着善财童子的参拜。下塑善财童子，说的是善财童子历经磨难参拜五十三位“善知识”(名师)，终于得证佛果的故事。观音两侧为弟子善才与龙女，上有地藏菩萨，再上面是释迦牟尼雪山修道的场景：白猿献果、麋鹿献乳。整座佛山造型生动，很有艺术价值。

灵隐寺旁的飞来峰(见图 5-12)，也是杭州的名胜，是灵隐地区的主要风景点。飞来峰不仅风景优美，而且是我国南方古代石窟艺术的重要地区之一。在青林洞、玉乳洞、龙泓洞、射阳洞以及沿溪涧的悬崖峭壁上，有五代至宋元年间的石刻造像 330 余尊。其中最引人注目的，要数那喜笑颜开、袒腹露胸的弥勒佛。这是飞来峰石窟中最大的佛像，为宋代造像艺术的代表作，具有较高的艺术价值。

在玉乳洞深处有一石径可通往龙泓洞，又名通天洞，洞内壁上有一尊天冠观音，

图 5-12　灵隐寺飞来峰

是观音造像中难得见到的一尊。西过通天洞往前便是一线天，举首可在石隙中见到一线天光，因名一线天。一线天前即为冷泉。过冷泉，往北高峰半山腰有韬光金莲池，为杭州第四名泉。

2. 韬光庵

韬光庵在北高峰南麓之巢杞坞，距离灵隐寺约二里，为韬光禅师所建。韬光来自川中，辞师后云游天下。临行前，其师嘱咐"遇天可留，适巢即止"。唐穆宗长庆年间，韬光行至杭州灵隐山巢枸坞时，恰逢白居易（字乐天）出任杭州刺史，韬光见师嘱已应验，即就地筑庵，弘扬佛法。数月之后，声名鹊起，杭州刺史白居易听闻有此等高僧，即命衙役携诗去邀韬光："白屋炊香饭，荤膻不入家。滤泉澄葛粉，洗手摘藤花。青芥除黄叶，红姜带紫芽。命师相伴食，斋罢一瓯茶。"韬光也和诗一首，婉言谢绝。白居易自觉怠慢了高僧，即亲自入天竺山，与韬光在庵中品茗吟诗。现韬光庵中的烹茗井，据说就是白居易和韬光汲水烹茗处，只是多年不用，有些荒废了。韬光庵位处半山腰，寺门又刚好对着钱塘江，可观红日初升之状，人们把骆宾王的"楼观沧海日，门对浙江潮"这两句名诗镌刻在韬光庵的观海亭上。宋代，"韬光观海"是"钱塘十景"之一。到了清代，又被列为"西湖十八景"之一。寺因人传，人因寺显。

第六节　同时代的辽、金园林

自五代至两宋，在中国北方由契丹族及女真族曾先后建立了辽、金两个少数民族政权，并相继维持了三百余年的统治。辽、金两朝虽然地域仅半壁，但它对后世却有很重要的影响。北京取代西安、洛阳等以往古老的都城，成为全国的政治中心，辽、金燕京的部分苑囿也被一直沿用到明清。

一、辽园林

辽本称契丹，居于辽西热河一带，住穹庐（蒙古包），后来逐渐汉化，有了城郭、井邑、馆舍、宫室。在北宋时辽掠夺了燕京一带与宋对抗。辽代塔幢、寺庙制作伟丽，留存于今的数量颇多。辽人仿汉五都及渤海国五京，也建立五京。建都燕京即南京，也是今天北京北海、中海的前身。从辽代开始，这里便成为帝王郊苑的中心。公元936年，契丹族建立了辽朝，次年把幽州改为南京，开始修建宫殿和苑囿（见图5-13）。辽南京的宫城在现在北京广安门南侧，“大内壮丽，城北有市，陆海百货集于其中，僧居佛寺冠于北方，锦绣组绮精绝天下……”在城内除了建临水殿、内果园、栗园、凤凰园、柳园等宫苑外，还选择了城东北郊外，距城数里的水池水岛处修建离宫瑶屿，就是现在北海的琼岛和北海水面。

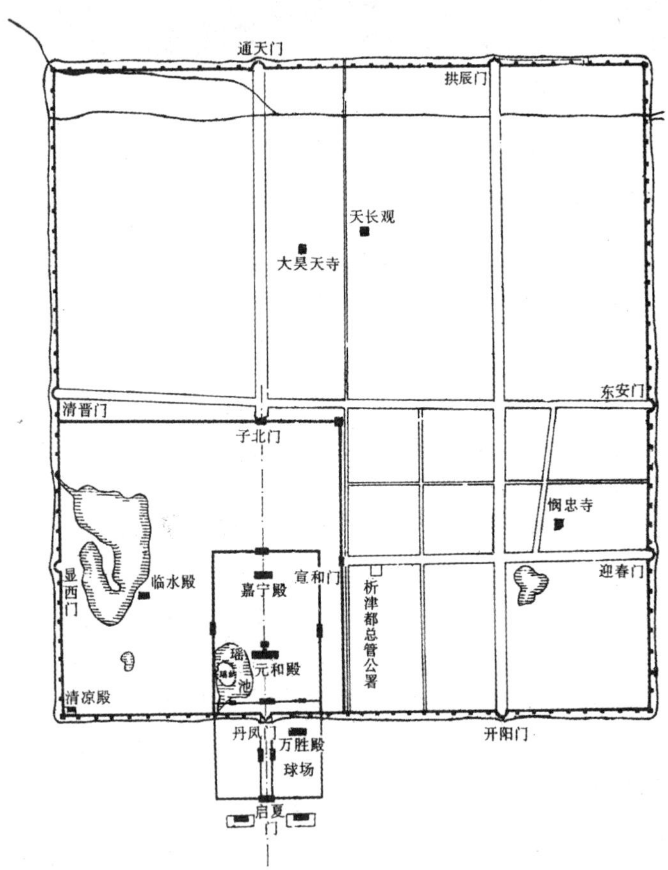

图 5-13 辽南京城平面示意图

辽人除燕京外尚有上、中、西、东四京，都不如燕京壮丽，分别位于林东县东北的临潢府、赤峰县南老哈河左岸的大定府、大同的大同府，以及辽阳县的辽阳府。

辽代佛教盛行，佛寺众多，著名的有大觉寺、华严寺、善华寺、昊天寺、开泰寺、竹林寺等。

1. 大觉寺

大觉寺在北京海淀区西郊群山环抱的旸台山麓。寺内以清泉、玉兰和杏林闻名京华。大觉寺建于辽咸雍四年(公元 1068 年)，初名清水院。金时为西山八大院之一，称“灵泉寺”。明正统十四年(公元 1449 年)重修，清康熙五十九年(公元 1720 年)、乾隆十二年(公元 1747 年)大修。以后，又经过后人的不断维修，大觉寺的各类建筑保存完好。寺坐西朝东，各种建筑依山势层叠而上，颇为壮观。全寺分中路、北路和南路三大部分，中轴线上依次为山门、天王殿、大雄宝殿、无量寿佛殿、龙王殿等。各大殿中的观音塑像、铸观音像均为明代遗物。藏经楼高三层，是该寺的最后一座重要建筑。四宜堂、憩云亭、领要亭等清代园林建筑，布列于南路，北路为僧舍。此外还有一座舍利塔，是清代乾隆年间(公元 1736 年—公元 1795 年)该寺住持伽陵禅师的墓塔。耸立在碑亭中的辽碑《旸台山清水院创建藏纪记》，记述了大觉寺的历史沿革，也是该寺保存的一件最为珍贵的文物。大觉寺后部有龙潭，潭中泉水经石槽在寺内顺势流淌，清丽动人。四宜堂院中的一棵玉兰树，种植于乾隆时期，与法源寺的丁香、崇效寺的牡丹齐名。

2. 华严寺

华严寺位于山西省大同市内，创建年代不详，辽末毁于兵火。据题记，金天眷三年(公元 1140 年)在原址重建，但远未达到辽代的原有规模。明中叶以后寺分上下，各有山门，自成体系。此寺主要殿宇皆东向，这与辽崇日的习俗有关。现寺内保存价值最高的是上寺的大雄宝殿和下寺的薄伽教藏殿，其余建筑均为清以后重建或改建的。大雄宝殿是上寺的主体建筑，殿建造在高台之上，月台宽敞，面阔九间，进深五间，单檐筒瓦庑殿顶，黄绿色琉璃剪边，举架平缓，出檐深远，檐下斗拱用材硕大，单材长 31 厘米、宽 20 厘米，是《营造法式》中规定的一等材。正脊两端的鸱吻高达 4.5 米，系金代遗物，至今光泽灿然。大殿平面采用减柱法，节省内柱 12 根，扩大了室内空间。殿内除梁外还用四道柱头枋绕周交结成框架，大大增强了建筑物的刚度。补间铺作的栌斗下设驼峰，置于普柏枋上。大殿除在前檐当心间及两梢间装方格横披窗和双扇板门外，其余均包砌厚实的砖墙。殿内中央供五方大佛和二十诸天等明代塑像，四壁满绘壁画，为清光绪年间重绘。此外，薄迦教藏殿内的壁藏为辽代小木作重要遗物。

二、金园林

金是女真族，原据吉林一带，“黑水就俗无宝庐，负山水，砍地梁木，其上复以土，夏则出随水草以居，冬则入处其中，迁移不常”。金王朝灭辽和北宋后，海陵王于公元 1151 年由上京会宁府迁都南京，建“中都”燕京(见图 5-14)。

中都城沿袭北宋东京的三套方城之制，外城东西宽 3.8 千米，南北长 4.5 千米。

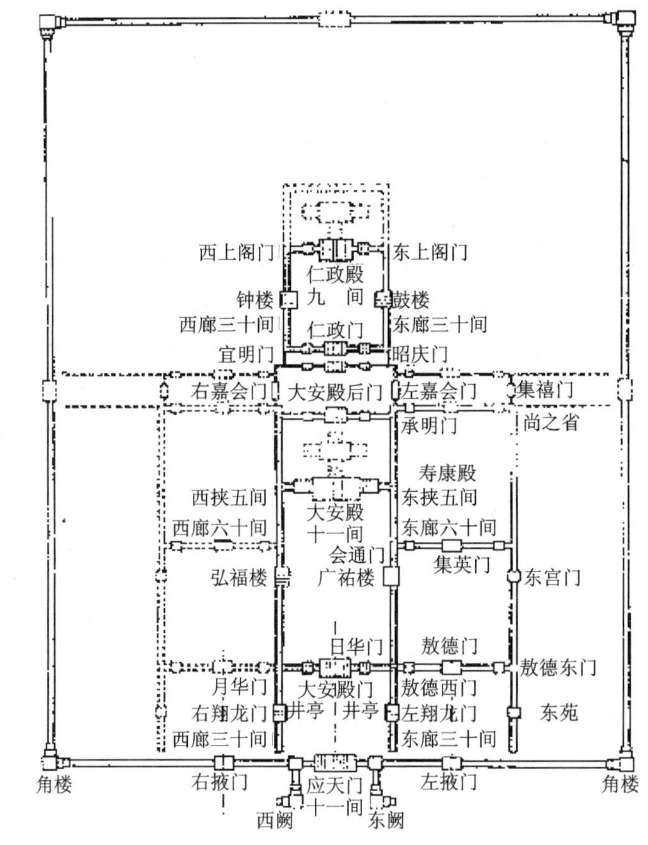

图 5-14　金中都宫殿平面示意图

城门 13 座，皇城在外城的中部偏西，宫城在皇城的中部偏东，拆取宋东京宫室木材来兴建燕京宫殿。在都门处夹道重行植柳各百里。居住区仿照东京的坊里制，共 62 坊。天德五年（公元 1153 年）金建都中都后，即大力营建宫殿园苑，在宫城内建了鱼藻池、鱼藻殿，作为游乐和赐宴群臣之处。广乐园作为射柳和打球的地方。此外，还有瑶光殿、香阁、凉楼等建筑。金世宗时期（公元 1161 年—公元 1189 年）着力经营了琼华岛，当时这里有大宁宫（后更名宁寿宫、寿安宫、万宁宫），还有琼林苑，苑内有横翠殿、宁德宫（大约在今景山的位置）。西园（即今北海的位置）有瑶光台及瑶光楼。为了堆叠琼华岛上的假山，专门派人拆下东京寿山艮岳的太湖山石运到岛上。现在岛上还保存有当时的遗物。为了运送这些山石，费了不少劳力。据文献记载，当时曾下令沿途州、县可以把运送粮米的差役改运山石，所以人们把这些山石称作“折粮石”。后来为人称誉的燕京八景也在此时见诸记载，它们是太液秋风、琼岛春荫、金台夕照、蓟门飞雨、西山晴雪、玉泉垂虹、卢沟晓月、居庸叠翠。

辽代的统治一直未跨越幽燕，北地的自然条件及辽人的生活习俗限制了私家园林的发展。到了金代，其势力范围较辽更向南方扩大，汉文化的影响也更加深刻，因此金代所构筑的私家园林可以在许多地方志中见到，如河间府梁子直的成趣园、应州康公弼的小有园、高汝励的碧柳园，另外，怀庆府还有当时官宦经常相聚宴游的沁园、礼部尚书赵秉文的遂初园等。然而，地志记载大都相当简略，故很难从中了解到更详尽的面貌。遂初园据《遂初园记》有简略记载：园在城之西北隅与趣园相邻，占地 2 公顷，“有奇竹数千，花水称是”，园内主要建筑有琴筑轩、翠贞亭、味真庵、闲闲堂、悠然台等。

第七节 公共园林

宋代的公共园林是指由政府出资在城市低洼地、街道两旁兴建，供城市居民游览的城市公共园林。公共园林性质的寺院丛林在宋代也有所发展，如在我国的一些名山胜景庐山、黄山、嵩山、终南山等地，修建了许多寺院，有的既是贵族官僚的别庄，往往又作为避暑消夏的去处。

临安的西湖，经宋代继续开发、建设成为风景名胜游览地，相当于一座特大型公共园林，是开放性的天然山水园林。环湖建造的诸多小园林，包括私家园林、皇家园林、寺观园林。各园基址的选择均能着眼于全局，以西湖为中心，南、北两山为环卫，分布于湖光山色之中，大致分为南、中、北三段，形成西湖总体结构上疏密有致的起承转合、轻重急徐的韵律，配合得宜，天然人工浑然一体，既借湖山之秀色，又装点湖山之画意。

最富诗情画意的“西湖十景”，在南宋时期已经形成，包括苏堤春晓、柳浪闻莺、花港观鱼、曲院风荷、平湖秋月、断桥残雪、雷峰夕照、南屏晚钟、双峰插云、三潭印月等景点。至此，西湖已形成具有诗情画意、自然山水、园林美的传统风格。一座大城市能拥有如此广阔、丰富的公共园林，这在当时的国内甚至世界上，恐怕都是罕见的。

此外，在个别经济、文化发达的地区，农村的聚落、传统的乡土园林也都具有公共园林的性质，如楠溪江苍坡村，是至今为止发现的唯一的宋代农村公共园林。

楠溪江苍坡村（见图 5-15），始建于公元 955 年，原名苍墩。现存的苍坡村是南宋淳熙五年（公元 1178 年），九世祖李嵩邀请国师李时日设计的，至今已有 800 多年历史。虽经近千年的沧桑风雨，但旧颜未改，仍然保留有宋代建筑的寨墙、路道、住宅、亭榭、祠庙、水池以及古柏等，处处显示出浓郁的古意。苍坡村在村庄的布局构思上，非常注重文化的内涵。村庄是以“文房四宝”来进行布局：通往村戏的铺砖石长街为“笔”，正对村外西面的笔架山，仿佛一支笔搁在笔架的前面。凿三块 5 米长的条石为“墨锭”，辟东西两方池为“砚”。垒卵石成方形的村墙，使村庄像一张展开的“纸”。这是“耕读”思想在山村规划建设中的充分体现，是宋代社会文化的一大特征。园林呈现开朗、外向、平面铺展的水景园的形式，既便于村民的群众性游憩、交往，又能与周围的自然环境相呼应、融糅，从而增添了聚落的画意之美。

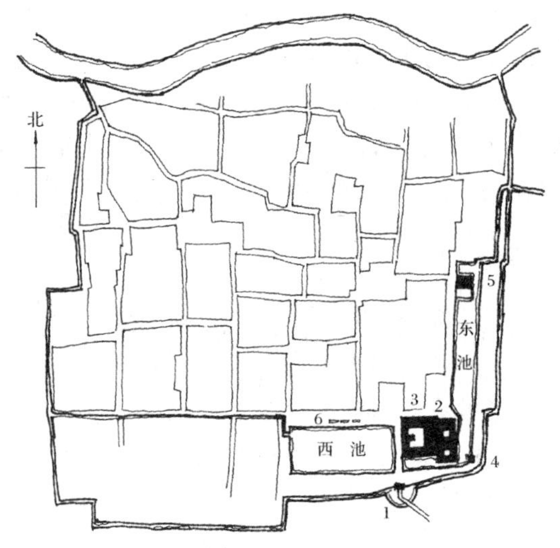

图 5-15　苍坡村平面图

1—寨门；2—仁济庙；3—宗祠；4—望兄亭；
5—水月堂；6—长条石

小　　结

宋代是中国古典园林发展成熟的前半期，是极其重要的承前启后阶段。园林经过持续发展而臻于完全成熟的境地。这个阶段造园活动的主要成就可以归纳为以下几点。

第一，私家造园活动突出，文人园林大为兴盛。文人园林的独特风格，几乎涵盖了私家造园活动，影响了当时的皇家园林和寺观园林。皇家园林因受文人园林的影响，而少有皇家气派。寺观园林由世俗化而进一步文人化。

第二，公共园林的造园活动更加活跃，虽然不是造园活动的主流，但是比唐代更为普遍。某些私家园林和皇家园林能够定期向社会开放，也发挥了其公共园林的作用。

第三，造园四要素叠石、置石技术成熟，理水已经能缩移、模拟大自然全部的水体形象，园艺技术发达到能够培育出丰富的园林品种，园林建筑较之前代设计手法臻于成熟，造型精美，做工精致。

第四，宋代已经完成了写意山水园的塑造。园林创作受禅宗哲理及画理的影响，由唐代的写实与写意相结合的传统向写意转变，并以景题、匾联增强园林的“诗话”特征，体现园林的诗画情趣，同时也深化了园林意境的蕴涵。

第五，宋代的皇家园林、私家园林、寺观园林的发展，不仅数量超过前代，而且艺术风格更加细致、清新，达到了中国古典园林史上登峰造极的境地。

【思考和练习】

1. 宋代的社会风气对园林的影响体现在哪些方面？
2. 成熟前期的皇家园林代表作品是什么？有哪些艺术成就？
3. 成熟前期的私家园林有哪些？特点是什么？
4. 谈谈文人园的特点。
5. 谈谈成熟前期的寺观园林与其他园林的发展情况。

第六章　园林成熟中期——元、明、清初（公元 1271 年—公元 1736 年）

第一节　时代与文化背景

元、明、清初是中国古典园林成熟期的第二个阶段。

一、时代背景

自成吉思汗建国以来，以族名为国名，称大蒙古国，先后灭了辽、西夏和金。忽必烈称汗后，建元“中统”，但没有另立国名，1264 年改年号为“至元”，仍没有像北魏、辽、夏、金那样建立国号。直到至元八年（公元 1271 年）十一月，才正式建国号为“大元”，“盖取《易经》乾元之义”。“元也者，大也。大在足以尽之，而谓之元者，大之至也”。忽必烈用“大元”来取代“大蒙古国”，表明他所统治的国家，已经不只是属于蒙古一个民族的，而是中原封建王朝的继续。至元九年（公元 1272 年）二月，改中都为大都，宣布在此建都。至元十六年（公元 1279 年），南宋亡于元。至此，忽必烈建立的元朝实现了中国历史上一次新的大统一，元朝的版图是我国历史上最大的，超过了汉唐盛世。我国今天的辽阔疆域，就是在元朝基本上定下了轮廓。

至元三十一年（公元 1294 年）元世祖忽必烈去世，嫡孙铁穆耳即位，史称元成宗。元成宗在位期间实行守成政治，政局相对稳定，经济也有所发展。大德十一年（公元 1307 年）元成宗死后的半个世纪中，元朝长期陷入皇位争夺的纷争之中。元朝皇帝都信奉喇嘛教，每个皇帝即位后都要兴修佛寺，年年大做佛事，耗费了大量钱财。元朝中期土地兼并的现象十分严重，在残酷的封建剥削下，元朝农民生活缺衣乏食，难以度日。从泰定年间（公元 1324 年—公元 1327 年）起，天灾几乎连年不断，忽旱忽涝，还有雹雪虫蝗等灾，到处都有大量饥民。政权腐败，贪贿成风，整个社会处在极度黑暗的统治之下。在沉重的阶级剥削和民族压迫下的各族人民，不断掀起了反抗元朝统治的武装起义。其中，朱元璋于应天府奉天殿即皇帝位，得以君临天下，立世子标为太子，建国号大明，年号洪武。同年八月攻入大都，宣告了元朝统治的灭亡。朱元璋改大都为北平，以应天为南京。

洪武二十五年（公元 1392 年），太子朱标病亡，朱元璋立太子的嫡子朱允炆为皇太孙。洪武三十一年（公元 1398 年），朱元璋亡，朱允炆即帝位。公元 1402 年，燕王在群臣的拥戴下登上帝位，历史上称元成祖，宣布以第二年为永乐元年，定北平为北京。为了弥补因削藩而削弱的边防力量，永乐帝决定迁都北平，一则北平为其发祥地，二则地近北面边防，天子宅此，居重御重，可以直接加强对边防的守卫。决定迁都后，永乐帝就着手修建京杭大运河。永乐四年(公元 1406 年)，下令筹建北京宫殿，并重新改造整个北京城。永乐十八年(公元 1420 年)以迁都北京诏天下。至万历年间，明朝开始一天天走向没落与衰败。明神宗信任太监，贪财好色，生活上日趋腐化。为满足其穷奢极侈的欲望，从万历二十四年(公元 1596 年)，便派大批亲信宦官分赴全国各地充当矿监税吏，肆意搜刮民脂民膏。这引起各地城镇人民的强烈不满，他们终于铤而走险，群起反抗。

就在明王朝国势衰落之际，我国东北境内的女真族(后改为满洲族)迅速崛起。万历三十一年(公元 1603 年)，努尔哈赤在苏子河畔修建赫图阿拉城，作为其辖区的政治、经济、文化中心。万历四十四年(公元 1616 年)，努尔哈赤在赫图阿拉称汗，国号大金，年号天命。历史上称为后金，他还为自己的家族创设“爱新觉罗”为姓，女真语“爱新”是“金”，“觉罗”是“族”，就是“金族”的意思。努尔哈赤死后，第八子皇太极夺取了汗位。即位后的第十年，皇太极称帝，废去“金”的国号，改为“大清”，又改族名女真为“满洲”，改元崇德。在盛京(沈阳)重修城垣，新建宫殿。崇祯十六年八月，皇太极暴病亡故，六岁的儿子福临即位，是为清世祖，由叔父多尔衮和济尔哈朗辅政，以后一年为顺治元年。崇祯十七年(顺治元年，公元 1644 年)三月中旬，李自成率领起义军拿下北京门户居庸关，攻破皇城。崇祯帝走投无路，爬上万寿山(今景山，也称煤山)，吊死在寿皇亭旁的一棵槐树上，朱明王朝宣告灭亡。

顺治元年五月，清军在摄政王多尔衮的率领下，由吴三桂引导，开进了北京城。十月，福临在北京登皇帝宝座，颁即位诏于天下。从此，在中国历史上出现了清王朝。康熙帝玄烨是清朝入关后的第二位皇帝，他的统治能顺应当时社会发展的需要，采取适应生产关系变化的措施，发展了农业、手工业和商业，利用儒家学说来巩固封建统治，为清王朝的强盛奠定了基础，并开创了延及于整个 18 世纪的“康乾盛世”。

二、文化背景

元朝在蒙古贵族的统治下，汉族文人地位低下，蒙受着极大的耻辱和压迫，这种社会的急剧变化同时也带来了审美趣味上的差异。很多文人或被迫或自愿地放弃“学优则仕”这一传统道路，把时间、精力和情感思想寄托在文学艺术上，往往以笔墨抒发胸中郁结。所谓“元人尚意”，求意趣而不重形似，正是元朝画风的特点。山水画是这种寄托的领域之一，其基本特征就是文学趣味异常突出——形似与写实迅速被放在次要的位置上，而更强调和重视的是主观的意兴和心绪。与文学趣味并行，并且能够具体体现这一趣味的，是对笔墨的突出强调，这是构成元画的特色，也是中国绘画艺术史上又一次创造性的发展。在文人画家看来，绘画的美不仅在于描绘自然，而且在于或更在于描画本身的线条、色彩，即笔墨本身。笔墨可以具有不依存于表现对象(景物)的相对独立的美。它不仅是形式美、结构美，而且在这种形式结构中能够传达出人的种种主观精神境界。与其相辅相成的是，书法与绘画也密切结合起来。线条自身的流动、转折，墨色自身的浓淡、位置，它们所传达出来的情感、力量、意兴、气势等，构成了重要的美的境界。另外，从元画开始的另一个中国画的独特之处，是在画上题字作诗，以诗文来直接配合画意，相互补充和结合。不同于唐人的题款藏于石隙树根处，不同于宋人的一线细楷，元人的题诗写字占据了很大的画面，他们有意识地使这些诗字成为整个构图的重要组成部分。一方面可以使书、画以同样的线条来彼此配合呼应，另一方面可以通过文字所明确表达的含义来加重画面的文学趣味和诗情画意。这些绘画方面的发展将水墨山水画推向了登峰造极的境地，给明、清两代以巨大的影响。尽管由于专制苛酷、画家动辄得咎，明初的画坛上出现了一时的泥古仿古现象，但到了明中叶以后，元代的那种自由放逸、别出心裁的写意画风又再次辉煌。各大画派迅速崛起，文人画则风靡一时，成为当时之主流。

绘画理论的发展和变化，必然影响到以其为理论指导的造园艺术的变化。另外，文人、画家直接参与造园的也比过去更为普遍，个别的甚至成为专业的造园家，而造园工匠本身也在不断地提高自身的文学艺术修养。诸如上述这些变化必然影响到园林艺术的创作，因此也相应地出现了两个明显的变化。一是除了以往的全景缩移、模拟自然山水景物之外，还出现了以山水局部来象征山水整体的更为深化的写意创作手法，园中景物可以非常平凡简单，但意兴情趣却很浓厚。二是如同绘画的题款一样，景题、匾额、对联在园林中也普遍使用，意境信息的传达得以直接借助于文字、语言而大大地增加了信息量。园林意境的蕴藏更为深远，园林艺术比以往更密切地融合了诗文、绘画的趣味，从而赋予园林本身以更浓郁的诗情画意。

第二节　当时的城市建设与园林建设

元灭金后，即筹划把都城从塞外的上都（遗址在内蒙古自治区多伦西北八十里，滦水河上游闪电河畔）迁移到中都的迁都事宜。至元四年正月，开始在金中都以大宁宫为中心修建新城，至元八年（公元 1271 年）八月动工修宫城。至元九年三月，宫城成。至元十年大明殿成，次年正月，忽必烈在正殿接受朝贺。元朝从此定都在大都（北京）。大都成为元朝多民族国家的政治中心。元大都规模宏大，规划整齐，是当时世界著名的大都城。此后，明朝利用元大都的南大半部加以增建，逐渐发展成为明清两朝的北京城。

一、元大都

金中都历经战火，已残破不堪，原来的宫殿也已荡然无存，忽必烈就完全避开废墟，在中都东北郊、风景优美、附近又有大片湖水（海子）的大宁宫（金离宫）开始营建。先修琼华岛，在太液池东建宫城，池西建太后宫，外以萧墙回绕西宫、琼华岛御苑和宫城作为皇城。这时，就以皇城为中心，在外扩建土城，称为大都城，至元十三年（公元 1276 年）建成。至元二十年（公元 1283 年），城内修建才基本完成。

元大都是自唐长安以后，平原上新建的最大的都城。京城“右拥太行，左挹沧海，抚中原，正南面，枕居庸，奠朔方，峙万岁山（琼华岛），太液池，派玉泉，通金水，萦畿带田，负山引河。壮者帝居，择此天府”（陶宗仪《南村辍耕录》卷二十一）。大都的建设，事先经过周密的计划和详细的地形测量，充分利用了原有条件和地理特点，以太液池、琼华岛为中心建皇城，然后制定完整的布局。

大都城市形制为三套方城，分为外城、皇城及宫城（见图 6-1）。宫城居中，中轴对称布局。这种三套方城、中轴对称布局是继承我国古代城市规划的优秀传统手法，从邺城、唐长安、宋东京、金中都到元大都逐步发展形成的。大都城的中轴线尤其突出。它南起丽正门，穿过皇城的棂星门，宫城的崇天门和厚载门，经万宁桥（又称海子桥，即今地安门桥），直达城市中央的中心阁。中心阁四十五步，有一座“方幅一亩”的中心台。其“正南有石碑，刻曰中心之台，实都中东南西北四方之中也”（《日下旧闻考》卷五十四，“城市”条）。中心台是全城真正的中心。在城市计划和建造时，把实测的全城中心作出明确的标志，这在我国城市建设史上是没有先例的创举。实际上大都南、北城墙与中心台的距离是相等的，但东城墙与中心的距离比西城墙更要近一些，这是由于遇到低洼地带，不得已向内稍加收缩的缘故。

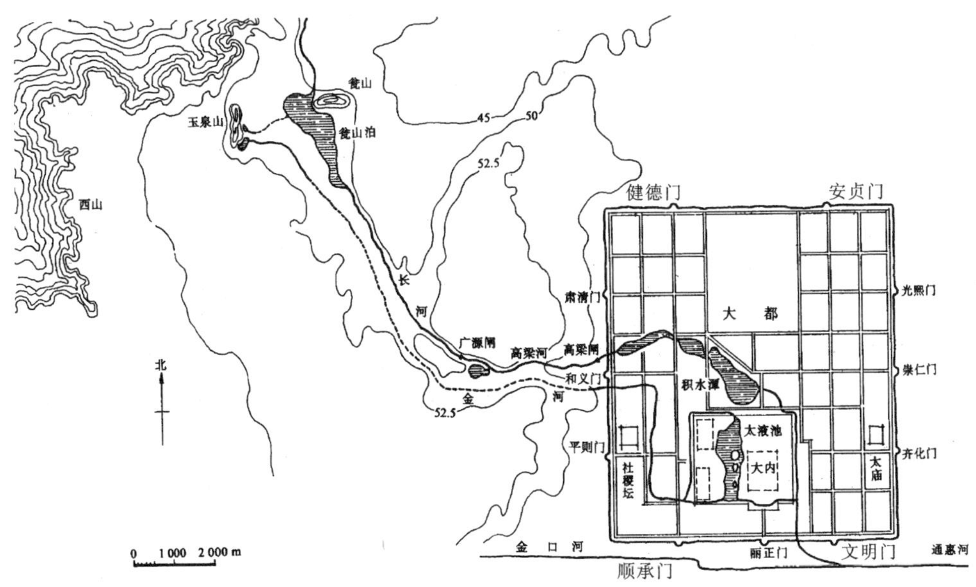

图 6-1　元大都及西北郊平面图

大都第一重为外城，“城方六十里，十一门”，实际上是南北略长的长方形，据新中国成立后实地勘测，东西 6635 米，南北 7400 米，周围约 28600 米。大都城的十一个城门是东、南、西三面各三门，北面二门。“正南门曰丽正（今天安门南），南之右曰顺承（今西单南），南之左曰文明（今东单南，又称哈达门）；北之东曰安贞（今安定门小关），北之西曰健德（今德胜门小关）；正东曰崇仁（今东直门），东之右曰齐化（今朝阳门)，东之左曰光熙(今和平里东，俗称广熙门)；正西曰和义(今西直门)，西之右曰肃清(今学院南路西端，俗称小西门)，西之左曰平则(今阜成门)”。第二重城为皇城，周围约 20 千米，它的东墙在今南、北河沿的西侧，西墙在今西黄城根，北墙在今地安门南，南墙在今东、西华门街以南。皇城城门都用红色，称为“红门”。皇城南墙正中的门叫棂星门，其位置大致在今午门附近。棂星门正对大都城的丽正门，二门之间是宫廷广场，左右两侧有长达七百步的千步廊。皇城中部为太液池、琼华岛，其东为大都的最后一重——宫城，即大内，宫城北部东北都为御苑，西部为隆福宫及兴圣宫，占地很大。

大都城除有一条明显的南北中轴线(南起丽正门直达中心阁)外，从崇仁门到利义门之间有一条横轴线大街，与南北中轴线相交于全城中心的中心阁。大都的街道规划整齐，纵横竖直，相互交错。街道的基本形式是相对的城门之间都有宽广平直的大街，组成城市的干道。但是由于城市南部中央有皇城，再加上海子(积水潭)在城市西部占了很大一块地方，以及南北城门不相对应，有些干道不能相通，因此有些街道作了丁字相交，在海子的东北岸出现了斜街。在南北向的主干道两侧，等距离地平列许多东西向的胡同。大街二十四步阔，小街二十步阔。这些纵横的街道和胡同将大都外城划分为五十个坊，坊各有门，门上置有坊名。城中设有三个主要的市——北市、东市、西市，也就是三个最大的综合性商业区。

除了战争破坏导致宫阙成为废墟这一原因之外，元朝择址另建都城的另一主要原因则是解决水源问题。大都的引水工程规模巨大，主要供水河道有两条。一条是引城西北郊玉泉山上的泉水，经过“金河”，从和义门南之水门导入城内，流经宫城而注入太液池，以供应宫苑用水。金河是皇家宫廷的专用水道，独流入城而不与他水相混。另一条则是为解决大运河的水源补给以利漕运，引城北 30 千米外的昌平神山白浮泉水，西折而南注入瓮山南麓的西湖(瓮山泊)，在西湖南端开辟一条平行于金河的输水干渠“长河”连接于高梁河，从和义门北之水门流经海子(积水潭)，在沿宫城的东墙外南下注入通惠河，以接济大运河。上述两条水道，都有专门的用途。城内一般居民的生活用水，主要是井水。另外，大都的排水工程也很完整，在房屋和街道修建之前，就先埋设全城的下水道。新中国成立后勘探发掘，发现了当时南主干大街两旁，有用石条砌成的排水明渠，宽 1 米，深 1.65 米。排水渠的竖向设计，与大都城内自北向南的地形坡度完全一致，排水渠通向城外经过城墙时，在城墙基部筑有石砌的排水涵洞。

二、明清北京

明太祖朱元璋攻占元大都后，曾计议都城北迁，于洪武四年(公元 1371 年)派大将军徐达修复元大都，改名北平。当时为了减少建城的工程量及缩短防线，将元大都城北郊荒凉的部分五里划出城外。永乐四年(公元 1406 年)，朱棣下令筹建北京宫殿，并重新改造整个北京城。永乐十五年(公元 1417 年)动工建宫城，十八年改建竣工，迁都北京，并确立了北京与南京的“两京制”。南京除没有皇帝之外，其他各种官僚机构的设置完全和北京一样。

永乐帝改建时，为容纳官署，延长了宫门前御道长度，将城墙南移一里，东西墙仍是元大都的城垣。这时的北京城呈扁方形，分内城、皇城、宫城（紫禁城）三套方城（见图 6-2）。内城东西长约 7000 米，南北长约 5700 米。其内的街巷，大体沿用元大都的规划。在崇文、宣武两门内各有一条宽阔大道，直达内城北部，与东直门、西直门两条大街相交。北京的街道系统都与这两条南北大道联系在一起，大干道如脊椎，形如栉比的胡同则分散在干道两旁。在胡同与胡同之间再配以南北向或东西向的次要干道。大小干道上散布着各种各样的商业和手工业店铺。胡同小巷则是市民居住区。

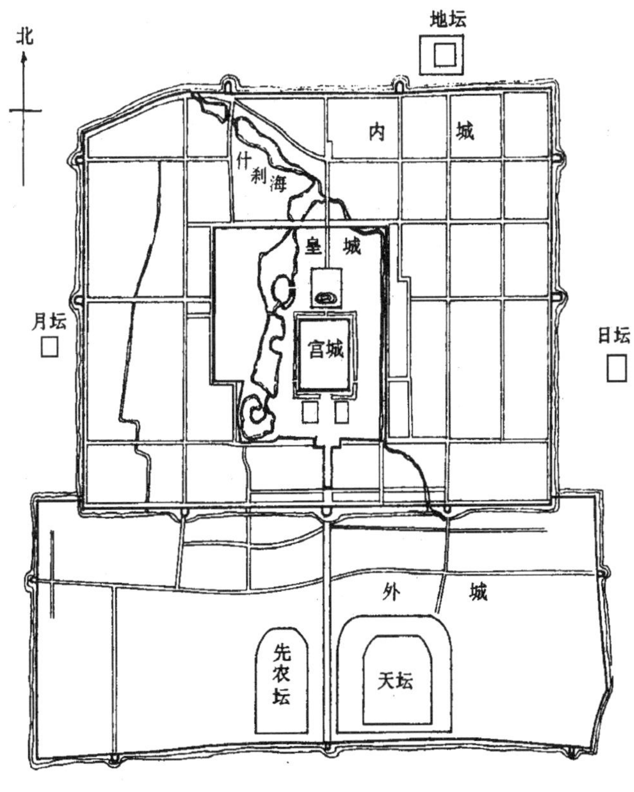

图 6-2　明清北京城

皇城位于内城的中心偏南，西南角缩进呈不规则的方形，包括三海和宫城，周围 18 余里。城四向开门，正南门为承天门（清朝称天安门），在它的前边还有一座皇城的前门称大明门（清朝改名大清门）。大明门内左右设有太庙和社稷坛。在承天门与大明门之间有一条宽阔平直的石板御路，两侧配以整齐的廊庑，廊的外侧，隔着街道建有五府六部等衙署。承天门墩台高大宽长，下用白石须弥座，红墙上建有高大的城楼，门前是一个 T 字形闭合广场，两侧以东、西三座门与东西长安街分隔。承天门前有玉带河，上有五座桥，广场内还配有华表、石狮，以衬托皇城正门的雄伟、高大。承天门内,其东一门为太庙,西一门为太社、太稷两组建筑群。

宫城或称紫禁城,是皇帝居住的禁地,有规模宏大的宫殿组群。明成祖朱棣集中全国匠师,征调了二三十万民工和军工,经过 14 年的时间才建成(清朝沿用以后,只是部分经过重建和改建,总体布局基本上没有变动)。宫城南北长 960 米,东西宽 760 米,外面用高大城墙(紫禁城)围绕,四角建有形制华丽的角楼,宫城外绕有护城河,宫城共开四门,分别为东华门、西华门、午门、宣武门。整个宫城为“前朝后寝”的规制,最后为御花园。

明北京城的布局,继承了历代都城以宫室为主体的规划传统,整个都城以皇城为中心。皇城前,左建太庙,右建社稷,并在城外四方建天(南)、地(北)、日(东)、月(西)四坛。皇城北门的玄武门外,每月逢四开市,称内市。这完全符合“左祖右社,前朝后市”的传统城制。明北京城的商业区市肆分布与元大都不同。元大都时商业中心偏北,在鼓楼一带。明时城市向南发展,除鼓楼外,在东四牌楼及内城正阳门外形成繁荣的商业区。明代行业制度发展,像北宋东京那样,同类商业相对集中,在今天的北京地名中也还可以看出,如米市大街、磁器口、菜市口等。

北京作为明朝都城以来,城市人口增加很快,到嘉靖、万历年间接近百万人口,内城南部形成大片市肆及居民区,多住官僚、贵族、地主及商人,外城多住一般居民。虽然全区没有也不可能有集中的绿地(除了皇帝的宫苑),但由于住房院子中树木较多,以及贵族地主等宅园,全城呈现在一片绿荫之中。

北京城城区的水源十分丰富,城墙外有护城河,城区中有小河和湖泊。河流来自北京城西的永定河和发源于玉泉山的高梁河。水面分布基本上沿袭元大都。但明朝改建北京市,将城内河道截断,大运河的漕运不再入城,元朝漕运至京的功能已经消失,海子(积水潭)不再有来往的船只停泊。明朝还扩大了太液池以南的水面。护城河已仅作为防卫和排泄雨水之用。这些水面都起着调节空气和气温的作用。

明朝灭亡后,清朝仍建都北京,整个城市布局没有什么变化,全沿用明朝的基础。但局部的更改和新建,使北京城有了变化。清初由于火灾及地震,宫殿毁坏颇多,在康熙时重修。现存故宫的宫殿建筑大都是当时重建及康熙以后新建的。清故宫的全部建筑分为外朝和内廷两大部分。外朝以中轴线上太和、中和、保和三殿为主,占据了宫殿中最主要的空间,三大殿都是在一个三级的工字形大理石台基上。内廷以乾清宫、交泰宫、坤宁宫为主。这组宫殿的两侧有居住用的东、西六宫和宁寿宫、慈宁宫等,最后还有一座御花园。清北京的城市范围、宫城及干道系统都没有什么改动,皇城的情况则随着清初宫廷规制的改变而有较大的变动。

第三节　皇家园林

蒙古族的元王朝统治中国不足一百年,皇家园林建置不多。明代御苑建设的重点在大内御苑,与宋代有所不同的一是规模又趋于宏大,二是突出皇家气派,具有更多的宫廷色彩。而清王朝入关定都北京后，全部沿用明代的宫殿、坛庙、园林等，并无多少皇家的建设活动。直到康熙中叶以后，才逐渐兴起一个皇家园林的建设高潮。这个高潮奠基于康熙年间，完成于乾隆，乾隆、嘉庆年间形成了全盛的局面。

一、元、明的皇家园林

(一)元代皇家园林

元代皇家园林均在皇城范围之内，主要的一处即在金代大宁宫的基址上拓展的大内御苑，占去皇城北部和西部的大部分地段，十分开阔空旷。

大内御苑，园林的主体为开拓后的太液池，池中三个岛屿呈南北一线布列，沿袭着历来皇家园林"一池三山"的传统模式。最大的岛屿即金代的琼华岛，至元八年(公元1271年)改称万寿山，后又改名万岁山。山的地貌形象仍然保持着金代模拟艮岳万岁山的旧貌。山上的山石堆叠仍为金代故物。万岁山有三峰，正中山顶上为广寒殿，东山顶上是荷叶殿，西山顶是温石浴室。广寒殿，面阔七间，是岛上最大的一幢建筑物。山南坡居中为仁智殿，左、右两侧为介福殿、延和殿。"桥之北有玲珑石，拥木门五，门皆为石色。内有隙地，对立日月石。西有石棋枰，又有石坐床。左右皆有登山之径，萦纡万石中，洞府出入，宛转相连(指琼华岛后山的叠石山洞)。至一殿一亭，各擅一景之妙"。这是过桥登山后全山的概说。"山之东有石桥，长七十六尺，阔四十一尺半，为石渠以载金水，而流于山后以汲于山顶也"，以及" 转机运夹斗，汲水至山顶石龙口注方池；伏流至仁智殿后，有石刻蟠龙昂首喷水仰出，然后分东、西流入太液池"。这是人工汲水至山顶，出注方池，伏流至仁智殿后喷水仰出，然后分东、西流入太液池的山上人工水系。

陶宗仪对万岁山的总评是"其山皆叠玲珑石为之，峰峦隐映，松桧隆郁，秀若天成"，又说"至一殿一亭，各擅一景之妙"。综观万岁山建筑群的设计，可说是仿秦汉神山仙阁的传统。殿亭的命名，也可看出仿仙境之意，如广寒、方壶、瀛洲、金露、玉虹等。广寒殿是元世祖忽必烈时的主要宫殿，不少盛典都是在这里举行的。因此，这里的殿亭虽然依山因势而筑，但还是左右对称，格局整齐。广寒殿左有金露，右有玉虹。山半，三殿并列，中为仁智，右为介福，左为延和。方壶、瀛洲也是一左一右互相对称。至于设置牧人室、马室等建筑，还可想见游牧民族的生活传统。广寒殿坐落于大都城地势最高之处，高耸雄伟，光辉灿烂。登广寒殿四望空阔，远眺西山云气，缥缈山间，下瞰大都市井，栉比繁盛。万岁山和太液池，山水相映，益增光彩。当时一位诗人写道："广寒宫殿近瑶池，千树长杨绿影齐。"

太液池中的其余二岛较小，一名"圆坻"，一名"犀山"。圆坻为夯土筑成的圆形高台，上建仪天殿。北面为通往万岁山的石桥，东、西亦架桥连接太液池两岸。"东为木桥，长一百二十尺，阔二十二尺，通大内之夹垣。西为木吊桥，长四百七十尺，阔如东桥，中阙之立柱，架梁于二舟，以当其空。至车架行幸上都，留守官则移舟断桥，以禁往来，是桥通兴圣宫前之夹垣"。犀山最小，在圆坻之南，"上植木芍药"。太液池水面遍植荷花，沿岸没有殿堂建置，均为一派林木蓊郁的自然景观。池之西，靠北为兴圣宫，靠南为隆福宫，这两组大建筑群分别为皇太子和皇后的寝宫。隆福宫之西另有一处小园林，称为“西御苑”。西御苑以假山和池为骨干，山上建殿，后有石台。

（二）明代皇家园林

明代皇家园林建设的重点亦在大内御苑。其中，少数建置在紫禁城的内廷，大多数则建置在紫禁城外、皇城以内的地段，有的毗邻紫禁城，有的与之保持较近的距离，以便于皇帝经常游幸。

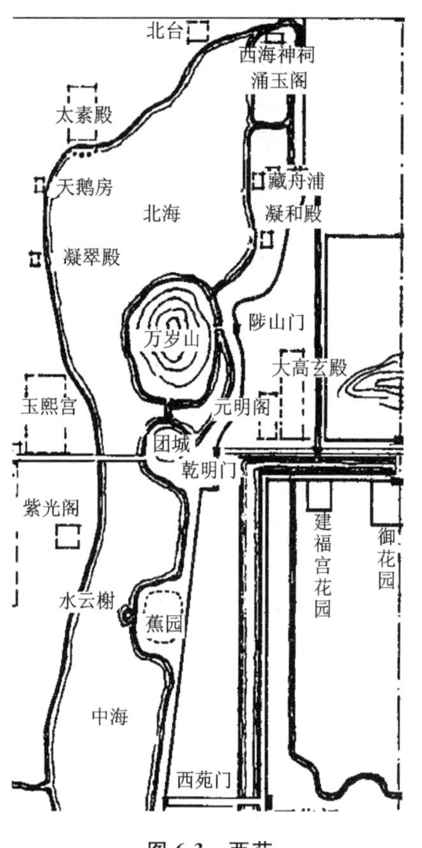

图 6-3　西苑

明代的大内御苑共有六处，分别为位于皇城西部的西苑，位于紫禁城内廷中路、中轴线北端的御花园，位于皇城东西部的东苑，位于西苑之西的兔园，位于皇城北部中轴线上的万岁山（万岁山清初改称为景山），位于紫禁城内廷西路的慈宁宫花园。

1. 西苑

西苑（见图 6-3）即元代太液池的旧址，它是明代大内御苑中规模最大的一处。

明代初期，西苑大体上仍然保持着元代太液池的规模和布局。在天顺年间，进行第一次扩建。扩建工程包括了三部分内容。其一，填平圆坻与东岸之间的水面，圆坻由水中的岛屿变成了突出于东岸的半岛，把原来的土筑高台改为砖砌城墙的“团城”；横跨团城与西岸之间水面上的木吊桥，改建为大型的石拱桥“玉河桥”。其二，往南开凿南海，扩大太液池的水面，奠定了北、中、南三海的布局：玉河桥以北为北海，北海与南海之间的水面为中海。其三，在琼华岛和北海北岸增建若干建筑物，改变了这一带的景观。以后的嘉靖（公元 1522 年—公元 1566 年）、万历（公元 1574 年—公元 1620 年）两朝，又陆续在中海、南海一带增建新的建筑，开辟新的景点，使得太液池的天然野趣更增益了人工点染。

根据古籍记载，西苑的水面大约占园林总面积的二分之一。东面沿三海岸筑宫城，设三门，即西苑门、乾明门、陟山门。西面仅在玉河桥的西端一带筑宫墙，设棂星门。西苑门为苑的正门，正对紫禁城之西华门。入门，但见太液池上“烟霏苍莽，蒲荻丛茂，水禽飞鸟，游戏于其间。隔岸林树阴森，苍翠可爱”。循东岸往北为蕉园，又名椒园，正殿崇智殿平面呈圆形，屋顶饰黄金双龙。殿后药栏花圃，有牡丹数百株。殿前小池，金鱼游戏其中。西有小亭临水名“临漪亭”，再西一亭建水中名“水云榭”。再往北，抵团城。

团城自两掖洞门拾级而登，东为昭景门、西为衍祥门。城中央的正殿承光殿即元代仪天殿旧址，平面呈圆形，周围出廊。殿前古松三株，皆金、元旧物。自承光殿“北望山峰，嶙峋崒嵂。俯瞰池波，荡漾澄澈。而山水之间，千姿万态，莫不呈奇献秀于几窗之前”。团城的西面，大型石桥玉河桥跨湖，桥之东、西两端各建牌楼“金鳌”“玉蝀”，故又名“金鳌玉蝀桥”。桥中央空约丈余，用木枋代替石拱券，可以开启以便行船。桥以西的御路过棂星门直达西安门，桥以东经乾明门直达紫禁城东北，是横贯皇城的东西干道。

团城的北面，过石拱桥“太液桥”即为北海中之大岛琼华岛，也就是元代的万岁山。桥之南、北两端各建牌楼“堆云”“积翠”，故又名“堆云积翠桥”。琼华岛上仍保留着元代叠石嶙峋、树木蓊郁的景观和疏朗的建筑布局。循南面的石蹬道登山半，有三殿并列，仁智殿居中，介福殿和延和殿配置左右。山顶为广寒殿，天顺年间就元代广寒殿旧址重修，是一座面阔七间的大殿。从这里“徘徊周览，则都城万雉，烟火万家，市廛官府寺僧浮屠之高杰者，举集目前。近而太液晴波，天光云影，上下流动；远而西山居庸，叠翠西北，带以白云。东而山海，南而中原，皆一望无际，诚天下之奇观也”。足见在当年没有空气污染和高层建筑遮挡的情况下，景界是十分开阔的。广寒殿的左右有四座小亭环列，即方壶亭、瀛洲亭、玉虹亭、金露亭。岛的西坡有一口水井，深不可测，还有虎洞、吕公洞、仙人庵。岛上的奇峰怪石之间，还分布着琴台、棋局、石床、翠屏之类。琼华岛浮现北海水面，每当晨昏烟霞弥漫之际，宛若仙山琼阁。从岛上一些建筑物的命名来看，显然也是有意识地模拟神仙境界，故明人有诗状写其为：“玉镜光摇琼岛近，悦疑仙客宴蓬莱。”

由琼华岛东坡过石拱桥即抵陟山门。循北海之东岸往北为凝和殿，殿坐东向西，前有涌翠、飞香二亭临水。再往北为藏舟浦，水殿二，深十六间，是停泊龙舟凤舸的大船坞。其旁另有一小船坞。

西苑之东北角为什刹海流入三海之进水口，设闸门控制水流量，其上建“涌玉亭”。嘉靖十五年(公元1536年)，在其旁建“金海神祠”，祀宣灵宏之神、水府之神、司舟之神。自此处折而西即为北海北岸的一座佛寺“大西天经厂”，其西为“北台”。北台高八丈一尺，广十七丈，蹬道三分三合而上。台顶建“乾佑阁”，是为北海与琼华岛隔水遥相呼应的一个制高点。它的形象颇为壮观，“倒影入水，波光荡漾，如水晶宫阙”。天启年间(公元1621年—公元1627年)，钦天监言其高过紫禁城三大殿，于风水不利。遂将北台平毁，在原址上建嘉乐殿。北台以西的大片空地，为禁军的校场。

北海北岸之西端为太素殿。这是一组临水的建筑群，正殿屋顶以锡为之，不施砖甓，其余皆茅草屋顶，不施彩绘，风格朴素。夏天作为皇太后避暑之居所，上元节例必燃放焰火。后来改建为先蚕坛，作为侍奉蚕神和后妃养蚕的地方。嘉靖二十二年(公元1543年)，又把临水的南半部改建为五龙亭。五龙亭由五座亭子组成，居中的名龙潭，左边依次为澄祥、滋香，右边依次为涌瑞、浮翠。

过太素殿折而南，西岸为天鹅房，有水禽馆两所，饲养水禽。临水建三亭，即映辉、飞霭、澄碧。再往南，迎翠殿坐西向东，与东岸的凝和殿隔水构成对景，其前有浮香、宝月二亭临水。迎翠殿之西北为清馥殿，前有翠芳、锦芬二亭。金鳌玉蛛桥之西为一组大建筑群——玉熙宫，这是明代宫廷戏班学戏的地方，皇帝也经常到此观看“过锦水戏”的演出。

中海西岸的大片平地为宫中跑马射箭的“射苑”之所在，中有“平台”高数丈。台上建圆顶小殿，南北垂接斜廊可悬级而升。平台下临射苑，是皇帝观看骑射的地方。后来废台改建为紫光阁，每年端午节皇帝于阁前参加斗龙舟的水戏活动，并观看御马监的骑手表演。

南海中堆筑大岛“南台”，又名“趯台坡”。台上建昭和殿，殿前为澄渊亭，降台而下，左右廊庑各数十楹，其北滨水一亭名涌翠，是皇帝登舟的御码头。南台一带林木深茂，沙鸥水禽如在镜中，宛若村舍田野之风光。皇帝在这里亲自耕种“御田”，以示劝农之意。南海东岸设闸门泄水往东流入御河。闸门转北则为小池一区，池中有九岛三亭，构成一处幽静的小园林。

三海水面辽阔，夹岸榆、柳、古槐多为百年以上树龄。北海一带种植荷花，南海一带芦苇丛生，沙禽水鸟翔集于水光山色间。皇帝经常乘御舟作水上游览，冬天水面结冰，则作拖冰床和冰上掷球比赛之游戏。

总的看来，明代的西苑，建筑疏朗，树木蓊郁，既有仙山琼阁之境界，又富水乡田园之野趣，无异于城市中保留的一大片自然生态的环境。直到清初，仍然维持着这种状态，但在琼华岛和南海增加了一些建筑物，局部的景观有所改变。

2. 御花园

御花园又名“后苑”，在内廷中路坤宁宫之后。这个位置也是紫禁城中轴线的尽端，体现了封建都城规划的“前宫后苑”的传统格局（见图 6-4）。

明永乐年间，御花园与紫禁城同时建成。它的平面略呈方形，面积 1.2 公顷，约占紫禁城总面积的 1.7%。南面正门坤宁门通往坤宁宫，东南和西南隅各有角门分别通往东、西六宫，北门顺贞门之北即紫禁城之后门玄武门。

这座园林的建筑密度较高，十几种不同类型的建筑物一共二十多幢，几乎占去全园三分之一的面积。建筑布局按照宫廷模式即主次相辅、左右对称的格局来安排，园路布设亦呈纵横规整的几何式，山池花木仅作为建筑的陪衬和庭院的点缀。这在中国古典园林中实属罕见，主要由于它所处的特殊位置，同时也为了更多地显示皇家气派。但建筑布局能在端庄严整之中力求变化，虽左右对称而非完全均齐，山池花木的配置则比较自由随意。因而御花园的总体于严整中又富有浓郁的园林气氛。

御花园于明初建成后，虽经多次重修，个别建筑物也有易名，但一直保持着这个规划格局未变。全园的建筑物按中、东、西三路布置。中路居中偏北为体量最大的钦安殿，内供玄天上帝像。明代皇帝多信奉道教，故以御花园内的主体建筑物钦安殿作为宫内供奉道教神像的地方，以后历朝均相沿未变。殿周围环以方形的院墙，院墙比

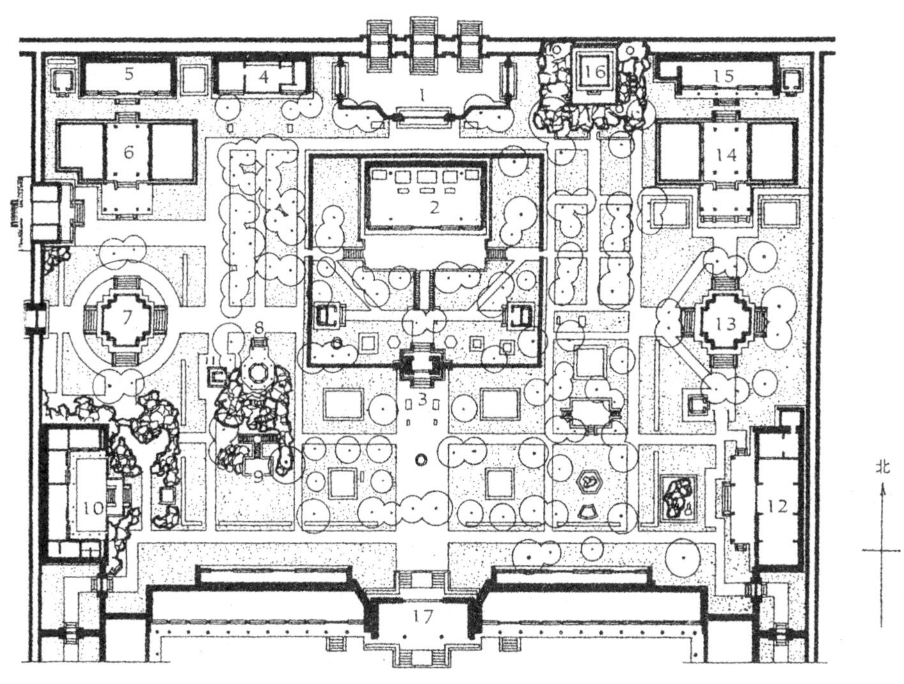

图 6-4　紫禁城御花园平面图

1—承光门；2—钦安殿；3—天一门；4—延晖阁；5—位育斋；6—澄瑞亭；7—千秋亭；8—四神祠；9—鹿囿；10—养性斋；11—井亭；12—绛雪轩；13—万春亭；14—浮碧亭；15—摛藻堂；16—御景亭；17—坤宁门

一般的宫墙低矮，仅高出殿的基座少许。这样不致遮挡视线，能够显露钦安殿作为全园构图中心的巍峨形象。东、西两路建筑物的体量比较小，以此来烘托、反衬中路钦安殿之宏伟。

东路的北端偏西原为明初修建的观花殿，万历年间废殿改建为太湖石依墙堆叠的假山"堆秀山"。山下有洞穴，左右设蹬道，山顶建御景亭，可登临眺望紫禁城之景，是紫禁城内的一处重阳登高的地方。山上有"水法"装置，由人工贮水于高处，再引下从山前石蟠龙中喷出。假山东则为面阔五间的摛藻堂，堂前长方形水池，池之南是上圆下方四面出厦的万春亭，其与西路对称位置上的千秋亭，同为园内形象最丰富、别致的一双姊妹建筑。其前的方形小井亭之南，靠东墙为绛雪轩，轩前砌方形五色琉璃花池，种牡丹、太平花，当中特置太湖石，好像一座大型盆景。

西路北端，与东路的堆秀山相对应的是延晖阁。其西为五开间的位育斋，斋前的水池亭桥及其南的千秋亭，均与东路相同。池旁即穿堂淑芳斋，可通往内廷的东路。千秋亭之南、靠西墙为园内的一座两层楼房养性斋，楼前以叠石假山障隔为小庭院空间，形成园内相对独立的一区。养性斋的东北面为大假山一座，四面设蹬道可以登临。山前建方形石台，高与山齐，登台可四望亦可俯瞰园景。

钦安殿的南、东、西三面空地上均布置大大小小的方形花池，种植太平花、海棠、牡丹等名贵花卉，间亦有石笋、太湖石的特置；成行成列地栽植柏树，佳木扶疏，浓阴匝地。园路铺装花样很多，有雕砖纹样，有以瓦条组成的花纹，空档间镶嵌五色石子的各种精致图案。通过这些植物和小品的配置，更加强了自然的情调，适当地减弱了园内建筑过密的人工气氛。

建筑布局在保持中轴对称原则的前提下，尽量在体形、色彩、装饰、装修上予以变化，并不像宫殿建筑群那样绝对地均齐对称。因此，园内的二十余幢建筑物，除万春亭和千秋亭、浮碧亭和澄瑞亭之外，几乎没有雷同的，表现了匠师们在设计规划上的精心构思。但园内假山堆叠的位置经营似乎稍欠考虑，尤其是养性斋东北面的大假山，予人以壅色空间之感，难免瑜中之瑕。

3. 东苑

皇城东南隅，为“东苑”所在。东苑相对于西苑而言，以其在皇城之东南故又名“南内”。明初的永乐、宣德年间，东苑是一座富于天然野趣、以水景取胜的园林，皇帝经常偕同文武大臣、四方供使到此处观看“击球射柳”之戏。入园，“夹路皆嘉树，前至一殿，金碧辉耀。其后瑶台玉砌，奇石森耸，环植花卉。引泉为方池，池上玉龙盈丈，喷水下注。殿后亦有石龙，吐水相应。池南台高数尺，殿前有二石，左如龙翔，右若凤舞，奇巧天成”（《日下旧闻考》卷四十引《翰林记》）。它的旁边，另有一个景观全然不同的景区：小桥流水，游鱼跃，厅、堂、亭、榭均以山木为之，不加创削，顶覆之以草，四围编竹篱，篱下皆蔬茹、果瓜之类，则完全是水村野居的情调。

景泰年间（公元 1450 年—公元 1456 年），明英宗在东苑建重质宫一组宫殿，谓之“小南城”。天顺年间（公元 1457 年—公元 1464 年）于重质宫的西面建内承运库，又西建洪庆宫，更西建重华宫。南面建皇家档案库“皇史宬”，再南建皇家作坊“御作”。这一组大建筑群包括宫阙楼阁十余所，其规划仿照紫禁城内廷的中、东、西三路多进院落之制，成为皇城内的另一处具有完整格局的宫廷区——“南城”。南城中路的正殿龙德殿，左、右配殿名崇仁、广智。正殿之后为苑林区，为前宫后苑的模式。苑林区作为南城的后苑，也像紫禁城的御花园一样采取较规整的布局。园内的植物配置多为“移植花木，青翠蔚然，如夙艺者”。还保留着原东苑的许多古松大柏，以及“至龙德殿隙地，皆种瓜蔬，注水负瓮，宛若村舍”的田园风貌。

4. 兔园

兔园在西苑之西、皇城的西南隅，是在元代“西御苑”的基础上改建而成的。用石堆叠的大假山“兔儿山”为元代故物。这座假山山峰峦岩森耸，通体呈云龙形象，山腹有石洞。从东、西两面设蹬道盘曲而上，汇合于山腰的平台“旋磨台”，又名“仙台”，再分绕至山顶。山顶建清虚殿，俯瞰都城历历在目，乃是皇城内的一处制高点。山之北麓建鉴戒亭，亭内设橱贮书籍以备皇帝临幸时浏览。山之南麓为正殿大明殿。山上埋大铜瓮，灌水其中使顺山流下，经大明殿的九曲流觞溪注入殿前的方池。溪侧建曲水观，方池之上架石梁，池中“金鳞游泳，大者可丈许”。清虚殿、鉴戒亭，以及翠林、瑶景二坊是嘉靖十三年（公元 1534 年）修建的，万历年间又增建迎仁亭和福峦、禄渚二坊。

兔园的布局比较规整，有明确的中轴线，山、池、建筑均沿着这条南北中轴线配置。大假山像云龙之形，运用水落差而创造的观赏水景，均很别致。兔园与西苑之间并无墙垣分隔，从南海的东岸绕过射苑就能到达，也可视为西苑的一处附园。

5. 万岁山

万岁山（清改称景山）位于紫禁城之北、皇城的中轴线上，园林亦相应地采取对称均齐的布局。四周缭以宫墙，四面设门，南门“北上门”正对紫禁城的玄武门。人工堆筑的土山万岁山，呈五峰并列之势。中峰最高，据崇祯七年（公元 1634 年）测量，“自山顶至山根，斜量二十一丈，折高一十四丈七尺”，两侧诸峰的高度依次递减。山的位置正好在元代大内的旧址上，当时的用意在于镇压元代的“王气”，乃是出自风水迷信的考虑，而非仅为了园林造景。但客观上也形成京城中中轴线北端的一处制高点和紫禁城的屏障，丰富了漫长中轴线上轮廓变化的韵律。

万岁山上嘉树郁葱，鹤鹿成群，有山道可登临。中峰之顶设石刻御座，两株古松覆荫其上如华盖，这是每年重阳节皇帝登高的地方。山的南麓建毓秀、寿春、长春、玩景、集芳、会景诸亭环列，平地上的树林中多植奇果，故名百果园。殿堂建筑分布在山以北偏东的平地上。正殿寿皇殿是一组多进、两跨院的建筑群，包括三幢楼阁。寿皇殿之东为永寿殿，院内多植牡丹、芍药，旁有大石壁立，色甚古。再东为观德殿，殿前开阔地是皇帝练习骑射的场地，经园的东门可直通御马厩。

6. 慈宁宫花园

慈宁宫花园在紫禁城内廷西路的北部，是皇太后、皇太妃的居所。花园毗邻宫的南面，呈对称规整布局，主体建筑名“咸若馆”。

紫禁城内宫殿建筑密集，大内御苑仅有御花园和慈宁宫花园两处。而在皇城范围内，园林的比重就很大了，几座主要的大内御苑都建置在这里。举凡沿河的开阔地带、主要道路两旁、空旷地段上，一般都进行普遍的绿化。此外，寺观、坛庙的庭院亦广植树木，太庙和社稷坛大片行植柏树，郁郁森森，其中不少保留至今，成为北京城内的古树名木。

二、清初的皇家园林

满族的清王朝建立以宗族血缘关系为纽带的君主高度集权统治的封建大帝国。皇家园林的宏大规模和皇家气派，较之明代表现得更为明显。

（一）大内御苑

紫禁城内，除个别宫殿的增损和易名之外，其建筑及规划格局基本上保持着明代的原貌。皇城的情况则变动较大，因而导致清初大内御苑的许多变化。

兔园、景山、御花园、慈宁宫花园，仍保留明代旧观。东苑小南城的一部分改建，仅有皇室和苑林区内的飞虹桥、秀岩山，以及少数殿宇保存下来。西苑则进行了较大的增建和改建。

顺治八年(公元 1651 年),毁琼华岛南坡诸殿宇改建为佛寺“永安寺”。在山顶广寒殿旧址建喇嘛塔“小白塔”,琼华岛因而又名白塔山。康熙年间,北海沿岸的凝和殿、嘉乐殿、迎翠殿等处建筑均已坍废,玉熙宫改建为马厩,清馥殿改建为佛寺“宏仁寺”,中海东岸的崇智殿改建为万善殿。

南海的南台一带环境清幽空旷,顺治年间曾稍加修葺。康熙帝选中此地作为日常处理政务、接见臣僚和御前进讲、耕作“御田”的地方,因而进行了规模较大的改建、扩建。延聘江南著名叠山匠师张然主持叠山工程,增建许多宫殿、园林,以及辅助供应用房。改南台之名为“瀛台”,在南海的北堤上加筑宫墙,把南海分隔为一个相对独立的宫苑区。

北堤上新建的一组宫殿名为勤政殿,其北面的宫门昌德门也就是南海宫苑区的正门。瀛台之上为另一组更大的宫殿建筑群,共四进院落,自北而南呈中轴线的对称布局。第一进前殿翔鸾殿,北临大石台阶蹬道,东、西各翼以延楼十五间。第二进正殿涵元殿,东、西有配楼和配殿。第三进后殿香扆(古代一种屏风)殿。第四进即临水的南台旧址,台之东、西为堪虚、春明二楼,南面伸入水中的为迎薰亭。这一组红墙黄瓦、金碧辉煌的建筑群的东、西两侧叠石为假山,其间散布若干亭榭,种植各种花木,表现出浓郁的园林气氛。隔水看去,宛若海上仙山的琼楼玉宇,故以瀛台命名。

勤政殿以西为互相毗邻的三组建筑群。靠东的丰泽园四进三路:第一进为园门,第二进为崇雅殿,第三进澄怀堂是词臣为康熙进讲的地方,第四进遐瞩楼北临中海;中路为颐年堂,为丰泽园的主体建筑,东路为菊香书屋,西路是一座精致的小园林“静谷”,其中的叠石假山均出自张然之手,为北方园林叠山的上品佳作。

勤政殿之东,过亭桥“垂虹”为御膳房。南海的东北角上即三海出水口的部位,在明代乐成殿旧址上改建一座小园林“淑清院”。此园的山池布置颇具江南园林的意趣,东、西二小池之间叠石为假山,利用水位落差发出宛如音乐之琤琮声,故名其旁的小亭为“流水音”。西面小池边建置正厅蓬瀛在望殿、葆光室、流杯亭等,另建小亭俯清泚于南海近岸之水中。东面的小池边为尚素斋、鱼乐亭等小建筑物,以及廊响雪廊和跨建于水闸石梁之上的日知阁。淑清院西临南海,可隔水观赏瀛台之景,故名其正厅为蓬瀛在望,而园林内部则自成一局,极其幽静,可谓旷奥兼备。康熙每次到南海,都要来此园小憩。

(二)行宫御苑和离宫御苑

清朝统治者来自关外,很不习惯北京城内炎夏酷暑的气候,顺治年间皇室已有择地另建避暑宫城的拟议。待到康熙中叶,三藩叛乱平定,台湾内附,全国统一,经济有所发展,政府财力也比较充裕,于是康熙帝便着手在风景优美的北京西郊和塞外等地营建新的宫苑。

广大的北京西北郊,山清水秀。素称“神京右臂”的西山,峰峦连绵,自南趋北,余脉在香山的部位兜转而东,好像屏障一样远远拱列于这个平原的西面和北面。在它的腹心地带,两座小山冈双双平地突起,这就是玉泉山和瓮山。附近泉水丰沛,湖泊罗布，最大的湖泊即瓮山南麓的西湖。远山近水彼此烘托、映衬，形成宛似江南的优美自然风景，实为北方所不多见。

这个广大地域按其地貌景观的特色又可分为三大区：西区以香山为主体，包括附近的山系及东麓的平地；中区以玉泉山、瓮山和西湖为中心的河湖平原；东区即海淀镇以北、明代私家园林荟萃的大片多泉水的沼泽地。

香山是西山山脉北端转折部位的一个小山系，峰峦层翠的地貌形胜，为西山其他地方所不及。早在辽、金时期即为帝王娱游之地，许多著名的古寺也建置在这里，更增益了人文景观之胜。康熙十六年（公元 1677 年），在原香山寺旧址扩建香山行宫，作为“质明而往，信宿而归”的临时驻跸的一处行宫御苑。

玉泉山小山冈平地突起，山形秀美，林木葱翠，尤以泉水著称。金代已有行宫的建置，寺庙也不少。康熙十九年（公元 1680 年），在玉泉山的南坡建成另一座行宫御苑“澄心园”，康熙二十三年（公元 1684 年）改名“静明园”。

香山行宫和静明园的建筑和设施都比较简单，仅仅是皇帝偶尔游憩驻跸或短期居住的地方。真正能够作为皇帝“避喧听政”、长期居住的，则是稍后建成的明清以来的第一座离宫御苑——畅春园（见图 6-5）。

畅春园建成以后，一年的大部分时间康熙均居住于此，处理政务、接见臣僚，这里遂成为与紫禁城联系着的政治中心。为了上朝方便，在畅春园附近明代私园的废址上，陆续建成皇亲、官僚居住的许多别墅和“赐园”。从此以后，清朝历代皇帝园居遂成惯例。

康熙四十二年（公元 1703 年）在承德兴建规模更大的第二座离宫御苑“避暑山庄”，康熙四十七年（公元 1708 年）建成。它较之畅春园，更具备“避暑宫城”的性质。园址之所以选择在塞外的承德，固然由于当地优越的风景、水源和气候条件，也与当时清廷的重要政治活动“北巡”有着直接关系。

康熙后期，在顺天府管辖境内的其他风景地段还建置了一些小型的行宫，作为北巡途中驻跸或巡视京畿时休息暂住之所，见于《日下旧闻考》的共有六处，分别为汤山行宫、怀柔行宫、刘家营行宫、罗家桥行宫、要亭行宫、烟郊行宫。

康熙帝死后，皇四子即帝位为雍正帝。雍正将他的赐园“圆明园”加以扩建，成为长期居住的离宫御苑。

圆明园位于畅春园的北面，早先是明代的一座私家园林。清初收归内务府，康熙四十八年（公元 1709 年）赐给皇四子作为赐园。它的规模比后来的圆明园要小得多，大致在前湖和后湖一带。园门设在南面，前湖、后湖构成一条中轴线的较规整布局。雍正三年（公元 1725 年）开始扩建，这就是北京西郊的第二座离宫御苑，也是清代的第三座离宫御苑。雍正自己长期居住于此，畅春园则改为皇太后的住所。

大约在雍正十三年（公元 1735 年），再度扩建香山行宫，另在附近的卧佛寺旁建行宫并改寺名为“十方普觉院”。到雍正末年，北京西郊已建成四座御苑和众多的赐园，开始形成皇家园林集中的区域，为下一个时期的大规模造园活动奠定了基础。

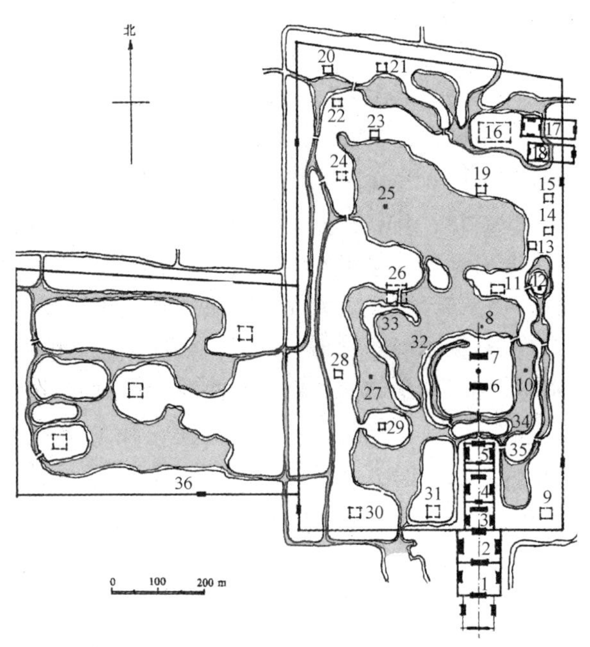

图 6-5 畅春园平面图

1—大宫门;2—九经三事殿;3—春晖堂;4—寿萱春永殿;5—云涯馆;6—瑞景轩;7—延爽楼;
8—鸢飞鱼跃亭;9—澹宁居;10—藏辉阁;11—渊鉴斋;12—龙王庙;13—佩文斋;14—藏拙斋;
15—疏峰轩;16—清溪书屋;17—恩慕寺;18—恩佑寺;19—太朴轩;20—雅玩斋;21—天馥斋;
22—紫云堂;23—观澜榭;24—集凤轩;25—蕊珠院;26—凝春堂;27—娘娘庙;28—关帝庙;
29—韵松轩;30—无逸斋;31—玩芳斋;32—兰芝堤;33—桃花堤;34—丁香堤;35—剑山;36—西花园

畅春园、避暑山庄、圆明园是清初的三座大型离宫御苑,也是中国古典园林成熟时期的三座著名的皇家园林。它们代表着清初宫廷造园活动的成就,集中地反映了清初宫廷园林艺术的水平和特征。这三座园林经过此后的乾隆、嘉庆两朝的增建、扩建,踵事增华,成为北方皇家园林空前全盛局面的重要组成部分。

1. 畅春园

康熙二十三年(公元 1684 年),康熙帝首次南巡,对于江南秀美的风景和精致的园林印象很深。归来后立即在北京西北郊的东区、明神宗的外祖父李伟的别墅"清华园"的废址上,修建这座大型人工山水园。清华园本是明海淀地区一个以水和水景为主体的名园,园虽废,但渺弥的水面,分隔的岛堤,其总体形势尚存。康熙"爰诏内司,少加规度,依高为阜,即卑为池。相体势之自然,取石甓夫固有……宫馆苑籞足为宁神怡性之所"(康熙《畅春园记》)。据康熙自称,畅春园与明朝清华园比较,"视昔亭台丘壑林木泉石之胜,絜其广袤,十仅存夫六七。惟弥望涟漪,水势加胜耳"。

畅春园虽已毁,根据清中叶佚名氏绘制的《五园三山及外三营地图》和《日下旧闻考》卷七十六有关畅春园建筑的记载可以得出畅春园的粗略概貌。畅春园既是康熙"避喧听政",又是其一年中大部分时间在此居住的地方,就有宫与苑分置的两部分,统称宫苑。为了严格内外之别，位置安排上大都宫在前，苑在后。畅春园南端的宫廷部分包括外朝内寝(或前朝后寝)。宫廷建筑的布局，必须按照正殿面南，一正两厢，严格对称和南北中轴线上贯穿几进院落的规则。但离宫中的宫室建筑，在体形、尺度、色彩和装修等方面，毕竟不同于大内的宫廷建筑，可以较为朴素，尺度可较小，用卷棚灰瓦屋顶，用本色柱梁不加丹护等，与自然协调。

畅春园东西宽约 600 米、南北长约 1000 米，面积大约 60 公顷，设园门 6 座，分别为南面的大宫门、东面的南为大东门、东面的北为小东门、西面的南为大西门、西面的北为小西门、北面的西北门。大宫门五楹，“门外东、西朝房各五楹，小河环绕，东、西两旁为角门，东西随墙门二，中为九经三事殿。殿后内朝房五楹。二宫门五楹，中为春晖堂，五楹，东、西配殿各五楹，后为垂花门，内殿五楹，为寿萱春永殿。左右配殿五楹，东、西耳殿各三楹，后照殿十五楹”。这两进院落连同其后的照殿属内廷部分。照殿“后倒座殿三楹，为嘉荫，两角门中为积芳亭，正宇为云涯馆”。这组建筑院落是从宫廷过渡到后苑的部分。

从云涯馆渡水开始，进入后苑部分。苑林区以水景为主，水面以岛堤划分为前湖和后湖两个水域，外围环绕着萦回的河道。万全庄之水自园西南角的闸口引入，再从东北角的闸口流出，构成一个完整的水系。建筑及景点的安排，按纵深三路布置。

中路相当于宫廷区中轴线的延伸。往北渡石桥屏列叠石假山一座，绕过假山则前湖水景呈现眼前。水中一大洲，建石桥接岸，桥的南北端各立石坊名金流、玉涧。洲上的大建筑群共三进院落，分别为瑞景轩、林香山翠、延爽楼。延爽楼三层，面阔九间，为全园最高大的主体建筑物。楼之北即前湖后半部的开阔水面，遍植荷花，湖中水亭名鸢飞鱼跃。稍南为水榭观莲所。前湖的东面有长堤一道名叫丁香堤，西面有长堤两道，名叫兰芝堤、桃花堤。前湖以北即另一大水域——后湖，前、后湖及堤外河渠环流入水网，均可行舟。

东、西两路的建筑，结合于河堤岗阜的局部地貌，或成群组，或散点布置，因地制宜，不拘一格。

东路南端的一组建筑名为澹宁居，自成独立的院落。它的前殿临近外朝，是康熙御门听政、选馆、引见之所，正殿澹宁居是乾隆佐皇孙时读书的地方。澹宁居以北为龙王庙和一座大型土石假山“剑山”，山顶山麓各建一亭，过剑山即为水网地带。大东门土山北，循河岸西上为渊鉴斋，面阔七间，坐北朝南。东路的北端为一组四面环水的建筑群清溪书屋，环境十分幽静，是康熙日常静养居住的地方。雍正元年(公元 1723 年)建恩佑寺，为康熙祈冥福。乾隆四十二年(公元 1777 年)建恩慕寺，为皇太后广资慈福。这两所佛寺的山门至今尚在，是畅春园仅存的遗迹。

西路的南端，“春晖堂之西，出如意门，过小桥为玩芳斋，山后为韵松轩”。玩芳斋曾是乾隆做皇太子时的读书处，乾隆四年(公元 1739 年)毁于火，重建后改是名。二宫门外出西穿堂门，沿河之南岸为买卖街，模仿江南市肆河街的景象。南宫墙外为船坞门，门内船坞五间北向，停泊大小御舟。船坞之西，“行数武，即无逸斋，东垂花门内正宇三楹，后跨河上为韵玉廊，廊西为松篁深处。自右廊入无逸斋门，门内正殿五楹。西廊内正宇为对清阴，廊西为蕙畹（古代称三十亩为一畹）芝原”。这一带“南为菜园数十亩，北侧稻田数顷”，一条小河流经此地，再穿过南宫墙出设闸门，即是万全庄，水经南海淀流入园内的渠道。往北沿河散点配置若干建筑物，如关帝庙、娘娘殿、方亭莲花岩。再往北，临前湖的西岸是西路的主要建筑群凝春堂，与湖东岸的渊鉴斋遥遥相对。凝春堂正好位于河湖与两堤的交汇处，建筑物多为河厅、水柱殿的形式，建筑布局利用这个特殊的地形，跨河临水以桥、廊穿插联系，极富江南水乡情调。凝春堂以北，后湖之水中为高阁蕊珠院。北岸临水层台之上为观澜榭，台下东西各建水柱殿，榭后正厅为蔚秀涵清，后为流文亭。蕊珠院之西，过红桥，北为集凤轩一组院落建筑，地近小西门。由集凤轩之西穿堂门西出循河而南，至大西门有延楼四十二间，其外即西花园。西路之北端也就是宫墙一带地段，“集凤轩后河桥西为闸口门，闸口北设随墙，小西门北一带构延楼，自西至东北角上下共八十有四楹。西楼为天馥斋，内建崇基，中立坊，自东转角楼再至东面，楼共九十有六楹，中楼为雅玩斋，斋东为紫云堂，堂之西过穿堂北即苑墙外也”。

畅春园建筑疏朗，大部分园林景观以植物为主，明代旧园留下的古树不少，从三道大堤和一些景点的命名看来，园中花木是十分繁茂的。据古籍描述，园内不仅有北方的乡土花树，还有移自岭南、塞北的名种；不仅有观赏植物，而且有多种果蔬。林间水际的成群麋鹿、禽鸟，则又无异于一座禽鸟园。另外，园内还有仿效苏、杭游船画舫之景，更使这座园林增添了江南情调。所以说，畅春园是明清以来首次较全面地引进江南造园艺术的一座皇家园林。

2. 避暑山庄

康熙在《芝径云堤》这首诗中记述了他在此建行宫别墅的经过。他说：“万几少暇出丹阙，乐水乐山好难歇。”在避暑“漠北”时“访问村老”，得悉热河上营这一带“众云蒙古牧马场，并乏人家无枯骨（坟冢）”。在此地建宫苑，不致毁庐舍农田，影响农业生产。这里“草木茂，绝蚊蝎，泉水佳，人少疾”，是疗养佳地。这里地形复杂，具备各种不同的地貌景观。有峰峦突兀、林木茂密的山岭，有幽静深邃的峡谷，峡内有流泉迸发，有蜿蜒回环的山涧、湖泊，有平坦、绿草如茵的草地。不过美中不足的是缺少比较大的水面。因而就从修筑“芝径云堤”入手，利用平地和山区丰富泉水开辟湖泊。然后再把山麓一带的地形稍加整理，以便导引水源而汇聚湖中。“自然天成地就势，不待人力假虚设”，康熙对于避暑山庄的主导思想是保持这原始的天然风致，不作过多的人为建置，也不花费太多的财力。

避暑山庄占地564公顷，北界狮子沟，东临武烈河，是清朝修建的离宫别苑中最大的一个。经过人工开辟湖泊和水系整理后的地貌环境，具备以下五个特点。第一，有起伏的峰峦、幽静的山谷、平坦的原野、大小溪流和罗布的湖泊，几乎包含了全部天然山水的构景要素。第二，湖泊与平原南北纵深连成一片，山岭则并列于西、北面，自南而北稍向东兜转略成环抱之势，坡度也相应由平缓而逐渐陡峭。松云峡、梨树峪、松林峪、西峪四条山峪通向湖泊平原，是后者进入山区的主要通道，也是两者之间风景构图上的纽带。山坡大部分向阳，既多幽奥僻静之地，又有敞向湖泊和平原的开阔景界。山庄的这个地貌环境形成了全园的三大景区鼎列的格局：山岳景区、平原景区、湖泊景区。三者各具不同的景观特色而关联为一个有机的整体。彼此之间能够互为成景的对象，最能发挥画论中高远、平远、深远的观赏效果。第三，狮子沟北岸的远山层峦叠翠，武烈河东岸和山庄的南面一带多奇峰异石，都能提供很好的借景条件。第四，山区的大小山泉沿山峪汇聚入湖，武烈河水从平原北端导入园内，再沿山麓流到湖中，连同湖区北端的热河泉，为湖区的三大水源。湖区的出水则从南宫墙的五孔闸门再流入武烈河，构成一个完整的水系。这个水系充分发挥水的造景作用，以溪流、瀑布、湖沼等多种形式来表现水的静态和动态之美，不仅观水形而且听水声。因水成景乃是避暑山庄园林景观中最精彩的一部分，所谓"山庄以山名而实趣在水，瀑之溅、泉之淳、溪之流咸会于湖中"。第五，山岭屏障于西北，挡住了冬天的寒风；又由于高峻的山峰、茂密的树木，再加上湖泊水面的调剂，园内夏天的气温比承德市区低一些，确具冬暖夏凉的优越的小气候条件。从堪舆学的角度来加以审视，避暑山庄山岭、平原、湖泊三者的位置关系，正好体现了"负阴抱阳、背山面水"的原则，符合上好风水模式的条件。山庄外北面的群山，远远奔趋而来，也相当于"祖山"的宛若游龙之动势。它与山庄南面的山峰呈隔湖对景之呼应，则后者又相当于"朝山"的性质。山庄内的小自然环境与山庄外的大自然环境所构成的宏观山水格局，足以烘托帝王之居的磅礴气势。这个格局所显示的风水方面的优越性，虽未见诸文献记载，但在康熙选择基址时很可能是考虑到的。

山庄内的建筑和景点大部分集中在湖区及其附近，一部分在山区、平原区。这些景点大约三分之二是建筑与局部自然环境相结合的，三分之一纯粹是自然景观。避暑山庄的建筑布局很疏朗，体量比较小，外观朴素淡雅，体现了康熙所谓"楹宇守朴""宁拙舍巧""无刻桷丹楹之费，喜泉林抱素之怀"的建园原则。

3. 圆明园

雍正三年（公元 1725 年），雍正帝把他的赐园圆明园改为离宫御苑，因而大加扩建，扩建的内容共有四部分（见图 6-6）。

第一部分，新建一个宫廷区。在原赐园的南面"建设轩墀，分列朝署，俾侍值诸臣有视事之所。构殿于园之南，御以听政"。此即宫廷区的外朝，共三进院落。第一进为大宫门，门前有宽阔的广场，广场前面建置影壁一座，南临扇面湖。大宫门的两厢分列东西外朝房，即政府各部门官员的值房。第二进为二宫门"出入贤良门"，有金水河绕门前呈偃月形，河上跨汉白玉石桥三座。门两厢分列东、西内朝房，即政府各部门的办公处，还有缮书房、清茶房，以及军机处值房。第三进正殿正大光明殿，是皇帝上朝听政的地方，宴请外藩、寿诞受贺等仪典也在此举行。正殿东侧是勤政亲贤殿，皇帝平常在这里召见群臣、处理日常政务，西侧为翻书房和茶膳房。正大光明殿直北、前湖北岸的九洲清晏一组大建筑群，以及环列于东西两面的若干建筑群，是帝、

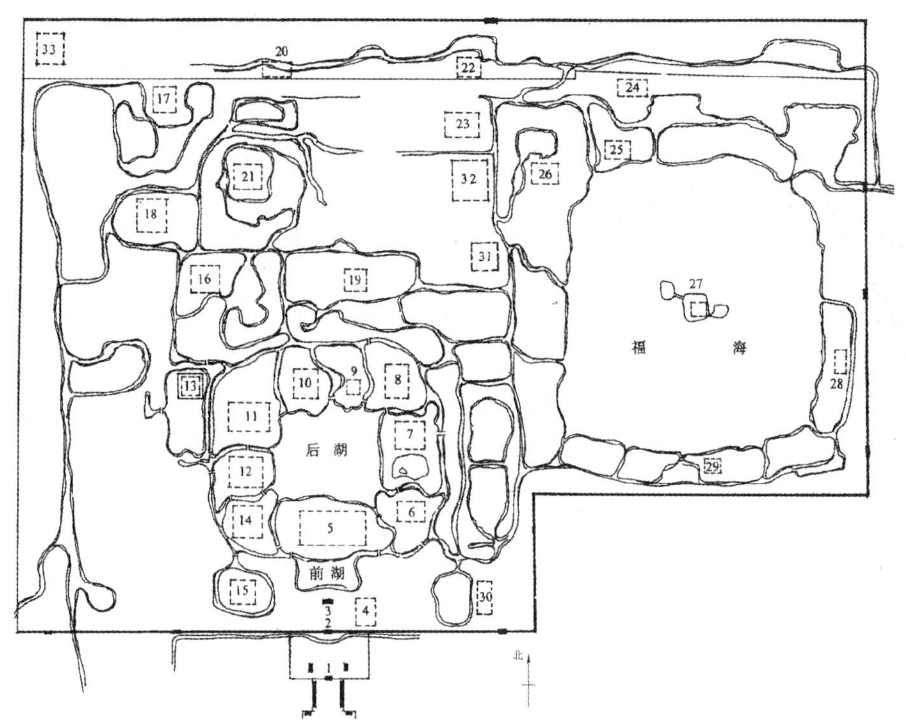

图 6-6　雍正时期圆明园平面示意图

1—大宫门；2—出入贤良门；3—正大光明殿；4—勤政亲贤殿；5—九州清晏；6—镂月开云；7—天然图画；8—碧桐书院；9—慈云普护；10—上下天光；11—杏花春馆；12—坦坦荡荡；13—万方安和；14—茹古涵今；15—长春仙馆；16—武陵春色；17—汇芳书院；18—日天琳宇；19—澹泊宁静；20—映水兰香；21—濂溪乐处；22—鱼跃鸢飞；23—西峰秀色；24—四宜书屋；25—平湖秋月；26—廓然大公；27—蓬岛瑶台；28—接秀山房；29—夹镜鸣琴；30—洞天深处；31—同乐园；32—舍卫城；33—紫碧山房

后、嫔妃居住的地方，相当于宫廷区的内廷。

第二部分，就原赐园的北、东、西三面往外拓展，将多泉的沼泽地改造为河渠串缀着许多小型水体的水网地带。

第三部分，把原赐园东面的东湖开拓为福海，沿福海周围开凿河道。

第四部分，沿北宫墙的一条狭长地带，从地形和理水的情况看来，扩建的时间可能晚于前三部分。

扩建后的圆明园，面积扩大到 200 余公顷。园内具体的建置情况已无从详考，但值得注意的是圆明园的整个山形水系的布列，固然出于对建园基址自然地形的顺应，同时也在一定程度上反映了堪舆风水学说的影响。

堪舆学家认为，天下山脉发于昆仑，以西北为首、东南为尾，大小河川的总流向趋势亦随山势自西北流向东南而归于大海。圆明园西北角上紫碧山房，堆筑有全园最高的假山，显然是昆仑山的象征。它作为园内群山之首，来龙最旺，总体的形势最佳。

从以上几个小节的论述，可以大致获得清初皇家园林发展的概貌。明代的重点在大内御苑，清初的重点在离宫御苑。由前者到后者的转移，说明了宫廷园林观的变化，而这种变化又与统治阶级的生活习惯和国家的政治形势有着直接的关系。

清王朝前期统治者有很高的汉文化素养，倾心于高度成熟的汉族文化。康熙曾礼聘江南造园家主持皇家园林的规划设计，把江南民间园林的意趣引进宫廷。同时，他们又保持着满族祖先驰骋山野的骑射传统，对大自然的山川林木怀有深厚的感情，而这种感情必然会影响他们对园林的看法，即所谓的“园林观”。康熙认为，造园的最高境界应该是“度高平远近之差，开自然峰岚之势。依松为斋，则窍崖润色，引水在亭，则榛烟出谷。皆非人力之所能，借芳甸为助。无刻桷丹楹之费，喜泉林抱素之怀”。对造园艺术既然持着这样的见解，皇家又能够利用政治上的特权和经济上的优势，把大片天然山水据为己有，就大可不必向民间私家造园那样浓缩天然山水于咫尺之地，仅作象征性而少真实感的模拟了。所以，平地起造的畅春园既显示高度的人工造园的技艺水平和浓郁的诗情画意，又表现出一派宛若大自然生态的环境气氛。而避暑山庄从选址到规划、施工，始终贯彻着力求保持大自然原始、粗犷风貌的原则，建筑比较少而疏朗，着重大片的绿化和植物配置成景，把自然美与人工美结合起来，以自然风景融汇于园林景观，开创了一种特殊的园林规划——园林化的风景名胜区。所以说，清初的离宫御苑所取得的主要成就在于：融糅江南民间园林的意味、皇家宫廷的气派、大自然生态环境的美姿此三者为一体。较之宋、明御苑，确实又前进了一大步，有所创新。康熙主持兴建的畅春园和避暑山庄在园林的成熟期具有重要意义，康熙本人在中国园林史上的地位也应该予以肯定。此后乾嘉时期的皇家园林正是在他所奠定的基础上继续发展、升华，终于达到北方造园活动的高峰境地。

第四节 私家园林

一、江南的私家园林

“江南”地区，大致相当于今之江苏南部、安徽南部、浙江、江西等地。元、明、清的江南，经济之发达冠于全国。经济发达促成地区文化水平的不断提高，文人辈出，文风之盛亦居于全国之首。江南河道纵横，水网密布，气候温和湿润，适宜花木生长。江南的民间建筑技艺精湛，又盛产造园用的优质石材，所有这些都为造园提供了优越的条件。江南的私家园林遂成为中国古典园林后期发展史上的一个高峰，代表着中国风景式园林艺术的最高水平。北京地区以及其他地区的园林，甚至是皇家园林，都在不同程度上受到它的影响。

江南私家园林兴造数量之多，是国内其他地区所不能企及的。绝大部分城镇都有私家园林的建置，而扬州和苏州则更是精华荟萃之地，享有“园林城市”之美誉。

（一）扬州园林

明代扬州园林见于文献著录的不少，绝大部分是建在城内及附廓的宅园和游憩园，郊外的别墅园尚不多。这些大量兴造的“城市山林”把扬州的造园艺术推向一个新的境地，明末扬州望族郑氏兄弟的四座园林——郑元勋的影园、郑元侠的休园、郑元嗣的嘉树园、郑元化的五亩之园，被誉为当时的江南名园之四。其中，规模较大、艺术水平较高的当属休园和影园。

1. 休园

休园(见图6-7)在新城流水桥畔，原为宋代朱氏园旧址，占地约3公顷，是一座大型宅园。园在邸宅之后，“门而东行有堂，南向者语石也。堂处西偏，而其胜多在东偏，然是园之所以胜，则是随径窈窕，因山行水。堂之东，有山障绝伏，行其泉于墨池。山势不突起，山麓有楼曰空翠。山趾多窍穴，即泉源之所行也。楼东北则为墨池。阁右有居，曰樵水者，亦墨池之所注也。池之水，既有伏行，复有溪行，而沙渚蒲稗，亦淡泊水乡之趣矣。之南，皆高山大陵，中有峰峻而不绝，其顶可十人坐。稍小于顶，有亭曰玉照。然江南诸山，坐亭则不见，坐顶则见，以隐于林牧业。此园雨行则廊，晴则径。其长廊，由门曲折而属乎东。其极北而东，则为来鹤台，望远如出塞而孤，亦如画法，不余其旷则不幽，不行其疏则不密，不见其朴则不文也。此园占地既广，山水断续，由来鹤台之西，而南屋于池北如舟，芦荚水鸟泊之。自是而西，又廊行也，则为墨池之北，沃壤而多树……”(宋介三《休园记》)。

图6-7 扬州休园(清，王云)

宋介三认为：“然是园之所以胜，则是园随径窈窕，因山行水。”由此看来，休园是以山水之景取胜。山水断续贯穿全园，虽然园内没有明确的景区划分，但景观的变化较多，保存着宋园简远、疏朗的特点。其组景“亦如画法，不余其旷则不幽，不行其疏则不密，不见其朴则不文也”，是按照山水的画理以画入景的。园内建筑物很少，但已经开始运用游廊串联景点的做法，这却与宋园有所不同。

2. 影园

影园位于旧城西城墙外的护城河——南湖中长岛的南端，由当时著名的造园家计成主持设计和施工，造园艺术当属上乘，也是明代扬州文人园的代表作品。影园的面积很小，大约只有3300平方米。选址却极佳，据郑元勋自撰的《影园自记》中描述，这座小园林环境清旷而富于水乡野趣，虽然南湖的水面并不宽广且背倚城墙，但园址“前后夹水，隔水蜀岗（扬州西北郊的小山岗）蜿蜒起伏，尽作山势。环四面，柳万屯，荷千顷，萑苇生之。水清而多鱼，渔棹往来不绝”。园林所在地段比较安静，“取道少纡，游人不恒过，得无哗”。又有北面、西面和南面极好的借景条件，“园之以影名者，董其昌以园之柳影、水影、山影而名之也”。

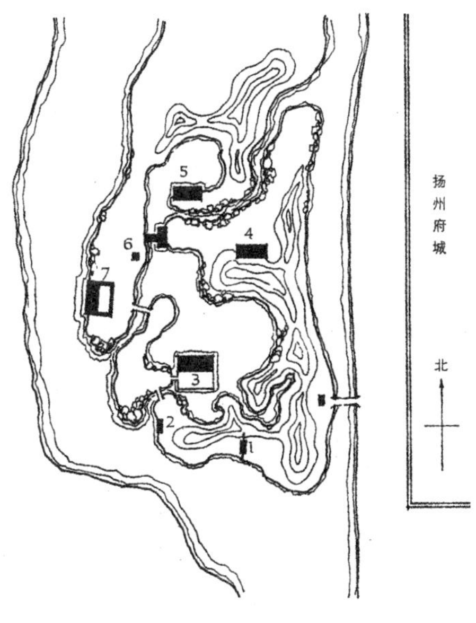

图 6-8　影园平面图

1—二门；2—半浮阁；3—玉勾草堂；4——字斋；5—媚幽阁；6—菰芦中；7—淡烟疏雨

影园的布局和内容（见图 6-8），《扬州画舫录》载，“入门山径数折，松杉密布，间以梅杏梨栗。山穷，左荼蘼架，架外丛苇，渔罟所聚。右小涧，隔涧疏竹百十竿，护以短篱，篱取古木为之。围墙，乱石，石取色斑似虎皮者，人呼为‘虎皮墙’。小门二，取古木根如虬蟠者为之。入古木门，高梧夹径，再入门，门上嵌（董）其昌题‘影园’石额。转入穿径多柳，柳尽过小石桥，折入玉勾草堂，堂额郑元岳所书。堂之四面皆池，池中有荷，池外堤上多高柳。柳外长河，河对岸，又多高柳。柳间为阎园、冯园、员园。河南通津，临流为半浮阁。阁下系园舟，名曰‘泳庵’，堂下有蜀府海棠二株。池中多石磴，人呼为‘小千人坐’。水际多木芙蓉。池边有梅、玉兰、垂丝海棠、绯白桃，石隙间种兰、蕙及虞美人、良姜洛阳诸花草。由曲板桥穿柳中得门，门上嵌石刻‘淡烟疏雨’四字，亦元岳所书。入门曲廊，左右二道入室。室三楹，庭三楹，即公读书处。窗外大石数块，芭蕉三四本，莎罗树一株。以鹅卵石布地，石隙皆海棠。室左上阁与室称，登之可望江南山……庭前多奇石，室隅作两岩，岩上植桂，岩下牡丹、垂丝海棠、玉兰，黄白大红宝珠山茶、磬口腊梅、千叶榴、青白紫薇、香橼，备四时之色。石侧启扉，一亭临水，有姜开先题‘菰芦中’三字，山阴倪鸿宝题‘漷翠亭’三字，悬于此。亭外为桥，桥有亭，名湄荣，接亭屋为阁，曰荣窗。阁后径二，一入六方窦，室三楹，庭三楹，曰一字斋，即徐硕庵教学处。阶下古松一，海榴一，台作半剑环，上下种牡丹、芍药。隔垣见石壁二松，亭亭天半。对六方窦为一大窦，窦外曲廊有小窦，可见丹桂，即出园别径。半阁在湄荣后径之左，陈眉公题‘媚幽阁’三字。阁三面临水，一面石壁，壁上多剔牙松，壁下石涧，以引池水入畦，涧旁皆大石怒立如斗，石隙俱五色梅，绕三面至水而穷，一石孤立水中，梅亦就之。阁后窗对草堂，园至是乃竟。园之旁有余地一片，去园十数武，有菏池、草亭，预蓄花木于此，以备揀绌”。

从以上记载来看，影园面积很小，在江南属中小型规模的宅园。影园是以水为中心，以山为衬托的山环水抱的园林境地。通过借景能够突破自身在空间上的局限，借入周围环境内的极佳景色，延伸与扩大视野的广度和纵深度，使园子与自然景色融汇一体，人作与天开紧密结合。影园是湖上一岛，被内外城河环抱。岛中的水面形成岛中有湖，小内湖上的玉勾草堂的小岛，这又成了湖中有岛的情况，然又是湖中有岛、岛中有岛。步步深入空间显得布局层层叠叠，格外深邃，是蕴藉含蓄的情调。全园建筑量少，为使建筑融入大自然之中，故采用散点式布置。建筑因景而生，体现出疏朗质朴的自然情调。各处建筑物的命名也与周围环境相贴切，颇能诱发出人们之意境联想。例如，“媚幽阁”前临小溪，“若有万顷之势也，媚幽所以自托也”，故取李白“浩然媚幽独”之诗意以命名。全园顺自然之势，顺理成章地安排观景路线。凡人之所处，目之所见，都能感受到诗情画意。观赏路线有节奏地串联大小空间，在变化与曲折中求空间上的深度、广度，大大增加了园林内部空间的层次。园内树木、花卉繁茂，很注重以植物成景，还引来各种鸟类栖息。总之，此园巧于因借，以简寓繁，以少胜多，情景相融，意趣横生。郑元勋修筑此园遵循了文人园林风格的路数，成为园主人与造园家相契合而获得创作上的成功一例，故而得到社会上很高的评价。

清初，扬州私家园林造园更加兴旺发达。纲盐法施行后，扬州又成为两淮食盐的集散地，大盐商是商人中的最富有者，他们多儒商合一、附庸风雅，出入官场，参与文化活动，扶持文化事业，因而扬州也是江南主要的文化城市，聚集了一大批文人、艺术家。戏剧、书画、工艺美术尤为兴盛，著名的“扬州八怪”便是以扬州作为他们艺术活动的基地。在这种情况下，私家园林盛极一时当然也可想而知，《扬州画舫录》评价苏、杭、扬三地，认为“杭州以湖山胜，苏州以市肆胜，扬州以名园胜”。

徽商利用方便的水路交通，带来徽州工匠、苏州工匠和北方工匠，各地建筑材料、叠山材料更凭借空船压舱之便源源运到扬州。他们广事搜求营造园宅技艺的秘方，甚至有宫廷建筑的秘方，使得扬州建筑得以融合南、北的特色，兼具南、北之长而独树一帜。故当时有“扬州以名园胜，名园以叠石胜”的说法。扬州居民喜欢莳花植树，花木品种多，园艺技术发达。盆景则独具一格，以剪扎功夫之精而自成流派。所有这些，都为清初扬州私家造园的兴盛提供了优越的条件。在扬州众多私家园林中，既有士流园林和市民园林，也有大量的两者混合的变体。王洗马园、卞园、员园、贺园、冶春园、南园、郑御史园、筱园，号称康熙时之扬州八大名园。

（二）苏州园林

苏州城市的性质与扬州不同，虽然两者均为繁华的消费城市，但苏州文风特盛，登仕途、为宦官的人很多，这些人致仕还乡则购田宅、建园墅以自娱，外地的官僚、地主亦多来此定居颐养天年。因此，苏州园林属文人、官僚、地主修造者居多，基本上保持着正统的士流园林的格调，绝大部分均为宅园而密布于城内，少数建在附近的乡镇。

苏州城内河道纵横，地下水位很浅，取水方便。附近的洞庭西山是著名的太湖石产地，尧峰山出产上品的黄石，叠石取材也比较容易。因而苏州园林之盛，不输扬州。其中较著名的沧浪亭始建于北宋，狮子林始建于元代，艺圃、拙政园、五峰园、留园、西园、芳草园、洽隐园等均创建于明代后期。这些园林经后来的屡次改建，如今已非原来的面貌。根据有关文献记载，当年的园主人多是官僚而兼擅诗文绘画，或者延聘文人画家主持造园事宜，因而它们的原貌有许多特点很类似于扬州的影园，沿袭着文人园林的风格。除了城内的宅园外，苏州近郊的别墅园林也不少。它们散布在山间村野、水边林下，往往与太湖水网地带的优美自然环境融为一体，有的亦成为当时的名园，其中以建在洞庭东山的几座最为出色。

明末清初的苏州诸名园中，拙政园是值得一提的名园之一。此园颇受时人推崇，因而也是比较有代表性的一例。

拙政园的主人王献臣因官场失意，乃卸任还乡，购得娄门内东北街原大弘寺遗址建园。王献臣以西晋文人潘岳自比，并借潘岳《闲居赋》中之意将园命名为拙政园。著名文人画家文征明撰写的《王氏拙政园记》一文详细地记述了园内的景物。拙政园占地颇广，规模较大，园容以滉漾渺弥的池水取胜，"环以林木"，临水畔岸分布以堂楼亭轩，"皆因水为面势"。园中"凡为堂一、楼一，为亭六，轩槛池台坞涧之属二十有三，总三十有一"。这就是以地貌、水、建筑、植物组成园景三十一景。当年拙政园与今日之现状并不完全一样，当年的园内建筑物仅一楼、一堂、六亭、二轩而已，极其稀疏，大大低于今日园内之建筑密度，但却是以植物之景为主、以水石之景取胜，充满浓郁的天然野趣，呈现出一派简远、疏朗、雅致、天然的格调。

（三）江南其他地区园林

苏州附近的一些城市，如常熟、无锡等地，园林建置也很兴盛。其中也有成为江南名园的，最著名者当推无锡的"寄畅园"。它不仅体现了高水平的造园艺术成就，而且在总体上至今仍保持着当年格局未经太大改动，乃是江南地区唯一的一座保存较完好的明末清初时期的文人园林。

另外，南京（金陵）是明代都城北迁以后的陪都，留守的朝廷官员在此建造园、宅的也不少，王世贞在《游金陵诸园记》中记述了 11 处私家园林，其中东园是规模较大的一座游憩园。

无锡惠山素以名山胜泉著称，惠山景色秀丽，第二泉位于惠山寺旁。早在元朝时，在古刹惠山寺的北侧，有两所僧舍。这里背靠惠山，中有土墩，周围还有数百株古木乔松，山麓有禅房，环境十分幽静。到了明朝中叶的正德年间，历任户、礼、兵、工四部尚书的秦金，看中了这些地方，合并二僧舍之地为园，称凤谷行窝，这便是寄畅园的前身。秦金死后，园归族孙秦梁所有。嘉靖三十九年（公元 1547 年），秦梁之父秦翰在凤谷行窝中凿池、叠山，从事拓建，并有《广池上篇》描述园景："百仞之山，数亩之园。有泉有池，有竹千竿，有繁古木，青荫盘旋……有堂有室，有桥有船，有阁焕若，有亭翼然，菜畦花径，曲涧平川……"此时的园景较秦金时更为丰富了。秦梁死后，园归其族侄秦耀所有，才有了重大的改建。他浚池塘，堆假山，兴土木，种花草，经几多寒暑，得二十景。改园名为"寄畅园"，取王羲之《兰亭序》"一觞一咏，亦足以畅叙幽情……因寄所托，放浪形骸之外"的文义。此园一直为秦氏家族所有，故当地俗称"秦园”。

寄畅园(见图 6-9)西靠惠山,南傍惠山寺,北为田野,东临秦园街,南北长,东西窄,地势西高东低。寄畅园的总体布局是结合园内地形地貌和周围环境,因高培山,就低凿池,借景园外,创建了与园址南北长巷平行的水池和假山。全园是以一泓池水为中心,池东为一系列临水亭廊,背东面西,借景惠山;西为黄石假山,堆成平冈坂坡;中有岩壑涧泉,景色幽深。

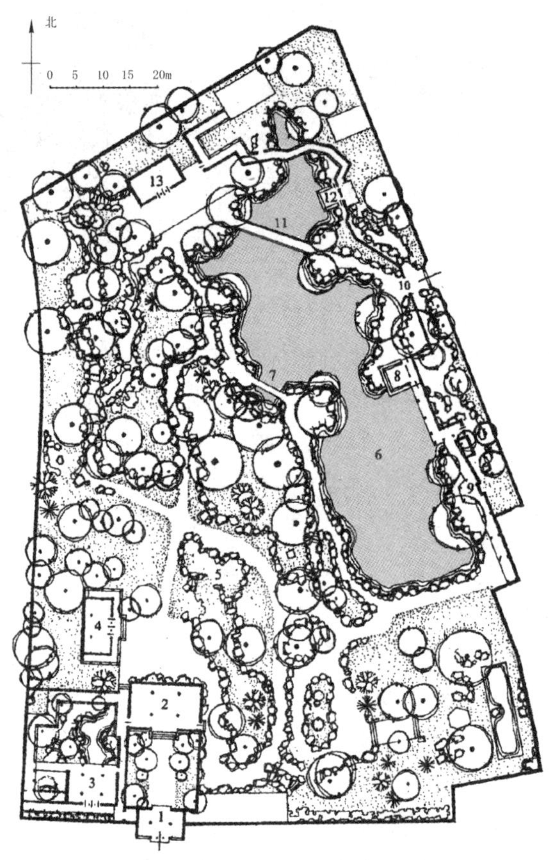

图 6-9 寄畅园平面图

1—大门;2—双孝祠;3—秉礼堂;4—含贞斋;5—九狮台;6—锦汇漪;7—鹤步滩;8—知鱼槛;9—郁盘;10—清响;11—七星桥;12—涵碧亭;13—嘉树堂

现在的寄畅园的入口,改在惠山寺香花桥畔。穿过门厅,院中老桂对峙,北为敞厅。由此可有两路通向园内:一路折东,经曲折的石径,穿过山洞,过碑亭到达水池锦汇漪区;一路经西边庭院秉礼堂、含贞斋到八音涧。

敞厅西为一组庭院,中为小池,池边湖石玲珑,池南为秉礼堂,旁接一段曲廊环合。出月洞门,下台阶便到含贞斋,面东。院前有一脉山冈自北而南,迎面有一峰,全由湖石叠成,称九狮台。九狮台通体具有峰峦层叠的山形,但若仔细观看,则仿佛群狮蹲伏、跳跃，姿态各异，妙趣横生。这种利用石的形象来模拟狮子各种姿态的叠山手法，在江南园林中是常见的。过含贞斋北行不远便是黄石堆叠的谷道，八音涧这一景区。

园林的主体部分以狭长形水池“锦汇漪”为中心，池的西、南为山林自然景色，东、北岸则以建筑为主体。西岸的大假山是一座黄石间土的土石山，黄石假山在园内与水池基本平行，相互生色，假山是被当作惠山的余脉来堆叠的，南北蜿蜒，与横卧西侧的惠山脉络一致，气势相连，这是此园叠山的匠心独运之笔。假山一般高 3～5 米，与水池比例相称，在透视感上，恰好与惠山自然错落，浑然一体。假山与水池亦能相互衬托，山映水中，水漾山摇，相互辉映。山间的幽谷堑道忽浅忽深，予人以高峻的幻觉。山上灌木丛生，古树参天，这些古树多是四季常青的香樟和落叶的乔木，浓阴如盖，盘根错节，加之山上怪石嵯峨，更突出了天然的山野气氛。从惠山引来的泉水形成溪流破山腹而入，再注入水池之西北角。沿溪堆叠山间堑道，水的跌落在堑道中的回声叮咚，犹如不同音阶的琴声，故名“八音涧”。人行堑道中宛若置身深山大壑，耳边回响着空谷流水的琴音，所创造的意境又自别具一格。

水池北岸地势较高处原为环翠楼，后来改为单层的嘉树堂。这是园内的重点建筑物，景界开阔足以观赏全园之景。自北岸转东岸，点缀小亭“涵碧亭”，并以曲廊、水廊连接于嘉树堂。东岸中段建临水的方榭“知鱼槛”，其南侧粉垣、小亭及随墙游廊穿插着花木山石小景，游人可凭槛坐憩，观赏对岸之山林景色。池的北、东两岸着重在建筑的经营，但疏朗有致、着墨不多，其参差错落，倒映水中的形象与池东、南岸的天然景色恰成强烈对比。知鱼槛凸出水面，形成东岸建筑的构图中心，它与对面西岸凸出的石滩“鹤步滩”相对峙，而把水池的中部加以收束，划分水池为南、北两个水域。鹤步滩上原有古枫树一株，老干斜出，与知鱼槛构成一幅绝妙的天然图画。

水池南北长而东西窄，于东北角上做出水尾，以显示水体之有源有流。中部西岸的鹤步滩与东岸的知鱼槛对峙收束，把水池划分为似隔又合的南、北二水域，适当地减弱水池形状过分狭长的感觉。北水域的北端又利用平桥“七星桥”及其后的廊桥，再划分为两个层次，南端作成小水湾，架石板小平桥，自成一个小巧的水局。于是，北水域又呈现为四个层次，从而加大了景深。整个水池的岸形曲折多变，南水域以聚为主，北水域则着重于散，尤其是东北角以跨水的廊桥障隔水尾，池水似无尽头，益显其疏水脉脉、源远流长的意境。

此园借景之佳在于其园址选择，能够充分收摄周围远近环境的美好景色，使得视野得以最大限度地拓展到园外。从池东岸若干散置的建筑向西望去，透过水池及西岸大假山的蓊郁林木远借惠山优美山形之景，构成远、中、近三个层次的景深，把园内之景与园外之景天衣无缝地融为一体。若从池西岸及北岸的嘉树堂一带向东南望去，锡山及其顶上的龙光塔均被借入园内，衬托着近处的临水廊子和亭榭，则又是一幅以建筑物为主景的天然山水画卷(见图6-10)。

寄畅园的假山约占全园面积的 23%，水面占 17%，山水共占去全园面积的三分

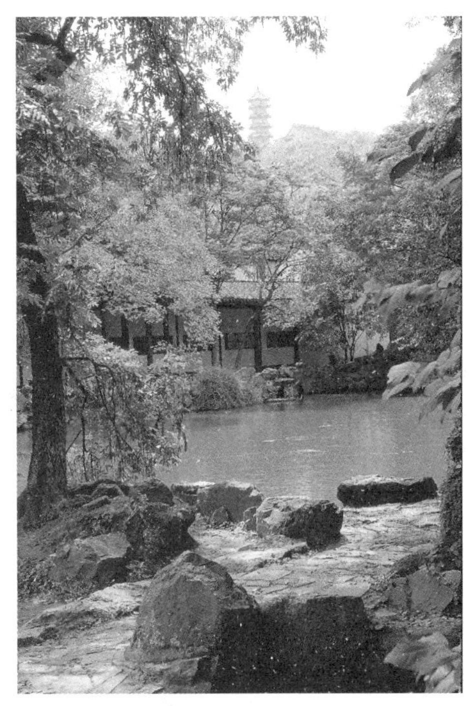
图 6-10　寄畅园远借锡山龙光塔

之一以上。建筑布置疏朗，相对于山水而言数量较少，是一座以山为重点、水为中心、林木为主的人工山水园。它与乾隆以后园林建筑密度日益增高、数量越来越多的情况迥然不同，正是宋代以来文人园林风格的传承。不过，在园林的总体规划，以及叠山、理水、植物配置方面更为精致、成熟，不愧为江南文人园林中的上乘之作。

二、北京的私家园林

北京作为一个政治、文化城市，其性质与苏州、扬州有所不同。民间的私家造园活动以官僚、贵戚、文人的园林为主流，数量上占绝大多数。园林的内容，有的保持着士流园林的传统特色，有的则更多地著以显宦、贵族的华靡色彩。造园叠山一般都使用北京附近出产的北太湖石和青石，前者偏于圆润，后者偏于刚健，但都具有北方的沉雄意味。建筑物由于气候寒冷而封闭多于空透，形象凝重。植物也多用北方的乡土花木。所有这些人文因素和自然条件，形成了北京园林不同于江南的地方风格特色。

（一）元、明时期北京私家园林

元代大都的私家园林见于文献记载的多半为城近郊或附廓的别墅园，其中以宰相廉希宪的“万柳堂”最负盛名。园内水木清华，繁花似锦，尤以牡丹最为茂盛。

明代北京的私家园林，在《长安客话》和《帝京景物略》两书中提到的不少，《日下旧闻考》引《燕都游览志》记载的就有 20 余处。宅园散布内城和外城各处，尤以城内的风景游览地什刹海一带为多。什刹海沿岸在明代一直是寺观和名园密集的地方。沿海诸园，既可方便地引用什刹海之水作为造园用水，又能够收摄什刹海之景作为园林的“借景”。它们之中，不少是以其清幽雅致的格调而著名一时的，如定国公园、英国公新园、刘茂才园、漫园、湜园、杨园、湛园等，也有很多利用外城旧河道的供水条件而在外城兴建的私家园林，如大官僚梁梦龙的“梁园”。

此外，北京郊外尤其是西北郊一带，也散布着许多私家园林，多为别墅园。西北郊的西山，自南蜿蜒而北分为二支。一支直北走，另一支以香山为枢纽折向东翼即寿安山，形成诸峰连绵的小山系，拱列于广阔的西北郊平原的西缘和北缘。这一带湖泊罗布，农民开辟水田，风景宛似江南，早在元代即已成为京师居民的游览胜地。瓮山和西湖以东的平坦地段地势较低，泉水丰沛，汇聚着许多沼泽，俗称“海淀”。明初，从南方来的移民在这里大量开辟水田。经多年经营，把这块低洼地改造成为西北郊另一处风景优美的地区，它与玉泉山、西湖连成一片。明代京师的居民常到这里郊游、饮宴，文人对此处也颇多题咏，给它取了一个雅号“丹棱”。充足的供水和优美的风景，招来了贵戚官僚们纷纷到这里占地造园，海淀及其附近遂逐渐成为西北郊园林最集中的地区。在这众多园林之中，文人记载较详、题咏较多，也是当时最有名气的当推“清华园”和“勺园”。

1. 清华园

清华园在海淀镇的北面，是康熙时畅春园的前身。清华园的规模在文献记载中说法不一，但就在其废址上修建的畅春园的面积来看，其占地很广，大约有 80 公顷，这在当时无疑是一座特大型的私家园林。

有关清华园的诗文题咏和记载很多，把其中描写园景比较具体的加以归纳，大致可以看出该园的一个概貌。清华园是一座以水面为主体的水景园，水面以岛、堤分隔为前湖、后湖两个部分，主要建筑物大体上按南北中轴线呈纵深布置。南端为两重的园门，园门以北即为前湖，湖中养金鱼。前、后湖之间为主要建筑群“挹海堂”之所在，这也是全园风景构图的重心。堂北为“清雅亭”，大概与前者互成对景或呈掎角之势。亭的周围广植牡丹、芍药之类的观赏花木，一直延伸到后湖南岸。后湖之中有一岛屿与南岸架桥相通。岛上建亭“花聚亭”，环岛盛开荷花。后湖的西北岸，临水建有水阁观瀑和听水音。后湖的北岸，利用挖湖的土方模拟真山的脉络气势堆叠成高大的假山。山畔水际建高楼一幢，楼上有台阁可以观赏园外西山玉泉山的借景。这幢建筑物也是中轴线的结束。

园林的理水，大体上是在湖的周围以河渠构成水网地带，便于因水设景。如果湖面很大，则冬天可以走冰船。河渠可以行舟，既作水路游览之用，又解决了园内供应的交通运输问题。园内的叠山，除土山外，使用多种名贵山石材料，其中有产自江南的。山的造型奇巧，有洞壑，也有瀑布。在植物配置方面，花卉大片种植的比较多，而以牡丹和竹最负盛名于当时。园林建筑有厅、堂、楼、台、亭、阁、榭、廊、桥等。形式多样，装修彩绘雕饰都很富丽堂皇。

清华园至万历十年(公元 1582 年)才建成，李伟以皇亲国戚之富，经营此园，可谓不惜工本。时人都以规模之大和营建之华丽来加以评论。像这样的私家园林，不仅在当时的北方绝无仅有，即使在全国范围内也不多见，所以清朝康熙帝时在清华园故址上修建畅春园，这个选择未必是偶然，一则可以节省工程量，二则它的规模和布局也能适应于离宫御苑在功能和造景方面的要求。由此看来，清华园对于清初的皇家园林有一定的影响。就其规划而言，也可以说是后者的“先型”。

2. 勺园

勺园较清华园小，“虽不能佳丽，然而高柳长松、清渠碧水、虚亭小阁、曲槛回堤，种种有致，亦足自娱”，规模和富丽方面虽比不上清华园，但它的造园艺术水平却比清华园略胜一筹。勺园主人米万钟，曾在京城和西郊构三园，即漫园、湛园和勺园，但勺园为最。勺园之胜，《春明梦余录》中，用 32 字就把勺园的轮廓、布局勾画出来。文曰："园仅百亩，一望尽水，长堤大桥，幽亭曲榭，路穷则舟，舟穷则廊，高柳掩之，一望弥际。"由此可见，勺园的特色是一望尽水，以水景为主，而以堤桥分隔水面，构成多个景区。

米万钟曾手绘《勺园修禊图》长卷，展示全园景物，一览无余（见图 6-11）。这里根据《帝京景物略》卷五海淀条中有关勺园的记载和《日下旧闻考》卷二十二中引载的勺园内容，把勺园的主要内容描绘如下。

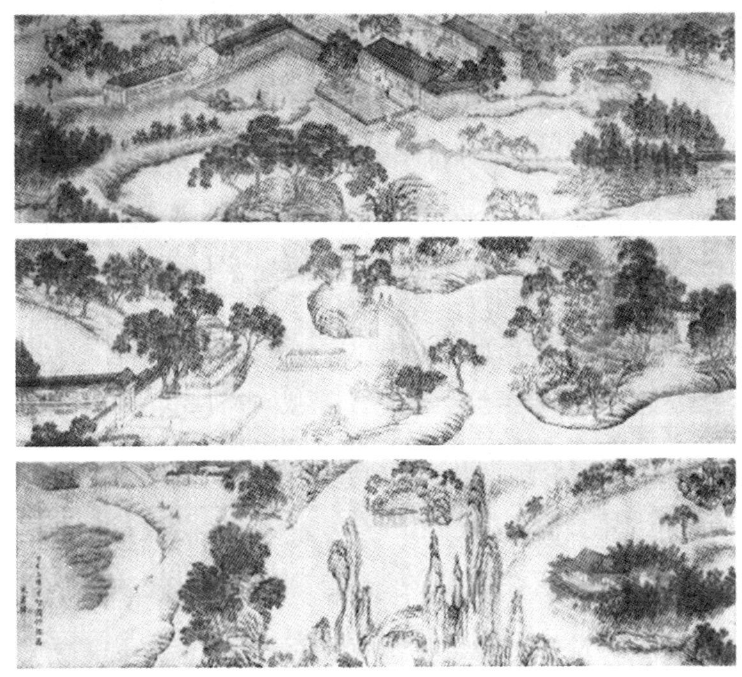

图 6-11　勺园修禊图(明，米万钟)

抵勺园前，先见树丛中有一荆扉，扉门前有驻马小台地。进扉门前望，面前是一片清水。在桃柳夹道的长堤中部有一座拱桥，透过拱桥的桥洞可以望见隔水一带粉垣和亭馆。顺长堤弯曲前进，来到堤中之桥，站桥上望出去，所见皆水，而"水皆莲，莲皆以白""水之，使不得径也。栈而阁道之，使不得舟也。堂室无通户，左右无兼径，阶必以渠，取道必渠之外廓"。以上是勺园的前奏部分。

"下桥而北，园始门焉""入门，客懵然矣。意所畅，穷目。目所畅，穷趾"。这段文字描写了人们从进园门，就有一种迷离的感触。入门，折而北，为一独立景区，称为"文水陂"，但眼前为一堵粉墙所障，仅墙头微露树木楼台，令人急欲进门一游，这在园林布局手法上称为一起。"文人陂"区的门之外，水际置茅屋数间，竹篱几许，对门临溪又有一月台没入水面，铺虎皮石，为渡船码头。

入"文人陂"门，也就立即进入跨水而筑的平桥上的一座榭式建筑物，称为"定舫"，明窗洞开，边走得以边眺左右。出"定舫"，往西行，有一高阜，上有台，题曰"松风水月”。这块高凸的台地上，有古松数株，松阴下置有石桌棋盘，清雅古朴。立古松下前眺，隔水有“勺海堂”“逶迤梁”及它们背后的四方亭，左望有“太乙叶”“翠葆楼”；右望即前述“定舫”和“文水陂”，全园景色都在视线之中，是全园的制高点。出“定舫”往西北行，有跨水六折的曲桥，称为“逶迤梁”。过桥而北就是“勺海堂”。它是一座敞厅式建筑，堂前有宽大的月台，台上置怪石一，石旁有大株栝子松，勺海堂东端有廊，直通“太乙叶”，它是一个屋形如舫的建筑。廊子、太乙叶连同驳石池岸，围成一个小水面，别具一格。

总的来说，文水陂这一景区的中心是高出水上的台地“松风水月”，主要建筑是勺海堂，主题是水，由于逶迤梁和堤岸的连接，隔出一个小水面，由于廊、太乙叶和驳石池岸又围成一个小水面，这两个小水面既各自独具情趣而又连成一体。运用山石驳岸、曲桥直廊、舫亭台堂的组合，构成曲折景物，既互相借景，又彼此呼应，使景物转深。

太乙叶的东南为另一景区。先是一片茂密翠筠的竹林，竹梢上隐约露出一高楼之顶。穿竹林，至水际，果然有一座重楼，名为“翠葆楼”，半出水面，隔水对岸，尽是瘦长山石，林立如屏。登楼远眺，西山景色最为优胜。米万钟曾有诗曰：“更喜高楼明月夜，悠然把酒对西山。”

到了翠葆楼，水穷有舟北渡，渡水北岸一带就是勺园的尽头，也是最后一个景区。这个景区的中心建筑是“色天空”。这座建筑的前部没入水际，它的背后有石阶，拾级而上为一台，台上置阁，阁周围尽叠山石，嶙峋有致，并有古松数株。登阁启北窗外望，则隔水为稻畦千顷。勺园的北界，不用缭垣，与园外融成一片。

勺园可以说是以水为主题的名园，它的特色，一言以蔽之，曰：水、水、水。

（二）清初北京私家园林

清初，北京城内宅园之多又远过于明代。一些比较有名气的园林都为当时的文人和大官僚所有，其中不少成为文人园林，如纪晓岚的阅微草堂、李渔的芥子园、贾膠侯的半亩园、王熙的怡园、冯溥的万柳堂、吴梅村园、王渔洋园、朱竹坨园、吴三桂府园、祖大寿府园、汪由敦园、孙承泽园等。有几处是由园主人延聘江南造园家主持营建的。如王熙的怡园和冯溥的万柳堂都是由江南著名造园家张然营建的。虽然他们按江南意趣兴造或改建园林，有配合当时清廷政策的政治目的，但在客观上，对于北方私家园林引进江南技艺，却也起到了一定的促进作用。

另外，清初北京城内兴建了大量的王府及王府花园，规模比一般宅园大，也有其不同于一般宅园的特点，是北京私家园林中的一个特殊类型。北京城内地下水位低，御河（包括什刹海）之水非奉旨不得引用，故一般宅园由于得水不易，水景较少，甚至多有旱园的做法。而西北郊海淀一带水资源却非常丰沛，原明代的私园因改朝换代多有倾圮，其中的大部分在清初收归内务府，再由皇帝赐给皇室成员或贵族、官僚营建“赐园”。自从康熙帝在西北部兴建离宫畅春园，赐园日益增多，规模较大的如含芳园、自怡园、澄怀园、圆明园、洪雅园等，它们大都利用优越的供水条件，沿袭明代别墅园林的格局，以水面作为园林主体，因水而设景。

1. 自怡园

自怡园是康熙时大学士明珠的别墅园，遗址在清华大学西校门北、水磨村偏南一带的地方。该园既有水景园的淡雅格调，又不失雕梁画栋的富贵气。园内共有21景，见于查慎行《自怡园二十一咏》，一咏即一景，即筧篁坞、双竹廊、桐华书屋、苍雪斋、巢山亭、荷塘、北湖、隙光亭、因旷洲、邀月榭、芦港、柳洪、芡汊、含漪堂、钓鱼台、双遂堂、南桥、红药栏、静镜居、朱藤迳、野航。从景题命名看来，水景约占一半。该园的设计建造，据说曾由参与畅春园规划事宜的江南籍画士主持，因而颇有类似畅春园的韵致。

2. 澄怀园

澄怀园是康熙时大学士索额图的赐园，康熙四十二年(公元1703年)，索额图获罪，所赐之园由内务府收回。雍正三年，赐大学士、尚书、翰林等九人居住，俗称翰林花园。此园位于圆明园之东南侧，西临扇子湖，引湖水注入园内，凿池堆山，远借西山之景。建筑物大多倚水而筑，因水成趣。园内有乐泉、叶亭、竹径、东峰、影荷桥、药堤、洗砚池、乐泉西舫、食笋斋、矩室、凿翠山房、近光楼、砚斋、凿翠斋、秀亭、翠云峰等二十余景。

第五节　寺观园林

元代以后，佛教和道教已经失去唐宋时期蓬勃发展的势头，逐渐趋于衰微。但寺院和宫观建筑仍然不断兴建，遍布全国各地，不仅在城镇之内及其近郊，而且相对集中在山野风景地区，许多名山胜水往往因寺观的建置而成为风景名胜区，其中，名山风景区占大多数。每一处佛教名山、道教名山都聚集了数十所甚至百所的寺观，大部分均保存至今。城镇寺观除了独立的园林之外，还可以经营庭院的绿化或园林化。郊野的寺观则更注重与其外围的自然风景结合而经营园林化的环境，它们中的大多数都成为公共游览的景点，或者以它们为中心而形成公共游览地。这种情况在汉族聚居地区或者信仰汉地佛教和道教的少数民族地区几乎随处可见。

就北京地区而言，元朝时期佛教和道教受到政府的保护，寺观的数量急剧增加，有庙、寺、院、庵、宫、观共计187所，其中很多都有建置园林。郊外的寺观园林以西北郊的西山、香山、西湖一带为最多，如大承天护寺就是外围园林绿化较为出色的一例。明代，自成祖迁都北京后，随着政治中心北移，北京逐渐成为北方的佛教和道教中心。寺观建筑又逐年有所增加，佛寺尤多。永乐年间各类寺观共计300所，到成化年间，仅京城内就达到了636所。寺观如此之多，寺观园林之盛则可想而知。一般寺观即使没有单独的园林，也要把主要庭院加以绿化或园林化。有的以庭院花木之丰美而饮誉京师，如外城的法源寺；有的则结合庭院绿化而构筑亭榭、山池，如西直门外的万寿寺；更有的单独建置附园，这其中有的甚至成为京师的名园，如朝阳门外的月河梵苑。北京的西北郊作为传统的风景游览胜地，明代又在西山、香山、瓮山和西湖一带大量兴建佛寺，对西北郊的风景进行历来规模最大的一次开发。这众多寺庙一般都有园林，不少是以园林、庭院绿化或外围绿化环境之出色而闻名于世的。它们不仅是宗教活动的场所，也是游览观光的对象。就它们个体而言，发挥了点缀局部风景的作用；就全体而言，则是西北郊风景得以进一步开发的重要因素。可以说，明代的北京西郊风景名胜区之所以能够在原有的基础上充实、扩大，从而形成比较完整的区域格局，与大量建置寺观、寺观园林或园林化的经营是分不开的。

香山寺(见图 6-12)位于香山东坡，正统年间由宦官范弘捐资，在金代永安寺的旧址上建成。此寺规模宏大，佛殿建筑壮丽，园林也占着很大比重。正如《帝京景物略》中所描述的，"丽不欲若第宅，纤不欲若园亭，僻不欲若庵隐，香山寺正得广博敦穆。岗岭三周，丛木万屯，经涂九轨，观阁五云，游人望而趋趋。有丹青开于空隙，钟磬飞而远闻也"。建筑群坐西朝东，沿山坡布置，有极好的观景条件。入山门即为泉流，泉上架石桥，桥下是方形的金鱼池。过桥循长长的石级而上，即为五进院落的壮丽殿宇。这组殿宇的左、右两面和后面都是广阔的园林绿化地段，散布着许多景点，其中以流憩亭和来青轩两处最为时人所称道。流憩亭在山半的丛林中，能够俯瞰寺垣，仰望群峰。来青轩建在面临危岩的方台上，凭槛东望，玉泉、西湖，以及平野千顷，尽收眼底。香山寺因此而赢得当时北京最佳名胜之美誉，"京师天下之观，香山寺当其首游也"。

图 6-12 北京香山寺

第六节　其他园林

在一些经济繁荣、文化发达的地区，大城市居民的公共活动、休闲活动普遍增多，相应地，城内、附廓、近郊都普遍出现了公共园林。它们大多数是利用城市水系的一部分，少数利用旧园林的基址或寺观外围的园林化的环境，稍加整治，供市民休闲、游憩之用。城内的公共园林，有的还结合商业、文化娱乐而发展成为多功能的开放性的绿化空间，成为市民生活和城市结构的一个重要组成部分。明清北京城内的什刹海便是典型的一例。

在江南、东南、巴蜀等地区，富裕的农村聚落往往辟出一定地段开凿水池、种植树木、建置少许亭榭之类，作为村民公共交往、游憩的场所。这种开放性的绿化空间也具备公共园林的性质，或由乡绅捐资，或由村民集资修建，标志着当地农村居民总体上较高的文化素质和环境意识。其中，一些在创意和规划上颇具特色，不仅达到相当高的造园艺术水准，还与其他公共活动相结合，成为村落人居环境的一个有机组成部分。

岩头村(见图 6-13)是五代末年由福建移民创建的一个血缘村落，现状的规划格

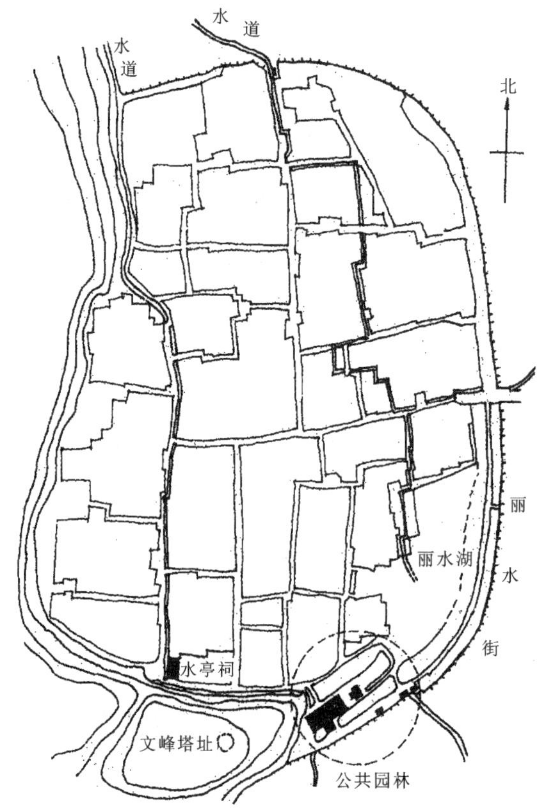

图 6-13　岩头村平面图

局则完成于明代。水系由村落的西北引来，经过沟渠流贯全村再汇聚于村东南，在这里形成狭长形的湖面——丽水湖，然后流出村外。公共园林即利用这处聚水湖的水景，再加以适当的建筑点染和树木配置而建成。

丽水湖（见图 6-14）是由水渠拓展而成的湖面。这一湾湖水回绕着水岛中的半岛——琴屿，在屿的西端建置塔湖庙，成为园林的构图中心。建筑的轮廓参差高下，配合东端浓荫蔽日的古树，上下天光倒影水中，则又形成一幅生动的天然图画。

图 6-14　丽水湖

塔湖庙（见图 6-15）建于明代嘉靖年间，坐西朝东，前后三进院落。后进院落为一小水池，满植荷花，正殿环水院透空。它的南侧全部敞开，设置座凳、栏杆，可以俯瞰丽水湖，远眺村外之借景。庙的南面建小戏台，是村民酬神、演戏、娱乐的地方。自琴屿的东端过丽水桥，往南可达岩头村的南寨门，往东北则是一条长约 300 米的临水商业街——丽水街。

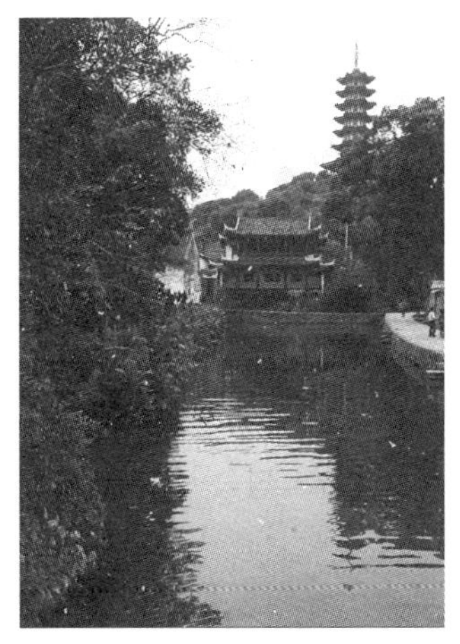

图 6-15　塔湖庙

岩头村的公共园林，是结合供水渠道的开凿而建成的水景园。这种把工程设计与园林艺术创作结合起来的开放空间，为公众提供了游憩、交往的场所，又具备祭祀、酬神等宗教活动和文娱活动的功能，还与商业街区有着便捷的联系。岩头村的公共园林，在规划设计方面算得上是高水平的一例了。

第七节　造园理论著作与造园名家

明代和清初，文人园林的极大发展，无疑是促成江南园林艺术达到高峰境地的重要因素，它的影响还及于皇家园林和寺观园林，并且普及到全国各地，随着时间的推移而逐渐成为一种造园模式。也就是在这个时候，在文人园林臻于高峰境地的江南，一大批掌握造园技巧、有文化素养的造园工匠便应运而生。有的士大夫直接掌握筑园技艺，如米万钟、高倪等，有的由少时以绘画知名后改而筑园的，如张南阳、张涟、张然、计成等。江南地区的宅园兴建日兴，有文化尤其是绘画艺术修养的匠师技艺精湛，他们在广泛实践的基础上总结其丰富的经验，编写了大量系统化、理论化的专著。计成著的《园冶》可以说是我国第一本专论园林艺术的专著。明末文震亨的《长物志》和清朝李渔的《闲情偶记》亦都论及园林艺术。

明中叶以后，宅园兴建日兴，出现了很多著名的叠山家，在筑园风格上、叠山手法上都有所发展，但有关他们的记载往往很简略。

一、张南阳

张南阳，上海人，始号小溪子，更号卧石生。祖辈是农民，父亲是画家。张南阳自小擅长绘画，后来用画家的三昧法尝试累石为山，能够做到随地赋形，仿佛与自然山水一样。当时江南一些官僚地主，在花园中要建造一丘一壑，都希望由他来设计与建造，其中以上海潘允端的豫园、泰州陈所蕴的日涉园、太仓王世贞的弇园为代表。他的叠山是见石不露土，运用大量的黄石堆叠，或用少量的山石散置，如豫园便是以大量的黄石堆叠见称，石壁深谷，幽壑蹬道，山麓并缀以小山洞，而最巧妙的手法是能运用无数大小不同的黄石，将它组合成为一个浑成的整体，磅礴郁结，具有真山水气势，虽只是片段，但颇给人以万山重叠的观感。

二、张涟

张涟，字南垣，松江华亭人，晚年徙居嘉兴，毕生从事叠山造园，所筑园的叠山作品至少有几十处。“江南名园大抵多翁所构也”，其中以横云（李工部）、预园（虞观察）、乐郊（王奉常）、拂水（钱宗伯）、竹亭（吴吏部）最为有名。张南垣的筑园叠山技艺有其独到之处。他能以画意叠石筑山，从事筑园。他认为从画山水的笔法中悟得的画之法向背，可运用在筑园的叠石方面，画山水的起伏波折等手法也可以运用在筑园的叠山方面。他不赞成“好事之家，罗取一二异石，标之曰峰”，也不赞同“架危梁、梯鸟道……拾级数折，倭入深洞，扪壁援罅，瞪眙骇栗”。他主张“平冈小坂，陵阜陂陁，然后错之以石，棋置其间……若似乎处大山之麓，截溪断谷，私此数石者，为吾所有。方塘石洫，易以曲岸回沙，邃闼雕楹，改为青扉白屋。树取其不凋者，松杉桧栝，杂植成林；石取其易致者，太湖尧峰，随意布置。有林泉之美，无登涉之劳”。这种主张以截取大山一角而让人联想大山整体形象的做法，开创了叠山艺术的一个新流派。

三、张然

张然，字陶庵，张南垣之次子。早年在苏州洞庭东山一带为人营造私园叠山，已颇有名气。顺治十二年为朝廷征召参与重修西苑。康熙十六年在北京城内为大学士冯溥营建万柳堂，为兵部尚书王熙改建怡园，此后，诸王公士大夫的私园亦多出自其手。康熙十九年供奉内廷，先后参与了重修西苑瀛台、新建玉泉山行宫，以及畅春园的叠山、规划事宜。晚年为汪琬的"尧峰山庄"叠造假山，获得极大的成功。其后人世代传承其业，成为北京著名的叠山世家——"山子张"。

四、计成与《园冶》

计成，字无否，江苏吴江县人，生于明万历十年，卒年不详。其后半生专门从事筑园叠山事业，足迹遍于镇江、常州、扬州、仪征、南京等地，可惜没有具体的园林作品遗存迄今，只留下了《园冶》一书，此书成书于明崇祯四年，刊行于崇祯七年。《园冶》一书可以说是计成通过园林的创作把实践中的丰富经验结合传统进行总结，并提高到理论的一本专著，是我国第一本专论园林艺术和创作的专著。书中全面论述了江南地区私家园林的规划、设计、施工，以及各种局部、细部处理，有计成自己对我国园林艺术精辟独到的见解和发挥，对于园林建筑也有独到的论述，并绘有基架、门窗、栏杆、漏明墙、铺地等图式200多种。

全书共分三卷，用四六骈体文写成。卷首有"兴造论"和"园说"两篇，这两篇专论可以说是全书的绪论篇，然后有十篇立论，统观《园冶》的十篇立论中，"相地""山""借景"三篇特别重要，是全书的精华。十篇的顺序是以"相地"篇为首，第二到第七篇，即"立基""屋宇""装折""门窗""墙垣""铺地"，都是就园林建筑和园林构筑物方面立论的，第八篇掇山和第九篇选石是园林艺术中关于叠石、掇山、置石方面的，而以第十篇借景为结。

"兴造论"是专论营造要旨，是全书的总纲。该篇中阐明，营园之成败并不取决于一般工匠和园主人，而是取决于能够主持其事的、内行的造园家，并将好的园林的评价标准概括为两句："巧于因借，精在体宜。"因、借是手段，体、宜是目的。

"园说"论述园林规划设计的具体内容及其细节。在篇首，计成提出两个规划设计的原则：一是"景到随机"；二是"虽由人作，宛自天开"。前者意即园林造景要适应于园址的地貌和地形特点，并尽量发挥它的长处、避开它的短处；后者包含着两层意思，一是人工创造的山水环境，必须予人以一种仿佛天造地设的感觉，二是建筑的建置必须从属、协调于山水环境，不可喧宾夺主。

第一篇"相地"。"构园得体"必须"相地合宜"，所以"相地"是开章明义第一篇。该篇的中心内容是从"园"字来申说的。筑园首先要选择合宜的地段和审查园地的形势，所谓"园基不拘方向，地势自有高低"，应当就地势高低来考虑布局，因为"得景随形"，又"高方欲就亭台，低凹可开池沼"，尽量利用原始地形，节约土方工程。特别值得我们重视的是计成对园址原有树木的爱护，即使有碍建筑也不应损毁。计成把可供营园的园地分为山林地、城市地、村庄地、郊野地、宅旁地、江湖地六类，指出各类园地都有它的客观环境特点，应当巧妙地结合并充分运用这些特点来筑园，使不同园地的筑园能各有其特色。书中对不同类型园地的布局和造景手法都有描述。

第二篇“立基”,即园林的总体布局。主要是以园林建筑位置为对象来讨论的。这里所谓的“基”既可以当作园林建筑的位置基地讲,也可以当作园林的总平面布置上的布局讲。该篇开头总说:“凡园圃立基,定厅堂为主。先乎取景,妙在朝南。”然后,分别就厅堂、楼阁、门楼、书房、亭榭、廊房、假山七类建筑,在怎样选择位置方向、如何“按基形式”、本身的结构与四周环境的关系、与全园的关系等方面都有扼要、精辟的论述。

第三篇“屋宇”,即园林建筑。头一段总说指出了园林屋宇与家宅住房不同。文中不但对于园林屋宇的平面布置如何变化加以申说,甚至对于色彩或雕镂的装饰的问题、亭榭楼阁怎样跟园林结合的问题都有所发挥,把园林建筑看成是园林统一体的构成部分来加以申说。接着又把各种园林屋宇(门楼、堂、斋、室、房、馆、楼、台、阁、榭、轩、卷、广、廊等)的定义、目的,以及它们和景物的关系加以申说。本篇后七段讲屋宇的结构,列举个体建筑几种常用的平面形式、梁架构造及施工放样方法,并有附图。

第四篇“装折”,即装修。指出园林建筑的装修之所以不同于一般住宅,在于“曲折有条,端方非额;如端方中须寻曲折,到曲折处还定端方;相间得宜,错综为妙”。书中介绍了四种主要装修的做法,即屏门、仰尘、床槅、风窗。篇后附有各种槅扇、风窗的图样。

第五篇“门窗”,这是就不能移动的门窗而说的,门式作图约 17 幅,窗式约 14 幅。窗式中有大型的,也可作为门扇式样用。

第六篇“墙垣”,即园的围墙。从墙垣材料来说,“多于版筑,或于石砌,或编篱棘”。篇中所述墙垣,分白粉墙、磨砖墙、漏砖墙和乱石墙。除了述说筑墙材料和做法外,并论及在什么条件下适宜哪种墙。

第七篇“铺地”。文中论及在什么样的地点,应当怎样砌地,用什么样的材料,宜什么样的样式。总说之后,专论乱石路、鹅子地、冰裂地、诸砖地宜铺于何处,式样要合宜,篇末附铺地式图 15 幅。

第八篇“掇山”,即叠石假山。先讲掇山的立根基,“掇山之始,桩木为先,较其短长,察乎虚实,随势挖其麻柱,谅高挂以称竿”,然后论述构叠原则和技巧,最后指出叠山要做到“有真为假,做假成真”。计成把园中掇山分为八类,即园山、厅山、楼山、阁山、书房山、池山、内室山和峭壁山,分别论其宜忌。“假山以水为妙”,于是有山石池、金鱼缸、涧、曲水、瀑布等理法,关于峰、峦、岩、洞的理法也有精辟的发挥。掇山是造园的重要手法之一,综观全篇对如何构筑山水泉石成景的原则有透彻的发挥。

第九篇“选石”。指出选石不一定都要太湖石,应考虑开采和运输的成本,“石无山价,费只人工”。叠山可用的石料品种很多,只要堆叠时“小仿云林,大宗子久”,则都能成为好的作品。还列举了江南园林中常见的叠山石料,如太湖石、昆山石、宜兴石、龙潭石、青龙山石、灵璧石、岘山石、宣石、湖口石、英石、散兵石、黄石、旧石、锦川石、花石纲、六合石子。

第十篇“借景”。这是结束篇，开头便说：“构园无格，借景有因，切要四时。”接着，描述了各种景物，并说：“因借无由，触情俱是。”结语是“夫借景，林园之最要者也，如远借、邻借、仰借、俯借、应时而借”。

通观《园冶》全书，理论与实践相结合，技术与艺术相结合，言简意赅，颇有许多独到的见解。

五、文震亨与《长物志》

文震亨，字启美，长洲人，生于明万历十三年，卒于清顺治二年。文震亨出身书香世家，是明代著名文人画家文征明的曾孙，他能诗善画，多才多艺，对园林有比较系统的见解，可视为当时文人园林观的代表。《长物志》共 12 卷，包括室庐、花木、水石、禽鱼、书画、几榻、器具、衣饰、舟车、位置、蔬果、香茗。各卷又分若干节，全书共 269 节。本书论述内容范围广泛，除有关园林学的室庐建筑、观赏树木、花卉、瓶花、盆玩、理水叠石外，还述及禽鱼，室庐内几榻、器具，室外舟车，甚至香茗。

卷一“室庐”，把不同功能性质的建筑，以及门、阶、窗、栏杆、照壁等分为 17 节论述。对于园林的相地、选址，文震亨认为，“居山水间者为上，村居次之，郊居又次之”。如果选择在城市里面，则“要须门庭雅洁，室庐清靓，亭台具旷士之怀，斋阁有幽人之致。又当种佳木怪箨，陈金石图书。令居之者忘老，寓之者忘归，游之者忘倦”。在介绍了各种建筑类型及装修后，提出两个设计和评价的标准——雅、古，并列举了具体的例子。总之，建筑设计须“随方制象，各有所宜；宁古无时，宁朴无巧，宁俭无俗”，还要种草、栽花以具自然之趣。

卷二“花木”，列举了园林中常用的观赏树木和花卉 44 种，附以瓶花、盆玩，共 42 节。对于树木花卉，除描述其品种、形态、习性及栽培养护等措施外，特别注意总的布置原则、配置方式以发挥其植物的品格之美。他认为，“繁花杂木，宜以亩计”，“庭除槛畔，必以虬枝枯干”，“草本不可繁杂，随处植之，取其四时不断，皆入图画”，“桃李不可植庭除，似宜远望”，“红梅绛桃，俱借以点缀林中，不宜多植”。牡丹、芍药栽植赏玩，要“用文石为栏，参差级数，以次列种”等。总之，园林中观赏植物要布置合宜、配置恰当，自能构成宜人的景观和陶情的意境，“豆棚菜圃，山家风味，固自不恶，然必辟隙地数顷，别为一区，若于庭除种植，便非韵事”。

卷三“水石”，分别讲述园林中多种水体，如广池、小池、瀑布、天泉、地泉、流水、丹泉，以及怎样品石，如灵璧石、英石、太湖石、尧峰石、昆山石等多种石类，共 18 节。他认为，“石令人古，水令人远，园林水石，最不可无”，水石是园林的骨干。他提出叠山理水的原则：“要回环峭拔，安插得宜。一峰则太华千寻，一勺则江湖万里。又须修竹、老木怪藤、丑树、交覆角立，苍崖碧涧，奔泉汛流，如入深岩绝壑之中，乃为名区胜地。”对于水池，他认为“凿池自亩以及顷，愈广愈胜，最广者，中可置台榭之属，或长堤横隔，汀蒲岸苇，杂植其中，一望无际，乃称巨浸……池旁植垂柳，忌桃杏间植，中畜雁，须十数为群，方有生气。最广处可置水阁，必如图画中者佳”。从水体布局上看，不仅要注意比例的大小，而且植物甚至水禽的配置要合宜，要相互搭配以构成景物。

卷四“禽鱼”，仅列举鸟类 6 种、鱼类 1 种，但对每一种的形态、颜色、习性、训练、饲养方法均有详细描述。特别指出造园应突出大自然生态的特点，使得禽鸟能够生活在宛若大自然界的环境里，悠然自得而无不适之感。

其余各卷也有涉及园林的片段议论，例如，园林中的建筑、家具、陈设三者实为一个完整的有机体，家具和陈设的款式、位置、朝向等都与园林造景有关系，所谓“画不对景，其言亦谬”，园居生活的某些细节往往也能体现高雅之趣味，亦不可忽视。

六、李渔与《闲情偶记》

李渔，字笠翁，钱塘人，生于明万历三十九年（公元 1611 年），卒于清康熙十九年（公元 1680 年）。李渔是一位兼擅绘画、词曲、小说、戏剧、造园的多才多艺的文人，平生漫游四方、遍览各地名园胜景。先后在江南、北京为人规划设计园林多处，晚年定居北京，为自己营造“芥子园”。《闲情偶记》又名《一家言》，共有 9 卷，其中有 8 卷讲述词曲、戏剧、声容、器玩。第四卷“居室部”是建筑和造园的理论，分为房舍、窗栏、墙壁、联匾、山石 5 节。

“房舍”一节，竭力反对墨守成规，抨击“亭则法某人之制，榭则遵谁氏之规”，“立户开窗，安廊置阁，事事皆仿名园，丝毫不谬”的做法，提倡勇于创新。

“窗栏”一节，指出开窗要“制体宜坚，取景在借”。借景之法乃“四面皆实，独虚其中，而为便面之形”，这就是所谓“框景”的做法，李渔称之为“尺幅窗”“无心画”，并举出自己设计制作的数例。框景可收到以小观大的效果，又可游观而移步换景，这在江南园林中乃是最常见的。

“墙壁”一节，论及界墙、女儿墙、厅壁、书房壁，计四款，对于其功能，有新意发挥，还要求用材得宜，坚固得当，以及切忌之处，工艺筑法都有妙论。

“联匾”一节，述及堂联宅匾之由来，并且附图有各种联匾，以及各联匾的用材、做法。

“山石”一节，是论及园庭中叠山的极为精粹的一章。李渔认为园林筑山不仅是艺术，还需要解决许多工程技术问题，因此必须依靠工匠才能完成，“故从来叠山名手，俱非能诗善绘之人。见其随举一石，颠倒置之，无不苍古成文，纡回入画，此正造物之巧于示奇也”。他主张叠山要“贵自然”，不可矫揉造作。明末清初私家园林的叠山出现两种倾向：一方面是沿袭宋以来土石相间或土多于石的土石山的做法；另一方面则由于园林的富贵气或市井气促成园主人争奇斗富的心理，而流行“以高架叠缀为工，不喜见土”的石多于土或全部用石的石山做法。李渔反对后者而提倡前者，认为用石过多往往会违背天然山脉构成的规律而流于做作。他还就山的整体造型效果来比较石山与土石山两者的优劣：“垒高广之山，全用碎石则如百衲僧衣，求一无缝处而不得，此其所以不耐观也。以土间之，则可泯然无迹，且便于种树。树根盘固，与石比坚。且树大叶繁，浑然一色，不辨其为谁石谁土。列于真山左右，有能辨为积垒而成者乎？"至于土石山的土与石的比例，"此法不论石多石少，亦不必定求土石相半。土多则土山带石，石多则石山带土。土石二物，原不相离，石山离土则草木不生，是童山矣"。土石山与石山实际上分别反映了文人园林及其变体的不同格调，李渔提倡前者，反对后者也意味着站在文人园林的立场上，对流俗的富贵气和市井气的鄙夷。此外，在该节中李渔还谈到石壁、石洞、单块特置等的特殊手法，并从"贵自然"和"重经济"的观点出发，颇不以专门罗列奇峰异石为然。他推崇以质胜文，以少胜多，这都是宋以来文人园林的叠山传统，与计成的看法也是一致的。

《园冶》《长物志》《闲情偶记》的内容以论述私家园林的规划设计艺术，叠山、理水、建筑、植物配置的技艺为主，也涉及一些园林美学的范畴。它们是私家造园专著中的代表作，也是文人园林自两宋发展到明末清初时期的理论总结。除此之外，陈继儒的《岩栖幽事》《太平清话》，林有麟的《素园石谱》，屠隆的《山斋清闲供笺》等著作中，或全部或大部分是有关造园理论的。这些专著均在同时期先后刊行于江南地区，它们的作者都是知名的文人，或文人兼造园家，足见文人与园林关系之密切，也意味着诗、画艺术浸润于园林艺术之深刻程度，从而最终形成中国"文人造园"的传统。

小　结

元、明、清初是中国古典园林成熟期的第二阶段，它上承两宋第一阶段的余绪，又在某些地方有所发展。这个阶段的造园活动，大体上是第一阶段的延伸、继续，当然也有变异和发展。

第一，士流园林的全面"文人化"，文人园林涵盖了民间的造园活动，导致私家园林达到了艺术成就的高峰。江南园林便是这个高峰的代表。由于封建社会内部资本主义因素的成长，工商业繁荣，市民文化勃兴，市民园林亦随之而兴盛起来。它作为一种社会力量浸润于私家园林艺术，又出现文人园林的多种变体，反映了创作上雅与俗的抗衡和交融。民间的造园活动广泛普及，结合各地不同的人文条件和自然条件，产生各种地方风格的乡土园林。这些又导致私家园林呈现前所未有的百花争艳的局面。

第二，明末清初，在经济文化发达、民间造园活动频繁的江南地区，涌现出一大批优秀的造园家，有的出身于文人阶层，有的出身于叠山工匠。而文人则更广泛地参与造园，个别的甚至成为专业的造园家。丰富的造园经验不断积累，再由文人或文人出身的造园家总结为理论著作刊行于世。这些情况在以前均未曾出现过，乃是人们价值观念改变的结果，也是江南民间造园艺术成就达到高峰境地的另一个标志。

第三，元、明文人画盛极一时，影响及于园林，相应地巩固了写意创作的主导地位。同时，精湛的叠山技艺、造园普遍使用叠石假山，也为写意山水园的进一步发展开辟了更有利的技术条件。明末清初，叠山流派纷呈，个人风格各臻其妙，既充实了造园艺术的内容，又带动了造园技巧的丰富多样。因而这个时期的园林创作普遍重视技巧——建筑技巧、叠山技巧、植物配置技巧，形成其积极的一面，但也难免产生负面的影响，在一定程度上冲淡了园林的思想蕴涵。

第四，皇家园林的规模趋于宏大，皇家气派又见浓郁。这种倾向多少反映了明以后绝对君权的集权政治日益发展。另一方面，吸收江南私家园林的养分，保持大自然生态的“林泉抱素之怀”，则无异于注入了新鲜血液，为下一个时期——成熟后期的皇家园林建设高潮之兴起打下了基础。

第五，在某些发达地区，城市、农村聚落的公共园林已经比较普遍。它们多半利用水系而加以园林化的处理，或者利用旧园废址加以改造，或者依附于工程设施的艺术构思，或者为寺观外围园林化环境的扩大等，都具备开放性的、多功能的绿化空间的性质。无论规模的大小，都是城市或者乡村聚落总体的有机组成部分。所以说，公共园林虽然不是造园活动的主流，但作为一个园林类型，其所具备的功能和造园手法，所表现的开放性特点，已是十分明显了。

在明末清初的江南地区，出现了一些前所未有的现象，应该引起注意：一是造园家，无论工匠“文人化”的，或者文人“工匠化”的，按其执业方式和社会地位而言，已经几分接近于现代的职业造园师，或者说，已具备类似后者的某些职能；二是造园的理论方面，涉及有关园林规划、设计的探索和具体的造园手法的表述，虽未能形成系统，但已包含现代园林学的萌芽；三是造园的运作比较强调经济的因素，已朦胧地认识到市场、价格制约等情况。这些是社会上重视技术、价值观念改变在造园事业上的反映，应该说是一个进步的现象。然而，市场及经济的制约对造园的影响为时短暂，仅仅是昙花一现罢了。

【思考和练习】

1. 为什么说清初的皇家园林是北方造园艺术的高峰？
2. 皇家园林代表作品有哪些？有什么艺术成就？
3. 说说北方的私家园林与江南的私家园林有哪些不同。
4. 成熟中期有哪几位造园理论家？其著作名称是什么？
5. 谈谈成熟中期的寺观园林与其他园林的发展情况。

第七章　园林的成熟后期——清中叶至清末时期（公元 1736 年—公元 1911 年）

第一节　时代与文化背景

园林成熟后期从清乾隆到宣统不过 170 余年，就时间而言比以往四个时期都短，但却是中国古典园林发展上集大成的终结阶段，它积淀了过去的深厚传统而显示中国古典园林的辉煌成就，同时也暴露这个园林体系的某些衰落迹象。成熟前期园林仍保持着一种向上的进取的发展倾向，那么成熟后期则呈现为逐渐停滞的盛极而衰的趋势。

政治方面，清乾隆是中国封建社会漫长历史上最后一个繁荣时代，政治稳定，经济发展，多民族的统一大帝国最终形成。这个帝国表面上的强大程度似乎可以追慕汉、唐，然而当时的世界形势远非昔比，西方殖民主义国家挟其发达的工业文明和强大的武装力量逐渐向东方扩张，沙俄的侵略魔爪已经伸到中国的东北边疆，英帝国通过东印度公司控制印度之后继续从海上觊觎中国。道光、咸丰时期，以英国为首的西方殖民主义势力通过两次鸦片战争用炮舰打开了“天朝”的封建锁国门户，激化了尖锐的阶级矛盾和深刻的社会危机。从此，中国古老的封建社会由盛而衰，终于一蹶不振。

经济方面，乾隆盛世的繁荣掩盖着尖锐的阶级矛盾和四伏的危机。一方面是地主小农经济十分发达，工商业资本主义因素经过清初短暂的衰落后又日趋活跃，统治阶级生活骄奢淫逸；另一方面则是广大的城乡劳动人民忍受残酷剥削，生活极端贫困。嘉庆道光以后，各地民变此起彼伏，太平天国革命强烈冲击着清王朝的根基。同治年间，朝廷虽然镇压了太平天国、捻军等农民起义，出现所谓“同治中兴”的短暂局面，但随着帝国主义军事上的侵略、政治上的压迫、经济上的掠夺，封建社会逐步解体，到清末已完全沦为半殖民地半封建社会了。同治以后，皇家尽管财力枯竭，亦未停止修建园苑。封建地主阶级中的大军阀、大官僚的新兴势力及满蒙王公贵族，利用镇压农民革命所取得的权势而进行疯狂掠夺和大量土地兼并，在江南、北方、湖广等地掀起一个兴建巨大华丽邸宅的建筑潮流。这股潮流又扩张到大地主、大商人阶层中，一直延续到清末的光绪、宣统年间。伴随着私家园林的经营，华丽的邸宅必然作为主要内容以满足园主们更多的物质和精神享受。

文化方面，这个时期的封建文化沿袭宋明传统，但已失却宋、明朝的能动及进取精神，反映在艺术创作上，一是守成多于创新，二是过分受到市民趣味的浸润而愈来愈表现为追求纤巧琐细、形式主义和程式化的倾向，乾隆朝的造园活动之广泛，造园技艺之精湛，可以说达到了宋、明以来的最高水平，北方的皇家园林和江南的私家园林，同为中国后期园林发展史上的两个高峰，同时也开始逐渐暴露其过分局限于形式和技巧的消极一面。源远流长的中国古典园林体系尽管呈现末世衰颓，但由于其根深叶茂，仍然持续发展了一个相当长的阶段。同治光绪年间的造园活动又再度呈现蓬勃兴盛的局面，然而园林只不过维持传统的外在形式，作为艺术创作的内在生命力已经是愈来愈微弱了。

在中国古典园林史上的这个终结阶段，私家园林长期发展的结果形成了江南、北方、岭南三大地方风格鼎峙的局面。这三大地方风格集中地反映了成熟后期民间造园艺术所取得的主要成就，是这个时期私家园林的精华所在，但却失去了思想内涵。

第二节　皇家园林

乾隆时期，始于康熙时期的皇家园林建设达到了高潮，这个时期的园林，规模广大、内容丰富，在中国历史上是罕见的。

乾隆帝作为盛世之君，有较高的汉文化素养，平生附庸风雅，喜好游山玩水，对造园艺术很感兴趣，也颇有一些见解。明代及康、雍两朝建置的那些旧苑已经不能满足他的需要，因而他按照自己的意图对它们逐一进行改造、扩建。同时，仗持皇家敛聚的大量财富，又兴建了为数众多的新园。乾隆曾先后六次到江南巡视，均命随行的画师摹绘为粉本“携图以归”，作为北方建园的参考。一些重要的扩建、新建园林工程，他都要亲自过问甚至参与规划事宜，展现了一个内行家的才华。康熙以来，皇家造园实践经验上承明人传统并汲取江南技艺而逐渐积累，乾隆又在此基础上把设计施工、管理方面的组织工作进一步提高。内廷如意馆的画师可备咨询，内务府样式房做出规划设计，销算房做出工料估算，还有一个熟练的施工和工程管理的班子。因此，乾隆时期园林工程的工期比较短，工程质量也比较高。

从乾隆三年（公元 1738 年）到三十九年（公元 1774 年）30 多年间，皇家的园林建设工程几乎没有间断，新建、扩建的大小园林总计起来有上千公顷，分布在北京皇城、宫城、近郊、远郊、基辅及承德等地。营建规模非常大，以西苑改建为主的大内御苑建设，仅仅是乾隆时期皇家园林建设的一小部分，大量地分布在城郊和塞外各地的行宫及离宫御苑，无论是在规模还是内容上均足以代表清代宫廷造园艺术的精华。

经过对西北郊水系的整治，昆明湖的蓄水量大为增加，北京的西北郊形成了以玉泉山、昆明湖为主体的一套完整的、可以控制调节的供水系统，它保证了宫廷、园林的用水，也利于农田灌溉，还创设了一条皇家专用的水上游览路线。

乾隆时期的西北郊，已经形成一个庞大的皇家园林集群，其中规模宏大的五座园林是圆明园、畅春园、香山静宜园、玉泉山静明园、万寿山清漪园，即后来著名的三山五园。它们都由乾隆亲自主持修建或扩建，精心规划、施工，可以说汇聚了中国风景式园林的全部形式，代表着后期中国皇家造园艺术的精华。

乾隆时期是明、清皇家园林的鼎盛时期，它标志着康、雍以来兴起的皇家园林建设高潮的最终形成，它在造园艺术方面所取得的成就使得北方园林与江南园林形成南北并峙的局面。嘉庆朝尚能维持这个鼎盛局面，但已不再进行较大规模的建置。乾、嘉盛世皇家园林鼎盛的局面，也正预示着它的衰落阶段行将来临。道光朝，中国封建社会最后的繁荣阶段已经结束，皇室再没有财力营建新园。鸦片战争之后中国沦为半殖民地半封建社会，众多皇家御苑被抢劫焚烧。

皇家园林要充分显示皇家气派，而规模宏大便是皇家气派的突出表现之一。因此，这一时期皇家造园艺术的精华多集中在大型园林上，它们的总体规划在继承上代传统和康熙新风的基础上又有所发展和创新。其一是大型人工山水园"集锦式"的布局。由于这类园林的横向延展面极大，为了避免出现园景过分空疏、散漫、平淡和山水比例失调的情况，除了创设一个或若干个以较大水面为中心的开朗的大景区之外，在其余地段上采取化整为零、集零为整的方式，划分许多小的、景观较幽闭的景区。每个小景区均自成单元，各具景观主题、建筑形象，功能也不尽相同。它们既是大园林的有机组成部分，又相对独立而自成完整小园林的格局。这就形成了大园含小园、园中又有园的"集锦式"的规划方式，圆明园便是典型的一例。其二是力求把我国传统的风景名胜区中以自然景观之美而兼具人文景观之胜的意趣再现到大型天然山水园林中，后者在建筑的选址、形象、布局，道路安排，植物配置等方面均取法、借鉴前者，从而形成类似风景名胜区的大型园林，或者说，园林化的风景名胜区。

北京西北郊主要行宫、离宫御苑分布如图 7-1 所示。以下列举几个园林实例，介绍其内容及变化情况，阐述它们的艺术特色，对造园手法进行分析。

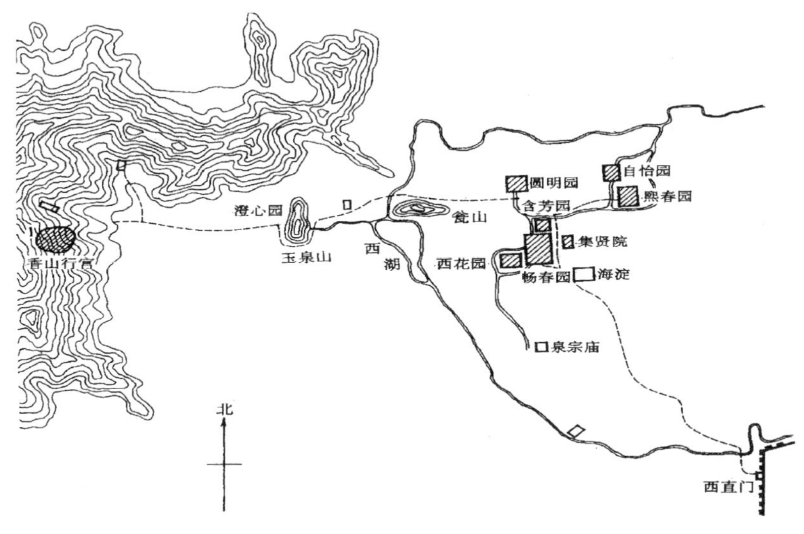

图 7-1 北京西北郊主要行宫、离宫御苑分布图

一、大内御苑

1. 西苑

西苑的最大一次改建是在乾隆时期，改建重点在北海。如图 7-2 所示，经过改建后，建筑密度大增，园林景观亦有很大变化。

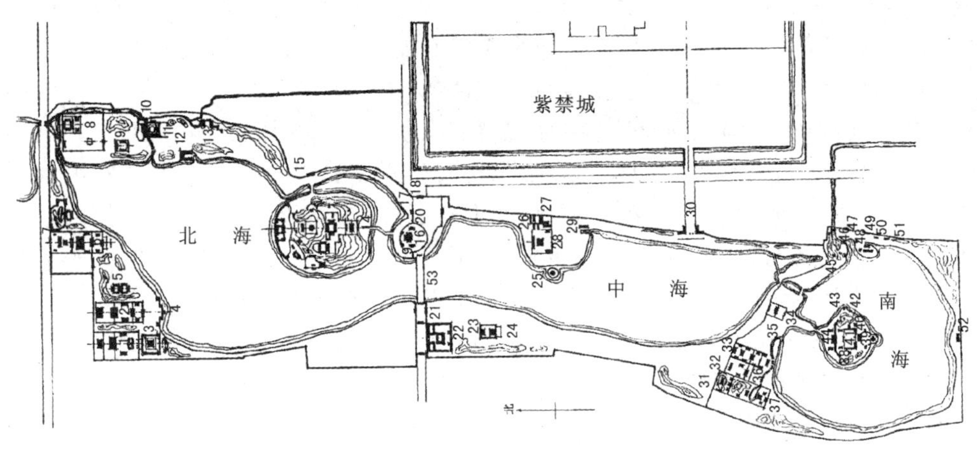

图 7-2　清西苑平面示意图

1—万佛楼；2—阐福寺；3—极乐世界；4—五龙亭；5—澄观堂；6—西天梵境；8—先蚕堂；9—龙王庙；10—古柯亭；11—画舫斋；12—船坞；13—濠濮间；14—琼华岛；15—陟山门；16—团城；17—桑园门；18—乾明门；19—承光左门；20—承光右门；21—福华门；22—时应宫；23—武成殿；24—紫光阁；25—水云谢；26—千圣殿；27—内监学堂；28—万善殿；29—船坞；30—西苑门；31—春藕斋；32—崇雅殿；33—丰泽园；34—勤政殿；35—结秀亭；36—荷风蕙露庭；37—大园镜中；38—长春书屋；40—瀛台；41—涵元殿；42—补桐书屋；43—牣鱼亭；44—翔鸾阁；45—淑清院；46—日知阁；47—云绘楼；48—清音阁；49—船坞；50—同豫轩；51—鉴古堂；52—宝月楼；53—金鳌玉蝀桥

团城之上，在承岩殿南面建石亭，内置元代的玉瓮“渎山大御海”，承光殿之后为敬跻堂，堂东为古籁堂、朵云亭，堂西为余清斋、沁香亭，堂后为镜澜亭。团城之东，经桑园门进入北海。

团城与琼华岛间跨水的堆云积翠桥，在乾隆八年（公元 1743 年）改建成折线形，桥北端及堆云坊均往东移，使得桥之南北端分别与团城、琼华岛对中，从而加强岛、桥、城之间的轴线关系。如图 7-3 所示，琼华岛上新的建置，主要集中在东、北、西坡，南坡为顺治年间建成的永安寺。

琼华岛的景观极具特点。

①岛的四面因地制宜，创作不同建筑与园林景观。

②岛上建筑是点景的主要手段，大部分又是观景重要场所，总体形象婉约端庄，特别是顶部小白塔使整个岛比例匀称，色彩对比强烈，充分体现出海上仙山的创作意图，并且有所升华，不足之处是沿水楼阁体量过大。

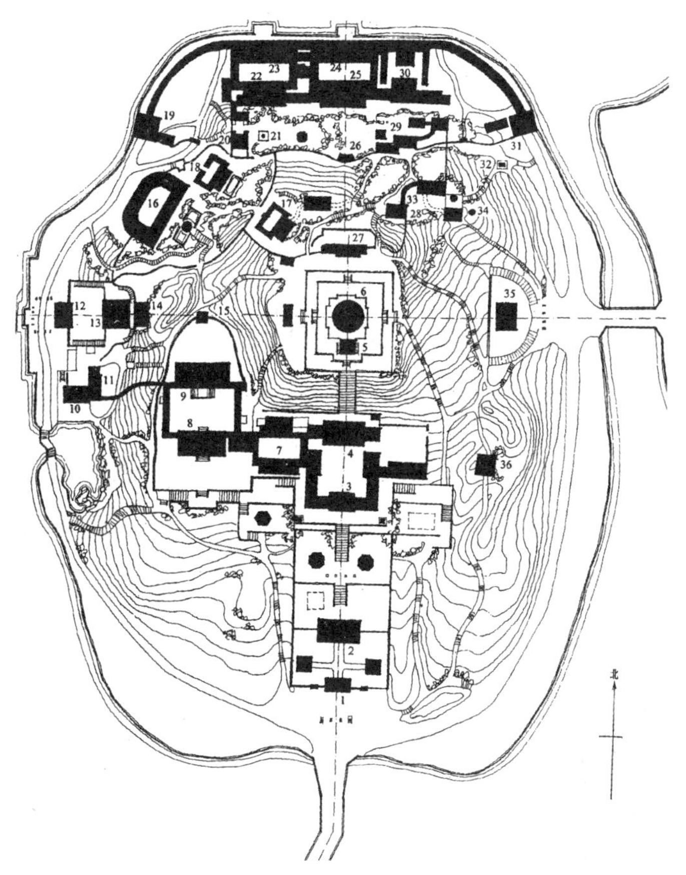

图 7-3　西苑琼华岛平面

1—永安寺山门；2—法轮殿；3—正觉殿；4—普安殿；5—善因殿；6—白塔；7—静憩轩；8—悦心殿；9—庆霄楼；10—蟠青室；11—一房山；12—琳光殿；13—甘露殿；14—水精域；15—揖山亭；16—阅古楼；17—酣古堂；18—亩鉴室；19—分凉阁；20—得性楼；21—承露盘；22—道宁斋；23—远帆阁；24—碧照楼；25—漪澜堂；26—延南薰；27—揽翠轩；28—交翠亭；29—环碧楼；30—晴栏花韵；31—倚晴楼；32—琼花春阴碑；33—看画廊；34—见春亭；35—碧珠殿；36—迎旭亭

在北海东岸，依山就水形成一处相对独立的景区，濠濮涧至画舫斋景区（见图7-4），包括以下几部分。

第一部分：筑土为山，将崇淑室与云岫二室以爬山廊相连。

第二部分：以水池为主体的小园林濠濮涧。

第三部分：以丘陵，翁郁的树木与蜿蜒道路为主景，竹石玲珑，曲廊环抱，极具江南情调。

第四部分：画舫斋庭院，以水庭为中心，以古柯庭结景。

景区四部分由南至北，形成山、水、丘陵、建筑序列，游人先登山，然后临水渡桥，进入岗坞回环的丘陵，之后到达建筑围合的宽敞水庭，最后结景于小庭院的景观空间，富于变化、韵律的空间序列，把自然风景的典型缩移与人工建置交替展开在大约300米长的地面上，构思奇妙别致，可谓步移景异。

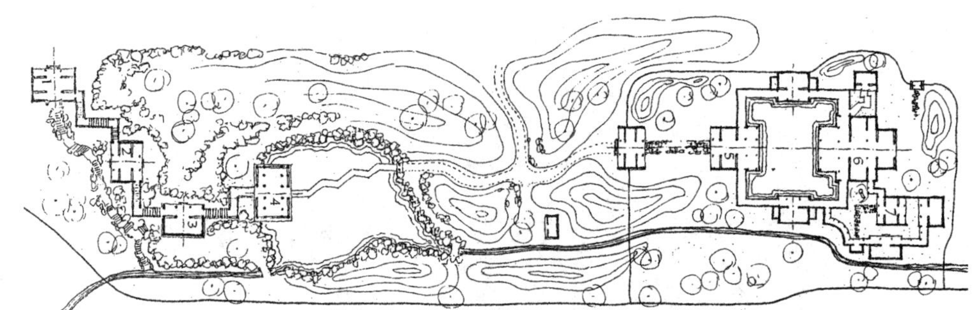

图7-4　濠濮涧-画舫斋景区平面图

1—大门；2—云岫厂；3—崇淑室；4—濠濮间；5—春雨林塘；6—画舫斋；7—古柯庭

镜清斋（静心斋）（见图7-5）建成于乾隆二十三年（公元1758年），是典型的园中之园。意为天无私覆，地无私载，明无私照。其庭院东西长70米、南北长110米，四组庭院构成以方正水池为中心，主体建筑即“镜清斋”。

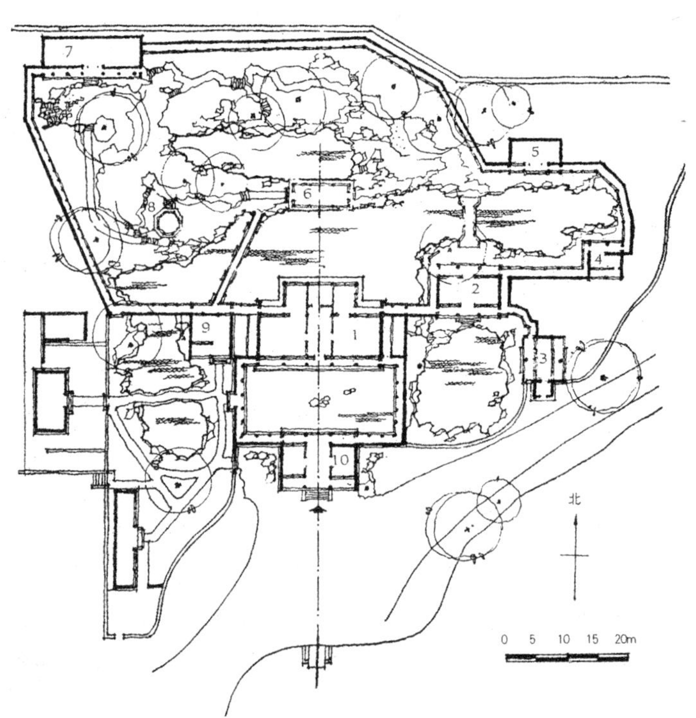

图7-5　镜清斋平面图

1—静心斋；2—换素书屋；3—韵琴斋；4—焙茶坞；5—罨画轩；6—沁泉廊；7—叠翠楼；8—枕峦亭；9—画峰室；10—园门

主庭以大体量山水为构筑中心，是张南垣堆山风格。主庭院建筑采取周边围合布置与重点点染的处理手法，四周建筑用游廊连对，错落有致，适于游赏园中山光水色，又成为山区景物的陪衬。中心部沁泉廊、枕峦亭、石桥主宾相随，强化了南北轴线，使全园在强烈的对比中保持均衡和统一，体现了小中见大、咫尺山林的境界。

园内另有抱素书屋、画峰室、罨画轩三个小庭院，它们各据地势，各有特点。这几个小园既有相对的独立性，又有游廊相通。小园内的小水池和主庭院的大水池沟通为一体，形成了完整的庭院空间系统。

2. 慈宁宫花园

慈宁宫花园(见图 7-6)是慈宁宫附园，始建于明代。这里是历朝的太后、太妃、太嫔们孀居的地方。她们孤寂的生活只有靠宗教信仰作为精神寄托，因此花园中的许多建筑是用来供佛藏经的，园林也颇具寺庙园林风韵。

花园为长方形，面积约 7000 平方米。园林的格局是规整对称的，是中国古典园林中少见的规则式庭园。园中点缀很少，但空间开朗，古木参天，气氛肃穆，极具恬静脱俗之感，风吹铜铃，犹如山中古寺意境。

3. 建福宫花园(西花园)

建福宫花园(见图 7-7)是乾隆皇帝当太子时的居所，他即位后该处升格为宫。

花园东部是三进院落，位于建福宫的轴线上。在第三进院落的北部是慧曜楼，其西部由游廊分隔为三个院落，这三个院落的南部便是花园的主要部分。花园的主题建筑物是延春阁，阁前古松繁茂。阁西有凝辉堂、三友轩、妙莲华室等，内藏历代名家画作。阁南面设有叠石大假山，山上建有积翠亭，登临可眺望园外之景。

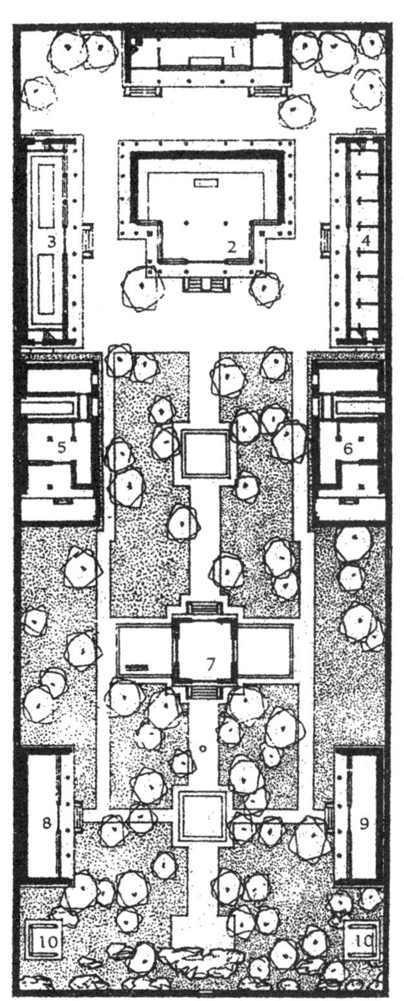

图 7-6 慈宁宫花园平面图

1—慈荫楼；2—咸若馆；3—吉云楼；4—宝相楼；5—延寿堂；6—含清斋；7—临溪亭；8—西配房；9—东配房；10—井亭

建福宫花园是一座旱花园，建筑密度比较高，以山石取胜。园中多用空廊联系院落及殿宇建筑，既有分隔空间的效果，又能使视线通透，便于交通，并减弱了高大宫墙和建筑的封闭感。花园的主轴分明，富有宫廷严谨气氛。

4. 宁寿宫花园(乾隆花园)

宁寿宫是紫禁城东部的一组建筑群，分为

东、中、西三路，其中的西路即是宁寿宫花园。这座园林是乾隆皇帝做太上皇时的居所，又称乾隆花园。花园的基地十分狭长，宽 37 米，长 160 米，由五进院落组成(见图 7-8)。

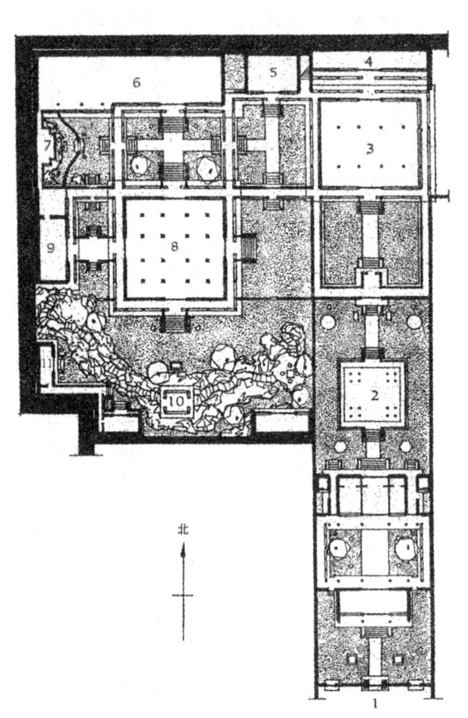

图 7-7 建福宫花园(西花园)平面图

1—建福门；2—惠风亭；3—静怡轩；4—慧曜楼；5—吉云楼；6—敬胜楼；7—碧琳馆；8—延春阁；9—凝晖堂；10—积翠亭；11—玉壶冰；

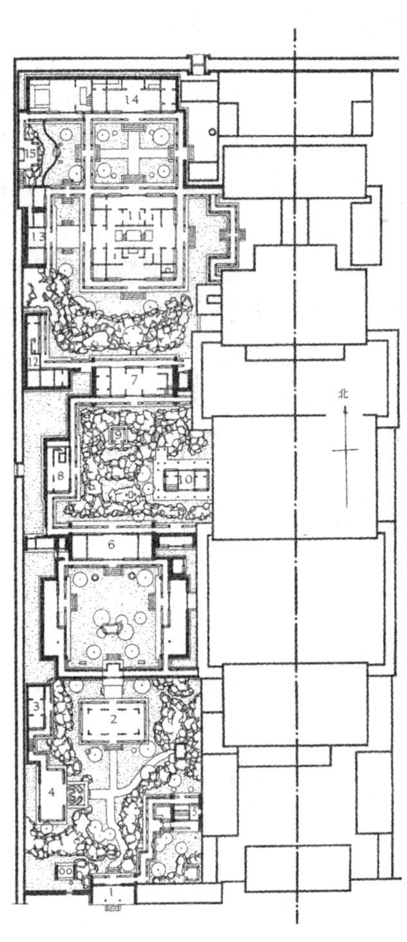

图 7-8 宁寿宫花园(乾隆花园)平面图

1—衍祺门；2—古华轩；3—旭辉亭；4—禊赏亭；5—抑斋；6—遂初堂；7—萃赏楼；8—延趣楼；9—耸秀亭；10—三友轩；11—符望阁；12—养和精舍；13—玉粹轩；14—倦勤斋；15—竹香馆

花园的布局颇具匠心。依据用地狭长的特点，花园横向分隔为五个院落，每个院落都各具特色。

第一进院落主景以假山取胜。迎门假山宛如屏障，遮住视线，由洞中曲径进入后，有豁然开朗之感。庭院内有禊赏亭、撷芳亭、旭辉亭等。第二进院落是典型的北京三合住宅院落，主建筑名为遂初堂，园内花木扶疏，幽雅宁静。第三进院落以一座大假山为主景，建筑环绕周围，假山需仰视观赏，别有意趣。第四进院落的主体建筑是符望阁，阁高二层，登阁可远眺景山、琼华岛及京城景色。阁南设假山，山上有碧螺亭，亭南架设石桥，直通前院的萃赏楼二楼。第五进院落的北部是倦勤斋，其左右有通透游廊相连。西部建竹香馆小园，玲珑小巧，别有洞天。

宁寿宫花园采用横向分隔为院落的方法，并略错开主轴线，以弥补基地过于狭长的缺陷，应园林造景需要。其五个院落景色各异，犹如一道纵深的风景线，引人入胜。园中假山的堆叠极富艺术感，在园林各个造景要素的运用方面，造园者通过在建筑体形、园林装饰、屋宇装修上不断变化以营造园林氛围。虽然造园者花了较多心思来营造园林氛围，但位于紫禁城中的花园还是看起来建筑过密，内容过多，难脱宫廷之气。

二、行宫御苑

1. 静宜园

静宜园位于香山东坡，是一个天然山地园，整个园子分成内垣、外垣和别垣三部分，共有大小景点五十余个(见图 7-9)。

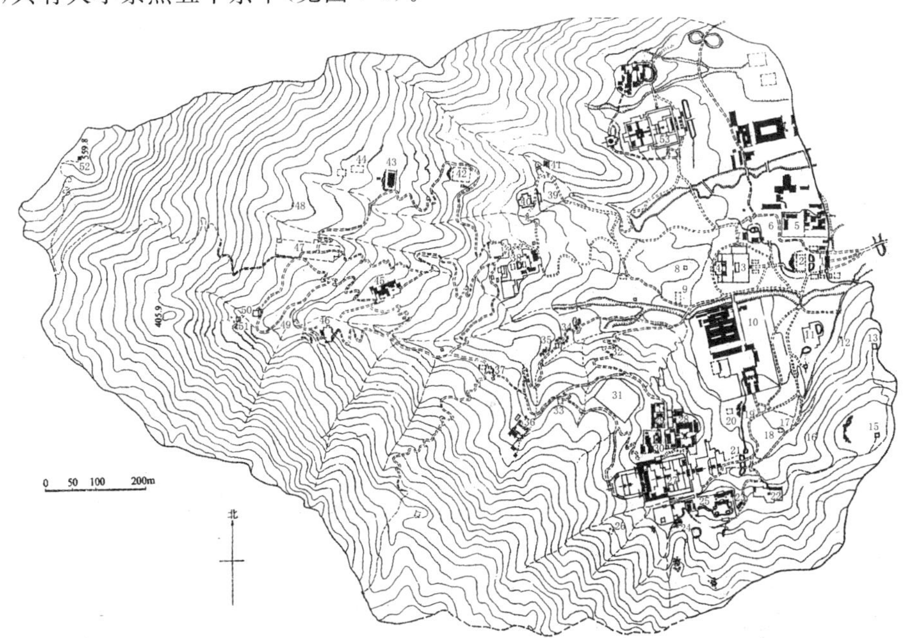

图 7-9 香山静宜园平面图

1—东宫门；2—勤政殿；3—横云馆；4—丽瞩楼；5—致远斋；6—韵琴楼；7—听雪轩；8—多云亭；9—绿云舫；10—中宫；11—屏水带山；12—翠微亭；13—青未了；14—云径苔菲；15—看云起时；16—驯鹿坡；17—清音亭；18—买卖街；19—璎珞岩；20—绿云深处；21—知乐濠；22—鹿园；23—欢喜园(双井)；24—蟾蜍峰；25—松坞云庄(双清)；26—唳霜皋；27—香山寺；28—来青轩；29—半山亭；30—万松深处；31—洪光寺；32—霞标磴(十八盘)；33—绚秋林；34—罗汉影；35—玉乳泉；36—雨香馆；37—阆风亭；38—玉华寺；39—静含太芒；40—芙蓉坪；41—观音阁；42—重翠亭(颐静山庄)；43—梯云山馆；44—洁素履；45—栖月岩；46—森玉笏；47—静室；48—西山晴雪；49—晞阳阿；50—朝阳阿；51—研乐亭；52—重阳亭；53—昭庙；54—见心斋

内垣在园的东南部，是静宜园内主要景点和建筑荟萃之地，包括宫廷区、著名的香山寺、洪光寺。宫廷区坐西朝东，紧接于大宫门即园的正门，二者构成一条东西中轴线。

外垣是香山静宜园的高山区，虽然面积比内垣大得多，但只疏朗地散布着大约十五处景点，外垣更具有山岳风景名胜区的意味，最大的一组建筑群是玉华寺。

别垣一区建置稍昂，内有昭庙、正凝堂两大建筑群。

见心斋倚别垣之东坡，地势西高东低。东：以水为中心，建筑围合水体；西：地势高，建筑结合山石庭院三合院。

东半部水面呈椭圆形，另在西北角延伸出曲尺形的水面，宛若源头疏水无尽之意，随墙游廊一圈围绕水池，粉墙漏窗，极富江南水庭的情调。正厅见心斋（见图7-10）坐西朝东。

西半部建筑物比较集中。不对称的三合院居中正厅“正凝堂”，与东面的见心斋和西面的方亭构成一条东西向的中心轴线，北厢房即为东西两部分之间交通枢纽的楼房的上层。南侧和西侧的山地小庭院各以一座方亭为中心，点缀少量山石，种植大片树木。

2. 静明园

静明园是天然山水园，其所在地玉泉山呈南北走向。静明园以山景为主，水景为辅，山景突出天然风致，水景着重园林经营，含漪湖、玉泉湖、裂帛湖、镜影湖、宝珠湖之间以水道连缀，萦绕于玉泉山东、西、南三面，五个小湖分别因借于山的坡势而成为不同形状的水体，结合建筑布局和花木配置，构成五个不同性格的水景园。静明园在总体上不仅山嵌水抱，而且创造了五个小型水景园环绕、烘托一种天然山景的别具一格的规划布局，如图 7-11 所示。

南山景区：最主要的景点是雄踞玉泉山主峰云顶的香岩寺，普门观组佛寺建筑群依山势层叠而建。

东山景区：包括玉泉山的东坡及山麓，重点在狭长形的影镜湖，建筑沿湖环列而成一座水景园。

西山景区：在山西麓的开阔平坦地段上建置最大的一组建筑群，包括道观、佛寺和小园林。

三、离宫御苑

1. 圆明园

公元 1737 年乾隆移居圆明园，对该园又进行了第二次扩建，在雍正旧园的范围内增加新的建筑群组。此后，又在它的东邻和东南邻另建附园“长春园”和“绮春园”，并称圆明三园，其平面图如图 7-12 所示。长春园内靠北墙一带有一欧式宫苑，俗称西洋楼；绮春园，由若干私家园林合并而成。

圆明园：名代私家园林，清代第三个别苑，主题突出九洲方位。

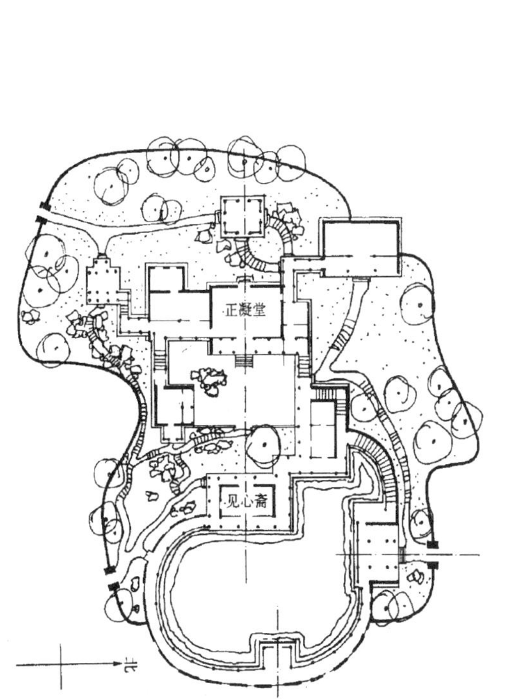

图 7-10　静宜园之见心斋平面图

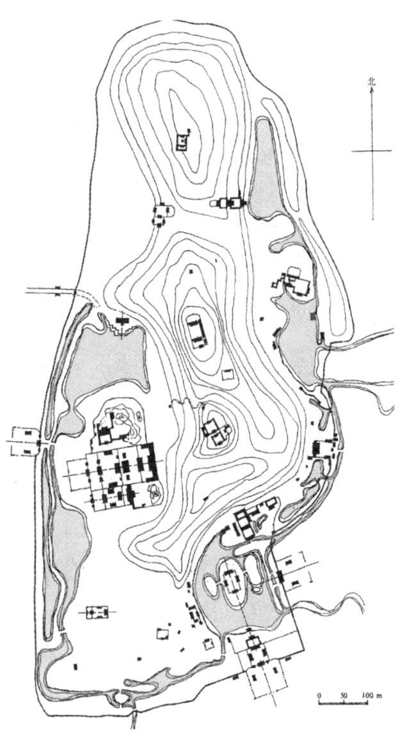

图 7-11　玉泉山静明园平面图

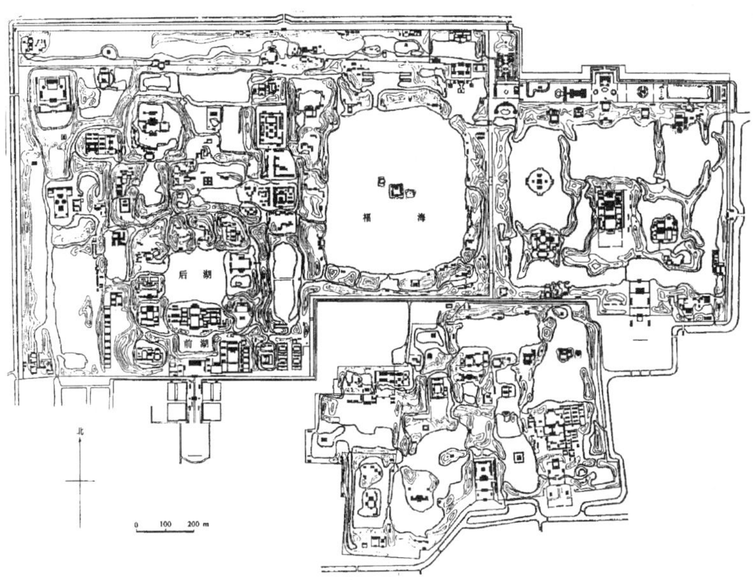

图 7-12　乾隆时期圆明园、长春园、绮春园三园平面图

长春园：以水为中心，疏朗中有通透，造园艺术效果比圆明园要好，有开朗也有亲切深邃的空间意境。

绮春园：典型的集锦式的园子，布局不拘一格，因地制宜，灵活自由，体现江南水乡山野村居的情调。

圆明三园特点如下。

第一，山水。圆明三园都是水景园，园林造景大部分以水为主题，因水成趣，大到600米，小到40.5米的水面，以回环萦绕的河道联结成一个整体，构成全园的脉络和纽带，人工堆积的地形地貌占全园的三分之一，它们与水系相结合，把全园分成山复水转，层层叠叠近百个自然空间，每个自然空间都经过精心的人为加工。出于人为的写意又保持野趣，无疑是烟水迷离的江南水乡精练全面的再现，是平地造园的杰作，是小中见大、咫尺丘壑的筑山理水手法的熟练运用。

第二，建筑。整个建筑有一百二三十处，绝大多数都是游赏、饮宴的园林建筑，形态上大多小巧玲珑、千姿百态，突破了官式规范的束缚，广征博采于北方和江南的民居，多数外装饰朴素雅致，少或不施彩绘，内装饰却极尽豪华；在空间组合上以院落为基调，与自然空间地形、地貌相结合，把中国传统院落布局的多变发挥得淋漓尽致，建筑空间和自然空间通过虚的手法，包括透、露、框景等方法，以及通过山、水、道路的连接将三园组成一个有机整体。

第三，植物。从圆明园植物管理设的机构来看，可以了解到植物种类多，专伺花草的花匠有300余人，以植物命题的景点也不少于150处。

圆明三园无论是总体规划、叠山理水，还是建筑布局，无疑都是中国古典园林三杰作，无愧于集锦园之大成者，但其缺点是照抄照搬的东西太多，不免矫揉造作。圆明三园在清代皇家诸园中是“园中有园”集锦式规划的最具代表性的作品，所包含的小园林各有主题，性格鲜明，是典型的标题园。小园林主题取材可分六类：①模拟江南风景的意趣；②借用前人的诗、画意境；③移植江南的园林景观而加以变异；④再现道家传说中的仙山琼阁，佛经所描绘的梵天乐土形象；⑤运用象征和寓意的方式来宣扬有利于帝王封建统治的意识形态，宣扬儒家的哲言、伦理和道德观念；⑥以植物造景为主要内容或突出某种观赏植物的形象和寓意。

2. 避暑山庄

远在塞外承德的避暑山庄，康熙时已基本建成，乾隆时期在原来的范围内修建新的宫廷区，把宫和苑区分开，另在苑林区内增加新的建筑，增设新的景点，并扩大湖东南的一部分水面。园墙采取有雉堞的城墙形式(见图7-13)，以显示塞外宫城的意思。

①宫廷区，包括三组平行的院落建筑群。

正宫在丽正门后，前后共九进院落，南半部五进院落为前朝，建筑物外形朴素，尺度亲切，环境幽静，极富园林情调，与紫禁城全然不同。北半部的四进院落为内廷，建筑物均以游廊连贯，庭院空间既隔又透，配以花树山石，园林气氛更为浓郁。

图 7-13　避暑山庄平面图

1—丽正门；2—正宫；3—松鹤斋；4—德汇门；5—东宫；6—万壑松风；7—芝径云堤；8—如意洲；9—烟雨楼；10—监芳墅；11—水流云在；12—濠濮间想；13—莺啭乔木；14—莆田丛樾；15—苹香沜；16—香远益清；17—金山亭；18—花神庙；19—月色江声；20—清舒山馆；21—戒得堂；22—文园狮子林；23—殊源寺；24—远近泉声；25—千尺雪；26—文津阁；27—蒙古包；28—永佑寺；29—澄观斋；30—北枕双峰；31—青枫绿屿；32—南山积雪；33—云容水态；34—清溪远流；35—水月庵；36—斗老阁；37—山近轩；38—广元宫；39—敞晴斋；40—含青斋；41—碧静堂；42—玉岑精舍；43—宜照斋；44—创得斋；45—秀起堂；46—食蔗居；47—有真意轩；48—碧峰寺；49—锤峰落照；50—松鹤清越；51—梨花伴月；52—观瀑亭；53—四面云山

松鹤斋的建筑布局与正宫相似而略小，是皇后和嫔妃们居住的地方。建筑物前后交错穿插联以回廊，呈自由式布置。

东宫位于正宫和松鹤斋的东面，地势低于正宫。南临园门德汇门，共六进院落，内有三层楼的大戏台“清音阁”，设天井、地井及转轴、升降等舞台设备，可举行大型演出。

②苑林区，包括湖泊景区、平原景区、山岳景区，呈鼎足而三的布列。

湖泊景区，即人工开凿的湖泊及其岛堤和沿岸地带，约 43 公顷。整个湖泊可以

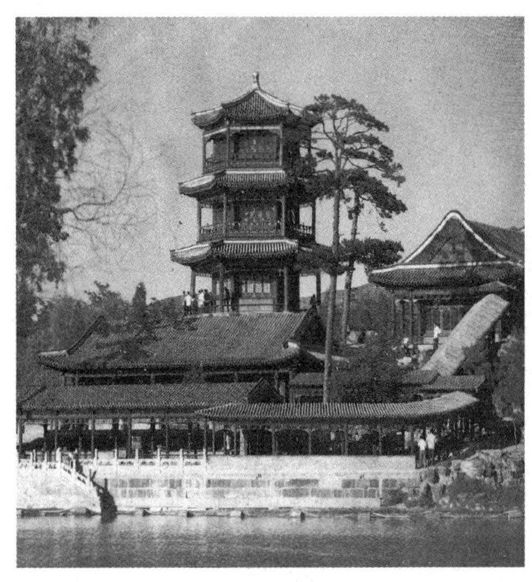

图 7-14　避暑山庄中模仿镇江金山寺建筑的金山亭

视为由洲岛、桥、堤划分成若干水域的一个大水面，这是清代皇家园林中常见的理水方式。景区自然景观是开阔深远与含蓄曲折兼而有之，虽然人工开挖，但就其整体而言，水面形状、堤的走向、岛的布列、水域的尺度等，都经过精心设计，能与全园的山、水、平原三者构成的地貌形势相协调，再配以广泛的绿化种植，宛若天成地设，通体显示出浓郁的江南水乡情调，尺度十分亲切近人。湖泊活水来源有三：一是园外的武烈河和狮子沟来的间隙水，此为主要水源；二是园内热河泉涌出的泉水；三是园内各处的山泉。湖泊景区面积不到全园的六分之一，却集中了全园一半以上的建筑物，是山庄精华所在。设有三条游览路线，其中金山亭是著名的景点之一（见图 7-14）。

平原景区，南临湖东界园墙，西北依山，为狭长三角形地带。面积与湖泊景区大致相等，两者按南北纵深一气连贯，起伏延绵的山岭自西而北屏列，缩结于平原的尽端，山的雄浑、湖的婉约、平原的开旷，在景观上形成强烈的对比。平原区建筑物很少，以显示其开旷。北端建置园内最高的建筑物永佑寺舍利塔，植物配置有东半部的万树园，其中麋鹿成群奔逐于林间，西半部"试马埭"是一片如茵草毡，表现塞外草原粗犷风光。此景区与南面湖泊景区的江南水乡婉约情调并陈于一园之内。

山岳景区占全园三分之二的面积，山形饱满、峰峦涌叠，形成起伏连绵的轮廓线。由于土层厚而覆盖着郁郁苍苍的树木，山虽不高却颇有浑厚的气势，山岭多沟壑但无悬崖绝壁，四条山峪为干道，到处可登临、游览。这个景区正以其浑厚优美的山形而成为绝好的观赏对象，又具可游、可居的特点。建筑布置也相应地不求其显而求其隐，不求其密集而求其疏朗，以此来突出山庄天然野趣的主调。

避暑山庄的三大景区，湖泊景区具有浓郁的江南情调，平原景区宛若塞外景观，山岳景区象征北方名山，可谓移天缩地，荟萃南北风景于一园之内。宫墙如万里长城，外八庙分为蒙、藏、维、汉民族形式。园内外浑然一体的大环境无异于以清王朝为中心的多民族大帝国的缩影，象征寓意与圆明园异曲而同工。此不仅是避暑园林，也是塞外的一个政治中心，在一定程度上将政治活动气氛与园林景观完美结合起来，主题表现突出。

3. 清漪园

清漪园（颐和园）始建于公元 1750 年，是一座以万寿山、昆明湖为主体的大型天然山水园（见图 7-15），模仿杭州西湖而建。

图 7-15　清漪园平面图

清漪园分宫廷区(东端)和苑林区(西端)两部分。

苑林区,前山、前湖景区占全园面积的 88%,前山即万寿山南坡,前湖即昆明湖。后山、后湖景区仅占全园面积的 12%。后山即万寿山的北坡,后湖是山北麓与北宫墙之间的一条河道。后山的著名景点有云会寿、味闲斋、惠山园、霁清轩等。其中惠山园是仿无锡寄畅园而建。

景区内安排五条轴线,具有两个意图:一是中轴线西侧由近及远逐渐减少建筑物的密度和分量,同时运用"正变虚实"的手法逐渐减弱左右均齐的效果;二是以自中心而左右的退晕式的渐变过程来烘托中轴线的突出地位,强调建筑群体的严谨中寓变化的意趣。由于五条轴线的如此安排,也控制住了整个前山建筑布局从严整到自由,从浓密到疏朗的过渡、衔接和展开,把散布在前山的所有建筑物统一为一个有机的整体(见图 7-16)。

慧山园(见图 7-17),由以山石为主变为以人为建筑为主,后改名谐趣园。其特点是建筑布局灵活,有正有变,增加序列感,有轴线控制,又不失凌乱,游廊跌宕起伏;

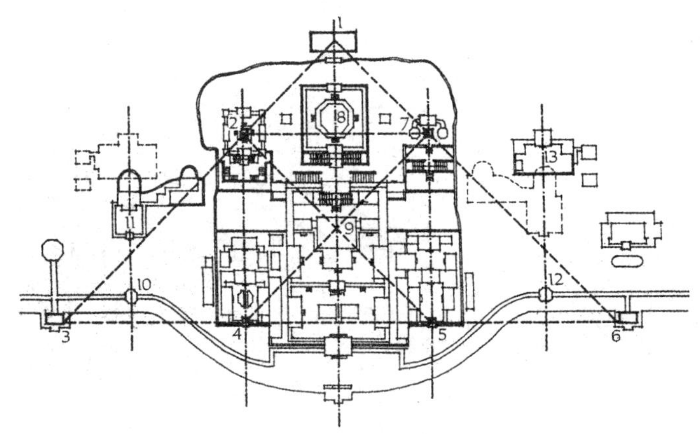

图 7-16 清漪园分析图(建筑景观序列)

1—智慧海;2—宝云阁;3—鱼藻轩;4—清华轩;5—介寿堂;6—对鸥舫;7—湖山碑;8—佛香阁;9—排云殿;10—奇澜亭;11—云松巢;12—秋水亭;13—写秋轩

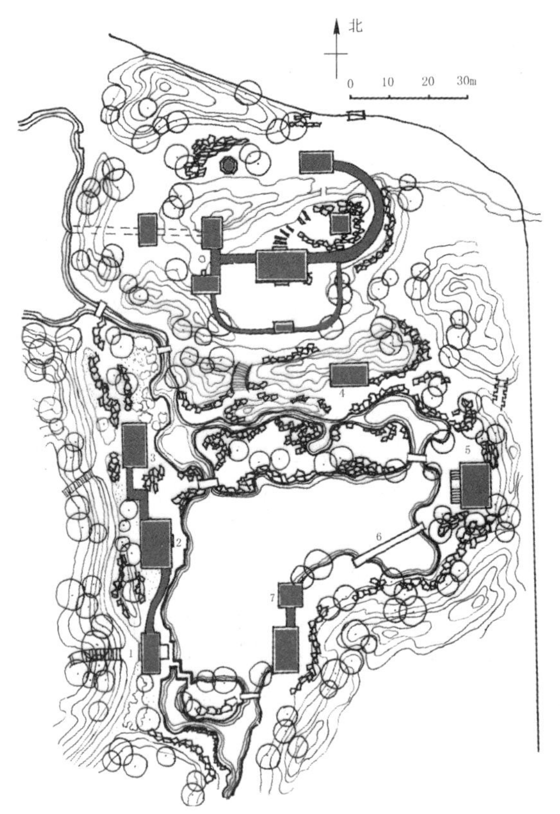

图 7-17 清漪园之慧山园平面图

1—园门;2—澹碧斋;3—就云楼;4—墨妙轩;5—载时堂;6—知鱼桥;7—水乐亭

植物上分几个区，不同区域种植不同植物，园林建筑形式及其组合手法，丰富多彩。

后湖狭长的空间采取分段处理（苏州街）。

前山区种植松柏，取长寿永园。沿湖多为柳，堤岸柳、桃夹植，水面上是荷花，曲院风荷。后山夹杂落叶灌木，以松柏为主调，更突出天然野趣。

第三节　皇家园林的主要成就

清代的乾隆、嘉庆两朝，皇家园林的建设规模和艺术造诣都达到了历史上的高峰境地，造园技艺在继承上代传统的基础上又有所发展和创新，取得了十分巨大的成就，具体表现在以下几个方面。

一、总体规划宏伟壮观

无论是平地起造的人工山水园，还是天然形成的园林化风景名胜区，由于建园基址的不同，均因地制宜地采用了不同的造景手法和总体规划方式。例如，圆明园采用的是"集锦式"规划方法，避暑山庄把北方的山岳景观、塞外的草原景观和江南园林美景汇集于一园中，而清漪园则以杭州西湖作为规划的蓝本，香山静宜园用的是类似于风景名胜区的规划手法。

二、重视建筑形象的造景作用

利用园内分量加重的建筑有意识地突出建筑的形式美，将它作为造景和表现园林的皇家气派的一个手段。建筑形象的造景作用，主要是通过建筑个体和群体的外观，群体的平面和空间组合而显示出来的。建筑布局上很重视选址相地，讲究隐、显、疏、密的安排，求其构图之美能够与园林山水风景之美相协调。

三、将江南园林的技艺全面应用于皇家园林之中

江南私家园林精湛的造园技巧与浓厚的诗画艺术格调，在这一时期已经达到了高峰，并对清代的皇家园林产生了巨大的影响。在皇家园林中江南造园技艺体现在以下方面。

其一，引进江南园林造园手法。例如，在皇家园林中采用了江南常见的园林建筑形式，大量运用江南叠山技法，在水系、驳岸、桥梁的处理上，借鉴或采用江南园林的造景手法。

其二，再现江南园林的主题。皇家园林的许多主题景观实际上是一些江南风景的再现，如避暑山庄的烟雨楼、金山亭，清漪园的长岛小西泠，圆明园的坐石观流等，都是对江南景色的全面模拟。

其三，具体仿建名园，即以江南的名园为蓝本，仿照其规划布局而建。如避暑山庄的狮子林是仿苏州狮子林而建的，清漪园的惠山园是仿无锡寄畅园而建的。

四、蕴含复杂多样的象征寓意

清代的皇家园林中借助于造景表现天人感应、皇权至尊、纲常伦纪等象征寓意，较之以往范围更加广泛，内容也更加丰富。如蓬莱三岛、梵天乐土等景点寓意宗教与神话传说，“禹贡九州”的景题表达了皇朝王土的概念，而避暑山庄与其外围的建筑布局，体现的是多民族封建大帝国。诸如此类的象征寓意，是以皇帝的政治目的为核心营造园林意境的，也可以说是封建社会的主流意识形态，即儒、道、释的思想在造园艺术上的反映。

第四节　江南的私家园林

一、概述

江南自宋、元、明以来，一直都是经济繁荣、人文荟萃的地区，私家园林建设继承上一代势头，普遍兴旺发达，除极少数的明代遗构被保存下来之外，绝大多数是在明代的旧园基础上改建或完全新建的。早在康熙年间，扬州园林已经从城内逐渐发展到城外西北郊保障河一带的河湖风景地，乾隆时期是扬州园林发展的黄金时代，同治以后，江南地区私家造园活动中心逐渐转移到太湖附近的苏州，杭州也是江南私园集中地之一，但旧园多废。其余还有吴兴、海宁、上海等，常熟、南京、安徽南部也是私家造园比较发达的地区。

二、园林实例

1. 个园

个园(见图 7-18)位于扬州新城东关街，占地 0.6 公顷，紧接于邸宅的后面。黄石大假山位于抱山楼东侧，高 7 米。个园以假山堆叠之精巧而名重一时，扬州以园亭胜，园亭以叠石胜，个园的假山即是例证，其采取分峰用石法，创造了象征四季景色的四季假山。分峰石又结合不同的植物配置，四季景观特色更为突出。

个园以假山的精巧堆叠而著称。院内的“春夏秋冬”四座假山所用材料、手法、景观形象各异，构成个园的独特风格。其中春山为翠竹白石，点出“寸石生情”“雨后春笋”之意；夏山以太湖石堆叠，如层云卷舒；秋山以黄石叠成，为全园最高点，黄石丹枫，倍增秋色；东山系宣石叠成，石白如雪，如残雪覆盖，犹如冬景。特别是东山南墙留有多个圆洞，阵风掠过，如萧瑟鸣声，又如北风呼啸之音，故而被称之为“音洞”。但就个园总体来说，建筑物的体量过大，压过了园林的山水环境，附庸风雅的书卷气终脱不开“市井气”。

2. 网师园

网师园，原名渔隐园，始建于南宋，在苏州城东南阔家头巷，占地 0.4 公顷，是一

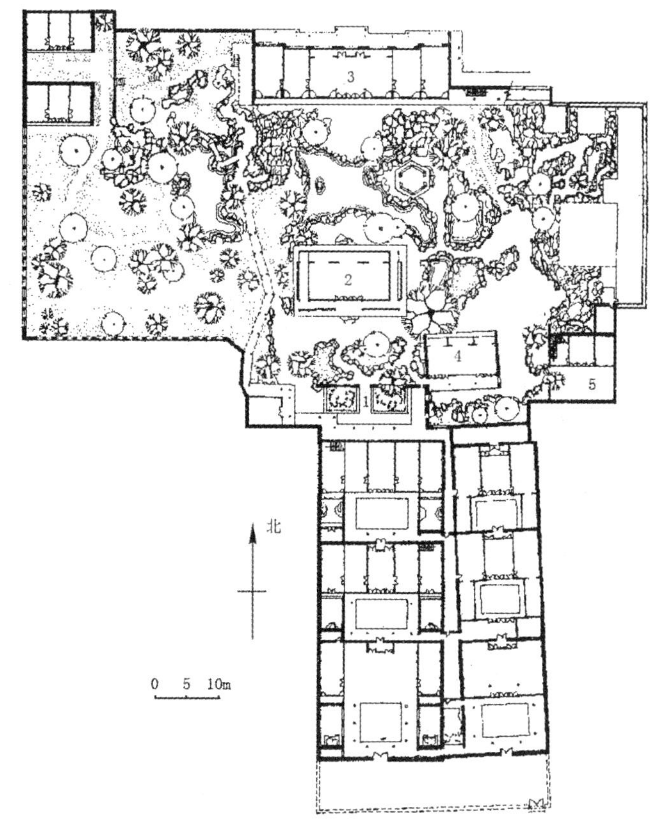

图 7-18　扬州个园平面图

1—园门；2—桂花厅；3—抱山楼；4—透风漏月；5—丛书楼

座紧邻于邸宅西侧的中型宅园。

园林的平面略呈丁字形，它的主体部分居中，以一个水池为中心，建筑物和游览路线沿着水池四周安排，西北临水的“濯缨水阁”是主景区的水池南岸风景画面上的构图中心（见图7-19）。

水池北岸是主景区内建筑物集中的地方，竹外一枝轩的东南为小水榭“射鸭廊”，既是水池东岸的点景建筑，又是凭栏欣赏园景的场所，同时还是通往内宅的园门。三者合而为一，故甫入园即可一览全园三胜，设计手法全然不同于外宅的园门。水池面积并不大，仅 400 平方米左右。水池四周之景无异于四幅完整的画面，内容各不相同却都有主题和陪衬。濯缨水阁、月到风来亭、竹外一枝轩、射鸭廊，既是点景建筑，同时也是驻足观看的场所，虽范围不大，却仿佛观之不尽，引人流连。

整个园林空间安排采取主、辅对比的手法，主景区也就是全园的主体空间，在它的周围安排若干个较小的辅助空间，形成众星拱月的格局。

3. 拙政园

拙政园始建于明初。全园 4.1 公顷，是一座大型宅园，全园包括东、中、西三部

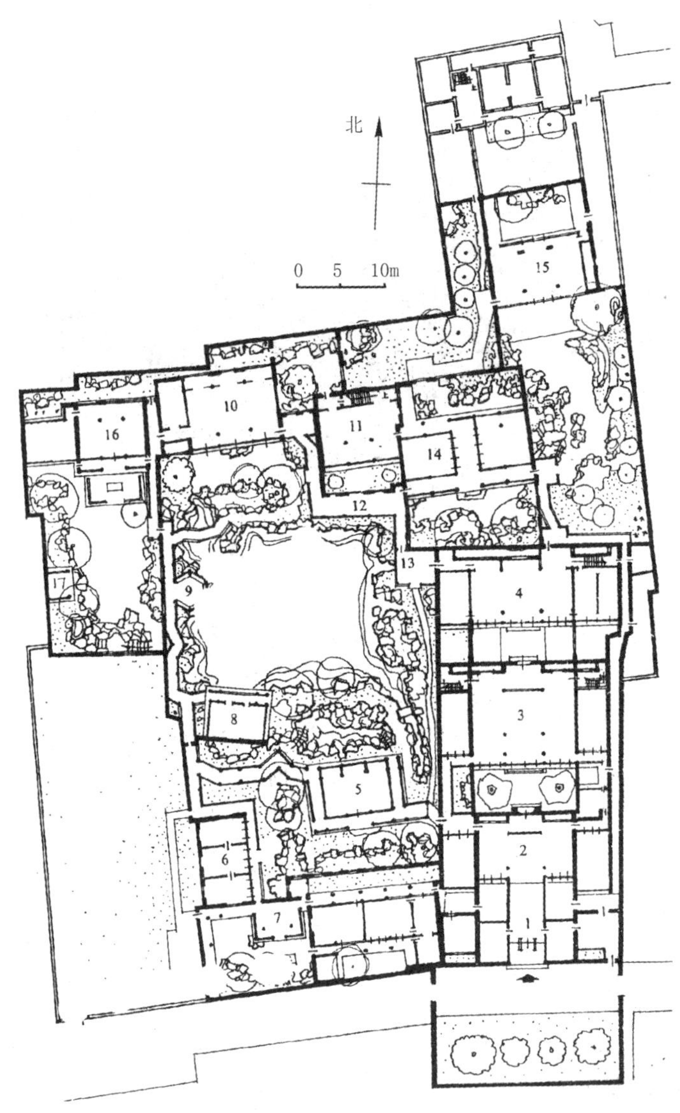

图 7-19 网师园平面图

1—宅门；2—轿厅；3—大厅；4—撷秀楼；5—小三丛桂轩；
6—蹈和馆；7—琴室；8—濯缨水阁；9—月到风来亭；
10—看松读画轩；11—集虚斋；12—竹外一枝轩；13—射鸭廊；
14—五峰书屋；15—梯云室；16—殿春簃；17—冷泉亭

分。中部是全园的主体和精华所在，主景区以大水池为中心，水面有聚有散，聚处以辽阔见长，散处则以曲折取胜（见图 7-20）。池东西两端留出水口，伸出水尾，显示疏水若为无尽之意，池中垒土石构筑成东西两岛，把水池划分为两个空间，岛山一带极富苏州郊外的江南水乡气氛，为全园风景最胜处。原来的园门是邸宅里弄（水巷）的巷门，经长长的夹道而进入腰门，迎面一座小型黄石假山犹如屏障，以免使园景一览无余。山后小池一泓，渡桥过池或循廊绕池便转入豁然开朗的主景区，这就是造园的大小空间转换、开合对比手法运用的一个范例。

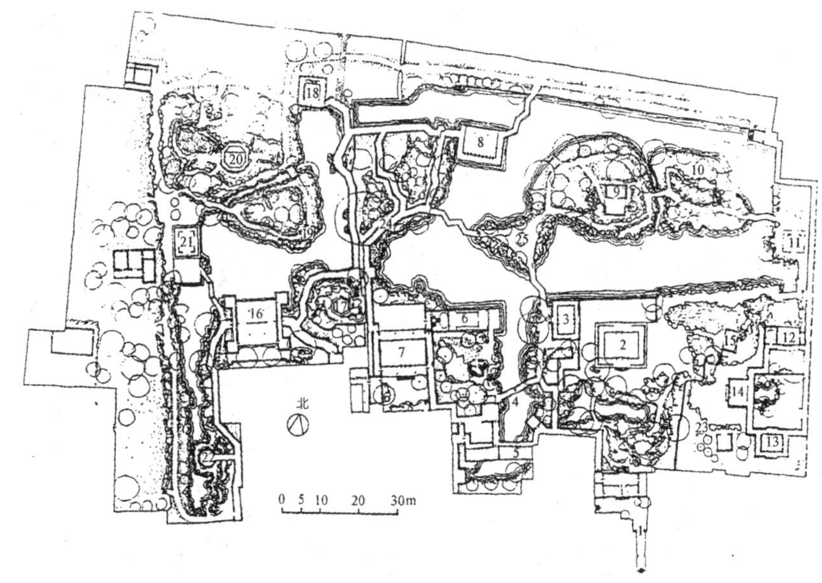

图 7-20　拙政园平面图

1—腰门；2—远香堂；3—南轩；4—小飞虹；5—小沧浪；6—香洲；7—玉兰堂；8—见山楼；9—雪香云蔚亭；10—待霜亭；11—梧竹幽居；12—海棠春坞；13—听雨轩；14—玲珑馆；15—绣绮亭；16—三十六鸳鸯馆；17—宜两亭；18—倒影楼；19—与谁同坐轩；20—浮翠阁；21—留听阁；22—塔影亭；23—枇杷园；24—柳荫路曲；25—荷风四面亭

远香堂为园中部主体建筑，也是由香洲起景在此承转。

特点：中部的拙政园水体占全园面积的五分之三，建筑多临水，借水赏景、因水成景，水多则桥多，桥多为平桥，其横线条能协调于平静水面，其中廊桥形式的小飞虹构成以桥为中心的独特景观(见图 7-21)。

拙政园是典型的多景区、多空间复合的大型宅园，园林空间丰富多变，大小各异。

西部为补园，以水为中心，水面呈曲尺形，以散为主、聚为辅，水南北两端作为狭长形水面的结景，池东北水面狭窄，东边是随势起伏曲折的水廊，北边是倒影楼，南边是宜两亭、鸳鸯厅，西侧为西部主体建筑，体量较大，尺度协调。

东部是新园，布局以平冈远山、松林草坪、竹坞曲水为主。配以山池亭榭，仍保持疏朗明快的风格，主要建筑有兰雪堂、芙蓉榭、天泉亭、缀云峰等。

4. 留园

留园位于苏州，始建于明朝，面积 2 公顷。既有以山池花木为主的自然山水空间，又有以建筑围合的各样空间，实际是一个多样空间的复合体，空间布局采取建筑相对集中以密托疏的手法以保持山水空间比例(见图 7-22)。

图 7-21 拙政园之小飞虹

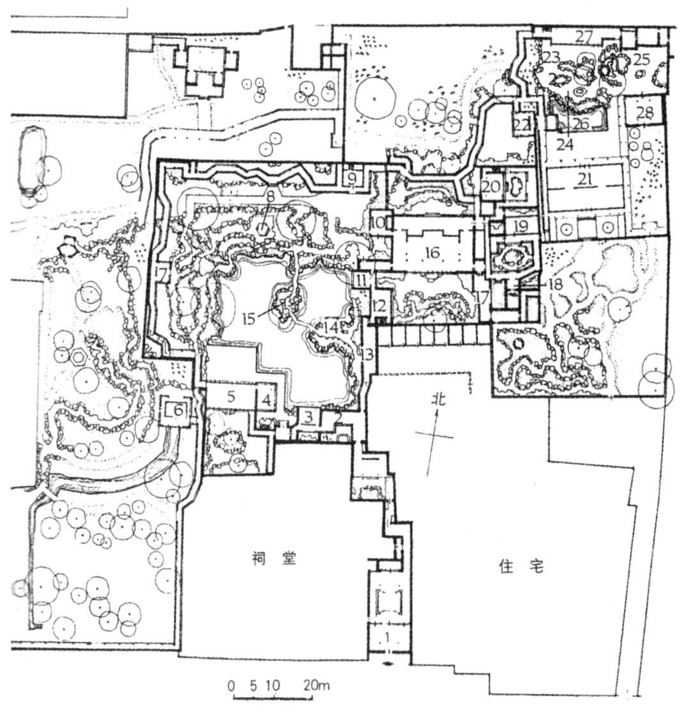

图 7-22 留园平面图

1—大门；2—古木交河；3—绿荫；4—明瑟楼；5—涵碧山房；6—活泼泼地；7—闻木樨香轩；8—可亭；9—远翠阁；10—汲古得绠处；11—清风池馆；12—西楼；13—曲谿楼；14—濠濮亭；15—小蓬莱；16—五峰仙馆；17—鹤所；18—石林小屋；19—揖峰轩；20—还我读书处；21—林泉耆硕之馆；22—佳晴喜雨 快雪之亭；23—岫云峰；24—冠云峰；25—瑞云峰；26—浣云池；27—冠云楼；28—伫云庵

第五节　北方的私家园林

一、概述

北京是北方造园活动的中心，亦是私家园林精华荟萃之地。究其原因有三点：一是在明、清汲取江南造园技艺的基础上，结合北方的自然条件和人文条件，所形成的地方风格已臻于成熟和定型；二是继康、乾盛世之后，大量官僚、王公贵戚集聚北京，有宅必有园；三是康熙以来，皇家园林建设频繁，至乾隆时达到高潮，从而形成设计、施工、管理的一套严密体系和熟练队伍，为民间园林建设创造了有利的条件，产生一定促进作用。北京城内私家园林多数为宅园，内城东富西贵，外城多集中会馆园林。

二、园林实例

半亩园（见图 7-23、图 7-24）在北京内城弓弦胡同，始建于康熙年间。道光二十一年（公元 1941 年）由金代皇室后裔麟庆购得，“垒石成山，引水作沼，平台曲室，奥如旷如”，园林紧邻于邸宅西侧，南半部以一个水池为中心，池中央叠石为岛屿。

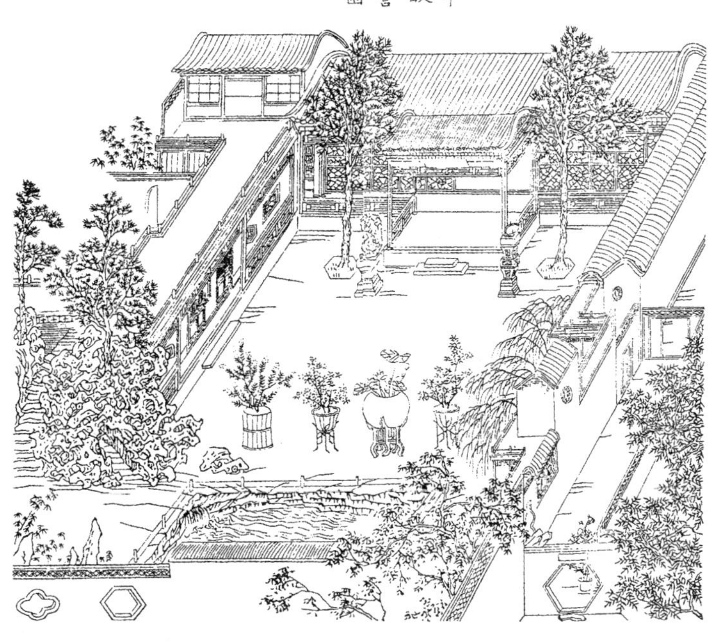

图 7-23　半亩营园图

1—园门；2—住宅；3—玲珑池馆；4—留客亭；5—退思斋；6—近光阁；7—云荫堂；8—曝画廊；9—拜石轩；10—琅寰妙境；11—海棠吟社

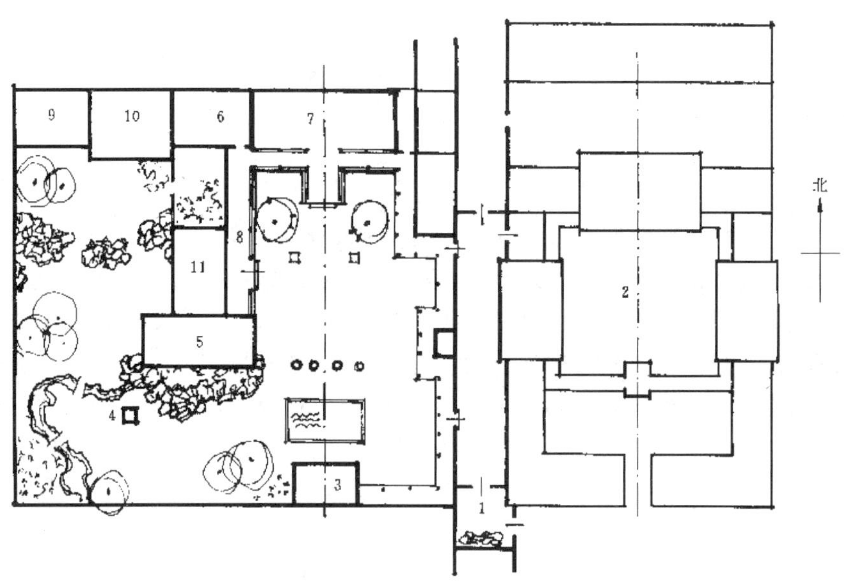

图 7-24 半亩园平面复原示意图

1—园门；2—住宅；3—玲珑池馆；4—留客亭；5—退思斋；6—近光阁；7—云荫堂；8—曝画廊；9—拜石轩；10—琅寰妙境；11—海棠吟社

园林区包括南北两区，南区是园林主体，正厅“云荫堂”以山和空间与建筑院落空间相结合；北区则为若干庭院空间的组织而寓变化于严整之中，体现了浓郁的北方宅园性格，利用顶平台拓展视野，也充分利用了小环境的借景条件。园林总体布局自有其独特的章法，但在规划上忽视了建筑的疏密安排。

第六节　岭南的私家园林

一、概述

岭南泛指我国南方五岭以南的地区，古称南越，汉代已出现民间私家园林。清初，岭南的珠江三角洲地区经济比较发达，文化亦相应繁荣，私家造园活动开始兴盛，逐渐影响到潮汕、福建和台湾地区。到清中叶以后日趋兴旺，在园林的布局、空间组织、水石运用和花木配置方面逐渐形成自己的特点，终于异军突起，成为与江南、北方鼎峙的三大地方风格之一，顺德的清晖园、东莞的可园、番禺的余荫山房、佛山的梁园号称粤中四大名园。

闽南、台湾深受中原移民文化的影响，明清以来又受到岭南文化的浸润，这里的园林虽属岭南园林的范畴，但在局部和细部上又可以看到江南园林的痕迹。

岭南地近澳门，海外华侨众多，接触西洋文明可谓得风气之先，园林受到西洋的影响也就更多一些。个别园林的规划布局甚至能看到模仿欧洲园林的迹象。

二、园林实例

广州的余荫山房于同治年间建成，完整保留至今。“余地三弓红雨足，荫天一角绿云深”的格局，分东西南三部分(见图 7-25)。

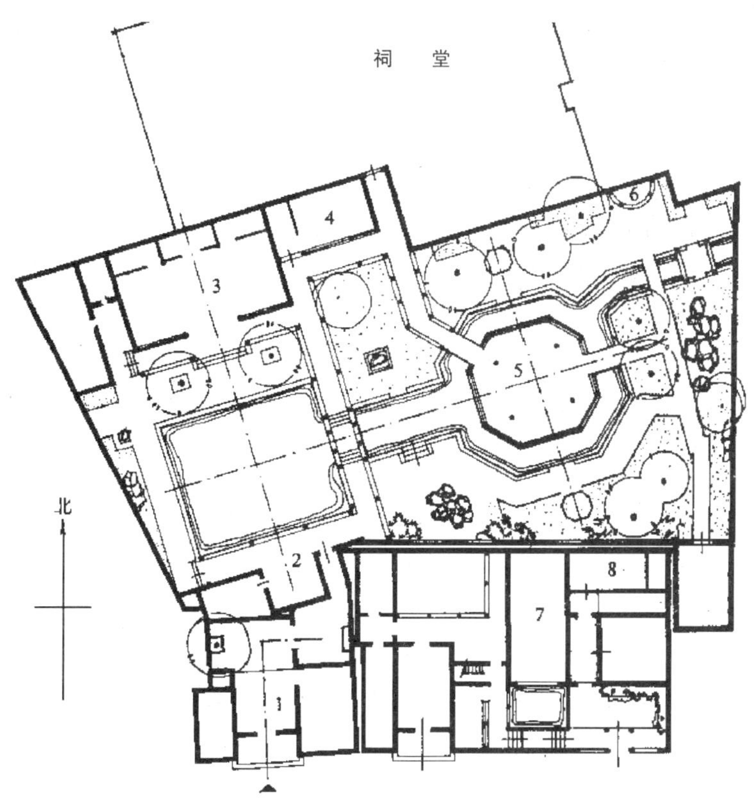

图 7-25　余荫山房平面图

1—园门；2—临池别馆；3—深柳堂；4—榄核厅；5—玲珑水榭；6—南薰亭；7—船厅；8—书房

西半部以一个方形水池为中心，池水的正厅是深柳堂，与池南临池别馆相对应，构成西半部这个庭院的南北中轴线。

东半部面积较大，中央开凿八方形水池，有水渠穿过亭桥，与西半部的方形水池沟通，正中建八方形的玲珑水榭，八面开敞，可以环眺八方之景。

南部为相对独立的一区——“愉园”，是主人起居读书的地方，为一系列小庭院的复合体。以一座船厅为中心，登二楼可俯瞰余荫山房全景及园外的景观，抵消了因建筑密度过大而予人的闭塞之感。

特点：总体布局呈两个规整形状的水池并列组成水庭，水池的规整几何形状受到西方园林的影响，植物繁茂，园林中经年常绿，花开似锦，建筑内外敞透，雕饰丰富。但总的来看，建筑体量过大，玲珑水榭的尺度与小巧的山水环境不协调。

第七节　私家园林综述

成熟后期的私家园林，就全国范围的宏观而言，形成江南、北方、岭南三大风格鼎峙的局面，这三大地方风格主要表现在各自造园要素的用材、形象和技法上，园林的总体规划也多少有所体现。

江南园林叠岩料品种多，以太湖石和黄石两大类为主，用石量大，假山石多于土，手法多样，技艺高超。江南气候温和湿润，花木生长良好，植物以落叶树为主，配合若干常绿树，再辅以藤萝竹、芭蕉、草花等构成植物配置的基调。

利用花木生长的季节性构成四季不同景色，讲究树木孤植和丛植的画意经营及其色、香、形的象征寓意，注重古树名木的保护利用。园林建筑则以高度成熟的江南民间乡土建筑作为创作源泉，从中吸取精华，园林空间多样而富于变化，为定观组景、动观组景，以及对鲁、柜景透景，创造了更多的条件。总的来说，江南园林深厚的文化积淀、高雅的艺术格调和精湛的造园技巧，均居于三大地方风格之首，足以代表这个时期民间造园艺术的最高水平。

北方园林，建筑形象稳重、结实，再加上封闭感，具有一种不同于江南的刚健之美。北方水资源匮乏，园林供水困难，因而水池面积较小，甚至采用旱园的做法，这不仅使水景的建置受影响，也由于缺少挖池的土方致使筑土不能太多、太高，北方叠石做假山的规模就大一些。叠山多为太湖石和青石，形象偏于凝重，与北方建筑风格十分协调，颇能表现幽燕沉雄气度。植物配置观赏树种，比江南少，尤缺阔叶常绿树和冬季花木园林的规划布局，中轴线、对景线的运用较多，更赋予园林以凝重、严谨的格调，园内空间划分较少，整体性较强，当然也不如江南私园曲折多变了。

岭南园林的规模较小，且多数是宅园，建筑比重较大。庭院和庭园形式多样，建筑物平屋顶多做成“天台花园”，建筑物比江南更趋开放通透，外观形象当然也就更富有轻快、活泼的意趣，建筑局部细部很精致，多有运用西方样式，甚至整座西洋古典建筑配以传统的叠山理水，别有风韵。叠山常用英石包镶，山体可塑性强，姿态丰富，具有水云流畅的形象，小型叠山或石峰与小型水体相结合而成的水石庭，尺度亲切而婀娜多姿，是岭南园林一绝。理水手法丰富多样，不拘一格，少数水池为规整几何形式，则是受到西方园林的影响。岭南地处亚热带，观赏的品种繁多，园内一年四季花团锦簇，绿荫葱翠，除乡土树种花木之外，还大量引进外来植物。就园林总体而言，建筑意味较浓，建筑形象在园林造景上起着重要的甚至决定性的作用。但不少园林由于建筑体量偏大，楼房较多而略显壅塞，深邃有余而开朗不足。

地方风格的普遍化，园林风格的乡土化，在某种程度上也意味着造园技巧的长足发展，地方风格特征主要就表现在各自造园技巧的不同。

技巧性更胜于思想性是成熟后期私家造园活动的总趋向，另一个趋向是宅园的突出发展，宅园造园技艺之精湛、手法之丰富，达到宋、明以来的最高水平，这个时期的私家园林，留下大量技巧娴熟的优秀作品，但也脱不开时代艺术思潮和社会风尚的影响，暴露出过分拘泥于形式和技巧，流于人工味，以及过于浓重的人造自然的负面倾向，这种矛盾的情况，主要表现在以下六方面。

第一，园居活动频繁。园林已由赏心悦目、陶冶性情的游憩场所，转化为多功能的活动中心，“娱于园”的概念上升为造园的主导，因而园内建筑物的类型、数量势必随之增多，匠师们因势利导，创造了一系列丰富多彩的个体建筑形象和群体组合方式，为园林造景开拓了更广阔的领域，然而空间划分过多，在一定程度上不免影响园林的整体感，建筑分量过重、密度过大，毕竟要或多或少削弱园林自然天成的气氛，也悖于风景式园林的创作原则。

第二，宅园的性质有了一些变化，园林与邸宅的关系比宋、明时期的更为密切，这种庭院反映了当时居住生活与园林享受进一步相结合的倾向，同时也意味着另一种倾向：造园从早先的在自然环境里面布置建筑物，演变为在建筑环境里面再现自然。难免削弱园林总体的自然天成的趣味，失之于过分的人工造作。

第三，明代与清初是叠山技术发展的黄金时代。后期的园林叠山也反映了园林的形式主义、程式化和缺乏创造性的倾向。

第四，园林的植物更注重其配置的艺术效果，不太重视栽培技术。

第五，宋代开始运用景题，赋予园林以标题的性质，仿佛绘画的题款，来抒发园主人的情怀，文学与造园艺术完美结合，成熟后期，有不少空谈，或言过其实，或曲高和寡，与此情此景并不贴切，个别甚至无病呻吟，无非是为景题而景题，缺乏思想内涵。文人风格的私家园林已消融于流俗之中，趋向形式主义。

第六，造园活动虽十分广泛，实践经验却未能总结、提高到理论的概括，造园理论趋于萎缩，再没有出现过明末清初那样理论著述的力作，失去过去文人造园积极进取、富于开创性的精神。

成熟后期的私家园林形成了江南、北方、岭南三大风格鼎峙的局面。其他地区的园林或多或少受到它们的影响，出现许多亚风格或者是三大风格的变体。至于少数民族的园林，除了藏族园林已初具风格的雏形外，其他均尚处在萌芽的状态。

第八节　寺观园林

清代统治者对于宗教的态度是比较宽容的，对佛、道两教予以支持、保护和扶持。尤其是清初的几位皇帝都崇信佛教，使得这一时期新建、扩建寺院的数量十分可观。皇帝为了团结和笼络蒙、藏、回等民族的上层贵族，分别在北京、承德、五台山兴建了许多规模宏大的庙宇，促进了寺观园林的发展。

这一时期的寺观园林继承了唐宋以来园林世俗化、文人化的传统，除了一些景点具有宗教寓意和象征内容外，与一般的私家园林没有太大区别。在造园手法和用材方面甚至更加朴实、简练一些。在园林兴盛的地区，大多数寺院都有附建的园林，如扬州的天宁寺西园、静慧寺的静慧园、大明寺西园等，已经成为当地的名园。

在一些寺院中，庭院绿化的内容很受重视。在主要殿堂的庭院，树木的叶茂荫浓极好地烘托出宗教肃穆的气氛，而次要庭院的花卉和观赏树木，则呈现出“禅房花木深”的幽雅怡人情趣。在远郊或山野风景地带的寺院，更注意结合寺院所在区域的地形地貌环境，营造园林化的景观（见图 7-26）。寺院的选址大多在绿化良好、风景优美的地区，因此，寺院的所在地往往成为风景区内最佳的景点和游览地，使得宗教建设与自然风景融为一体，对风景名胜区的开发起着先行者的作用，具有相当重要的意义。这也是“天下名山僧（道）占多”的由来。中国古代的寺观园林由于它的开放性，在一定程度上还起着公共园林的作用。

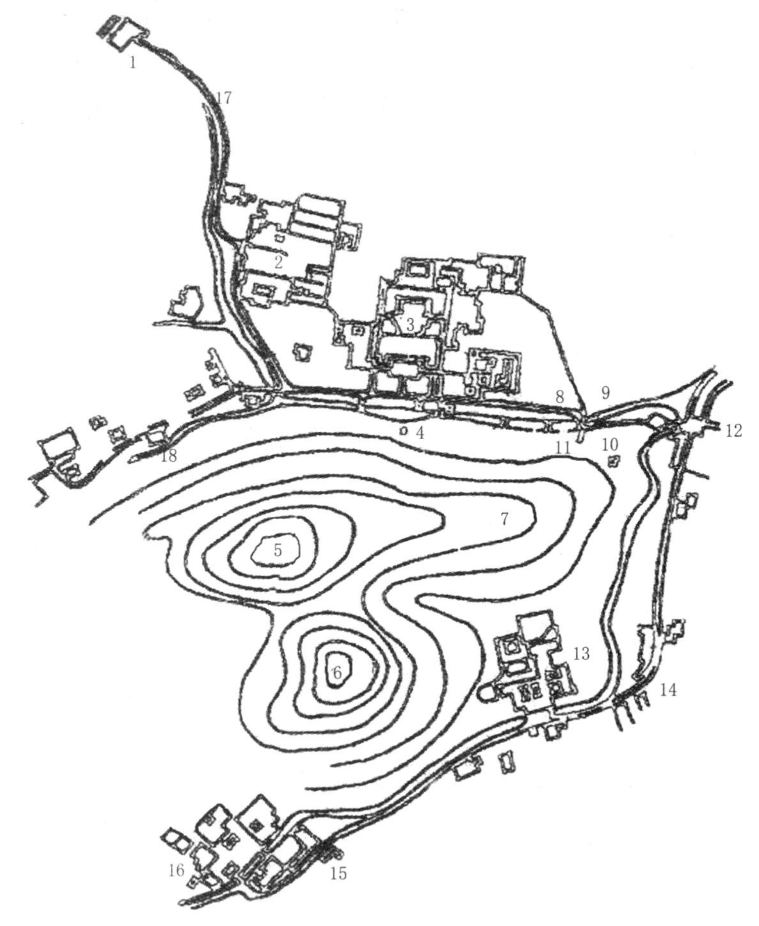

图 7-26　杭州的寺观分布

1—韬光寺；2—紫竹林；3—云林寺；4—翠微亭；5—莲花峰；6—稽留峰；7—飞来峰；8—龙桥；9—春淙亭；10—理公塔；11—一线天；12—灵隐寺；13—法镜寺；14—下天竺；15—中天竺；16—法静寺；17—韬光径；18—法云街

这个时期的寺观园林为数众多，如北京的大觉寺（见图 7-27）、白云观和承德的普宁寺（见图 7-28）的特点是建有独立的附园，北京的法源寺庭院绿化出众，四川的乌尤寺和安徽的太素宫（见图 7-29）注重寺院周围的园林化环境的处理，而北京的潭柘寺（见图 7-30）、四川的古常道观和杭州的黄龙洞（见图 7-31）的特点是园林、庭院绿化和风景环境兼而有之。其中，大觉寺、白云观、普宁寺、潭柘寺的园林属于北方风格，太素宫、黄龙洞属于江南风格，而古常道观、乌尤寺是西南地区的园林风格。

图 7-27　北京大觉寺图

图 7-28　河北承德普宁寺

图 7-29　安徽太素宫

图 7-30　北京潭柘寺

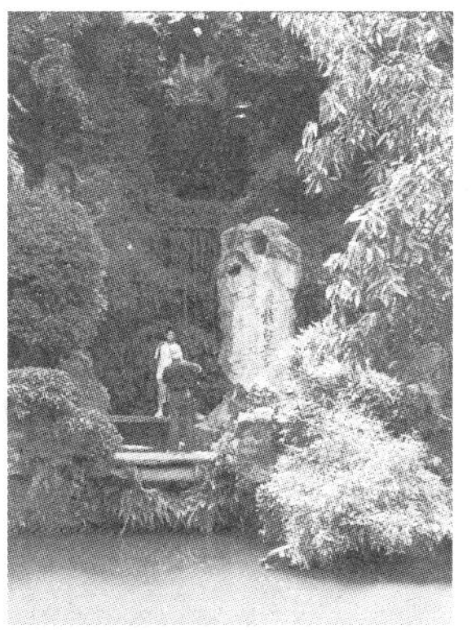

图 7-31　杭州黄龙洞

第九节　少数民族园林

中国是多民族的国家，一共有 56 个民族生活在这个大家庭里。过去，由于历史条件和地理环境的限制，它们的经济、文化的发达程度存在着极大的差异。汉族占全国人口的90%以上，经济、文化的发展一直居于领先的地位，园林作为汉文化的一个组成部分早已独树一帜，成为世界范围内的主要园林体系之一，通常所说的“中国古典园林”实际上即指汉族园林。其他的少数民族，大部分由于本民族经济、文化的发展一直处于低级阶段，尚不具备产生园林的条件，即便在房前屋后种植树木花卉，亦非有意识的艺术创作。一部分少数民族，或者汉化的程度极深，或者上层统治者完全接受汉文化的影响，他们所经营的园林当然也就属于汉族的某种地方风格的范畴。另外，个别的少数民族受到外来文化的影响较多，处在亚洲其他文化圈的边缘。例如云南的傣族，较多地受到泰缅文化的影响，上层统治者豪华的府邸，其中的园林多少会包含泰缅园林的因素，但这类府邸如今已全毁，园林的具体情况也就不得而知了。再如，新疆的维吾尔族受到伊斯兰文化的影响较深，但迄今尚未发现具有本民族风格的、完整的园林艺术创作，它们究竟包含多少伊斯兰园林的因素，当然亦无从知晓。只有藏族，在清中叶即已初步形成具备独特民族风格的园林，而且有完整的实物保存下来。

藏族聚居于我国西南边疆的西藏地区。大约在9世纪，藏民族文化的发展已进入比较成熟的阶段。到15世纪以后的明清时期，又向着更高水平上跃进而形成完整的体系。中外藏学家都认为，在我国各民族文化中，藏族文化就其总体的系统性和全面性而言，仅次于汉族文化，而个别的范畴如宗教，甚至可与汉族并驾齐驱。发达的文化孕育着园林艺术，农奴庄园经济的发展为造园活动提供了条件。大约在明末清初，西藏地区已出现园林的萌芽，到清中期已发展为三个类别：庄园园林、寺庙园林、行宫园林。庄园园林即大农奴主建置在他们的庄园里面的园林，山南地区是西藏庄园经济最发达的地区，这类园林也比较多。寺庙园林建置在规模较大的佛寺内，一般兼作“辩经场”，即喇嘛们辩论佛经奥义的室外场地。行宫园林最足以代表藏族园林风格的是达赖、班禅居住的郊外行宫，其中尤以罗布林卡最为著名。乾隆年间在拉萨、日喀则两地兴建的行宫园林便是藏族园林初具雏形的标志。

“罗布林卡”是藏语的译音，意思是“有如珍珠宝贝一般的园林”，在拉萨西郊，占地约36公顷。园内建筑物相对集中为东、西两大群组，当地人习惯上把东半部称为“罗布林卡”，西半部称为“金色林卡”。在西藏民主改革以前，这里是达赖喇嘛个人居住的园林，具有别墅兼行宫的性质。历代达赖驻园期间，作为藏政府的首脑需要在这里处理日常政务、接见噶厦官员；作为宗教领袖需要在这里举行各种法会、接受僧俗人等的朝拜。因此，罗布林卡不仅是供达赖避暑消夏、游憩居住的行宫，还兼有政治活动和宗教活动中心的功能。

罗布林卡始建于乾隆年间，当时的七世达赖格桑嘉措体弱多病，夏天常到此处用泉水沐浴治病。清廷驻藏大臣看到这种情况，便奏请乾隆皇帝批准特为达赖修建了一座供浴后休息用的简易建筑物——乌尧颇章（“颇章”是藏语“殿”的音译）。稍后，七世达赖又在其旁修建一座正式宫殿——格桑颇章，高三层，内有佛殿、经堂、起居室、卧室、图书馆、办公室、噶厦官员的值房以及各种辅助用房。建成后，经皇帝恩准每年藏历三月中旬到九月底达赖可以移住这里处理行政和宗教方面的事务，十月初再返回布达拉宫。这里遂成为名副其实的夏宫，罗布林卡亦以此为胚胎逐渐充实、扩大。

这座大型的别墅园林并非一次建成，而是历经近二百年时间、三次扩建才达到现在的规模（见图 7-32）。

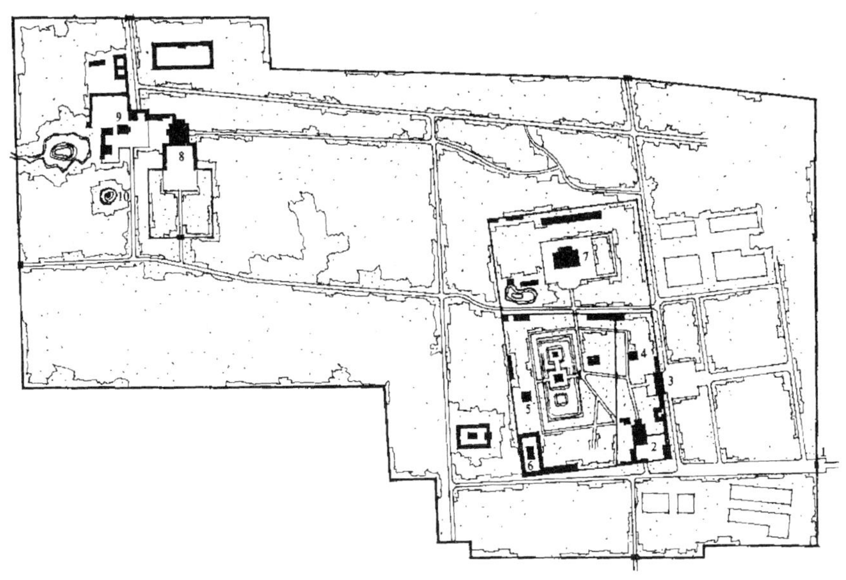

图 7-32　罗布林卡平面图

1—大宫门；2—格桑颇章；3—威镇三界阁；4—辩经台；5—持舟殿；
6—观马宫；7—新宫；8—金色颇章；9—格桑德吉颇章；10—凉亭

第一次扩建是在八世达赖强白嘉措（公元 1758 年—公元 1804 年）当政时期，扩建范围为格桑颇章西侧以长方形大水池为中心的一区。

第二次扩建是在十三世达赖土登嘉措（公元 1876 年—公元 1933 年）执政时期，范围包括西半部的金色林卡一区，同时还修筑了外围宫墙和宫门。

1954 年，十四世达赖丹增嘉措又进行第三次扩建，这就是东半部以新宫为主体的一区，罗布林卡的外围宫墙上共设六座宫门，大宫门位于东墙靠南，正对着远处的布达拉宫（见图 7-33）。园林的布局由于逐次地扩建而形成园中有园的格局：三处相对独立的小园林建置在古树参天、郁郁葱葱的广阔自然环境里，每一处小园林均有一幢宫殿作为主体建筑物，相当于达赖的小朝廷。

第一处小园林包括格桑颇章和以长方形大水池为中心的一区。前者紧接园的正门之后具有“宫”的性质，后者则属于“苑”的范畴。苑内水池的南北中轴线上三岛并列，北面二岛上分别建置湖心宫（见图 7-34）和龙王殿，南面小岛种植树木。池中遍植荷花，池周围是大片如茵的草地，在红白花木掩映于松、柏、柳、榆的丛林中若隐若现地散布着一些体量小巧精致的建筑物，环境十分幽静。这种景象正是在敦煌壁画中所见到的那些“西方净土变”的复现，也是通过园林造景的方式把《阿弥陀经》中所描绘的“极乐国土”的形象具体地表现出来。这在现存的中国古典园林中，乃是孤例。园林东墙的中段建置“威镇三界阁”，阁的东面是一个小广场和外围一大片绿地林带。每年的雪顿节，达赖及其僧俗官员登临阁的二楼观看广场上演出的藏戏。每逢重要的宗教节日，哲蚌、色拉两大寺的喇嘛云集这里举行各种宗教仪式。

图 7-33 罗布林卡宫门

图 7-34 湖心宫

图 7-35 新宫

第二处小园林是紧邻于前者北面的新宫一区(见图 7-35)。两层的新宫位于园林的中央，周围环绕着大片草地、树林的绿化地带，其间点缀少量的花架、亭、廊等小品。

第三处小园林即西半部的金色林卡。主体建筑物“金色颇章”(见图 7-36)高三层，内设十三世达赖专用的大经堂、接待厅、阅览室、休息室等。底层南面两侧为官员等候觐见的廊子，呈左右两翼环抱之势，其严整对称的布局很有宫廷的气派。金色颇章的中轴线与南面庭园的中轴线对位重合，构成规整式园林的格局。从南墙的园门起始，一条笔直的园路沿着中轴线往北直达金色颇章的入口。庭园本身略呈方形，大片的草地和丛植的树木，除了园路两侧的花台、石华表等小品之外，别无其他建置。庭园以北、由两翼的廊子围合的空间稍加收缩，作为庭园与主体建筑物之间的过渡。因而这个规整式园林的总体布局形成了由庭园的开朗自然环境渐变到宫殿封闭建筑环境的完整空间序列。

金色林卡的西北部分是一组体量小巧、造型活泼的建筑物，高低错落呈曲尺形随意展开，这就是十三世达赖居住和习经的别墅（见图 7-37）。它的西面开凿了一泓清池，池中一岛象征须弥山。从此处引出水渠绕至西南汇入另一圆形水池，池中建圆形凉亭。整组建筑群结合风景式园林布局，显示出亲切近人的尺度和浓郁的生活气氛，与金色颇章的严整恰成强烈的对比。

图 7-36　金色颇章

图 7-37　金色林卡之内的别墅

罗布林卡以大面积的绿化和植物成景所构成的粗犷的原野风光为主调，也包含着自由式和规整式的布局。园路多为笔直，较少蜿蜒曲折。园内引水凿池，但没有人工堆筑的假山，也不做人为的地形起伏，故而景观均一览无余。藏族的“碉房式”石造建筑不可能像汉族的木构建筑那样具有空间处理上的随意性和群体组合上的灵活性。因此，园内不存在运用建筑手段来围合成景域、划分为景区的情况。一般是以绿地环绕着建筑物，或者若干建筑物散置于绿化环境之中。园中之园的格局主要由于历史上的逐次扩建而自发形成，三处小园林之间缺乏有机的联系，亦无明确的脉络和纽带，不能形成完整的规划章法和构图经营。园林“意境”的表现均以佛教为主题，没有儒、道的思想哲理，更谈不上文人的诗情画意。园林建筑一律为典型的藏族风格，局部的装饰装修和小建筑，如亭、廊等，则受到汉族的影响，某些小品还能看到明显的西方影响的痕迹。

总体说来，罗布林卡是现存的少数几座藏族园林中规模最大、内容最充实的一座，目前已成为西藏地区的重要旅游景点之一。它显示了典型的藏族园林风格，虽然这个风格尚处于初级阶段的生成期，远没有达到成熟的境地。但在我国多民族的大家庭里，罗布林卡作为藏族园林的代表作品，毕竟不失为园林艺术百花园中的一朵奇葩。

第十节　其他园林

清代的公共园林没有新的发展，依然沿袭前朝的方式。其他的一些园林形式，如衙署园林、书院园林在这一时期有所发展且数量上有所增加。

一、公共园林

从宋代开始繁荣起来的市民文化，与皇家、士流的雅文化相互影响，到清中叶和清末已经臻于成熟，具体表现在小说、戏曲、表演、绘画等方面，城镇的公共园林作为这种文化的载体和依托也随之兴盛起来。在一些经济文化发达地区，如江浙一带的农村，公共园林也十分兴盛。

这一时期的公共园林大致有三种情况。

第一，依托城市水体水系，或利用水利设施因水成景，营造开放的绿化空间。一般来说，城市及近郊的公共园林大多属于这种情况。例如，北京的什刹海就是内城最大的一处公共园林。它因景色优美，酒肆众多，周围多有古寺、名园，倚窗对水，颇有江南风致，而因此闻名。陶然亭是清代北京的又一处著名公共园林，亭依一个天然水湖而建，取白居易诗句“更待菊黄家酝熟，共君一醉一陶然”之意。除此之外，济南的大明湖、南京的玄武湖、扬州的瘦西湖、昆明的翠湖都是依水而成的城市公共园林。

第二，利用著名建筑物的旧址或遗址，或者是与历史人物有关的名迹，经过园林化处理而成为公共园林。如四川的杜甫草堂、桂湖，是利用名人的故居；河南苏门山的“百泉”与“啸台”因晋时的孙登、阮籍而知名，结合优美的自然景观，加上历代的整治，成为远近皆知的大型公共园林。

第三，农村聚落的公共园林，多见于经济、文化繁荣发达的江南地区。在清代，皖南的徽商常常在家乡出资修建村内的公共设施和公共园林，如楠溪江的水口园林、歙县的檀干园等。檀干园位于歙县的唐模村，是一处水景园，水体兼有水库的作用。园不设墙，内有亭、榭、会馆等园林建筑，布局疏朗有致，与清溪、石路和村落融为一体，一派天人和谐的景象（见图 7-38）。

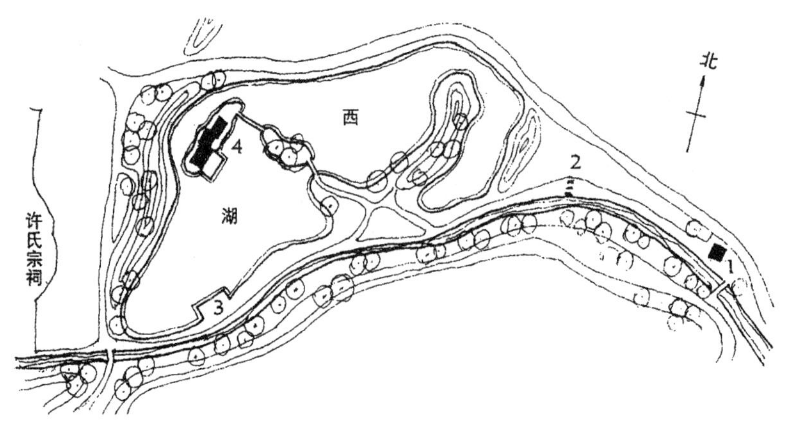

图 7-38　歙县檀干园平面图

1—入口石亭；2—石牌坊；3—花香洞里天；4—许氏文会馆

二、衙署园林

清代的衙署园林与之前的衙署园林一样，都是在官衙府邸内单独辟出一部分作为随任眷属的居所，并有一些园林的建置，相当于宅园。现存的比较完整的有河南内乡县衙的园林(见图 7-39)。

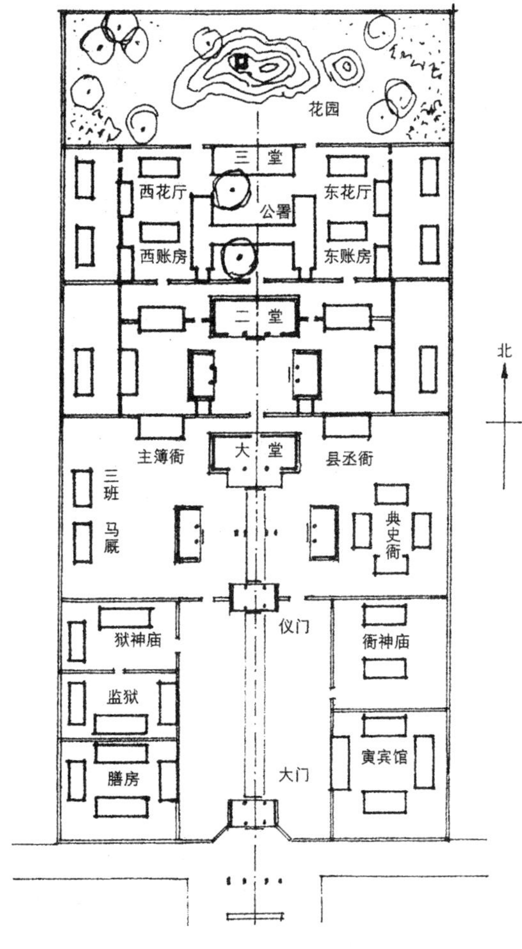

图 7-39　内乡县衙平面图

三、书院园林

作为中国古代的教学与学术研究机构，书院最早出现于唐代，其选址常常在环境清幽、远离城市的风景秀美之地。清代的书院建筑较多，其中有许多设有园林，即书院园林。现存的有云南大理的西云书院(见图 7-40)、安徽歙县的竹山书院(见图 7-41)等。

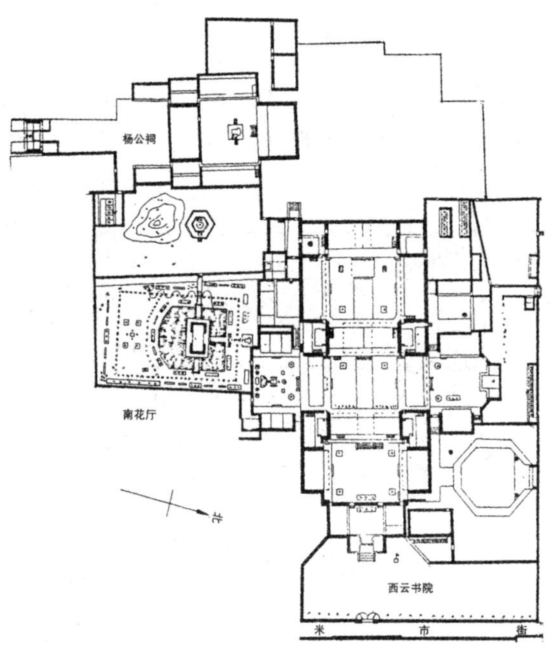

图 7-40 云南大理西云书院平面图

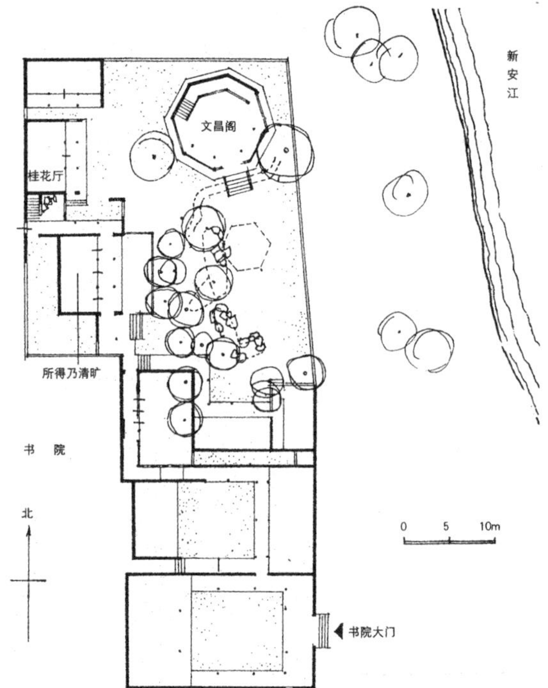

图 7-41 安徽歙县竹山书院桂花厅平面图

小　结

从乾隆到清末不到二百年的时间是中国历史由古代转入现代的一个急剧变化的时期，也是中国古典园林全部发展历史的一个终结时期，这个时期的园林继承了上代的传统，取得了辉煌的成就，同时也暴露出封建文化末世衰颓的迹象。可以将这个短暂的终结时期的造园活动概括为以下六点。

第一，皇家园林经历了大起大落的波折，从一个侧面反映了中国封建王朝末世的盛衰消长。皇家大型园林在总体规划上有很多创新，全面引进江南民间造园艺术，形成南北园林艺术大融糅，出现了具有里程碑性质的优秀的大型园林作品避暑山庄、圆明园、清漪园，随着封建社会由盛而衰，园林艺术从高峰走向低谷。

第二，民间私家园林形成江南、北方、岭南三大风格鼎立的局面。江南园林以精湛的造园技艺和保存下来的为数甚多的优秀作品居于首位，私家造园精华差不多都荟萃于宅园后期，文人园林特点和风格也越来越消融于流俗之中。

第三，宫廷和民间的园居活动频繁，"娱于园"的倾向明显，园林已由赏心悦目、陶冶性情为主的游憩场所，转化为多功能的活动中心，同时又受到封建末世的过分追求形式美和技巧性的艺术思想影响，园林里建筑密度过大，山石多，一方面发展了空间划分围合的技法，一方面也削弱了园林自然天成的气氛，从而助长了形式主义，失去了锐意进取，有悖于风景式园林的主旨。

第四，公共园林在上代基础上，又有长足发展，把商业、服务业与公共园林在一定程度上结合起来，形成城市里面开放性的公共绿化空间，已经有几分接近现代的城市园林，但还出于自发状态，规划设计始终处在较低级层面。

第五，造园的理论探索停滞不前，再没有出现像明末清初那样的有关园林和园艺的略具雏形的理论著作，更谈不上进一步科学化发展，失却了早先文人参与造园进取、积极的富于开创性的精神。

第六，随着国际、国内形势变化，西方园林文化开始进入中国，不仅引进至宫庭，而且影响岭南沿海地区，相应的，中国园林艺术也传到了英国。

所以说中国古典园林即使处于末世衰落，在技艺方面仍然有所成就，仍保持其完整的体系。

【思考和练习】

1. 清朝皇家园林的大内御苑、行宫御苑、离宫御苑分别有哪些，各自有什么特点?
2. 说说圆明园的布局特点和艺术成就。
3. 江南、北方、岭南三大风格的私家园林各有什么特点?
4. 成熟后期的中国古典园林暴露出哪些不足之处，试举例说明。
5. 谈谈藏族园林与其他少数民族园林的发展情况。

第八章　中国古典园林综述

第一节　皇家园林的发展历程与主要成就

皇家园林属于皇帝个人和皇室私有，供帝王居住、游娱之用，古籍里称之为苑、宫苑、苑囿、御苑等。

一、皇家园林的发展历程

商周鼎革之际，周公制礼作乐，在继承传统的基础上系统地建立了一整套有关“礼”“乐”的固定制度，以适应新兴的周王朝的政治变革。其中，系统的“礼制”包括嫡长制、分封制和祭祀制。相应于礼制的建立，在国家的建设活动中产生了以“营国制度”为核心的中国历史上第一次都邑建设的高潮。伴随着都邑建设的高潮，“囿”作为皇家园林而形成完整的格局。所以皇家园林始于殷商，并以“囿”的形式出现，即在一定的自然环境范围内，放养动物、种植林木、挖池筑台，以供皇家打猎、游乐、通神明和生产之用。当时著名的皇家园林为周文王的灵囿。此是中国古典园林发展历程中，第一个出现的造园类型。

“囿”不仅是帝王、诸侯狩猎、通神兼作游憩的场所，同时也被纳入礼制的范畴而规定其大小规模，“天子百里，诸侯四十”，不能随便僭越。

秦汉两代(公元前221年—公元220年)，建立中央集权的封建大帝国，废除宗法分封之制，皇帝通过庞大的官僚机构统治寰宇，确立皇权的至尊至高地位。

秦统一六国后，整个社会都处于一种不断开拓与创新的状态中。这样的社会景象是与它植根的土壤——新型地主阶级的社会文化密切相关的。新型地主阶级的文化精神是宏阔的，它铸就了秦宏大的筑宫建苑活动，也由此引发了中国园林史上的第一个造园高潮。皇家园林成为造园活动的主流，具有狩猎、通神、求仙、生产、游憩等多种功能。皇家园林以山水宫苑的形式出现，即皇家的离宫别馆与自然山水环境结合起来，其范围大到方圆数百里。苑，又称宫苑，一种带宫室的园林形式——这才是真正意义上的“皇家园林”，一种新的园林形式。

上林苑北起渭水，南至终南山，东到宜春苑，西达浐河。秦代传闻于后世最著名的宫殿是朝宫，始皇三十五年建于渭南上林苑中。朝宫的前殿，即阿房宫。“周驰为阁道，自殿下直抵南山，表南山之巅以为阙”，就是说在阿房宫四周修筑阁道，从殿下一直通到南山。在南山顶峰树立标志以作为门阙。用门阙的方式将南山纳入自己的范围，又以阁道相连，气势雄伟、壮观。但这样宏大的规模，该如何去控制呢？秦宫苑建筑群在空间构成上，主要以线性建筑廊道、复道等来连接主体建筑，形成各种空间。五步一楼、十步一阁只是在主线上，而不是全部。而且线性建筑过长、形式单调，秦宫苑主体建筑又体量巨大，极大地削弱了建筑的群体表现力。此外，秦宫苑多半是原野的山川和自然树木，宫殿较疏落，动辄数百里，不可能密布建筑物或人工培植的花木，无法形成富有魅力的亲切的园林空间。以秦为鉴，汉代则在秦的基础上形成了苑中苑的“大分散，小聚合”布局，奠定了园林空间组织的基础。至此，可以说汉代是“大分散，小聚合”园林空间组织的始祖，但秦代则是这种布局的奠基石。它以自身为鉴，促使中国园林空间组织走向了更为怡人舒心的布局形式。

在秦代上林苑的建设中，不仅“表南山之巅以为阙”“络樊川以为池”，而且修建了许多人工湖泊，如牛首池、镐渠，山明水秀，景色宜人。在秦以前，园林中的水系主要以自然为主，没有人工的痕迹。至秦，则开始人为地将水系引入，并进行一定的改造加工，使之成为园林中的新景观，因而秦代又开启了我国古典园林的理水历程。兰池宫在咸阳东，以水景为主。《三秦记》云“秦始皇作长池，引渭水，东西二百里，筑土为蓬莱山，刻石为鲸鱼，长二百丈，亦曰兰池陂”，实际是一项以人工湖——长池蓄水拦洪的水利工程。从这里又可以看出，秦代的理水技法已有相当水平，不仅以水造景，更把水景的美学价值和实用价值结合了起来。这对后世乃至今天都有很好的指导意义。

相传在我国东海中有蓬莱、方丈、瀛洲三座仙山。其中有仙山楼阁、珍禽怪兽、奇花异草及长生不老之药，是人们神往的仙境所在。秦始皇做了许多努力想入海登仙山，终未成功。他便在人间建了一处“仙境”，并在水池中筑起了蓬莱山——初步开创了一池三山的造园形制。中国园林以人工堆山的造园手法即由此开始。它不仅成为历代皇家园林创作池山的主要模式，还影响到宫苑以外的园林，如扬州历史上有“小方壶园”，苏州留园有“小蓬莱”，杭州三潭印月景区的“小瀛洲”等，是我国造园史上历代相传、广为应用，且常常起到画龙点睛作用的重要技法。

植物栽培主要是为了生产，观赏功能尚在其次，纯观赏的植物品类比较少，栽培技术也处在低级的水平上。

汉起称苑。汉朝在秦朝的基础上，把早期的游囿发展到以园林为主的帝王苑囿行宫，除布置园景供皇帝游憩之外，还举行朝贺，处理朝政。汉高祖的“未央宫”，汉文帝的“思贤园”，汉武帝的“上林苑”，梁孝王的“东苑”（又称梁园、兔园、睢园），汉宣帝的“乐游园”等，都是这一时期的著名苑囿。从敦煌莫高窟壁画中的苑囿亭阁，元人李容瑾的汉苑图轴中，可以看出汉时的造园已经有很高水平，而且规模很大。枚乘的《梁王兔园赋》、司马相如的《上林赋》、班固的《西都赋》、司马迁的《史记》，以及《西京杂记》、《三辅黄图》等史书和文献，对于上述囿苑都有比较详细的记载。汉武帝在秦代上林苑的基础上，大兴土木，扩建成规模宏伟、功能更多样的皇家园林——上林苑。汉代上林苑掀起中国皇家园林建设的第一个高潮，上林苑中既有皇家住所、欣赏自然美景的去处，也有动物园、植物园、狩猎区，甚至还有跑马赛狗的场所。其中太液池运用山池结合手法，造蓬莱、方丈、瀛洲三岛，岛上建宫室亭台，植奇花异草，自然成趣。这种池中建岛、山石点缀的手法，被后人称为秦汉典范。从此，中国皇家园林中“一池三山”的做法一直延续到了清代。

汉代建筑多“高台榭、美宫室”，已有抬梁式、穿斗式和井干式的木结构方法，虽以大体量的壮美取胜，但作为园林建筑，其形象比较单一，难以发挥精致的点景作用。

魏晋南北朝时期(公元220年—公元589年)，是我国社会发展史上的一个重要时期，一度社会经济繁荣，文化昌盛，皇家园林的发展处于转折时期，造园手法受私家园林影响较大，并进一步发展了“秦汉典范”。虽然在规模上不如秦汉山水宫苑，但内容上则有所继承与发展。例如，北齐高纬在所建的仙都苑中堆土山象征五岳，建“贫儿村”“买卖街”体验民间生活等。华林园(即芳林园)规模宏大，建筑华丽。时隔许久，晋简文帝游乐时还赞扬说：“会心处不必在远，翳然林水，便有濠濮间想也。”

这时的木构建筑技术已有很大进步，斗拱除单拱和重拱外，还出现人字形补间铺作，屋顶除传统的两坡顶和四阿顶之外，更多地运用歇山顶，还出现屋顶的勾连搭组合和屋角的反宇起翘。木装修趋于精致，从石窟和壁画上可以看到柱的卷杀、勾片栏杆、室内天花藻井等精美形象。屋顶开始使用琉璃瓦件，木梁枋上施以各种油饰彩绘。建筑技术的发展为丰富建筑形象创造了条件，相应地，园林建筑内外形象较之以前更为丰富多样，因而也更能发挥其点缀风景的作用，真正成为园林艺术创作的要素之一。

隋唐时期(公元581年—公元907年)，皇家园林趋于华丽精致。隋代的西苑和唐代的禁苑都是山水构架巧妙、建筑结构精美、动植物种类繁多的皇家园林。

隋朝结束了魏晋南北朝后期的战乱状态，社会经济一度繁荣，加上当朝皇帝的荒淫奢靡，造园之风大兴。隋炀帝“亲自看天下山水图，求胜地造宫苑”。迁都洛阳之后，“征发大江以南、五岭以北的奇材异石，以及嘉木异草、珍禽奇兽”，都运到洛阳去充实各园苑，一时间古都洛阳成了以园林著称的京都，“芳华神都苑”“西苑”等宫苑都穷极奢华。隋炀帝除了在首都兴建园苑外，还到处建筑行宫别院。

唐代国势强盛，开疆拓土。泱泱大国的空前繁荣景象必然在皇家的造园活动中有所反映，园林表现足够的皇家气派，已具备大内御苑、行宫御苑和离宫御苑三个类别的基本格局。唐太宗“励精图治，国运昌盛”，社会进入了盛唐时代，宫廷御苑设计也愈发精致，特别是由于石雕工艺已经娴熟，宫殿建筑雕栏玉砌，显得格外华丽。“禁殿苑”“东都苑”“神都苑”“翠微宫”等，都旖旎空前。当年唐太宗在西安骊山所建的“汤泉宫”，后来被唐玄宗改作“华清宫”。这里的宫室殿宇楼阁，“连接成城”，唐王在里面“缓歌曼舞凝丝竹，尽日君王看不足”。

唐代的植物栽植达到了相当高的水平，使用引种驯化和嫁接的方法培育新品种，移栽外地花木，把许多食用或药用植物改变为观赏植物。观赏树木和花卉的品种繁多，并且出现不少有关观赏植物的分类和栽培技术的著作。木构建筑技术已臻于完备，能够建造多层结构复杂的楼阁；至此在初唐已经有了以“材”为木构架设计的标准，从而使构建的比例形式逐渐趋向定型化。建筑材料除木、土、石、竹、砖、瓦等大量运用外，琉璃的烧制较上代进步、使用范围广泛。中国木构建筑体系，到唐代已基本完备了。园林理论方面，从长安的城市供水与宫苑用水相结合的情况，以及隋洛阳西苑河湖水系的情况看来，其规划设计已经达到了相当精密的程度。植物栽培、建筑和理水技术的长足进步，为造园活动进入全盛时期提供了物质和技术的保证。

到了宋代(公元 960 年—公元 1279 年)，皇家园林的发展又出现了一次高潮。宋代国势衰弱，经常受到外族的侵扰，但其在政治上一定程度的开明性，却使得皇家园林具有较少的皇家气派，较多地接近于私家园林，呈现为历史上“文人化”最深刻的皇家园林。宋徽宗在北宋都城东京建造的艮岳，是在平地上以大型人工假山来仿创中华大地山川之优美的范例，它也是写意山水园的代表作。此时，假山的用材与施工技术均达到了很高的水平。宋朝、元朝造园也都有一个兴盛时期，特别是在用石方面，有较大发展。宋徽宗在“丰亨豫大”的口号下大兴土木。他对绘画有些造诣，尤其喜欢把石头作为欣赏对象。先在苏州、杭州设置了“造作局”，后来又在苏州添设“应奉局”，专司搜集民间奇花异石，舟船相接地运往京都开封建造宫苑。“寿山艮岳”的万寿山是一座具有相当规模的御苑。此外，还有“琼华苑”“宜春苑”“芳林苑”等一些名园。现今开封相国寺里展出的几块湖石，形体确乎奇异不凡。苏州、扬州、北京等地也都有“花石纲”遗物，堪称奇观。

宋代科学技术的成就不仅达到了我国封建时代的一个高峰，在当时的世界范围内也居于领先地位。植物栽培技艺在上代的基础上又有所发展，并且经过比较系统的科学总结，大量刊行各种有关园艺的科学著作。民间传世的《木经》和官方刊行的《营造法式》，是宋代建筑技术特别是木构技术臻于科学化、系统化和完全成熟的标志。这些情况不仅为园林的植物配置和建筑营造提供了先进的技术条件，也促使园林工程的其他方面如叠山、理水等得到了技术上的提高。造园工匠已经能够驾驭复杂的叠山技术，尤其是大型石山和土石山的构造做法，从而把它发展成为世界上独树一帜的园林叠山技艺。

元明清时期(公元 1271 年—公元 1911 年)，皇家园林的建设趋于成熟。这时的造园艺术在继承传统的基础上又实现了一次飞跃，这个时期出现的名园，如颐和园、北海、避暑山庄、圆明园，无论是在选址、立意、借景、山水构架的塑造、建筑布局与技术、假山工艺、植物布置，还是在园路的铺设方面，都达到了令人叹服的地步。

明代废除宰相制，清代更加强化了政治上的绝对君权，因而明清皇家园林的规模又转向宏大，规划设计亦突出皇家气派。皇家园林创建以清代康熙、乾隆时期最为活跃，是中国封建社会的最后一个繁荣时期，也是盛极而衰的转折期。北方的皇家园林和江南的私家园林形成中国后期园林发展史上的两个高峰，它们展示了中国古典园林艺术的辉煌成就，同时也包含着衰落的因子。

皇家园林的鼎盛发展取决于两方面的因素。一方面，这时的封建帝王全面接受了江南私家园林的审美趣味和造园理论，而它本来多少带有与主流文化相分离的出世倾向。清代有若干皇帝不仅常年在园林或行宫中料理朝政，甚至还美其名曰“避喧听政”。另一方面，皇家造园追求宏大的气派和皇权的“普天之下，莫非王土”，这就导致了“园中园”格局的定型。所有的皇家园林内部的几十乃至上百个景点中，势必有对某些江南袖珍小园的仿制和对佛道寺观的包容。同时出于整体宏大气势的考虑，势必要求安排一些体量巨大的单体建筑和组合丰富的建筑群，这样也往往将比较明确的轴线关系或主次分明的多条轴线关系带入到原本强调因山就势，巧若天成的造园理法中来了，这也就使皇家园林与私家园林判然有别。

颐和园这一北山南水格局的北方皇家园林在仿创南方西湖、寄畅园和苏州水乡风貌的基础上，以大体量的建筑佛香阁及其主轴线控制全园，突出表现了“普天之下，莫非王土”的意志。

北海是继承“一池三山”传统而发展起来的。北海的琼华岛作为“蓬莱”仿建，所以，晨雾中的琼华岛时常给人以仙境之感。

避暑山庄是利用天然形胜，并以此为基础改建而成的。因此，整个山庄的风格朴素典雅，没有华丽夺目的色彩，其中山区部分的十多组园林建筑当属因山构室的典范。

圆明园是在平地上，利用丰富的水源，挖池堆山，形成的复层山水结构的集锦式皇家园林。此外在中国园林史上圆明园还首次引进了西方造园艺术与技术。

除了上述经济、政治的变化情况之外，文化方面的制约因素也是促成园林演进的另一个推动力。文化的范围非常广泛，包括哲学、宗教、科学、技术、文学、艺术、教育，以及风俗习惯、生活方式，等等。在这个广泛的范围之中，哲学起着主导作用。哲学是文化的核心，是一切自然知识与社会知识的概括和总结，它也会浸润于园林而成为园林创作的主导思想和造园活动发展、演变的思想基础。园林作为社会的物质财富，其经营是一项复杂的物质工程，必然要受到一时一地的科学技术水平的直接制约。园林作为一种艺术形态，与其他的姊妹艺术都遵循某些共同的规律和法则。中国园林不仅如此，更由于传统的综合性思维方式导致各艺术门类之间得以广泛地触类旁通，因而诗文、绘画给予古典园林发展的影响极为深刻，其所诱发的诗情画意也就远非世界其他园林体系所能企及了。

“天人合一”的哲学思想是中国传统文化的基本精神之一，它包含两层意义。第一层意义：人是自然生成的，人的生活服从自然界的普遍规律。第二层意义：自然界的普遍规律和人类道德的最高原则是一而二、二而一的。因此，人生的理想应该是天人的和谐，人与大自然之间应保持着亲和的关系。既要调整大自然使其符合人类的愿望，又要尊重大自然、保护大自然及其生态的平衡。早在先秦和汉代，天人合一思想就与君子比德和神仙思想共同决定了中国园林向着风景式方向发展，在以后的全部发展历史中始终贯穿着这个哲学思想的主导，成为中国传统园林美学和造园思想的核心。

二、皇家园林的主要成就

皇家园林是皇家生活环境的一个重要组成部分，它反映了封建统治阶级的皇权意识，体现了皇权至尊的观念，皇家园林除具有中国古典园林的一般特征外，尚有以下特色，也是其造园成就的体现。

首先，园林设计指导思想体现封建集权意志，反映天子富甲天下、囊括海内的思想。它对自然的态度倾向凌驾于自然之上的皇家气派，皇家园林的人工气息较浓，多以人工美取胜，自然美仅居次要的位置。

其次，园林选址自由，经营资财雄厚，既可包罗原山真湖，亦可堆砌、开凿宛若天成的山峦湖海并建筑各类园林建筑物；皇家园林占地广，规模宏大，常将有代表性的宅第、寺庙、名胜集中并在园林中再现出来。一般以主体建筑作为构图中心统帅全园，主体建筑常居于支配地位，尺度较大，较为庄重，色彩富丽堂皇。园林建筑在园中占的面积比例较低，多采取“大分散，小集中”、成群成组的布局方式，南北向轴对称较多，随意布置的较少。各景区的景观建设往往离不开建筑，用建筑的形式美来点染、补充、裁剪、修饰天然山水。

再次，园林总体布局气势恢弘，建筑装饰堂皇富丽，功能庞杂，听政、起居、看戏、拜佛、渔猎等无所不包。

最后要说的是，皇家园林多处北地，在建筑传统、装饰色彩、绿化种植方式等方面受北方影响，在造园艺术中虽力仿江南名园，仍能展现北方之特殊风格。明清北京三海、颐和园、承德避暑山庄几处园林集中体现了下述几大特点。

第一，台榭参差金碧里，烟霞舒卷图画中。

乾隆在《静明园记》中写道：“若夫崇山峻岭，水态林姿，鹤鹿之游，鸢鱼之乐。加之岩斋溪阁，芳草古木，物有天然之趣，人忘尘世之怀。较之汉、唐离宫别苑，有过之而无不及也。”乾隆这种造园艺术见解，大概是因为他从关外入中原，还保持着祖先山野骑射传统，加上他有很高的汉文化素养，而且皇家的特权可把大片天然山水林木据为己有，所以乾隆主持兴造的大型天然山水园不仅数量多而且规模大，展现出气魄恢弘的皇家气派。避暑山庄（建成于乾隆五十五年，即公元1790年）占地广阔，山区、平原区和湖区分别把北国山岳、塞外草原、江南水乡的风景名胜荟萃于一体，以恰当的比例（山岭占五分之四，平原、水面占五分之一）构成巨幅山水画中堂。这里，磬锤峰是借景的主题，山庄外围仿蒙、藏地区著名庙宇形式兴建了外八庙，如同众星拱月，成为山庄背景烘托的又一层景观，然山庄至外八庙再拓展到周围崇山峻岭，构成约20平方千米的山水园林与庙宇寺观交织的壮丽景观，其妙在充分借用自然美以开拓环境美，然园内园林之景又与环境美浑然一体，给人以雄浑磅礴、自然天成、层次清晰、野趣横生的艺术感受。北京西北郊区泉水充沛，西山参差逶迤，形成许多原始堤塘湖泊，造园的条件好。至乾隆时已建成“三山五园”，西面以香山静宜园为中心形成小西山东麓的风景区，东面为万泉河水系内的圆明、畅春等人工山水园林，之间系玉泉山静明园和万寿山清漪园。静宜园的宫廷区、玉泉山主峰、清漪园的宫廷区三者构成一条东西向的中轴线,再往东延伸交汇于圆明园与畅春园之间的南北轴线的中心点。这个轴线系统把三山五园之间20平方千米的园林环境,串连成为整体的园林集群。在这个集群中,西山层峦叠嶂成为园林的背景,其旷达的景深打破了园林的界域,同时三山五园之间的相互借景、彼此成景亦得到虽非我有而为我备的境界。建成于乾隆三十七年(公元1772年)的圆明园,其布局是大园中包含若干小园,即园中有园的"集锦式"处理。其原因是因为平地造园,地形起伏很小,人工筑山的高度与300多公顷的面积是无法协调的,为防止松散空旷,总体规划园中为若干小景区,每个小景区自成体系,均因地制宜由小比例尺度的山水空间与建筑、花木结合成独立小园,并把众多的小园连缀为一个有机的整体。其园艺审美为人造曲折岗坡把园林空间分隔得扑朔迷离、山重水复、花明柳暗、无尽无休,具有委婉深邃的艺术魅力。正如乾隆在《圆明园四十景图咏》中描述:"远近胜概,历历奔赴,殆非荆关笔墨能到。"又有诗:"西窗正对西山启,遥接峣峰等尺咫;霜辰红叶诗思杜,雨夕绿螺画看米。"可称得上"凝固的诗,立体的画"。

第二,山无曲折不致灵,室无高下不致情。

"乾隆盛世"的皇家园林是以建筑为主体,不论建筑呈密集式还是疏朗式布局,都是构成"景"的主体,建筑追求形式美的意念,将园林建筑的审美价值推到一个新的高度,同时亦是体现皇家气派的重要手段。"就园体的总体而言,建筑的作风在于点染、补充、剪裁、修饰天然山水风景,使其凝练生动而臻于画意的境界,但建筑的构图美却始终是协调、从属于天成的自然美,而不是相反"。乾隆在《塔山四面记》文中,阐述了这个设计原则:"室之有高下,犹山之有曲折,水之有波澜。故水无波澜不致清,山无曲折不致灵,室无高下不致情。然室不能自为高下,故因山以构室者,其趣恒佳。"圆明园是以建筑造型的技巧取胜,显示了人对一般形式美法则的熟练掌握。园内15公顷的建筑中,个体建筑的形式就有五六十种之多;而100余组建筑群的平面布置也无一雷同的,可以说是囊括了中国古代建筑可能出现的一切平面布局和造型式样。但却又万变不离其宗,都是以传统的院落作为基本单元。圆明园建筑的内部装修同样堪称集传统装修之大成,装修多采用扬州"周制",以紫檀、花梨等贵重木料制作,上镶螺钿、翠玉、金银、象牙等,使外部造型绚丽精巧与内部装修华丽精致有机组合,卓绝的技能融于形式美的法则之中,可谓技艺融合。避暑山庄是以利用地形的技巧取胜,显示了人对组织竖向空间这类特殊形式美法则的进一步开掘,乾隆在《食蔗居诗》中阐述:"石溪几转遥,岩径百盘里;十步不见屋,见屋到咫尺。"即指在山岳区经营建筑,要保持山野趣味,按照自然地貌尺度,仅在山脊和山峰的四个制高点上建本身体量较小的亭子,略加点染。北京西郊玉泉山的建筑布置亦是如此。然在万寿山则以密集式建筑布局来弥补、充实山形的先天缺陷,乾隆十分注重建筑美与自然美的彼此糅合、烘托而相得益彰,使雍容华贵的皇家建筑亦不失朴实淡雅的文化气质。

第三,一树一峰入画意,几弯几曲远尘心。

乾隆自诩“山水之乐，不能忘于怀”，曾于乾隆十六年、二十二年、二十七年、三十年、四十五年、四十九年先后六次到江南巡行，足迹遍及扬州、无锡、苏州、杭州、海宁等私家园林精华荟萃胜地。乾隆以他的特殊地位与文化素养，一是欣赏，二是占有。故他除了在“眺览山川之佳秀”留下大量的诗篇外，还将许多宠物携归内府，如文房四宝、扬州九峰园的太湖石峰、杭州南宋德寿宫遗址内的梅花石等。此外，凡他所中意的园林，均命随行画师摹绘成粉本“携园而归”，作为皇家建园的参考，提高北方园林的技艺水平。在客观上乾隆促成北方与南方、皇家与民间的造园艺术的融汇，使皇家园林艺术达到了前所未有的高度。具体表现在：引进江南的造园手法，再现江南园林的主题，甚至到具体仿建名园。众所周知，圆明园内“坦坦荡荡”之景，吸取了杭州西湖“玉泉观鱼”的主题。清漪园的长岛“小西泠”一带，则是模拟扬州瘦西湖“四桥烟雨”的构思。避暑山庄湖区主景金山亭、西苑琼岛北岸的漪澜堂，均是再现镇江“寺包山”格局的金山与北固山的“江天一览”胜概。颐和园的谐趣园之前身，即是效仿无锡寄畅园。乾隆在《惠山园八景诗序》中写道：“略师其意，就其自然之势，不舍己之所长。”皇家园林得到民间养分的滋润不仅拓宽了园林技艺的领域，而且运用北方刚健之笔描绘江南丝竹之情应视为艺术的再创造。

“普天之下，莫非王土；率土之滨，莫非王臣。”封建帝王营建宫寝、坛庙、园林等，均是利用形象布局，通过人们审美的联想意识来表现天人感应和皇权至尊的观念，从而达到巩固帝王统治地位的目的。颐和园万寿山上的佛香阁，就是以上观念的典型代表作。

盛清时期，尽管皇权已扩大到封建社会前所未有的程度，仍运用园林艺术手段唤起联想，使美的形式体现寰宇一统、富有天下，间接表达“普天之下，莫非王土”。圆明园的“九洲清晏”，其九岛环列无非是“禹贡”九州，象征国家统一、政权集中，东面的福海象征东海，西北角上全园最高土山“紫碧山房”，从所处方位与以紫、碧为名的含义，就是代表昆仑山，整个园林无疑是宇宙范围的缩影。“移天缩地在君怀”，表达帝王无限富有的观念。除以上有限的具体形象，更进一步又求助于无限的抽象概念——数字的时空含义，统治者从数字概念里获得精神满足——无限的富有。如皇帝亲题避暑山庄三十六景、七十二景是附会道教中的三十六洞天、七十二福地。乾隆将圆明园二十八景增为四十景，五是五行、五德，代表时间概念；八是八方、八卦，代表空间观念，故四十总括了宇宙一切。

园林里的各种“景”，组成复杂多样的象征寓意，如，蓬莱三岛、仙山琼阁、方壶胜境；正大光明、坦坦荡荡；淡泊宁静、香远益清；夹镜鸣琴、武陵春色等，力图对历史文化进行全面的继承，都伴随着一定的政治目的而构成皇家园林的“意境”核心，也是儒、道、释作为封建统治的精神支柱在造园艺术上的集中反映。但无可厚非，乾隆盛世的皇家园林体现了中国传统园林的审美观，并把园林艺术的审美价值提到新的高度。

第二节　私家园林的发展历程与主要成就

私家园林是相对于皇家园林而言的，园主大都是民间的退休官僚、文人、地主、富商。中国古代的礼法制度为了区分尊卑贵贱，对普通百姓的生活和消费方式作出种种限定，违背者要受到严厉制裁，因此，私家园林无论在内容或形式方面都表现出许多不同于皇家园林之处。古籍里称之为园、园亭、园墅、池馆、山池、山庄、别墅、别业等。

一、私家园林的发展历程

中国园林历史悠久，源远流长。它肇始于商周时代的囿。囿是商周君王用于种植、放养禽兽以供狩猎游乐的场所，兼有生产、渔猎、农作、游赏和休养等多种功能，可以算作一种天然山水园林。发展至春秋时期，这种天然山水园逐渐开始向人工造园转变，此时不但园事兴盛，而且园林本身也从“原始”状态中脱胎出来，成为真正意义上的人工园林，使园林从生产、生活走向艺术。秦汉时期，园林已开始调动一切人工因素来再造第二自然，规模大、数量多、景象华美，并且在园林整体及内部景观的思想寓意和主题上也颇有拓展。此时富商大贾也开始投资园林，如梁孝王的兔园、大富豪袁广汉的私园，它们标志着私家园林的产生。这类私家园林均是仿皇家园林而建，只是规模较小，内容朴实。

东汉末年，由于社会动荡不安，普遍流行着消极悲观的情绪。人们深感“浩浩阴阳移，年命如朝露。人生忽如寄，寿无金石固”。因此滋长了及时行乐的思想，即使曹操这样伟大的政治家也不免发出“对酒当歌，人生几何？譬如朝露，去日苦多”的感慨。魏晋时，士族集团间的明争暗斗愈演愈烈，斗争的手段不是丰厚的赏赐就是残酷的诛杀。于是消极情绪与及时行乐的思想更是有所发展并导致了行动上的两个极端倾向——贪婪奢侈、玩世不恭。

中国古典私家园林的兴盛始于魏晋时期。魏晋是我国社会发展史上的一个重要时期，一度社会经济繁荣，文化昌盛，儒、道、佛、玄诸家争鸣，彼此阐发。思想的解放促进了艺术领域的开拓，也给予园林很大的影响，造园活动逐渐普及于民间而且升华到艺术创作的境界。这个时期是中国古典园林发展史上的一个承前启后的转折期。文人雅士厌烦战争，寄情山水，以风雅自居，促发了人们对超然物外的自然山林与田园村野的热爱与追求，从而导致了自然风景园林的新发展。园林景观也不再仅仅是客观的欣赏对象，而成为园主的精神体现和情感的物化形式。士大夫阶层追求自然环境美，游历名山大川成为社会上层的风尚。早期的山水诗文也大量涌现于文坛。寄情山水、雅好自然既然成为社会的风尚，为避免跋涉之苦、保证物质生活享受而又能长期占有大自然的山水风景，最理想的办法莫过于营造“第二自然”——园林。于是，山水园林、山水风景区蓬勃发展。其中，尤其是文人、名士们所经营的园林，因直接受到时代思潮的哺育启示而茁壮成长。这是当时造园活动的主流。当时文人园林的规模一般都小而精，造园的手法从单纯写实到写实和写意相结合，园林与山水画、山水诗文互相启导，共同发展，是老庄哲理、佛道精义、六朝风流、诗文趣味影响浸润的结果，获得了社会上的广泛赞赏，开启了后世文人园林的先河。魏晋风度的旷逸、六朝流韵的潇洒、老庄哲理的玄妙、佛道教义的精微，再加上诗文绘画清新的趣味，以及造园艺术实践的经验积累，使得中国园林从这一时期开始形成了自己的类型特征，“诗情画意”成为中国园林追求的境界。

南北朝时，中国社会陷入大动荡，社会生产力严重下降，人民对前途感到失望与不安，于是就寻求精神方面的解脱，道家与佛家的思想深入人心。玄学崇尚自然的哲理极大地影响着当时的社会风尚和士大夫的生活哲理。士大夫们对待现实的态度由入世转为出世，他们所追求的理想人格之美乃是一种摆脱一切外在羁绊而“顺应自然”之美。因此，他们以崭新的眼光来看待大自然山水风景，对之持着一种亲和的情绪，从自然山水中寻求人生的哲理，同时也运用道家相反相成的辩证思想来认识园林，开始在造园实践中自觉地追求阴阳和谐、对立统一的境界，天人合一的哲理更深刻地影响园林艺术的创作。从此以后，把对立的事物，如人工要素与自然要素等，真正做到融糅协调、合二而一，使之成为有机的整体，其所创造的和谐的美、统一的美才是真正的园林美，也保证了中国古典园林的创作得以始终维持着妙造自然的主旨。

唐宋时期，社会富庶安定，文化得到了很大的发展，尤其是诗、书、画艺术达到了巅峰时期，也是中国古代园林艺术发展的又一高峰。文人造园更多地将诗情画意融入他们自己的小天地之中。由文人开创的写意园林经过南北朝的发展，到这一时期也达于大成。此时不但出现了很多著名的写意园林，同时也出现了一大批著名的园林艺术家，并产生了相应的园林理论和著述。

中唐以后，文人直接参与造园规划，凭借他们对大自然风景的深刻理解和对自然美的高度鉴赏能力来进行园林的规划，同时也把他们对人生哲理的体验、宦海浮沉的感怀融注于造园艺术中。于是文人官僚的士流园林所具有的那种清新雅致的格调得以更进一步地提高和升华，更添上一层文化的色彩，便出现了“文人园林”。文人园林乃是士流园林之更侧重于赏心悦目而寄托理想、陶冶情操、表现隐逸者，也泛指那些受到文人趣味浸润而“文人化”的园林。就文献记载的情况来看，唐代园林继承魏晋南北朝时期园林风格的发展趋向也是十分明显的，皇亲贵族、世家官僚的园林偏于豪华，而一般文人官僚的则重在清新雅致。后者似乎较多地受到社会上的称道而居于主导地位，其间的消长变化足以说明文人园林早在唐代即已呈现萌芽状态了。当时，比较有代表性的园林有庐山草堂、浣花溪草堂、辋川别业等，比较有代表性的造园文人有白居易、柳宗元、王维等。文人官僚开发园林、参与造园，通过这些实践活动而逐渐形成了比较全面的园林观——以泉石竹树养心，借诗酒琴书怡性。这对于宋代文人园林的兴起及其风格特点的形成也具有一定的启蒙意义。

中唐到两宋，佛教的禅宗逐渐兴起，禅宗讲究顿悟和内心自省的思维方式深入艺术领域，逐渐促成了艺术创作和鉴赏向着“以意求意”的转化。相应地，在园林艺术创作中也开始自觉追求意境的表现。禅宗的兴起意味着佛教进一步中国化和文人化，道教中分化出来士大夫道教则意味着扬弃斋醮符箓而向文人士大夫靠拢。

唐代是山水文学发展的高峰时期，艺术上已臻于纯熟和完美的境地。山水诗文的创作既重视高远宏大的气概，也不忽略身边小景的细腻状写，成功地把握山水的典型性格，将山水的个性与作者的个性结合起来表现，从而创造出人与大自然高度契合、情景交融的意境。唐代文人参与园林的规划，又把诗文的这种意境引入园林艺术。唐代的山水画已独立成画科，初步出现山水画与山水园林同步发展、后者借鉴前者、前者渗透于后者的情况。唐朝王维是当时备受推崇的一位，他辞官隐居到蓝田县辋川，相地造园，园内山风溪流、堂前小桥亭台，都依照他所绘的画图布局建筑，如诗如画的园景，正表达出他那诗作与画作的风格。苏轼称赞说：“味摩诘之诗，诗中有画；观摩诘之画，画中有诗。”而他创作的园林艺术，也正是这样。

中国的封建社会到宋代已经达到了发育成熟的境地，而文化方面尤为突出。园林作为文化的重要内涵之一，当然也不例外。山水画、山水园林互相渗透的密切关系，到宋代已经完全确立。萌芽于唐代的文人园林，到宋代已成为私家造园活动中的一股新兴潮流，同时影响着皇家园林和寺观园林。宋代文人园林的风格特点大致可以概括为简远、疏朗、雅致、天然四个方面。著名的园林有开封的艮岳、苏州的沧浪亭等。

两宋的园林作为成熟前期的第一个高潮阶段，总结了上代的成就，开启了后世的先河。宋代兴起的新儒学，即理学，受到明代统治者的提倡而确立其为意识形态的主流地位。理学讲究纲常伦纪，“灭人欲，存天理”，这种对人性的压抑在知识阶层中激发了与之对立的追求个性解放的逆反心理，使得文人士大夫转向园林中去寻求一定程度的个性自由的满足。适应这种心态的文人园林风格得以涵盖私家造园活动，而且还渗入寺观园林甚至皇家园林。

到元代，蒙古族政权短暂统治不到一百年，民族矛盾尖锐。明初战乱甫定，经济有待复苏，造园活动基本上处于迟滞的低潮状态。明永乐以后才逐渐进入成熟前期园林发展的第二高潮阶段。明中叶以后，元代那种自由放逸、各出心裁的写意画风又呈现灿烂光辉。文人画风靡画坛，呈独霸之势，并达到了绘画、诗文和书法三者的高度融合。文人、画家直接参与造园的情况比过去更为普遍，园林艺术的创作，相应地出现了两个明显的变化：一是由以往的全景山水缩移、模拟的写实与写意相结合的创作方法，转化为以写意为主的趋向；二是景题、匾额、对联在园林中普遍使用，犹如绘画中的题款，意境信息的传达得以直接借助于文学、语言而大大增加信息量。园林意境的蕴藉更为深远，园林艺术比以往更密切地融合诗文、绘画趣味从而赋予园林本身以更浓郁的诗情画意。

明代理学强调家族本位的伦理道德观念，家族具有更大的凝聚力，聚族而居形成庞大的住宅建筑群，住宅的附属园林——宅园的兴建也十分普遍。邸宅与宅园的关系较之宋代更密切，表现为邸宅向园林延伸而致使园林成为可游、可居的多功能活动场所，同时园林也向邸宅延伸而形成邸宅庭院的园林化。

由于明代资本主义工商业经济发展而形成市民阶层和市民文化，相应地出现了追求享乐、尊重人欲的人本主义思潮。这种思潮浸润于园林，也在一定程度上促成了私家造园活动中市民园林的兴盛。

一方面是士流园林的全面文人化而促成文人园林的大发展；另一方面，商贾由于儒商合一、附庸风雅而效法士流园林，或者本人文化不高而聘请文人为他们筹划经营，势必在市民园林的基调上著以或多或少的文人化的色彩。市井气与书卷气结合的结果冲淡了市民园林的流俗性质，从而出现文人园林风格的变体。由于此类园林的大量营造，这种变体风格又必然会成为一股社会力量而影响到当时的民间造园艺术。这在江南地区尤为明显，明末清初的扬州园林便是文人园林风格与它的变体并行发展的典型局面。

市民文化勃兴，社会价值观改变，使得一向为士大夫所不齿的造园技艺受到社会上的尊重，造园工匠的社会地位也有所提高。一般的文人乐于掌握造园技艺，个别的甚至以造园为业。因此，明末清初的百余年间，在一些发达地区涌现出相当数量的造园家，他们都以精湛的技艺而知名于世。文人广泛参与具体的造园实践而著书立说，陆续刊行了一批比较系统的理论著作。

明清时期，中国园林艺术已臻于化境，造园思想越来越丰富，造园手法也越来越巧妙，并且达到了十分成熟的境界。私家造园之风兴盛，尽管此时私家园林多为城市宅园，面积不大，但是就在这小小的天地里，却营造出了无限的境界。正如清代造园家李渔总结的那样，“一勺则江湖万里”。此时出现了许多优秀的私家园林，其共同特点在于选址得当，以假山水池为构架，穿凿亭台楼阁，植以树木花草，朴实自然，托物言志，小中见大，充满诗情画意。这壶中天地，既是园主人生活场所，更是园主人梦想之所在，这时期著名的私家园林有无锡的寄畅园，扬州的个园，苏州的拙政园、留园、网师园和环秀山庄狮子林等。

到了清末，造园理论探索停滞不前，加之社会由于外来侵略、西方文化的冲击、国民经济的崩溃等原因，园林创作由全盛到衰落。但中国园林的成就却达到了它历史的巅峰，其造园手法被西方国家所推崇和模仿，在西方国家掀起了一股“中国园林热”。中国园林艺术从东方到西方，成了被全世界所公认的园林之母，世界艺术之奇观。

二、私家园林的主要成就

私家园林大多由文人、画家设计营造，因而其对自然的态度主要表现出士大夫阶层的哲学思想和艺术情趣。由于受隐逸思想的影响，它所表现的风格为朴素、淡雅、精致而又亲切，意境深远。

私家园林多处市井之地，布局常取内向式，即在一定的范围内围合，精心营造，它们一般以厅堂为园中主体建筑，景物紧凑多变，用墙、垣、漏窗、走廊等划分空间，大小空间主次分明、疏密相间、相互对比，构成有节奏的变化，它们常用多条观赏路线联系起来，道路迂回蜿蜒，主要道路上往往建有曲折的走廊，池水以聚为主，以分为辅，大多采用不规则状，用桥、岛等使水面相互渗透，构成深邃的趣味。

私家园林一般来说空间有限，规模要比皇家园林小得多，又不能将自然山水圈入园内，因而形成了小中见大、掘地为池、叠石为山，创造优美的自然山水意境，造园手法丰富多彩的特性。

“绘画乃造园之母”。此时期私家园林受到文人画的直接影响，更重诗话情趣，意境创造，贵于含蓄蕴藉，其审美多倾向于清新高雅的格调。此时期的园林代表作品可推无锡寄畅园、苏州拙政园、扬州影园，其审美特点是“接近自然”。园景的主体是自然风光，亭台参差、廊房婉转作为陪衬，寄托园主人淡漠厌世、超脱凡俗的思想，在物质环境中寓藏着丰富的精神世界，苍凉廓落、古朴清旷是其美的特征。

无锡寄畅园主体是自然风光，其妙在“利用地形，巧于结合外因，冶内外于一炉，纳千里于咫尺”。借景使景观达到近水远山虽非我有而若为我备的境地。从文徵明所著《王氏拙政园记》可以看出，拙政园是从“逍遥自得，享闲居之乐”出发，淡泊自然，故信步园内，眼前山林深郁，池水连绵，“滉漾渺弥，望若湖泊”，仿佛置身于纵横淋漓的山水画卷之中，令人心旷神怡。《园冶》著者计成所兴造的影园，更是匠心独运。首先巧于因借，不仅北借蜀岗，还将江南诸山“奔来眼底”；然园内山水能融汇于大自然之中，园内土丘作为远山的余脉经营，并引水从山中渗流而出，混假于真，真假难分，可称山水规划之“珍品”。

这种旷达超逸的园林审美观从明中叶一直延续到清初，至乾隆时，园林美学思想起了巨大的变化。由于清初大兴文字狱，文人按照官方的文化标准多醉心于八股制艺，结果明代富有浪漫气息的文化思想被窒息了，园林艺术创作形成了形式严谨、技术性强的一套程式。特别是在皇家园林艺术创作中，更表现了一种统一的风格，一种共有的审美倾向，如大内御苑、离宫御苑、行宫御苑等。江南私家园林艺术也有着共同的艺术倾向：讲究形式美、技术巧，由顺应自然而发展为美化自然，强调人对自然环境的改造，追求外在的物质创造。其代表作为扬州园林，集中体现在瘦西湖，可称得上私家园林的总汇。

与此同时，园林景题的“诗化”和对联的广泛运用，直接把文学艺术与造园艺术结合起来，丰富了园林意境的表现手法，开拓了已经创造的领域，把造园艺术推向一个更高的境界。正由于园林与文学之间的密切关系，园林亦广泛地成为诗文吟咏描写的对象，往往借园景而抒发作者的情愫，甚至以园林作为一部作品的典型环境来烘托作品中典型人物的性格。

私家园林在创作思想上，仍然沿袭唐宋时期的创作源泉，从审美观到园林意境的创造都是以“小中见大”“须弥芥子”“壶中天地”等为创造手法。自然观、写意、诗情画意在创作中居于主导地位，园林中的建筑起了最重要的作用，成为造景的主要手段。

园林从游赏向可游、可居方面逐渐发展。大型园林不但模仿自然山水，而且还集仿各地名胜于一园，形成园中有园、大园套小园的风格（见图 8-1）。

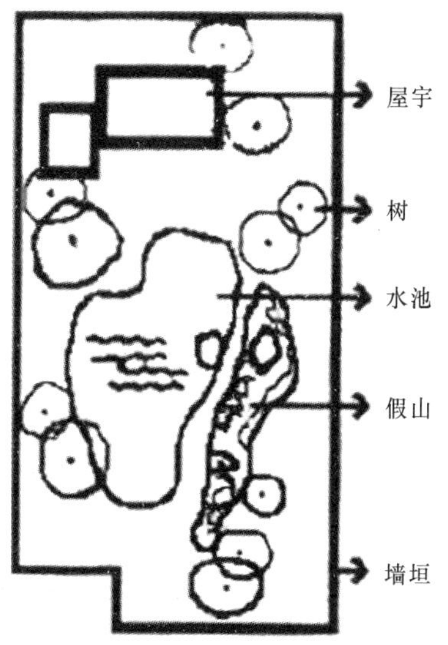

图 8-1　中国传统园林示意图

自然风景以山、水地貌为基础，植被做装点。中国古典园林绝非简单地模仿这些构景的要素，而是有意识地加以改造、调整、加工、提炼，从而表现一个精练、概括、浓缩的自然。它既有“静观”又有“动观”，从总体到局部包含着浓郁的诗情画意。这种空间组合形式多使用某些建筑如亭、榭等来配景，使风景与建筑巧妙地融糅到一起。优秀园林作品虽然处处有建筑，却处处洋溢着大自然的盎然生机。明、清时期正是因为园林有这一特点和创造手法的丰富而成为中国古典园林集大成时期。

【思考和练习】

1. 论述皇家园林和私家园林在园林规模、园林用材和园林造景方面各自有什么特点，有哪些异同之处。

2. 试试分别用古代诗词描绘一下中国古典园林的皇家园林、私家园林、寺观园林各自的特色。

第九章　中国近现代的园林建设

第一节　时代与文化背景

中国近代史是从鸦片战争开始的。这段时间，中国社会变迁速度快、幅度大，其重要原因是受到西方文化的影响。其间中国经历了两次鸦片战争、中日甲午战争，签订了一系列不平等条约，中国逐渐进入了半殖民地半封建社会。

随着辛亥革命的发生，中国进入了民国时期，尽管这段历史不长，但是发展的历程却极为艰辛。其中有民主政治昙花一现，有十几年的军阀残暴统治，有在国民政府主持下形式上的统一，有中国革命的高涨和曲折，也有日本帝国主义对中华民族的疯狂侵略。文化的发展也呈现出各地极不平衡的局面。在此期间对于文化影响比较深远的就是五四运动——新文化运动。由于期间政治经济文化发展得极度不平衡，园林的发展也受到了比较大的影响，出现了发展极度不平衡的现象。

纵观这一时期的园林发展历史，中国近现代园林是从古典园林的开放和公共园林的建造开始的。

第二节　鸦片战争后半封建与半殖民地时期的园林

第一次鸦片战争中国签订了第一个不平等条约——《南京条约》，中国的主权和领土完整遭到严重破坏，从此中国从独立的封建国家逐渐变成半殖民地半封建国家。在开放的广州、厦门、福州、宁波、上海五处通商口岸最早出现了公共园林。清末，在上海的租界里，外商于1868年建造了中国境内第一家所谓的公园——上海外滩公园，但只对外侨开放，不许中国人进入游览，所以是具有殖民色彩的公园，也记录了中华民族那段耻辱的历史。

1897年，由当时的中国政府在齐齐哈尔市首建沙龙公园。

中国园林就是在这样的条件下受到同时期西方园林的影响，终于由古典园林向现代园林进行转化，这个时期也成为中国园林史中重要的转折期。上海中山公园是这一时期的代表园林。

上海中山公园原来是旧上海英国大房地产商霍格的私家花园，1914年改建为租界公园。它以英国式园林风格为主体，辅以中国传统园林、日本式园林、植物观赏园等，形成不同的风景特点，是迄今上海原有景观风格保持最为完整的老公园。中山公园占地面积约20公顷，全园可分为大小不等的景点120余处。

第三节　民国时期的园林与城市建设

民国时期的中国，经历了军阀混战、八年抗日战争和解放战争。由于连年战乱，国势不稳定，所以中国的城市建设的发展也受到了比较大的影响，城市公园的建设几无建树。北京的先农坛、社稷坛先后于 1912 年、1914 年开放，著名的皇家古典园林颐和园、北海也于 1924 年、1925 年相继开放。这一时期由于军阀连年混战，以及各帝国主义的侵略，国家积弱积贫，园林事业经营惨淡。

一、北京颐和园

颐和园是我国现存最完好、规模最宏大的古代园林。颐和园位于今北京市区西北海淀区境内，距天安门 20 余千米，占地 290 公顷，是北京较早向公众开放的皇家园林之一。

颐和园原为封建帝王的大内御苑，远在金贞元元年(公元 1153 年)即在这里修建"西山八院"之一的"金山行宫"。明弘治七年(公元 1494 年)修建了园静寺，后皇室在此建成好山园。1664 年清廷定都北京后，又将好山园更名为"瓮山行宫"。清乾隆年间，经过 15 年的修建工程，之后该园改名为"清漪园"。此时的清漪园，北自文昌阁至西宫门筑有围墙，东、南、西三面以昆明湖水为屏障，园内修建了许多亭台楼阁、桥廊斋榭，山清水秀、富丽堂皇。咸丰十年(公元 1860 年)，英法联军疯狂抢劫并焚烧了园内大部分建筑，除宝云阁(俗称"铜亭")、智慧海、多宝琉璃塔幸存外，其余珍宝被洗劫一空，建筑夷为一片废墟。光绪十四年(公元 1888 年)慈禧太后挪用海军经费 3000 万两白银，在清漪园的废墟上兴建起颐和园。光绪二十六年(公元 1900 年)颐和园又遭八国联军的野蛮破坏，后慈禧又动用巨款重新修复。数百年来，这里一直是封建帝王、皇室的享乐之地，新中国成立以后辟为公园。1961 年国务院公布颐和园为全国重点文物保护单位。

在世界古典园林中享有盛誉的颐和园，布局和谐，浑然一体。在高 60 米的万寿山前山的中央，纵向自低而高排列着排云门、排云殿、德辉殿、佛香阁、智慧海等一组建筑，依山而立，步步高升，气派宏伟。以高大的佛香阁为主体，形成了全园的中心线。沿昆明湖北岸横向而建的长廊，长 728 米，共 273 间，像一条彩带横跨于万寿山前，连接着东面前山建筑群。长廊中有精美彩绘 14000 多幅，素有"画廊"之美称。位于颐和园东北角、万寿山东麓的谐趣园，具有浓重的江南园林特色，被誉为"园中之园"。

占全园总面积四分之三的昆明湖，湖水清澈碧绿，景色宜人。在广阔的湖面上，有三个小岛点缀，其主要景物是西堤、西堤六桥、东堤、南湖岛、十七孔桥等。湖岸建有廓如亭、知春亭、凤凰墩等秀美建筑，其中位于湖西北岸的清晏舫(石舫)中西合璧，精巧华丽，是园中著名的水上建筑。后山后湖，林茂竹青，景色幽雅，到处是松林曲径，小桥流水，风格与前山迥然不同。山脚下的苏州河，曲折蜿蜒，时狭时阔，颇具江南特色。在岸边的树丛中建有多宝琉璃塔。后山还有一座仿西藏建筑——香岩宗印之阁，造型奇特。苏州街原为宫内的民间买卖街，现已修复并向游人开放。拥山抱水，绚丽多姿的颐和园，体现了我国造园艺术的高超水平。

二、北海公园

北海公园位于今北京城的中心地区，与中南海一桥之隔，总面积 0.7 平方千米，其中水面占一半以上，是中国现存历史最悠久、最完整的皇家园林，也是北京较早向公众开放的皇家园林之一，由辽、金、元、明、清 5 个朝代逐渐修建而成。全园以神话中的“一池三仙山”（太液池、蓬莱、方丈、瀛洲）构思布局，形式独特，富有浓厚的幻想意境色彩。

北海的名胜古迹众多，著名的有琼华岛、永安寺、白塔、阅古楼、画舫斋、五龙亭、九龙壁等，有燕京八景之一——琼岛春阴。

第四节　新中国的园林发展与建设历程

1949 年，中华人民共和国成立，从此我们有了独立发展的历史机遇，也有了站立起来的尊严。半个多世纪以来，经过曲折发展，中国的社会经济发生了翻天覆地的变化。新中国成立后，中国的园林有了新的发展，公共园林成为主流。

20 世纪 50 年代，由于受到苏联的影响，国家提出“普遍绿化、重点美化”的方针，1958 年，又提出“园林大地化”的口号，园林事业发展很快，截至 1959 年，全国园林绿地面积已经达到了 1280 平方千米，其中公园 509 个，总面积约 170 平方千米，苗圃面积达到 90 平方千米。进入 20 世纪 60 年代，全国各城市结合爱国卫生运动清理了藏污纳秽的荒山、空地，开辟了许多公园、街心花园和小规模的游园。

但是“文化大革命”的爆发，使得发展很好的园林事业受到了冲击。被指责为受“封、资、修”思想的影响，“小桥流水”的古典园林及一些自然保护区受到相当大的破坏。直到 1973 年以后，国家才开始重视城市绿地对环境保护的作用，并在城市建设中运用绿地定额定量地对城市绿地进行评价。

改革开放以后，中国的政治、经济、社会、文化得到了全面的发展，园林这门古老又具有时代特征的艺术得到了很好的发展。著名园林越来越多，如上海人民公园、深圳世界之窗、深圳人民公园、北京世界公园、广东中山岐江公园、新疆喀纳斯湖风景区等。

一、上海人民公园

位于上海行政文化中心的人民公园，原是旧上海跑马场的一部分，后经多次改建，现在的上海人民公园虽然已没有了往年的规模，但绿树成荫，水石相映，为这个钢筋水泥的丛林抹上了一丝绿意。20 世纪 60 年代到 80 年代，几经时代变迁，人民公园的地形、地貌发生变化，面积也逐渐减少到 12 公顷。进入 21 世纪后，随着城市建设发展，人民公园真正成为市中心的绿色明珠，同时展现出海派园林特色。

现有的人民公园总面积 10 万平方米，设计上主张以人为本，定位于自然，充分体现现代园林风格。园内以植物造景为主，提倡生物多样性，注重植物新品引进，大量布置花灌木和色叶木。园内既有海棠园、翠碧湖、荷花池、西山瀑布等传统景观区域，又有玉兰园、百花园等色彩鲜艳、情调浪漫的现代景观区域，是一座具有综合性休闲功能的公园。东面活动区，以活动内容为主，内设有儿童园、健身锻炼场、茶室、草地、花坛等；西区游览区，地形复杂多样，有假山、水池、水榭等，以静观为主，供游客休息、游览、散步、欣赏风景等。

人民公园新的标志性建筑——花卉展示厅是一座具有现代气息的建筑，设计上采用全透明现代幕墙式建筑风格，与大剧院和 21 世纪展示厅等景观建筑相呼应，形成一个和谐的整体。建筑犹如镶嵌在绿洲中的钻石，熠熠生辉。展示厅使用面积 2000平方米，室内布置动静相宜，跃层式大堂高贵典雅，人工溪流叠石则静中有动。

二、深圳世界之窗

深圳世界之窗位于深圳福田区深南大道华侨城，建于 1994 年 4 月，面积 48 公顷，是主题公园的形式。全园有 9 个景区 108 个景点。9 个景区分别是世界广场、亚洲区、大洋洲区、欧洲区、非洲区、美洲区、现代科技娱乐区、世界雕园和国际街。从造景上看，不仅有微缩景观，还有 1∶1 的实景景观，非常成功地再现了各地风景名胜。景点以 1∶1、1∶1.5、1∶15 等不同比例仿建了世界上不同地区具有代表性的著名景观。值得一提的是公园中的几个水景区做得十分成功，如桂离宫、悉尼歌剧院、圣马可广场等世界名胜。

世界广场是活动中心，可容纳万余人，广场上有依据世界名胜而建成的景点，如法国卢浮宫玻璃金字塔、世界文化浮雕墙、世界地图喷泉、世界广场环球舞台、中华门等。广场四周耸立着 108 根不同风格的大石柱和 1680 平方米的浮雕墙，中国首座全景式环球舞台也建在这里。法国巴黎埃菲尔铁塔是按 1∶3 的比例缩小仿建的，高达 108 米，设观光电梯，登塔可远眺深圳和香港的风光。入口的水扶梯、喷泉、玻璃金字塔、欧洲民居模型、雕像等也把门口的热闹气氛表现出来了。

园中的景点里还有各式各样的表演。如此大面积的景区和众多景点，单靠步行观看和游览还不够，有时还需要借助高架单轨车、游览车、欧式马车和老爷车等方式，用不同的速度，从不同的高度和角度，以不同的心情来体验。这也反映了商业园林对于商业气氛的特殊要求，并不是安静和休闲的。

三、深圳人民公园

深圳人民公园位于深圳罗湖区人民公园路，建于 1983 年，面积 10.85 公顷，是一处综合性公园。公园设计也采取了东西方特征相结合、古典与现代设计手法相结合的方式，是现代公园建设的比较好的范例。

该园是自然式布局，以一个人工湖为中心，在湖中堆岛七个，东北是山冈。岛屿景观有会友鹊台、玫瑰世界、情人天地和出水芙蓉。环湖景观有烟波致爽、晚情乐志、琴台恋曲。北门平地处还有瑶圃驻春。玫瑰是这个园林的主题，不仅种有几百种数万株玫瑰，造景还用了玫瑰花和情人节的母题，湖中七岛就是为了象征七月七，湖中有一大岛、六小岛。大岛上有会友鹊台和玫瑰世界。岛中有影帝廊，可以放映电影。廊的平面做成玫瑰花形，屋顶做成悉尼歌剧院的形式。岛的草地上有湖石假山一座，堆成两个山峰，山脚有铁树等灌木。草地上还有罗马园亭和类似悉尼歌剧院的小亭各一个。岛上建玫瑰园，园侧为玫瑰廊和玫瑰亭。

四、北京世界公园

集世界名胜于一体的北京世界公园，位于北京丰台区，总面积 46.7 公顷。公园整体布局按照五大洲版图划分景区，以世界上 40 个国家的 109 处著名古迹名胜的微缩景点为主体，荟萃了世界上最著名的埃及金字塔、法国埃菲尔铁塔、巴黎圣母院、美国白宫、国会大厦、林肯纪念堂、澳大利亚悉尼歌剧院等建筑，以及意大利式花园、日本式花园等(见图 9-1)。公园内设东欧、西欧、北欧、北美、南美、非洲、大洋洲、西亚、东亚、南亚等 17 个景区，水系分布按照四大洋的形状连通全园。园内的雕塑、雕刻有近百件，自由女神、尿童、丹麦美人鱼、大卫、维纳斯、肖邦、莫扎特等人物精雕细琢，栩栩如生。园内设有激光喷泉、植物迷宫、童话世界等娱乐场所。公园内还建有集餐饮、购物、娱乐于一身，体现异国情调的国际街及国际民俗村。国际街位于公园的东北角，长约 200 米，面积 1.5 万平方米，是具有欧美风格的建筑群体，其中有意大利名店街、德国歌德美食大楼、瑞士洛桑礼品街等，主要经营各国风味及旅游纪念品，开展富有异国特色的娱乐活动等。

游客漫步于北京世界公园，一座座按 1∶10 比例微缩的建筑物令人目不暇接，这些仿照世界名胜而建的微缩建筑，设计精细，造型逼真，置身此地，会感到仿佛真的在周游世界。这也满足了人们的猎奇心理，让人能用一天的时间饱览世界最著名的名胜古迹，使普通人的梦想在这里变为了现实。

五、广东中山岐江公园

广东中山岐江公园(见图 9-2)的场地原是中山著名的粤中造船厂，作为中山社会主义工业化发展的象征，船厂始建于 20 世纪 50 年代初，几十年间，历经了新中国工业化进程艰辛而富有意义的沧桑变迁。岐江公园的设计构思锁定特定历史背景，几代人艰苦的创业历程在这里沉淀为真实而弥足珍贵的城市记忆。为此，保留了那些刻写着真诚和壮美、但是早已被岁月侵蚀得面目全非的旧厂房和机器设备，用现代的技术与审美将其重新幻化成富于生命的音符。设计保留了船厂浮动的水位线，残

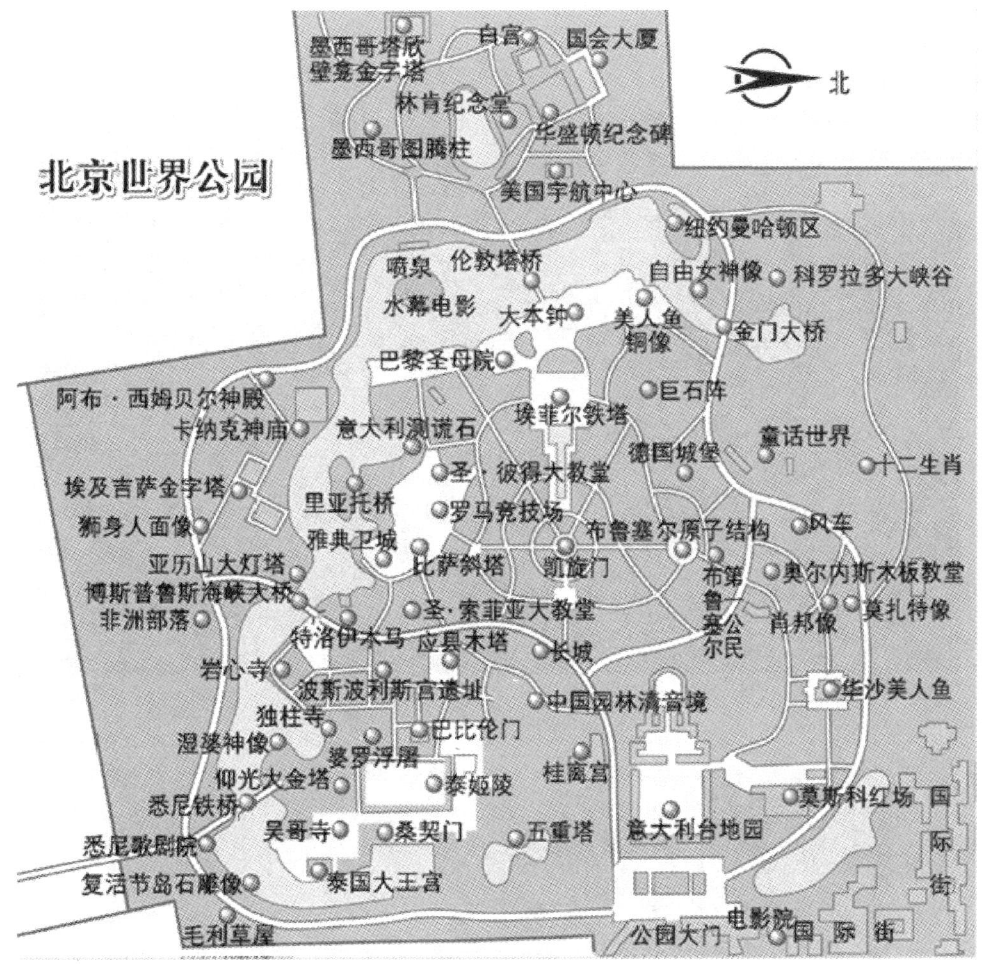

图 9-1　北京世界公园总平面

留锈蚀的船坞及机器等，反映了新中国成立后，50 年工业化的不寻常历史，很好地融合了生态意念、现代环境意识、文化与人性。

在中山岐江公园里的钢铁建筑除了船坞、水塔、铁轨（见图 9-3）以外，还有一座美术馆。美术馆整个的建筑风格与岐江公园里的景物匹配和谐。沿着中山岐江公园弯弯的小径，看着四周的绿树、钢铁，大自然与工业化显得是那么融洽，相互辉映。中山岐江公园的设计很好地将工业化与自然生态糅合，反映出对时间之美、工业之美、自然之美、错愕之美的追求，体现出现代珍惜足下的文化、平民的文化，以及保护即将逝去的文化的设计理念。

2002 年，该公园获得美国景观设计师协会年度荣誉设计奖。

图 9-2　广东中山岐江公园鸟瞰

图 9-3　岐江公园中保留下来的铁轨

六、新疆喀纳斯湖风景区

新疆喀纳斯湖风景区(见图 9-4),以项目规划的形式,对新疆喀纳斯地区进行了全面系统的旅游规划。该规划以风景资源保护为原则,从经济战略的角度对旅游产业发展进行策划部署。通过对自然地理、社会经济及历史文化等自然与人文旅游资源进行概述和评价,提出自然资源、环境保护与旅游市场营销的定位策略,进行总体布局与分区规划导引,将自然资源与人文资源、自然环境保护、区域经济开发、景观规划、旅游策划、市场营销等方面有机结合,跨学科、多行业、多门类共同工作,大大超越了传统的风景区规划和景观规划的范畴,成为当代区域景观规划的主流思想和典型代表。

图 9-4　新疆喀纳斯湖风光

小　　结

中国近现代园林建设由于历史局限性发展得比较缓慢,特别是城市公园,大部分是将已有的皇家、私家园林向公众开放,城市建设步履维艰。新中国成立以后,园林建设尤其是公共园林的建设有了长足的发展,呈现出非常好的发展势头。尤其是进入 21 世纪后,中国城市化进程加快,城市建设与园林密切结合,而且园林的种类也更加丰富和多样。

这个时期的园林的特点特征总结如下。

第一，私人所有园林已不占主导地位，城市公共园林、绿地，以及各种户外娱乐交往场地扩大，城市的建筑设计由个体到群体，由与园林绿化相结合而转化为环境设计，确立了城市生态系统的概念，“城市在园林中”已由理想变为广泛的现实。

第二，园林绿化以创造合理的城市生态系统为根本目的，广泛利用生态学、环境科学及各种先进的技术，由城市延展到郊外，与城市外围营造的防护林带、森林公园联系为一个有机的整体，甚至向更广泛的国土范围延展。

第三，园林艺术已成为环境艺术的一个重要组成部分，它不仅需要多学科、多专业的综合协作，公众亦作为创造的主体而参与部分创作活动。因此，跨学科的综合性和公众的参与性便成了园林艺术创作的主要特点。

第四，由职业造园师主持园林的规划设计工作。我国当代园林景观规划与设计的理论与实践日趋丰富，涌现出一大批经过高等教育，精熟世界景观设计理论和前沿发展方向的设计师，他们的理论与实践丰富着中国的园林景观形象与内容，在弘扬民族传统景观文化的同时，也与世界的先进景观设计理念接轨。

【思考和练习】

1. 中国最早的具有真正意义的公共园林是如何产生的？有什么历史与时代背景？

2. 我国现代园林景观建设的特点是什么？

第二篇

东方部分

第十章　东亚地区的古代园林

第一节　日本的古代园林

一、历史与时代背景

日本庭园的历史相当悠久，最早见于文字记载的日本庭园是公元620年飞鸟时代苏我马子庭园。因为苏我最先把佛教传入日本，受中国蓬莱仙境的影响，在院子里挖地造岛，请仙人居住。它是日本由早期庭园发展到初期庭园的一个有代表性的例子。据说庭园样式是经朝鲜由中国传入日本的。到7世纪末，天武天皇之子草壁皇子的庭园里增加瀑布和海滨，初步形成了具有自然风味的日本庭园。

奈良时代后期，庭园池中放入水鸟，并伴以小桥，池中采用岩石，仿造海景容姿，使不易见到海的人们可以欣赏到大海风景。橘诸兄的庭园、中臣清麻吕的庭园，就是这种类型。

平安时代，日本庭园有了长足进步。置京都为京城。京都山清水秀，自然风光如池沼、涌泉、森林尽收庭园之中，犹如一幅写生画。如嵯峨院庭园就建设得美如一幅画面。

藤原时代完成了宫殿建筑，并随之以公卿贵族的庭园。自此，庭园形成一个专门领域，拥有造园专家，从此结束了拥有庭园之人自行设计、施工的历史，为日本庭园史上留下了引人注目的不朽篇章。

经过镰仓时代到室町时代，由于禅宗文化和北宋画的影响，日本的庭园显示了高度的艺术性，给日本庭园增添了新的光辉。当时在造园材料中最受欢迎的是石头，用石技术日趋艺术和完善，石料在日本庭园的构成和表现上起了极为重要的作用。如点缀装饰庭园的石灯笼、石塔、石制洗手钵及小路间隔石、铺路石，都为美化日本庭园作出了贡献。

后来，由于受佛教理念的影响，在庭园制作时，赋予山岳和岩石以佛姿，使庭园的构成和表现趋于抽象化。代表这种倾向和时代的就是枯山水，也可称其为假山水。

安土桃山时代在日本历史上是极为短暂的一段时期，各地群雄割据，战乱四起，百姓生命危在旦夕。然而很多宏伟壮观、富有特色的庭园却陆续问世。当时武士是日本的统治者，他们为祝贺自己武运长久，夸耀自己的权势，以今日有酒今朝醉的奢侈思想，最大限度地享乐，建造了不少大型庭园，庭园内茶庭极为典雅。永禄十二年织田信长在京都二条城建造的高级庭园就是其中一例。

进入江户初期，天下太平。当时的统治阶层是大名，他们遍布各地。为表示他们喜欢艺术，显示自己的权威势力，各个大名争相建造大型豪华庭园。现今仍能看到的水户偕乐园、冈山的后乐园，均是当时的产物。

到江户中末期，庭园业已定型化，但缺乏创造性。

时至现代，即明治年代到今天，日本人称这一时期建造的庭园为现代庭园。初期受江户中末期的影响，无杰作出现。从明治末期到大正年间，日清、日俄战争中，日本大发横财，建造了不少规模很大的庭园，多属借景，表现了浓厚的自然主义色彩。它具有江户初期综合性庭园的特点，如有池、溪流、瀑布、草坪、茶室、茶庭等。加上借景效果，看起来比实际的庭园要显得宏伟壮观。但这种庭园多是依据拥有者的要求建造，缺乏造园艺术家的气质。

大正末年，日本的大学开设营造庭园科，出现庭园专业学校，成立了关于庭园的研究会，并陆续出版各种有关庭园的专门杂志，促进了庭园建筑艺术向纵深发展。

进入昭和年代后，日本庭园随科学技术的进步出现艺术性和实用性兼顾的新发展。

回顾日本庭园的历史，可知日本庭园具有时代特点。庭园的盛衰兴亡与当时国力和政治环境有着极大的关系。

二、与环境一体化的自然风景式庭园

日本的自然风景千姿百态，地形变化丰富。从任何地方都可以看到美丽的山川、森林、湖泊、海洋等。建筑、庭园的营造，这些都与自然景色有着密切的关联。所以日本的庭园设计不是在广阔平缓的土地上自由地使用，而是在有限的起伏地形上下工夫，形成特有的庭园景观。与此同时，从建筑物中看到的美丽景色，与建筑物的朝向、配置、进深等都有密切的关系。自古以来，日本的庭园建筑不采用左右对称形式的一个重要原因就是前面提到的要利用自然做对景。庭园内的设计也是如此。从周边环境与地形等因素中产生设计灵感，与自然紧密地结合为一体。这种构成形式使风景成为重要的庭园构成要素，日式庭园成为人与自然和谐共存的理想空间形态（见图10-1）。

从日本最古老的造园书籍《作庭记》中，可以知道石头的排列方法是从“自然山水形态的想象中得来的”，而且“必须表现各种设计的趣味性”也记载于其中。

日本庭园是与周边自然环境相融合的产物，这就是将其称为自然风景式庭园的原因。

三、日本庭园生动的造型艺术

建筑物与庭园有很大不同。建筑物是支撑人类生活的设施，无论如何也要先考虑功能性；同时维持建筑物存在的材料随着时光流逝逐渐老化。与此相对应，庭园的性质却截然不同，园内植物在年年岁岁的生长过程中，庭园的姿态也在发生变化。庭

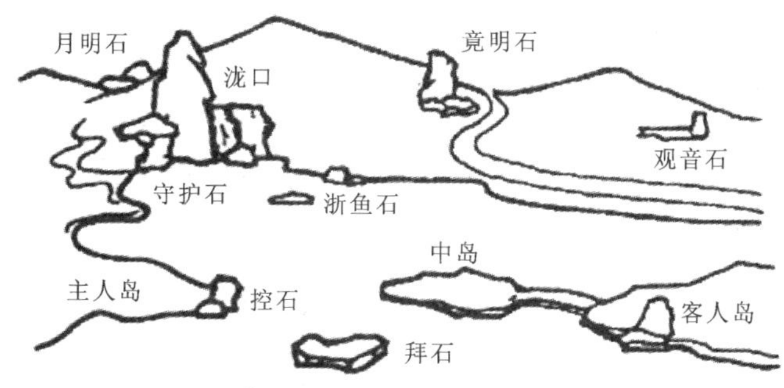

图 10-1　日本筑山庭典型形式

园设计师运用这种变化创造出跨越时间与空间的造型艺术，牵引着人们的心弦。庭园因为既没有屋顶也没有墙壁，通常在风、雨、光、影、水等自然条件的影响下有不同的变化。而且，庭园拥有春、夏、秋、冬四季的表情，在其中加上风的声音、虫的鸣叫、鸟的歌声、水流之音等因素，庭园的生命力已超越了设计师最初的创作意图，显示出强大的自然生命力量。

四、庭园的主要构成要素

日本庭园的主要构成要素有池泉、瀑布、溪流、岛屿、桥梁、步道、飞石、石组、白砂、植栽、筑山、屏垣、建筑物、洗手钵、石灯笼等。

《作庭记》中有下述记载：住房东面若无流水则可植柳九棵，以代青龙；西面若无大道，可栽楸树七棵，以代白虎；南面若无池塘，可种莲香树九棵，以代朱雀；北面（后面）若无山冈，则可种丝柏三棵，以代玄武。这样即可除病消灾，福禄长寿。另外，在正对住房的东、西、南、北四个方向之外的其他方位，无论种植哪一种植物都无妨。

在枯山水式的庭园中，植物配置最为简单。园林的构成以砂为底，以石和木为景进行构图，有苔藓景石配置法、灌木景石配置法和乔木景石配置法。其中以灌木景石配置法最多，其次是苔藓景石配置法，最后是乔木景石配置法。苔藓有青色的，也有彩色的。草类中以羊齿苋、木贼草和兰花等居多。灌木中以竹子、茶花、杜鹃、桂花、冬青、黄杨等居多。乔木中以梅花、松树、杉树、柏树、枫树等居多。在枯山水式庭园中，植物的修剪较少，多是保持植物自然的状态。

屏垣在园林中，屏重在遮挡视线，垣重在划分空间，两者合用，都可称为园墙。日本园林中的竹木垣是最有特色的。这些竹木垣一方面作为划分空间的分界物或阻挡视线的屏障物，另一方面也作为点缀空间的景观。

洗手钵是茶庭中的必需品。高的称为洗手钵（近 1 米高），矮的称为蹲踞（20～30 厘米高）。通常，园林中的洗手钵是一块巨石，外形做成各式各样。现在有些庭园中的洗手钵已经逐渐丧失了本来洗手的功能，而更多的是体现在园林中的装饰功能（见图 10-2）。

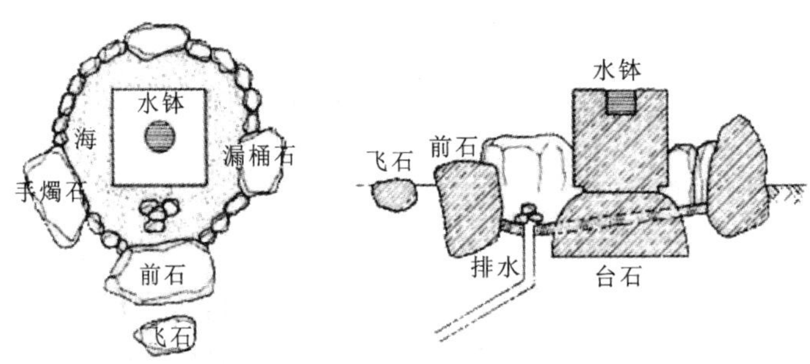

图 10-2　日本庭园小品

石灯笼由基座、石柱、中台、灯膛、灯伞等各部分组成。也有的石灯笼无基座，直接从地面直立石柱。它本来的用途是照明，但与置石、石钵等配合，更增加了闲寂古雅的情趣，是日本庭园中有代表性的元素。除石灯笼外，也有木质灯笼、金属灯笼等形式。

五、石材在庭园中的广泛应用

呈现自然状态的石材总是在庭园设计中起到重要作用，这种独特的思考方法是日本庭园造型的中心。

为什么日本庭园中石材占主要地位呢？这和古代人们能够感知石头中神的存在有着密切关系。日本的庭园中存在追求创造如“蓬莱神仙世界”般永远不会消亡的长生不老世界的主题，所以采用即使经过长年累月消耗也不会有多少变化的石材作为庭园造型的中心就成为顺理成章的事情（见图 10-3）。

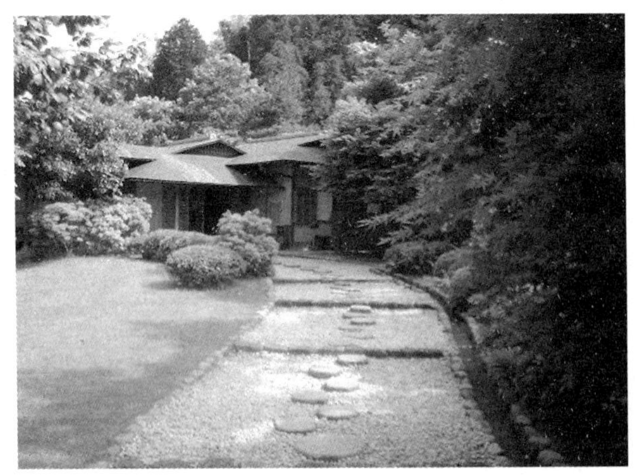

图 10-3　庭园风景

另外，除了从经久造型的角度考虑外，从施工方面来看也不应忘记石材是非常重要的。日本的庭园大多采用自然石材。不同表情的自然石材组合在一起，颜色、大小、形状等所有元素的平衡是非常重要的。

六、露地

日语中“露地”的本来意义是建筑物与建筑物之间的狭窄通路。在庭园用语中，露地是指从庭园大门到达庭园中央或茶室等庭园建筑物之间的空间。其间安置踏脚石、卵石或景石等，此外还置有石灯笼、石钵等。游人置身其中，恍若处于幽静的神路上一般。而随着游人的移动，景色和趣味也在不断变化。在活动中对自然的观赏，从另一种角度让人产生犹如置身深山幽谷中的感觉(见图 10-4)。

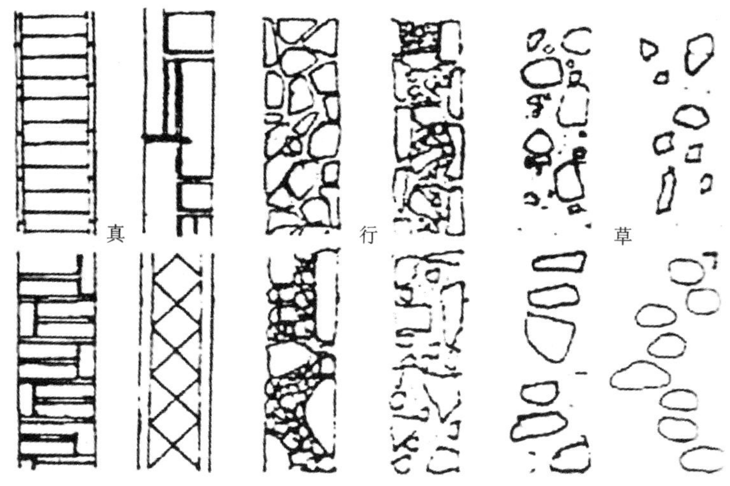

图 10-4　日本庭园道路铺装形式

日本庭园的风格深受书法、绘画和花艺的影响，在格式上也有真、行、草之分，主要区别表现在精致程度上。“真”要求在处理上最严谨，“行”比较简化，“草”就表现得更加自由随意。这种做法不仅表现在庭园建筑方面，在庭园的铺地、置石、植物造景方面更加明显。

七、日本古典园林类型

图 10-5　神泉苑

日本的古典园林主要有枯山水、茶室、洄游式庭园等三种类型。按使用性质还可以分为观赏性庭园(见图 10-5)和使用性庭园。

日本的庭园大体上可分为观赏性(静观式)庭园与实用性(游观式)庭园两部分。

观赏性庭园是从镰仓时代末期开始，经过室町时代，从禅寺的建造开始，与禅宗思想共同发展壮大起来的。大仙园的石亭、龙安寺的石亭等是此类庭园的代表。在这里创造出从石头到树木与通常的自然全然不同的空间，通过庭园打造出另一个世界，即“感悟的世界”这种立体造型的庭园。

这些庭园是以能够从建筑物的里面眺望美景为前提的，人们不能够进入庭园的里面。这种时候，建筑物的屋顶、屋檐、柱子等都成为庭园景色构成的一部分（边缘），对庭园美景的构图起到至关重要的作用。

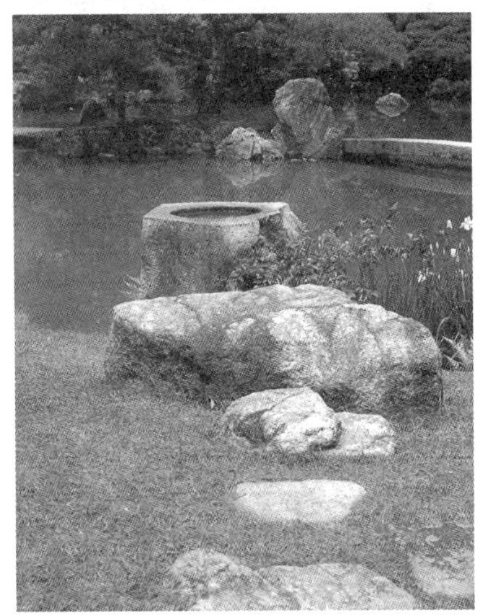

图 10-6　桂离宫中的手水钵

使用性庭园的代表形式是池泉洄游式庭园。人们能够进入庭园，一边游走一边欣赏风景。有时陶醉于深山幽谷的氛围中，有时被眼前突如其来的广袤空间所感动。此类庭园常以池为中心，岛、桥、瀑布等各种要素穿插其中。桂离宫、修学院离宫等是这类庭园的代表。

在池泉洄游式庭园中，建筑物是庭园构成的一大要素。如果想要达到从任何角度都能观赏建筑物的美，就要考虑建筑物的形状、位置、朝向等起决定作用的因素。和谐统一是最终目的，建筑物与周围环境的相互融合不可或缺。

此外，露地空间也被归纳在使用性庭园中。通常，入席的人们在露地的蹲踞手水钵（见图 10-6）前进行清洁，从而达到身心的净化，整顿自己的心绪，调整呼吸，然后入席，这其实更像是一种仪式。而在日本的庭园中，露地空间就是为此留出的准备空间。

八、日本庭园主要代表类型

1. 寝殿式庭园（平安时代）

寝殿式庭园是从中国唐代传入的庭园样式（见图 10-7）。其建筑布局为让人产生安定感的左右对称式，寝殿面南有池泉围绕，左面为泉殿，右面为钓殿，延伸两侧。涌水和滗水是其特点。

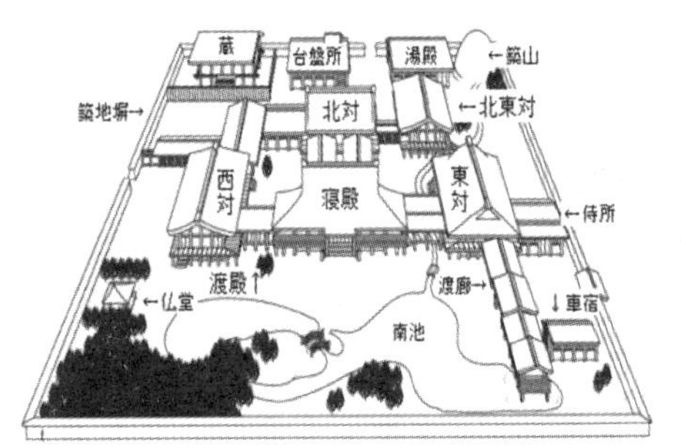

图 10-7　寝殿式园林典型布局

2. 净土式庭园（平安时代）

在不安定的社会情势下、佛教净土思想普及的时代中，人们向往极乐净土长生的愿望，在庭园构图中显现出来。代表性作品是平等院庭园（见图 10-8、图 10-9），其位于京都府宇治市宇治莲华，面积 20.714 平方米，属于净土式园林样式。

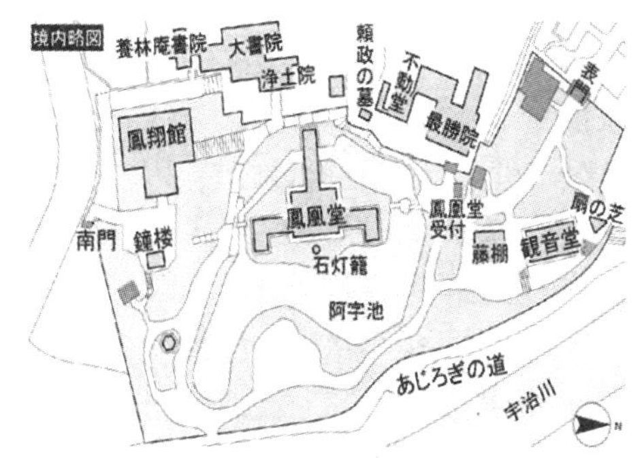

图 10-8　平等院凤凰堂平面图

图 10-9　平等院表门

被称作阿字池的池泉上有大中岛，岛上坐落着凤凰堂（见图 10-10、图 10-11）。凤凰堂左右两侧设有翼廊，后面设有尾廊，整体看来就像一只展翅飞翔的凤凰。凤凰堂正前方有一个石灯笼，岛上全部建筑在周围广阔池泉的映衬下显得异常华丽。隔着池泉，在凤凰堂对面伸出一个大的半岛，在这个延伸出的岛上，可以参拜对面凤凰堂中的佛祖像。

图 10-10　平等院凤凰堂背面

图 10-11　平等院凤凰堂正面

3. 枯山水（镰仓、室町、战国时代）

由景石组合表现山体、瀑布，以白砂作出不同纹样表现水体，这种庭园设计风格被称为枯山水。

“枯山水”这个词语第一次出现是在《作庭记》中，经过不断演变，枯山水庭园逐渐成为日本最具代表性、典型性的庭园模式，并延续至今。

枯山水庭园以石、白砂、苔藓等作为素材营造庭园空间，最大限度地发挥石材的形状、色泽、硬度、纹理及其他特性，使静止的石材在人工营建的自然环境中产生动感，幻化出生动抽象的形象；利用耙埽在白砂上耙出各种形状，表现大海的各种表情。如可以表现静止如镜的水面，造成微微涟漪与汹涌波涛的效果等，表现出一幅幅不同的动感画面。如此动静结合，赋予庭园不可思议的美丽与别致。

最能体现日本枯山水庭园特色和日本人审美意识的杰作，是建于15世纪的龙安寺(见图10-12)。这座庭园是横长方形，占地50余坪(1坪约合3.3平方米)。借古老的土墙围着一片平地，内里无一树一草，零星错落安置了15块大小不一的石头，这15块石头被分为自东向西的五、二、三、二、三的五个组合，共同围合成一个聚合空间，在这个空间内敷设了白砂与苔藓。作者创作动机之深奥与构思之奇妙，在于他在空无一物的庭园内，使用石、白砂和苔藓构成一幅生动的自然美景：一望无垠的大海中分布着星星点点的岛屿，岛上生长着郁郁葱葱的森林等。这样，石、白砂和苔藓幻化成为自然界中的大海、岛屿和森林，转化为另一世界的美，给人一种寂静、凝固、暗流的感觉，升华成最纯粹的艺术，所以日本人也将龙安寺称为“空庭”。

图10-12　龙安寺枯山水庭园

从美学、哲学和佛学意义上看，五个石组与砂坪之间构成了一个相对的概念。浩瀚的海洋与小小的岛屿也是人生之中所面对的得失、成败、个人与社会等相对概念的佛意阐释。

4. 书院式庭园(安土桃山时代)

在日本平安时代，流行结构复杂的寝殿式庭园，这与崇尚简洁实用的武士风尚不合，于是出现了一种脱胎于书斋的书院式庭园。这种建筑样式最先诞生于禅宗寺院，并逐渐在武士和贵族中间流行，成为中世纪日本建筑的主要形式。在这种由书院建筑组成的庭园中，巨大的庭石和色彩丰富的色石经常被使用。位于日本京都的曼殊院庭园(见图10-13)是这种庭园样式的代表。

曼殊院庭园建于江户时代初期，占地1380平方米。庭园设在书院的南部和东部，大书院与小书院一字排开，带着栏杆的走廊曲折连接，栏杆做成船橼的样子。当坐在室内向外远眺时，仿佛乘坐一叶小舟置身于海上，呈现在眼前的是海上一座座美丽岛屿。大书院的前庭由五叶松、出岛、织部灯笼、石组等主景构成；小书院的正面由远处架高的巨大石桥和桥添石组成雄浑的景观。小书院东边是露地式的庭园，东北

图 10-13　曼殊院小书院前全景

部设有茶室。

5. 茶庭(安土桃山时代)

茶室庭园，就是前面提到过的“露地”。在通往茶室的必经之路上布置各种设施细部，如人工种植的树木、精心放置的景石、朴素典雅的草庵、自然生动的竹篱笆等，使人们能够感受到一种返璞归真的恬淡和优雅，净化心灵。其中置石一般为奇数，即由 7～15 块大小不等、形状各异的石头或单置、或组合构成。位于日本京都的表千家(不审庵)露地是京都著名的三千家露地之一。它是日本桃山时代著名的茶道大师和茶庭大师千利休嗣子少安宗淳在千利休因触怒丰臣秀吉而被迫自杀后，于文禄二年(公元 1593 年)建造的。传至今日，仍归千利休的后人所有。表千家露地因其内的不审庵(见图 10-14)之名而获别名不审庵露地。

表千家露地是一个二重露地，占地 1100 平方米，分为内露地和外露地，内外露地以中潜门为界。从露地口到中潜门是外露地，在入口处有建筑物外腰挂(外露地的座凳)、扬箦门、雪隐(厕所)。内露地分为两个境界，两界的分界线在梅见门。外境有萱门、残月亭和点雪堂，残月亭是主要的园林建筑。外境除了建筑物外还有两个蹲踞，一处在残月亭，一处在萱门附近。内境以三叠席的茶室不审庵为终。在内境里有内腰挂、雪隐和蹲踞等。

通常，客人从露地口进入，在外腰挂处接受主人的出迎，然后入中潜门，在蹲踞处洗手，经梅见门入内境，洗手后入不审庵进行茶事。

6. 洄游式庭园(江户时代)

洄游式庭园是书院庭园样式与茶庭样式的结合体，拥有池庭和石庭的完美结合。整个庭园有人工建造的池、岛、山等景观，设有茶室，许多由园路和桥连接起来的露地

图 10-14 表千家露地中的不审庵

空间产生各不相同的风景。江户时代洄游式庭园开始大型化，成为当时的主流。

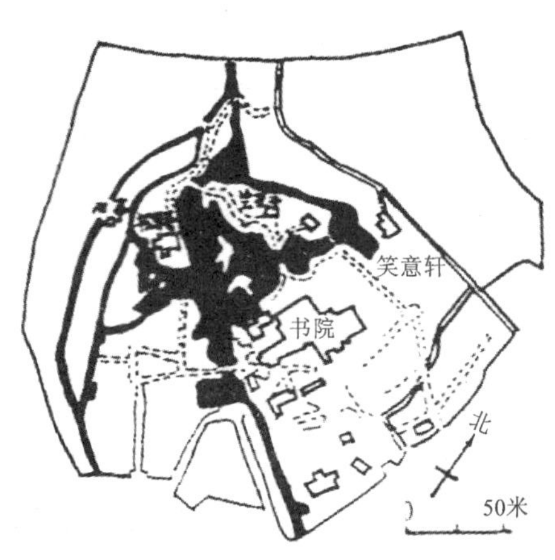

图 10-15 日本京都桂离宫平面图

位于京都市右京区桂清水町桂川岸边的桂离宫（见图 10-15），是著名的洄游式庭园，始建于江户时代初期，全园面积 58210 平方米，为茶庭与池泉园的结合，是三大皇家园林的首席，也是日本古典园林的第一名园。桂离宫又称"无忧宫"，被认为是"日本独一无二的天才建筑"，堪称日本建筑艺术的精品。

桂离宫是智仁亲王和智忠亲王父子创立的。智仁亲王是正亲町天皇的孙子，诚仁天皇的皇六子，后阳成天皇的皇弟，8 岁时被大将军丰臣秀吉收为养子，被封为八条宫。他酷爱中国传统文化，23 岁追随细川幽斋学习，精通绘画、音乐、花道、茶道、造园。他的长子智忠亲王，与父亲一样，也是一个文人，也喜欢造园。所以说，桂离宫可说是日本文人园的代表之作。智仁亲王于 1620 年开始建造桂离宫，1625 年建成。事隔 20 年，智忠亲王于 1645 年重修增筑，于 1649 年完工，当今之局是智忠亲王完善后的景观。

桂离宫虽是离宫，却没有丝毫的威严感和豪华感。相反，其御幸门是竹编的，并不甚高。连着大门的是一堵竹篱笆，与北面的穗篱笆相连，由纤细的竹枝和一劈为二的大竹组合，俗称桂垣或穗垣，这是桂离宫有名的一种不均衡的美的造型。门里面掩映着一片茂密的树林，一派寂静，给人留下简素、轻巧和清纯的第一印象。

桂离宫内有古书院、中书院、新御殿、月波楼、松琴亭(见图 10-16)、赏花亭、园林堂、笑意轩等建筑群，多集中在西侧，呈雁行式配置。这些建筑物虽矮小，却十分精致：清一色的白木结构，草葺或树皮葺人字形屋顶，加上白墙、白格子门，排除一切人工装饰、涂色和多余之物，且布局简练，洁净利落，一切顺其自然，将其推向朴素、简明的极致。同时，各建筑物彼此相辅相成，使整个建筑群自由地融合，而各部分建筑又保持各自的艺术特色。东侧主要是池与泉，庭园整体与外部自然景物达到了高度的协调。

图 10-16　松琴亭

作为桂离宫中心部的上述建筑群，与起伏的地形、水池、岛、桥、石、树等有机结合，使人工与自然极其巧妙地融合起来，形成一个不可分割的空间，造型与空间浑然一体。创作者为了实现设计的整体性，非常注意三方面的表达：①着力体现纯正、清雅的精神；②既要表现皇家的尊贵，又要发扬简素的传统空间艺术特质；③充分发挥众多建筑群各自的功能，使其各具实用性，又能达到完美的统一。

桂离宫的明显特色可以归纳为三点：质朴而近乎自然，非对称而近乎不完整，小巧而近乎纤弱。

这种审美情趣不重形式而重精神，是受禅宗“多即是一，一即是多”的思维方式的启发而产生的。它表现的平淡、单纯、含蓄和空灵，让人们从这种自然的艺术中体味到一种空寂和闲寂，发现一种幽玄的美。

从造园风格上看，桂离宫是多种风格的综合体，既是池泉园，又是书院造庭园，也是茶庭和文人园。说它是池泉园，是因为它以泉源为中心，构筑水池，池中布置五个岛屿，岛屿之间用桥相连。这五个岛屿和水池即是日本国土的象征。岛上堆土山，山上建亭子，有中国山水园的影子。中心小岛上立石灯笼，小石板拱桥相缀，沿水岸边用鹅卵石铺成洲浜，这一景称为天桥立(见图 10-17)。智仁亲王的夫人来自宫津藩京极高知，天桥立是当地海边的著名风景，所以桂离宫的天桥立是对日本名胜的仿写。

图 10-17 桂离宫松琴亭庭园天桥立

桂离宫的设计者小堀远州（公元 1579 年 —公元 1647 年)是继千利休和古田织部之后江户时代初期的代表茶人与造园家之一，曾师从古田织部学习茶道，并创建“远州流”。他不但在茶道上独树一帜，而且也是一名出色的造园家。像京都御所、仙洞御所、江户城、骏府城、名古屋城等建筑工程，以及南禅寺金地院、大德寺孤蓬庵等工程的建造都是在他的指导下建成的。此外，他还精通和歌、插花、建筑等方面的技艺。

7. 大名庭(江户时代)

江户时代各大名在江户城和其他地方的商业街建造的庭园样式被称为大名庭。平坦广阔的庭院构图将各地名胜风光缩小收入园中(见图 10-18)，在园路上可以欣赏美妙风景。借景是这类庭院的常用造景手法。

借景是日本庭园的常用处理手法之一。它是把美丽的大海、山岳、河流、森林、树丛、湖水、寺院等景色，作为主庭的一部分，纳入庭园之中的一种建筑手法。借景庭园不仅是欣赏篱笆、围墙、民宅以内的空间，而且是欣赏一种协调美，即欣赏庭园及与之连为一体的更为广阔的景致。

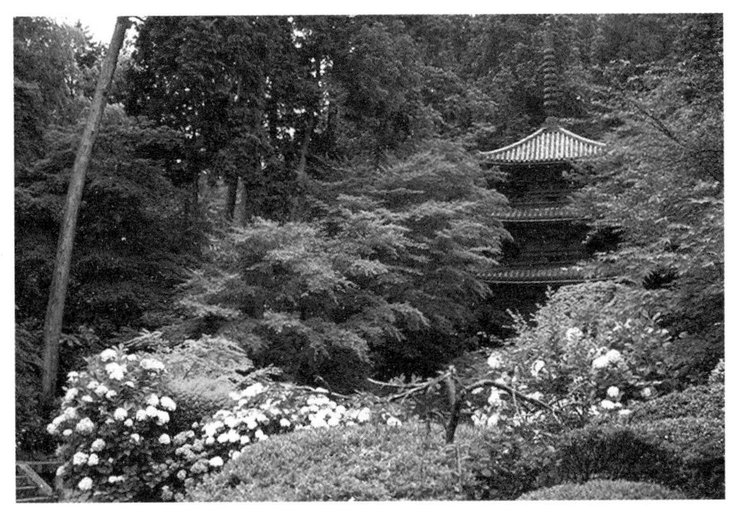

图 10-18　庭院风景

九、综述

综上所述，日本古典庭园在世界上占有举足轻重的地位，在东方园林中与中国园林齐名。日本庭园发源于中国，飞鸟时代(公元 593 年—公元 710 年)和奈良时代(公元 711 年—公元 794 年)，日本政府曾派遣隋使和遣唐使进入中国学习造园技术，日本以泉源为基地，创立池泉园，即中国的山水园。在平安时代(公元 794 年—公元 1185 年)大力模仿中国唐朝的山水园，由唐风园林发展为寝殿造庭园。镰仓时代(公元 1185 年—公元 1333 年)，随着佛教的传入，掀起了佛教庭园的创作，创立了有唐风山水园风格的净土式庭园。日本南北朝时期(公元 1333 年—公元 1392 年)，枯山水的实践开始了。室町时代(公元 1393 年—公元 1573 年)，创立了茶庭。江户时代(公元 1603 年—公元 1867 年)，把池泉园、枯山水、茶庭融于一园之中，形成综合性洄游式庭园。

第二节　朝鲜半岛的古代园林

一、历史与时代背景

介绍朝鲜古典园林，不能不提到朝鲜半岛与中国自古以来历时十余世纪的交往史。中国与朝鲜半岛的往来可以上溯到汉朝以前，唐宋时期尤为频繁。

朝鲜古典园林中的建筑外观很美，屋顶坡面缓和，屋身平矮。屋脊两端和檐端四周高昂起翘，曲线柔美，加之门窗比例窄长，使屋身又有高起之势。屋顶出檐很长，檐下产生很深的阴影，使整个建筑产生鲜明的立体感。屋顶多为歇山式，铺以灰黑色筒瓦,暗红的柱,衬以绿色窗棂,色彩柔和端庄,特别是部分使用白色,使得建筑整体效果渐淡渐灰、质朴含蓄。建筑体量较大,很少有封闭的石墙,因此气势宏阔开放。这种建筑形式既融合了朝鲜民族的建筑风格,又与我国唐代的建筑有颇多相似之处。在一些细节上,如有力的斗拱、巨大的出檐、弯曲的屋脊、上细下粗的棱柱等,这些中国唐代建筑的显著特征出现在朝鲜古建筑中,表明朝鲜古代建筑很大程度上借鉴了唐代建筑的形式和营造技术。

朝鲜半岛受中国传统文化的影响较大,如过春节等习俗就是源于中国,中国儒家思想对朝鲜"仁"文化的影响十分深远,他们所信奉的佛教也是从中国传入的。

中国最古老的辞典《尔雅》中提到:"东北之美者,有斥山之文皮。"斥山亦称赤山,位于荣城海岸。所谓"斥山之文皮",是从朝鲜运来的兽皮。根据考古发现,在今山东半岛最东部的"大石文化遗迹"石硼群,与朝鲜西南部石硼群基本相似,特别是荣城崖头集一带石硼与石碣共存的现象,与朝鲜全罗南道顺天的形状完全一样,这说明在几千年以前,我们的祖先已与朝鲜半岛的人群互相传播文明了。本世纪初,在汉代乐浪郡(即今朝鲜一带)的古墓中挖掘出土大批带有"元始"(西汉平帝年号)"永平"(东汉明帝年号)等字样的瓷器、铜钟和大批丝织品残片。墓葬中出土的绫绢残片,织工精细,与齐地出土的衣物毫无差异。汉代齐地有三服官,以专制衣服而闻名。而齐地与乐浪郡仅一海之隔,那么这些丝织品显然是通过海路传入朝鲜的。

秦皇与汉武时期,是封建社会政治相对进步、局势相对稳定的时期。那时,自胶东半岛出发,渡黄海,从朝鲜西南沿海航行去日本的航线已经开辟,形成了以登州为起点的东方海上丝绸之路。据史籍记载,秦汉时期通过登州与海外的交往活动,主要有经商、移民和交易。秦汉时期中国对朝鲜的移民,朝鲜和日本的史著中也多有记载。三国、两晋、南北朝时期,东方海上丝绸之路继续发展,我国与日本、朝鲜半岛诸国的关系也更加密切。史载,曹魏与朝鲜的交往是经常的,和日本的往来约 6 次,魏遣使 2 次,日本遣使魏 4 次。两晋时期与日本的交往不多,而与朝鲜半岛的高丽、百济、新罗三国的交往较频繁。南北朝时期,日本列岛和朝鲜半岛诸国与我国的往来仍然比较密切。

在中国唐朝时期,朝鲜全面吸收包括园林在内的盛唐文化。在今天的朝鲜古典园林中,中国唐代园林布局和建筑风格的痕迹依然清晰可见。朝鲜古典园林中,蓬莱神话对朝鲜庭园的影响也非常大,源自"蓬莱、方丈、瀛洲"三座神山的传说,即所谓的"一池三山"模式广为流传,成为朝鲜园林的重要造景手法。在很多庭园中有人工开凿的水池,在池中置三岛,象征仙境"瑶池三神山"的造景形式,与中国"一池三山"的传统造园手法一脉相承。朝鲜著名园林雁鸭池就是这种手法的典型代表。

7 世纪中叶,朝鲜半岛上的新罗统一了三国,海外贸易发展很快,在登州的蓬莱、牟平、文登等地都有新罗人居住。他们住的街巷叫"新罗坊",新罗商船往返于中、日、朝之间,将新罗生产的金银手工艺品、日用器具、药品自登州输入我国;同时把从我国换回来的茶、丝绸、香料、瓷器、书籍文物等携回本国或远销日本。

北宋初，朝鲜到中国朝贡的使节大多由登州入境。但自宋中叶以后，因宋与辽、金关系紧张和经济中心的南移，中国与朝鲜半岛交流减少。明代，倭寇频繁出没于朝鲜和中国沿海，大肆骚扰，沿海商贩几乎绝迹。清朝，中日甲午战争前后，山东半岛和朝鲜半岛沿海许多通商口岸关闭，海上商贸和文化交往活动逐渐冷清下来。1910 年后，朝鲜沦为日本的殖民地，直到 1945 年才获得解放，此后，朝鲜分裂为南北两部分。

二、著名园林介绍

1. 首尔的皇宫——景福宫

景福宫位于韩国首都首尔（旧译“汉城”），是一座著名的古代宫殿。1392 年李成桂建立朝鲜，即朝鲜历史上著名的李朝，景福宫是当时的皇宫，于公元 1394 年开始修建。中国古代《诗经》中曾有“君子万年，介尔景福”的诗句，此殿凭借此而得名。宫苑正殿为勤政殿，是景福宫的中心建筑，李朝的各代国王都曾在此处理国事。此外，还有思政殿、乾清殿、康宁殿、交泰殿等。四周建有宫墙，东西南北各开宫门，宫内呈前朝后寝，后设花园的布局。宫苑还建有一个 10 层高的敬天夺石塔，其造型典雅，是韩国的国宝之一。王宫的南面有光化门，东边有建春门，西边有迎秋门，朝北的为神武门（见图 10-19）。

据《朝鲜通史》记载，1866 年大院君专政，曾重修景福宫，历时两年，耗资 2500 万两白银。由此可推测景福宫全盛时期的规模和奢华程度。主体建筑勤政殿，重檐歇山顶，是李朝皇帝坐朝议事和举行大典的“金銮殿”。勤政殿四周建有宽敞的围廊，后面又有三个小殿，再往后是寝宫。勤政殿西北方向有一方池，池中砌有三台，最大的台上建有两层的庆会楼，另外两个台上栽植树木。景福宫最后面是御花园（见图 10-20），园内有方形水池，建一亭，名为“香远”，入夏池内荷花盛开，取汉文化中“香远益清”之意。

图 10-19 景福宫正门

图 10-20 景福宫御花园

2. 昌德宫

昌德宫又名乐宫，是朝鲜的“故宫”，位于首尔市院西洞，是李朝王宫里保存得最完整的一座宫殿。昌德宫作为正宫景福宫的离宫，建成于 1405 年。1592 年因壬辰倭乱，景福宫所有的殿阁均被烧毁，之后直到 1868 年景福宫重建为止，这里均作为朝鲜王朝的正宫使用。

图 10-21　昌德宫正门

整座宫殿内为中国式的建筑，入正门（见图 10-21）后是处理朝政的仁政殿，公元 1804 年改建。宫殿高大庄严，殿内装饰华丽，设有帝王御座。殿前为花岗石铺地，三面环廊。殿后的东南部分以乐善斋等建筑为主，是王妃居住的地方。寝宫乐善斋是一座典型的朝鲜式木质建筑。此外，还有大造殿、宣政殿和仁政殿等。融入自然的皇宫昌德宫建筑风格独具特色，与中国、日本同类宫廷建筑风貌有很大的差异。昌德宫建构方式不同于一般的对称式或直线式，而是根据自然地形条件自由地加以安排，利用后方不高的岗地和左右的地形特点巧妙地安排了正门、正殿、内殿等各种建筑。昌德宫是现存的保存最完整的表现朝鲜时代宫殿建筑风格的代表作，珍藏了朝鲜传统造景艺术的特点，特别是后苑的亭阁、莲池、树木，展现了建筑与自然的和谐之美，是朝鲜具有代表性的宫苑。

昌德宫的御花园又称“秘苑”（见图 10-22），位于仁政殿后。秘苑建于 17 世纪，面积约 6 万坪（1 坪约 3.3 平方米），是一座依山而建的御花园。苑内有亭台楼阁和天然的峡谷溪流，还有科举时代作为考场的映花堂及建在荷池旁供君王垂钓的鱼水亭、钓鱼台，池中还有芙蓉亭等。苑内古树苍郁，小桥、流水、池塘、亭阁相互映衬，建筑布置得小巧、精致而又典雅，置身其中不禁心旷神怡。这里的 28 个亭阁和大自然景色融合在一起，最能体现出昌德宫融入自然的建筑风格。

图 10-22　昌德宫秘苑景色

3. 雁鸭池

唐代园林发展曾影响日本和新罗。新罗文武王建苑囿，于苑内做池，叠石为山，以象征巫山十二峰，栽植花草，畜养珍禽奇兽。庆州东南雁鸭池（见图 10-23）即为当时苑囿的遗址，此园建于文武王十四年（公元 674 年），后毁于战乱，1975 年复原。据考，园内水池中曾堆三岛，分别象征蓬莱、方丈、瀛洲三神山，象征巫山的十二峰分别

图 10-23　雁鸭池总平面

位于池北和池东，沿池共有十二座建筑。雁鸭池曾是新罗王子的东宫，每逢喜庆节日，王子都要在园内大宴宾客，歌舞升平。现在雁鸭池园内只重修了水池、三座岛屿和池西的三座建筑。

雁鸭池理水颇为成功，水池略为方形，占地约 1 公顷(见图 10-24)。由于巧妙地布置了三个岛和两个伸入水面的半岛，水面景观或开阔舒朗或潆洄幽深，收放自如，颇具天成之趣。特别是池东北、东南巧妙地运用了“藏源”的手法，起到了延伸空间、变换景致、小中见大的作用。

4. 广寒楼

广寒楼位于全罗北道南原郡邑川渠里，是朝鲜的著名古迹。传说为李朝初期宰相黄喜所建，原名广通楼。李朝世宗十六年(公元 1434 年)重建后才改称现名。朝鲜壬辰卫国战争时曾被焚毁。李朝仁宗十三年(公元 1635 年)又按原貌重建。雕梁画栋、形制绚丽的广寒楼是朝鲜庭院的代表(见图 10-25)，其中包括三座小岛以及石像、鹊桥等，现在楼上悬有“广寒楼”“桂观”的大字匾额。相传，著名传奇故事《春香传》就发生在这里。楼北侧的春香阁是 1931 年建立的春香祠堂，堂内供有春香的肖像。每年阴历四月四日人们都在这里举行春香祭。

5. 佛国寺

佛教由印度经中国传入朝鲜后，在朝鲜半岛逐渐兴盛，至今朝鲜境内仍有大量佛寺。建于公元 528 年的佛国寺是其中年代最为久远，保存也较为完整的一座，已被列入世界文化遗产名录。同我国大多数佛寺一样，佛国寺选择建在风景绮丽、幽静深寂的山林之中。进入山门后依山路蜿蜒而上，途经十字脊屋顶的钟楼到达寺内。途中林木丛生，道路曲折，佛寺圣地神秘肃穆的氛围得到有力的烘托。佛寺建筑布局为

图 10-24　雁鸭池景色

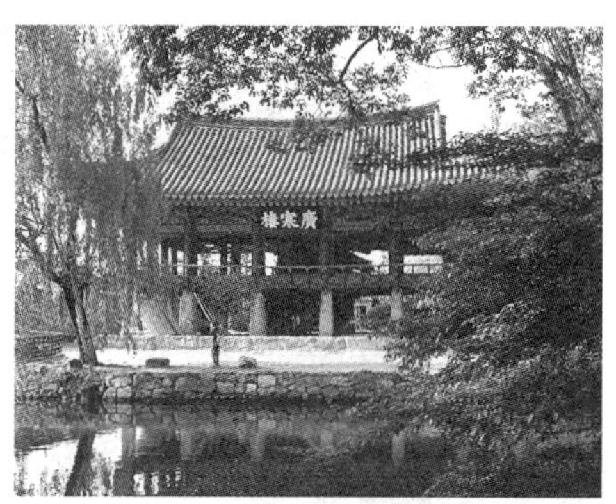

图 10-25　广寒楼

院落式，因地制宜地随地势起伏而高低错落。佛国寺于 1592 年毁于战火，后经多次修补、复原，只有大雄宝殿、紫霞门等处的石造部分是古新罗遗物，虽历经 1500 年风雨仍屹然挺立，显示了朝鲜民族高超的石造艺术，弥足珍贵。佛国寺是朝鲜境内具有代表性的寺观园林。

小　　结

日本与朝鲜半岛的园林都深受中国文化的影响，无论是园林内的建筑形式还是园林景观的布局，都可以看到中国古代文化的踪影。中国古代儒、道、佛家的文化在这两个国家的园林中，以与中国古典园林相似的形态出现，又融入了这些地区本民族的文化特色和地理特征。其中，朝鲜半岛的古典园林与中国的园林更为相似，而日本的古典园林在接受中国文化之后，发展出来更多具有本民族特色的景观。

日本的园林显示出鲜明的海岛文化，特别是在枯山水庭园中，形象上是大海与海岛的景观，内容上则有着禅学的深意。其洄游式庭园既有唐宋中国古典园林的风韵，又有着日本本土文化的独特气质。

朝鲜半岛由于地理上与中国紧邻，更加便于全面吸收包括园林在内的中国文化。朝鲜古典园林中，具有强烈的中国唐代园林布局和建筑风格的痕迹。中国古代文化中的蓬莱神话对朝鲜庭园的影响也非常大，“一池三山”模式广为流传，并且成为朝鲜园林的重要造景手法。在朝鲜的古典园林中，儒、道、佛家的文化表现无处不在，显示了朝鲜园林文化与中国园林文化之间的渊源关系。

【思考和练习】

1. 日本园林有哪几种主要类型？其各自的特点是什么？
2. 朝鲜有哪些著名园林？各自有什么特色？
3. 谈谈中国传统文化与日本、朝鲜园林的渊源关系。

第十一章　东南亚地区的古代园林

第一节　印度的古代园林

一、历史与时代背景

印度，是世界上最古老的文明古国之一。印度文化对世界最大的影响是宗教——佛教。佛教产生于公元前6世纪中叶，创始人是乔达摩·悉达多，佛教教徒称他为释迦牟尼。佛教提倡佛门之内，众生平等。公元前3世纪，佛教开始向外传播。向南传入东南亚，向北传入中亚、东亚，其中一支传入中国西藏，成为今天的喇嘛教。此后佛教又经中国传入朝鲜、日本，逐渐发展成为世界性宗教。除了宗教之外，古印度人在文学、数学和造型艺术等方面也作出了重要贡献。在数学方面，我们今天通用的0～9十个数字符号及十进位法实际上源自印度。符号“0”的发明是古印度人献给全人类最精妙的礼物。古印度的建筑与造型艺术主要同佛教文化有关。

与这种文化的发展相呼应，在美术史上也有一个源远流长的古印度美术时期，在这一时期产生了所谓的佛教美术。人们认为造园也与其他美术并驾齐驱地发展着，但因古代庭园的遗构现已荡然无存，所以要了解造园情况只好求助于文献。戈塞因在其所著的《印度的庭园》一书中，以诞生在古印度的两大叙事诗《罗摩衍那》和《摩诃婆罗多》中记载的王宫庭园为始，尝试着传递了古代印度庭园的信息。通过描写可知，古印度宫殿与庭园关系密切，以及构成古印度庭园的主要元素是什么。从这些资料来看，庭园构成的主要成分中，水居首位，而水常被贮放在水池中，具有装饰、沐浴、灌溉三种用途。水池既是充斥着清新凉爽气息的泉池，也是进行沐浴净身宗教活动的浴池，还是培育浇灌植物用的贮水池。除水池之外，凉亭在庭园中也是不可缺少的。它与水池一样，兼有装饰与实用的功能，在炎炎烈日之下，它是绝好的凉台，也是舒适的庭园生活的休憩场所。由于印度属于热带气候，故自古以来人们就有寻求凉爽的强烈愿望，尽管水及凉台等的使用也实现了这一目的，但他们还渴望在庭院中创造更多的绿树浓阴。因此，作为庭园植物的绿荫树也备受印度人的重视，他们不用花草造园，只在水池中种莲花。另外，他们似乎还特别喜欢开花的树木。

在中世纪后期，西欧各国开始发展经济和文化，印度人却接连遭受了一系列异族的劫掠和蹂躏。征服印度的穆斯林使印度有了许多变化。他们建造了一些工艺精美的伊斯兰风格建筑，如清真寺等，但在文化上却很少有创新，一度生机勃勃的文化艺术事业，受到了很严重的破坏。

比这种古代庭园更正统的印度庭园，到 11 世纪左右才与其他古代印度文化一起繁荣起来。8 世纪初，曾一度入侵印度西北部的阿拉伯人，在公元 1000 年左右再次入侵这个国度，他们来势凶猛，接着印度国内出现了伊斯兰教徒的王朝，他们在整个印度疆域内移植了伊斯兰文化，结果，传统的印度文化受到伊斯兰文化的冲击，逐渐改变了其原来的形态。这种冲击表现得十分明显，在伊斯兰王朝之后的莫卧儿帝国时代(公元 1526 年—公元 1858 年)，这两种文化就完全融为一体了。

二、不同时期的园林形式与文化

1. 巴布尔时代的造园

帖木儿的后裔巴布尔征服了北印度后，在恒河支流亚穆纳河畔的亚格拉建立了首都。此地自古以来就没有任何值得一看的风景，并且由于战事连绵而成为不毛之地，国王定居这里，首先要筑造庭园。从《巴布尔回忆录》中可见，那时庭园与古代庭园的主要因素同样都是浴池，不过新式花坛被引入园中。后世印度细密画中曾多次描绘过这种带有规则整齐花坛的庭园。现在在亚格拉，由巴布尔王建造的建筑和庭园几乎都荡然无存了。

据说，位于亚穆纳河左岸、围以高墙的"拉姆园"(见图11-1)大庭园区就是巴布尔王建造的莫卧儿时代最古老的庭园，遗憾的是，近年修筑道路以及植树致使这个庭园已面目全非。拉姆巴格附近还有其他的大围墙区——扎哈拉园，这是亚格拉最大的宫苑，为巴布尔王之女扎哈拉所有。除这些宫苑之外，在巴布尔王的埋葬地伊斯塔里弗的卡布勒周围还铸造了"基兰园"和"瓦法园"。瓦法园的细密画(见图 11-2)中描绘了巴布尔王初次参观瓦法园，并指导设计"四分区栽培地"的情况。画中两个园艺师在测量路线，带着设计图的建筑师充当了国王的陪同，画的下角画着尺寸稍被缩小的贮水池。方形地域边缘种着石榴树和橘树，墙上耸立着洁白如雪的山，为了突出它的高度，又在低矮的斜坡上画了松鸡和山羊。

图 11-1　拉姆园

图 11-2　瓦法园细密画

2. 胡马雍时代的造园

巴布尔死后胡马雍继位。他遭阿富汗贵族谢尔・夏的驱逐，曾一时处于后者的统治之下。在谢尔·夏之子沙利姆·夏死后，胡马雍借波斯人之力重新收复了失地。此后不久，他便与世长辞，其子亚克巴继承了王位。转瞬即逝的胡马雍国王时代与各先王时代不同之处就是几乎不造庭园，我们唯一知道的这一时期的庭园只有德里陵园。胡马雍是第一个葬在印度的莫卧儿王，他的陵墓建在德里以南约四英里的地方。这是莫卧儿时代最早的一座大型纪念性建筑物。据说它的设计在八十年后还为泰姬陵所沿袭。这座建筑物高耸在环抱德里的平原之上，它巨大的圆形屋顶格外引人注目，而现在，拥抱着陵墓、占地 5.3 公顷的陵园已成为一片煞风景的不毛之地，果树、绿荫树也已销声匿迹，但石造水渠和喷水池经修复大致保持了原状。

3. 亚克巴时代的造园

亚克巴大帝继承了祖先的事业，除使阿富汗人臣服于他之外，他还完全征服了中印度以北的疆域，在这里完成了莫卧儿帝国的建设伟业。亚克巴大帝对印度的知识和艺术深感兴趣，尤其注重印度教徒与回教徒在宗教上的融合，通过这种融合，他巩固了政治上的统一。正如戈塞因所指出的那样，亚克巴大帝的造园工程首先开辟了国内的道路——连接亚格拉市与法特普尔·吉克利的街道。自巴布尔时代以来，亚格拉一直是莫卧儿帝国的首都。亚克巴曾在法特普尔·吉克利另辟新都，在那里筑造了宫殿和许多庭园。没过几年，宫廷又迁回亚格拉，虽然这座城市没有得到充分的重视，但它从未成为侵略者的军事根据地，部分建筑还保存得相当完好。

据戈塞因记载，因为亚克巴大帝是绘画爱好者，在他的宫殿及附属物中都装饰着绘画作品，这类作品就是受波斯细密画的影响绘出的壁画。尽管这种遗物为数甚少，但与这类壁画技法相同的绘画却作为书籍的插图而流行起来，它们就是残存下来的今天所谓的 mininature。这些细密画对庭园做了详细的描绘，如实反映了那个时代庭园的全景和细部景观，有的甚至还使人想到当时庭园生活的情景。这些细密画有的是纯绘画性的，有的则是说明性的，它们的构图既有透视画风格，又有鸟瞰图风格。对于了解今天已完全荒废了的庭园原貌而言，所有这些细密画都是绝好的材料。

除法特普尔·吉克利之外，亚克巴晚年还以亚格拉和拉合尔两座城市作为他的居住地。亚克巴时代的庭园也有建造在远离上述两座城市的北方山区克什米尔的庭园，亚克巴是第一个进入克什米尔地区的国王。

4. 查罕杰时代的造园

查罕杰皇帝(公元 1567 年—公元 1627 年)，莫卧儿帝国统治者。查罕杰的庭园多与他的爱妃努尔·贾汉有关。查罕杰皇帝与爱妃有每年移居克什米尔的习惯。此地风景迷人，是极好的避暑胜地。

图 11-3 为伊蒂默德-乌德-道拉墓(Itmad-ud-daulah)。这座精美的大理石陵墓是由查罕杰皇帝的宠后努尔·贾汉于公元 1622 年—公元 1628 年为其父亲米尔扎·吉亚斯·贝格所建的。伊蒂默德-乌德-道拉墓的建造工艺后来也应用于泰姬陵的修建过程中。宝石嵌饰工艺第一次在该建筑中使用，这种工艺后来成为泰姬陵的特色。

这一时期，马图拉、温达文等地修建了数座雄伟的寺院和供印度教徒沐浴的河边

图 11-3　伊蒂默德-乌德-道拉墓

石阶。莫卧儿时期的建筑特色表现在大量采用大理石、光滑的彩色地面、精美的石雕窗饰及镶嵌装饰，充分体现了印度和穆斯林建筑风格之间的融合。

5. 沙·贾汗时代的造园

在历代莫卧儿国王中，沙·贾汗王才华横溢，又崇拜艺术与美，他的治国能力也是无可厚非的。他在和平治理未遭破坏的领土长达三十年之后，却被王子中最活跃的奥朗则布篡夺了王位，沙·贾汗王在遭禁闭八年后逝世。如戈塞因所说，这个结果正说明了国王的软弱，而这种软弱还反映在他的建筑样式之中。事实上，沙·贾汗时代的印度建筑最为发达，亚克巴时代的印度建筑因素被一扫无余，开始产生并完成了伊斯兰建筑样式。

三、园林实例介绍

1. 泰姬·玛哈尔陵

沙·贾汗为爱妃穆姆塔兹·玛哈尔建造的泰姬陵是印度陵墓建筑的登峰造极之作，这座建筑的优美曾令所有人赞不绝口（见图 11-4）。印度诗人泰戈尔称泰姬陵是“历史面颊上挂着的一颗泪珠”。它位于濒临亚穆纳河的地带，它不是建在陡峭的山腹地带的露台园，而是一座优美而平坦的庭园。该园的特征就是它的主要建筑物均不位于庭园中心，而是偏于一侧，这种设计方法是前所未有的，即在通向巨大的圆拱形天井大门之处，以方形池泉为中心，开辟了与水渠垂直相交的大庭园，迎面而立的大理石陵墓动人的形体倒映在一池碧水之中，建筑物建在高约 9 米的平台上，顶部是高高的穹顶圆塔，四隅建有尖塔。稍小于主体建筑的带圆塔的建筑物如侍女一般立在其左右，就像建筑完全对称建造那样，庭园也以建筑物的轴线为中心，取其左右均衡的极其单纯的布局方式，即用十字形水渠来造成在巴布尔的细密画中所见到的那种四分园，在它的中心处没有建筑物，而筑造了一个高于地面的美丽的白色大理石喷水池。这种建筑形式突破了以往印度陵园的传统，也突破了阿拉伯花园的向心格局，使花园本身的完整性得到保证，同时也为高大的陵墓建筑提供了应有的观赏距离。在最初的设计中，即便从入口的大门不能看见整座平台，也能将主体建筑尽收眼底。不过，自英国吞并印度全域的 19 世纪中叶以来，由于英国风景式造园思想的影响和土著居民对艺术的漠不关心，这个陵园遭到了严重的破坏。近年对它进行了修理，荒废状况稍有改观。宽约 3 间的大理石砌水渠从庭园门笔直延伸到陵墓，在水渠底部约每隔一间半距离就安装一排喷泉。在中心喷水池处与纵向水渠垂直相交的横向渠道构造与前者相同，一直到达凉亭处为止。现在水渠两侧的草坪地带虽然成了紫杉的林荫道，但这些林荫树是否自古就有还存有疑问。著名的印度观察家、英国人霍奇森于1828年制作的泰姬陵最古老的测量图证明，在水渠两侧只有花坛，从入口处可以随心所欲地眺望全部建筑。

整座陵园位于一块长538米、宽304米的长方形地段上，环绕以红砂石墙，与其他莫卧儿时期陵园相比较，泰姬陵的特点在于陵墓主体建筑耸立在园区的北端，从而把正方形的花园完整地呈现在陵墓之前，突破以往印度陵园的传统，也突破了阿拉伯花园的向心格局，使花园本身的完整性得到保证，同时也为高大的陵墓建筑提供了应有的观赏距离(见图11-5)。

图11-4　优美动人的泰姬·玛哈尔陵

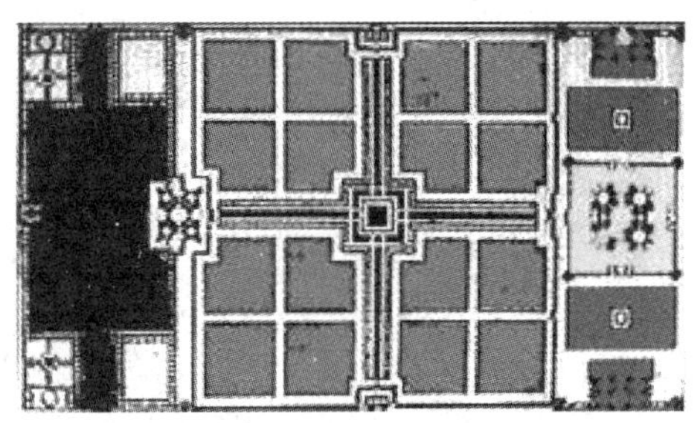

图11-5　泰姬·玛哈尔陵园平面图

陵园中，一条用红石铺成的十字形甬道，将庭园划分成四部分。甬道中间是一条十字形水渠，中心为喷泉，四周下沉式的花圃绿树成荫，鲜花似锦，花木高大，密密丛丛，既不排列，又不修剪，与今日绿地风格迥然不同。在中轴线上的甬道尽端是用圣洁、典雅的纯白大理石砌筑的陵墓，陵墓主体建筑为一圆顶寝宫，建于一座高7米、边长5米的正方形石基座的中央，寝宫总高74米，下部呈正方形，每条边长约57米，四周抹角，在正方形鼓状石座上，承托着优雅匀称的圆顶。圆顶直径约17米，顶端是一金屋小塔，寝宫屋脊有4座小圆顶，凉亭分布四角，围绕中央圆顶。石基四角耸立的尖塔有3层，高40多米，站在上面可俯瞰亚格拉全城。这种尖塔俗称拜楼，原是阿訇呼吁伊斯兰信徒们向麦加圣地方向朝拜的塔楼，是伊斯兰建筑的特有标志。

在陵墓东西两侧又有两座红砂石建造的清真寺，它们彼此呼应，衬托着白色大理石的陵墓，色彩对比十分强烈。陵墓前的正方形花园，被缎带般的池水和两旁的数条石径切割成整整齐齐的花坛，展现了伊斯兰几何式的园林美。

2. 里夏德园

里夏德园(见图11-6)是一座地处达尔湖南面的美丽别墅庭园，由努尔马哈尔的兄弟、担任高级官职的阿萨孚肯建造。他同家族中其他人一样，官居国王之下，万民之上。这个庭园由12个露台组成，这12个露台象征着12座宫殿，它们沿着达尔湖的东岸向山腹顺次增高。流经水渠的水变成台阶形瀑布落下，每个水池、每条水渠中都有喷泉在喷射着水柱，使庭园充满了勃勃生机。在这些明丽的露台上的花坛中，蔷薇、百合、天竺葵、紫菀、百日草和大波斯菊等争奇斗艳，显得光彩夺目。这个庭园一年四季的景色都非常迷人，而最美的季节就是秋天。秋高气爽之时，箭杆杨和悬铃木

图 11-6　里夏德园

的金黄色树叶在黛色山峦的衬托之下景色万千。该园与克什米尔的其他庭园一样，由于近代修筑道路，湖岸边的露台与其余露台被隔开，使其景观遭到了明显的破坏。现存全园长为 595 米、宽为 360 米，因为是私家园林而非宫苑，所以只分两大部分。主要庭园比其他部分稍高，形成系列露台状。顶层露台上有一道 5.5 米高的墙横穿整个庭园。从小凉亭的第二层引出的水渠用砖铺砌为波形图案来造成，在宽 4 米、深 2.4 米的水渠两旁留有砖铺地的遗痕。八角形塔屹立在高大的挡土墙两侧，由塔内阶梯可达上层庭园。这个庭园的特征是设有大理石的御座，御座横跨在大半个瀑布的上方。最近对该庭园进行了部分修复，并在原处设置了装饰莫卧儿庭园的露台墙及露台的花瓶。对庭园所做的这些尝试都是些装饰性的工作，只能或多或少地增加一点往日的特征，不过它们相对于庭园的规模而言似有偏小之嫌。

3. 夏利马庭园

夏利马庭园以国王之父查罕杰在克什米尔的同名别墅为模式，1634 年由建筑师阿里·马丹·坎建造。阿里·马丹·坎还是一位技艺娴熟的工程师，将悬铃木移植进该园据说也是他所为。庭园包括 3 个露台，长 520 米、宽 230 米。过去该园外侧也有庭园，其面积更大，地势从南到北逐渐倾斜。最高层露台及最底层露台都采用 Char-Bagh 的形式，即由四条水渠分区的大庭园形式，连接着位于中央的、比它们狭小的第二层露台。在第二层露台的中央建造有一个巨大的水池，池的三边各建一凉亭，水池中央还有一个小平台，由两条石铺小路与岸上相连。另有两条园路和花坛环绕在这个大型水池的四周。底层和顶层露台上的水渠宽约 6 米，都附有一排小喷泉。两侧的大园路铺砌着小砖，图案为人字形和其他花纹。这种砖砌园路是该园的一大特色。临池而建的砖砌抹灰凉亭在近代被越改越糟，其中只有称为苏万·巴东的一个凉亭是遗留下来的阿里·马丹·坎的原作。大水池中的水穿过这个凉亭一泻而下，注满了下部庭园的水渠。在顶层露台墙上的贮水池之上建有一个大凉亭，水经过这个建筑物，再沿大理石斜面流下来，斜面底部安放的白色大理石御座，宛如漂浮在水面一般。大水池中设有 144 座喷泉，庭园东墙上的国王浴室与中央的水池相对。顶层露台的四条水渠都连通到大凉亭。底层露台上最引人注目的是用美丽的烧花瓷砖装饰起来的两个门。西墙上的门直通城堡故道，原是正门，这是因为几乎像大部分莫卧儿庭园那样，这个庭园也是从底层露台进园的，顶层露台的角上用带塔的高大的挡土墙隔出一块地方供妇女们私用。现在设置的入口通向顶层露台伊斯兰王的凉亭房。

四、综述

印度伊斯兰园林依然以伊斯兰天国为样本，布局简单，基本上是精心绿化的庭园。位于中心的十字形水渠把整个园林平均分成四部分，正中央是一个喷泉，泉水从地下引来，喷出后随水渠向四方流去，造园艺术与其他各地的伊斯兰园林大体一致。

构成庭园的主要因素是水。园亭是庭园不可缺少的设施，兼有装饰和实用两种用途。植物着重于栽植绿荫树，形成大片绿荫，偏爱观赏树木，不喜用花草。

第二节　泰国、缅甸、柬埔寨地区的古代园林

一、历史与时代背景

1. 泰国

泰国是一个历史悠久的文明古国。距今约 13000 年至 7000 年间，便有人生活在泰国河流附近的岩溶洞穴里，以狩猎和采集为生。公元 6 世纪，孟人在湄南河下游建立了堕罗钵底国，此时，泰国的商业、佛教、文化已较发达。10 世纪时，高棉人的吴哥王国崛起，堕罗钵底国被吴哥征服，成为吴哥王国的属地。13 世纪，泰国地区的泰族开始强盛。公元 1238 年，泰族首领坤·邦克郎刀联合另一泰族首领，打败了吴哥王国的军队，并以素可泰为中心，建立了素可泰王国。这是泰国历史上信史可考的第一个王朝。

素可泰王国建立后，不断向四周扩张，至坤兰甘亨国王统治时期，其控制范围不但包括今日泰国中部的大部分地区，而且西至今日缅甸丹那沙林地区，南抵马来半岛北部。坤兰国王注重发展生产，使素可泰的农业、渔业和商业都有很大发展，呈现出一片兴旺景象。国王还倡导佛教，广建寺庙。为维护国家的统一，他还创造了统一的文字，为今日的泰文奠定了基础。由于坤兰甘亨国王的丰功伟绩，泰国人民尊称其为“兰甘亨大帝”。14 世纪中叶，湄南河下游的素攀太守乌通在周围扩张势力，不久宣布脱离素可泰，建立阿瑜陀耶王国，即大城王朝。1378 年，素可泰被阿瑜陀耶王国降服。到 17 世纪时，阿瑜陀耶已控制了现今泰国的大部分领土，柬埔寨为其附属国，其势力南达马来半岛南端的马六甲，成为中南半岛上的强国。阿瑜陀耶王朝时期，泰国经济进一步发展，海外交流远及欧洲各国。18 世纪后，阿瑜陀耶统治集团内讧加剧，国力日衰，1767 年都城被缅军攻破，历经 417 年的阿瑜陀耶王朝灭亡。阿瑜陀耶沦亡后，全国陷于四分五裂的状态，人民掀起了驱缅复国的斗争。达府军政长官郑信

(祖籍广东澄海)起兵抗缅,力量不断壮大。1767年10月,郑信的军队歼灭了阿瑜陀耶的缅甸守军。同年12月,郑信登基为王,建都吞武里,史称吞武里王朝。经过几年征战,1770年重新统一了国家。由于连年征战和对内政策失误,1782年,故都阿瑜陀耶城发生了声势浩大的反对封建主斗争,在柬埔寨前线的将士披耶却克里趁势赶回吞武里,处死了郑王。历时15年的吞武里王朝就此消亡。除此之外,泰国先后遭受葡萄牙、荷兰、英国、法国等殖民主义者的入侵。19世纪末,曼谷王朝五世王吸收西方经验进行社会改革。1896年泰国与英、法签订条约,成为英属缅甸和法属印度支那之间的缓冲国,是东南亚唯一一个没有沦为殖民地的国家。1932年以前,泰国是一个君主专制国家,国王拥有至高无上的权力。1932年,人民党发动政变,推翻君主制,国王作为君主立宪的象征被保留下来,国家权力转到国会、内阁、法院方面。1932年革命后,宪法规定国王是国家元首,并且担任武装部队统帅,又是宗教的最高护卫者。今天的泰国国王普密蓬·阿杜德是这个王朝的第九位国王,号称拉玛九世。

2. 缅甸

缅甸在青铜时代末期开始进入阶级社会 。公元前3世纪,印度教和佛教传入缅甸。约9世纪,蒲甘王朝崛起,于1044年统一缅甸。11世纪始兴小乘佛教。1285年元军进攻蒲甘 ,蒲甘王朝灭亡 。1368年阿瓦王国统一了缅甸。1531年莽瑞体建立东吁王朝后,1551年莽应龙第二次统一缅甸 。1752年,贡榜王朝取代东吁王朝,统治缅甸。1824年、1852年和1885年,英国先后3次发动侵缅战争,以武力占领缅甸 ,将缅甸划为英属印度的一个省 。1937年英国宣布“印缅分治”,将缅甸从印度划出,直接受英国总督统治。1942年5月日本侵占缅甸。1945年日本投降后,英国重新控制缅甸。1948年1月4日缅甸脱离英联邦宣布独立,成立缅甸联邦。

3. 柬埔寨

公元1世纪建立了扶南王国,3世纪时成为统治中南半岛南部的一个强盛国家。5世纪末到6世纪初因统治者内部纷争,扶南开始衰落,于7世纪初为其北方兴起的真腊所兼并。真腊王国存在9个多世纪,其中从9世纪到15世纪初叶的吴哥王朝,是真腊历史上的极盛时期,创造了举世闻名的吴哥文明。16世纪末叶,真腊改称柬埔寨。从此至19世纪中叶,柬埔寨处于完全衰落时期,先后成了强邻暹罗和越南的属国。1863年柬埔寨沦为法国保护国,并于1887年并入法属印度支那联邦。1940年被日本占领。1945年日本投降后又遭法国侵占。1953年11月9日,柬埔寨王国宣布独立。

二、园林实例介绍

1. 仰光大金塔

缅甸是佛教之国,在首都仰光有众多的佛寺、佛塔,其中最著名的当属仰光大金塔(见图11-7)。仰光大金塔位于缅甸首都仰光市区北部的一座小山上,塔身金碧辉煌,阳光照耀塔上,反射出万道金光,为举世闻名的建筑物。

据说仰光大金塔建于公元前588年，因珍藏有佛发，到公元11世纪时已成为缅甸的佛教圣地，后来又成为东南亚的佛教圣地。初建时塔高约8米，经过历朝历代多次翻修改建，到2500多年后的今天，塔高已增至为100米，居仰光的最高处，在仰光市区任何一个地方都可以看见它。金塔底座周长427米，塔顶有做工精细的金属罩檐，檐上挂有金铃1065个，银铃420个，并镶嵌有7000颗各种罕见的红、蓝宝石钻球，其中有一块重76克拉的著名金刚钻。塔身经过多次贴金，上面的黄金已有7吨重，塔内放有一尊玉石佛像。金塔上还刻有精美的浮雕（见图11-8），鬼斧神工，让人赞叹！大金塔四周有68座小塔，这些小塔用木料或石料建成，有的似钟，有的像船，形态各异，每座小塔的壁龛里都存放着玉石雕刻的佛像，使大金塔显得更加富丽堂皇。大金塔左方的福惠寺，是一座中国式建筑的庙宇，为清朝光绪年间当地华侨捐资建造，是大金塔地区古老建筑群体的重要组成部分。

图11-7 仰光大金塔的佛塔金顶

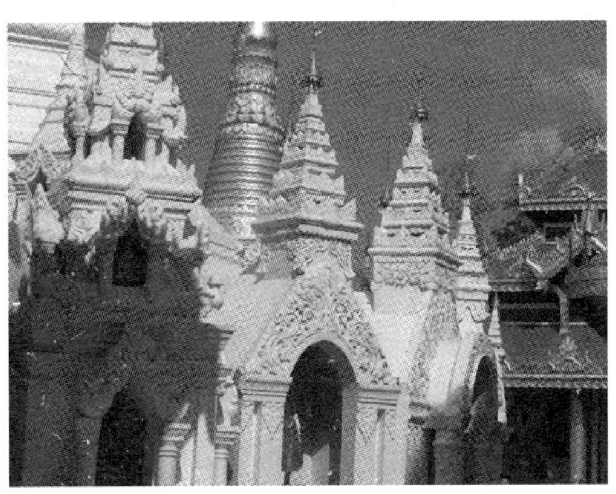

图11-8 大金塔精美浮雕

2. 吴哥窟

吴哥是高棉人（柬埔寨人口最多的民族）的精神中心和宗教中心，是公元9—15世纪东南亚高棉王国的都城。“吴哥”（Angkor）一词源于梵语“Nagara”，意为都市。吴哥王朝（公元802年—公元1431年）先后有25位国王，统治着中南半岛南端及越南和孟加拉湾之间的大片土地，势力范围远远超出了今天柬埔寨的领土，吴哥所在地暹粒中的“暹”是泰国的简称，“暹粒”是战胜泰国的意思。历代国王大兴土木，留下了吴哥城（Angkor Thom）、吴哥窟（Angkor Wat）（见图11-9）和女王宫等印度教与佛教建筑风格的寺塔。1431年，泰族军队攻占并洗劫了吴哥，繁华的吴哥从此湮没于方圆45平方千米的榛莽之中，成为一片杂木丛生的废墟，逐渐被人们遗忘。19世纪后期，吴哥被重新发现。

吴哥窟又称吴哥寺，位于柬埔寨西北方。原始的名字是Vrah Vishnulok，意思为“毗湿奴的神殿”，中国古籍称其为“桑香佛舍”。它是吴哥古迹中保存得最完好的庙宇，以建筑宏伟与浮雕细致闻名于世，也是世界上最大的庙宇。12世纪时的吴哥王朝国王苏耶跋摩二世希望在平地兴建一座规模宏伟的石窟寺庙，作为吴哥王朝的

图 11-9 吴哥窟景色

国都和国寺,因此举全国之力,耗时约 35 年建造了吴哥窟。

吴哥窟是高棉古典建筑艺术的高峰,它结合了高棉寺庙建筑学两个基本的布局——祭坛和回廊。祭坛由三层长方形回廊环绕须弥台组成,一层比一层高,象征印度神话中位于世界中心的须弥山。在祭坛顶部矗立着按五点梅花式排列的五座宝塔,象征须弥山的五座山峰。寺庙外围环绕一道护城河,象征环绕须弥山的咸海。

吴哥窟的整体布局,从空中可以一目了然:一道明亮如镜的长方形护城河,围绕一个长方形的满是郁郁葱葱树木的绿洲,绿洲有一道寺庙围墙环绕。绿洲正中的建筑乃是吴哥窟寺印度教式的须弥山金字坛。吴哥窟寺坐东朝西,一道由正西往正东的长堤横穿护城河,直通寺庙围墙西大门。过围墙西大门,有一条较长的道路穿过翠绿的草地,直达寺庙的西大门。在金字塔式寺庙的最高层,矗立着五座宝塔,如骰子五点梅花,其中四个宝塔较小,排四隅,一个大宝塔巍然矗立正中,与印度金刚宝座式塔布局相似,但五塔的间距宽阔,宝塔与宝塔之间由游廊连接,此外,须弥山金刚坛的每一层都有回廊环绕,乃是吴哥窟建筑的特色。

吴哥窟(也叫小吴哥)是整个吴哥遗址中保存最完好的寺庙建筑。今天柬埔寨人将它放在自己的国旗上,足见吴哥窟在柬埔寨人心目中的神圣地位。吴哥窟最初是为敬奉印度教神灵所建,但是今天已演变为佛教寺庙。在方形广场的四个角上,各有一座石塔,而广场中央矗立着一座更高的石塔,象征神话中的圣山。无论印度教信徒还是佛教信徒都相信,中间这个神圣的石塔所在就是宇宙的中心。吴哥窟建在三层台阶的地基上,每层台基四周都有石雕回廊,浮雕大多取材于印度著名史诗《摩珂婆罗多》与《罗摩衍那》的神话故事。寺庙中央大道两旁是七头蛇形栏杆,柬埔寨传说中,七头蛇会带来风调雨顺。寺庙周围是护城河和水池,不是为了保护寺庙,而是为了通过水中的倒影，使寺庙显得更加神圣雄伟。吴哥窟是人的杰作，但每个设计都是为了体现神性。置身于吴哥窟的佛像间，已经分不清自己究竟是站在神的领地还是人的空间，神性和空间交汇在这个密林中的古城。

第三节　马来群岛的古代园林

一、历史与时代背景

东南亚岛屿区又称马来群岛，旧称南洋群岛，散布在印度洋和太平洋之间的广阔海域，是世界上最大的岛群，由印度尼西亚 13000 多个岛屿和菲律宾约 7000 个岛屿组成，称为马来群岛。群岛包括印度尼西亚、菲律宾、马来西亚东部、文莱和东帝汶 5 国。其中主要的岛屿有印度尼西亚的大巽他群岛、小巽他群岛、摩鹿加、伊里安，菲律宾的吕宋、棉兰老、米鄢群岛。马来群岛位于太平洋和印度洋之间，西与亚洲大陆隔有马六甲海峡和南海，北与中国台湾之间有巴士海峡，南与澳大利亚之间有托雷斯海峡。绝大部分地区为热带雨林气候，终年炎热多雨，只有菲律宾群岛有干湿季之分。

公元初年马来半岛建立了羯荼、狼牙修等古国。15 世纪初以马六甲为中心的满剌加王国统一了马来半岛的大部分，并发展成当时东南亚主要的国际贸易中心。16 世纪起先后遭到葡萄牙、荷兰和英国侵略。1911 年沦为英国殖民地。沙捞越、沙巴历史上属文莱，1888 年两地沦为英国的殖民地。第二次世界大战期间，马来亚、沙捞越、沙巴被日本占领。战后英国恢复其殖民统治。1957 年 8 月 31 日马来亚联合邦在英联邦内独立。

二、园林实例介绍

现今世界最大之佛塔遗迹在印度尼西亚，这就是婆罗浮屠佛塔。它还是南半球最宏伟的古迹，世界闻名的石刻艺术宝库，东方五大奇迹之一，并素有“印尼的金字塔”之称。该塔位于爪哇岛中部古鲁州马吉朗地区，始建于 8 世纪塞林多罗王朝的全盛时期。

“婆罗浮屠”就是建在丘陵上的寺庙的意思。它大约建于公元 778 年，长宽各 123 米，高 42 米，动用了几十万名石材切割工、搬运工以及木匠，费时 50～70 年才建成，是世界上最大的佛教遗址。随着 15 世纪当地居民改信伊斯兰教，婆罗浮屠旺盛的香火日渐衰竭。后因火山爆发而遭湮没，直到 19 世纪初，人们才从茂盛的热带丛林中把这座宏伟的佛塔清理出来。1973 年，婆罗浮屠佛塔得到了联合国教科文组织的资助，开始了大规模的修复工程。

婆罗浮屠佛塔是由 100 万块火山岩巨石一块块垒起来的十层佛塔，可分为塔底、塔身和顶部三大部分（见图 11-10、图 11-11）。塔底呈方形，周长达 120 米。塔墙高 4

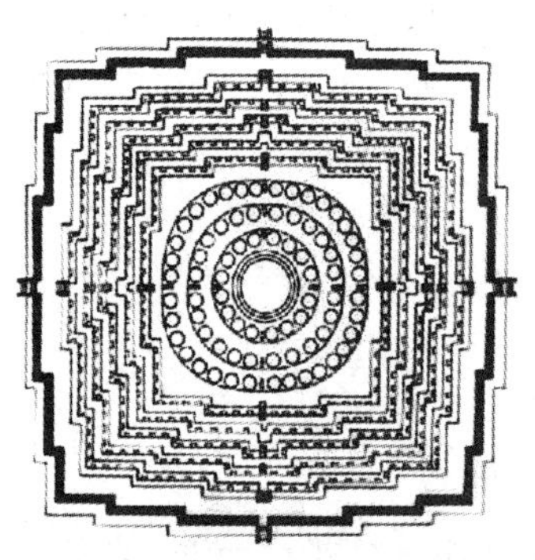

图 11-10 婆罗浮屠佛塔平面

米，下面的基石亦高达 1.5 米，宽 3 米；塔身共五层平台，愈往上愈小。第一层平台离地面边缘约 7 米，其余每层平台依次收缩 2 米。塔顶由三个圆台组成，每个圆台都有一圈钟形舍利塔环绕，共计 72 座。在这同一圆心的三圈舍利塔中央，是佛塔本身的半球形圆顶，离地面 35 米。

全塔共有姿态各异的佛像 505 尊（见图 11-12），分别置入佛龛和塔顶的舍利塔中。舍利塔中的佛像是被塔身罩住的，只能从塔孔看到，相传如能用手从石块之间的孔中摸到佛像的手，便会为摸者带来好运，到这里后，不妨一试。

图 11-11 婆罗浮屠佛塔鸟瞰

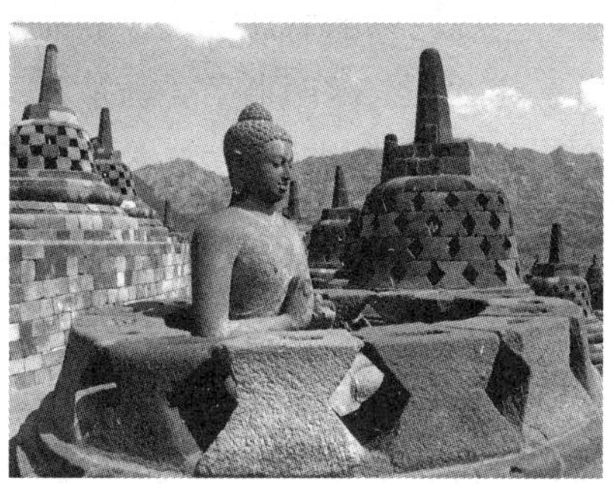

图 11-12 婆罗浮屠佛塔局部

婆罗浮屠浮雕艺术也极为杰出，其中，塔底四面墙内有 160 幅浮雕，而塔身墙上、栏杆上均饰有浮雕，在全长 2500 米的范围里，共计有 1300 幅叙事浮雕，1212 幅装饰浮雕。第一层走廊的正墙上，描绘了佛陀从降生到涅槃的全部过程。第二、三、四层的浮雕描绘佛陀到处参访、寻求人生真谛的情节。佛陀、菩萨往往与动物飞鸟、舞女乐师、渔民猎人杂处，国王、武士和战争也都是经常表现的题材。尤其突出的是，艺术家能在布满小孔及微粒的火长石上较好地表现出人体肌肤的柔润感，使得人物栩栩如生。

小　结

东南亚地区的早期古代园林大多是结合佛教建筑形成的，佛教典籍中对西方极乐世界的描写可以说是对古代东南亚地区园林的内容、格局和文化背景最形象的阐释。

东南亚地区的伊斯兰园林是古代伊斯兰文化东扩的表现，以泰姬陵为代表的伊斯兰风格园林布局简单，基本上是精心绿化的庭院，造园艺术与其他各地的伊斯兰园林大体一致。

由于气候温暖湿润的原因，东南亚地区的园林植物种类丰富，植物景观十分富有特色，精美的建筑与热带风情浓郁的植物相结合，成为东南亚的特色园林景观。

【思考和练习】

1. 谈谈古代印度园林的发展历程，以及各个时期的代表作品。
2. 谈谈东南亚地区古代园林与宗教的关系。

第十二章　古代西亚园林

西亚地区东起伊朗高原，西至地中海东岸，这里是人类文明的发源地之一。西亚的地理范围大致包括伊朗高原、两河流域、小亚细亚和阿拉伯半岛等地，包含了今天的土耳其、伊拉克、叙利亚、黎巴嫩、约旦、以色列、沙特阿拉伯、伊朗等国家。古代西亚又称前亚，本章主要介绍两河流域以巴比伦文明为代表和伊朗高原以波斯帝国为代表的古代西亚园林。

第一节　古代两河流域概述

与埃及文明几乎同时放射出灿烂光辉的还有古巴比伦文化。巴比伦王国位于底格里斯和幼发拉底两河之间的美索不达米亚，如果说尼罗河孕育了古埃及文化，那么，古巴比伦文化则是两河流域的产物。由于河流带来的冲积土，这一地区十分富饶，然而却又是一块无险可守的平坦土地，因此战乱频繁，这块土地不断地更换着它的主人。

两河文明是人类历史上最古老的文明之一。古希腊人把两河流域叫作“美索不达米亚”，意思是“两河之间的地方”。两河文明时代最早的居民是苏美尔人，他们在公元前4000年以前就来到了这里，两河流域的最初文明就是他们建立的。后来的阿卡德人、巴比伦人、亚述人以及迦勒底人，继承和发展了苏美尔人的成就，使两河文明成为人类文明史上重要的一页。其中巴比伦人的成就最大，因此，两河文明又被称为巴比伦文明。

一万多年前，美索不达米亚平原上，西方人从游牧民族转变为农耕民族。其后，苏美尔人从南部迁到三角洲，开始了定居生活。在寒冷的北部地区生长着橡树、忍冬、黄杨、雪松、柏、鹅掌楸，而在底格里斯河与幼发拉底河间的沼泽仅有芦苇生长。约在公元前4000年，苏美尔人建立了奴隶制国家。他们已知道用铜，并且有了最新的文字。这些文字多刻在沉重的泥板上，烧制成砖，保留至今，名为楔形文字，这些文字为我们研究数千年前的历史提供了可靠的依据。直至公元前3000年，苏美尔人精通了造渠技术，取沼泽之水灌溉干旱的平原土地，才形成城市国家。苏美尔人建立起的城邦国家，由一些小的城市国家如乌尔、乌鲁克、拉伽什等组成。

到公元前3000年下半叶，阿卡德人征服了苏美尔人，而且还将他们的统治扩大到东越波斯湾、西达地中海的广大地区，建立了统一而强大的苏美尔-阿卡德帝国。公元前2000年，阿摩列伊人从西进犯，经过100年的战争，最终在汉谟拉比帝王时期统一了两河流域，成为整个美索不达米亚的主人，第一个巴比伦帝国创建起来，史称古巴比伦。幼发拉底河下游的巴比伦城(见图 12-1、图 12-2)是巴比伦王国的首都，曾是当时著名的一座城市。公元前 18 世纪时的汉谟拉比国王是巴比伦王国一位著名的统治者，他编纂了闻名于世的汉谟拉比法典，建造了华丽的宫殿(见图 12-3)、庙宇，疏浚并开发运河，建成强大的帝国。

图 12-1　幼发拉底河下游的巴比伦城

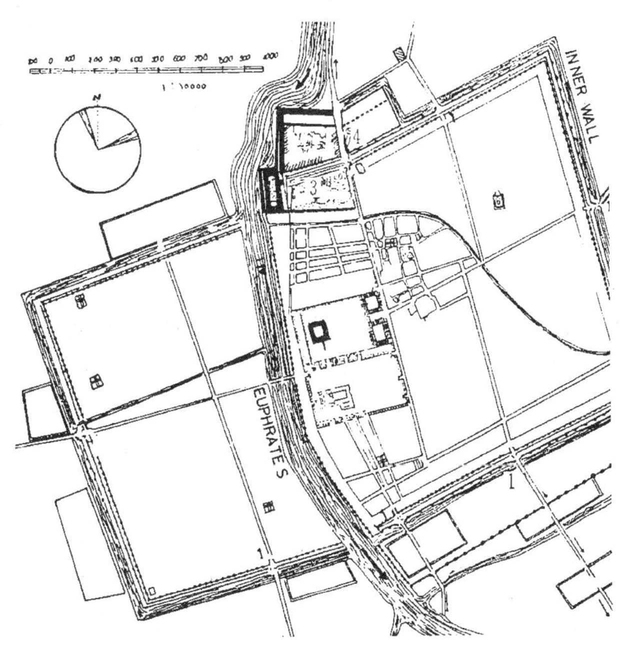

图 12-2　古代巴比伦城平面

亚述地处两河流域北部。当两河流域南部首先产生苏美尔文明时，它接受苏美尔影响而建立了自己的国家，史称早期亚述(公元前 25 世纪—公元前 16 世纪)；后来

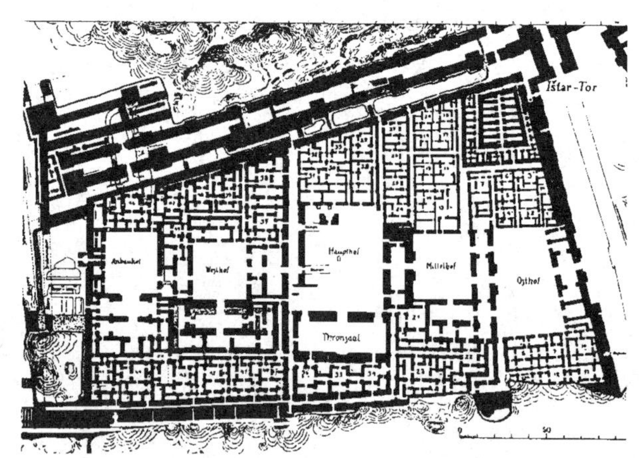

图 12-3　巴比伦宫平面(空中花园位于此宫北部)

它逐渐发展为两河流域北部的大国,史称中期亚述(公元前 15 世纪—公元前 9 世纪)。到公元前 8 世纪时,亚述国王提格拉特·帕拉沙尔三世(公元前 745 年—公元前 727 年)南征北战,把亚述建成西亚空前的大帝国,亚述遂进入帝国时期。以后,亚述又被迦勒底人所灭。

从古巴比伦王国以来,巴比伦城一直是西亚最大的城市,也是两河流域的经济、文化中心。公元前 626 年,迦勒底人在巴比伦建立新王朝,巴比伦城又再度兴起,城市人口达到十万,随即联合埃及、米底大败亚述,新巴比伦王国则据有整个两河流域和叙利亚、巴勒斯坦等地。新巴比伦王国时期(公元前 626 年—公元前 539 年)是古代西亚文明一个很重要的阶段。它是集大成的最后总结时期,把苏美尔、古巴比伦和亚述的成果熔于一炉,并传之于西方的希腊,因此日后西方所知的巴比伦文化很多都奠定于新巴比伦王国之时。

虽然新巴比伦文化兴盛,但是立国不及百年就为波斯所灭。公元前 6 世纪波斯人又占领了两河流域,建立了东起伊朗高原、西到爱琴海的大帝国,并且征服了埃及。直到公元前 330 年,波斯又被马其顿人征服。

因此,当我们介绍古代两河流域园林时,是以巴比伦为主,事实上也包含了亚述帝国统治的时代,不过,幸运的是,亚述帝国虽在武力上征服了巴比伦,但却基本上保留并继承了巴比伦的文化。

第二节　古代两河流域的园林

一、乌尔城和古庙塔

在古代幼发拉底河下游地区(即现在的伊拉克)存在着古代苏美尔人最古老的名城之一——乌尔城。当时该城位于一片翠绿的农田中,外围有一条护城河。现在的乌尔城位于一片差不多被沙丘所覆盖的沙漠区。现在的幼发拉底河已改变流向，不再流经乌尔城。公元前 2000 年的苏美格里格木施(Gilgamesh)史诗中有以下的描述：城邦三分之一是城市，三分之一是田野，还有三分之一是神的辖区——女神阿诗塔(Ashtar)的住所。此外，诗中也描述了柳树和黄杨木组成的平原上的小树林，以及山丘上的上万种森林树木。

公元前 2112 年—公元前 2095 年乌尔纳姆国王统治时期，苏美尔人曾建造了雄伟的庙塔，或称"大庙塔"。庙塔一般是一座神庙的塔楼，其外形看上去酷似金字塔，庙塔最初坐落在一片拥有其他神庙的圣区一角(见图 12-4)。它是一座坚实的砖体，基底长 64 米、宽 46 米。乌尔塔庙有 3 道台阶，每道 100 级，通往第一层和第二层平台之间的门廊。从这里再经过一道台阶后便通往塔庙的顶部和祭奉神南努的小圣坛。月神南娜(Nanna)是乌尔古城之神。

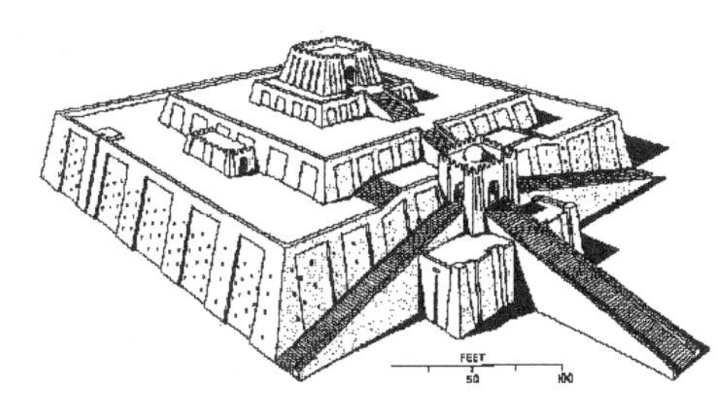

图 12-4 乌尔庙塔想象图

20 世纪 20 年代初期，在发掘这个建筑物遗址时，英国著名的考古学家伦德·伍利爵士(Sir Leonard Woolley)发现该塔三层台面上有种植过大树的痕迹。这些金字塔式的人工山是古代两河流域美索不达米亚城市的典型特征。古庙塔主要是一个大型的宗教建筑，其次才是用于美化的"花园"，它包括层层叠进并种有植物的花台、台阶和顶部的一些庙宇，所以这是一个花园式的庙塔。

虽然一直没有关于这一时期园林样子明确的文字记载，但却可以通过庙塔推测出，这一时期的园林具有实用性和装饰性，高耸的庙塔建在一层层的台阶上，至今保存完整，在每一层上都种植遮阴树(见图 12-5)。公元前 2000 年的寓言故事中，描述了一位国王在他的宫殿中举办宴会，从中我们可以知道宫殿周围种植棕榈和柽柳，宴会就是在柽柳下举行。而在寺庙园林中栽种果树主要是为了食用。

乌尔庙塔的大部分经过漫长的岁月依然屹立，这是苏美尔人留下的最重要的建筑，被后人称为屋顶花园的发源地。花园式的古庙塔并不是真正的屋顶花园，因为塔身上仅有的一些植物不是栽植在"顶"上。而被人们称为真正屋顶花园的是继古庙塔 1500 余年以后在巴比伦出现的"空中花园"。

二、猎苑

在两河流域的壁画中没有发现如在埃及古墓壁画中描绘的小私园。两河流域雨量充沛、气候温和，由于地理和气候条件的影响，这里不同于埃及，有着茂密的天然森林，因此，形成了以狩猎为主要目的的猎苑。然而，猎苑又不等同于天然森林，而是在天然森林的基础上，经过人为加工形成的。

考古学家推测，亚述国王重建了自己的花园，里面种植了棕榈、松树、果树等庭荫

图 12-5 乌尔庙塔遗址

树。这些植物都采用规则的种植形式，建筑和植物的种植都模仿了古庙塔。每一层都种植棕榈及一些果树，种植形式模仿埃及寺庙的形式，早期的植物配置主要集中在建筑的入口处，在阿舒尔（亚述的第一个首都）花园遗址的挖掘中，发现花床设在中庭的中央，或者围绕于四周；皇家的花园大体也采取这样的形式。

在公元前2000年前，最古老的文献巴比伦叙事诗中，就有对猎苑的描述。以后的亚述帝国时代，也建造了大量猎苑，其中有建于公元前1100年的皮勒塞尔一世（Tiglath-Pileser Ⅰ）的猎苑。这位国王也同埃及女王一样从国外引种植物种在猎苑中。皮勒塞尔一世写道："我从被征服的国家带回了雪松、黄杨，树木是我们先辈的财产，并不仅仅属于一个人，于是我把它们种植在亚述王国。"这些树木包括一些橡胶树、雪松和一些珍稀果树。花园中的花卉既有野生的，也有引种栽培的，分别来自西部和幼发拉底河的两岸，可能有茉莉、蔷薇、百合、郁金香、蜀葵、锦葵、银莲花、毛茛、雏菊、黄春菊和罂粟。另据记载，猎苑中饲养了野牛、鹿、山羊，甚至还有象及骆驼。

此外，公元前8世纪后，亚述的国王们还在宫殿的墙上制作浮雕，浮雕题材已十分广泛，举凡战争功绩、狩猎活动、宫廷宴会、宗教祭祀无所不包，也有当时宫殿建筑的图样，并陪衬了以树木为主的风景作背景（见图12-6）。狩猎活动是王宫浮雕必有的题材，尼尼微王宫浮雕堪称精品，著名的《垂死的母狮》《受伤的雄狮》和《野驴狂奔》反映了被猎动物的形象。

亚述国王常在首都城外另建宫城，这种宫城以王宫为中心，还包括众多衙署、神庙和臣民士兵的居住区，俨然一座规划严整的城市。在庆贺尼尼微以南百余里的卡拉赫宫城落成的酒宴上，竟邀请宾客70000人之多，而宫中一次行猎射杀的猎物竟达狮子450头、野牛390匹、鸵鸟200只，还有大象30头，可以想见其奢华靡费的猎苑生活。

图 12-6 猎苑场景浮雕

由以上记载及雕刻图形可以看出，在猎苑中也有人工种植的树木，如香木、丝杉、石榴、葡萄等；有豢养的动物，被放养在林地中供狩猎用；苑内还有人工堆叠的土丘，丘上建有祭坛。这种猎苑的形式往往使我们联想起中国古代的“囿”，有趣的是，它们产生的年代也是如此的接近，这也许是人类由游牧民族转向农业社会初期的共同心理状态导致的结果。

三、圣苑（神苑）

美索不达米亚地区的宗教绵延了数千年，其神祇众多，各民族创造了无数的神，人们的每项活动，基本上都与神有关。

埃及可能是由于缺少森林而将树木神化了，巴比伦虽然有着富饶的森林，可是树木仍是他们崇拜的对象，他们也向往绿荫蔽日的林地。从远古时代以来，森林一直是躲避自然灾害的保护地，尤其当洪水来临之际，平原地带的森林更成为理想的避难场所。可能这也正是人们神化森林的原因之一。巴比伦人及亚述人往往都在神殿周围整齐成行地种植树木，称之为圣苑。有时甚至在岩石上凿出 1.5 米深的园穴，以保证所种树木的成活，使神殿耸立在郁郁葱葱的林地之中，更增加了幽邃神秘的气氛（见图 12-7）。

四、宫苑——空中花园（Hanging Garden）

由于两河流域基本为平原地带，故人们喜欢堆叠土丘。猎苑中有小土丘，宫殿也往往建在大土丘上。“空中花园”实际上是一个构筑在人工土石之上，具有居住、娱乐功能的园林建筑群。平原地区的土丘，确是可以成为突出主景的手段。同时，在升高了的土丘上也可开阔视野，在“空中花园”上向下俯瞰，城市、河流和充满东西方商旅的街景尽收眼底。

新巴比伦最大的功绩是复兴了巴比伦城。城中的宫殿“空中花园”建于公元前 6

图 12-7　古巴比伦的圣苑

世纪，所谓“空中花园”，实际上就是建筑在梯形高台上的花园，遗址在现伊拉克巴格达城郊大约 100 千米附近，位于幼发拉底河东面。它被认为是世界七大奇迹之一，关于其建造者有三种不同的说法：塞米拉米斯王妃说、某亚述王说及尼布甲尼撒说。英国学者在研读砖上的楔形文字之后认为尼布甲尼撒说是较为正确的，相传尼布甲尼撒王（公元前 604 年—公元前 562 年）为了安慰患上思乡病的王妃而下令建造了这座花园，王妃生于波斯而习惯于山林生活，因此，尼布甲尼撒王兴造了这座高高耸立于平原之上的花园。巴比伦的空中花园附属于巴比伦城墙，虽仍有少数人质疑其存在之真实性，但大部分的造园史学家都认为它确实存在过。希腊文 paradeisos（空中花园）后来蜕变为英文 paradise（天堂）。

空中花园的遗址已完全被毁，其规模、构造和形式，只能由希腊、罗马等地之历史学者的记述得知。据说空中花园整体是金字塔形的台地层，形状可能是边长 120 米，高 50 米的方形土地，据记载，其高度与巴比伦城墙相同，台地由涂有沥青的砖墙所阻挡。空中花园由下大上小金字塔形的几个台层组成（4 层或更多），各层外部边缘有石结构的、带有拱券的外廊，内有房间，不同高度的拱廊逐层收小并增加高度。据学者考证，以拱券架在石墙上的结构正是当时两河流域流行的建筑形式。每层台上覆土，种植树木花草，台层的角上还安置了辘轳的提水井，可引水上台层灌溉植物。这种耸立在巴比伦平原上的花园，在蔓生及悬垂植物的掩映中，一部分柱廊被遮住了，远远望去，仿佛是挂在空中一般，故名巴比伦空中花园，也有人称之为悬园（Hanging Garden）（见图 12-8）。

《西方园林发展概论——走向自然的世界园林史图说》中将这处宫苑的园林特点概括为以下几方面。

第一，向高空发展。它是造园的一个进步，将地面或坡地种植发展为向高空种植。采用的办法是，在砖砌拱上铺砖，再铺铅板，在铅板上铺土，形成可防水渗漏的土面屋顶平台，在此土面上种植花木。

图 12-8 空中花园想象复原图

第二，选当地树种。种植有榫木、杉雪松、合欢、含羞草类或合欢类、欧洲山杨、板栗、白杨。这些是美索不达米亚北部树种。

第三，像空中花园。整体层层一片绿，还有喷泉、花卉，从上可以眺望下面沙漠包围的河谷，从下仰望，有如悬空的“空中花园”，非常壮观。

小　结

从古代两河园林的形成及其类型可以看出，它与古埃及一样，一方面受当地自然地理气候条件的影响，如猎苑的产生主要基于此，同时也受宗教思想的影响，如圣苑的建立。至于空中花园的出现，既有地理条件的因素，也有一定技术水平的保证。

古巴比伦地处两河流域，雨量充沛、气候温和，茂密的天然森林广泛分布。与古埃及处于沙漠不同，进入农业社会后，人们仍眷恋过去的渔猎生活，因而将一些天然森林人为改造成以狩猎娱乐为主要目的的猎苑，猎苑中种植的园林植物有香木、石榴、葡萄等，还豢养各种狩猎动物。

两河地带为平原，这样的地理条件也凸显了人们敬神的建筑形态。从苏美尔时代开始便热衷于堆叠土山，在山上有神殿与祭坛等，通过人造山丘台地营造人和神之间对话的场所。

圣苑则是受宗教思想的影响而建造的。在苏美尔人的观念中，连空气中都充满了神。在公元前9世纪，古巴比伦官方曾作过一次统计，神的“人口”高达6.5万以上，平均每一个市镇都有一位守护神。除守护神外，凡是人们想象所能及者，都有神祇可供崇拜。因此，神庙和神职人员也多得无可计数。出于对树木的尊崇，古巴比伦常在庙宇周围呈行列式地种植树木，形成圣苑。

至于宫苑和屋顶花园的形式，则既有地理条件的影响因素，也有工程技术发展水平的保证。拱券结构正是当时两河流域地区流行的建筑样式，满足了台地的营造，又如提水装置，实现了空中花园的灌溉。

古代两河流域园林的形式及特征同样是其自然条件、社会发展状况、宗教思想和人们生活习俗的综合反映。

【思考和练习】

1. 古巴比伦的园林有哪几种类型？各自有什么特点？
2. 谈谈古巴比伦空中花园的建筑与艺术成就。

第十三章　古代波斯的园林

第一节　波斯帝国与波斯园林

一、波斯帝国概述

波斯人原居中亚一带，约公元前 2000 年末叶迁到伊朗高原西南部。伊朗高原北接里海和中亚盆地，东北起自兴都库什山脉，西北倚高加索山脉，西有札格罗斯山脉，南临波斯湾和阿拉伯海。其四境或阻以高山，或面临大海，是比较闭塞的内陆高原。

公元前 6 世纪波斯人于米堤亚统治下形成强大的部落联盟。公元前 550 年部落首领居鲁士灭米堤亚建国，定都苏撒。公元前 6 世纪中叶，征讨小亚细亚和两河流域南部，兵不血刃地进入巴比伦城，又南取埃及，东进中亚直至印度，形成帝国。在冈比西斯（公元前 529 年—公元前 522 年）和大流士一世（公元前 522 年—公元前 486 年）统治时期，疆土东抵印度河，西迄巴尔干，北及中欧，南至埃及，形成古代最大的横跨欧、亚、非三洲的奴隶制军事大帝国。公元前五世纪和希腊争夺东地中海霸权，爆发持续 43 年的希波战争（公元前 492 年—公元前 449 年），建立了君主专制中央集权制统治。公元前 4 世纪左右，国势转衰。公元前 330 年，被马其顿亚历山大灭亡。

在波斯统治下，西亚、中亚和埃及的文化和艺术交流有所加强，影响所及，西可达希腊，东可达印度。波斯帝国在时间上承前（巴比伦与两河流域）启后（安息与萨珊），在空间上联络东（印度乃至中国）西（地中海世界），在历史舞台上有其独特意义。

二、波斯的宫殿和园林

波斯帝国的建筑继承了亚述、巴比伦的传统，以王宫建筑为主，同时充分发挥波斯高原山区多石的特点，并参考埃及、小亚细亚、希腊建筑皆以石构为主之例，大量使用石材，特别是广泛运用石柱，为历来以两河流域传统为核心的西亚建筑增添异彩（两河传统极少使用石柱）。

波斯建立帝国后，选巴比伦、苏撒、厄克巴丹和波斯波利斯 4 城为国都，波斯波利斯是在波斯人家乡兴起的都城，代表了波斯建筑的精华。波斯波利斯位于今伊朗设拉子城东北约 42 千米处，庞大的王宫是这个都城的主要部分（见图 13-1）。波斯波利斯宫由许多波斯王朝先后营建，其中主要建筑兴建于大流士一世和薛西斯一世的统治期间。此地位居石山之坡，宫殿群坐落在部分铲平的山体上，俯瞰西方广阔的平原，显示了非同一般的气魄，也把波斯建筑擅长石工的特色表现得淋漓尽致。这个石

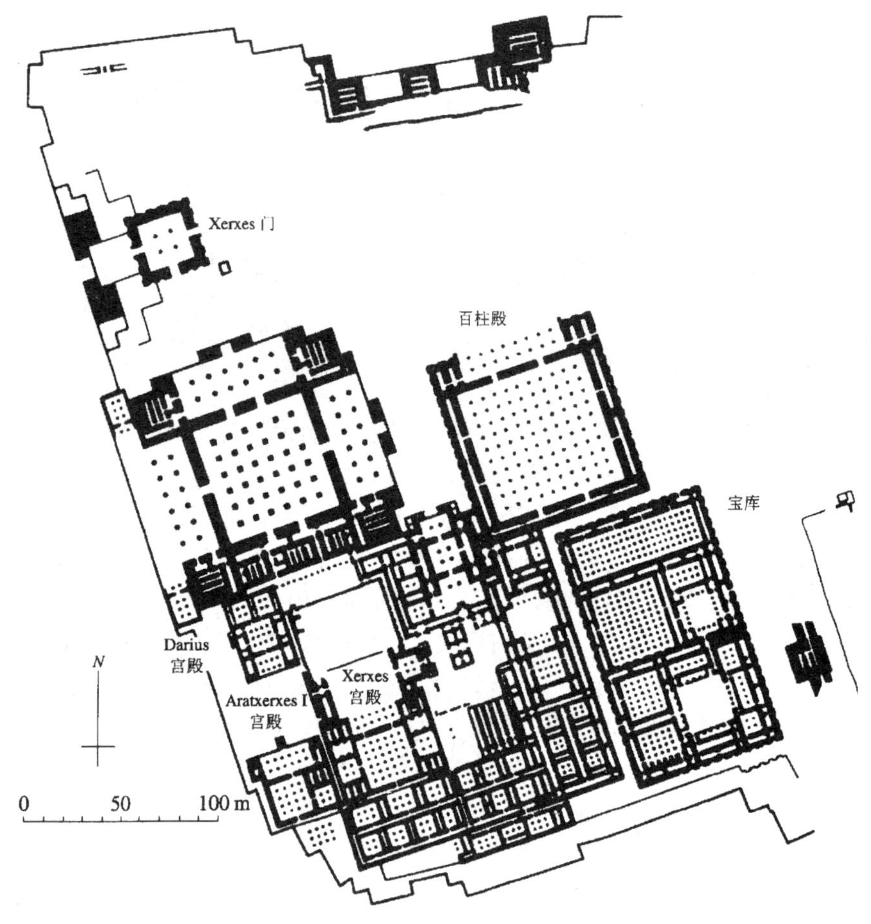

图 13-1 波斯波利斯宫平面

头台基高 12～16 米，规模为 500 米×300 米，台基前面有宏伟宽阔畅通车马的梯道斜坡，壁面刻以浮雕。

宫殿建筑群由许多大小殿宇和房间组成，其中最为宏大的是薛西斯一世动工兴造的百柱殿和大流士一世所兴建的正殿。这两处建筑是“阿帕丹纳”形式的厅堂，它们可能源于古代接见宾客的帐幕，后发展为木柱木顶的大厅，最后木柱变为石柱，木顶则依然保留，但规模发展到空前宏大。百柱殿室内平面尺寸为 68.5 米×68.5 米，内部有 100 根柱子，柱高 12.84 米，建筑高约 16 米；而正殿的室内平面尺寸为 60.5 米×60.5 米，内部有 36 根柱子，柱高 19.26 米，建筑高约 23 米。波斯波利斯宫采用圆形石柱既是源于阿帕丹纳的古制，也是受埃及、希腊的影响，例如柱身的凹槽和圆条纹、柱头的涡卷纹来自希腊的爱奥尼亚柱式，柱头上部的双牛或双狮夹峙横梁的雕饰以及纸草花纹、棕榈纹之类则来自埃及。门窗楣构和石雕则多取埃及式样，室内装修和摆设也甚多外来之物。波斯波利斯宫虽然不是波斯帝国的政治中心，但建造这些宫殿时，波斯国王调集了来自非洲、西亚和南欧的建材和工匠，反映了当时世界顶级的建筑水准。

与宫殿建筑不同，波斯帝国的园林没有明确的遗存，但是波斯帝国地毯上的图案却记录了那时园林的样子（见图 13-2）。根据记载其中最著名的一块毯子有 9.3 平方米，称为“考斯罗斯春之毯”，这些图案以波斯伊甸园为蓝本，用丝绸、金线及珠宝描绘了一个有水道、花卉和树木的庭园。后期一些以花园为主题的地毯皆是以考斯罗斯春之毯为基础发展而来的。宽波浪形线代表水道，也象征着生命的四条河，水道将庭园切成四小块，两条水道交接处的涡形装饰物表示亭子或蓄水池，种在主水道两侧的柏树象征死亡和永恒，果树则象征生命及繁衍。

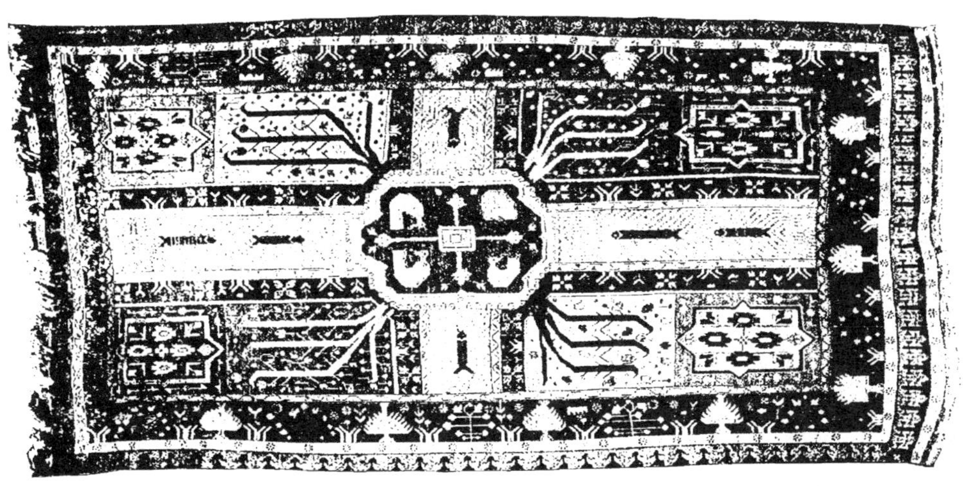

图 13-2　绘于地毯上的波斯庭园

波斯造园与伊甸园传说模式有联系。传说想象的伊甸园有山、水、动物、果树，以及亚当、夏娃采摘禁果，考古学家考证它在波斯湾头。Eden 源于希伯来语的“平地”，波斯湾头地区一直被称为“平地”。《旧约》描述，从伊甸园分出四条河，第一是比逊河，第二是基训河，第三是希底结河（即底格里斯河），第四是伯拉河（即幼发拉底河）。此地毯上的波斯庭园，体现了这一描述，其特征如下。

第一，十字形水系布局。如《旧约》所述伊甸园分出的四条河，水从中央水池分四岔四面流出，大体分为四块，它又象征宇宙十字，亦如耕作农地。此水系除有灌溉功能，利于植物生长外，还可提供隐蔽环境，十分凉爽。

第二，有规则地种树，在周围种植遮阴树林。波斯人自幼学习种树、养树。pardes 字义是把世界上所有拿到的好东西都聚集在一起，这字是从波斯文 paradies 翻译的，意为 park。波斯人羡慕亚述、巴比伦的狩猎与种树形成 park，所以他们进行了抄袭、运用。还种有果树，包括外来引进的，以象征伊甸园，上帝造了许多种树，既好看又有果实吃，还可产生善与恶的知识。这与波斯人从事农业、经营水果园、反映农业风景是密切相关的。

第三，栽培大量香花，如紫罗兰、月季、水仙、樱桃、蔷薇等，波斯人爱好花卉，继承酷爱花园的习惯，他们视花园为天上人间。

第四，庭院四周筑高围墙，四角有瞭望守卫塔。他们欣赏埃及花园的围墙，并按几何形造花坛。后来他们把住宅、宫殿造成与周围隔绝的"小天地"。

第五，用地毯代替花园。严寒冬季时，可观看图案有水有花木的地毯。这是创造庭园地毯的一个因由。

第二节　波斯的伊斯兰园林

一、历史文化背景

波斯曾经是闻名世界的东方强国之一，但是到 7 世纪初，波斯被阿拉伯人所灭。早期的阿拉伯人常年生活在气候干燥、炎热的沙漠地带，穆罕默德(Muhammad，约公元 570 年—公元 632 年)以伊斯兰教统一了整个阿拉伯世界并对外扩张，建立了疆域辽阔的阿拉伯帝国。阿拉伯人吸收了被征服民族的文明，并使之与自己民族的文化相融合，从而创造了一种独特的新文明。阿拉伯人的建筑与园林艺术，也首先是以波斯为榜样的，称为"波斯伊斯兰式"，并影响到其他阿拉伯地区。

波斯地处荒漠的高原地区。在干旱少雨、夏季十分炎热的气候条件下，水是非常珍贵的。水不仅可以用于种植灌溉，还可以增加空气湿度，降低气温，尤其在炎热、干旱的夏季，水给人带来极大的享受。因此，水就成为伊斯兰园林中最重要的造园要素了。

二、波斯伊斯兰园林特征

在干旱、炎热的气候条件下，为了保证植物的正常生长，必须每天浇灌两三次，所以，特殊的引水灌溉系统就成了园林的一个特点。这里的引水系统采用一种沿用数千年的独特方式：人们利用山上的雪水，通过地下隧道引入城市和村庄，以减少地表蒸发。在需要的地方，从地面打井至地下隧道处，再将水提上来。

伊斯兰园林中的灌溉方式，不是通常的从上向下的浇灌方式，而是利用沟、渠，定时地将水直接灌溉到植物的根部，其目的是避免在烈日下叶片上的水分蒸发而灼伤叶子。植物种在巨大的、有隔水层的种植池中，以确保池中的水分供植物慢慢吸收。而园路就由种植池的矮墙来支撑，高出池底。

水不仅使得植物生长茂盛，而且还可以形成各种水景。由于伊斯兰园林的面积不大，水又十分珍贵，自然不会采用大型水池或巨大的跌水，而往往采用盘式涌泉的方式，几乎是一滴滴地跌落。在小水池之间，以狭窄的明渠连接，坡度很小，偶尔有小水花。

从布局方面看，伊斯兰园林因面积较小而显得比较封闭，类似建筑围合出的中庭，与人的尺度非常协调。庭园大多呈矩形，最典型的布局方式便是以十字形的园路，将庭园分成四块，园路上设有灌溉用的小沟渠（见图 13-3）。或者以此为基础，再分出更多的几何形部分。而在宏伟的宗教建筑的前庭，则配置与之相协调的大尺度的园林，印度的泰姬陵即属此例。

图 13-3　伊斯兰园林中的十字形水渠

即使园址用地面积很大，园林也常由一系列的小型封闭院落组成，院落之间只有小门相通，有时也可通过隔墙上的栅格和花窗隐约看到相邻的院落。园内的装饰物很少，仅限于小水盆和几条坐凳，体量与所在空间的体量相适宜。

在并列的小庭园中，每个庭园的树木尽可能用相同的树种，以便获得稳定的构图。尽管园中有一些花卉装饰，但是阿拉伯人更欣赏人工图案的效果，因为它们更能表达出人的意愿。所以，园中更多的是黄杨组成的植坛。

在装饰方面，与住宅建筑一样，彩色陶瓷马赛克的运用非常广泛，这些陶瓷小方块的色彩和图案效果也使得伊斯兰园林别具一格。贴在水盘和水渠底部的马赛克，在流动的水下富有动感，在清澈的水池下则像镜子般反光。它们还被用在水池壁及地面铺砖的边缘、装饰台阶的踢脚及坡道，效果更胜于大理石，甚至还大面积地用于坐凳的表面，成为经久不变的装饰。在围绕庭园的墙面上，也有马赛克墙裙。有时园亭的内部从上到下都贴满了色彩丰富、对比强烈的马赛克图案，形成极富特色的装饰效果。

三、波斯伊斯兰园林实例

波斯地区历史记载或遗址中留下园林遗址的，主要有 10—12 世纪突厥人的伽色尼王朝、蒙古人的帖木儿帝国和伊朗人的萨菲王朝。16 世纪，波斯进入最后的兴盛时代——萨非王朝，其国王阿拔斯一世移居伊斯法罕城，重点改建了这个城市，建设了大量的园林，这些园林景观代表了波斯伊斯兰造园的特征。

这个地区的园林具有波斯和伊斯兰造园的融合特点，以水和规则、整齐的花坛组成庭园以及林荫道，建筑装饰为拱券、植物花纹、几何图案、伸入建筑的水景等。这些特点反映在中心大道、四庭园和四十柱宫及其花园中。

1. 伊斯法罕皇家广场

17 世纪初，由萨非王朝国王阿拔斯一世主持建设了伊斯法罕皇家广场（见图 13-4）。广场呈规整矩形布局，南北长 356 米、东西宽 140 米，四周由一系列的二层拱廊与巨大的建筑围合，包括皇家清真寺、圣路得富拉清真寺大门、阿里加普宫大门和加萨里亚市场大门，基本格局自建设之初并未被更改过。广场的入口在北端，南端主体是皇家清真寺，东面有一系列祈祷室，西面中央耸立着上层有开敞柱廊的埃里卡普楼亭，它们之间的连续拱券建筑可用作商贸市场。

图 13-4　伊斯法罕皇家广场

伊斯法罕皇家广场是中东地区沙漠绿洲的象征，广场的中央为宽大的草皮、广场路径和巨大的水池，中间的水池作为园林的主要轴线统领着整个园林布局。巨大的水池不仅是景观的核心，同样将宏伟的建筑倒映在水中，增强了建筑和整个广场的宏伟气势。水池不仅控制了整个广场，同时还起到降温、改善小气候以及折射光线使其进入昏暗的建筑之中的作用。平静的水面同样也使广场的宗教性质更浓厚，并令人体会到静谧的感觉。

2、四十柱宫

巴斯二世于 1647 年建造了美轮美奂的四十柱宫（见图 13-5、图 13-6），其功能主要为接见和宴请外宾之用。宫殿的前面是一个巨大的门廊，由 20 根高为 14.6 米的悬铃木巨柱支撑。门廊前有一个长 110 米、宽 16 米的水池，安放在塘底的四头狮子将池塘水灌满。宽阔平静的水面将20根悬铃木柱子倒映于水中，就像又有20根同样的柱子一样。因此，人们根据这一独特的景观将宫殿称为“四十柱宫”。

图 13-5　美轮美奂的四十柱宫

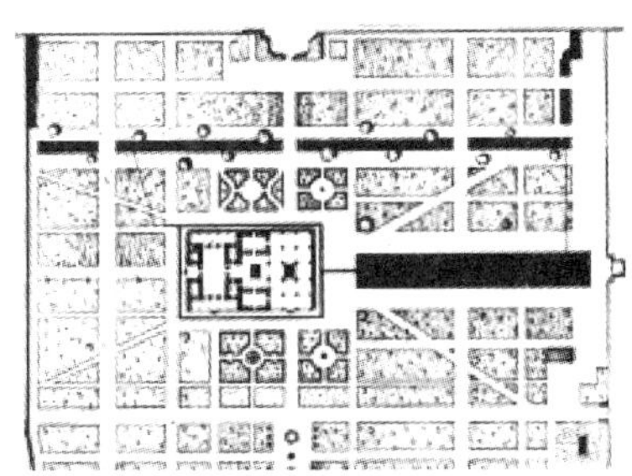

图 13-6　四十柱宫花园的平面图

宫殿中央大厅建有喷泉水池，与外面的大水渠遥相呼应。在宫殿的屋顶及墙面镶嵌着许多镜子、彩色玻璃，宫殿内的壁画有的展现了波斯人同乌兹别克人、莫卧儿人、土耳其人交战的历史场景，有的表现国王接见外国使臣的隆重场面，有的描绘男伴女舞的社会图景，还有的是动物和植物的装饰图案，使整个建筑显得极为精美、细致。

除了在水池周围布满五颜六色的花卉外，在周围还种植着高大的梧桐，以保持水池的清爽阴凉，并增强了园林的围合感和区域性。整个宫殿和大水池面向西南方，利于夏日的风将水池冷却下来的空气穿过柱廊，吹送到宫殿之中。

3. 四庭园大道

四十柱宫的西面是由阿拔斯一世规划的一条南北向的林荫大道，称为四庭园大道(见图13-7)，大道自较高的宫殿区缓缓下降，直达西端的河岸，长约3000米。

图 13-7　四庭园大道透视图

四庭园大道的景观构成了一幅绚丽奢华的情景：三条宽阔的林荫道形成了园林的主轴线，是皇帝和贵族驾乘马车观赏风景的良好场所。中央大道由宽大的石板铺装而成，其两侧较窄的伴着水渠和玫瑰的花床清新怡人。大道中央也有细长的水渠串起若干方形水池以及跨越河流的桥梁和零星的凉亭。

大道两侧的庭园布局各有不同，但都是规则形式的花园，中轴线突出，对称布局，均以水渠和园路划分成四分园形式，展示了一种堂皇绚丽的城市园林景象。通过夏尔丹对园林的描述可知：大量的水景塑造使得整个园林宛若仙境，庭园中的凉亭、宫殿、亭台建筑造型各异，陶瓷和镀金使它们显得金碧辉煌，更增添了四庭园大道的精美绝伦之感。四庭园大道中现保留最为完整的一处园林是17世纪建造的八乐园，园内有不对称的十字形水渠。其水渠的一侧为宽阔的铺地中细长的水渠，另一侧则是宽阔的大水渠。四片的方形花床被十字形水渠分开，而花床内部再次被十字分割。园内除了遍种各种花卉外，还有松柏、梧桐和各种果树品种。

小　　结

根据《西方园林发展概论——走向自然的世界园林史图说》中的介绍，我们可以知道，公元前6世纪至公元前4世纪时期，正是《旧约》逐渐形成的过程，所以波斯的造园，除受埃及、美索不达米亚地区造园的影响外，还受《旧约》律法书中《创世纪》内容包括的“伊甸园”（指天堂乐园）的影响。由于此时期的造园遗址无存，所以用公元6世纪就已出现的波斯地毯上描制的庭园为例。这个实例很重要，它是后来发展的波斯伊斯兰园、印度伊斯兰园的基础。16世纪后，伊斯法罕城的园林建设，成为典型而成熟的伊斯兰园林代表。

【思考和练习】

1. 谈谈波斯造园产生的历史与文化背景。
2. 为何说波斯地毯上描绘的庭园是后来波斯伊斯兰园、印度伊斯兰园的基础？

第三篇

非 洲 部 分

第十四章　古埃及的文化与园林

第一节　古代非洲历史与文化背景概述

非洲历史悠久，是人类文明的发祥地之一，也是最早跨入文明社会的地区之一。公元前5000年，尼罗河下游的古埃及居民就掌握了谷物栽培、修建水利工程的技术。公元前3500年，古埃及人创造了世界上最早的象形文字。公元前3200年，古埃及出现了统一的中央集权的奴隶制国家。在此后近3000年的时间里，古埃及人创造了灿烂的文化，修建了古代七大奇迹之一的金字塔。最兴盛时的埃及疆土，南到苏丹，西到利比亚，北到小亚细亚，东到两河流域上游。古埃及在扩张疆域的同时，文化也向四周传播。埃及的象形文字传入古希腊，衍变为希腊字母。希腊字母后来又演变为现代西方拉丁文。公元前525年，波斯人征服了埃及。从此，埃及失去了独立的地位，相继被马其顿人、罗马人、阿拉伯人、奥斯曼土耳其人长期统治。

位于尼罗河上游的苏丹是古埃及扩张的主要对象之一。当时，埃及人把苏丹称为努比亚。这一地区在公元前2000年就建立了国家。公元前8世纪，苏丹人赶跑了埃及人，建立了库斯王国。库斯王国地处西亚、北非与非洲的交通要道，成为非洲东北部一个重要的贸易中心。库斯人和埃及人一样，曾创造了灿烂的古代文化。公元前350年，新兴的阿克苏姆王国征服了库斯王国。阿克苏姆王国位于埃塞俄比亚北部，建国于公元前。从公元1世纪开始，阿克苏姆王国开始向外扩张。到公元4世纪，相继征服了埃塞俄比亚南部、库斯王国和阿拉伯半岛南部的一些王国，达到了鼎盛时期，并创造了现在仍然在使用的埃塞俄比亚文字。公元570年，波斯人将阿克苏姆人赶出了阿拉伯半岛并切断了阿克苏姆的海上贸易通道。公元7世纪，强大的游牧民族的入侵使阿克苏姆王国遭到了灭顶之灾，埃塞俄比亚人逐渐退居中央高原，一直保持独立的地位。

埃塞俄比亚以南为东非地区。北起索马里半岛、南至南非北部沿海的非洲东部沿海是非洲大陆和外界进行贸易交流的重要地区。从7世纪末开始，善于经商的阿拉伯人开始迁到东非沿海的各个城市居住。在长期的交往当中，阿拉伯人和当地非洲人通婚，产生了一个新的民族——斯瓦希里人。斯瓦希里人吸收了阿拉伯文化、波斯文化、印度文化，以及东亚、东南亚文化，创造了具有鲜明商业城邦文明特征的斯瓦希里文化。13—15世纪，斯瓦希里文明达到了鼎盛时期。我国明朝初年，郑和下西洋时，就曾多次到达非洲东海岸，与斯瓦希里人进行贸易。

在东非内陆地区，维多利亚湖的周围，曾经出现过强大的王国，如布尼奥罗王国、布干达王国。它们都有几百年甚至上千年的历史，是中央集权的国家。到19世纪，随着内部矛盾的加剧和西方帝国主义的入侵，这些大大小小的王国都退出了历史舞台。南部非洲的古代历史基本上没有文字记载。1868年，西方人在今津巴布韦发现的石头城遗址说明这里曾经有过辉煌的文明。位于中非地区的刚果盆地曾出现过几个重要的王国。14世纪末建立的刚果王国，具有明显的部族国家的特征。居民分属各个部落公社，土地为部落公社所有，分配给公社成员耕种；公社成员则要向头人、酋长贡献一部分收获物，头人、酋长再将其中的一部分贡献给国王。1483年，葡萄牙人的进入和贩卖奴隶贸易，加剧了刚果的各种社会矛盾，最终导致王国的崩溃。1665年，刚果王国分裂为若干个小王国。

西非是非洲进入文明社会较早的地区。在几内亚以北、撒哈拉沙漠以南的地区，曾有许多大大小小的王国起起伏伏，其中最著名的就是在西非中部先后兴起的古加纳、马里和桑海。古加纳王国出现在公元初期，到11世纪，加纳王国进入全盛时期。加纳的国王以黄金著称于世，甚至连王宫的狗戴的项圈都是金或银制的。公元1076年，摩洛哥征服了加纳，加纳从此一蹶不振。公元1200年，苏苏族的国王苏曼古鲁征服了加纳的残余部分，加纳王国从此销声匿迹。公元1235年，已有500年历史的马里王国在松底阿特的率领下击溃了苏苏族国王苏曼古鲁的军队。马里逐渐控制了原加纳王国的土地，成为一个更强大、更富裕的国家。14世纪初，马里国王曼萨穆萨到麦加朝觐，随从达6万人，用84头骆驼驮运金砂。一时之间，马里的富庶闻名伊斯兰世界。国王还邀请了许多伊斯兰学者到马里讲学，使马里成为伊斯兰学术研究中心。公元1360年后，马里王国因出现争夺王位的内战，开始衰落，国土日渐萎缩。桑海王国早在7世纪中叶就已建立，当时位于尼日尔河中游的登迪地区，是马里原属国之一。11世纪初，迁都加奥，后改名加奥王国。马里的衰落为桑海的兴起创造了条件。到15世纪下半叶，桑海已成为一个强大的帝国。但桑海帝国只维持了100多年的兴盛局面。内部的纷争使外部武力有了可乘之机。1591年，摩洛哥军队占领了桑海的都城廷巴克图，桑海帝国便不复存在。

北非和西亚有着密切的联系，公元前9世纪，善于经商的西亚腓尼基人来到现在的突尼斯湾沿海地区建立了商业地点，开始在北非殖民。经过长时间的发展，这里逐渐形成了一个强大的奴隶制国家——迦太基。迦太基成为地中海地区的商业中心。为了与当时的罗马争夺地中海的霸权，迦太基与罗马进行了长达100多年的战争。最后，迦太基战败，被划入罗马的版图。公元前后，整个北非地区都划入了罗马的版图。7世纪，阿拉伯人占领了北非地区，北非成为阿拉伯世界的一部分。此后，北非几个国家（苏丹除外）的命运就连到了一起，并与西亚有了不可分割的纽带。16世纪，这里又沦为奥斯曼土耳其帝国的一部分，直到西方殖民者进入北非之前，这里一直是土耳其人的势力范围。

在15世纪，刚刚摆脱了阿拉伯人统治的西班牙人和葡萄牙人就开始登上非洲大陆，寻求发展的新空间。他们沿着非洲西海岸一直南下，试图找到通往东方的新通道。新航线的发现给欧洲带来了财富,也给非洲带来了灾难。"新大陆"发现之后,美洲的开发需要越来越多的劳动力。为了牟取暴利,葡萄牙、西班牙、荷兰、法国和英国等欧洲殖民者开始将非洲黑人贩卖到美洲。在黑奴买卖盛行的1502年—1808年间,仅是被卖往美国的黑奴就达到600万。罪恶和残酷的奴隶贸易,严重破坏了非洲的生产力,阻碍了非洲的发展,给非洲人民带来了深重的灾难。到第一次世界大战前,整个非洲大陆只有利比里亚和埃塞俄比亚还保持独立,其余的国家和地区则都沦为西方列强的殖民地或半殖民地。

第二次世界大战后,非洲人民争取民族独立和解放的运动蓬勃兴起。自20世纪50年代开始,非洲国家陆续获得独立。团结的非洲在世界政治舞台上发挥着越来越重要的作用。在国际社会的支持和非洲国家的共同努力下,非洲的许多问题得到了解决。1990年3月,非洲最后一块殖民地纳米比亚摆脱了南非的统治宣告独立。1994年黑人领袖曼德拉当选为南非总统,宣告新南非的诞生。纳米比亚共和国的成立和新南非的诞生,宣告了非洲人民争取民族独立和政治解放的历史任务的胜利完成,古老的非洲进入了一个全新的历史时期。

第二节　古埃及的文化

在人类历史发展中,埃及人起到了非常重要的作用,他们创造了灿烂辉煌的埃及文化,那是人类建筑与艺术史上的奇迹。神学观念下的产物——木乃伊,以及埃及人与尼罗河的密切关系都深深吸引着现代人。古埃及人运用智慧创造了许多不可思议的奇迹,古埃及文明是如此神秘璀璨。

一、埃及与尼罗河

埃及陆地独立,四周疆界分明,在地理上相当罕见。东边和西边是广阔的沙漠,北边是地中海,南边在亚斯文高坝兴建前,有火成岩形成的险阻。山岩之外则是努比亚荒原。由于埃及几乎全年不下雨,居民种植谷物完全依赖河水,于是古埃及文明就这样孕育在肥沃的土壤之上。正如阿蒙神(Amon)所言,埃及离开了尼罗河,就没有国土,也就没有国民。对埃及人而言,作为生命线的尼罗河,若无人管制,即有交通断绝、农事停顿之虞。因此早在公元前3000年左右,埃及即依赖尼罗河的农业经济基础,建立了统一的国家,缔造了世界上最古老、最伟大的文明。

二、埃及王朝

初期王朝时代始于上埃及王国之米尼斯王尼罗河沿岸的小国家,建都孟菲斯(现今开罗附近),在此时期发明文字,所以国家的统一与历史时代,是同时开始的。古代埃及人虽已知西亚所发明的文字体系,却另外创造象形文字,借着文字的使用,使统一后的中央集权国家更有效地发挥其职能。在此高度发达的中央集权国家,政权中心即为法老。根据古王国时代所完成的王权观，法老是神的儿子，也是活的人。法老是神与人间的联系者，他的任务是在地上维持并更新神的秩序。人的日常生活及一切行为，都掌握在法老的手中。大约为期 3000 年的古埃及历史，是在以法老为中心的基础上展开的。

马内特(公元前 3 世纪)将这段历史分成三十个王朝，原则上为现在学术界所接受，但可再细分七个时期：初期王朝时代(第一至第二王朝)、古王国时代(第三至第六王朝)、第一中间期(第七至第十王朝)、中王国时代(第十一至第十二王朝)、第二中间期(第十三至第十七王朝)、新王国时代(第十八至第二十王朝)、末期王朝时代(第二十一至第三十王朝)。

古王国时代(第三朝至第六朝)，因为地上之神——法老的王权，在此时代实现得最为完全，所以亦称为“神王国家时代”。古埃及在经济、政治、教育、文化等方面，逐渐地于古王国时代形成基本的结构，代表古王国的文化遗产，为金字塔与马斯他巴(Mastaba，当时的坟墓)。

第一中间期(第七朝至第十王朝)，是所谓的封建时代，诸侯在各地割据，当时的法老，早已名存实亡。此时代初期，挑战法老之权威的事件屡屡发生，称为社会革命，结果是古王国时代王权观受到很大的冲击。

中王国时代(第十一朝至第十二朝)，是埃及再度繁荣的时代，法老努力恢复以前的权威，将世袭的诸侯变为法老任命的知事。在第十二王朝后半叶，先乌歇鲁特三世实现统一。他首次以军事征服奴比亚，并在各地建筑要塞，是埃及史上的第一位征服者。在他的统治之下，埃及完全恢复了古王国时代的中央集权国家体制。另外，在淮雍排水、开垦新生地，是中王国时代一项伟大的土木工程。此时代也是文学的全盛时代，有许多文学作品出现，这些作品与此时代的语言——中期埃及语言等成为埃及文学的经典。在艺术方面，中王国的作品也成了新王国时代的典范，所以此一时代在埃及文化史上亦被称为“古典时代”。

第二中间期(第十三朝至第十七王朝)，埃及在阿美内姆黑多三世逝世后 13 年，因继承人争夺王位，而陷于长期混乱。两百年的混乱使埃及元气大伤，而内乱导致外患。希克索斯人是“沙漠(异国)的统治者”的意思。他们趁埃及内乱闯了进来，纵火焚城，捣毁神庙，大肆搜刮钱财和珍宝，并在尼罗河谷建立王朝，统治埃及达 200 余年之久。古代埃及人于此时，首次受到外来民族的统治。此为古埃及史上最黑暗的一个时代。

新王国时期(第十八朝至第二十王朝)，外来民族的统治，在埃及人眼中是极大的屈辱，促使他们产生了强烈的爱国心，并于第二中间期的第十七王朝展开了反抗希克索斯(Hyksos)人统治的战事，而终于得胜，建立起第十八王朝。在东特莫士一世的领导下，一个爱好和平的民族转变成好战、喜欢向外扩张的民族，远征西亚，把叙利亚沿海至卡尔赫米什(Carchemish)之地置于埃及统治之下。此时代亦称“帝国时代”，在古埃及史上，是个强盛而活跃的时代。

末期王朝时代(第二十一朝至第三十王朝),新王国时代第十九王朝的拉美西斯二世(Ramses Ⅱ)是埃及灭亡之前最后一个伟大的君主。他是埃及古国落日的余晖。史家评断,他的统治,不但在埃及而且在所有人类史上,时间是最长的,政绩亦是最佳的。在拉美西斯时代之后,人民是君主的奴隶,君主是祭司的奴隶。这时的埃及,整个为神权所笼罩,大祭司公开称王实行统治,祭司的决定便是神的旨意。全埃及的财富几乎都集中到了祭司之手,让埃及周边许多野蛮民族垂涎不已。这时的埃及渐渐多事,邻近出现了亚述、巴比伦、波斯等新兴大国。这些国家,无论工商技术,皆有凌驾于埃及的趋势。地中海北岸诸国这时如旭日东升,相形之下,埃及是破落不堪。趁着祭司的专横腐败,强邻一个接一个前来征服、搜刮,最后使埃及沦为废墟。但是在最末期,有一个回光返照的时期,即第二十六王朝的普沙美提克一世,他将侵略者驱逐后,使四分五裂的埃及又重归统一。在他的继承人的统治下,争回了暂时性的光荣,在建筑、雕塑、诗歌、科学、技术各方面颇有成就。在埃及史上,这就是有名的"Saite 文艺复兴"。不久之后,到公元前 520 年,波斯人在甘比西士率领下越过苏彝士,于是埃及的独立又告失败。公元前 332 年,亚历山大崛起于亚洲,埃及遂变成马其顿的一个行省,公元前 48 年,恺撒进兵埃及,占领作为埃及新都的亚历山大。公元前 30 年,埃及正式成为罗马的一省之后,埃及便不再在历史舞台上露面,法老文化就此没落了。

三、埃及的宗教、信仰

关于古埃及人对死亡的态度,可参看新王国时期一座墓室里的铭刻:"原来喜欢走动的人现在被禁锢着,原来喜欢穿戴盛装的人现在则穿着旧衣服沉睡,原来喜欢喝的人现在置身于没有水的地方,原来富有的人现在来到了永恒与黑暗的境界。"这种对死的恐惧与对生的依恋,在埃及特殊的地理环境中更为突出。古埃及人希望死后复生,继续享受人间的快乐,惧怕一死就永远睡下去,再不能醒来回到快乐的人世。这种矛盾的心理在他们的宗教生活中有充分的反映。他们生前就着手建造墓室,购置棺材,雕刻墓壁,为亡故者举行各种仪式,这些都是为了让人死后能有一个安居地,以便复活后能同前世一样吃喝玩乐。雄伟的金字塔、庄严的神庙、庞大的雕像、深入山坡的墓室、精心制作的木乃伊,以及护身符等,都是古埃及人渴望灵魂不灭,追求死后复活的产物(见图 14-1)。

在古埃及人的信仰中,一个人死后要得到永生,他在世的时候行为必须合乎"玛特"(公理、秩序之意)的规范。死者的亡灵会被狼头人身的木乃伊之神阿努比斯带到玛特女神之前,将死者的心脏(古埃及人认为思想、意识在心脏进行)放在天平的一边,另一边是象征"玛特"的羽毛。如果死者作恶太多,心脏会太重而下沉,便不能复活。换句话说,就是经不起欧西里斯的考验,是很悲惨的。这种人必然永躺在坟墓里,在那儿不但永远不见天日,受着饥渴的煎熬,而且还会被等在旁的怪兽阿穆特(头是鳄鱼,上半身是狮子,下半身是河马)吃掉,从此不得超生。罪过小的则必须一一忏

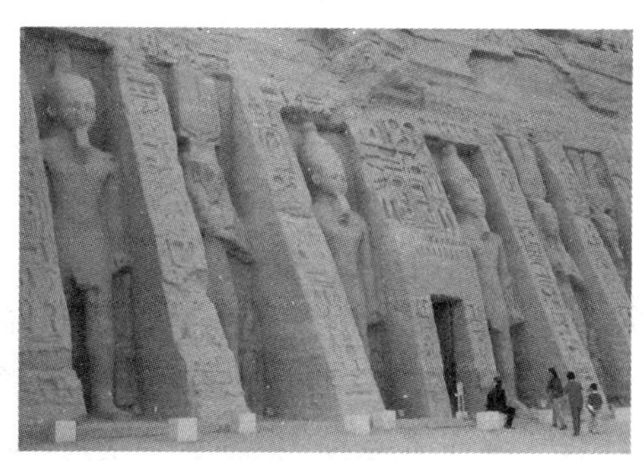

图 14-1　古埃及法老墓

悔，以求获得宽恕。审判的结果由鹭鸶或狒狒化身的智能之神托特（Thoth）记录。通过这个审判后，死者的亡灵在鹰头人身的贺鲁斯或阿努比斯引导下，前往朝拜复活之神欧西里斯，由欧西里斯赐予永生，成为“阿卡”。不过，据说祭司有办法可以帮助死者解脱上述的困境。他们的办法，其一是，尽量将饮料、食物及奴仆置于墓中，使死者无饥渴、劳累之苦；其二是，在墓中放一些神所爱、鬼所怕的东西，如鱼、鹰、蛇、圣甲虫等——埃及人认为它们乃是灵魂的代表；其三是购买“死者之书”——由祭司以水草纸做成的，据说有取悦、甚至蒙混欧西里斯大神之功效。

四、神殿

为神建造大规模的神殿建筑，始于古王国时代。神殿的构造只是把贵族的住宅加以扩大，以及使用的石材不同而已。神殿被厚实的墙壁围绕着，一般的信奉者只能进入到与高大塔门相连接的中庭而已，而更深入的部分，除了少数特选的祭祀官外，一般人不能进去。神殿内部包括从柱列室，经前厅到安置神像的神祀室，天花板逐渐变矮，地板逐渐增高，房间越来越窄。神殿的神像几乎坐镇在完全黑暗之中，在此种神殿所进行的祭祀，可以说是秘密仪式。对埃及人而言，神像能够保护民族的繁荣，而此种繁荣必须在满足神的要求之下才能获得，于是产生了祭祀。然而为满足神的要求而进行的服务，与对高贵人们的服务是相同的。所以，要给神像穿衣，涂抹香膏、供奉饮食、以歌舞慰劳，这些是神殿每天祭祀所进行的项目。唯一有资格为神服务的人，就是神的儿子——法老。因为埃及是多神教国家，所以各地都有地方神的神殿。于是祭祀由祭祀官代王执行，祭祀官由王亲自任命。所以神殿里的祭祀，通常在与一般信奉者毫不相干的地方进行。他们只有在进行特别的祝祭时，才能够向神膜拜。

五、医学

埃及人在科学方面的贡献，最大的要属医学。和其他科学一样，医学也系属于祭司，同时其起源也富有神话色彩。就一般百姓而言，治病靠符咒不靠医药。而祭司是画符念咒的专家，需要符咒的人可出钱向他们购买。要是生病，他们认为那是撞到了鬼，送走鬼病就会好。埃及虽然流行送鬼治病，但也产生了不少伟大的医生及医学家。他们所建立的规范，甚至连世称医学之父的希波克拉底，也不能不服膺。埃及医学很早就已有分科，有专供产科的，有专供胃科的，有专供眼科的。古代埃及医学精深，即已闻名世界。

第三节　古埃及的园林

一、古埃及园林的发展

埃及位于非洲大陆的东北部，尼罗河从南到北纵穿其境，冬季温暖，夏季酷热，全年干旱少雨，沙石资源丰富，森林稀少，日照强烈，温差较大。尼罗河的定期泛滥，使两岸河谷及下游三角洲成为肥沃的良田。大约公元前 3100 年，南方的美尼斯统一了上、下埃及，开创了法老专制政体，即所谓前王朝时代（约公元前 3100 年—公元前 2686 年），并发明了象形文字；从古王国时代（约公元前 2686 年—公元前 2034 年）开始，埃及出现种植果木、蔬菜和葡萄的实用园，与此同时，出现了供奉太阳神的神庙和崇拜祖先的金字塔陵园，成为古埃及园林形成的标志；中王国时代（约公元前 2033 年—公元前 1568 年）的中上期，重新统一埃及的底比斯贵族重视灌溉农业，大兴宫殿、神庙及陵寝园林，使埃及再现繁荣昌盛气象；新王国时代（约公元前 1567 年—公元前 1085 年）的埃及国力曾经十分强盛，埃及园林也进入繁荣阶段，园林中最初只种植一些乡土树种，如埃及榕、棕榈，后来又引进了黄槐、石榴、无花果等；从公元前 671 年开始，埃及先后遭到亚述人、波斯人和马其顿人的野蛮入侵，到公元前 331 年终于结束了长达 3000 多年的“法老时代”。

二、古埃及园林类型

古埃及园林可以划分为宫苑园林、圣苑园林、陵寝园林和贵族花园四种类型。

1. 宫苑园林

宫苑园林是指为埃及法老休憩娱乐而建筑的园林化的王宫，四周为高墙，宫内再以墙体分隔空间，形成若干小院落，呈中轴对称格局；各院落中有格栅、棚架和水池等，装饰有花木、草地，畜养水禽，还有凉亭的设置。

底比斯法老宫苑（见图 14-2）呈正方形，中轴线顶端呈弧状突出。宫苑建筑用地紧凑，以栏杆和树木分隔空间。走进封闭厚重的宫苑大门，首先映入眼帘的是两旁排列着

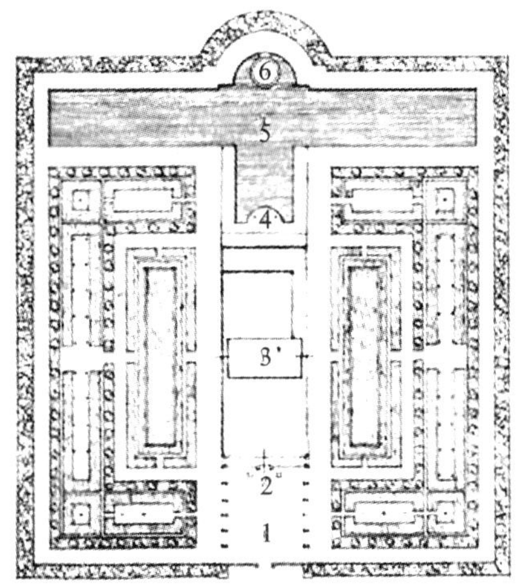

图 14-2　古埃及底比斯法老宫苑复原平面
1—狮身人面像林荫道；2—塔门；3—住宅；4—水池；5—瀑布；6—码头

狮身人面像的林荫道。林荫道尽端接宫院，宫门处理成门楼式的建筑，称为塔门，十分突出。塔门与住宅建筑之间是笔直的甬道，构成明显的中轴对称线。甬道两侧及围墙边行列式种植着椰枣、棕榈、无花果及洋槐等。宫殿住宅为全园中心，两边对称布置着长方形泳池。池水略低于地面，呈沉床式，宫殿后为石砌驳岸的大水池，池上可荡舟，并有水鸟、鱼类放养其中。大小池的中轴线上设置码头和瀑布。园内因有大面积的水面、庭荫树和行道树而凉爽宜人，又有凉亭点缀、花台装饰、葡萄悬垂，甚是诱人。

2. 圣苑园林

圣苑园林是指为埃及法老参拜天地神灵而建筑的园林化的神庙，周围种植着茂密的树林以烘托神圣与神秘的色彩。宗教是埃及政治生活的重心，法老即是神的化身。为了加强这种宗教的神秘统治，历代法老都大兴圣苑，拉美西斯三世（Ramses Ⅲ，公元前 1198 年—公元前 1166 年在位）设置的圣苑多达 514 座，当时庙宇领地约占全国耕地的六分之一。在山坡上修建的宏伟壮丽的德力·埃尔·巴哈里神庙是埃及女王哈特舍普苏（Hatshepsut，约公元前 1503 年—公元前 1482 年在位）为祭祀阿蒙神而建的。

巴哈里神庙的选址为狭长的坡地，恰好躲避了尼罗河的定期泛滥。人们将坡地削成三个台层，上两层均有以巨大的有列柱廊装饰的露坛嵌入背后的岩壁，一条笔直的甬道从河沿径直通向神庙的末端，串联着三个台阶状的广阔露坛（见图 14-3）。入口处两排长长的狮身人面像，神态威严。神庙的线性布局充分体现了宗教神圣、庄严与崇高的气氛。神庙的树木配置据说遵循阿蒙神的旨意，台层上种植了香木，甬道两侧是洋槐排列的林荫树，周围高大的乔木包围着神庙，一直延伸到尼罗河边，形成了附属于神庙的圣苑。古埃及人视树木为神灵的祭品，用大片树木绿化表示对神灵的崇拜。

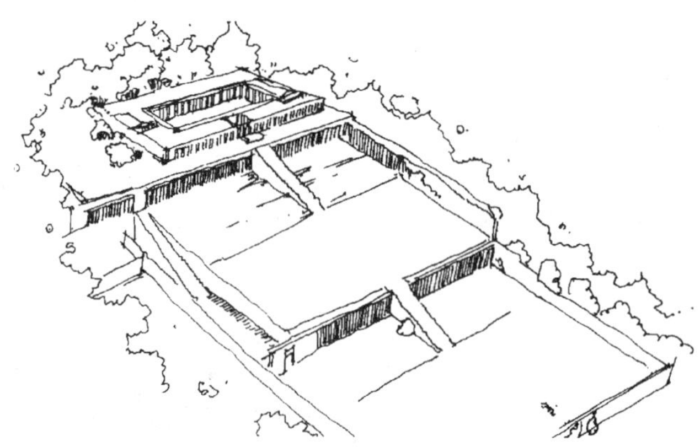

图 14-3　德力·埃尔·巴哈里神庙复原图

许多圣苑在棕榈、埃及榕等乔木为主调的圣林间隙中，设有大型水池，驳岸以花岗岩或版岩砌造，池中栽植荷花和纸莎草，放养着象征神灵的圣特鳄鱼。

3. 陵寝园林

陵寝园林是指为安葬埃及法老以享天国仙界之福而建筑的墓地。其中心是金字塔，四周有对称栽植的林木。古埃及人相信灵魂不灭，如冬去春来、花开花落一样。所以，法老及贵族们都为自己建造了巨大而显赫的陵墓，陵墓周围一如生前的休憩娱乐环境。著名的陵寝园林是尼罗河下游西岸吉萨高原上建筑的80余座金字塔陵园。

金字塔是一种锥形建筑物，外形酷似汉字"金"，故名。它规模宏大、壮观，显示出古埃及科学技术的高度发达。其中，位于埃及首都开罗西南约10千米的吉萨高地的胡夫金字塔（胡夫：古埃及第四王朝国王）是当今世界上规模最大的巨石建筑，建于4500多年前，为"世界古代七大奇迹"之一。其高146米，边长232米，占地5.4公顷，用230万块巨大的石灰岩石砌成，平均单块重约2吨，最大石块重达15吨。金字塔陵园中轴线有笔直的圣道，控制着两侧的均衡，塔前设有广场，与正厅（祭祀法老亡灵的享殿）相望。周围成行对称地种植椰枣、棕榈、无花果等树木，林间设有小型水池。

陵寝园林的地下墓室中往往装饰着大量的雕刻及壁画，其中描绘了当时宫苑、园林、住宅、庭院及其他建筑风貌，为解读数千年前的古埃及园林文化提供了珍贵资料（见图14-4）。

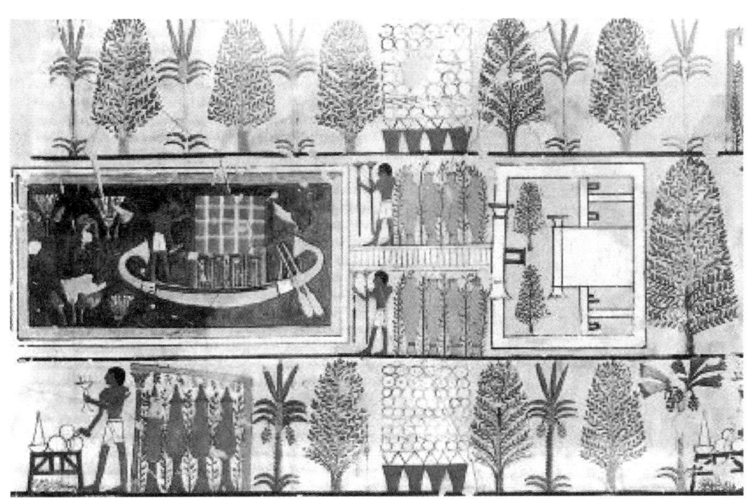

图 14-4　古埃及墓室的壁画

4. 贵族花园

贵族花园是指古埃及王公贵族为满足其奢侈的生活需要而建的与府邸相连的花园。这种花园一般都有游乐性的水池，四周栽培着各种树木花草，花木中掩映着游憩凉亭（见图14-5、图14-6）。

在特鲁埃尔·阿尔马那（Tell-el—Amana）遗址发掘出一批大小不一的园林，都采用几何式构图，以灌溉水渠划分空间。园的中心乃矩形水池，大者如湖泊，可供泛舟、垂钓和狩猎。周围树木排行作队，有棕榈、柏树或果树，以葡萄棚架将园林围成几个方块。直线形的花坛中混植着虞美人、牵牛花、黄雏菊、玫瑰和茉莉等花卉，边缘以夹竹桃、桃金娘等灌木为篱。

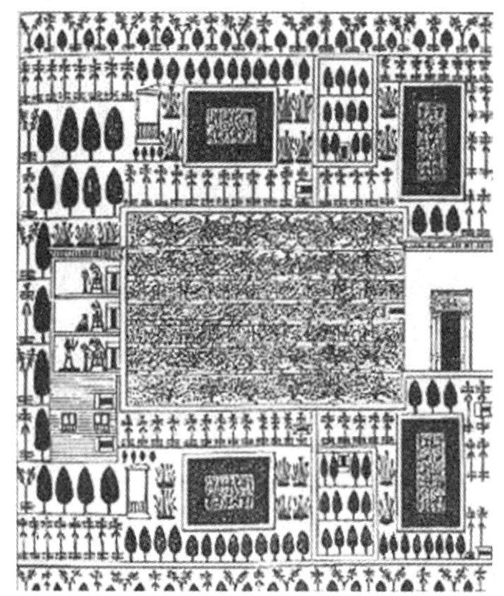

图 14-5 古埃及墓中石刻的贵族花园平面

图 14-6 根据古埃及墓中石刻复原的贵族花园图

小　　结

古埃及园林的风格与特征是其自然条件、社会生产、宗教风俗和人们生活方式的综合反映，具体如下。

第一，古埃及园林强调种植果树、蔬菜，增加经济效益的实用目的。因为埃及全境被沙漠和石质山地包围，只有尼罗河两岸和三角洲地带为绿洲，所以土地显得十分珍贵。园林占有一定的土地面积，在给人们带来赏心悦目的景致的同时，亦不忘经济实惠的设计。

第二，古埃及人重视园林小气候的改善。在干燥炎热的条件下，阴凉湿润的环境能给人以天堂般的感受。因此，庇荫成为园林的主要功能，树木和水体成为园林最基本的要素，水体既可增加空气湿度，又能提供灌溉水源，水中养殖水禽鱼类、种植荷花睡莲等，为园林平添无限生机与情趣。

第三，花木互相搭配，种类丰富多变，如庭荫树、行道树、藤本植物、水生植物及桶栽植物，甬道覆盖着葡萄棚架形成绿廊，桶栽植物通常点缀在园路两旁。早期园林花木品种较少，亦不鲜艳多彩，主要是因为气候炎热，绿色淡雅的花木能给人以清爽的感受。在埃及与希腊文化接触之后，花卉装饰才形成一种园林时尚，普遍流行起来。

第四，农业生产发展导致引水及灌溉技术的提高，土地规划也促进了数学和测量学的进步，加之水体在园林中的重要地位，使古埃及园林大多选择建造在临近水源的平地上，具有强烈的人工气息。园地多呈方形或矩形，总体布局上有统一的构图，采用中轴对称的规则布局形式，给人以均衡稳定的感受。四周围以厚重的高墙，园内以墙体分隔空间，或以棚架绿廊将庭院分隔成若干小空间，互有渗透与联系。另外，园林花木的行列式栽植、水池的几何造型，都反映出在恶劣的自然环境中人们力求改造自然的人本思想。

第五，浓厚的宗教思想以及对永恒生命的追求使园林中的动、植物也披上了神圣的宗教色彩。

【思考和练习】

1. 古埃及园林的类型及各自特征有哪些?
2. 古埃及园林的植物种植特色是什么?

第十五章　现代非洲园林景观的发展与建设

非洲的神秘不仅体现在它的遥远和陌生，更体现在其独特的历史文化和奇异优美的景观环境方面。现代非洲的许多国家充分利用自己独特的景观与文化优势，大力发展旅游产业，既保护了原有的民族文化与自然景观，又获得了很好的经济效益。

在非洲，针对生态旅游和自然旅游两类旅游活动方式，对自然环境和园林景观环境的开发建设也是不一样的。“到自然中去”“返璞归真”的旅游形式是自然旅游，生态旅游则不仅指自然区域旅游，还包括文化旅游。非洲大地的神秘部落风俗和自然的壮美景色为人们提供了一个绝好的去处。

随着生态学的概念逐渐向社会生态学的概念扩展，生态旅游的概念也逐渐向包括自然和社会两种生态环境的方向扩展。所以，现在谈论生态旅游时，不再局限于自然区域，也往往包括社会文化环境独特的区域。虽然，这两类资源在形态上有很大区别，但它们仍存在许多共同之处：都属于人类的宝贵遗产，非常有吸引力，同时又比较脆弱，需要人们的保护。因此，原来只针对自然区域发展生态旅游的原则同样也适应于特殊文化社会区域。

第一节　南非的现代园林景观与建设

南非拥有极为丰富的自然和人文旅游资源，而处于主流文化边缘的南非园林，以其独特的方式发展，体现了原始与文明的融合。南非设计师对大自然谦卑、敬畏的态度，成就了倾听式的设计手法，从而产生了独特而不可替代的南非园林。

从好望角到克鲁格国家公园，从神秘的祖鲁王国到钻石之都金伯利，南非既有天然生态的原始自然景观，又有传统部落文化的神秘奇景，加上南非绵延秀丽的海岸线，淳朴可爱的民俗民风，这些资源优势促使南非现代景观建设向生态园林景观和自然景观方向发展，以适应现代的自然与生态旅游的要求。

一、营造野生动物王国

南非在动物保护培育、生态旅游和环境保护的技术与研究方面领先于世界。1898 年，在人类大量捕杀野生动物时，南非做出了保护动物的壮举，由布尔共和国最后一任总督保罗·克鲁格(Paul Kruger)创建了克鲁格国家公园(Kruger National Park)，开创了人类和自然和平相处的全新模式。

南非是世界上拥有野生动物公园最多的国家，全国共有 20 个国家公园，非洲五大野生动物公园，南非占了三个。

南非最著名的野生动物公园是克鲁格国家公园，无垠的草原蕴含着无限的生机，在公园200多万公顷的土地上生活着800多种动物，堪称世界上最大的野生动物保护区。蜿蜒的河流，嶙峋的花岗岩山岭，是野兽出没的场所，自然的生存法则在这里得以真实展现。

而阿多大象国家公园则是另一番景象。这里是大象保护地，让一度濒临灭绝的非洲象繁衍生息。公园内的沙丘连绵延伸至海滨，在这里慈爱的母象和顽皮的小象，还有威严的公象自由踱步，这种情境令人感慨万分。

此外，南非还有以大羚羊为特色的卡拉哈迪国家公园，以大型野牛为特色的夸祖鲁-纳塔尔省国家动物园，以及匹兰斯堡国家公园。这些展示南部非洲自然景色和野生动物的国家公园，是南非现代生态景观建设成果的优秀例证。

二、保护开发世界遗产之地

在世界名城开普敦，罗本岛现在已成了南非的著名景点。罗本岛位于开普敦一角，约5.2平方千米，以关押过曼德拉而闻名于世，现在监狱已经改造为博物馆。这里每天游人如织，已成为具有象征意义的、讴歌自由不屈精神的象征地。

凌波波省是非洲考古遗址分布最密集的地区，现今已成为世界遗产所在地，根据出土文物证实，早在千年以前，这里就开始了与世界各地的交往，甚至还有与中国古代商人的黄金象牙交易遗迹。如今，遗留下的一片被废弃的王国遗址，在人们的眼中，却是一幅充满智慧、精美绝伦的历史画面。

三、开发适于特色阳光运动的景观

在南非这个阳光国度，人们可以尝试许多与阳光有关的运动，开阔的海滩，澄静的天空，滑板和帆船在勇敢者的驾驭下，于海天之间上下翻飞，乘风破浪，使现代人在紧张的工作生活之余得到刺激和放松。位于德班市的德班海滩（见图15-1），气候终年温暖湿润，又因有上百万的印度人而被称为“小印度”，海滨浴场非常美丽，是度假休闲的好去处。

在南非的平原地区，地面上升的热空气为爱好飞翔运动的人们提供了足够的飞翔动力，让他们体会遨游蓝天的乐趣。在开普敦北部、自由省等地区都有这样的飞翔运动场，极限运动与优美景色融为一体，令人经久难忘。

四、大力发展传统的自然风光旅游

南非拥有优美奇特的自然风光，许多大自然奇景令人叹为观止，同样，其历史文化和人文景观也是世界闻名。下面介绍几个著名的自然与人文景观。

桌山，位于开普敦附近，其山顶平坦，远望如桌，站在山顶，可以鸟瞰开普敦市区。

好望角（见图15-2），著名的地理坐标景点，位于非洲大陆南端。苏伊士运河开通之前，是欧洲船只航海到亚洲的必经之地，原名风暴角。

图 15-1 南非的德班海滩

图 15-2 好望角风光

斯泰伦博斯镇，南非荷兰移民建立的小镇，完整地保留了荷兰建筑风格。

花园大道，连接着南非南部沿岸丰富的自然景观，包括巨岩、怪石、森林、湖泊、溪谷、海滩等，风景优美，如同缤纷花园。

刚果洞是典型的钟乳岩洞，离欧茨颂 26 千米，有早期土著人生活过的痕迹。

布莱德大峡谷，为东非大裂谷的一部分，风景壮丽，气势磅礴，山形怪异。登上著名景点——上帝之窗，可俯瞰峡谷的秀丽景色。

比勒陀利亚市是南非的行政首都，是著名的紫薇花之都，1999 年其被评为世界上最美丽的花园城市，主要景点有总统府、教堂广场、先民纪念堂等。

龙山是南非最巍峨壮观的山脉，适合登山者和远足旅游者。

近年来，南非政府与民间相关机构一直致力于开发这些地区的风景资源与人文旅游资源，积极地促进了这些地区旅游产业的发展。

第二节 非洲其他国家的现代园林景观与建设

一、乌干达

乌干达位于非洲的中东部地区，是非洲的内陆国家，人口约 1700 万，全国有 40 多个文化部族。乌干达拥有秀丽的自然风光，湖泊、河流、山川、雨林、热带草原绮丽秀美，各类野生动物种类众多。一些重要的特色景区包括莫契瀑布、月亮山和大猩猩保护区。大部分地区属热带草原气候，终年气候怡人。乌干达有 10 个国家公园，大部分公园的旅游设施还十分有限，但是，其独特的风景、物产及人文景观，仍然强烈吸引着世界的目光。

从 20 世纪 60 年代后期到 70 年代初期，乌干达的现代园林景观环境建设已经有了一定的发展。但是由于国内政治局势的变化，园林景观环境和基础设施因年久失修而衰退，生态遭到严重破坏，很多野生动物被大量宰杀。从 20 世纪 80 年代中期到现在，乌干达一直在进行经济恢复和基础设施重建的工作，野生动物的保护项目也在紧锣密鼓地进行当中，虽然有些动物物种的数量还没有达到它先前的水平，但是已经增加了很多。

20世纪90年代初，乌干达政府恢复旅游业，使其成为国民经济发展的支撑点，同时，也将景观环境的建设作为实现保护目标的一个重要手段。由联合国开发计划署和世界旅游组织协助完成了乌干达旅游规划。由于环境和基础设施以及野生动物的数量还十分有限，该规划重点强调旅游市场的开发必须遵循循序渐进的原则，并引入了空间发展概念，划分了几个旅游景观的开发区：3个一级旅游景区，2个二级旅游景区和3个三级旅游景区。此外，规划还推荐了几条可行的游览线路，这些线路将所有的区域连接起来，并建立一个服务中心。该中心可以提供信息服务、自然解读展示服务、旅游服务、医疗服务和商业设施服务。

二、肯尼亚

被称为"自然旅游的前辈"的肯尼亚，拥有丰富而独特的景观资源，狂野的自然大地与生物景观让人赞叹（见图15-3）。其实，肯尼亚最初发展生态旅游是被逼出来的。肯尼亚以野生动物数量大、品种多而著称。因此，从20世纪初，殖民主义者就在肯尼亚开始了野蛮的狩猎活动，但狩猎人员和受益者主要是白人，当地人不过是充当廉价的向导和脚夫。在肯尼亚人的强烈要求下，政府1977年宣布完全禁猎，1978年宣布野生动物的猎获物和产品交易为非法。于是一些曾因此而失业的人开始开辟新的旅游形式，提出了"请用照相机来拍摄肯尼亚"的口号。从1988年开始，旅游业成为这个国家外汇的第一大来源，首次超过了咖啡和茶叶的出口。1989年来此旅游的生态旅游者达65万，90年代又有了更大的发展。现在肯尼亚每年生态旅游的收入高达3.5亿美元。据分析，一头大象每年可挣14375美元，一生可以挣90万美元。

图15-3　肯尼亚安博塞利国家公园

从世界范围来看，不发达国家由于工业化程度低而保存了一些原始的自然和人文景观资源，为了保护脆弱的自然和社会文化生态，同时为了获得经济效益而采取发展旅游产业的策略，已经成为这些国家的普遍做法。限制人数和范围的生态旅游就成了一种主动选择。现在的一些非洲国家为了禁猎而开展野生动物观赏的生态旅游就是出于这样的原因，也是这些国家现代园林景观发展的主流方向。对许多发达国家来说，高度工业化对生态环境造成了破坏，而强大的经济实力又使它们有能力主动地进行高层次的保护，这也是现代园林景观发展的一个主要趋势。

小　结

近些年来，旅游业对人类社会的影响引起了广泛重视，特别是 20 世纪 90 年代以来，旅游业的发展对人类社会的影响引起了国际社会的普遍关注。人们意识到，旅游业对目的地所产生的影响不仅是经济的影响，还包括社会、文化、环境甚至观念的影响。这些影响既有积极的，也有消极的，作为旅游活动的载体，园林景观环境的内容和形式也因此受到极大的影响。

随着社会经济的发展，人们越来越关注自己所赖以生存的环境质量，提出了可持续发展的新理念。一方面，人们对所处地的环境质量非常重视，追求洁净、清净与安全，关心是否能够得到最佳的满意程度；另一方面，人们开始认识到自己对人类发展环境的责任，开始注意在充分利用现有资源满足当代需求的同时，尽量保护后代所需要的资源。这些要求对现代园林景观发展的形式和内容起着决定性的作用，也成为当代园林景观环境发展的主要方向。

【思考和练习】

1. 现代园林景观的发展建设有哪些特点？
2. 谈谈现代园林景观发展建设与旅游业的关系。

第四篇
西 方 部 分

第十六章　欧洲的古代园林

第一节　爱琴文明与古代希腊

爱琴文明是西方远古文明的起源，是公元前 2000 年左右形成于爱琴海地区的青铜文化，分布于爱琴海诸岛及周围地区，包括克里特文明和迈锡尼文明，属于城邦文化。爱琴文明最初以克里特岛为中心，称为米诺斯文化，从公元前 2000 年到公元前 1400 年，曾经辉煌一时。此后，转以希腊半岛南部的迈锡尼为中心，称为迈锡尼文化，兴盛了两个多世纪。直至公元前 12 世纪，由于多利安人的入侵，爱琴文化逐渐衰落，爱琴海地区的繁荣景象也日渐消失。

爱琴文明对古希腊文明产生了直接的影响，也是古希腊文明的重要组成部分。它与古埃及文明、腓尼基文明有较密切的关系，对以后的阿拉伯文化也产生了较大的影响。由于在爱琴文明衰亡 300 年之后希腊城邦才再度兴起，那时的人们对爱琴文明已经一无所知，只在神话传说中还有一些模糊的记忆，因此长期以来，爱琴文明在人们的心目中是美丽的、富有诗意的神话。

古代希腊包括巴尔干半岛南部、爱琴海上诸岛屿、小亚细亚西海岸以及东至黑海、西至西西里海的广大地区。古代希腊文化和后来古罗马全盛期的文化，同称为欧洲的古典文化，古代希腊是欧洲文化的发源地。公元前 11 世纪，爱琴海文明逐渐湮没后，在希腊半岛上形成了 30 余个城邦式的奴隶制王国，其中最繁荣昌盛的有雅典、斯巴达、米利都等。这些王国从未统一，但却在相互交流中逐渐形成了被称为“希腊”的统一的民族与文化（见图 16-1）。

图 16-1　园中鸟-克里特岛米诺斯宫苑遗址壁画

古希腊建筑开创了欧洲建筑的先河，其结构属于梁柱体系，早期的主要建筑都使用石料。石柱以鼓状砌块垒叠而成，砌块之间由榫卯或金属销子连接。墙体也用石砌块垒成，砌缝严密，不用胶结材料。早期古希腊建筑分为两个时期，第一时期为公元前 11 世纪至公元前 8 世纪，称荷马文化时期，其建筑今已无存。第二时期为公元前 8 世纪至公元前 5 世纪，称古风文化时期，其建筑遗迹以石砌神庙为主，建筑逐步形成相对稳定的形式。其中爱奥尼亚人城邦形成了爱奥尼式建筑，风格端庄秀雅；多利安人城邦形成了多立克式建筑，风格雄健有力。到公元前6世纪，形成了特有的柱式建筑体系。柱式体系是古希腊人在建筑艺术上的创造。

第二节　古希腊的园林与城市建设

一、古希腊概况

古希腊的范围不仅限于欧洲东南部的希腊半岛，还包括地中海东部爱琴海一带的岛屿及小亚细亚西部的沿海地区。古希腊虽由众多的城邦组成，却创造了统一的古希腊文化。古希腊文化源于爱琴文化，是欧洲文明的摇篮，古希腊文化独特，建筑和雕塑对西方文化有深远的影响，是欧洲园林文化的发祥地之一。

古希腊为了祭祀活动的需要而建造了许多庙宇。每年春季，雅典的妇女都集会庆祝阿多尼斯节。届时要在屋顶上竖起阿多尼斯的雕像，周围环以土钵，钵中种的是发了芽的莴苣、茴香、大麦等。这些绿色的小苗似花环一般，表示对神的祭奠。因此这种屋顶花园就称为阿多尼斯花园(见图16-2)。这一传统一直延续到罗马时代，据称罗马的阿多尼斯节更为隆重，其盛况可与希腊的酒神节媲美。此后，不仅节日里，平常日子里也将这种装饰固定下来，但不再将雕像放在屋顶上，而是放在花园中，并且四季都有绚丽的花坛环绕在雕像四周，这大概就是欧洲园林中常在雕像周围配置花坛的雏形。

图16-2　古希腊的阿多尼斯祭典活动(阿多尼斯花园)

古希腊的音乐、绘画、雕塑和建筑等艺术十分繁荣，达到了很高的水平。尤其是雕塑，代表了古代西方雕塑的最高水平。在西方，美学从一开始就是哲学的一个分支。公元前5世纪前后，希腊陆续出现了以苏格拉底、柏拉图和亚里士多德为代表的杰出的哲学家，他们共同为西方哲学奠定了基础，对后世的造园活动也有很大的影响。

造园活动受当时的数学、几何学、哲学家的美学观点以及人们的生活习惯影响较大,认为美是有秩序的、有规律的、合乎比例的、协调的整体,所以规则式的园林才是最美的。后来出现了体育公园、学园、圣林寺庙园林等,对欧洲国家园林的发展影响很大。

二、古希腊的城市建设

古希腊是欧洲文明的发祥地,在公元前 5 世纪,古希腊建立了奴隶制的民主政体,形成了一系列城邦国家。在古希腊繁盛时期,著名的建筑师希波丹姆提出了城市建设的希波丹姆模式,这种模式以方格网的道路系统为骨架,以城市广场为中心,来充分体现民主和平等的城邦精神。这一模式在其规划的米列都(Milet)城中得到了具体完整的体现:城市结合地形形成了不规则的形状,棋盘式的道路网,城市中心由一个广场及一些公共建筑物组成,主要供市民们集会和进行商业活动所用,广场周围有柱廊,供休息和交易使用。

三、古希腊的园林

1. 早期的宫廷庭园

早期的古希腊园林在《荷马史诗》中有过描述,在它所述及的“英雄时代”,强大的迈锡尼文明似乎已经消逝,古希腊艺术借取东方的经验,形成了自己的建筑与装饰风格。《荷马史诗》中描述了阿尔卡诺俄斯王宫富丽堂皇的景象:宫殿所有的围墙用整块的青铜铸成,上边有天蓝色的挑檐,柱子饰以白银,墙壁、门为青铜,而门环是金的……从院落中进入到一个很大的花园,周围绿篱环绕,下方是管理很好的菜圃。园内有两座喷泉,一座落下的水流入水渠,用以灌溉;另一座喷出的水流出宫殿,形成水池,供市民饮用。

由此可知,当时对水的利用是有统一规划的,并做到了经济、合理。据记载,园内植物有油橄榄、苹果、梨、无花果和石榴等果树,还有月桂、桃金娘、牡荆等植物。所谓的花园、庭园,主要以实用为目的,绿篱由植物构成,起隔离作用。对喷泉的记载,说明古希腊的早期园林也具有一定程度的装饰性、观赏性和娱乐性。

公元前 12 世纪以后,东方文化对希腊文明的影响日益增大。公元前 6 世纪,在希腊有着同波斯花园同样迷人的园林。但是,希腊王宫庭园在数量上和影响上均不及波斯花园,而且希腊的城市也不如波斯的繁华,没有大型的王宫。所以,这个时代的希腊庭园首先是私人的住宅庭院。受益于植物栽培技术的进步,种植的不仅有葡萄,还有柳树、榆树和柏树。花卉也渐渐流行起来,而且布置成了花圃形式,月季到处可见,还有成片种植的夹竹桃。

2. 宅园(柱廊园)

公元前 5 世纪,希腊在波希战争中获胜,国力日渐强盛,出现了高度繁荣昌盛的局面。希腊人开始追求生活上的享受,兴建园林之风也随之而起,不仅庭园的数量增多,并且开始由实用性园林向装饰性和游乐性的花园过渡。花卉栽培开始盛行,但种类还不是很多，常见的有蔷薇、三色堇、荷兰芹、罂粟、百合、番红花、风信子等，这些花卉至今仍是欧洲园林中广泛应用的种类。此外，人们还十分喜爱芳香植物。

这时的住宅采用四合院式的布局，一面为厅，两边为住房，厅前及另一侧常设柱廊，而当中则是中庭，以后逐渐发展成四面环绕着列柱廊的庭院。古希腊人的住房很小，因而位于住宅中心位置的中庭就成为家庭生活起居的中心。早期的中庭内全是铺装地面，装饰着雕塑、饰瓶、大理石喷泉等。后来，随着城市生活的发展，中庭内开始种植各种花草，形成了美丽的柱廊园。

这种柱廊园不仅在古希腊城市内非常盛行，在以后的罗马时代也得到了继承和发展，并且对欧洲中世纪寺庙园林的形式也有着明显的影响。

3. 公共园林

在古希腊，不仅统治者、贵族有庭园，而且由于民主思想发达，公共集会及各种集体活动频繁，也为此建造了众多的公共建筑物。同时，也出现了民众均可享用的公共园林。此外，为了战争和生产，人们须要有强健的体魄，因而体育健身活动在古希腊广泛开展，大量群众性的活动也促进了公共建筑如运动场、剧场的发展。

古希腊人同样对树木怀有神圣的崇敬心理，相信有主管林木的森林之神，把树木视为礼拜的对象，因而在神庙外围种植树林，称之为圣林。起初圣林内不种果树，只用庭荫树，如棕榈、悬铃木等。据称，在荷马时代已有圣林，当时只在神庙四周起到围墙的作用，后来才逐渐注重其观赏效果。在奥林匹亚祭祀场的阿波罗神殿周围有60～100米宽的空地，即当年圣林的遗迹。后来，在圣林中也可以种果树了。在奥林匹亚宙斯神庙的圣林中还设置了小型祭坛、雕像、瓶饰、瓮等，因此，人们称之为“青铜、大理石雕塑的圣林”(见图16-3)。

圣林既是祭祀的场所，又是祭奠活动时人们休息、散步、聚会的地方。同时，大片的林地创造了良好的环境，衬托着神庙，增加了神圣的气氛。

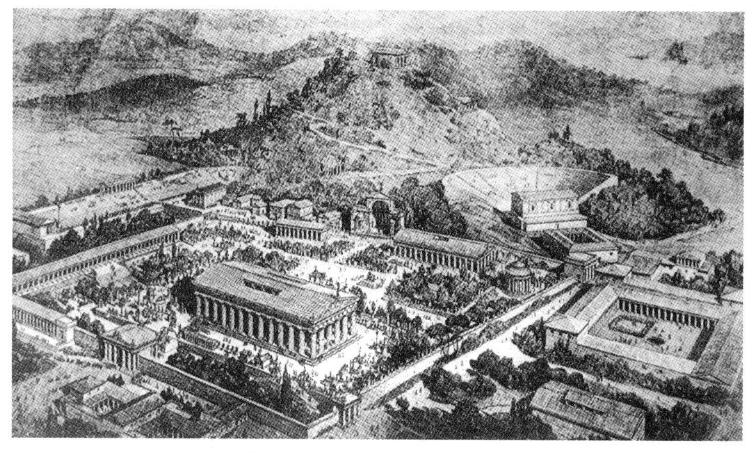

图16-3　宙斯神殿的圣林

4. 竞技场

由于当时战乱频繁，须要培养国民具有神圣的捍卫祖国的崇高精神。而当时打仗又全凭短兵相接，也就要求士兵具有强健的体魄，这些都推动了希腊体育运动的发展。公元前 776 年，在希腊的奥林匹亚举行了第一次运动竞技会，以后每四年举行一次，杰出的运动员被誉为民族英雄。因此进行体育训练的场地和竞技场纷纷建立起来。开始，这些场地仅为了训练之用，是一些开阔的裸露地面。以后在场地旁种植了遮阳的树木，可供运动员休息，也使观看比赛的观众有个舒适的环境。后来逐渐发展成了大片的林地，其中除有林荫道外，还有祭坛、亭、柱廊、座椅等设施，成为后世欧洲体育公园的前身。

雅典近郊阿卡德米(Academy)体育场是由哲学家柏拉图建造的，其中亦有上述的一些设施。当时，在雅典、斯巴达、科林多等城市及其郊区都建造了体育场。城郊的体育场规模更大，甚至成为吸引游人的游览胜地。

德尔斐(Delphi)城阿波罗神殿旁的体育场，建造在陡峭的山坡上，分成上下两个台层(见图 16-4)。上层有宽阔的练习场地，下层为漂亮的圆形游泳池。建在帕加蒙(Pegamon)城的季纳西姆(Gymnasium)体育场规模最大，也建在山坡上，分为三个台层。台层间的高差达 12～14 米，有高大的挡土墙，墙上有供奉神像的壁龛。上层台地周围有柱廊环绕，周边为生活间及宿舍，中央是装饰美丽的中庭，中层台地为庭园，下层台地是游泳池。周围有大片的森林，林中放置了众多的神像及其他雕塑、瓶饰等。

图 16-4　德尔斐体育馆园地遗址

这种类似体育公园的运动场，一般都与神庙结合在一起，主要是由于体育竞赛往往与祭祀活动相联系，是祭奠活动的主要内容之一。这些体育场常常建造在山坡上，并且巧妙地利用地形布置观众看台。

5. 文人园——哲学家的学园

古希腊哲学家，如柏拉图和亚里士多德等人，常常在露天场所公开讲学，威尼斯则喜爱在优美的公园里聚众演讲。如公元前 390 年，柏拉图在雅典城内的阿卡德莫斯(Academos)园地开设学堂，聚众讲学。阿波罗神庙周围的园地，也被演说家李库尔格(公元前 396 年—公元前 323 年)做了同样的用途。公元前 330 年，亚里士多德也常在此聚众讲学。

以后，学者们又开始另辟自己的学园。园内有供散步的林荫道，种有悬铃木、齐墩果、榆树等，还有覆满攀缘植物的凉亭。学园中也设有神殿、祭坛、雕像和座椅，以及纪念杰出公民的纪念碑、雕像等。哲学家伊壁鸠鲁(公元前 341 年—公元前 270 年)的学园占地面积很大，充满田园情趣，他因此被认为是第一个把田园风光带到城市中的人。哲学家提奥弗拉斯特(约公元前 371 年—公元前 287 年)也曾建立了一所建筑与庭园结合成一体的学园，园内有树木花草及亭、廊等。

四、古希腊园林的特征

古希腊园林与人们的生活习惯紧密结合，是作为室外活动空间及建筑物的延续部分来建造的，属于建筑整体的一部分。由于建筑是几何形的空间，因此，园林的布局形式也采用规则式样以求与建筑相协调。

不仅如此，当时的数学和几何学的发展，以及哲学家的美学观点，都影响到园林的形式。他们认为美是有秩序的、有规律的、合乎比例的、协调的整体，因此，只有强调均衡稳定的规则式园林，才能确保美感的产生。

古希腊园林的类型多种多样，虽然在形式上还处于比较简单的初始阶段，但是仍可以将它们看作是后世一些欧洲园林类型的雏形，并对其发展与成熟产生了很大影响。古希腊文化对罗马文化产生直接的影响，并通过罗马人对欧洲中世纪及文艺复兴时期的意大利文化产生作用。后世的体育公园、校园、寺庙园林等，都留有古希腊园林的痕迹，而且，从古希腊开始就奠定了西方规则式园林的基础。

从史料中，人们可以大致了解到当时希腊园林中植物应用的情况。亚里士多德的著作记载了用芽接法繁殖蔷薇。人们用蔷薇来欢迎胜战归来的英雄，或作为赠送给未婚妻的礼品，并用以装饰庙宇殿堂、雕像及供奉神灵的祭品。蔷薇可以算是当时最受欢迎的花卉了，虽然品种不是很多，但也培育出一些重瓣品种。在提奥弗拉斯特所著的《植物研究》一书中，记载了 500 种植物，其中还记述了蔷薇的栽培方法。当时园林中常见的植物有桃金娘、山茶、百合、紫罗兰、三色堇、石竹、勿忘我、罂粟、风信子、飞燕草、芍药、鸢尾、金鱼草、水仙、向日葵等。

此外，根据雅典著名政治家西蒙(公元前 510 年—公元前 450 年)的建议，在雅典城的大街上种植了悬铃木作为行道树，这也是欧洲历史上最早见于记载的行道树。

第三节　古罗马的园林与城市建设

一、古罗马概况

古罗马包括北起亚平宁山脉、南至意大利半岛南端的广大地区。意大利半岛是个多山的丘陵地区，只在山峦之间有少量平缓的谷地。气候冬季温和，夏季比较闷热，但是在山坡上则比较凉爽。这种地理气候条件对园林的选址与布局具有一定的影响。

早在公元前 1500 年，这里已有人类居住。公元前 1000 年左右，不断有印欧语系的民族迁入，主要是伊特拉斯坎人(Etruscans)。约公元前 800 年，他们移至后来的罗马城所在地，建村落、务农牧、用铁器、居茅舍、行火葬，到公元前 6 世纪，已达到了很高的文明程度。

传说罗马立国于公元前 753 年。公元前 509 年废除王政，实行共和制，建立了贵族专政的奴隶制共和国，并开始建造罗马城，其后国力渐盛，其势力远及整个地中海地区。公元前 27 年，屋大维(公元前 63 年—公元 14 年)成为罗马帝国的第一代皇帝，称号奥古斯都大帝(Augustus，公元前 27 年—公元 14 年在位)，这时的罗马进入了和平繁荣的黄金时代。公元 1—2 世纪是罗马帝国的鼎盛时期，其统治地跨欧、亚、非三大洲，成为与中国的汉朝同时屹立于东、西方的两大帝国。

罗马文明是西方文明史的开端。但是，早期罗马人的精力都集中在战争和武力上，对艺术和科学的兴趣不大。直到公元前 190 年，在征服了被叙利亚占领的希腊之后，罗马人才全盘接受了希腊文化。罗马皇帝还掠夺了大量的希腊艺术珍品，仅尼禄王(公元 54 年—公元 63 年在位)从希腊的德尔斐城就搬走了 500 座青铜雕像。同时，希腊艺术家还为罗马贵族们复制了大量希腊艺术作品，这也增加了后世人们对希腊艺术的认识和了解。

同时，罗马帝国还从希腊、叙利亚的人才外流中得到了大笔的文化财富。当时，希腊的学者、艺术家、哲学家，甚至一些能工巧匠都纷纷来到罗马，这对罗马文明的发展起了重要的作用。因此，古罗马在文化、艺术方面表现出明显的希腊化倾向。罗马人在学习希腊的建筑、雕塑、园林之后，才逐渐有了真正的造园事业，同时，也继承并发展了古希腊的园林艺术。

据罗马史学家李维乌斯(公元前 284 年—公元前 204 年)的记述，国王塔奎尼乌斯(公元前 534 年—公元前 510 年在位)宫中的花园是罗马建造最早的园林。园与宫相连，园中虽有百合、蔷薇、罂粟等花卉组成的花坛，但是仍以实用为主。

二、古罗马的城市建设

古罗马时代是西方奴隶制的繁荣阶段。公元前 300 年间，罗马几乎征服了全部地中海地区，在被征服的地方建造了大量的营寨城。营寨城有一定的规划模式：平面呈方形或长方形，中间十字形街道，交点附近为露天剧场或斗兽场与官邸建筑群形成的中心广场。营寨城的规划思想深受军事控制目的的影响。随着国势强盛、领土扩大和财富的敛集，城市得到了大规模发展。除了道路、桥梁、城墙和输水道等城市设施以外，罗马人还大量地建造公共浴池、斗兽场和宫殿等供奴隶主享乐的设施。到了罗马帝国时期，城市建设更进入了鼎盛时期。除了继续建造公共浴池、斗兽场和宫殿外，城市还成为帝王宣扬功绩的工具，广场、铜像、凯旋门和记功柱成为城市空间的核心和焦点。古罗马城的城市中心是共和时期和帝国时期形成的广场群，广场上耸立着帝王铜像、凯旋门和记功柱，城市各处散布着公共浴池和斗兽场。

三、古罗马园林类型与实例

（一）古罗马庄园

希腊贵族热爱乡居生活，并以此为时尚。罗马人在接受希腊文化的同时，也热衷于效仿希腊人的生活方式。由于罗马人具有更为雄厚的财力、物力，而且生活更加奢侈豪华，这就促进了在郊外建造庄园风气的流行。

早期的罗马城中几乎没有园林，园林多建在城外或近郊，别墅庄园成了罗马贵族生活的一部分。当时著名的将军卢库卢斯（公元前 106 年—公元前 57 年）被称为贵族庄园的创始人，他在那不勒斯湾风景优美的山坡上耗费巨资，开山凿石，大兴土木，建造花园，其华丽程度可与东方王侯的宫苑媲美。著名的政治家及演说家西赛罗（公元前 106 年—公元前 43 年）是推动庄园建设的重要人物。他鼓吹一个人应有两个住所，一个是日常生活的家，另一个就是庄园。他本人就在家乡阿尔皮诺和罗马都建有庄园。他在传播希腊哲学思想的同时，也介绍希腊园林的成就，这些对罗马庄园的发展都产生了一定的影响。

作家小普林尼（约公元 62 年—约公元 115 年）也留下了大量有关罗马人乡村生活的文字资料。他细致地描述了自己的两座庄园，即建在奥斯提（Ostie）东南约 10 千米的拉锡奥姆（Latium）山坡上的洛朗丹别墅庄园（Villa Laurentin）和建造在托斯卡纳（Toscane）地区的庄园。

1. 洛朗丹别墅庄园(Villa Laurentin)

洛朗丹别墅（见图 16-5、图 16-6）选址极好，背山面海，自然景观优美，而且交通便利，离罗马仅 27 千米。入园后可见美丽的方形前庭、半圆形的小型列柱廊式中庭，然后是一处更大的庭园。院子尽头是向海边凸出的大餐厅，从三面可以欣赏到不同的海景。透过二进院落和前庭回望，可以瞥见远处的群山。

别墅附近有运动场，两侧是二层小楼和观景台。从其中的一座小楼上，可以俯视整个花园。园路环绕着小树林，路边围以迷迭香和黄杨。花园边有葡萄棚架，地面采用柔软的铺装，以便赤足行走。然后是种有大量无花果和桑树的果园。花园中还建有一座厅堂，由此处同样可欣赏周围的美景。

图 16-5　洛朗丹别墅庄园透视复原园

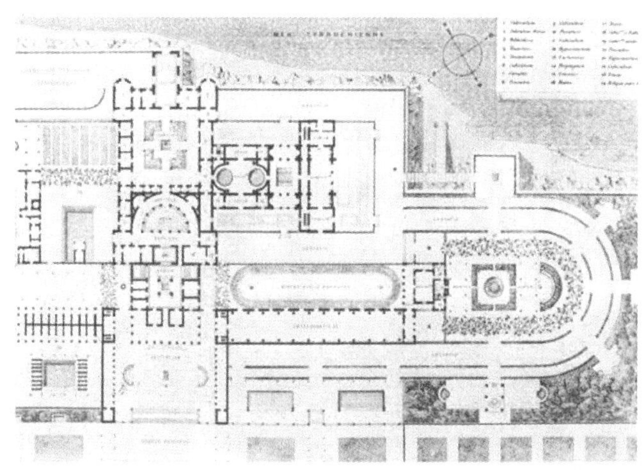

图 16-6　洛朗丹别墅庄园平面复原图

庄园中还布置有遮阳的柱廊，廊前是种植堇菜花的露台。柱廊的尽头是小普林尼十分喜爱的园亭。在这一大型别墅庄园中，既有欢快娱乐的场所，也有供人安静休息的空间。

建筑朝向和开口、植物配置、疏密均与自然结合，利用自然风向，冬暖夏凉，而且层次分明。

2. 托斯卡纳庄园(Villa Pliny at Toscane)

托斯卡纳庄园(见图 16-7)周围环境优美，群山环绕，林木葱茏，依自然地势形成了一个巨大的像阶梯剧场似的结构。远处的山丘上是葡萄园和牧场，从高处俯瞰，景观令人陶醉。

别墅前面布置了一座花坛，环以园路，两边有黄杨篱，外侧是斜坡，坡上有各种动物的黄杨造型，其间种有许多花卉植物，花坛边缘的绿篱修剪成各种不同的栅栏状。园路的尽头是林荫散步道，呈运动场状，中央是上百种不同造型的黄杨和其他灌木，周围有墙和黄杨篱，花园中的草坪也精心处理过。此外还有果园，园外是田野和牧场。

别墅建筑入口是柱廊，柱廊一端是宴会厅，厅门对着花坛，透过窗户可以看到牧场和田野风光。柱廊后面的住宅围合出托斯卡纳式的前庭，还有一较大的庭园，园内种有四棵悬铃木，中央是大理石水池和喷泉，庭园内阴凉湿润。庭园一边是安静的居室和客厅，有一处厅堂就在悬铃木树下，室内以大理石作墙裙，墙上有绘着树林和各色小鸟的壁画。厅的另一侧还有小庭院，中央是盘式涌泉，传来欢快的水声。

柱廊的另一端，与宴会厅相对的是一个很大的厅，从这里也可以欣赏到花坛和牧场，还可看到大水池。水池中巨大的喷水，像一条白色的缎带，与大理石池壁相互呼应。

园内有一个充满田园风光的地方，与规则式的花园产生了强烈的对比。在花园的尽头，有一座收获时休息的凉亭，四根大理石柱支撑着棚架，下面的庭园里有白色的大理石桌凳。

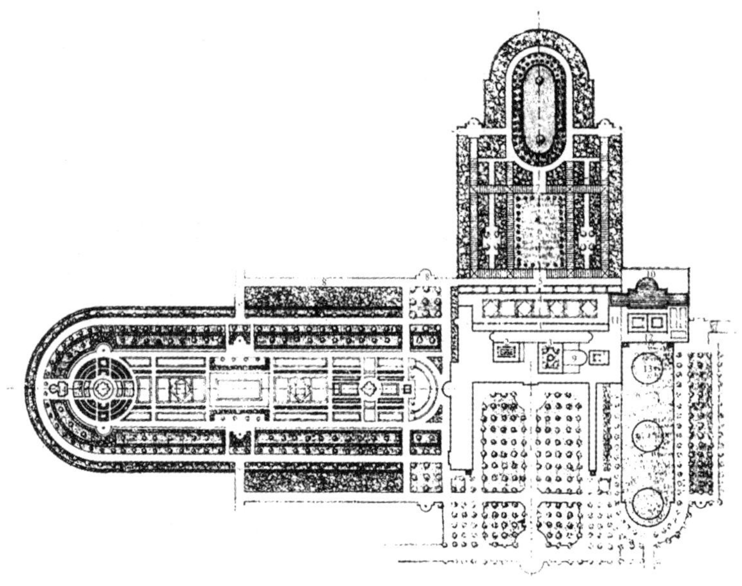

图 16-7　托斯卡纳庄园平面

1—柱廊式中庭；2—前庭；3—四悬铃木庭园；4—露台；5—装饰性坡道；6—老鸦企属植物；7—散步道及林阴道；8—运动场丛林；9—住宅；10—大理石水池；11—大客厅；12—浴室；13—球场；14—工作及休息亭

古罗马的庄园内既有供生活起居用的别墅建筑，也有宽敞的园地。园地一般包括花园、果园和菜园，花园又划分为供散步、骑马及狩猎用的三部分。建筑旁的台地主要供散步用，这里有整齐的林荫道，有黄杨、月桂形成的装饰性绿篱，有蔷薇、夹竹桃、素馨、石榴、黄杨等花坛及树坛，还有番红花、晚香玉、三色堇、翠菊、紫罗兰、郁金香、风信子等组成的花池。一般建筑前不种高大的乔木，以免遮挡视线。供骑马用的部分，主要是以绿篱围绕着的宽阔林荫道。至于狩猎园则是由高墙围着的大片树木，林中有纵横交错的林荫道，并放养各种动物供狩猎、娱乐用，类似古巴比伦的猎苑。

在一些豪华的庄园中甚至还建有温水游泳池，或者有供开展球类游戏的草地。总之，这时庄园的观赏性和娱乐性已明显地增强了。

无论庄园或宅院都采用规则布局，尤其在建筑物附近常常是严整对称的。但是，罗马人也很善于利用自然地形条件，园林选址常在山坡上或海岸边，以便借景。而在远离建筑物的地方则保持自然面貌，植物也不再修剪成型了。

（二）宅园（柱廊园）

公元前 79 年，罗马的庞贝城（Pompeii）因维苏威火山爆发而被埋没在火山灰下。近代考古学者对庞贝城遗址进行了发掘，并修复了一些宅园。从庞贝城遗址中可以看出，古罗马的宅园通常由三进院落构成，即用于迎客的前庭（通常有简单的屋顶）、列柱廊式中庭（供家庭成员活动的庭院）和真正的露坛式花园（见图 16-8）。各院落之间一般有过渡性空间，潘萨（Pansa）的住宅是典型的布局。而在维蒂（Vetti）的住宅中，前庭与列柱廊式中庭是相通的。弗洛尔（Flore）的住宅则有两座前庭，并从侧面连接。阿里安（Arian）的住宅内有三个庭院，其中两个是列柱廊式中庭。

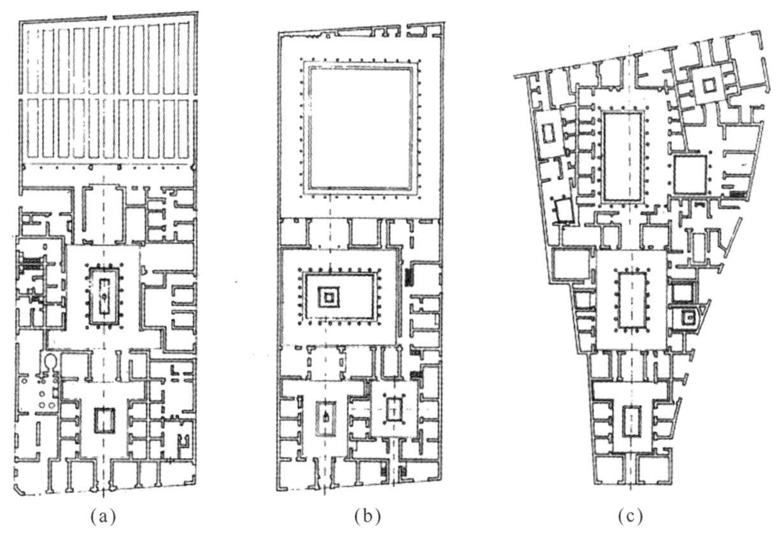

图 16-8　根据庞贝城遗址绘制的古罗马柱廊宅园平面

(a) 潘萨住宅；(b) 弗洛尔住宅；(c) 阿里安住宅

维蒂住宅在庞贝城中也有一定的代表性，在前庭之后，是一个面积较大、由列柱廊环绕的中庭（见图 16-9）。院落三面开敞，一面辟门，光线充足。中庭共有 18 根白色柱子，采用复合柱式。庭园内布置着花坛，有常春藤棚架，地上开着各色山菊花。中央为大理石水盆，内有 12 眼喷泉及雕像。柱间和墙隅处，还有其他小雕像喷泉，喷水落入大理石盆中，水柱呈花环状。中庭的面积不是很大，但是由精巧的柱廊、喷泉和雕像组成的装饰效果却简洁、雅致，加上花木、草地的点缀，创造出清凉宜人的生活环境。

图 16-9 维蒂列柱围廊式庭院和由列柱廊环绕的中庭

古罗马的宅园与希腊的柱廊园十分相似，不同的是在古罗马宅园的中庭里往往有水池、水渠，渠上架小桥。木本植物种在很大的陶盆或石盆中，草本植物则种在方形的花池或花坛中。在柱廊的墙面上往往绘有风景画，使人产生错觉，似乎廊外是景色优美的花园，这种处理手法不仅增强了空间的透视效果，而且给人以空间扩大了的感觉。

（三）宫苑

在共和时代后期，执政长官马略（公元前 157 年—公元前 86 年）、凯撒大帝（公元前 100 年—公元前 44 年）、大将庞培（公元前 106 年—公元前 48 年）之子马格努斯·庞培（公元前 67 年—公元前 35 年）及尼禄王等人，都建有自己的庄园。距罗马城不远的梯沃里（Tivori）景色优美，成为当时庄园集中的避暑胜地。这些庄园的建造，为文艺复兴时期意大利台地园的形成奠定了基础。可惜的是，在众多著名的庄园中，只有皇帝哈德良（公元 117 年—公元 138 年在位）的庄园还残留着较多的遗迹，使人们有依据对其进行推测复原。

哈德良山庄（Villa Hadrian）坐落在梯沃里的山坡上，它是罗马帝国的繁荣与生活品位在建筑园林上的集中表现。

哈德良精通相星术，善诗文，倡导艺术，喜爱狩猎和游览山川。他在位期间曾多次出巡，足迹遍及全罗马帝国。大约公元 124 年，他在梯沃里建造了壮丽恢弘的山庄。据说皇帝本人也参与了山庄的规划，期望山庄中汇集在出巡中给他留下最难忘印象的景物。

从遗址上看，山庄处在两条狭窄的山谷之间，用地极不规则，地形起伏很大（见图

16-10)。山庄内除了宏伟的宫殿群之外,还建有大量的生活和娱乐设施,如图书馆、画廊、艺术宫、剧场、庙宇、浴室、竞技场、游泳池及其他附属建筑等。这些建筑布局随意,因山就势,变化丰富,分散在山庄各处,没有明确的轴线。

图 16-10　哈德良山庄总体模型复原

A—水中剧场,外围被圆形水环绕,内部有剧场、浴室、餐厅、图书馆、御用泳池等;
B—运河,其尽头为宴请宾客的地方,水面周围是希腊式列柱和雕像;
C—长方形公共花园,四周以柱廊相围,内有花坛、水池;D—艺术珍品馆

山庄的中心部分为规则式布局,其他部分则顺应自然地势。园林部分变化丰富,既有附属于建筑的规则式庭园、柱廊园,也有布置在建筑周围的花园,如图书馆花园,还有一些希腊式花园,如绘画柱廊园,以回廊和墙围合出宽 100 米、长 200 米的矩形庭园,中央有水池。回廊采用双廊的形式,一面背阴,一面向阳,各适宜夏、冬季使用。柱廊园北面还有花园,如有模仿希腊哲学家学园的阿卡德米花园(Academy Garden),园中点缀着大量的凉亭、花架、柱廊等,其上覆满了攀缘植物。柱廊或与雕塑结合,或柱子本身就是雕塑。

整个山庄以水体统一全园,有溪、河、湖、池及喷泉等(见图 16-11)。园中有一半为圆形餐厅,位于柱廊的尽头,厅内布置了长桌及榻,有浅水槽通至厅内,槽内的流水可使空气凉爽,酒杯、菜盘也可顺水槽流动(这使我们联想到中国园林中的流杯亭)。夏季还有水帘从餐厅上方悬垂而下。园内还有一座建在小岛中的水中剧场,岛中心有亭、喷泉,周围是花坛,岛的周边以柱廊环绕,有小桥与陆地相连。

在宫殿建筑群的背后,面对着山谷和平原,延伸出一系列大平台,设有柱廊及大理石水池,形成极好的观景台。在山庄南面的山谷中,有称为"卡诺普"(Canope)的

图 16-11　哈德良宫苑水剧场遗址

景点，是哈德良举办放荡不羁的宴会的场所。卡诺普原是尼罗河三角洲的一个城市，那里有一座朝圣者云集的塞拉比(Serapis)神庙，朝圣者们常围着庙宇载歌载舞。哈德良山庄中还保存着运河，尽管水已干涸，但仍隐约可辨。运河边有洞窟，过去有塞拉比的雕像，并装饰着许多直接从卡诺普掠夺来的雕像。

(四)公共园林

古罗马人不像古希腊人那样爱好体育运动，虽然他们从希腊接受了竞技场的设施，但是却没有竞技的目的。这种椭圆形或一端为半圆形的场地，边缘为宽宽的散步道，路旁种植悬铃木、月桂，形成绿荫。中间为草地，上有小路，有的甚至设有蔷薇园和几何形的花坛，供人休息和散步。

在古罗马，沐浴几乎成为人们的一种嗜好。不仅帝王、贵族家庭必有浴室，城市里还有很多公共浴室，设有冷水、温水、热水及蒸汽浴。浴场也是非常有特色的建筑物，规模大的浴场内甚至还附设有音乐厅、图书馆、体育场，也有相应的室外花园。浴场实际上已成为一种公共社交活动场所，人们在此可以消磨很长时间。

古罗马的剧场也是十分豪华的。剧场建筑无论在功能和形式上，还是在科学技术和艺术方面都有极高的成就。剧场外也有供休息的绿地。还有一些露天剧场建在山坡上，利用天然地形巧妙地布置观众席(见图 16-12)。

罗马的公共建筑前都布置有广场(forum)，它可以看作是后世城市广场的前身。这种广场是公众集会的场所，也是美术展览的地方。人们在广场上进行社交活动、娱乐和休息，类似现代城市中的步行广场。从共和时代开始，古罗马各地的城市广场就十分盛行。

四、古罗马园林特征

早期的古罗马园林以实用为主要目的，包括果园、菜园和种植香料及调料植物的

图 16-12 古罗马公共园林

园地，以后逐渐加强了园林的观赏性、装饰性和娱乐性。

由于罗马城本身就建在几个山丘上，在山坡上建造花园时便常常将坡地辟为数个台层，布置景物。也由于夏季山坡上气候较平地更为宜人，又可眺望远景，视野开阔，更促使人们在山坡上建园，这也是后来文艺复兴时期意大利台地园发展的基础。

罗马人把花园视作宫殿、住宅的延续部分，因而在规划上采用类似建筑的设计方式，地形处理上也是将自然坡地切成规整的台层。园内装饰着整形的水体，如水池、水渠、喷泉等。有雄伟的大门、洞府，直线和放射形的园路，两边是整齐的行道树。作为装饰物的雕像置于绿荫树下。几何形的花坛、花池，修剪整齐的绿篱，以及葡萄架、菜圃、果园等，一切都体现出井然有序的人工美。古罗马规则式园林形式也是受古希腊园林影响的结果。

古罗马园林很重视植物造型的运用，有专门的园丁从事这项工作。在古罗马，他们被视为真正的艺术家。开始只是将一些萌发力强、枝叶茂密的常绿植物修剪成篱，以后则日益发展，将植物修剪成各种几何形体、文字、图案，甚至一些复杂的牧人或动物形象，称为绿色雕塑或植物雕塑(topiary)。常用的植物为黄杨、紫杉和柏树。

花卉种植除一般花台、花池的形式外，开始有了蔷薇专类园(rosarium)。此外，还兴起了“迷园”(labyrinth)的建造热潮。相传希腊米诺斯的王宫中曾建有迷宫，其内部通道十分复杂。罗马园林中的迷园呈圆形、方形、六角形或八角形等，内有图案复杂的小径，路边往往以绿篱作围，迂回曲折，扑朔迷离，成为园中用于娱乐目的的一个局部，蔷薇园和迷园在以后欧洲园林中都曾十分流行。专类园的种类后来还有杜鹃园、鸢尾园、牡丹园等，至今仍深受人们的喜爱。

古罗马花园中常采用矮篱围合的几何形花坛种植花卉。这种形式的花坛在以后的欧洲园林中十分普遍。不过，当时人们的兴趣主要不在于欣赏花朵的姿态和色彩，而是为了采摘花朵，制成花环或花冠，用于装饰宴会时的餐桌或墙面，或作为馈赠的礼品。可见，今日大型宴会席上的花卉装饰早在罗马时代就已成为一种时尚了。

古罗马园林中常见的乔木和灌木有悬铃木、白杨、山毛榉、梧桐、槭、丝杉、柏、桃金娘、夹竹桃、瑞香、月桂等。罗马人还将遭雷击的树木看作是神木而倍加尊敬、崇拜。果树有时按五点式、梅花形或“V”形种植，起装饰作用。据记载，当时已运用芽接和裂接的嫁接技术来培育植物。

在花卉贫乏的冬季，罗马人一方面从南方运来花卉，另一方面在当地建造暖房。当时用云母片铺在窗上，这是西方最早出现的“温室”。罗马城内还成立了蔷薇交易所，每年从亚历山大城运去大批蔷薇。此外，罗马人还从希腊运去大师的雕塑作品，有些被集中布置在花园中，形成花园博物馆，这可谓是当今盛行的雕塑公园的始祖了。花园中雕塑应用也很普遍，从雕刻的栏杆、桌、椅、柱廊，到墙上的浮雕、圆雕等，为园林增添了装饰效果。

古罗马园林在历史上的成就非常重要，而且园林的数量之多、规模之大，也十分惊人。据记载，当罗马帝国崩溃时，罗马城及其郊区共有大小园林达180处之多。

由于古罗马的版图曾扩大到欧、亚、非三大洲，因此，古罗马园林除了直接受到古希腊的影响外，还受到其他各地，包括古埃及和西亚的影响。古罗马也曾出现过类似古巴比伦空中花园的作品，人们在高高的拱门上铺设花坛，开辟小径。台地式花园就吸收了美索不达米亚地区金字塔式台层的做法，而有些狩猎园则仿效了古巴比伦的猎苑。

小　　结

古代希腊园林的类型较多，但在形式上还比较简单。古代希腊园林是后世欧洲园林类型的雏形，对其发展与成熟产生了很大影响。后世的体育公园、校园、寺庙园林等，都留有古代希腊园林的痕迹，从而奠定了西方规则式园林的基础。

古罗马文化继承了古希腊文化，在此基础上发展出更加丰富的技术与艺术形式，并通过罗马人对欧洲中世纪及文艺复兴时期的意大利文化产生作用。古罗马人将古希腊园林传统和西亚园林的影响融合到古罗马园林之中，并且由于罗马时代出现在希腊时代之后，涉及的范围更大，因此对后世欧洲园林艺术的影响也更直接，这可从一些早期欧洲园林的遗迹中明显地看出来。

【思考和练习】

1. 古希腊园林的类型及各自特征有哪些？
2. 古罗马园林的类型及各自特征有哪些？
3. 古罗马园林的植物种植特色是什么？对后世有什么影响？

第十七章　欧洲中世纪的园林

第一节　欧洲中世纪的历史与文化背景

一、中世纪西欧概况

“中世纪”(Middle Ages)一词是15世纪后期人文主义者首先提出的，指西欧历史上从5世纪罗马帝国的瓦解到14世纪文艺复兴时代开始前这一段时期，历时大约1000年。这段时期又因古代文化的光辉泯灭殆尽，崇尚古代和文艺复兴文化的近代学者常把这段时期称为“黑暗时期”。在这个动荡不定的岁月中，人们纷纷到宗教中寻求慰藉，基督教因而势力大增，渗透到人们生活的各个方面。因此，中世纪的文明基础主要是基督教文明，同时也有古希腊、古罗马文明的残余。

自3世纪起，罗马帝国奴隶制经济、政治陷入危机，帝国的压迫和剥削激起广泛的人民起义，帝国内部争权夺利，导致内战频繁、国力衰退，终于在公元395年，分裂为东、西两部分。东罗马建都于拜占庭，西罗马都城仍为罗马。此后，北欧各民族南侵声势日益浩大。公元476年，西罗马灭亡。

随着罗马的分裂，基督教也分为东教会(东正教)及西教会(天主教)，教会内部有严格的封建等级制度。在西罗马灭亡后的几百年中，天主教首领同时兼世俗政权的统治者，形成政教合一的局面。教会本身也是大地主，极盛时，教会拥有全欧洲约30%的土地。

中世纪最重要的社会集团是贵族。大贵族既是领主，又依附于国王、高级教士或教皇。领主们在自己的领地内享有司法、行政和财政权，其土地层层分封，形成公、侯、伯爵等不同等级。为大贵族当扈从的骑士则构成小贵族，他们也在其领地内享有各种权利，并履行各种义务。有大量土地的主教区内又设有许多小教区，由牧师管理。

11世纪以后，欧洲大部分地区的爵位及官职都采取世袭制度，领主集中一切公共权力，分封独立，而国王的权力相对削弱，随之而来的是城堡林立。但是，13世纪后，由于火药及其他工程技术的发展，城堡逐渐失去防御意义，骑士的作用也减弱了。

中世纪经济穷困、生产落后、政治腐败、战争频繁、社会动荡不定，这些都不利于文化的发展。加之教会仇视一切世俗文化，采取愚民政策，垄断文化大权，他们排斥希腊、罗马时代的古典文化，认为只有禁欲主义、刻苦修行的基督教义才是真理，此外一切知识都是无用的，甚至视之为邪恶的源泉。4世纪时，罗马皇帝狄奥多西一世

(公元 379 年—公元 395 年在位)在一次镇压邪教的运动中,将境内所有希腊和罗马的庙宇建筑、雕塑等统统毁掉了。

在美学思想上,中世纪虽然仍保留着希腊、罗马的影响,但却与宗教联系紧密,把“美”看成是上帝的创造。哲学家圣·奥古丁(公元 354 年—公元 430 年)认为美是“统一”与“和谐”,物体的美在于各部分的适当比例和统一,再加上悦目的颜色。这无疑是来自亚里士多德的观点。同时,他还接受了毕达哥拉斯的影响,把数加以绝对化和神秘化,认为现实世界是由上帝按照数学原则创造出来的,所以才显出统一、和谐的秩序。除此以外,中世纪在美学思想上基本处于停滞状态,直到诗人但丁(公元 1265 年—公元 1321 年)的《神曲》的出现,这种局面才开始转变。

二、中世纪西欧园林类型

中世纪的政治、经济、文化、艺术及美学思想对这一时期的园林有非常明显的影响。欧洲的封建社会有强大、统一的教权,而政权却分散独立,这与中国的封建社会有着强大的中央集权很不相同。因此,中国的封建社会产生了辉煌壮丽的帝王宫苑,而欧洲的中世纪却只有以实用性为主的寺庙园林和简朴的城堡园林。由于国际事务和商业贸易被破坏,在中世纪国家的经济、文化生活中,城市的规模和作用都很小,因此,园林也不可能有很大的发展。

就园林的发展史而言,中世纪的西欧园林可以分为两个时期:前期的寺院庭园时期,它是以意大利为中心发展起来的;后期的城堡庭园时期,它在法国和英国留下了一些实例。

1. 寺院庭园

古罗马的和平时代结束之后,是长达几个世纪的动荡岁月,人们很自然地会到宗教中寻求慰藉。欧洲各民族早已在罗马帝国的统治下接受了基督教,所以当他们建立了自己的国家之后,均以基督教为国教。因此,在欧洲,基督教势力渗透到人们生活的各方面,造园也不例外。在战乱频繁之际,教会所属的寺院较少受到干扰,教会人士的生活也相对比较稳定,他们有可能在寺院里创造一种宁静、幽雅的环境,也促进了寺院庭园的发展。

早期的寺院多建在人迹罕至的山区,僧侣过着极其清贫的生活,他们既不需要、也不允许有园林与之相伴。随着寺院进入到城市,这种局面才逐渐有了转变。基督教徒们最初是利用罗马时代的一些公共建筑,如法院、市场、大会堂等作为他们宗教活动的场所。后又效仿称为巴西利卡的长方形大会堂的形式来建造寺院,故而称为巴西利卡寺院。

在罗马的巴西利卡寺院,建筑物的前面有连拱廊围成的露天庭院,称为“前庭”。前庭的中央有喷泉或水井,供人们进入教堂时用水净身。这种前庭作为建筑物的一部分,虽然只是硬质铺装,但却是不久之后出现的寺院庭园的雏形。

古代文明的残余也被僧侣们保存下来,并在遍布欧洲的寺院里逐步发展起来。

这首先表现在僧侣们对园艺的关心上，因为菜园和果园的产品是他们的重要经济来源。此外，卫生保健和医学的发展也是和僧侣们分不开的，庭园中的一部分很快就用来种植药草。后来，由于僧侣们习惯用鲜花装点教堂和祭坛，为了种植花卉就修建了有装饰性的花园。因此，寺院庭园内包含了实用性与装饰性两种不同目的、不同内容的园林。

从布局上看，寺院庭园的主要部分是教堂及僧侣住房等建筑围绕着的中庭，面向中庭的建筑前有一圈柱廊，类似希腊、罗马的中庭式柱廊园，柱廊的墙上绘有各种壁画，其内容多是圣经中的故事或圣者的生活写照。稍有不同的是，希腊、罗马中庭旁的柱廊多是门楣式的，柱子之间均可与中庭相通，而中世纪寺院内的中庭旁，柱廊多采用拱券式。并且，柱子架设在矮墙上，如栏杆一样将柱廊与中庭分隔开，只在中庭四边的正中或四角留出通道，起到保护柱廊后面壁画的作用。中庭内仍是十字形或交叉的道路将庭园分成四块，正中的道路交叉处为喷泉、水池或水井，水既可饮用，又是洗涤僧侣们有罪灵魂的象征。四块园地上以草坪为主，点缀着果树和灌木、花卉等。有的寺院中在院长及高级僧侣的住房边还有私人使用的中庭。此外，还有专设的果园、药草园及菜园等。

然而，这一时期的寺院保存至今的已很少，即使有些保留了当时的建筑，但庭园部分，尤其是种植方面往往屡经改动，早已面目全非了。从瑞士圣·高尔教堂(见图

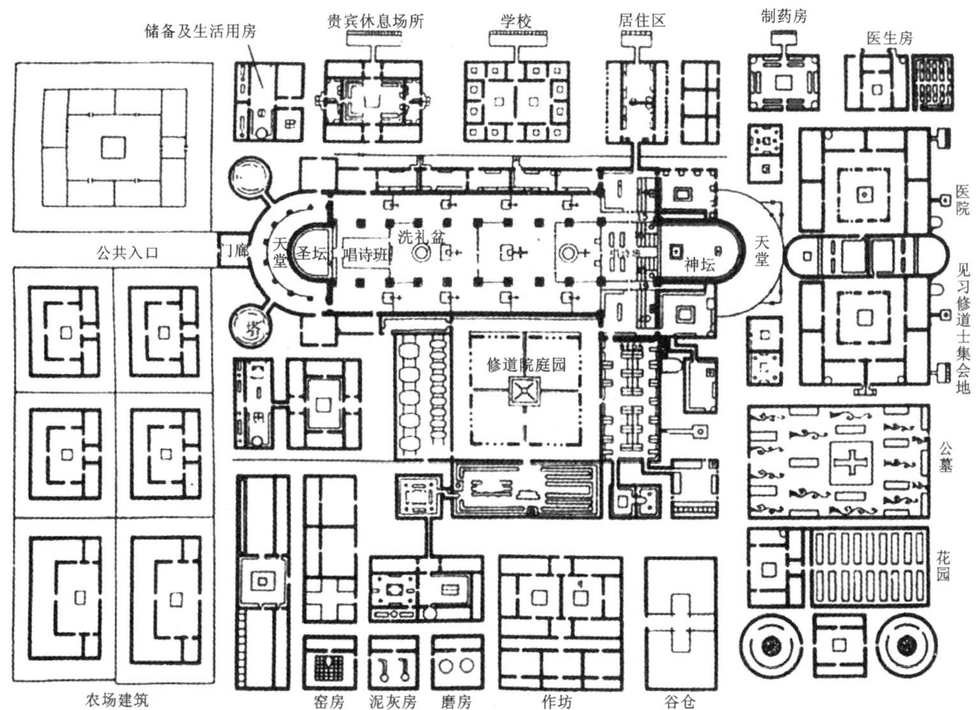

图 17-1　圣·高尔教堂平面图

17-1)的规划中可以了解到当时寺院的概况。

圣·高尔教堂于9世纪初建在瑞士的康斯坦斯湖畔,占地约1.7公顷,内有僧侣们日常生活的一切设施。全院分为三个部分:一是中央部分,为教堂及僧侣用房、院长室等;二是南部及西部,为畜舍、仓库、食堂、厨房、工场、作坊等附属设施;三是东部,为医院、僧房、药草园、菜园、果园及墓地等。中央部分有典型的以建筑围绕的中庭柱廊园,十字形园路当中为水池,周围四块草地。在医院及僧房、客房建筑间也有面积很小的庭园。此外,在医院及医生宿舍附近有药草园,内有12个长条形畦,种植了16种草本药用植物,有的药用植物同时也具有观赏价值。墓地内整齐地种植了15种果树,有苹果、梨、李、花楸、桃、山楂、榛子、胡桃及月桂等,周围有绿篱围绕;墓地以南是排列着18个畦的菜园,其中种植了胡萝卜、荷兰防风草、香草、卷心菜等。

圣·高尔教堂的规划反映出教会自给自足的特征,同时,教会掌握着文化、教育、医疗大权,寺院里有学校、医院、病房、药草园等。在总体规划上功能分区明确,庭园则随其功能而附属于各区,显得井然有序。

除圣·高尔教堂以外,还有英国的坎特伯雷教堂。该教堂于1165年设计,平、立面混合布置,其中水的表现十分明显,有完整的供水系统。教堂中也有与圣·高尔教堂类似的中庭、药草园、菜园及墓地,在主要的中庭内有很大的水池,供养鱼及灌溉用。此外,还有一些保留至今的寺院,其布局还保留着当年的痕迹,著名的有意大利罗马的圣保罗教堂(见图17-2)、西西里岛的蒙雷阿莱修道院以及圣迪夸德寺院等。

图17-2 罗马圣保罗教堂的中庭

另外,当时不同教派的修道院庭园也略有不同,如卡尔特教派戒律最严,要求修道士过孤独、沉默的生活,因此,除中庭外,每一僧侣都有单独的小庭院,这里既是他们个人生活的小天地,又是他们管理花草树木的劳动场所。巴维亚修道院以及佛罗伦萨附近的瓦尔埃玛修道院都有类似的小庭院。

2. 城堡庭园

尽管在寺院庭园中,已经具有装饰性或游乐性花园的胚芽,然而由于基督教提倡禁欲主义,反对追求美观与娱乐,因此装饰性或游乐性花园的胚芽不可能在修道院中找到适合其滋生的土壤，而只能是在王公贵族的庭园中发展壮大了。

在中世纪初期动荡不安的年代中，王公贵族们只有在带有防御工事的府邸中，才会有安全感。从建筑上讲，这是一个塔楼和雉堞墙构成的时代。花园也因而退回到塔楼的脚下，同样，城堡庭园的建造，首先考虑的也是实用，其次才是美观。

中世纪前期，为了便于防守，城堡多建在山顶上，由带有木栅栏的土墙及内外干壕沟围绕，当中以高耸的、带有枪眼的碉堡式中心建筑作为住宅。11 世纪，诺曼人在征服英格兰之后，动乱减少了，石造城墙代替了土墙木栅栏，城堡外有护城河，城堡中心为住宅，仍有防御性。诺曼人喜爱园艺，他们开始在城堡内的空地上布置庭园，但其水平不及当时的寺院庭园。

11 世纪之后，实用性庭园逐渐具有装饰和游乐的性质，十字军东征对这种变化无疑具有一定的影响。去圣地朝拜的骑士们，在拜占庭和耶路撒冷等东方繁华的城市中，感受到东方文化的精致和生活的奢华。他们把东方文化，包括精巧的园林情趣，甚至一些造园植物带回欧洲。12 世纪时，出现了一些有关王公贵族花园的文字记述和绘画作品。

13 世纪法国寓言长诗《玫瑰传奇》，是描述城堡园林最详尽的资料。作者是吉尧姆・德・洛里斯(约公元 1200 年—公元 1240 年)，写于公元 1230 年—公元 1240 年。《玫瑰传奇》的手抄本中还有一些插图，描绘了花园中的欢乐情景，其中一幅名为《奥伊瑟兹将阿芒引进德杜伊果园》。虽然作者只是将园林作为背景，着重描写人们在园中的欢乐情景，但从中仍可以看出园林的布局，果园四周环绕着高墙，墙上只开有一扇小门；以墙及壕沟围绕的庭园里有木格子墙；草地中央有喷泉，水由铜狮口中吐出，落至圆形的水盘中；喷泉周围是纤细的、天鹅绒般的草地，草地上散生着雏菊；园内还有修剪过的果树及花坛，处处有流水带来的欢快气氛；此外，还有一些小动物，更增添了田园牧歌式的情趣(见图 17-3)。

图 17-3 《玫瑰传奇》插图

13 世纪之后，由于战乱逐渐平息和受东方的影响，享乐思想不断增强。城堡的结构也发生了显著的变化，它摒弃了以往的形式，代之以更加开敞、适宜居住的宅邸结构。到 14 世纪末，这种变化更为显著，建筑在结构上更为开放，外观上的庄严性也减弱了。而到了 15 世纪末期，这种建筑即使还具有城堡的外观，但却完全是专用住宅了。这时城堡的面积也扩大了，城堡内还有宽敞的厩舍、仓库、供骑马射击的赛场、果园及装饰性花园等。四角带有塔楼的建筑围合出方形或矩形庭院，城堡外围仍有城墙和护城河。城堡的入口处架桥，易于防守。庭园的位置也不再局限于城堡之内，而是扩展到城堡周围，但是庭园与城堡仍然保持着直接的联系。法国的比尤里城堡和蒙塔尔吉斯城堡（见图 17-4）是这一时期比较有代表性的城堡庭园。

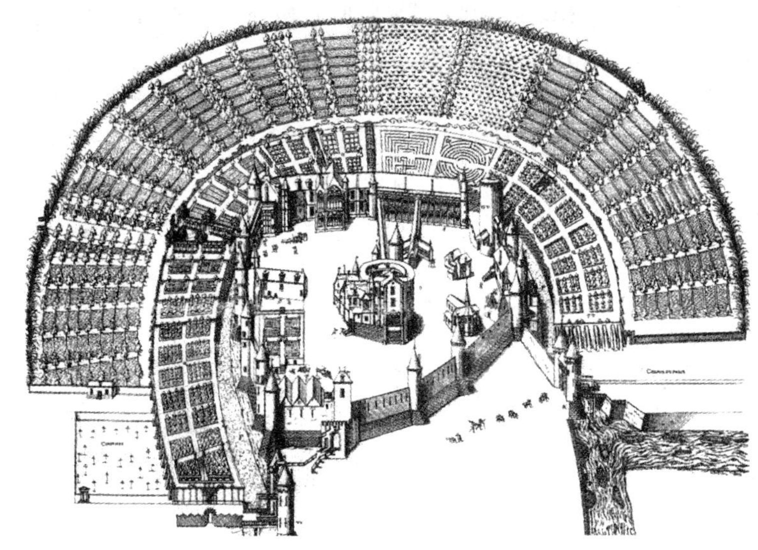

图 17-4　蒙塔尔吉斯城堡与花园

图 17-5　花架式亭廊

各种史料反映出的中世纪城堡庭园布局简单，由栅栏或矮墙围护，与外界缺乏联系。除了方格形的花台之外，最重要的造园元素就是一种三面开敞的龛座了，上面铺着草皮，用作坐凳。偶尔可以看到小格栅，或者凉亭（见图 17-5）。泉池是不可或缺的，它使园中充满欢快的气氛。树木修剪成各种几何形状，与古罗马的植物造型相似。庭园面积不大，却很精致。在较大的庭园中设有水池，放养鱼和天鹅。最奢侈的庭园中设有鸟笼，孔雀和园主一起在园中悠闲地走动。

当时一般居民的住宅很小，但都喜欢在园中种植芳香植物。比较富裕的家庭园子稍大，有一两千平方米，常种有庭荫树。达官显贵的庭园达 1 公顷以上，但与寺院园林相比，规模仍是很小的。英、法之间的百年战争(公元1337年—公元1453年)虽长达一百多年，但并非无间歇，在其间的和平时期，人们仍忙于生活享受。同时，人们还往往利用战时堆放武器和军粮的空地，建造以植物为主的庭园。有时在过去的壕沟处排干水，建造花坛。当然，这是中世纪后期的情况了。

三、中世纪欧洲园林特征

中世纪的欧洲园林，无论是寺院庭园还是城堡庭园，开始都是以实用性为主的。随着时局趋于稳定和生产力的不断发展，园中的装饰性和娱乐性也日益增强。如有的果园中逐渐增加了其他种类的树木，铺设草地，种植花卉，并设置了凉亭、喷泉、座椅等设施，形成了一种游乐园(garden of pleasure)类型的园林。

1. 迷园

迷园(见图17-6)是这一时期比较流行的园林。有的用大理石铺路，有的用草皮铺路，以修剪的绿篱围在道路两侧，形成图案复杂的通道。英王亨利二世曾在牛津附近建了一个迷园，中心部分是用蔷薇覆盖着的凉亭。在欧洲其他城堡园林中也常见迷园的设置。

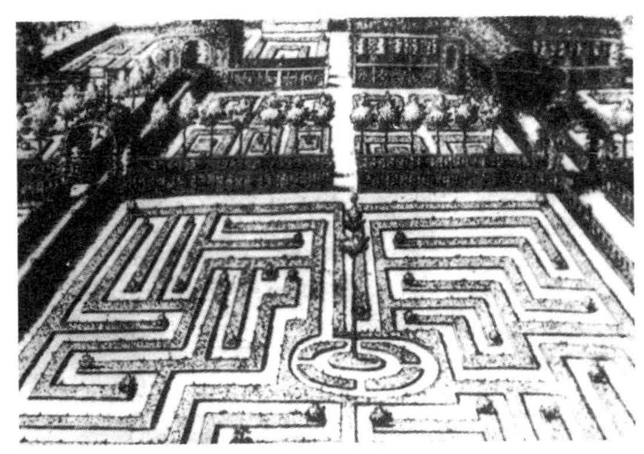

图17-6 迷园

2. 结园(knot garden)

结园是一种用低矮绿篱组成图案的花坛。图案或是几何图形，或是鸟兽形象及徽章纹样，在其空隙中填充了各种颜色的碎石、土、碎砖等，这种类型的花坛称为开放型结园；如果在空隙中种植色彩艳丽的花卉，则叫作封闭型结园。

3. 花草园

花草园原为城堡附近过去用以种植蔬菜的畦，后来也开始种植花卉了。种植花卉是为了采摘花朵，所以并不密集，以后则种植密度越来越高，类似近代的花坛。这类花坛所强调的已不是单枝花朵的形状、色彩，而是注重其整体效果了，并且畦的形状也由原来的长条形发展成矩形、方形、圆形、多边形等。起初的花坛一般高出地面，周围以木条、瓦片或砖块镶边，以后则与地面平齐，常设置在墙前或广场上。

4. 猎园

当时的德国和法国贵族们还效仿波斯的习俗，建造猎园，在大片的土地上围以墙垣，内种树木，放养猎物于其中，但无大型野兽，只有鹿、兔及一些鸟类，供贵族们闲暇时狩猎游乐。比较著名的有德国国王腓特烈一世于1161年建的猎园。

第二节　西班牙的伊斯兰园林

一、西班牙概况

当西欧各国在基督教的统治下，文化艺术处于停滞阶段之时，比利牛斯山南部的伊比利亚半岛上，却有着迥然不同的形势。早在古希腊时期，这里就生活着来自希腊的移民。在后来的罗马帝国统治时期，这里又成了罗马的属地。8世纪初，信奉伊斯兰教的摩尔人侵入伊比利亚半岛，平定了半岛的大部分地区。摩尔人大力移植西亚文化，尤其是波斯、叙利亚伊斯兰文化，在建筑与园林上，创造了富有东方情趣的西班牙伊斯兰样式。

从中世纪开始，直到15世纪，西班牙陷于天主教军队和摩尔人的割据战争中（史称收复失地运动，即西班牙人和葡萄牙人驱逐阿拉伯人，收复失地的斗争）。尽管如此，在这漫长的700多年间，摩尔人在伊比利亚半岛的南部仍然创造了高度的人类文明。当时的都城科尔多瓦人口高达100万，是当时欧洲规模最大、文明程度最高的城市之一。在科尔多瓦和其他一些城市里，摩尔人建造了许多宏伟壮丽、带有强烈伊斯兰艺术色彩的清真寺、宫殿和园林，可惜留下来的遗迹并不多。1492年，信奉天主教的西班牙人攻占了阿拉伯人在伊比利亚半岛上的最后一个据点，建立了西班牙王国。

二、西班牙伊斯兰园林实例

1. 阿尔罕布拉宫苑(Alhambra Palace)

格拉纳达是西班牙南部安达鲁西亚地区的一个古城，位于内达华山脚下接近大平原的地方，摩尔人于10世纪建造的这座城市，在摩尔王朝中始终具有重要的地位和作用。阿尔罕布拉宫就建造在这里一座海拔700多米的山丘上。

阿尔罕布拉宫（见图17-7）的阿拉伯文原意为红宫，因宫墙为红土夯成以及周围山丘亦是红土之故。它原是摩尔人作为要塞的城堡，建成之后，其神秘而壮丽的气质无与伦比，成为伊斯兰建筑艺术在西班牙最典型的代表作，也是格拉纳达城的象征。

1238年，驻守阿尔卡萨巴的摩尔贵族伊班·阿玛，即穆罕默德一世（公元1238年—公元1273年），率军打败对手，以格拉纳达为都城，建立那斯雷德王朝（Nasrid Dynasty）。13世纪中叶，北方的天主教军队逼近格拉纳达，摩尔国王与天主教国王达成协议，成为其名义上的封国，由此换来了长期的繁荣发展时期，并为南方地区带来大量的财富。1248年，开始在阿尔罕布拉山上大兴土木，渐渐形成一个规模巨大

图 17-7 阿尔罕布拉宫鸟瞰图

的宫城，面积达 130 公顷，外围有长达 4 千米的环形城墙和 30 个坚固的城堡要塞。

100 年后，尤塞大一世(公元 1325 年—公元 1354 年)和其子穆罕默德五世(公元 1354 年—公元 1391 年)建成了宫城中的核心部分——桃金娘宫和狮子宫庭院，以及无数华丽的厅堂、宫殿、庭园等，最终形成了极其华丽的阿尔罕布拉宫苑。

1492 年，斐迪南德二世(公元 1452 年—公元 1516 年)收复格拉纳达，他和他的后继者们认识到，被征服民族所创造的高度文明也会对征服者的文化艺术产生有益的影响。因此，他们并没有将摩尔人完全从西班牙赶走，也没有改变阿尔罕布拉宫原有的建筑，只是在格拉纳达城及阿尔罕布拉宫中另建了文艺复兴风格的宫殿。

拿破仑(公元 1769 年—公元 1821 年)征服欧洲之际，法国军队曾驻扎在阿尔罕布拉。他们也在阿尔罕布拉宫的花园中，增添了一些具有明显法国风格的景物。

阿尔罕布拉宫由四个帕提奥庭园和一个台地园组成。西班牙人将阿拉伯伊斯兰式天堂花园和中世纪回廊园相结合所形成的园林，称为"帕提奥式"，意为带有庭园的天井。帕提奥的布局特点是：第一，以建筑和围墙围合成的矩形庭园，建筑多为带拱廊的阿拉伯式，装饰精巧；第二，位于中庭的中轴线上，由矩形或条形水渠构成，池中设有喷泉；第三，在水景与周围建筑之间，配以丰茂的树木，使庭园绿意盎然；第四，周围建筑多为居住之所，形成"院中院"的形式。

桃金娘宫庭院(Patio dc los Arrayanes)(见图 17-8)建于 1350 年，是一个极其简洁的，东西宽 33 米、南北长 47 米，近似黄金分割比的矩形庭院。中央有宽 7 米、长 45 米的大水池，水面几乎占据了庭院面积的 1/4。两边各有 3 米宽的整形灌木桃金娘种植带。庭院的东西两面是较低的住房，与南北两端的柱廊连接，构图简洁明快。

图 17-8　阿尔罕布拉宫的桃金娘庭院及主要庭院分布

1—桃金娘院；2—狮子院；3—林达拉杰院；4—帕托花园；5—柏木庭院

南面的柱廊为双层，原为宫殿的主入口，从拱形门券中可以看到庭院全貌。北面有单层柱廊，其后是高耸的科玛雷斯塔。池水紧贴地面，显得开阔而又亲切。平静的水面，使四周的建筑及柱廊的倒影十分清晰。水池南北两端各有一小喷泉，与池水形成静与动、竖向与平面、精致与简洁的对比。两排修剪整齐的桃金娘篱，为建筑气氛很浓的院子增添了一些自然气息，其规整的造型与庭院空间又很协调。桃金娘宫庭院虽由建筑环绕，却不感到封闭，在总体上显得简洁、幽雅、端庄而宁静，充满空灵之感。

狮子宫庭院是阿尔罕布拉宫中的第二大庭院，也是最精致的一个，建于 1377 年。庭院东西长 29 米、南北宽 16 米，四周有 124 根大理石柱形成的回廊，东西两端柱廊的中央向院内凸出，构成纵轴上的两个方亭。这些林立的柱子，给深入其境的游人以进入椰林之感，复杂精美的拱券上的透雕则恰似椰树的叶子一般。十字形的水渠将庭院四等分，交点上有著名的狮子喷泉，中心是圆形承水盘及向上的喷水，四周围绕着 12 座石狮，由狮口向外喷水，象征沙漠中的绿洲。

柏木庭院建造于 16 世纪中期，是边长只有十多米的近方形庭院，空间小巧玲珑。北面有轻巧而上层空透的过廊，由此可以观赏到周围的美景，另外三面则是简洁的墙面。庭中植物种植十分精简，在黑白卵石镶嵌成图案的铺装地上，只有四角耸立着 4

株高大的意大利柏木，中央是八角形的盘式涌泉。

林达拉杰院原为女眷的内庭，四周有建筑环绕，院中原为规则式种植的意大利柏木和柑橘，现已成为自然散生的了，其中心的喷泉则可能是文艺复兴时期重建的。在宫殿的东面，还有古树和水池相映的花园，一直延伸到地势较高的夏宫。这里有着花草树木及回廊凉亭，曾是历代摩尔国王避暑度夏之处。

阿尔罕布拉宫不以宏大雄伟取胜，而以曲折有致的庭院空间见长。狭小的过道串联着一个个或宽敞华丽、或幽静质朴的庭院。穿堂而过时，无法预见到下一个空间，给人以悬念与惊喜。在庭院造景中，水的作用突出，从内华达山古老的输水管引来的雪水，遍布阿尔罕布拉宫，有着丰富的动静变化。而精细的墙面装饰，又为庭院空间带来华丽的气质。

2. 格内拉里弗花园(Generalife Gardens)

格内拉里弗花园(见图 17-9)建造在格拉纳达城的一处称为塞洛·德尔·索尔(Cerro del Sol)的山坡上，它与其西南面的阿尔罕布拉宫隔着一条山谷相对而立。这里原有格拉纳达最早的伊斯兰国王建造的宫廷花园，1319 年由阿布尔·瓦利德扩建，作为他的夏宫。

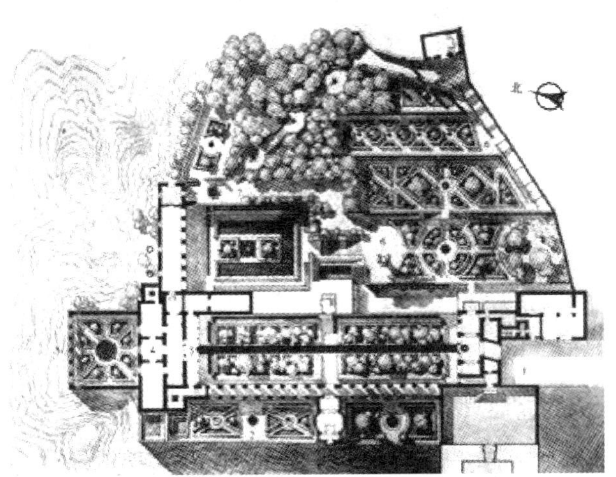

图 17-9 格内拉里弗花园平面

格内拉里弗花园是西班牙最美的花园，无疑也是欧洲乃至世界上最美的花园之一。它的规模并不大，采用典型的伊斯兰园林的布局手法，而且在一定程度上具有文艺复兴时期意大利园林的特征。庄园的建造充分利用了原有地形，将山坡辟成 7 个台层，依山势而下，在台层上又划分了若干个主题不同的空间。在水体处理上，将斯拉德尔·摩洛河水引入园中，形成大量的水景，从而使花园充满欢快的水声。它已拥有大型庄园必需的大多数要素，如花坛、水景、秘园、丛林等。

沿着一条两墙夹峙、长 300 多米的柏木林荫道，即可进入园中。在建筑门厅和拱廊之后，便是园中的主庭园——水渠中庭。此庭由三面建筑和一面拱廊围合而成。

中央有一条长40米、宽不足2米的狭长水渠纵贯全庭，水渠两边各有一排细长的喷泉，水柱在空中形成拱架，然后落入水渠中(见图17-10)。水渠两端又各有一座莲花状喷泉。当年庭园内的种植以意大利柏木为主，现在水渠两侧布满了花丛。

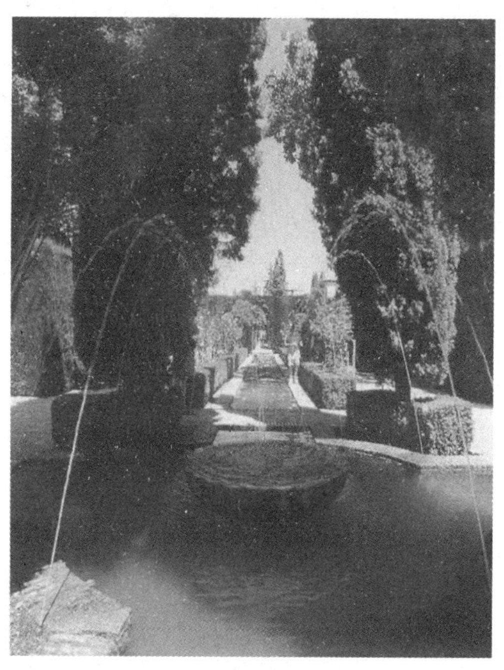

图17-10　格内拉里弗花园的狭长水池

从水渠中庭西面的拱廊中，可以看到西南方150米开外的阿尔罕布拉宫的高塔。拱廊下方的底层台地，是以黄杨矮篱组成图案的绿丛植坛，中间有礼拜堂将其分为两块。水渠中庭的北面也有精巧的拱廊，后面是十分简朴的府邸建筑，从窗户中也可以欣赏到西面的阿尔罕布拉宫。府邸的地势较高，其下方低几米处有方形小花园，四周围合着开有拱窗的高墙。这是一块面积仅100多平方米的蔷薇园，有米字形的甬道，中心是一个圆形大喷泉。

府邸前庭东侧的秘园是一个围以高墙的庭院，这里布局非常奇特，一条2米多宽的水渠呈U形布置，中央围合出矩形“半岛”。“半岛”中间还有一个方形水池。与水渠中庭一样，U形水渠的两岸也有排列整齐的喷泉，细水柱呈拱状流入水渠中。两个庭院的水渠是互相连接的。方形水池两边是灌木及黄杨植坛，靠墙种有高大的柏木，使庭园既有高贵的气质，又有一种略带忧伤的肃穆感。

南面的花园是由层层叠叠的窄长条形花坛台地，许多欢快的泉池形成的阴凉湿润的小环境。小空间的布局方式及色彩绚丽的马赛克碎砾铺地，都是典型的伊斯兰风格。顶层台地上方有一座白色望楼，居高临下眺望远处景色。台地花园的南北两端各有一条蹬道联系上下，可与望楼相接。

格内拉里弗花园空间丰富，景物多变，尽管没有华丽的饰物及高贵的造园材料，甚至做工显得粗糙，但其成功之处在于细腻的空间处理手法以及具有特色的景物。虽然只是由几个台层组成，但是各空间均有其特色，既具独立性，在构图上也很完整。以柱廊、漏窗、门洞以及植物组成的框景等，使各空间相互渗透，彼此联系。园中水景也多种多样，犹如人体的血液一般遍布全园，起到统一园景的效果。

三、西班牙伊斯兰园林特征

西班牙伊斯兰园林就是指在今日的西班牙境内，由摩尔人创造的伊斯兰风格的园林，又称摩尔式园林。摩尔式园林在中世纪曾盛极一时，其水平大大超越了当时欧洲其他国家的园林，而且对后世欧洲园林也有一定的影响。

早期的阿拉伯人常年生活在气候干燥、炎热的沙漠地带，水是非常珍贵的，尤其在炎热干旱的夏季，水给人带来极大的享受。因此，水就成为伊斯兰园林中最重要的造园要素了。水不仅使得植物生长茂盛，而且还可以形成各种水景。由于园林面积不大，往往采用盘式涌泉的方式，水池之间则以狭窄的明渠连接。

布局方面，庭园虽面积较小，但以建筑围合的中庭与人的尺度非常协调。庭园大多呈矩形，常以十字形的园路将庭园分成四块，并在园路上设有小沟渠，或者以此为基础，再分出更多的几何形状。

园林常由一系列的小型封闭院落组成，院落之间有小门相通，有时也可通过隔墙上的栅格和花窗隐约看到相邻的院落。园内的装饰物很少，仅限于小水盆和几条坐凳，体量与所在空间相适宜。每个庭园的树木尽可能用相同的树种，以便获得稳定的构图。园中的植物更偏重人工图案的效果，因为它们更能表达出人的意愿。所以，西班牙园中更多的是黄杨组成的植坛。

早在 8 世纪时，阿卜德・拉赫曼一世（公元 750 年—公元 788 年）就以其祖父在大马士革的园林为蓝本，在首都科尔多瓦造园。他还派人从印度、土耳其和叙利亚引种植物，如石榴、黄蔷薇、茉莉等都是当时引进的。他的后继者们也像他那样热衷于造园。因此，到 10 世纪时，科尔多瓦的花园曾多达 5000 个，如繁星一般点缀在城市内外。

当时的人们还从罗马人遗留下来的庄园中借鉴其结构、材料及做法，有些庄园的建筑材料直接来自古罗马的建筑物。受古罗马人的影响，他们也把庄园建在山坡上，将斜坡辟成一系列的台地，围以高墙，形成封闭的空间。在墙内往往布置交叉或平行的运河、水渠等，以水体来分割园林空间，运河中还有喷泉。笔直的道路尽端常常设置亭或其他建筑。有时在墙面上开有装饰性的漏窗，墙外的景色可以收入窗中，这与我国清代李渔（公元 1610 年—公元 1680 年）创造的无心画十分相似。伊斯兰园林中的道路常用有色的小石子或马赛克铺装，组成漂亮的装饰图形，酷似中国园林中的花街。园中地面除留下几块矩形的种植床以外，所有地面以及垂直的墙面、栏杆、坐凳、池壁等面上都用鲜艳的陶瓷马赛克镶铺，显得十分华丽。

小　结

中世纪欧洲的生产力发展得十分缓慢，园林建设基本处于停滞甚至衰退的状态。在西欧，只有在当时的权利与财富的集中地，也就是教会和贵族的城堡，才有可能进行一些建设。早期的教会园林和城堡园林大多是实用性的，后期才发展为具有游娱内容的园林。这些园林的布局也比较简单，大多以规则形式的四分园为蓝本。在中世纪的后期，园林的布局变得较为丰富，园林小品也多了起来，特别是水池、剪形植物、雕像、龛座等更加富于装饰性，这表明了园林游娱作用的加强。

西班牙地区的园林是中世纪时期阿拉伯文化西扩的遗迹。以阿尔罕布拉宫为代表的欧洲伊斯兰园林，布局上具有鲜明的波斯园林的特点，但在建造技术、材料使用以及对地形的处理方面，借鉴了古罗马的结构、技术与做法。在园林的装饰方面，运用鲜艳的陶瓷马赛克镶铺和细密画的形式，具有浓郁的阿拉伯情调。

【思考和练习】

1. 欧洲中世纪园林的类型及各自特征有哪些？
2. 说说欧洲的伊斯兰园林与印度伊斯兰园林的异同。

第十八章　文艺复兴时期的园林

第一节　历史文化与时代背景

文艺复兴是14—16世纪欧洲的新兴资产阶级思想文化运动，开始于意大利，后扩大到德、法、英、荷等欧洲国家。公元14、15世纪是文艺复兴早期，16世纪为极盛期，16世纪末走向衰落。

当时意大利威尼斯、热那亚、佛罗伦萨有商船和北非、君士坦丁堡、小亚细亚、黑海沿岸进行贸易。政权为大银行家、大商人、工场主等把持。在14、15世纪，城市新兴的资产阶级为了维护与发展其政治、经济利益，要求在意识形态领域里反对教会精神、封建文化，开始提倡古典文化，研究古希腊和罗马的哲学、文学、艺术等，利用其反映人肯定人生的倾向，来反对中世纪的封建神学，发展资本主义思想意识。意大利城市一时学术繁荣，再现了古典文化，并借以发挥，所以将此文化运动称为文艺复兴。这正是资本主义文化的兴起，而不是奴隶制文化的复活。文艺复兴的这种思想是人文主义。

人文主义与以神为中心的封建思想相对立，它肯定人是生活的创造者和享受者，要求发挥人的才智，对现实生活持积极态度。这一指导思想反映在文学、科学、音乐、艺术、建筑、园林等各个方面。

文艺复兴首先发生于现在的意大利，一方面是历史的渊源，一方面是经济发展的需要。虽然当时意大利还是由一些分散的、独立的城市组成，尚未形成统一的国家，但是，由于海上交通和贸易比较发达，工商业发展迅速，意大利已成为当时欧洲最富裕、最先进的地方，其中佛罗伦萨最为繁荣，此外，经营航运和贸易的港口城市威尼斯、热那亚也比较发达。在佛罗伦萨，出现了以毛织、银行、布匹加工业等为主的七大行会，它们不仅控制佛罗伦萨的经济，也直接掌握城市政权，贵族被剥夺参政权，广大工人处于无权地位，在这种政治、经济背景下，佛罗伦萨成为意大利乃至整个欧洲的文艺复兴发源地和最大中心。

佛罗伦萨堪称文艺复兴运动的发祥地。14世纪初期，这座以毛纺织业为主的工业城市繁荣起来。在以其为中心的托斯卡纳一带，新兴资产阶级的阵营不断发展壮大，在他们之中，美第奇家族脱颖而出。这个家族在14世纪末期就出现在佛罗伦萨市，以后家道渐盛并进入了市政机构，不久又以君主的姿态荣登统治地位。这个家族中的柯西莫·德·美第奇和他的孙子洛伦佐尤对艺术情有独钟，他们将众多著名学者和艺术家聚集在一起探讨艺术问题。之后，美第奇家族中又相继出现酷爱并保护艺术的人，因此在整个15世纪，佛罗伦萨一跃成为学者、文人、美术家们的活动中心，并且，在受到美第奇家族庇护的学者、艺术家中，涌现出不少倡导文艺复兴运动的人文主义者。

这些新兴的资产阶级为了反映自身的利益和要求，便以复兴古希腊、古罗马文化为名，提出了人文主义思想体系。他们推崇古人，尊重人性，渴望具有古代先贤那样的完美人格。在中世纪，人文主义者主张把人类从神这一绝对权威的束缚中解救出来，使他们获得自由，不仅如此，人文主义者们还发现了大自然的多姿多彩和观察大自然的正确方法，即观赏大自然本身的美，通过对真正的大自然的心领神会来唤起人们的田园情趣，并且，为了满足这种田园情趣，人们自然而然地需要别墅生活。佛罗伦萨郊外风景宜人，土地肥沃，正是充满了田野情趣的绝妙场所，所以，富裕的居民们接踵而来，一幢幢别墅拔地而起。与此相应，人们对园艺的兴趣也不断高涨，他们热切期望着进一步深化自己的园艺知识。文艺复兴还刺激了拉丁文学的复兴，通过阅读古罗马人的园艺著作来汲取拉丁文学知识，这在意大利人中已蔚然成风。人们对瓦罗、科隆梅拉等人所著的园艺著作、小普林尼的书信和维吉尔的《田园诗》爱不释手。这些书籍在赋予他们知识的同时，还唤起了他们对古罗马人别墅生活的憧憬，这更加速了别墅兴造的盛行。在佛罗伦萨，竭力培植人文主义思想的三大文豪——但丁、彼特拉克、薄伽丘，对庭园都怀有非同寻常的爱好。

文艺复兴使西方从此摆脱了中世纪封建制度和教会神权统治的束缚，生产力和精神、文化都得到了解放。在经济上，资本的积累，工商业的发达，新兴资产阶级势力日益发展，为近代资本主义社会打下了基础；在精神文化方面，自然科学的发展动摇了基督教的神学基础，把人和自然从宗教统治中解放出来，而对自然的研究结果又改变了人们对于世界的认识。

文艺的世俗化和对古典文化的继承都标志着这一时代的欧洲文化达到了希腊时代以后的第二高峰，其影响波及各个领域，也开启了欧洲园林的新时代。

第二节　意大利的文艺复兴与园林

根据文艺复兴的初期、中期(鼎盛)、末期(衰落)三个时期，意大利台地园可以相应地分为简洁、丰富、装饰过分(巴洛克)三个阶段。

一、文艺复兴初期意大利与园林

(一)文艺复兴初期意大利园林发展的历史背景

当意大利从中世纪动荡的岁月中走出之际，意大利人希望在古罗马的废墟上重现古代文明。对于古罗马帝国的辉煌人们记忆犹新，而且古罗马的遗迹随处可见。文艺复兴运动使意大利人醉心于古罗马的一切，这也为意大利的园林赋予了新的活力。艺术上的古典主义，成为园林艺术创作的指针，其艺术水平发展到了前所未有的高度。

(二)文艺复兴初期意大利园林发展的地理背景

意大利位于欧洲南部亚平宁半岛上,其境内山地和丘陵占国土面积的80%。阿尔卑斯山脉西至利古里亚海沿岸,东至亚得里亚海,呈弧形绵延于北部边境。亚平宁山脉则出西北向南一直延伸到西西里岛,纵贯整个亚平宁半岛。北部山区属温带大陆性气候,半岛和岛屿属亚热带地中海气候,雨量较少。夏季在谷地和平原上,既闷又热;而在山丘上,即使只有几十米的海拔高度,情况也迥然不同,白天有凉爽的海风,晚上有来自山林的冷气流。这一地理、地形和气候特点,是意大利台地园形成的重要原因之一。

(三)文艺复兴初期意大利园林发展的权利背景

在佛罗伦萨,新兴的富裕阶层都集中在以佛罗伦萨为中心的托斯卡纳地区,他们掌握了政权,进而建立了独立的城市国家。当时佛罗伦萨最有影响力的是美第奇家族,家族中最有名望的是柯西莫·德·美第奇(Cosimo de Medici,公元1389年—公元1464年)和柯西莫的孙子洛伦佐·德·美第奇(Lorenzo de Medici,约公元1449年—公元1492年)。

柯西莫是佛罗伦萨无冕王朝的创建者,由他开始了美第奇家族对佛罗伦萨的统治。洛伦佐21岁时成为佛罗伦萨的统治者,他既是政治家,又是文学艺术的保护人,也是极有天赋的诗人。15世纪下半叶,他在卡雷吉、菲埃索罗和波吉奥·阿·卡亚诺的别墅里建立了"柏拉图学园",还在圣马可的私人花园中设立了"雕塑学校",正是在这里,洛伦佐见到了当时只有15岁的米开朗基罗(Michelangelo Buonarroti,公元1475年—公元1564年),并将其带去抚养。在洛伦佐的支持、鼓励之下,佛罗伦萨集中了一大批文学家、艺术家,艺术创作空前繁荣。

(四)文艺复兴初期意大利园林发展的文学影响

这一时期,以瓦罗、科隆梅拉、加图等人所著的古罗马园艺著作为准绳,并加入了作者自己观察与主张的园艺书籍不断问世。佛罗伦萨的富豪们以罗马人的后裔自居,醉心于罗马的一切,欣赏西塞罗所提倡的乡间别墅生活,追求田园生活情趣,大兴土木,建造别墅和花园。因此也引起了对园艺学的兴趣和研究,希望从古罗马的著作中获得有关的知识。除翻译、研究古代书籍外,13世纪末,博洛尼亚的法学家克雷巾齐用拉丁文写过一本庭园指导书,1471年出版后曾译成意、法、德文。书中按园主身份及园的规模把花园分成三种类型,还附有具体的方案,并以王公贵族的花园为重点作了介绍。他认为,花园面积以1.3公顷左右为宜,应设围墙。在庭园的南面设置美丽的宫殿,构成一个有花坛、果树、鱼池的舒适的居住环境。庭园的北面种植密林,这样既可造成绿树浓阴,又可使庭园免受暴风的袭击。

(五)文艺复兴初期意大利园林发展的历史人物影响

作为人文主义思想启蒙者的三大杰出人物,但丁、薄伽丘和彼特拉克(Fralicesc Petrarca,公元1304年—公元1374年)对园林艺术都有深切的爱好。

公元1300年左右，但丁在菲埃索罗的圣梅尼戈拥有一座别墅（现称为"邦地别墅"）。遗憾的是，这座别墅在15世纪时曾经改修，其中的庭园几乎面目全非，令人无法从中窥见诗人的庭园情趣。

薄伽丘在《十日谈》中以佛罗伦萨周围的华丽别墅为背景，记述了佛罗伦萨人愉快的生活。书中介绍了一些别墅建筑和花园，园中有蔓生植物和蔷薇、茉莉等芳香植物，以及许多花草；草地上有大理石水盘和雕塑喷泉，水盘中溢出的水由沟渠引至园中各处，再汇集起来，落入山谷之中。《十日谈》中的故事都发生在这些环境优美的别墅园林之中，景色的描写都是写实性的，如第一日序中出现的就是波吉奥别墅（Villa Poggio Gherardo），第三日序中叙述的是帕尔梅里别墅（Villa Palmieri）。

人文主义运动先驱者彼特拉克也是著名的庭园爱好者，他不但在法国的倭克尤利兹造有别墅，而且别墅中还建有阿波罗庭园和巴克斯庭园。阿波罗庭园寄托着主人对天空、山川的冥想，巴克斯庭园则使他安享晚年，总之，这是两个洋溢着诗人随想的庭园，反映了诗人追求山水、愉悦晚年的心境。在《彼特拉克信笺》中，诗人自己对这个别墅赞不绝口。此外，彼特拉克还在尤加内昂山腹地一带的阿尔库瓦村建了间小别墅，将它作为晚年的住所。据说，诗人在这优雅迷人、一尘不染的地方度过了无忧无虑的时光。彼特拉克被人们称为园林的实践者。到15世纪，建筑师阿尔伯蒂在《Del Govomo della Familia》一书中赞美了别墅生活。在1434年出版的《De Architecture》中，他论述了其理想的园林模式。

（六）阿尔伯蒂的园林设想

①在一个正方形庭园中，以直线将其分为几个部分，并将这些小区造成草坪地，用长方形密生团状的剪枝造型黄杨、夹竹桃及月桂等围植在它们的边缘。

②树木不论是一行还是三行，均须种成直线形。

③在园路的尽端，将月桂树、西洋杉、杜松编织成古雅的凉亭。

④沿园路而造的平顶绿廊支撑在爬满藤蔓的圆石柱上，为园路造成一片绿阴。

⑤在园路上点缀石或者陶制的花瓶。

⑥用黄杨树种植拼出主人的名字。

⑦每隔一定距离就将树篱修剪成壁龛形式，其内安放雕塑品，下置大理石坐凳。

⑧在中央园路的相交处建造月桂树造型的祈祷堂。

⑨祈祷堂附近设迷园，旁边建造缠绕着大马士革草、玫瑰藤蔓的拱形绿廊。

⑩在流水潺潺的山腰筑造凝灰岩的洞窟，并在其对面设置鱼池、草地、果园、菜园。

第一个实施阿尔伯蒂的设想的、在庭园中造出用树木围起来的草坪小区的是秘园，这种形式是从意大利庭园沿袭下来的。阿尔伯蒂主张把庭园与建筑物处理成密切相关的整体。阿尔伯蒂还一反古人所偏爱的厚重感，除背景外，他极少在庭园中采用灰暗的浓阴，从而使庭园获得一种明快感。

（七）文艺复兴初期意大利代表园林

1. 卡斯特洛别墅园(Villa Castello)

卡斯特洛别墅园(见图 18-1)位于佛罗伦萨西北部，是美第奇家族的别墅园，初建于 1537 年，虽实践稍后，但它体现了初期简洁的特点。该园为台地园，建筑在南部低处，北面为三层露台的台地园(见图 18-2)。一层为开阔的花坛喷泉雕像园，二层是柑橘、柠檬、洞穴园，三层是丛林大水池园。整体布局为规则式，中轴线贯穿三层的台地园，也是典型的花木芳香园，带有精美的雕像喷泉(见图 18-3)、秘密喷泉、洞室、动物雕像和大水池等。

图 18-1　卡斯特洛别墅园鸟瞰图

图 18-2　卡斯特洛别墅园台地连接处

图 18-3　卡斯特洛别墅园中心雕像喷泉

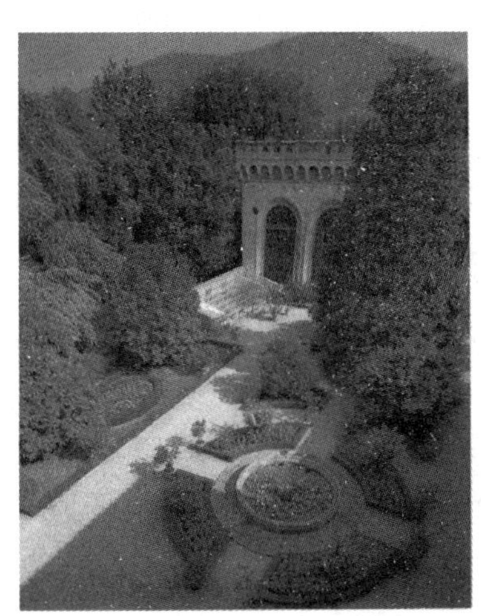
图 18-4　卡雷吉奥庄园府邸前的圆形水池和花坛

2. 卡雷吉奥庄园(Villa Careggio)

卡雷吉奥庄园是美第奇家族所建的第一座庄园,位于佛罗伦萨西北 2 千米处。大约 1417 年,柯西莫请著名建筑师和雕塑家米开罗佐(Michelozzo,公元 1396 年—公元 1472 年)设计了别墅建筑和园林。建筑上保留了中世纪城堡建筑的特色,开窗很小,并有雉堞式屋顶,具有中世纪城堡的外观,除了开敞的走廊外,几乎看不出文艺复兴时期的建筑特点。别墅建筑虽然建造在平地上,但是由此仍可欣赏到托斯卡纳一带美丽的田园风光。庭园在建筑的正面展开,园内有花坛、水池、瓶饰和凉亭(见图 18-4),亭周围绕着绿廊和修剪的黄杨绿篱,亭中设置座椅,规划整齐对称。庄园中还有果园,其他植物种类也很多,不过大多是以后逐渐增植的。

3. 卡法吉奥罗庄园 (Villa Cafaggiolo)

卡法吉奥罗庄园(见图 18-5)位于佛罗伦萨以北 18 千米处,建造在山谷间,它也是由柯西莫委托建筑师米开罗佐设计的。别墅建筑周围还保留着壕沟与吊桥,完全是中世纪城堡建筑的风格,建筑物在 19 世纪经过改造。主庭园坐落在别墅建筑的背面,周围有园墙围绕,园路尽端安置了园林建筑,从建筑内可看到家族的领地。

图 18-5　卡法吉奥罗庄园鸟瞰图

4. 菲埃索罗的美第奇庄园 (Villa Medici at Fiesole)

菲埃索罗的美第奇庄园是米开罗佐为柯西莫之子乔万尼(Giovanni de Medici)建造的一个乡间别墅,也是至今保留比较完好的文艺复兴初期的庄园之一。庄园位于菲埃索罗丘陵中一个朝阳的山坡上,建于 1458—1462 年间,顺山势将园地辟为不同高程的三层台地(见图 18-6)。建筑设在最高台层的西部,这里视野开阔,可以远眺周围风景。由于地势所限,各台层均呈狭长带状,上、下两层稍宽,当中一层更为狭窄。这种地形是极不利于庄园的规划设计的。

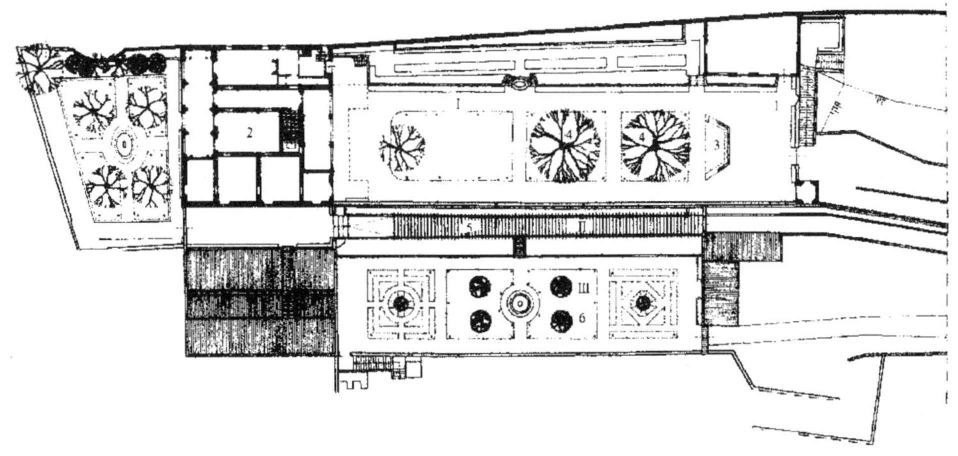

图 18-6　美第奇庄园平面图

为了方便与外界联系，庄园入口设在上台层的东部，入口后，在小广场的西侧设置了半面八角形的水池。广场后的道路分设在两侧，当中为绿阴浓郁的树畦，既作为水池的背景，又使广场在空间上具有完整性。树畦后为相对开阔的草坪，角隅点缀着栽种在大型陶盆中的柑橘类植物，这是文艺复兴时期意大利园林中流行的手法。草坪形成建筑的前庭，当人们走在树畦旁的园路上时，前面的建筑隐约可见；走过树畦后，优美的建筑忽然展现在眼前。上台层的园路分设在两侧，这样可以留出当中比较宽阔而完整的园地。建筑设在西部，但并未建在尽端，其后还有一块后花园，使建筑处在前后庭园包围之中。从建筑内向外看，近处是精致的花园，远处为开阔的风景。后花园形成一个独立而隐蔽的小天地，当中为椭圆形水池，周围为四块绿色植坛，角落里也点缀着盆栽植物(见图18-7)。这种建筑布置手法，减弱了上部台层的狭长感。由入门至建筑长约 80 米，而宽度却不到 20 米，设计者的重要任务就是力求打破园地的狭长感。主要轴线和通道采用顺向布置，依次设有水池广场、树畦、草坪三个局部，空间处理上由明亮(水池广场)到郁闭(树畦)，再由豁然开朗(草坪)到封闭(建筑)，形成一种虚实变化。这样即使在狭长的园地上，人们仍然能够感受到丰富的空间和明暗、色彩的变化。每一空间既具有独立的完整性，相互之间又有联系，并加强了衬托和对比的效果。由建筑的台阶向入口回望，园墙的两侧均有华丽的装饰，映入眼帘的仍是悦目的画面，显示出设计者的匠心。下层台地中心为圆形喷泉水池，内有精美的雕塑及水盘(见图 18-8)，周围有四块长方形的草地，东西两侧为大小相同而图案各异的绿丛植坛。这种植坛往往设置在下层台地，便于由上面台地居高临下欣赏，图案也因此比较清晰。中间台层只是一条 4 米宽的长带，也是联系上、下台层的通道，其上设有覆盖着攀缘植物的棚架，形成一条绿廊。

总之，设计者在这块很不理想的园地上表现出非凡的才能，巧妙地划分空间、组

图 18-7 上台层的草坪和建筑

图 18-8 下台层精美的雕塑与水池结合

织景观，使每一空间显得既简洁，整体上又很丰富，也避免了一般规则式园林容易产生的平板单调、一览无余的弊病。

(八)文艺复兴初期意大利庄园(园林)的特征

意大利文艺复兴初期的庄园多建在佛罗伦萨郊外风景秀丽的丘陵坡地上，选址时比较注重周围环境，要求有可以远眺的前景。园地顺山势辟成多个台层，但各台层相对独立，没有贯穿各台层的中轴线。建筑往往位于最高层以借景园外，建筑风格上尚保留有一些中世纪的痕迹，如窗小、屋顶有雉堞等，不过正面入口处开敞、宽阔的台阶给人以亲切之感。建筑和庭园部分都比较简朴、大方，有很好的比例和尺度。喷泉、水池常作为局部中心，并且与雕塑结合，注重雕塑本身的艺术性。水池形式则比较简洁，理水技巧也不甚复杂。绿丛植坛是常见的装饰，但图案花纹也很简单，多设在下层台地上。

这一时期的人们由于对植物学的兴趣浓厚，引起了对古代植物学著作的研究，同时也开展了对药用植物的研究。在此基础上产生了用于科研的植物园，如威尼斯共和国与帕多瓦(Padua)大学共同创办的帕多瓦植物园和比萨植物园。

帕多瓦植物园，面积 2 公顷，园地呈直径 84 米的圆形，分成 16 个小区，各区又分成许多几何形植床，由一属或一种植物组成。首次引进的植物有凌霄、雪松、刺槐、仙客来、迎春花以及多种竹子等。比萨植物园引种了七叶树、核桃、樟树、日本木瓜、玉兰以及鹅掌楸等。由于帕多瓦植物园和比萨植物园的影响，在佛罗伦萨也相继建了几个植物园，并且波及欧洲其他国家。如1580年德国莱比锡植物园，1587年波兰莱顿植物园，1597年英国伦敦植物园，1635年巴黎植物园。

二、文艺复兴中期意大利与园林

(一)文艺复兴初期意大利园林发展的历史背景

15世纪末，美第奇家族开始衰落，由于法兰西国王查理八世入侵佛罗伦萨，以及英国新兴毛纺织业的兴起，佛罗伦萨的政治、经济受到挑战。这一时期，海外贸易转向大西洋地区，佛罗伦萨失去商业中心的优势，文化与经济支柱受到严重影响，战乱与经济衰败使得大量居民逃离佛罗伦萨。因此，16世纪时经济与政治比较稳定的罗马成为文艺复兴的中心地。

(二)文艺复兴初期意大利园林发展的权力背景

16世纪，罗马成为文艺复兴运动的中心。教皇尤里乌斯二世(Pape Julius Ⅱ，公元1443年—公元1513年)保护人文主义者，提倡发展文化艺术事业。尤里乌斯二世也将当时的艺术巨匠们加以保护并积极利用，从而在罗马出现了文艺复兴时期文化艺术的全盛时代。尤里乌斯二世宣扬教会的光辉和最高权威，而艺术家们的才华就体现在教堂建筑的宏伟壮丽上，如梵蒂冈宫。米开朗基罗、拉斐尔等人正是这一时期离开佛罗伦萨来到罗马的，并在罗马留下了许多不朽的作品。

尤里乌斯二世是一位古代艺术的爱好者，也是古代艺术品的收藏家，在他任教皇期间，就将收集到的艺术珍品集中到梵蒂冈，展示在建造于贝尔威德尼小山冈上的望景楼中。他还委托当时被认为是最有才华的建筑师兼城市规划师多纳托·布拉曼特，将望景楼与梵蒂冈宫连接起来。

(三)文艺复兴初期意大利园林发展的历史人物

布拉曼特幼年学画，后改学建筑，成为著名建筑师，建造了卡斯特罗花园内的优美柱廊，以及罗马圣彼得广场上的喷泉等。在梵蒂冈，他首先建造的是连接梵蒂冈宫与丘陵、坐落在山谷上的两座三层的柱廊。柱廊不仅解决了交通问题，并且形成很好的观景点，从其中一座可以看到山坡上一片郁郁葱葱的林海；而从另一柱廊，近可欣赏梵蒂冈全貌，远可眺望罗马郊外的景色。此外，布拉曼特还在柱廊周围规划了望景楼园。布拉曼特对后来意大利造园的影响是不容低估的。他以罗马为起源点，创造发展起一种平台建筑式造园样式。这是意大利造园史上的一个转变时期，此后的意大利庭园都以建筑式构成为主，即以宽大的平台、连接各层平台的台阶、绘着壁画的凉亭、青铜或大理石的喷泉、古代的雕像等来装点。布拉曼特的作品不久后就成为枢机官、贵族、官吏、商人、学者、艺术家等各个阶层的人们竞相模仿的对象，而且，人们还在作为古罗马别墅区的七座山冈上及城郊大兴土木，建造别墅，此风盛极一时。

继布拉曼特之后，以意大利露台式造园风格而闻名的还有拉斐尔，拉斐尔是文艺复兴盛期最杰出的艺术家之一，他的艺术作品饱含人文主义思想，并赋予这种思想以无比的表现力。除绘画作品外,他还从事建筑甚至挂毯和瓷盘的设计。他为梵蒂冈宫绘制了大型装饰壁画,应教皇列奥十世的要求主持了圣彼得教堂的建造。虽然他去世时年仅 37 岁,却留下了许多不朽的作品。他为朱利奥·德·美第奇(后来的教皇克莱门特七世)建造了玛达玛庄园。拉斐尔是乌尔比诺人,师从佩鲁吉诺学画,后又在佛罗伦萨受到达·芬奇和米开朗基罗的巨大影响。1508 年,25 岁的拉斐尔应聘前往罗马,在那里为尤里乌斯二世供职,并受到列奥十世的宠爱。拉斐尔与同乡布拉曼特交情深厚,还学习了建筑艺术,热衷于古代艺术。年仅 37 岁就辞别人世的拉斐尔留下了不计其数的绘画作品,他设计的玛达玛别墅也出人意料地在文艺复兴造园中起到了重要作用。

当时的人们都为这个别墅设计方案的完美而折服。拉斐尔的朋友、诗人忒贝尔迪奥曾作诗赞美过它,朱利奥·罗马诺也将圆形剧场的景观用作其壁画中的背景。拉斐尔的作品虽然没有按意大利式来完成,但其基本的设计构思却成了以后别墅模仿的榜样,因而对别墅建筑的发展影响甚大。16 世纪前半叶,在其影响下建成的庭园虽然不计其数,但因时局不稳,它们中的大部分都命运不济,或尚未完成,或被荒弃,或被改造。值得注意的是,拉斐尔的影响还波及了北方诸城市。巨星陨落之后两年,即 1522 年,乌尔比诺公爵里切斯科·马利亚效仿法玛达玛庄园,在佩扎罗建造了恩佩利亚别墅的建筑和庭园。与此同时,朱利奥·罗马诺也带着对玛达玛庄园的记忆来到曼图亚,为贡查加公爵建造了德尔忒宫。

总而言之,15 世纪文艺复兴文化是以佛罗伦萨为中心,由美第奇家培育起来的;16 世纪的文艺复兴则是以罗马为中心,由罗马教皇支持和资助的。

(四)文艺复兴中期意大利代表园林

1. 望景楼园(Belvedere Garden)

望景楼园(见图 18-9、图 18-10)的设计者布拉曼特在望景楼园的规划中采取了台地园的形式。园址长 306 米、宽 65 米,规划依地势分成三个台层,两侧为柱廊。为使上层台地更为幽静,并且在空间上更具完整性,柱廊的外侧为墙,内侧为柱,围合成一个封闭的内向空间。与望景楼相连的上层为装饰性花园,尽端中央为高高的半圆形壁龛,也有柱廊环绕,这里是眺望远景的最佳处。十字形道路将台地分成四块,中央有喷泉。下层台地的末端也有半圆形的处理,与上层壁龛遥相呼应。当中为竞技场,两侧亦为柱廊,半圆形部分作为观众席。从下层台地有宽阔的台阶通向中层台地,这里也设有观众席。如果再加上两侧柱廊,总共可容 6 万人。然而,由于开工不久布拉曼特就去世了,因此,只完成了东部柱廊。西部柱廊则是在半个世纪以后的庇护四世时期(Pius Ⅳ),由建筑师利戈里奥完成的。庇护四世喜爱豪华排场,经常在竞技场上举行大型宴会。而之后的庇护五世则厌恶这种奢侈的生活,他改造了竞技场中庭里装饰的河神群像、劳孔群像和阿波罗像等,这些被视为异教的雕塑都被搬到佛罗伦萨去了。

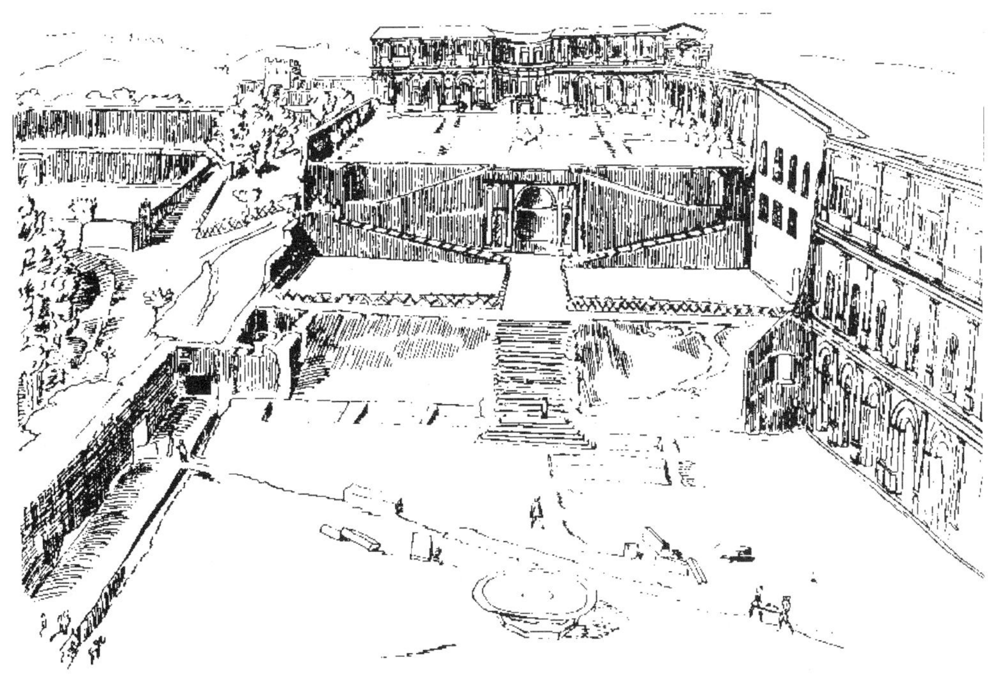

图 18-9　望景楼园鸟瞰图

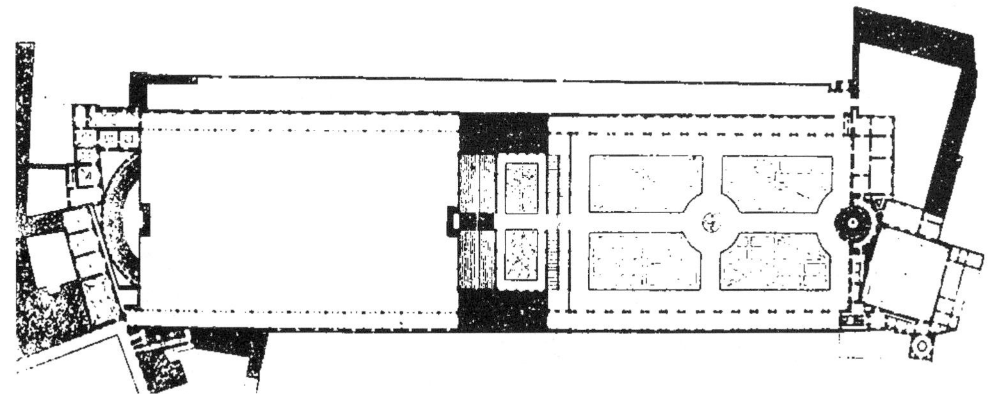

图 18-10　望景楼园平面图

至16世纪末，又在中层台地上建成梵蒂冈图书馆，至此，布拉曼特的杰作已面目全非了。17世纪时，保罗五世在上层的壁龛前建造了3米多高的青铜松果喷泉，据说是仿照了哈德良皇宫前的装饰。以后此园不断有改变，昔日的风貌已荡然无存。

布拉曼特的造园事业虽未完成，但他对意大利园林的影响却是不可磨灭的。在他之后，罗马的主教、贵族、富商们纷纷模仿，竞相在丘陵上建造庄园，造园家们也都以布拉曼特规划的台地园为榜样。因此，可以说布拉曼特是罗马台地园的奠基人，为罗马园林的发展带来了生机。

2. 玛达玛庄园(Villa Madama)

玛达玛庄园是文艺复兴中期意大利台地园的典范，园主是美第奇家族的后裔朱利奥·德·美第奇，即后来的教皇克雷芒七世。他继承了家族对庄园的兴趣，在马里奥的山坡上选了一处水流丰富、风景优美的地方建造庄园。这里地形起伏，又不十分陡峭，并可眺望山下开阔的草地、河流，以及远处的山峦，是造园的理想之地。朱利奥委托艺术大师拉斐尔及其助手、建筑师桑迦洛进行规划。

1516年，拉斐尔在旅行中曾到过梯沃里。他深受哈德良宫苑遗址的启发，想在马里奥山坡上重现此园。在规划布局中，他力图使建筑与园林相互渗透，并按照阿尔贝蒂的观点，在建筑及园林中常常用圆或半圆形的处理方式。拉斐尔去世时，玛达玛庄园尚未建成，由他的助手们继续他未完成的工作。

玛达玛庄园(见图18-11)建于1516年，目前按原状保留下来的只有面对马里奥山的两层台地。入口在上层台地的北端，有高大的墙和门，门旁有两尊巨大的雕像。两个台层靠山坡的一侧都砌有高高的挡土墙，上面各镶嵌着三个壁龛。上层台地的壁龛装饰精美，当中的壁龛内有一大象雕塑，水流从象鼻中吐出，注入下面的水池中，据说这是乌迪内·乔万尼的作品；两侧壁龛中是希腊神话中的创世神和丘比特的雕像。台地上还有长方形的水池，大门外是种植着七叶树和无花果的宽阔大道。从留下的复原图上看，东部共有三个台层，上边的两台层正中由菱形台阶相连，中层为柑橘园，下层较宽敞，为不同图案组成的绿丛植坛，中心为圆形喷泉，尽端有半圆形的突出部分。

图18-11 玛达玛庄园局部

拉斐尔设计的东北部为了适应地形，将园地分成三个台层。上层为方形，中央有亭，周围以绿廊分成小区。中层是与上层面积相等的方形，内套圆形，中央有喷泉。

下层面积稍大，为椭圆形，对称设置了两个喷泉。各台层之间均有宽台阶相连。在拉斐尔的设计中，无论建筑或花园都常用圆形、半圆形、椭圆形构图，使内外相互呼应。同时，他还十分注意花园中各部分与总体之间的比例关系，在变化中寻求统一的构图。

1530 年教皇克雷芒七世回到罗马，让桑迦洛修复庄园。然而，有些部分，如圆形剧场的柱廊等，只能作为废墟保留下来了。1534 年教皇去世后，庄园被一僧侣购买。1538 年，皇帝查理五世的女儿玛达玛·玛格丽塔婚后住在罗马。她十分喜爱这座庄园，便购为己有，以后就称此园为玛达玛庄园了。

拉斐尔的设计意图并未完全实现，但其设计的基本原则在以后却成为典范，影响极大，有不少庄园就是仿玛达玛庄园而建的。可惜的是，由于时局动荡，这一时期的庄园多数未能建成，有的后来又进行了改造，有的则完全荒废了。

3. 兰特庄园(Villa Lante)

兰特庄园(见图 18-12)位于罗马以北 96 千米处的维特尔博城附近的巴涅亚小镇，是 16 世纪中叶所建庄园中保存最完整的一个。

1566 年，当维尼奥拉正在建造法尔奈斯庄园之际，又被红衣主教甘巴拉(Gardinale Gambara)请去建造他的夏季别墅，维尼奥拉也因此园的设计而一举成名。造园用地是维特尔博城捐给主教埃庇科帕尔(Epicopal)的，以后传给甘巴拉，他用了 20 年时间才大体建成了这座庄园。庄园后来又出租给兰特家族，由此得名兰特庄园。

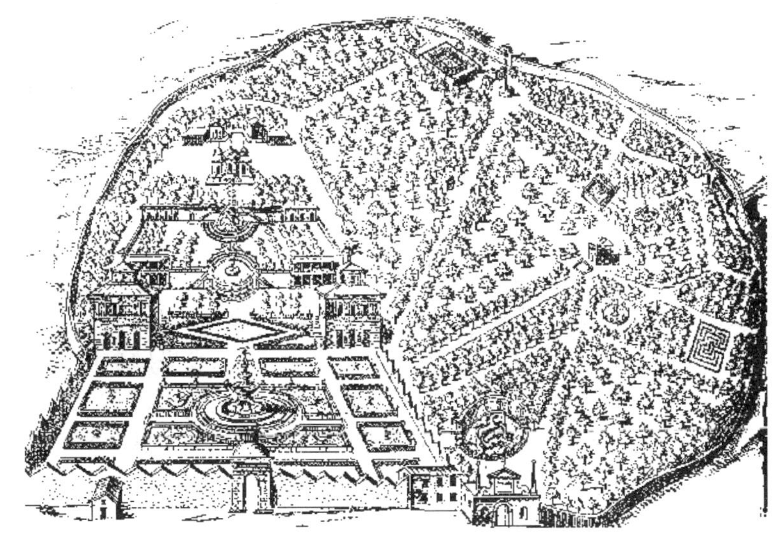

图 18-12　兰特庄园鸟瞰图

庄园坐落在朝北的缓坡上，园地为约 76 米× 244 米的矩形。全园设有四个台层，高差近 5 米。

入口所在的底层台地近似方形，四周有 12 块精致的绿丛植坛，正中是金褐色石块建造的方形水池，十字形园路连接着水池中央的圆形小岛，将方形水池分成四块，其中各有一条小石船。池中的岛上又有圆形泉池，其上有单手托着主教徽章的四青年铜像，徽章顶端是水花四射的巨星。整个台层上无一株大树，完全处于阳光照耀之下。

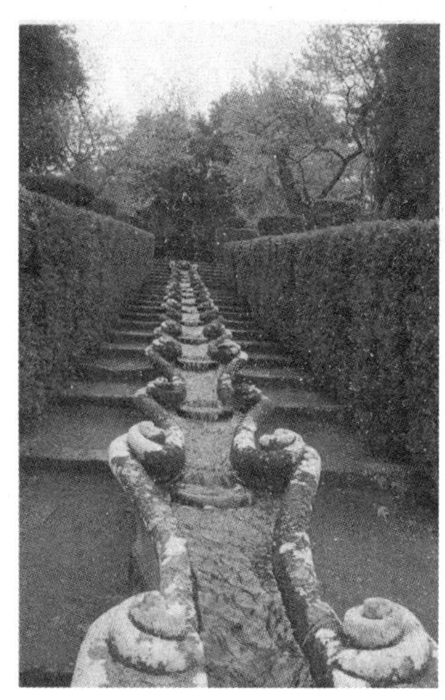

图 18-13　兰特庄园平台间斜面连锁瀑水

第二台层上有两座相同的建筑，对称布置在中轴线两侧，依坡而建。当中斜坡上的园路呈菱形。建筑后种有庭荫树，中轴线上设有圆形喷泉，与底层台地中的圆形小岛相呼应。两侧的方形庭园中是栗树丛林，挡土墙上有柱廊与建筑相对，柱间建有鸟舍。

第三台层的中轴线上有一长条形水渠，据说曾在水渠上设餐桌，借流水冷却菜肴，并漂送杯盘给客人，故此又称餐园（Dining Garden）。这与古罗马哈德良山庄内的做法颇为类似。台层尽头是三级溢流式半圆形水池，池后壁上有巨大的河神像。

在顶层与第三台层之间是斜坡，中央部分是沿坡设置的水阶梯，其外轮廓呈蟹形，两侧围有高篱（见图 18-13）。水流由上而下，从蟹的身躯及爪中流下直至顶层与第三台层的交界处，落入第三台层的半圆形水池中。

顶层台地中心为造型优美的八角形水池及喷泉，四周有庭荫树、绿篱和座椅。全园的终点是居中的洞府，内有丁香女神雕像，两侧为凉廊。这里也是贮存山水和供给全园水景用水的源泉。廊外还有覆盖着铁丝网的鸟舍。兰特庄园突出的特色在于以不同形式的水景形成全园的中轴线。由顶层尽端的水源洞府开始，将汇集的山泉送至八角形泉池；再沿斜坡上的水阶梯将水引至第三台层，以溢流式水盘的形式送到半圆形水池中；接着又进入长条形水渠中，在第二、第三台层交界处形成帘式瀑布，流入第二台层的圆形水池中；最后，在第一台层上以水池环绕的喷泉作为高潮而结束。

这条中轴线依地势形成的各种水景，结合多变的阶梯及坡道，既丰富多彩，又有统一和谐的效果。建筑分立两旁，也是为了保证中轴线的连贯。在水源的利用上，充分发挥了应有的景观效果。

4. 法尔奈斯庄园（Villa Palazzina Farnese）

法尔奈斯主庄园（见图 18-14、图 18-15）在府邸之后，与府邸隔着一条狭窄的壕沟，自成一体。园中还有一座二层小楼，是红衣主教躲避干扰的静谧住所。花园围绕着小楼布置，呈窄长条形，依地势辟为四个台层及坡道。

入口是栗树林围绕着的方形草坪广场，中心为圆形喷泉。广场边有两个岩洞，外

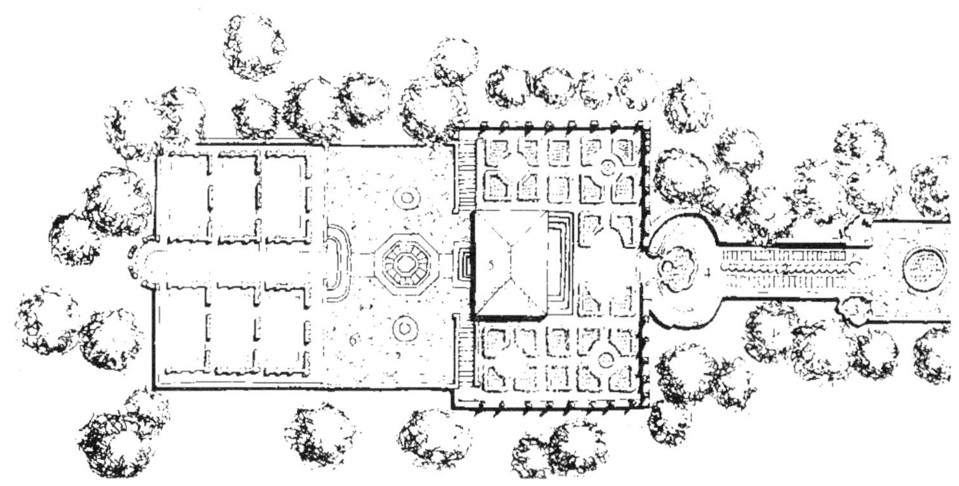

图 18-14 法尔奈斯庄园平面图

图 18-15 法尔奈斯庄园鸟瞰图

表以粗糙的毛石砌成，给人以整块岩石开凿而出的感觉。洞内有河神守护着跌水，洞旁有亭可供小憩，并可欣赏广场上的喷泉。中轴线上是由墙面夹峙的一条宽大的缓坡，直到小楼前。甬道分列两侧，中间是蜈蚣形的石砌水槽，构成系列跌水景观（见图 18-16）。

第二台层是椭圆形广场，两侧弧形台阶环抱着贝壳形的水盘，上方有巨大的石杯，珠帘式瀑布从中流下，落在水盘中。石杯左右各有一尊河神雕像，手握号角，倚靠石杯，守护着水景与小楼。

第三台层是真正的花园台地，中央部分为二层小楼，周围是黄杨篱组成的四块绿丛植坛，两座马匹塑像喷泉使气氛更加活跃。这个游乐性花园的三面均围有矮墙，既

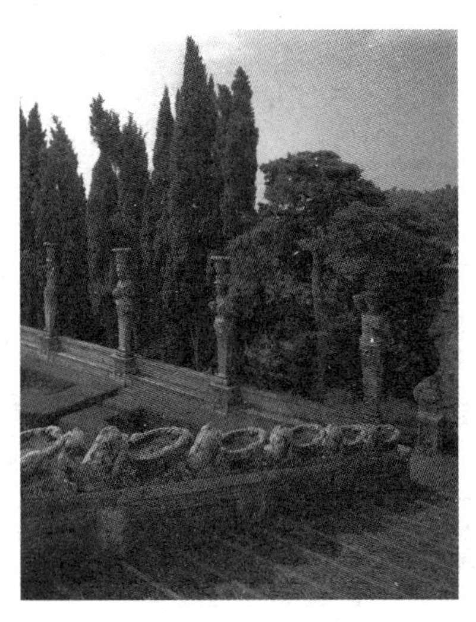

图 18-16 法尔奈斯庄园台阶扶手的跌水

限定了空间，又用作座凳。墙上隔几米就立有一根头顶瓶饰的女神像柱，共有 28 根。

小楼后面，两侧有横向台阶通至最上层台地，台阶下有门通向外面的栗树林及葡萄园。台阶的栏杆上饰以海豚与水盆相间的小跌水。花园的中轴线上有八角形大理石喷泉，镶嵌着精致的卵石图案，两侧还有小喷泉。后面是对称布置的三层围以矮墙的台地，过去建有花坛，现在只是简单的草坪。中间有马赛克镶嵌的铺装甬路，一直通到庄园中轴线终端的半圆形柱廊。柱廊由四座石碑组成，呈六角形布置。碑身有龛座及座凳，装饰着半身神像、雕刻及女神像柱。园外自然生长的大树，衬托着精美的柱廊。

法尔奈斯庄园已开始用贯穿全园的中轴线联系各个台层，庭园建筑设在较高的台层，便于借景园外。虽然园地呈狭长形，最宽处与纵深长度之比只为 1∶3，但在每一局部都有较好的比例关系。各台层之间的联系都作了精心处理，在平面和空间上都取得了良好的效果。园中精美的雕刻、石作，既丰富了花园的构图，又活跃了气氛，同时也使得花园更加精致、耐看。此外，与实用功能相结合的石作，体现了既美观、又实用的设计原则。

5. 埃斯特庄园 (Villa d'Este)

埃斯特庄园(见图 18-17)建造在罗马以东 40 千米处的梯沃里小镇上，为红衣主教伊波利托 · 埃斯特 (Ippolito d'Este)所有。经几代相传，后归埃斯特家族继承人玛丽亚及其丈夫——奥地利的费尔南德公爵所有，第一次世界大战时被意大利政府没收。著名音乐家李斯特(Liszt Ferencz，公元 1811 年—公元 1886 年)自 1865 年起居住在庄园最上层的建筑内，直至去世。

1549 年，伊波利托 · 埃斯特在竞选教皇失败之后，被教皇保罗三世任命为梯沃里的守城官。1550 年，他委托维尼奥拉的弟子利戈里奥改建他的府邸。此外，参加建园工作的还有水工师奥利维埃里和建筑师波尔塔等。

利戈里奥是意大利著名建筑师、画家和园艺师，他在庄园规划中吸收了布拉曼特和拉斐尔等人的设计思想，将花园看作住宅的补充，并运用几何学与透视学的原理，将住宅与花园融合成一个建筑式的整体。花园处理成明显的三个部分：平坦的底层和由系列台层组成的两个台地。地形逐渐上升直至山坡上的府邸。花园以及大量的局部构图，均以方形为基本形状，反映出文艺复兴盛期的构图特点。

埃斯特庄园坐落在梯沃里一块朝西北的陡峭山坡上，全园面积约 4.5 公顷，园地近似方形。在意大利，由于气候的原因，花园应尽量朝着北面。因此，利戈里奥将原

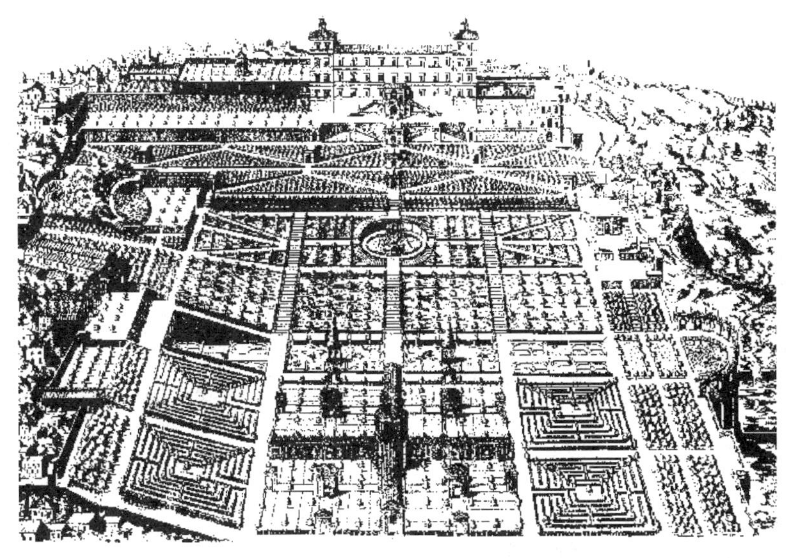

图 18-17　埃斯特庄园鸟瞰图

地形作了重大的改造，全园分成了六个台层，上下高差近 50 米。

入口设在底层花园。这是一个大约 90 米×180 米的矩形园地，三纵一横的园路将其分为八个方块。两边的四块是阔叶林，中间四块布置成绿丛植坛，中央设有圆形喷泉，四周环绕一圈细水柱，在高大的丝杉背景前十分耀眼。这里既是底层花园的中心，也是贯穿全园中轴线上的第一个高潮；透过圆形喷泉，在丝杉形成的景框中，沿中轴展开了深远的透视线，在高高的台阶上面是泉水喷涌的“龙喷泉”，它形成中轴线上的第二个高潮。在水雾迷蒙的顶端高高耸立着庄园的主体建筑，控制着全园的中轴线，给人一种权力至上、崇高和敬仰的感觉。然而，由于树丛和喷泉的设置，又于庄重之中带有几分动人的情趣，并不显得过于严肃、刻板。而在底层花园的横向空间处理上，从中心部分的绿丛植坛，至周边的阔叶丛林，再至园外的茂密山林，由强烈的人工化的处理方式，逐渐向自然过渡，最终融于自然之中。从过去留下的版画中可以看出，16 世纪时，底层花园的中央以十字形的两座绿廊，将花园分为均等的四个方块，中心有凉亭，供人们在此驻足休息，欣赏美丽的花坛。中心花园的两侧，各有两个迷园方格，但只建成了西南边的两块。迷园的外侧有几行树木，阻挡着人们伸向园外开阔空间的视线。

在底层花园的东南面，原设计有四个鱼池，但只建成了其中三个。为了强调由鱼池构成的第一条横轴，西端的山谷边设计有龛座形的观景台，最终未能建成。现在这里有一排四个矩形的水池（见图18-18），东北端的水池尽头呈半圆形，池水如镜，映出斜坡上树丛的倒影。半圆形水池后面便是著名的“水风琴”，它以水流挤压管中的空气，发出类似管风琴的声音，同时还有活动的小雕像的机械装置，表现出设计者的精巧手法。

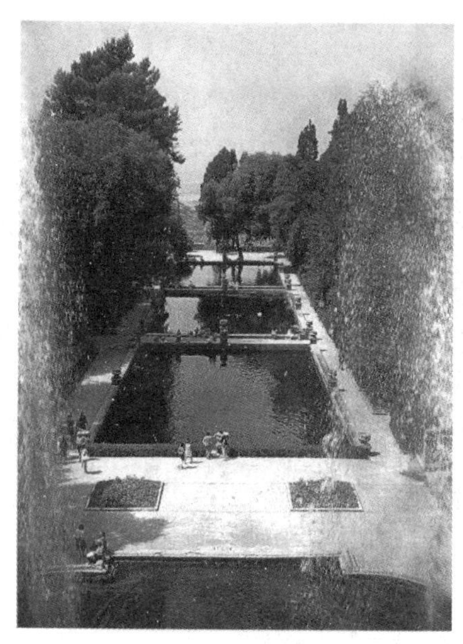

图 18-18 庄园底层台地连续矩形水池

文艺复兴时期的意大利造园家和中国古代造园家一样，十分注重水给园林带来的音响作用，不过两者在表现形式上又有着极大的差异。中国园林中追求的是幽静、感情细腻和古筝韵律般的效果，如无锡寄畅园中的八音涧和北京颐和园内谐趣园中的玉琴峡，而水风琴则是一种咆哮般的轰鸣声，显得十分热闹，这也反映出东西方人不同的情感表达方式。

水池横轴之后，有三段平行的台阶，连接两层树木葱茏的斜坡，边缘饰以小水渠。当中台阶在第二层斜坡上，处理成两段弧形台阶，环绕着中央称为龙喷泉的椭圆形泉池，为全园的中心。紧接着的第三层台地，便是著名的百泉台(见图 18-19)。在长约 150 米的台地上，沿山坡平行辟有三条小水渠；上端有洞府，洞内有瀑布直泻而下，流入水渠；渠边每隔几步，就点缀着数个造型各异的小喷泉，如方尖碑、小鹰、小船或百合花等，泉水落入小水渠中，再通过狮头、银鲛头等造型的溢水口，落在下层小水渠中，形成无数的小喷泉。在横轴上还有称为奥瓦托的喷泉，边缘有岩洞及塑像，以及称为罗迈塔的仿古罗马式喷泉。百泉台上浓阴夹道，非常幽静，而喷泉和雕像又把这条路装扮得绚丽多彩，游人行走其间，确有应接不暇之感。

图 18-19 埃斯特庄园百泉台

百泉台构成园内的第二条主要横轴，与第一条水池横轴产生动静对比。它的东北端地形较高，依山就势筑造了水量充沛的“水剧场”，高大的壁龛上有奥勒托莎雕像，中央是以山林水泽仙女像为中心的半圆形水池之间有壁龛的柱廊，瀑布水流从柱廊正中的顶端倾泻而下。百泉台的另一端也为半圆形水池，后有柱廊环绕，柱廊前布置了寺院、剧场等各种建筑模型组成的古代罗马市镇的缩影，可惜现已荒废。

庄园的最高层在住宅建筑前有约 12 米宽的平台，边缘有石栏杆，近可俯瞰全园景观，远可眺望丘陵上成片的橄榄林和远处的群山。

埃斯特庄园以其突出的中轴线，加强了全园的统一感。并且，沿着每一条园路前进或返回时，在视线的焦点上都作了重点处理。埃斯特庄园因其丰富多彩的水景和水声而著称于世。这里有宁静的水池，有产生共鸣的水风琴，有奔腾而下的瀑布，有高耸的喷泉，也有活泼的小喷泉、溢流，还有缕缕水丝，在园中形成一幅水的美景，一曲水的乐章。

埃斯特庄园内没有鲜艳的色彩，全园笼罩在一片深浅不同的绿色植物中。这也为各种水景和精美的雕像创造了良好的背景，给人留下极为深刻的印象。

（五）文艺复兴中期意大利庄园特征

16 世纪后半叶，意大利的庄园大多建在郊外的山坡上，在庄园内构成若干台层，形成台地园。意大利的台地园具有以下特点。

①园林布局有明确的中轴线贯穿全园。

②景物对称布置在中轴线两侧。

③各台层上常以多种理水形式，或理水与雕像相结合作为局部的中心。

④建筑有时作为全园主景位于最高处。

⑤理水技术成熟，如水景与背景在明暗与色彩方面的对比，有光影与音响效果（水风琴、水剧场）、跌水、喷水、秘密喷泉、惊愕喷泉等。

⑥植物造景日趋复杂，将密植的常绿植物修剪成高低不一的绿篱、绿墙、绿荫，剧场的舞台背景、侧幕，绿色的壁龛、洞府等。

⑦迷园、花坛、水渠、喷泉等日趋复杂。

三、文艺复兴后期意大利与园林

（一）文艺复兴后期意大利园林发展的历史背景

15 世纪初，人文主义运动兴起古代复兴活动，使别墅建筑以佛罗伦萨为中心兴盛起来。16 世纪以来，文化中心移至罗马，意大利式别墅庭园成熟。庭园文化成熟时，建筑与雕塑向巴洛克方向转化，半世纪后，即从 16 世纪末到 17 世纪庭园进入巴洛克时期。公元 17 世纪开始，巴洛克式建筑风格已成定法。人们反对墨守成规的古典保守思想，认为其束缚艺术，缺少生气。要求艺术更加自由奔放，富于生动活泼的造型、装饰和色彩。这一时期的庄园受到巴洛克浪漫风格的很大影响，在内容和形式上也起了新的变化。

“巴洛克”一词原为奇异古怪之意，古典主义者以此称呼那些离经叛道的建筑风格。巴洛克风格的主要特征是反对墨守成规的僵化形式，追求自由奔放的格调。巴洛克建筑不同于简洁明快、追求整体美的古典主义建筑风格，而倾向于烦琐的细部装饰，喜欢运用曲线加强立面效果，爱好以雕塑或浮雕作品来形成建筑物华丽的装饰，装饰上大量使用灰色雕塑、镀金的小五金器具、彩色大理石等，竭力显出令人吃惊的豪华之感。其一反明快均衡之美，过分表现杂乱无章及烦琐累赘的细部技巧，喜用过多的曲线来制造出有些骚动不安的效果。

受巴洛克风格的影响，园林艺术也出现追求新奇、表现手法夸张的倾向，并且园中充斥着大量的装饰小品。园内建筑物的体量都很大，占有明显的统帅地位。园中的林荫道纵横交错，甚至采用城市广场中三叉式林荫道的方法布置。植物修剪技术十分发达，绿色雕塑物的形象和绿丛植坛的花纹日益复杂和精细。这个时期的庄园，在规划设计上比中期的埃斯特庄园更为新鲜、奔放。对建筑或庄园的局部都施行刻意的技巧或致力于精美的装饰，并且富于色彩。例如，布拉地尼等几十处新庄园随着这种艺术思潮而生成，明快如画的新庄园又形成一个高潮。

（二）文艺复兴后期意大利代表园林

1. 阿尔多布兰迪尼庄园（Villa Aldobrandini）

阿尔多布兰迪尼庄园（见图 18-20）位于罗马东南约 20 千米处，在阿平宁山腰上的弗拉斯卡迪镇上，为红衣主教彼埃特罗·阿尔多布兰迪尼所有。1598 年由建筑师波尔塔开始建造，1603 年完成，水景工程则由封塔纳（Giovanni Fontana）和奥利维埃里共同完成。

这一时期园林不仅在空间上伸展得越来越远，而且园中的景物也日益丰富，渐渐表现出巴洛克风格的特征。

图 18-20　阿尔多布兰迪尼庄园中轴透视

庄园入口设在西北方的皮亚扎广场，从广场上放射出三条林荫大道，两边的栎树修剪整齐，形成茂密的绿廊。道路沿坡缓缓而上，尽头是建在挡土墙前、以马赛克饰面的大型喷泉。两侧有平缓的弧形坡道，通向第一台层。坡道上饰有盆栽柑橘和柠檬，外侧墙上有小型岩洞喷泉。从另一对弧形坡道可上到第二台层。这两层坡道在府邸前围合出与中轴相垂直的椭圆形广场，上有铺装地面和漂亮的石栏杆，挡土墙前有大型洞窟和雕像。在建筑的侧面，过去有花坛群，现只剩下一块，且管理不善。现在人们看到的是梅花形种植的悬铃木古树，巨大的体量令人惊奇，树下是丛植的绣球花和草地。

在别墅建筑的背面，下几级台阶，有大型的露天广场与建筑前面的椭圆形广场相呼应。广场中轴上有依山而建的著名的水剧场(见图 18-21)，墙面装饰非常丰富。以壁柱分隔成五个壁龛，做得像天然岩洞一样，人可以进入，里面是各种水景游戏，表现了神话中的场景。中央壁龛内是肩负着天穹的阿特拉斯(Atlas)顶天力士神像，另一壁龛中有吹笛的潘神像。无数的水柱从半圆形水池中喷射而出，落在布满青苔的岩石上。水剧场左侧为教堂的侧屋，右侧原有水风琴，忽似鸟叫，忽似风吼雷鸣，其设计之精巧令人叹为观止，可惜因缺水，现在已悄无声息了。

图 18-21　阿尔多布兰迪尼庄园水剧场

水剧场后面是建在山坡上的水阶梯，两侧高大的栎树林，构成极富感染力的通道。阶梯两侧分立着饰有马赛克家族纹章图案的圆柱，柱身有螺旋形水槽，水流带着小浪花旋转而下，宛如缠绕圆柱的水花环。水流经过水槽及水阶梯，跌落出一系列小瀑布，再注入半圆形的水剧场，发出轰鸣声。

水阶梯后的台阶处理也同样采用水技巧，有建在平台上的古船形泉池，边缘有两个农夫的雕像。顶上还有一层台地，上建有“乡野”泉池，池中有凝灰岩洞窟，围以自然式的林木，将园林与自然有机地融为一体。从 8 千米以外的阿尔吉特山引来的水存在贮水池中，保证了园中造景用水。

2. 伊索拉・贝拉庄园(Villa Isola Bella)

伊索拉・贝拉庄园建造在波罗米安群岛中的第二大岛上,离马杰奥湖(Lake Maggiore)西岸有600多米,距西岸的斯特莱萨(Stresa)镇1.5千米,是现存唯一一座意大利文艺复兴时期的湖上庄园(见图18-22)。

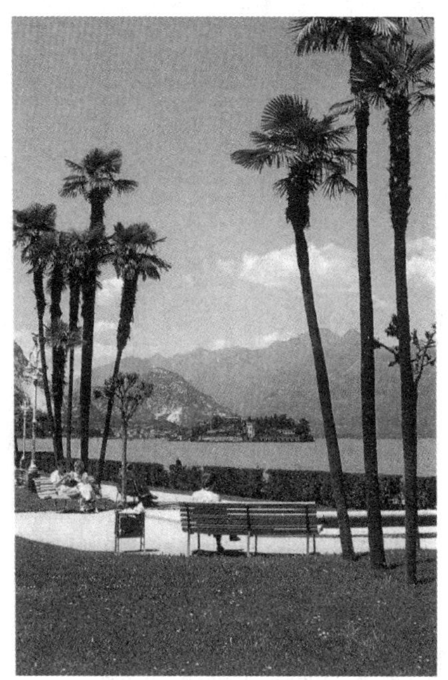

图 18-22 水上观看庄园

该庄园从1632年开始营造,直至1671年才最后完成。庄园以卡洛・博罗梅奥(Carlo Borromeo)伯爵之母伊索拉・伊莎贝拉(Isola Isabella)的名字简称命名。参加设计建造的有建筑师卡洛・封塔纳(Carlo Fontana,公元1634年—公元1714年)和水工师莫纳,雕塑及其他装饰由维斯玛拉(Vismara)和西蒙奈塔(Carlo Simonetta)承担。

该岛东西最宽处约175米,南北长约400米,但是用于建庄园的长度只有350米。岛的西边有称为小村庄的建筑群,宽50米,长150米,其中有教堂和码头。花园部分占地面积大约3公顷,堆叠成九层台地。

从西北角的圆形码头拾级而上,即达府邸的前庭。由于是夏季避暑的别墅,故主体建筑都朝向东北,面向湖水开窗。向南延伸的长长的侧翼作为客房及画廊,尽端有一椭圆形下沉小院,称为狄安娜前厅。直接依附于府邸的花园布置在东北边,设有两个台层。在上层约150米长的带状台地中,是绿荫笼罩的草坪,点缀着瓶饰、雕像等;尽头建有赫拉克勒斯(Heracles)剧场,在高大的半圆形挡土墙上,正中是赫拉克勒斯力士雕像,两侧壁龛中也是希腊神话中各种神的雕像。下层台地中有小巧迷人的丛林。从花园南端的小树林,或者从狄安娜前厅,各有台阶通向台地园。

台地花园的中轴对着狄安娜前厅,它与府邸前面的花园轴线,从平面上看并非一条直线。然而,由于在转折处的处理十分巧妙,使人无变化方向之感。在狄安娜前厅的南面两侧,有半圆形的台阶,将人们引至上一台层,使人在不知不觉中改变了方向,从而在全园中形成一条连贯的主轴线。上了狄安娜前厅两侧的台阶之后,向南再上两层台阶,到达布置有绿丛植坛的台层。再向上的台层上在轴线两侧是花坛,外侧各有六棵高大的柏木。再向南有连续的三层台地,台地的北侧便是著名的巴洛克式水剧场,由数层壁龛构成,龛内饰以贝壳、浮雕(见图18-23)。

在石栏杆和角柱上有形形色色的雕像,顶端是骑士像,两侧有横卧的河神像,在

图 18-23 从南面水面观逐级而上的庄园

石金字塔上点缀着镀金的铸铁顶，形成水剧场辉煌壮丽的外观。从水剧场两侧台阶可上到顶层平台，这里完全是硬质铺装，围以有雕像柱和瓶饰的石栏杆，在此可一览四周的湖光山色。顶层平台南端是九级狭长的台地，一直伸到水边。台地上种有柑橘等植物，中间的台地较大，围绕着水池有四块精美的花坛。台地下有大型贮水池，以泵将湖水抽上岛，供全园水景之需。在花坛台层的东西两端，各有八角形的水城堡，其中之一用于安装水工机械，是实用与美观相结合的佳作。花坛两侧有台阶通至下面临近水面的台层，这里也作码头之用。在东南角的三角地上布置有柑橘园，其北是矩形花园台地，沿湖有美丽的铁栏杆，在此可凭栏眺望群岛中的第一大岛——伊索拉·马托勒岛的景色。

这座置身于湖光山色中的庄园，充分展示了人工建造的台地以及人工装饰的魅力，与其说它是一座用于静心居住和游乐的花园，不如说是一个装饰豪华的场所，在这里建筑和雕塑起着主导作用。大量的装饰物体现出这个时代巴洛克艺术的特征。然而，远远望去它仍然是一座笼罩于绿荫之中的宫殿。

（三）文艺复兴后期意大利庄园特征

文艺复兴后期庄园的特点，首先注意了境界的创造，极力追求各个主题的刻画，以造成美妙的意境。还往往把一些局部单独进行塑造，以突出这部分主题，体现各具特色的优美效果。又对园内的主要部位或大门、台阶、壁龛等视景焦点进行极力加工处理，以及在构图上运用对称。几何图案或模纹花坛等达到美妙的高度。但这个时期里形成的庄园有些过分雕琢的气氛，对四周景色考虑得不够，所以不够和谐。

1. 庭园洞窟

洞窟原为巴洛克式宫殿的一种壁龛形式，制造充满幻想的外观，后被引入庭园。庭园洞窟采用天然岩石的风格进行处理。这种处理方法与英国风景园模仿自然的手法不同，前者在于标新立异，后者是真正来自酷爱大自然的观念，是发自内心地欣赏大自然之美的产物。

2. 新颖别致的水景设施

水魔术法和水剧场，是用水力打造各种戏剧效果的一种设施；水风琴，利用水力奏出风琴之声，安装在洞窟之内；惊愕喷泉，平常滴水不漏，一有人来便从各个方向喷水；秘密喷泉，其喷水口藏而不露。

3. 滥用整形树木

树木形态愈来愈不自然。利用整形树木做成的迷园，也是当时流行的繁杂无益的游戏之物。

4. 线条复杂化

花园形状从正方形变为矩形，并在四角加上了各种形式的图案。花坛、水渠、喷泉及细部的线条少用直线多用曲线。

四、文艺复兴时期意大利庄园总特征

人文主义者渴望古罗马人的生活方式，向往西塞罗提倡的乡间住所，这就促使了富豪权贵们纷纷在风景秀丽的丘陵山坡上建造庄园，并且采用连续几层台地的布局方式，从而形成了独具特色的意大利台地园。台地园随着历史的发展，在内容和形式上也有一定程度的演变，不过仍然保持着一贯的特色。

意大利园林突出的特点之一，是十分强调园林的实用功能，哪怕再小的空间，也有其存在的目的，如在某个时刻或某个季节，适合休息或散步。意大利人喜爱户外生活，建造庄园首先是为了有一个景色优美、适于安静居住的环境。因此，花园被看作是府邸的室外延续部分，是作为户外的起居间来建造的，因而也就由一些几何形体构成。在庄园中除必要的居住建筑以外，还要有能够满足人们室外活动需要的各种设施。

庄园的设计者多为建筑师，善于以建筑设计的方法来布置园林。他们将庄园作为一个整体进行规划，而建筑只是组成庄园的一部分，使植物、水体、建筑及小品等组成一个协调的、建筑式的整体。这些建筑师并不只着眼于建筑本身，而具有全局观念，使组成庄园的各局部、各景点通过统一的轴线融合于完整的构图之中。由于透视学的进步，设计师们也运用视觉原理来创造出理想的艺术效果。在文艺复兴后期，受巴洛克风格的影响，庄园往往在某一局部或景点上精雕细刻，使其绚丽夺目，然而，也出现了忽视整体效果的倾向。

意大利造园家们显然更喜欢地形起伏很大的园址，因为这样的地形更有利于创造出动人的效果。他们充分利用地形来规划园林，园林覆盖在地面上，与地形完全吻合，就像地形的衣服一样。但是，由于地形起伏较大，也使得园林的构图不能随心所欲，排除了所有破坏原地形的构图。地形决定了园林中一些重要轴线的安排，也决定了台地的设置、花坛的位置与大小、坡道的形状等。建筑物的位置安排，也要考虑其与台地之间的关系。因此，台地园的设计方法，从一开始就是将平面与立面结合起来考虑的。一般愈接近城市，坡度愈缓，则台层相应较少，高差也不很大；距离城市愈远，则坡度愈大，也就需要设置更多的台层，其间的高差也较大。

台地园的平面一般是严整对称的，建筑常位于中轴线上，有时也位于庭园的横轴上，或在中轴线的两侧对称排列。庭园轴线有时只有一条主轴，有时分主、次轴，甚至还有几条轴线或直角相交，或平行，或呈放射状。早期的庄园中，各台层有自己的轴线而无联系各层之间的轴线；至中期则常有贯穿全园的中轴线，并尽力使中轴线富于变化，而且各种水景，如喷泉、水渠、跌水、水池等，以及雕塑、台阶、挡土墙、壁龛、宝坎等，都是轴线上的主要装饰，有时完全以不同形式的水景组成贯穿全园的轴线，兰特庄园就是这样处理的一个好例子。轴线上的不同景点，使轴线具有多层次的变化。

府邸或设在庄园的最高处，作为控制全园的主体，十分雄伟、壮观，给人以崇高、敬畏之感，在教皇的庄园中常常采用这种手法，以显示其至高无上的权力；或设在中间的台层上，这样，既可从府邸中眺望园内景色，出入也较方便，又给人以亲近之感；或由于庄园所处的地形、方位等原因，府邸设在最底层，接近入口，这种处理方式往往出现在面积较大、地形又较平缓的庄园中。

除主建筑外，庄园中也有凉亭、花架、绿廊等，尤其在上面的台层上，往往设置拱廊、凉亭及棚架，既可遮阳，又便于眺望。此外，在较大的庄园中，常有露天剧场和迷园。露天剧场多设在轴线的终点处，或单独形成一个局部，往往以草地为台，植物被修剪整形后作背景及侧幕，一般规模不大，供家人或亲友娱乐之用。

此外，园中还有一种建筑叫作娱乐宫(Casino)，供主人及宾客休息、娱乐用，也有的专为收集、展览艺术品，特别是为了收集从古代遗址中发掘出的艺术品。这种建筑本身往往也十分华丽壮观，成为园中主景。保存下来的娱乐宫，今日有不少已作为美术馆对外开放。

意大利庄园大都建于郊外的丘陵山地上，而台地园的规划又是严整对称的格局，这种规则的布局如何与周围的自然景色融为一体，达到统一的效果，是规划中十分重要的问题。

由于一般庄园面积都不是很大，因此扩大空间感、开阔视野、借景园外是设计中的重要手段。在总体布局上往往由下而上，展开一个个景点；然后，由上一层又可俯视下层；最后登高远眺，不仅全园景色历历在目，甚至周围的田野山林，以及远处的城市面貌，均可尽收眼底，令人心旷神怡。因此，借景园外是解决由规则式园林向自然式园林过渡所采取的手法之一。

在规划中往往以建筑为中心，以其中轴线为园林的主轴，向外逐渐减弱其严谨规整性，如投石水中一样，由中心向外，波纹逐渐减缓，直至消失于平静的水面上。植物是表现这种过渡的主要材料，如绿丛植坛为严格规则式，到方形树畦时，已保留了部分自然的树冠，再到丝杉和石松的孤植和丛植，已能显出植物的性格而无人工雕琢的痕迹了，由此再与周围山林融合。这是一个渐变的过程，显得十分自然。此外，在水的处理上，也有类似的做法，由中心部分精雕细刻的水池、雕塑、喷泉，逐渐转变为人工痕迹较少的水景，直至林间的溪水或峭壁上的瀑布，也有一种由规则向自然的过渡。

由于采用台地园的结构，各种形式的挡土墙、台阶、栏杆等就应运而生了。这些功能上所需的构筑物，在文艺复兴时期的意大利园林中，又是艺术水平很高的、美化园林的装饰品，成为庄园的重要组成部分。挡土墙内常有各种壁龛，内设雕像，或与水景结合；墙上往往有不同材料、图案各异的栏杆。台阶的设计在台地园中占据重要地位。台阶的式样变化丰富，根据高差和场地面积的不同，以及上下台层构图上的需要而确定，或根据不同主题的要求来设置。有时为了显示崇高的意境，往往修筑陡峭直上的云梯式蹬道，其台阶高而宽度小；在缓坡处则台阶低而宽度大；在高差大的地方，有时也用折线式上升，或由两侧环抱的弧形上升，所围合成的广场及形成的宝坎前，则可做成洞府、水池、跌水或喷泉，这些地方往往是中轴线上的主要景点，由于广场及水景处理方式不同，有的显得华丽，有的比较庄严，有时又表现出小巧玲珑、欢快活泼的气氛。栏杆不仅用于建筑的屋顶及阳台上，也用于园中的台层边、台阶旁、池边和供眺望的广场边。栏杆还常常与雕塑、瓶饰相结合，其设计形式由初期的简朴大方逐渐演变，日趋精巧细致，具有很高的艺术水平。

在以避暑为主要功能的意大利园林中，水是极为重要的题材。人们为庄园选址时考虑的一个重要因素，就是园址附近要有丰富的水源。如果当地天然水源缺乏，园主们便不惜财力，由远方引水入园，创造水景。由于地形变化较大，园中的水体，除了可以扩大空间感，使景物生动活泼，产生柔和的倒影之外，还有许多在平地上难以达到的水景效果。在台地园的最高层常设贮水池，有时处理成洞府的形式，洞中设雕像，作为"泉眼"；或布置岩石溪流，使水源更具真实感，也增添了几分山野情趣。沿斜坡可形成水阶梯、跌水，在地势陡峭、高差大的地方，可形成奔泻的瀑布；在不同台层的交界处，可以有溢流、壁泉。在下层台地上，利用水位差可形成喷泉。各种各样的喷泉，或与雕塑结合，或以喷水的形状优美取胜。以后，在喷水技巧上又大做文章，创造了水剧场、水风琴等具有音响效果的水景。此外，还有种种取悦游人的魔术喷泉。低层台地也可汇集众水，形成平静的水池，并随所在场所的不同，其外形轮廓丰富多彩。设计者十分注意水池与周围环境的关系，使之有恰当的比例和适宜的尺度，也很重视喷泉与背景在色彩、明暗方面的对比。在平坦的地面上，也有沿等高线做成的水渠、小运河，在兰特庄园和埃斯特庄园中都有这种类型的水景。总之，在意大利台地园中，随着地形变化，水的处理也多种多样，有动有静，动静结合，或宁静幽邃、或奔泻如注、或如轻轻细语、或如啾啾鸟鸣，一曲曲水的乐章，令人叹为观止。

意大利台地园中的植物运用也是适应其避暑功能的。由于意大利地处西欧南部，阳光强烈，因此，庄园内的植物以不同深浅的绿色为基调，尽量避免一切色彩鲜艳的花卉，在视觉上得到凉爽宜人、宁静悦目的效果。虽然没有色彩丰富的植物配置，树种也不多，却有着统一的效果。

树形高耸独特的丝杉，又称意大利柏，是意大利园林的代表树种，往往种植在大道两旁形成林荫夹道；有时作为建筑、喷泉的背景，或组成框景，都有很好的效果。此外，园中常用的树木还有石松、月桂、夹竹桃、冬青、紫杉、青栲、棕榈等。其中石松冠圆如伞，与丝杉形成纵横及体形上的对比，往往作背景用。其他树种多成片、成丛种植，或形成树畦。月桂、紫杉、黄杨、冬青等是绿篱及绿色雕塑的主要材料。阔叶树常见的有悬铃木、榆树、七叶树等。在意大利台地园中，设计者是将植物作为建筑材料来对待的，它们实际上代替了砖、石、金属等，起着墙垣、栏杆的作用。修剪绿篱的运用达到了登峰造极的程度，除了形成绿丛植坛、迷园外，在露天剧场中也得到广泛的应用，形成舞台背景、侧幕、入口拱门和绿色围墙等。在高大的绿墙中，还可修剪出壁龛，内设雕像。绿墙也是雕塑和喷泉的良好背景，尤其是白色大理石雕像，在绿墙的衬托下更加突出。此外，绿色雕塑比比皆是，有的呈几何形体点缀在园地角隅或道路交叉点上；有的修剪成各种人物及动物造型，且造型越来越复杂，以至有些矫揉造作，不仅修剪困难，而且难以维持，在艺术上并无多大价值。

绿丛植坛是台地园植物造景的主要形式。一般将黄杨等耐修剪的常绿植物修剪成矮篱，在方形、长方形的园地上，组成种种图案、花纹，或家族徽章、主人姓名等。作为装饰性园地，绿丛植坛一般设在低层台地上，以便居高临下清晰地欣赏其图案、造型。在规则地块上种植不加修剪的乔木，形成树畦，也是台地园中常见的种植方式。树畦既有整齐的边缘，又有比较自然的树冠，常作为水池、喷泉的背景，或起到组织空间的作用。树畦又是由规则的绿丛植坛向周围自然山林的过渡部分。

此外，柑橘园也是意大利园林中常见的局部，这些柑橘和柠檬等果树都种在大型陶盆中，摆放在园地角隅或道路两旁，绿色的枝叶和金黄的果实，以及装饰效果很强的陶盆都有点缀园景的作用。由于柑橘需要在室内过冬，因此在柑橘园内往往伴随着温室建筑。

总之，文艺复兴时期的意大利园林表现了这一时代意大利人特有的精神、意识。园林是一种以自然材料，如植物、水体、山石等为创作素材的艺术品，同时又是户外的沙龙，人们在此交际、娱乐、避暑、休养。为人们创造适宜于生活和休闲的环境，这就是造园的目的。

第三节　意大利园林在欧洲的影响——法国、德国、俄罗斯及其他欧洲国家的园林

一、对法国园林的影响

（一）法国文艺复兴园林的产生

法国位于欧洲西部，地势东南高西北低，国土以平原为主，也有少量的盆地、丘陵及高原，中南部为中央高原，西南部边境有比利牛斯山脉，东部是阿尔卑斯山地，北部

为巴黎盆地。南部属亚热带地中海气候，其他大部分地区属海洋性温带气候，比较温和、湿润。雨量虽不很多，尤其是巴黎盆地地区，但河流纵横交错，土壤肥沃，宜于种植。因此，这里的农业十分发达，茂密的森林占国土面积近 1/4。在树种分布上，北部以栎树、山毛榉为主，中部以松、桦和杨树为多，而南部则多种无花果、橄榄、柑橘等。开阔的平原、众多的河流和大片的森林不仅是法国国土景观的特色，也对其园林风格的形成具有很大的影响。

15 世纪初，以佛罗伦萨为中心的意大利文艺复兴运动逐渐向北发展，同时，也带去了意大利园林对各国的影响。当法国园林还处在谨小慎微的尝试中的时候，意大利园林经过近一个世纪的发展，已具有较高的艺术成就了。

1495 年，查理八世到意大利那波里远征，军事上虽然失败，但他带回了意大利的艺术家、造园家，改造了城堡园，后在布卢瓦建台地式庭园，仍是厚墙围起的城堡式。从法兰西斯一世至路易十三（公元 1500 年—公元 1630 年），法国吸取了意大利文艺复兴的成就，发展了法国的文艺与园林，培养了法国造园家。

（二）法国文艺复兴时期的园林实例

1. 谢农索城堡花园(Le Jardin du Chatteau de Chenonceaux)

谢农索城堡花园是法国最美丽的城堡建筑之一，其位置极其优越（见图 18-24）。城堡的主体建筑采用廊桥的形式，横跨在谢尔河上，非常独特。城堡最早是由伯耶在弗朗索瓦一世时期建造的，工程尚未完成他就去世了，后来由他的遗孀布里索娜接替，最终也只建成了河流北岸的一部分。亨利二世拥有这座城堡之后，又将它送给了狄安娜·波瓦狄埃。国王死后，王太后卡特琳娜·美第奇以肖蒙府邸做交换，要回了谢农索城堡。在谢尔河上架一座桥的想法来自波瓦狄埃，后来王太后要求建筑师德劳姆建造了这座美丽的廊桥式城堡。

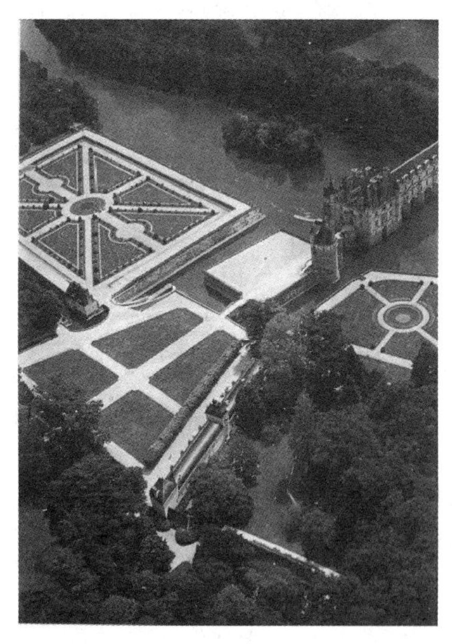

图 18-24 谢农索城堡鸟瞰

1551 年起，在谢尔河北岸修建了一处花园，坐落在长 110 米、宽 70 米的台地上，周围环有水渠。考虑到防洪的要求，台地高出水面很多，以石块砌筑挡土墙。当时园中种植了许多果树、蔬菜和珍稀花卉。中央有一个喷泉，它在一块直径约 15 厘米的卵石上，钻直径约 4 厘米的小孔，并插着木栓，水从小孔和木栓之间的缝隙中喷射出来，高达 6 米。现在的花园已改成简单的草坪花坛，有花卉纹样，边缘点缀紫杉球，称为“狄安娜·波瓦狄埃花坛”。

王太后有两处花园，分别在城堡前庭的西面和谢尔河的南岸。现只留下前者，为一个简洁的花坛，中央是圆形水池，带有意大利文艺复兴时期的特点。

谢农索城堡花园有着很浓的法国味，表现在水体所起的重要作用上。水渠包围的府邸前庭、花坛，以及跨河的廊桥，创造出一种令人亲近的环境气氛。近处的花园、周围的林园、流水产生的魅力，形成一个和谐的整体。尽管面积不大，视线也不远，却非常亲切宁静。在城堡前的草坪上，现在布置有一组牧羊犬及羊群的塑像，给花园带来欢快的田园情趣。园内还饰有大量的电动铸铁动物塑像，起着点景或框景的作用，并为这座古老的园林增添了一些现代气息。

2. 凡尔内伊府邸花园(Jules verne ney mansion)

从意大利学成回国的建筑师杜·塞尔索1560年设计的凡尔内伊府邸花园(见图18-25)，坐落在瓦兹河谷的山坡上，采用了中轴对称式构图，带有明显的意大利文艺复兴时期的特点。

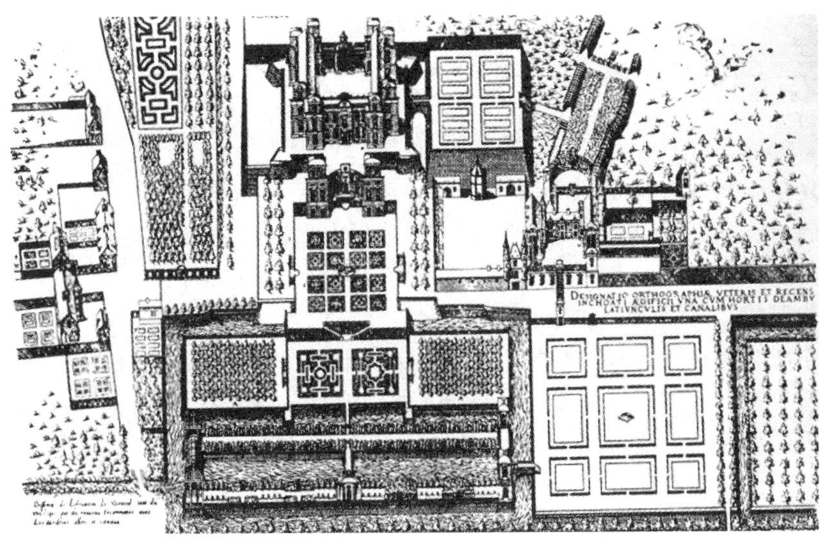

图18-25 凡尔内伊府邸花园

府邸建在最高处，前有装饰性的防御墙围合着的主庭院，从中引出花园的中轴线。花园分成高低两部分：建造在山坡上的台地，有16格图案各异的盛花花坛，衬托着府邸建筑，使其立面完全呈现出来，建筑及两侧林荫道上的树木，从三面围合，使园地在视线上形成完整的构图；山脚处的花园由水渠分割成三座岛，形成美观宜人的临水休息场所，面积最大的岛上布置着一对方格花坛，两端是杜·塞尔索常用的树丛，其余两座岛处理成林荫笼罩的长堤，中央建有栅格式凉亭或轻巧的建筑。此外还有几处相对独立的花园，组成一个大型而丰富的整体。由于受地形的限制，尽管采用了规则式构图的手法，但是并没能完全按轴线系列连续布置。

3. 夏尔勒瓦勒宫苑(Charleval)

杜·塞尔索协助其子让·巴蒂斯特·杜·塞尔索为查理九世设计建造的夏尔勒瓦勒宫苑(见图18-26)，采用了一种庄严的、富有贵族气势的构图。虽因查理九世的去世最终未能建成，但是它的设计标志着一个园林艺术新阶段的开始。

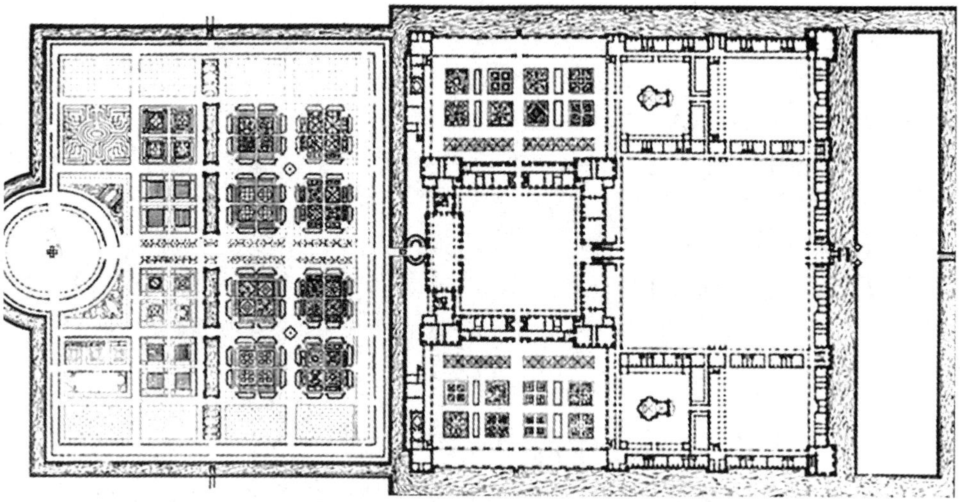

图 18-26　夏尔勒瓦勒宫苑平面图

从夏尔勒瓦勒宫苑的平面图上看，水壕沟将宫苑分为三个部分。首先是一座矩形岛状的前庭。雄伟的宫殿群呈倒品字形，采用方形四合院的方式，布置在边长 300 多米的方形岛上。正中是主体建筑，两侧伴有小花园，在林荫道和临水柱廊之间，布置有方格形盛花花坛，做成秘园的形式，避免一览无余。

大花园布置在第三座矩形岛上，中轴是 300 米长的林荫道，树木呈梅花形种植，两旁是图案各异的花坛。中部有横向布置的水池，将花坛分为两组，与埃斯特庄园很相似。纵向布置的树丛，将花坛与水壕沟分隔开来。中轴的尽端，是椭圆形小广场。花园构图有着很强的整体感。然而，这仅是查理九世设想的花园的一半，他原打算以椭圆形广场作为花园的中心。

4. 卢森堡花园(Le Luxembourg jardin)

玛利亚・德・美第奇作为王后虽然在法国生活十年有余，然而她始终怀念故乡佛罗伦萨的美丽风景与庄园生活，因此她要求建筑师以皮蒂宫为蓝本来建造她的府邸，同时她提出花园必须带有意大利风格，从而唤起她的童年记忆。花园是由建筑师德冈在 1612 年设计的，后来经雅克・德布鲁斯的改造，1615 建成一座具有巴洛克风格、由挡土墙所夹峙的台地式花园(见图 18-27)。

尽管原地形地势极为平缓，设计师还是塑造了斜坡和台地的变化。在平面布局上采用文艺复兴时期中轴对称的形式，主体建筑居于核心位置，起到了控制全园景观的作用。主体建筑放射出的主轴线一直延伸到园林尽头，花园以该轴线为中心对称布置。

整个花园由两部分组成，即由三个半圆所组成的大型广场和周围的附属空间。中心广场是一个与建筑等宽的矩形附加了三个半圆形而形成的大型下沉广场，广场

图 18-27 卢森堡花园透视图

由圆形的水池喷泉以及周围形式多样的刺绣花坛构成。

卢森堡花园是一座典型的巴洛克风格园林，中轴对称的布局，自由曲线贯穿全园，花坛簇拥，花草修剪整齐；雕塑环绕，造型各异。通过构成鲜明的几何图形，回廊、花圃、雕塑和花卉植坛、喷泉、水池，以及有紫杉和黄杨组合而成的花坛形成了丰富的花园。虽然花园经过了多次大规模改造，但至今仍有一部分保留着 17 世纪时的风貌。

18 世纪末期，建筑师夏尔格兰对中心的刺绣花坛和水池喷泉做了重大调整，将喷泉水池变成壮观的八角形水镜面，刺绣花坛变成了由草地和黄杨所构成的绿色植坛。到了英国式风景园兴盛时期，花园中的一部分又被改造成如画式风景园，其余的部分形成一些由林荫道围合而成、面积大小不一的简单的草坪。园林的西边完全被丛林和行道树所覆盖，在林荫道中点缀着许多精美的雕塑。19 世纪中期，将宫殿扩建做参议院，缩小了花坛的面积，取消了刺绣花坛。

（三）法国文艺复兴时期园林的发展概况和特征

在法国人接触意大利文艺复兴运动以前，园林主要处于寺院和贵族庄园之中，有高高的墙垣及壕沟围绕。开始是以果园及菜地为主的实用性园地，后来逐渐加强了装饰性和娱乐性。园林形式一般比较简单，在规则的构图中，以十字形的道路或水渠将园地等分成四块，中心或道路的终点布置水池、喷泉或雕像。从古罗马传下来的修剪技术仍十分流行，除绿篱外，还有修剪成各种几何形体甚至鸟兽形象的绿色装饰物。园中常设置爬满攀缘植物或葡萄的花架、绿廊、亭、栅栏、墙垣等，既有实用价值，也有美化庭园的作用。

法国的文艺复兴运动始于国王查理八世的那波里远征。1494 年—1495 年，法国军队入侵意大利，查理八世及其随从被意大利的文化艺术，尤其是王公贵族的府邸花园深深地吸引。尽管当时的意大利园林尚未达到极盛时期，但是它们比法国园林的面积更大，更富有生活情趣，足以使法国绅士们心驰神往。查理八世本人对意大利花园喜爱至极，认为“园中充满了新奇美好的东西，简直就是人间天堂，只少了亚当和夏娃”。

在这场战争中，法国虽然在军事上遭到惨败，但查理八世却从意大利带回了大量的文化战利品和22位意大利工匠，其中有造园师迈柯利阿诺。国王将他们安置在都城安布瓦兹。迈柯利阿诺不久便为国王在宫殿的平台上修建了由方格花坛构成的庭园。

查理八世去世后，其子路易十二将都城迁至布卢瓦。公元1500年—公元1510年，迈柯利阿诺为国王在宫殿的西面修建了一座花园，有三层台地，各由高墙围绕，十分封闭，互相之间缺乏联系。只有中层台地为纯粹观赏性的，十块花坛成对排列，以花卉和药草作图案，边缘有绿廊，中间是穹顶木凉亭，亭中有白色大理石的三层盘式涌泉。

同时代的作品还有红衣主教安布瓦兹在加甬的府邸花园，由迈柯利阿诺设计，建于公元1501年—公元1510年，同样有高墙围着，三层台地分别为菜园、花园和大型果园。游乐性花园在中层，由方格形花坛组成，其中两格做成迷园，其余为绣花纹样，以碎瓷片和页岩为底；中央有格栅式凉亭，装饰着盘式涌泉。

法国文艺复兴初期的园林，尽管也是出自意大利造园师之手，可是在整体构图上还是逊色于意大利园林。由于当时法国人对意大利文化的了解还很肤浅，所带回的匠师，包括造园家，也都不是高水平的。所以，在法国文艺复兴初期，园林艺术还没有显著的进展。或大或小的封闭院落组成的园林，在构图上与建筑之间毫无联系，各台层之间也缺乏联系，没有意大利园林中著名的台阶和坡道。而且，法国园林的地形变化也平缓得多，台地高差不大。当意大利园林进入文艺复兴盛期时，法国园林中仍然保持着自己的高墙、壕沟等中世纪城堡园林的特色。

意大利的影响主要表现在造园要素和手法上，法国人对建筑及小品装饰开始重视了，由建筑师设计的石质的亭、廊、栏杆、棚架等，代替了过去由园丁制作的木格子的简陋制品，偶尔也用雕像作点缀。花园中已出现了绣花纹样花坛，不过图案还比较简单。意大利园林中常见的岩洞或壁龛也传入法国，大多是因借地形，从挡土墙开挖进去，造成一个自然情趣的洞中天地。岩洞常置于道路的终端，成为对景，内设雕塑、神像，洞口饰以拱券或柱式；也有以天然岩石堆叠成的岩洞，里面有钟乳石、石笋等；或有水流自上流下，宛如水帘；或者洞前有小溪流过。反映出追求野趣和避世的思想。

隐居所(Hermitage)也是这时园中常见的，与以后英国风景园中仅作为点缀的装饰物不同，它实际上是圣徒们真正用于祈祷的小礼拜堂，往往设在非常幽静的花园深处，形成独特的局部。

在建筑方面，法国保留着中世纪城堡的角楼、高屋面和内庭院。园林仍然处在建筑形成的封闭空间中，亲密而简朴，人们的活动多少还受到保护。城堡周边的水壕沟也保留着，但是它的水面提高了，还有小桥跨越，成为装饰性的水渠。这种手法以后形成法国式园林的特征之一，即除了喷水、瀑布和泉池之外，通常以水渠和运河的形式，成功地创造出壮观的镜面似的水景。

弗朗索瓦一世时期，法国文艺复兴运动处于盛期，建筑和园林艺术也得以向前发展。著名的意大利建筑师维尼奥拉、罗索、普里马蒂乔、塞里奥等人都曾被弗朗索瓦一世邀请到法国。他们对法国的建筑师莱斯科、德劳姆和雕塑家古戎等人产生了深刻的影响。这一时期的代表作品是两座大型的王宫别苑——尚蒂伊，始建于 1524 年；枫丹白露，始建于 1528 年。1543 年塞里奥在松树园中建造了三开间的岩洞，外面是毛石拱门，里面布满钟乳石。

这些 16 世纪上半叶的花园，仍然没有完全摆脱中世纪的影响，表现在花园与建筑之间缺少构图上的联系。花园大都位于府邸的一侧，位置很随意，空间分隔也显得非常拘谨。不过在水体处理上和植物造景上形成了一定的样式，而且花园因管理良好而显得很精致。

到了 16 世纪中叶，由于专制王权得到进一步加强，中央集权的君主政体要求在艺术上有与其相适应的审美观点。同时，一批杰出的意大利建筑师来到法国，而且在意大利学习的法国建筑师也结业回国。意大利的影响更加广泛、深刻，不再停留在花园的局部处理及造园要素上，而是影响到庄园的整体布局，从而改变了园林与建筑各自分离的状况。艺术家达·芬奇晚年应弗朗索瓦一世之邀，作了一个庄园的规划，以意大利古典主义手法将宫与苑统一起来，并相互渗透，形成有机的整体。虽然未能实现，但却给法国人以极大的启示。

府邸不再是平面不规则的封闭的堡垒，而是将主楼、两厢和门楼倒座围着方形内院布置。主要的大厅布置在主楼的二层中央。主次分明，中轴对称，采用柱式，建筑风格趋向庄重。花园纯粹是观赏性的，而且为了整体效果的统一，府邸和花园由建筑师统一设计。花园通常布置在府邸的后面，从主楼的脚下开始展开。花园的中轴线与府邸的中轴线相重合，采用对称式布局。

从 1554 年开始，亨利二世为王后兴建的阿奈府邸花园，是第一个宫与苑结为一体的作品，由从意大利归来的建筑师德劳姆设计。虽然仍以水壕沟包围建筑，但是宽阔的水面在视觉上非但没有隔断建筑与园林，相反，水面产生的倒影将花园一直引伸到建筑边，起到很好的造景和联系宫与苑的作用。

凡尔内伊府邸花园和夏尔勒瓦勒宫苑标志着法国园林新时代的到来。从 16 世纪后半叶开始，法国造园艺术的理论家和艺术家纷纷著书立说。他们在借鉴中世纪和意大利文艺复兴时期园林的同时，努力探索真正的法国式园林。这些先驱者们的著作与实践，起到承上启下的作用，为法国园林的发展作出了很大的贡献。

埃蒂安·杜贝拉克是奥马勒公爵的总建筑师，在阿奈、枫丹白露、丢勒里宫等处工作过。他曾在意大利学习，并于 1582 年出版了《梯沃里花园的景观》。他也是国王亨利四世的建筑师。他虽热衷于意大利的园林艺术，但却运用了一种适应法国平原地区的做法，以一条道路将刺绣花坛分割为对称的两大块，明显具有法国的民族特色。有时图案采用阿拉伯式的装饰花纹与几何图形相结合。

克洛德·莫莱是法国园林中刺绣花坛真正的开创者。衣服上刺绣花边的时尚，是17世纪初由西班牙传入法国的，当时非常流行。克洛德常向国王的刺绣匠瓦莱请教，并用花草图形模仿衣服上的刺绣花边，创造出一种新的园饰艺术形式，称为“摩尔式”或“阿拉伯式”的装饰。过去的花坛中，花纹是用花草来做的，既不耐久，又难管理。克洛德率先采用黄杨做花纹，除了保留花卉外，还大胆使用彩色页岩细粒或砂子做底衬，装饰效果更好。

花坛是法国花园中最重要的构成要素之一。从把花园简单地划分成方格形花坛，到把花园当作一个整体，按图案来布置刺绣花坛，形成与宏伟的宫殿相匹配的整体构图效果，是法国园林艺术上的一个重大进步。

克洛德与建筑师杜贝拉克合作，为奥马勒公爵成功地建造了阿奈花园。他深感建筑师与园艺师合作，才能创建出巨大而统一的园林整体。此后，法国园林彻底摆脱了实用园林的单调与乏味，虽然保留了原先几何划分的格局，但使它成为更富于变化、更富有想象力和创造性的艺术，并且出现了追求壮丽、灿烂的倾向。

克洛德的儿子安德烈也是著名的造园家，他曾经是路易十三的花园主管，后来去英国为詹姆士一世宫廷服务，为法国式园林的对外传播作出了贡献。他还是花境(border)的创始者，他将不同的一年生、多年生花卉成片混植，使其开花不断，此起彼落，以其后面的绿篱或建筑墙面作背景并形成对比。他也喜欢用编织、修剪的方法，用植物构成门、窗、拱、柱、篱垣等。

安德烈在1651年出版了《游乐性花园》一书，完善了他父亲在园林总体布局上的设想，也更接近于后来路易十四的“伟大风格”。他认为，宫殿前应有壮观的、具有两三行行道树的林荫道(安德烈因此有法国“行道树的创始者”之称)，以宽阔的半圆形或方形广场做起点，在宫殿后面布置刺绣花坛，从窗中可以欣赏其全貌。他还提出一条递减的设计原则，即随着与宫殿的远离，花园中景物的重要性和装饰性要逐渐减弱。体现出花园是建筑与自然之间的过渡部分的思想。

雅克·布瓦索是即将到来的法国园林艺术伟大而辉煌时代的真正开拓者，他为园艺师社会地位的提高和园林艺术理论的发展都作出了很大的贡献。他认为造园家应熟悉植物配置及设计技术，而由建筑师设计的庭园无疑是不合适的。1638年，他出版了《依据自然和艺术的原则造园》，共三卷，论述了造园要素、林木及其栽培养护和花园的构图与装饰，为古典主义园林艺术理论奠定了坚实的基础。

从16世纪后半叶起，经过将近一个世纪，法国园林在意大利的影响和法国造园师的努力下，取得了一定的进展，但直到17世纪下半叶，勒·诺特式园林的出现，才标志着法国园林艺术的成熟和真正的古典主义园林时代的到来。

二、对英国园林的影响

英国都铎王朝的开始，意味着中世纪的结束。在接触了欧洲大陆的文化以后，提高了自身的活力。尤其是伊丽莎白一世在位的最后15年，英格兰呈现出一派繁荣景象。这一时期相继出现了莎士比亚、培根、斯宾塞等著名作家，住宅建筑及园林在这一时期也发生了很大变化。

去过欧洲大陆的英国人对意大利、法国园林表现出极大的兴趣，并开始模仿。同时，都铎王朝的君主们对花卉、园林也有着强烈的爱好，尤其在伊丽莎白时代，英国已成为欧洲的商业强国，帝王及贵族、地主们随着财富的增加，愈发憧憬并追求大陆国家豪华的宫廷生活和贵族的习俗，纷纷建造宏伟的宫殿、富丽的宅邸。

从伊丽莎白时代开始，造园家们摆脱城堡的束缚，追求更宽阔、优美的园林空间，开始将英国过去的传统与从法、意、荷引入的园林风格结合起来。不过，由于英国的气候特点，阴雨霏霏的天气很频繁，在这种灰暗的背景下，人们更希望有鲜艳和明快的色调，因此，虽然草地是固有的传统，生长也适宜，但是人们却不能满足于仅仅有绿色的草地、色土、砂砾以及雕塑和瓶饰了，而要求以绚丽的花卉来弥补（见图 18-28），当然，花卉栽培也受到荷兰的影响。

1. 汉普顿宫苑（Hampton Court）

1530 年沃尔西去世后，汉普顿庄园终于归亨利八世所有，他又扩大了花园的范围，园中还修建了网球游戏场地，这种游戏刚刚从法国引进，因此它们也是英国最早的网球场地了。

1533 年，亨利八世又在园中新建了秘园，在整形划分的地块上有小型结园，绿篱中填满了各色花卉，并有彩色的砂砾铺路（见图 18-29）。另一空间以圆形水池喷泉为中心，两端为图案精美的结园。秘园的一端为“池园”，它是园中最古老的部分，现在仍然保持良好。长方形的池园以申字形道路划分，中心交点上为水池及喷泉，纵轴的终点用修剪的紫杉形成半圆形壁龛，内有白色大理石的维纳斯雕像。整个池园是一个沉床园，周边逐层上升，形成三个低矮的台层，最外围是绿墙及砖墙。池园的一角是亨利八世的宴会厅。

图 18-28　英国庭院中的绿篱图案和五彩花卉

图 18-29　汉普顿宫苑中局部的矮墙分隔空间

2. 农萨其宫苑（Nonesuch Court）

亨利八世在晚年建造了农萨其宫苑。据 1591 年访问过农萨其宫苑的人的记载，该园是一个养有很多鹿的林苑，园中有大理石柱和金字塔形的喷泉，喷泉上面有小鸟的装饰，水从鸟嘴中流出；还设有“魔法喷泉”，水的开关设在隐蔽处，当人们走近喷泉时，会出人意料地忽然喷出水来。不过这些设施以及所有宫苑如今均已荡然无存了。

小　结

意大利台地园的出现是欧洲文艺复兴的标志之一，对古罗马人生活方式的渴望，促使了富豪权贵们纷纷在风景秀丽的丘陵山坡上建造庄园。

意大利特殊的地理条件和气候特点，是台地园形成的重要原因。意大利庄园大都建于郊外的丘陵山地上，而台地园的规划又是严整对称的格局，这种规则的布局如何与周围的自然景色融为一体，从而达到统一的效果，是规划中十分重要的问题。

庄园的设计者多为建筑师，花园被看作是府邸的室外延续部分，因而也就由一些几何形体来构成。中轴对称、均衡稳定、主次分明、变化统一、比例协调、尺度适宜的庄园构图，反映着古典主义的美学原则。

在意大利园林中，水是极为重要的造景要素。由于地形变化较大，园中的水体，除了可以扩大空间感，使景物生动活泼，产生柔和的倒影之外，还形成了许多在平地上难以达到的动态的水景效果。

台地园中的植物以不同深浅的绿色为基调，尽量避免一切色彩鲜艳的花卉，在视觉上得到凉爽宜人、宁静悦目的效果。绿丛植坛是台地园的产物。在文艺复兴早期的美第奇庄园中，树畦的运用就很成功。

总之，文艺复兴时期的意大利园林表现了这一时代意大利人特有的精神、意识。随着文艺复兴在欧洲的广泛传播，台地园的格调与审美也为欧洲的各个国家所接受。

【思考和练习】

1. 意大利园林在文艺复兴时期的前、中、后期各自有哪些特点？

2. 意大利台地园的特征是什么？

3. 谈谈意大利的文艺复兴对园林有什么影响，意大利园林对同时代的欧洲其他国家的园林有什么影响。

第十九章　君主集权时期的欧洲园林

第一节　君主集权时期欧洲的历史与文化背景

一、君主集权时期欧洲历史概述

14、15 世纪的"封建主义危机"是欧洲历史的一个转折点，饥荒、黑死病、战争接踵而至，人口大量死亡，人口与土地的比率变得有利于农民，农奴制瓦解了。逐渐发展起来的货币经济和 13—15 世纪的军事革命使得君主在军事竞争中占据了明显的优势，君主比封臣有更大的权力征集或调动资金来购置武器。15 世纪末 16 世纪初，法国路易十一、英国亨利七世、西班牙菲迪南二世和奥地利马克西米连一世群雄并起，开辟了绝对君主制的时代。

百年战争使法国君主制终于走出了中世纪封建制度在军事和财政上的局限。为了建立正规军和装备火炮，法王查理七世(Charles Ⅶ，1403—1461)不仅向富商巨贾借款，而且于 1439 年在全国第一次征收人头税。从此，建立了无须经过三级会议的正规税收制度。其子路易十一(Louis Ⅺ，1423—1483)凭借着常备军，结束了百年战争，恢复了王权的权威，并扩展了其父查理七世的政府机构。

英国君主制的行政权力集权化在中世纪发展得比较早。长达 30 年的"玫瑰战争"则决定性地为绝对君主制铺平了道路。许多名门望族在战争中毁灭，亨利七世(Henry Ⅶ，1457—1509)凭借武力取得王位后，获得了征收关税的永久权利，奠定了中央集权的财政基础。中央政府的权力集中于国王和少数私人顾问的手中。国王设立了皇室法庭，强化了对付贵族的最高司法权力，坚决镇压了北部和西部地区的贵族叛乱，私人武装遭到严厉禁止，私人军事城堡均被拆除。

哲学和政治学说推动了新兴资产阶级进行的革命，这主要表现在英国革命和法国的君主专政政体的建立中。英国资产阶级打着宗教的旗号发动了"清教运动"，1642 年查理一世(Charles Ⅰ，1600—1649)与代表新兴资产阶级利益的议会之间爆发了内战，在克伦威尔的领导下，1649 年资产阶级取得胜利，建立了最初的资产阶级共和国的典范。但由于资产阶级的两面性，在 1660 年与封建贵族妥协，迎回查理二世(Charles Ⅱ，1630—1685)，史称"斯图亚特王朝复辟"。由于复辟后的王朝迫害革命领导人士，还想恢复天主教，于是资产阶级在 1688 年再次发动政变，即"光荣革命"，迎来荷兰的威廉做英国国王，建立了君主立宪制国家。革命后，英国的资本主义得到了迅速发展，成了欧洲最先进的国家。

在法国，胡格诺战争已经结束，并建立起中央集权的君主专制国家。17世纪后半叶，法王路易十三（Louis Ⅻ，1601—1643）战胜各个封建诸侯，统一了法兰西全国，并且开始远征欧洲内地。到路易十四时（Louis Ⅻ，1638—1715）在欧洲大陆又夺取将近一百块小领土，建立起君主专制国家。路易十四大力削弱地方贵族的权力，采取一切措施强化中央集权，宣称“朕即国家”，集政治、经济、军事、宗教大权于一身；经济上推行重商主义政策，鼓励商品出口，建立庞大的舰队和商船队，成立贸易公司，促进了资本主义工商业的发展，法国一时成了生产和贸易大国，也是当时欧洲最强大的国家和文化中心。

二、君主集权时期欧洲的文化思潮

17世纪的欧洲在历史舞台上，揭开了近代史的序幕。这一时期，天文学、物理学、数学等科学都取得了很大发展。在创立科学方面，有四位杰出的科学家：波兰的哥白尼，德国的开普勒，意大利的伽利略和英国的牛顿，这些科学家都摈除了对权威和演绎推理法的依赖，而强调对自然的直接观察与实验。科学的大发展也激发了哲学的发展，经验哲学长久的地位被动摇了，代之而起的是现代哲学，现代哲学的代表人物主要有英国的培根、霍布士和洛克，法国的笛卡尔和加桑迪等。

出现在17世纪欧洲艺术史上的新现象是巴洛克风格，巴洛克艺术指的是1600年—1730年间遍布欧洲的一种艺术样式，首先出现在意大利，后传播到西班牙、葡萄牙、法国等欧洲其他地方。巴洛克艺术基本上以宇宙为中心，惯用的主题是宗教的狂热，1660年—1730年，巴洛克艺术中心转移到法国，其代表人物有画家卡拉瓦乔、鲁本斯、伦布朗等，雕塑家贝尼尼、波罗米尼等。

17世纪欧洲最主要的思潮是古典主义，它产生于17世纪初期的法国，影响到欧洲其他各国，持续到19世纪初，其首要特征是具有为王权服务的鲜明倾向性，其次是注重理性，第三个特点是模仿古代，重视格律，“三一律”是它们共同遵守的规律。法兰西文明在欧洲逐步兴盛，并渐渐取代意大利文明在文艺复兴初期的领导地位，以其浓郁的皇家特色和恢弘的气势，席卷整个欧洲。这不仅表现在政治、经济、军事等一系列国力强盛指标上，更表现在文学、音乐、建筑等文化载体对外的侵略性上。

在绝对君权专制统治下，古典主义文化成了路易十四的御用文化。它反映着由于科学的进步而产生的唯理主义，在政治上，它反映着绝对君权制度，这个制度当时被认为体现了理性的秩序。古典主义者力求在文学、艺术、戏剧等一切文化领域里建立合理的格律规范，却又盲目地崇奉它们为神圣的权威，不可违犯。而文学、艺术、戏剧等的内容，则主要是颂赞君主。建筑和造园艺术当然也是这样，主要为宫廷服务，反映着绝对君权制的意识形态。建筑的构图原则是，平面和立面都要突出中轴线，使它统帅全局，其余部分都要从属于它，而且以下还有一层一层构图上的主从关系。同时，造园艺术也要服从这样的格律规范。

到17世纪下半叶，绝对君权专制政体的建立及资本主义经济的发展，导致社会安定，进而追求豪华排场的生活，这些都为法国古典主义园林艺术的发展提供了适宜的环境。于是，安德烈·勒·诺特(André Le Nôtre, 1613—1700)这位天才设计师得以脱颖而出，使古典主义园林艺术在法国得到了巨大发展，取得了辉煌的成就，法国古典主义园林艺术理论在17世纪上半叶也逐渐形成并日趋完善。

第二节　路易十四与勒·诺特式造园

一、太阳王——路易十四

1638年9月5日，路易十四(Louis XIV, 1638—1715)(见图19-1)诞生于圣日耳曼(Saint Germain)的王室城堡。他是法王路易十三和王后安娜的长子。1643年，路易继任法兰西国王，之后一直统治法国到1715年去世为止，享年77岁，他是世界上执政时间最长的君主之一。对于法国来说，路易十四不仅是一个国王，而且代表一个时代。在这一个时代里，"太阳王"的光辉笼罩着全欧洲，而法国也因为路易十四的专制统治而更加强大。

图19-1　路易十四肖像图

路易十四5岁即继位，幼年时期由于战乱曾经逃亡，并遭到追捕，所以路易十四在1661年亲政后就立即着手发起一次政变，不断地加强了君主的权力，削弱高等法院的权力，钳制贵族，并宣称"朕即国家"。

为了恢复国内近于崩溃的经济，路易十四推行大臣柯尔伯特的重商主义政策，采取了保护和扶植国内手工业，实施保护关税等政策。这些措施使法国迅速还清国债，经济繁荣，资本主义得到发展，国库收入增加，在一定程度上打击了法国在欧洲的贸易劲敌。

另外，路易十四对于舞蹈、戏剧等艺术形式非常热衷，并不遗余力地推动建筑、绘画等艺术形式的发展。1655年，绘画雕刻学院荣获路易十四的特许状，成为第一所用来培训艺术家的学院。1664年，柯尔伯特在路易十四的支持下，重组绘画雕刻学院为皇家艺术学院。1671年，他又成立了皇家建筑学院，激发艺术家从事建筑与装饰来体现国王认定的优美格调。因此，路易十四时期的艺术成就十分广泛，而产生这种情形的原因，主要是政府的大力赞助。这种艺术赞助和国家化的结果推进了整个法国艺术的发展，而且当时的艺术中总是有着"太阳王"的骄傲和格调，无论是在宫廷、教堂中,还是在雕塑、绘画、陶器上。

值得一提的是,路易十四为了表示他至尊无上的权威,加强其统治,在巴黎城郊建造了规模宏大的凡尔赛宫苑,凡尔赛宫苑是西方造园史上最为光辉的成就。从规模到设计,作为古典主义艺术最大作品的凡尔赛宫苑处处体现着王权的至尊。1682年路易十四把宫廷迁往他在巴黎附近大兴土木建造的凡尔赛宫苑,并在那里举行大型的宴会(见图19-2)。凡尔赛宫苑同时成为一个向世界展示法国文化和艺术的大展台。凡尔赛宫苑承载着路易十四时代的双重辉煌,即法国绝对君主专制的中心和欧洲文化艺术的中心。

图19-2　路易十四在凡尔赛宫苑举行盛大的宴会

君主专制制度使路易十四成就了"太阳王"的荣光,对于国家统一、推进发展方面有它的突出作用,但随着时间的推移,专制王权开始滑向历史的对立面,这个民族就要为此付出惨重代价。在路易十四统治期内法国参加了四次大的战争:1667年—1668年与西班牙争夺荷兰,1672年—1688年与荷兰的战争,1688年—1697年与德国皇帝之间的九年战争以及1702年—1713年的西班牙继承权战争。这些战争耗尽了法国的国库,加之凡尔赛宫苑巨额资金的投入,使国家债台高筑。路易十四只能不断加强对农民的税收要求,法国历史学家阿历克西·德·托克维尔认为,重税、对贵族的削权以及没有政治权利的市民阶层对政策的不满是导致1789年法国大革命的政治、社会和经济原因。

到了路易十四统治晚期,国内起义此起彼伏,声势越来越大,持续时间也越来越长。军事失败、国库空虚、农业凋敝、工商业破产、王权削弱、民心丧尽,封建专制制度日趋衰落。1715年,曾称雄一时的路易大帝在人民的一片怨声中死去。

二、造园师之王——勒·诺特及其园林形式

(一)勒·诺特生平

勒·诺特(André Le Nôtre,1613—1700),(见图 19-3)1613 年 3 月 12 日出生在巴黎的一个造园世家,13 岁起师从绘画大师伍埃(Simon Vouet,1590—1649)习画,并有机会结识了许多来访的艺术家,如古典主义画家勒·布仑(Charles Le Brun,1615—1690)和建筑师芒萨尔(Franqots Mansa,1598—1666),他们对勒·诺特的艺术思想影响很大。1636 年,勒·诺特离开伍埃的画室,改习园艺。在此后的许多年里,他一直与父亲一起,在杜乐丽花园(Jardin Des Tuileries)从事一般性的园艺工作,与此同时他还研习了建筑、透视法和视觉原理等内容,研究过笛卡尔(Rene Descatres,1596—1650)的唯理论哲学,这些在他后来的作品中都有所体现。

图 19-3　法国园林设计大师——勒·诺特

勒·诺特的成名作是沃-勒-维贡特府邸花园(Vaux-le-Vicomte,又名服苑),它采用了一种前所未有的样式,开创了法国园林的先河,成为法国古典主义园林的杰出代表。1661 年开始,勒·诺特受路易十四邀请参加凡尔赛宫苑的设计和建造工作,直到 1700 年去世。他作为路易十四的宫廷造园家长达 40 年,被誉为"王之造园师和造园师之王"(The Gardner of Kings,The King of Gardners)。他设计或改造了许多府邸花园,表现出高超的艺术才能,形成了风靡欧洲长达一个世纪之久的勒·诺特式园林(Style Le Nôtre)。

勒·诺特是法国古典主义园林的集大成者,并对后世的园林设计产生了巨大的影响。他的主要作品除著名的凡尔赛宫苑、沃-勒-维贡特府邸花园外,还在枫丹白露城堡花园(1660)、圣-日耳曼-昂-莱庄园(Chateau de Saint-Germain-en-Laye,1663 年)、圣克洛花园(Le Jardin du Chateau de Saint Cloud,1665 年)、尚蒂伊府邸花园(Le Jardin du Chateau de Chantilly, 1665 年)、杜乐丽花园(Jardin Des Tuileries, 1667 年)、索园(Chateau de Sceaux,1670 年)、默东花园(Chateau de Meudon,1679 年)等。

在 18 世纪初,由勒·诺特的弟子勒·布隆(Le Blond,1679—1719 年)协助德扎利埃(Dezallier d'Argenville,1680—1765 年)写作的《造园的理论与实践》(Theorie et Pratique du Jardinage)一书,被看作是"造园艺术的圣经",标志着法国古典主义园林艺术理论的完全建立。

(二)勒·诺特式园林特征

勒·诺特的造园风格一扫当时巴洛克的奢华和烦琐,表现出优美、高雅、庄重,创造了更为统一、均衡、壮观的整体构图,其核心在于中轴的加强,使所有的要素均服从于中轴,按主次排列在两侧,这是在古典主义美学思想的指导下产生的,是古典主义的灵魂,也是路易十四时代的"伟大风格",它鲜明地反映出这个辉煌时代的特征。

中轴对称的平面布局是勒·诺特式园林的空间结构主体,由轴线串联起一个个连续的空间序列,庭院中建筑总是中心,起着统帅的作用,通常建在地形的最高处,比如默东花园(见图19-4),沃-勒-维贡特府邸花园(见图19-5)以及索园。建筑前的庭院与城市中的林荫大道相衔接,其后面的花园,在规模、尺度和形式上都服从于建筑。在贯穿全园的中轴线上加以重点装饰,形成全园的视觉中心,一系列优美的花坛、雕像、泉池等都集中布置在中轴上,如图19-6所示凡尔赛宫苑中轴线节点之一——拉托娜泉池。横轴和一些次要轴线,对称布置在中轴两侧,直线形道路纵横分布或放射状分布,构成明朗的透景线,丛林或植坛呈方格状、环状或梯形状等。小径和甬道的布置,以均衡和适度为原则。整个园林因此编织在条理清晰、秩序严谨、主从分明的几何网格之中。

图19-4 默东花园透视效果

融于自然的地形处理是勒·诺特式园林的又一特点。法国地势平坦,起伏不大,勒·诺特式园林并非像意大利园林那样设置多级平台,而是与原有地形紧密联系,其高低起伏,完全适应于地形的走向,从空中鸟瞰,仿佛一幅巨大的有美丽图案的地毯铺在了法国乡村的丘陵上。勒·诺特式园林主轴线一般垂直于等高线布置,这样能够使轴线两侧的地形基本持平,便于布置对称的要素,获得均衡统一的构图。同时,地势的变化也会反映在轴线上,形成一系列跌宕起伏的园林空间。有时设计者根据

图 19-5　维贡特府邸花园明确的中轴线

图 19-6　凡尔赛宫苑的中轴

设计意图需要创造起伏的地形，但高差一般不大。因此，整体上整个园林景观表现为平缓而舒展的效果。比如在索园中，勒·诺特为了使设计更好地与原有地形融和，在建筑物之前设置三层草坪台地(见图 19-7)，地形向西逐渐下降，在低洼处设置一条1500 多米长的大运河，宏伟壮观。南北向的次轴线倚山就势修建了大型的跌水，即索园大瀑布。

平静开阔的水景设计也是勒·诺特式园林的特征。勒·诺特仿照法国平原上常见的湖泊、河流的形式，在园景中形成开阔的水景效果。园林中主要展示静态水景，水池中反射出蓝天白云或周围的景致，仿佛是巨大的镜面镶嵌在花园中，使其魅力倍增。勒·诺特常常在园林中运用多种水景形式，包括大运河、渠溪、水梯、叠瀑、水池、喷泉、湖池等，尤其是运河的运用，成为勒·诺特式园林中不可缺少的组成部分，它强调了花园中的轴线，又利于蓄水和排水，同时还是重要的水上游乐场所，最为经典的便是凡尔赛宫苑中的水景设计。勒·诺特式园林中水景的设计非常巧妙，水池、喷泉大都设在道路交叉点上或丛林植坛区内部，组成风景透视的最佳画面，并充分运用水中倒影或水声创造景观。有些园景中也结合地形设计跌水，求得动感与变化，如索园的跌水(见图 19-8)。

图 19-7　索园的局部效果

图 19-8　索园中的跌水效果

巧妙精美的植物景观设计是勒·诺特式园林的特征。勒·诺特通常选择以阔叶乔木为主，尤其是当地的乡土树种，如椴树、欧洲七叶树、山毛榉、鹅耳枥等，集中种植在外围边缘的林园中，形成茂密的丛林，以便能够体现出丰富的季节变化以及法国特有的平原森林效果。只是在具体处理上林缘往往经过修剪，种植范围又被直线形道路所围合，因而形成整齐的外观。而园景内部多用黄杨或紫杉修剪造型，作植篱或绿丛植坛，形成宏大的图案纹理。

勒·诺特式园林的植物景观主要有三种形式：丛林、花坛、树篱。最精美的要数园中的花坛。勒·诺特设计的花坛有六种类型：刺绣花坛、组合花坛、英国式花坛、分区花坛、柑橘花坛、水花坛。布置在府邸近旁的"刺绣花坛"在园林中起着举足轻重的作用，大型刺绣花坛以花卉为主，有时也用黄杨矮篱组成图案，但是底衬是彩色的砂石或碎砖，富有装饰性，犹如图案精美的地毯(见图 19-9)。"组合花坛"是由涡形图案栽植地、草坪、结花栽植地、花卉栽植地等四个对称的部分组合而成的花坛。"英国式花坛"就是一片草地或经修剪成形的草地，它的四周辟有 0.5～0.6米宽的小径，外侧再围以花卉构成的栽植带，这是一种最不显眼的花坛。"分区花坛"与其他花坛不同，它完全是由对称形的造型黄杨树构成，在这种花坛中丝毫不见草坪或刺绣图案的栽植。"柑橘花坛"(见图 19-10)与"英国式花坛"有些相似，不同之处在于柑橘花坛中种满了橘树及其他灌木。"水花坛"是将环抱在草坪、林荫树、花圃之中的泉水集中起来构成的花坛。

图 19-9　沃-勒-维贡特府邸花园中精美的"刺绣花坛"

图 19-10　凡尔赛宫苑中规整的柑橘花坛

花坛与丛林之间常用黄杨、紫杉、米心树、疏花鹅耳杨树等植物构成的树篱作为分割，树篱厚度常为 0.6 米，规则且相互平行，有高度为 1 米的矮树篱到 10 米左右的高树篱，树篱一般种得很密，起到围合的作用。

勒·诺特式园林还设计有许多古朴动感的园林小品。在勒·诺特时代，花格墙成为最为盛行的一种庭园局部构成，并设有专职的工匠来负责制作，尽管这样的设计自古有之，但直到在法国才将古代中世纪时粗糙的木制花格墙改造成精巧的庭园建筑物并引用到庭园之中，庭园中的凉亭、客厅、园门、走廊及其他所有的建筑性构造物都用它来构成，它不仅价廉而且极易制作，这是石材及灰泥所无法比拟的。

另一方面，法国园林中布置了大量的雕塑，游历期间会感受到浓郁的文化氛围和艺术气息。但是与意大利不同，法国并没有太多古代遗留的雕塑作品，所以最初只能仿造，随着古典主义的兴盛，法国涌现了许多雕刻家，如勒蒂比勒鸿雷、勒尼奥丹、库塞乌厄、凯勒登等，他们创作了大量经典的雕塑作品。这些雕塑往往以神话或者传说为主题，构成一个个优美灵动的场景，例如在宏伟的凡尔赛宫苑中，雕塑被设置在泉池中、草坪里、林荫道旁……著名的拉托娜泉池中，阿波罗（Apollo）与阿耳忒弥斯（Artemis）的母亲拉托娜站立在喷泉的顶部，曾经诋毁过她的人们俯首向其忏悔，极目眺望，阿波罗喷泉中阿波罗正驾驶着他的金色马车疾驰而来。在偌大的宫苑中，设计师布置了许多儿童雕塑，也使得这个有些"荒芜"的空间多了些许灵气。

勒・诺特将变化无常、装饰烦琐的巴洛克风格摒弃，给造园设计带来了一种优美高雅的形式。同样是规则式园林，同样是露台、台阶、坡道、水体、建筑，与意大利园林不同的是，勒・诺特式园林更好地与法国的地形、气候、文化相融合，通过平面几何式布局和贯穿全园的透景线，展现出恢弘的气势和广袤的效果。即使是司空见惯的植物，经他的处理，也成了新样式造园的材料，或布置成高墙，或构筑成长廊，或围合出天井，将庭院装点成一个硕大的"绿色宫殿"，一个美轮美奂的世界。无论岁月如何流逝，他的很多作品仍然令人震撼，他的设计思想仍然值得我们研究。

第三节　法国古典主义园林经典作品

一、凡尔赛宫苑（Chateau de Versailles）

（一）建造背景及过程

17 世纪下半叶，法国成为欧洲最强大的国家，国王路易十四是继古罗马皇帝之后，欧洲最强有力的君主。当路易十四参观了财政大臣福凯的府邸——沃-勒-维贡特府邸花园（又称为服苑）后，被精妙绝伦的美景吸引，同时他的嫉妒心也被深深触动，决心在凡尔赛宫扩建一处超过任何其他苑园的最美丽、最宏伟的宫苑——凡尔赛宫苑，使它成为强大的国家和强大的君主的纪念碑（见图 19-11）。

凡尔赛宫位于法国巴黎西南郊外伊夫林省省会凡尔赛镇，1682 年—1789 年是法国的王宫。1624 年，法国国王路易十三买下了 117 法亩荒地，在这里修建了一座二层的红砖楼房，用作狩猎行宫。路易十四时期，宫苑周围仍然是一片荒野沼泽地，是一处"无景、无水、无树，最荒凉的不毛之地"，因此，宫苑建造初期就受到福凯的继任者高勒拜尔的竭力反对。然而，路易十四的决定不容更改，他在回忆录中还十分得意地说："正是在这种十分困难的条件下，才能证明我们的能力。"建造者面临的首要问题就是浩大的地形改造，另外一个就是复杂的水景工程。先以本地水源作喷泉未能

图 19-11 凡尔赛宫苑总体鸟瞰效果

成功，又从七英里外的河流埋管引水，但水位压力也不足，则又将柑橘园末期的沼泽地掘成一处大湖以作水源的补充措施。创造水景前后用了 2～3 年的时间和数万士兵，有不少人死于该项目的工程建设之中。

凡尔赛宫苑的建造投入了大量的人力、物力和财力，在建造过程中集中了法国最顶尖的设计师和艺术家，除勒·诺特外，法国 17 世纪下半叶最杰出的建筑师、雕塑家、造园家、画家和水利工程师等都先后在凡尔赛宫苑的建造过程中工作过。所以，凡尔赛宫苑的建造，代表着当时法国在文化艺术和工程技术上的最高成就。路易十四本人也以极大的热情，关注着凡尔赛宫苑的建设。在 1668 年的法荷战争之后，更是全身心地投入到凡尔赛宫苑工程的建设中。圣西门公爵说，这位征服者要在凡尔赛宫苑领略“征服自然的乐趣”。

勒沃对宫殿的扩建，只能局限在壕沟内，将当时长度只有 50 米的路易十三行宫“包裹”起来。花园的设计师勒·诺特尔似乎已预感到，这座作为伟大君王象征的宫苑，必将突破这一束缚，最终代之以雄伟壮丽的宫殿。因此，从一开始，园林的规划就具有恢弘的气势。直到 1668 年，由于扩建后的宫殿实在难以满足国王举行盛大宴会的需要，又显得与园林不协调时，才由建筑师小芒萨尔对宫殿进行再次扩建，填平了壕沟，使建筑长达 400 米，形成与整个园林比例协调、珠联璧合的统一体。

1682 年 5 月 6 日，路易十四宣布将法兰西宫廷从巴黎迁往凡尔赛。凡尔赛宫主体部分的建筑工程于 1688 年完工，而整个宫殿和花园的建设直至 1710 年才全部完成，随即成为欧洲最大、最雄伟、最豪华的宫殿建筑，并成为法国乃至欧洲的贵族活动中心、艺术中心和文化时尚的发源地。

1789 年 10 月 6 日，路易十六被民众挟至巴黎城内，凡尔赛宫苑作为王宫的历史至此终结。在随后到来的法国大革命恐怖时期中，凡尔赛宫苑被民众多次洗掠，宫苑内外都遭到了严重的损毁。1793 年，宫内残余的艺术品和家具全部运往卢浮宫。此后凡尔赛宫苑沦为废墟达 40 年之久，直至 1833 年，奥尔良王朝的路易·菲利普国王才下令修复凡尔赛宫，将其改为历史博物馆。

(二)凡尔赛宫苑景观设计

凡尔赛宫苑占地面积巨大，规划面积达 1600 公顷，其中仅花园部分面积就达 100 公顷。如果包括外围的大林园，占地面积达 6000 余公顷，围墙长 4 千米，设有 22 个入口。宫苑主要的东西向主轴长约 3 千米，如包括伸向外围及城市的部分，则有 14 千米之长。

凡尔赛宫苑的总体布局最主要的是由一条明显的中轴——以宫殿的中轴为基础，从宫殿的平台展开，延伸到拉托娜泉池，经过国王林荫道，再到达阿波罗池，接着就是大运河。主体建筑——宫殿坐东朝西，建造在人工堆起的台地上，南北长 400 米，中部向西凸出 90 米，长 100 米。宫殿的中轴向东、西两边延伸，形成贯穿并统领全局的轴线。东面是三侧建筑默默围绕的前庭，正中有路易十四面向东方的骑马雕像。宫殿的另一面由贵族们的内庭到大臣们的前庭，再前面就是“军队广场”，和广场相通的也是中轴大道。两边对称和还有放射形的大道，和这三条大道相联系的就是向外延伸的纵横支道构成了许多方块丛林区。

花园中首先建造的是宫殿凸出部分前的刺绣花坛，后又改成“水花坛”，由五座泉池组成，勒·诺特本打算设计丰富多彩的水流，描绘出花坛般的景象，但最终未能实现。现在的“水花坛”是一对矩形抹角的大型水镜面，大理石池壁上装饰着爱神、山林水泽女神以及代表法国主要河流的青铜像，塑像都采用卧姿，与平展的水池相协调(见图 19-12)。从宫殿中看出去，水花坛中倒映着蓝天白云，与远处明亮的大运河交相辉映。

在水花坛的南北两侧各设置一座花坛，这两座花坛一南一北，一开一合，表现出统一中求变化的手法。南花坛台地略低于宫殿的台基，实际上是建在柑橘园温室上的屋顶花园，由两块花坛组成，中心各有一喷泉。由此南望，低处是柑橘园(见图 19-13)，远处是“瑞士人湖”和林木繁茂的山冈，形成以湖光山色为主调的开放性的外向空间。路易十四偏爱柑橘树。勒沃最初在宫殿的南侧建了一处柑橘园，小芒萨在扩建宫殿的南翼时对其进行了改造，面积比原来扩大了一倍，并借助与南花坛的 13 米高差在南花坛地面下建了一座温室，园内除了摆放着大量的盆栽柑橘之外，还栽植了许多石榴、棕榈等，形成独具特色的亚热带风光。

与南花坛相对照，北花坛围合着宫殿和林园，相对封闭。其北面设置了一系列精美的水景，以金字塔泉池(Fountain of Pyramide)(见图 19-14)为起点，经过自然女神池，穿过水光林荫道，林荫道两边整齐地排列着 22 组盘式涌泉，各由三个儿童像擎着。远远可以看到一个圆形的水池，水花四溅，池中巨龙腾空而起，周围四条怪鱼纷

图 19-12　水花坛与装饰雕塑

图 19-13　湖光山色掩映中的柑橘园

纷逃窜，四个儿童骑在天鹅身上，以弓箭袭击巨龙，这就是著名的龙泉池(Fountain of Dragon)(见图 19-15)。两侧的大型绿色植坛构成了浓密的林荫大道(见图 19-16)和一系列精美的植坛和水景，将人们引向坡地之下的龙泉池和半圆形的尼普顿泉池

(Fountain of Neptune)(见图 19-17)。坡地两侧排列着托起喷泉水盘的孩童雕刻，使相对狭窄的空间显得开阔。尽管水面并不开阔，但在这个相对封闭的空间中，尼普顿泉池在绿树、喷泉、雕塑的映衬下显得格外壮观(见图 19-18)。以金字塔泉池为起点，经过仙女水泽泉池，穿过林荫道下的龙泉池，最终到达了尼普顿泉池，三处水景相互贯通，其构思之巧妙，令人心旷神怡。

图 19-14　金字塔泉池

图 19-15　龙泉池中的巨龙、怪鱼和儿童

图 19-16　水光林荫道

图 19-17　水花飞溅的尼普顿泉池

图 19-18　尼普顿泉池中的雕塑

另外，在这一景区中还有两个小林园，分别设置在水光林荫道的两侧，即三泉林园(Bosquet des Trois Fontaines)和凯旋门林园(Bosquet l'Arcde Riomphe)，前者以富于变化的跌水取胜，后者以其精美的雕塑著称(见图 19-19、图 19-20)。

图 19-19　三泉林园中层层跌落的瀑布

离开这条横轴，再次回到水花坛，由水花坛沿着中轴西望，便是著名的拉托娜泉池(Fountain of Latona)、阿波罗泉池和十字大运河(见图 19-21)。拉托娜泉池中设置四层大理石圆台，拉托娜雕像耸立顶端，手牵着幼年的阿波罗和阿耳忒弥斯，遥望西方。下面有口中喷水的乌龟、癞蛤蟆和跪着的村民水柱将雕像笼罩在水雾之中——乌龟、癞蛤蟆之类是那些曾经对她有所不恭、唾骂她的村民被天神惩罚而变的。拉托娜泉池两侧各有一块镶有花边的草地，称为“拉托娜花坛”。中央是圆形水

图 19-20　凯旋门林园中精美的雕塑

池和高大的喷泉水柱，草地的外轮廓与拉托娜泉池协调地嵌合在一起，使这一广场显得十分完美。

图 19-21　由拉托娜泉池西望可看到远处的阿波罗泉池和十字运河

从拉托娜泉池向西行，是长 330 米、宽 45 米的国王林荫道（royal avenue），或称为绿地毯（tapis vert），两侧各有 10 米宽的园路。其外侧每隔 30 米立一尊白色大理石雕像或瓶饰，共 24 个。在高大的七叶树和绿篱的衬托下，显得典雅素净。林荫道的尽头，便是阿波罗泉池。椭圆形的水池中，阿波罗驾着巡天车，迎着朝阳破水而出，紧握缰绳的太阳神、欢跃奔腾的马匹塑像栩栩如生（见图 19-22）。当池中水花四溅时，整个泉池蒙上一层朦胧的水雾（见图 19-23）。

阿波罗泉池两侧的弧形园路上各布置了 12 尊雕塑，作为国王林荫道的延续和阿波罗泉池广场的装饰（见图 19-24）。透过阿波罗泉池的水雾极目远眺，便是凡尔赛

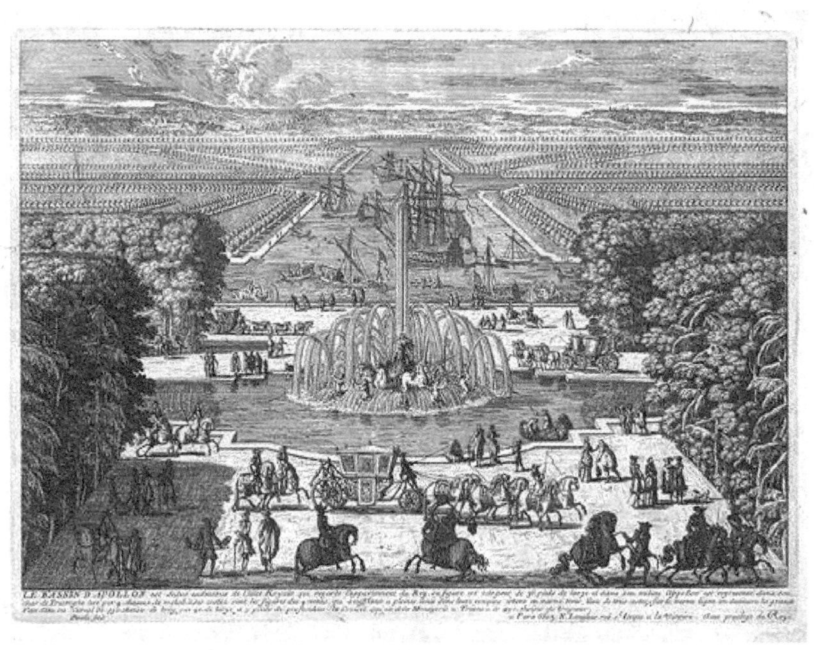

图 19-22 泉池中央的阿波罗雕塑(版画)

图 19-23 水雾笼罩之中的阿波罗泉池

宫苑中最壮观的十字大运河(见图 19-25),长 1650 米、宽 62 米,横臂长 1013 米,它既延长了花园中轴的透视线,也是为沼泽地的排水而设计的。

凡尔赛宫苑中也并不完全都是一览无余、宏伟巨大的,勒·诺特在宫苑中还设置了 14 个小型的园林,因其设置在密林深处,又称为林园(见图 19-26)。除了前面提到的两处林园之外,其余的都布置在中轴国王林荫道两侧,以方格网园路划分成面积相等的 12 块,包括迷园(“迷园”是勒·诺特构思最巧妙的小林园之一,取材于伊索寓

图 19-24　阿波罗泉池旁在绿树掩映中的雕塑

图 19-25　凡尔赛宫苑中最宏伟的十字大运河

言，园中道路错综复杂，每一转角处都有铅铸的着色动物雕像，各隐含着一个寓言故事，并以四行诗作注解，1775 年被毁后改成王后林园）、沼泽园（后改建为阿波罗泉池林园）、水镜园（见图 19-27）、国王林园（见图 19-28）、水剧场、圆顶林园（见图19-29）、恩克拉多斯林园（见图 19-30）、星形林园、尖顶碑林园、柱廊园（见图 19-31）等。每一处小林园都有不同的题材，一般尺度较小，显得亲切宜人，适宜人们休息娱乐。另外，在林园区内园路的四个交点上还布置有四座泉池，即花神池、谷神池、酒神池和农神池，分别象征春夏秋冬，代表四季轮回。

图 19-32 为勒·诺特为蒙黛斯潘侯爵夫人兴建的“沼泽园”。该园以水景取胜，园内方形水池的中央，在一株逼真的铜铸的树上，长满了锡制的叶片，枝叶的尖端布

图 19-26 各具特色的小林园

图 19-27 “水镜园”与“帝王岛”(油画)

图 19-28 国王林园

图 19-29 圆顶林园(油画)

满了小喷头,向四周喷水;水池边的“芦苇叶”则向池中心喷出水柱;池的四个角隅上的“天鹅”也向池内喷水。在两侧大理石镶边的台层上,设有长条形水渠,里面是各种水罐、酒杯、酒瓶等造型的涌泉等(见图 19-33、图 19-34)。

凡尔赛宫苑历经数十年的建造,规划设计屡次发生变化,充分反映了法兰西皇帝至高无上的权威和豪华极欲的生活要求。每次扩建都动用数万人力和大量的国库开支,死伤于工程中的人员以万计。园林设计大师勒·诺特为此贡献出了毕生的精力,

图 19-30　恩克拉多斯林园整体效果

图 19-31　柱廊园中的柱廊

图 19-32　沼泽园

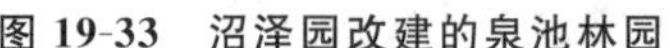

图 19-33 沼泽园改建的泉池林园

图 19-34 阿波罗泉池林园的神话故事的组雕

其独特的艺术风格也完全凝固于宏伟的凡尔赛宫苑之中。此后，欧洲各国纷纷效仿，但是在艺术水平上没有一个能够超越凡尔赛宫苑的。

1715 年路易十四死后，凡尔赛宫苑几经沧桑，渐渐失去 17 世纪时的整体风貌。规划区域的面积从当时的 1600 多公顷，缩小到现在的 800 多公顷。虽然园林的主要部分还保留着原来的样子，却难以反映出鼎盛时期的全貌了。

二、沃-勒-维贡特府邸花园(Le Jardin du Chateau de Vaux-le-Vicomte)

（一）建造背景及过程

沃-勒-维贡特府邸花园（见图 19-35），又称为“服苑”，是法国勒·诺特式园林最重要的作品之一，它标志着法国古典主义园林艺术走向成熟。它使设计师勒·诺特一举成名，而园主尼古拉·福凯却因此成为阶下囚。

福凯是路易十四的财政大臣，从 25 岁起，他就在家乡梅隆逐步购置地产。大约 1650 年，福凯请著名建筑师勒沃（Louis Le Vau，1612—1670 年）为他建造了一座府邸，取名为“服苑”。1656 年，工程才真正开始。为了建成这一巨大的府邸花园，拆毁了三座村庄，使园地呈 600 米×1200 米的矩形。为了园内的用水，甚至将安格耶河改道。前后动用了 1.8 万多劳工，历时 5 年始成。沃-勒-维贡特府邸花园不仅府邸本身富丽堂皇，而且花园的广袤和内容的丰富也是前所未有的。

沃-勒-维贡特府邸花园建成后，福凯举行了一次空前盛大的宴会，路易十四因服苑的奢华美丽超越了皇家的一切园林而震撼，并产生了嫉妒心理，决心建造一处更为华美而宏大的宫苑，以满足自己虚荣和至尊的权威心理。此后，福凯就因账目不清、投机倒把等罪名被捕入狱，判为终身监禁，在狱中度过了 19 个年头后死去，福凯的府邸花园也被没收，园中的雕塑和柑橘等也被移至凡尔赛宫苑中。沃-勒-维贡特府邸花园的辉煌尽管犹如昙花一现，但却使得新的法国园林风格得以向公众展示，也使得一位著名的设计大师——勒·诺特崭露头角、脱颖而出。所以说，沃-勒-维贡特府邸花园是法国园林史的重要节点，开创了一种全新的园林风格。

图 19-35　沃-勒-维贡特府邸花园鸟瞰效果

(二)景观设计

花园采用古典主义样式,严谨对称。府邸平台呈龛座形,四周环绕着水壕沟,周边环以石栏杆,是中世纪城堡手法的延续。入口在北面,从椭圆形广场放射出几条林荫大道。椭圆形广场与府邸平台之间,有一矩形前院,两侧是马厩建筑,后面是家禽饲养场和菜园。

主花园在建筑的南面,整体布局对称严谨,府邸正中对着花园的是椭圆形客厅,饱满的穹顶是花园中轴的焦点。花园中轴长约 1 千米,两侧是顺向布置的矩形花坛,宽约 200 米。花坛的外侧是茂密的林园,以高大的暗绿色树林,衬托着平坦而开阔的中心部分。因此,花园的布置由北向南延伸,由中轴向两侧过渡。地势也是由北向南,缓缓下降,过了东西向的运河之后,地势又上升,形成斜坡。

花园在中轴上采用三段式处理。第一段的中心,是一对刺绣花坛,紫红色砖末衬托着黄杨花纹,图案精致清晰,繁杂华丽,并且色彩对比强烈(见图 19-36、图 19-37)。花坛角隅部分点缀着整齐的紫杉及各种瓶饰。刺绣花坛的两侧各有一组花坛台地,东侧地形原来略低于西侧,勒・诺特有意抬高了东台地的园路,使得中轴左右保持平衡。

第一段以圆形水池作为端点,中央设柱状喷泉,两侧是长条形水池,长约 120 米,构成垂直于中轴的横轴。与之平行的有一条横向园路,其东端尽头地势稍高,顺势修筑了三个台地,正中有台阶联系。最上层两侧对称排列着喷泉,饰以雕塑,挡土上装饰着高浮雕、壁泉、跌水和层层下溢的水渠等。

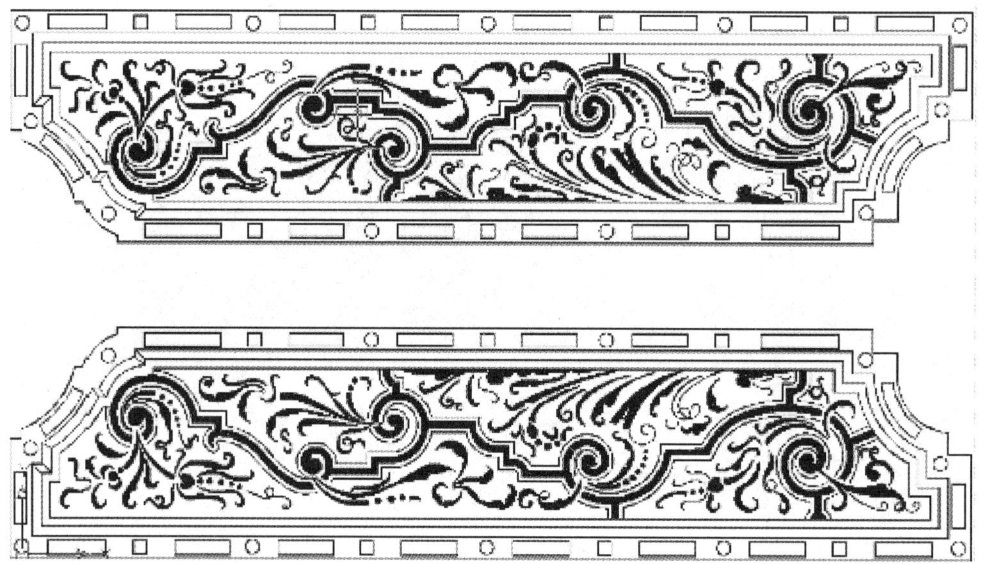

图 19-36 沃-勒-维贡特府邸花园中繁杂优雅的刺绣花坛

图 19-37 刺绣花坛局部效果

第二段花园的中轴路两侧，过去有注水渠，密布着无数的低矮喷泉，称为“水晶栏杆”，现已改成草坪种植带。其后是草坪花坛围绕的椭圆形水池，以及沿着中轴路向南的方形水池，水面平静如镜，故称“水镜面”，建筑倒映于水中，形成虚与实的对比，更增加了花园的幽深和神秘(见图 19-38)。第二段花园东西两侧，各有洞窟状的忏悔室，其上的平台是很好的观景之所。

花园的边缘便是长近 1000 米、宽 40 米的运河，宽阔的草地以及高大的树丛。此处拥有明显的勒·诺特式园林印记——以运河作为全园的主要横轴。中轴处的运河水面向南扩展，形成一块外凸的方形水面，既便于游船在此调头，又形成南北两岸围合而成的、相对独立的水面空间，使运河既有东西延伸的舒展，又加强了南北两岸的联系，丰富了局部景观，强调了全园的中轴线。

在北花园的挡土墙上，有几层水盘式的喷泉、跌水，其间饰以雕像，形成壮观的“飞瀑”，向运河过渡。运河的南岸倚山就势建有七开间的洞府，前面设有一排喷泉(见图 19-39)。南北两边的台阶都隐蔽在挡土墙后，更加强了水面空间的完整性。

第三段花园坐落在运河南岸的山坡上，坡脚处理成大台阶。中轴线上有一座紧

图 19-38 水镜面

贴地面的圆形水池，无任何雕琢，但是从中喷出的水柱花纹十分美丽，在碧绿草地的背景上，水花晶莹（见图 19-40）。登上台阶，沿着林荫路，到达山坡上的绿荫剧场。半圆形绿荫剧场与府邸的穹顶遥相呼应。坡顶耸立着的海格力斯的镀金雕像，构成花园中轴的端点。在海格力斯像前，回头北望，整个府邸花园尽收眼底。

图 19-39 运河南岸景观

图 19-40 圆形水池中变幻多姿的水柱

从上面的分析可以看出，整个花园在景观的组织上就像是一出戏剧，每一段落各具特色，且富于变化：第一段紧邻府邸以绣花花坛为主，强调人工装饰性；第二段以水景为主，重点在喷泉和水镜面；第三段以树木草地为主，增加了自然情趣。同时，每一段落之间又有着自然的过渡和承接，循序渐进：第一段以圆形的小型水池结束，下几级台阶，两侧各有 120 多米长的横向水渠，与大运河相呼应，增强了横向轴线感；第二段以方形的水镜面结束，预示着大运河的临近，大运河边缘的飞瀑，与运河形成动与静的强烈对比，与飞瀑相对的岩洞中，饰有雕像喷泉，进一步活跃了水景气氛。尽管沃-勒-维贡特花园宽敞辽阔，但由于各造园要素合理的布局，整个花园并没有巨大、荒漠之感，相反，却无处不体现规则与秩序的完美结合。所以一直以来，沃-勒-维贡特府邸花园被誉为勒·诺特式园林的代表作之一。

三、尚蒂伊府邸花园(Le Jardin du Chateau de Chantilly)

(一)建造背景及过程

尚蒂伊城堡(见图 19-41)位于巴黎以北 42 千米处的尚蒂伊，1386 年—1897 年都属于法国著名家族——蒙莫朗西家族，这使得城堡的维护与风格有相当的一致性。最初的府邸于 1528 年—1531 年间为圣安妮·蒙莫朗西(1493—1567)建造，完全是 16 世纪上半叶的特点。1632 年，著名将军老孔德(1621—1686)继承了该地产，并于 1663 年委托勒·诺特将散乱无序的花园改造成统一的整体。

图 19-41 尚蒂伊府邸花园透视效果图

此后，路易·菲利浦国王的儿子亨利(奥马尔公爵，1822—1897)从伯父孔德王子处继承这处城堡，之后开始一连串的扩建与整修。1884 年，他将城堡主权移交给法兰西研究院，让它成为国家产业。1898 年亨利过世后，法兰西研究院将城堡更名为孔德博物馆，向公众开放。

现在尚蒂伊城堡是在法兰西研究院名下的国家级文化古迹。城堡建筑雄伟壮丽，花园造景以几何对称及雕像为主，而常年在博物馆中展出的绘画、雕塑、素描，也均是珍贵真迹。

(二)景观设计

整个府邸花园最引人注目的，最具勒·诺特式园林特点的便是那宏伟巨大的运河以及由此确定的花园的横轴和纵轴。但在设计初期，勒・诺特却遇到了一个棘手的问题——建筑平面极不规则，无法从中引申出花园的中轴线。于是，勒・诺特放弃了建筑轴线，选择以府邸边缘的台地为基点，布置花园。后来，建筑师居塔尔将台地改造成大型台阶，平台上有献给水神的塑像，强调了花园中轴线的焦点。这样，在整体构图上，府邸虽未统帅花园，却成为花园的要素之一（见图 19-42）。

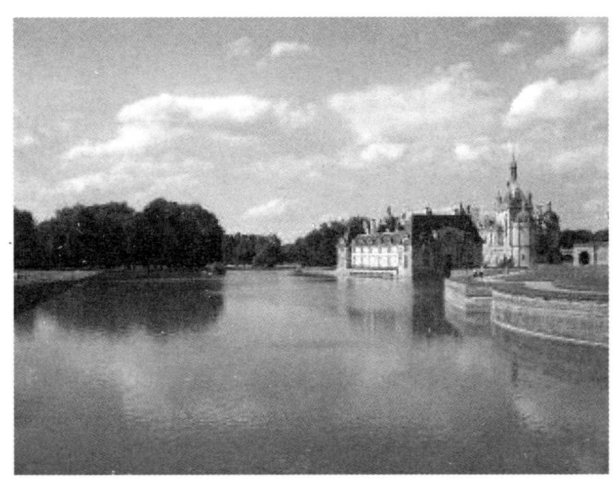

图 19-42　碧水蓝天掩映中的尚蒂伊城堡

尚蒂伊城堡周边水量充沛，所以整个花园以水景取胜。前面提到的大运河是由农奈特河（Nonete）汇聚而成的，长 1500 多米、宽 60 米，在花园中轴上又伸出 300 米长的一段。这条运河比沃-勒-维贡特府邸花园中的运河更加宏伟壮观，成为巨型的水镜面（见图 19-43）。

图 19-43　古朴的城堡在巨大的水镜面中形成倒影

除了大运河之外，在中轴线两侧对称布置着以水池为主体的花坛，即水花坛，利用草坪和水池形成优美的图案，同时构成虚与实、明与暗的对比，使开阔的空间显得丰富而灵动。尽管花园的中轴较短，但处理得非常讲究，轴线以一圆形水池作为起点，沿着运河一直延伸到另一侧，最后以巨大的半圆形斜坡草坪作为重点，同时也与城堡的大台阶相对应（见图 19-44）。

图 19-44 尚蒂伊府邸花园中轴线处理

花园的西面，还有一系列美丽的法国式花园和装饰丰富的林园。后来，花园的拥有者又在水花坛之外建造了英国式花园，里面有建筑师建造的“小村庄”（见图 19-45），浓郁的乡村风貌使人流连忘返，在这偌大的庄园中构成一个独特处所。

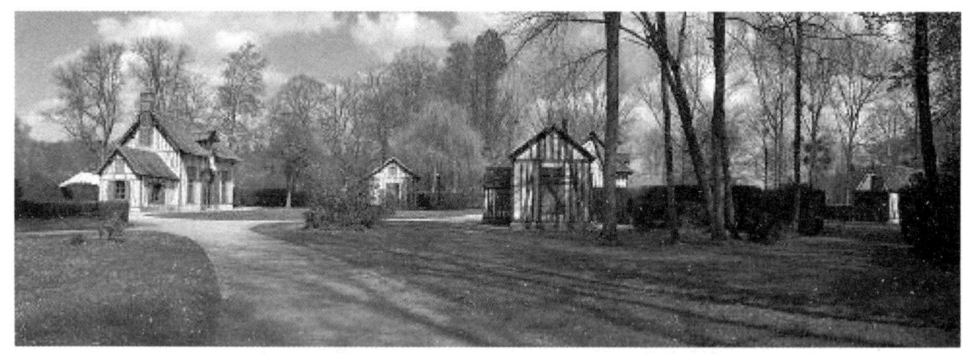

图 19-45 尚蒂伊府邸花园中的小村庄

府邸的西面是城堡马厩，建于 1719—1740 年，曾经饲养过 240 匹马和超过 400 头猎狗，现在作为博物馆，除了展出骑马用具外，还展出关于马匹的油画和雕塑。在博物馆旁边是一座赛马场，它建于 1834 年，很有历史，现在也经常举行赛马。

经过勒·诺特改建的尚蒂伊府邸花园，完全体现出法国式园林的特点。尽管不像其他古典主义园林那样规整，但是，勒·诺特大手笔的处理方式使它具有宏大的气势。花园几乎处在同一个平面上，平坦舒展。花园中着重强调的人工味，尤其是大运河的开创，给人以强烈的震撼。水花坛和水镜面的处理如此适宜，使尚蒂伊府邸花园独具特色。

四、枫丹白露宫苑(Le Jardin du Chateau de Fontainebleau)

(一)建造背景及过程

枫丹白露宫苑位于在塞纳-马恩省河与罗恩河之间的枫丹白露镇，距巴黎约60千米，占地0.84平方千米，以文艺复兴和法国传统交融的建筑式样及苍绿一片的森林而闻名于世。枫丹白露法文原意为蓝色的泉水，因宫苑中有一八角形小泉而得名，宫苑周围风景绮丽，森林茂盛，古迹众多，是著名的旅游胜地。

枫丹白露宫苑是法国最大的王宫之一，从12世纪初，路易六世便经常在此狩猎，1137年，法王路易六世下令在此修建城堡，路易七世时增盖一间小教堂，路易九世(圣路易)时则扩建城堡及修道院，直至15世纪末一直是法国君王的狩猎据点。枫丹白露宫苑经历代君王的改建、扩建、装饰和修缮，各个时期的建筑风格都在这里留下了痕迹，众多著名的建筑家和艺术家参与了这座法国历代帝王行宫的建设，使枫丹白露宫成为一座富丽堂皇的行宫。

15世纪英国入侵时，王宫迁往卢瓦尔河畔，枫丹白露宫苑一度遭荒弃。当弗朗索瓦一世于1527年征服马德里凯旋时，才决定定都巴黎，在圣路易的城堡旧址上，弗朗索瓦一世派人规划一座新罗马城，并特别邀请意大利佛罗伦萨画家罗梭和罗马画家布里曼蒂斯来装潢他的城堡，富有意大利建筑的韵味，把文艺复兴时期的风格和法国传统艺术完美、和谐地融合在一起，这种风格被称为枫丹白露派。

此后，枫丹白露宫苑又成为酷爱狩猎的君王们常来常往之地，枫丹白露宫苑得以改建和扩大。亨利二世委派著名建筑师德罗姆继续完成枫丹白露宫苑最豪华的舞厅和最著名的白马庭院回旋楼梯。亨利四世继续扩建皇宫，完成了王子庭院。路易十五于1634年请建筑师杜塞索重建白马庭院完美的回旋楼梯。

由于17世纪以后法国王室居住于凡尔赛宫苑，法国大革命前枫丹白露宫苑已趋破败。大革命期间宫内家具陈设全被变卖，以筹措政府经费。拿破仑称帝后，选择以枫丹白露宫苑作为自己的帝制纪念物，对其加以修复。1812—1814年，罗马教皇庇护七世被拿破仑囚禁在这里。1814年，拿破仑被迫在这里签字让位，并对其近卫军团发表了著名的告别演说。1945—1965年，北大西洋公约组织军事总部设于此，枫丹白露宫苑宫墙外至今还残留有“NATO”的标记。

(二)景观设计

枫丹白露宫苑历经数百年打造，保留了不同时代的印记，包含1座封建古堡主塔、6任国王修建的王宫、5个不等形院落(白马庭院、喷泉庭院、椭圆形庭院、亨利四世庭院、王子庭院)、4座具有4个时代特色的花园(英式花园、鲤鱼池、大花坛、黛安娜花园)。整个宫苑并不像凡尔赛宫苑那样有着统一的规划，布局也并不规整，但各个部分在各具特色的同时，又有着联系和沟通，所以整个宫苑变化中又达到了调和统一的效果(见图 19-46)。

图 19-46 枫丹白露宫苑鸟瞰效果

进入枫丹白露宫镶着金色图案的铁栅栏大门后,呈现在眼前的是一个广阔的方形庭院,铺着四大块绿毯似的草坪,三面被蓝顶白墙的建筑物围合(见图 19-47)。庭院北面是带顶楼的弗朗索瓦一世配殿,南端为路易十五配殿,正门朝东,门前有一巨大的马蹄形回旋楼梯(见图 19-48),由建筑师塞尔梭在 1603 年完成。前庭在西面,即著名的白马庭院,长 152 米、宽 112 米。白马庭院一名源于凯瑟琳·冯·梅迪奇时期铸造的一匹白马,这尊铸像后被卫兵用长矛破坏,于 1626 年被封存。

图 19-47 枫丹白露宫苑入口空间

白马庭院不仅以其优美的景色、奇特的建筑形式闻名于世,而且它还是重大历史

图 19-48　白马庭院中的标志——著名的马蹄形回旋楼梯

事件的发生地。1814 年 4 月 20 日，拿破仑·波拿巴就是在这里沉重地走下马蹄形台阶，发表了告别讲话，吻别了他的将士与军旗，随后登上流放厄尔巴岛的旅程。所以，白马庭院又称为告别庭。

通过白马庭院台阶下一条幽静的长廊，可以直通到方形的喷泉庭院。庭北是著名的弗朗索瓦一世长廊，廊内有寓言画和雕塑；东面为加夫列尔在 1768 年修建的东配楼，楼外有双排台阶；西面是中国馆。16 世纪时，庭院中有一座米开朗基罗塑造的海格力斯雕像喷泉，因而得名。王朝复辟时期改成贝蒂多塑造的尤利西斯雕像。喷泉庭院南面开放，正对着人工湖——鲤鱼池，站在弧形亲水平台上远眺，开阔的水面、茂密的树丛、优美的凉亭尽收眼底(见图 19-49)。

图 19-49　喷泉庭院南面景色

宫殿的北面是封闭的黛安娜花园，又称皇后花园或橙园，其得名于建园初期的黛安娜大理石雕像。从 16—18 世纪花园内散布着花坛和雕塑，并遍植橙树。弗朗索瓦一世时期，花园被改造成方格形的黄杨花坛，称为黄杨园。1602 年，亨利四世将黛安娜大理石雕像移到室内保存，由雕塑家普里欧铸造了一尊青铜仿制品，放在原处。弗兰西尼设计了四条猎犬，蹲在雕像四周，下面还有口中喷水的四只鹿头。现在的黛安娜铜像，是 1684 年重新塑造的。1645 年，勒·诺特改造了黛安娜花园，在喷泉四周设刺绣花坛,装饰了雕像和盆栽柑橘。拿破仑时代又将其改造成英国式花园,一直保留到现在。

经过黛安娜花园一路走到钟塔庭院,钟塔庭也称椭圆庭院,是枫丹白露宫殿群中最庄严的部分,历史可以追溯到12世纪。弗朗索瓦一世重建枫丹白露宫苑时仅保留了古老、凝重的钟塔,而其他建筑则尽由文艺复兴式建筑取代。庭院的入口是多菲门,由于1606年在这里举行了路易十三的加冕仪式,所以又被称为加冕门。

鲤鱼池的西面就是英伦花园,这个花园的历史最早可以追溯到弗朗索瓦一世建的松树园,因种有大量来自普罗旺斯的欧洲赤松而著名。1543—1545年,意大利建筑师赛里奥在里面建造了一处三开间的岩洞,这是在法国建造最早的岩洞。由于大革命的影响,花园曾一度荒废,后拿破仑一世招来建筑师对花园进行重新布置,并让它具有18世纪英国花园的特色,面积增加到10公顷,并种植了大量的珍稀树木,如槐树、鹅掌楸、柏树等,这些树种当时在法国很少见,形成富有自然情趣的疏林草地。园内的小河、幽径、小树丛以及品种繁多的树木使游人流连忘返。在花园深处树丛中有一汪美泉,它正是这个皇家宫殿名字的来源。

鲤鱼池的东面是开阔的大花园(见图19-50),从其外观特征一眼就可以看出勒·诺特的风格。大花园是在1660—1664年间由著名景观设计师勒·诺特以及勒沃设计的一座法式花园,对称布置规则式花坛,并增加了黄杨篱图案,将原有的狄伯尔铜像移到一圆形水池中。现在的大花园花坛中的黄杨图案和狄伯尔铜像都已不复存在,草坪中央是方形泉池,池中饰以简洁的盘式涌泉。花园中视线深远,越过运河可一直望到远处的岩石山。花园台地的挡土墙经过特殊处理,处理成数层跌水,接以水池(见图19-51)。丹枫白露宫苑中的大花园是欧洲最大的花圃,其花季时节所需的装饰植物多达45000余株(见图19-52)。

图19-50 经勒·诺特改造后的大花园

图 19-51　挡土墙上的洞府、雕像和跌水

图 19-52　大花园中栽植了大量的花卉以及剪形植物

第四节　勒·诺特式造园在欧洲的影响

凡尔赛宫苑确立了勒·诺特及勒·诺特式园林在法国的地位，他承接了无数个庭园的设计和改造工作，他的作品遍布整个法国。与此同时，这种影响迅速扩展到整个欧洲，一方面是因为路易十四树立的法国宫廷文化成为欧洲上流社会追捧和模仿的对象，另一方面设计自身的宏伟气势也令人震撼——尽管尺度巨大，但景观变化丰富；尽管一览无余，但空间开合有度；尽管整齐划一，但与自然融合。正因为这种独特的风格，勒·诺特式园林在相当长一段时期内在整个欧洲成为经典和时尚。

一、勒·诺特式园林对意大利园林的影响

（一）勒·诺特式园林在意大利的影响

从 16 世纪后半叶以来，大约整整一个世纪，法国的造园既受到了意大利造园的影响，又经历了不断的发展过程，直到 17 世纪后半叶，勒·诺特成名，标志着单纯模仿意大利造园形式时代的结束和勒·诺特式园林的开始，而反过来这种新的园林形式也逐步被意大利人所接受，并逐渐风靡起来。

（二）意大利的勒·诺特式园林精品

意大利的勒·诺特式园林最多用于地势平坦的北部伦巴第地区，在众多的作品中，米兰的卡斯特拉佐别墅和威尼斯的比萨里宫都是佳例，可惜都已荒废和毁灭，仅在版画中留下概貌。

在南方近拿波里卡塞塔小城市的卡塞塔宫苑（见图 19-53），是由建筑家范维特里（1700—1773 年）于 1752 年负责施工的。据说，最初的计划是要将其建成世界上最大的宫殿，庭园占地 120 公顷，设计以凡尔赛宫苑为蓝本，气势恢宏的规则式布局，表现出典型的巴洛克风格。

整个宫苑中最经典的就是中轴线上的水景设计，巨大的瀑布（见图 19-54）从山

图 19-53　卡塞塔宫苑

冈上约 15 米高处跌落到水池中，池中装饰有月亮和狩猎女神黛安娜及冥河或地狱神阿克德安等众神的雕像(见图 19-55)。层层跌水逐段向下，每段都有华丽的塑像装饰，奔流的水花更使白色的塑像显得栩栩如生，水流最后终止于大花坛附近有海神尼普顿像的大池。

图 19-54　卡塞塔宫苑中的大瀑布

图 19-55　卡塞塔宫苑中的大瀑布两侧众神的雕塑

二、勒·诺特式园林对德国园林的影响

(一)勒·诺特式园林在德国的影响

德国位于欧洲地理位置的中心，能够很容易地吸收各个邻国的文化成果。因此德国的园林传统来自于意大利、法国、荷兰及英国等国家。历史上的德国在欧洲只是一个落后的国度，曾长期被分裂为众多的在政治上相对独立的城邦，这些城邦都有自己的宫廷。在自己的土地上，按自己的喜好，模仿欧洲最出色的园林作品建造自己的花园，成为各公爵、帝侯们极力粉饰宫廷的主要手段。这些花园的建造为德国留下了

大量的传统园林。

像许多欧洲国家一样，德国成规模的造园活动是从文艺复兴时期开始的。中世纪德国城市的发展，为这期间园林的营造建立了一个良好的基础。16 世纪末 17 世纪初，德国的学者们成群结队地奔赴意大利，他们回国时带回了文艺复兴发源地的园林设计思想，并且建造了一些意大利式的园林。17 世纪德国的君主们又被法国造园家勒·诺特开创的法国古典主义园林所吸引，竞相效仿。

（二）德国的勒·诺特式园林精品

1. 海伦哈赛恩宫苑(Gardens of the Herrenhausen Palace)

海伦哈赛恩宫苑(见图 19-56)位于距汉诺威 2.4 千米处，建于 1665—1666 年间神圣罗马帝国利奥波德一世时期。据说该宫苑是由勒·诺特设计，由法国人查邦里爱及其子承建的。从 1680 年起，公爵夫人索菲邀请马丁·夏尔伯尼埃对花园进行了扩建，希望他以法国式园林为样本，建造一处具有巴洛克风格的庭院，使其成为汉诺威宫廷的夏宫。

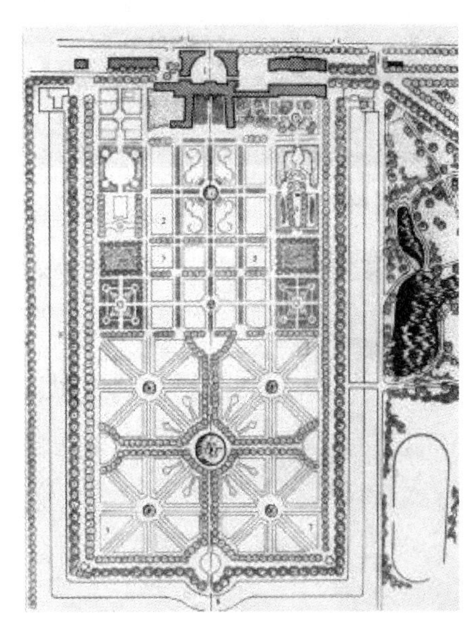

图 19-56　海伦哈赛恩宫苑平面图

花园以主体建筑海伦哈赛恩宫为中心确立轴线，在轴线上布置一系列圆形的水池，在其两侧对称设置法国风格的大花坛。1686 年花园中建造了一座温室，1689 年，又建造了一座露天剧场，舞台纵深达 50 米，装饰有千金榆树篱和镀金铅铸雕塑，露天剧场建成后，成为整个花园最吸引人的地方。1692 年，此庭园再度扩展，采用了大矩形花坛(见图19-57)，表现古代英雄的巨大砂岩雕塑及美丽的石花瓶，设置在花坛各个重要地段。花坛的三面是宽阔的河渠，一面连接城堡。渠边排列着 3 层心叶椴树行道树，在拐角处点缀着古罗马风格的园亭(见图 19-58)。1699 年，花园的南部完全重建，场地被划分成四块方形地段，再由对角线和对称线划分成三角形植坛，中间种植果树，外围栽植整形山毛榉，该处被称为新花园。夏尔伯尼埃还在东西两侧紧邻水壕沟的地方各设置了一个半圆形广场，两个广场遥相呼应。夏尔伯尼埃又在整个花园的南面设计了一个更大的圆形广场，称之为满月。海伦哈赛恩宫苑的大规模水工程，是当时最有名的，特别是重建的新花园中那处大型喷泉，喷水高度可达 80 米，堪称欧洲之最了。现留下一部分飞瀑，占据了宫殿东侧翼屋的墙面，由一排小池组成，它们各自连续不断地向下方溢水。

图 19-57　海伦哈赛恩宫苑的大型花坛

图 19-58　古罗马风格的景亭

2. 宁芙堡宫苑(Garden of the Nymphenburg Palace)

宁芙堡宫苑(见图 19-59)位于距慕尼黑 4.8 千米处。1663 年建造,几年后建成小规模庭园。1701 年由荷兰造园家进行改造,设计并建造了宫殿两侧及庭园周围的河渠,总长达数千米。在勒·诺特式园林的影响下,设计师在宫苑中设置了十字大运河——以宫殿为中心确立一条主轴,沿主轴设置大运河,两侧对称式布置花坛、树丛等,在大运河的端部设置与其垂直的运河,构成次轴线。

图 19-59　宁芙堡宫苑的透视效果图(油画,1760)

1715 年，法国人西那尔(勒·诺特的学生)任宁芙堡宫苑宫廷造园技师长，对整个宫苑进行了重建。他最大的贡献就是制定了新颖的水工设计和喷泉计划，喷泉能喷出 25 米高的水柱。全部工程于 1722 年完成，宫廷还为此举办了盛大宴会，宁芙堡宫苑从此名声大振。

除了水景的设置，宫苑中还有很多处经典的设计。如在宫殿左侧的丛林中，建有著名的阿马利安堡圆亭，在绿树的掩映下显得十分典雅。另外就是被认为是宫苑中最美的那条可通往慕尼黑的广阔林荫道了，且岸边种有心叶椴树的河渠，自慕尼黑市直通直径为 600 码的半圆形前庭院，前庭院的周围有宫廷职员的各种白色建筑群。

19 世纪初期，宫苑按照英式风格进行了改造，但设计师保留了原有的巴洛克式园林要素，如大型模纹花坛等。设计师利用横轴(南北向运河)将整个公园一分为二，东侧仍然保留规则式布局，而运河的西面则为自然式布局。

3. 施莱斯海姆宫苑(Garden of the Schleisheim Palace)

施莱斯海姆宫苑位于慕尼黑西北 30 千米处，宫殿作为巴依爱尔恩的离宫，由当时的爱玛留爱尔侯爵于 1701 年命令意大利建筑家苏卡利动工建造庭园，后因当年就燃起了西班牙王位继承战(1701—1714)，侯爵不得不流亡巴黎。在巴黎他见到了宏伟的法式园林，并被深深地吸引。归国后，侯爵决定模仿法国园林建造施莱斯海姆宫苑，并邀请当时著名的法国宫廷造园家西那尔于 1715 年动工。

施莱斯海姆宫苑采用规则式布局，宫苑中仿照勒·诺特式园林设置大型的花坛(见图 19-60)。另外，由西那尔设计并建造的水景工程(见图 19-61)，尤其是运河(见图 19-62)及喷泉的设计在庭园中占据特别重要的地位，出色地表现了勒·诺特式园林的特征。

图 19-60 施莱斯海姆宫苑中规则式花坛

图 19-61 施莱斯海姆宫苑水景

三、勒·诺特式园林对英国园林的影响

(一)勒·诺特式园林在英国的影响

勒·诺特式园林风靡欧洲之时，英国尽管也受到了一定的影响，但影响程度远远小于欧洲其他国家。勒·诺特在完成凡尔赛宫苑之后受邀访问了英国。尽管勒·诺

图 19-62　施莱斯海姆宫苑沿主轴线布置的大运河

特旅居英国的时间不长，但他却改造了许多庭院，如圣詹姆斯园、格林威治园、勃仑罕姆园、查茨瓦斯园、布什丘陵园、素斯凯多园、达哈姆园和布雷多比园等。

此外，英国还曾积极派出造园家去法国研究勒·诺特式园林。其中较突出的有爱赛克斯伯爵派遣的约翰·罗斯，他前往凡尔赛向勒·诺特学习造园技艺，回国后被查理二世任命为宫廷造园家，他曾参与汉普顿宫苑的建造，成为在英国指导建造法国式庭园的专家，对扩大勒·诺特式园林在英国的影响起到一定作用。在罗斯的影响下，英国又建造了很多勒·诺特式庭园，但规模都很小。直到 18 世纪初期，在造园家乔治·伦敦和亨利·怀斯的指导下，英国才建造了一些勒·诺特式风格的园林。

同时，勒·诺特式园林还通过著作逐步被英国人了解熟识，比如纳肯达里的著作就有过两种译本，先是 1658 年由伊夫林以《全能的造园师》(*Complete Gardener*)为题的译本；随后，于 1699 年，又有约翰·罗斯的弟子乔治·伦敦和亨利·怀斯的译本。1703 年，詹姆斯翻译勒·诺特弟子勒伯朗的著作《园艺理论与实际》(*La Theorie et La Pratique du Jardinage*)，以同名英文《*The Theory and Practice of Gardening*》为书名出版。通过该书，花费很大的勒·诺特式造园法，成为能应用于建筑和管理都很简易的普通庭园。

(二)英国的勒·诺特式园林精品

汉普顿宫苑(Garden of the Hampton Court Palace)位于近郊的西伦敦，坐落在泰晤士河畔，素有"英国的凡尔赛宫苑"之称，是英国都铎式王宫的典范。1514 年渥西主教(Cardinal Wolsey)购得此区，1515 年开始建筑物的建造，王宫完全依照都铎式风格兴建，内部有 1280 间房间，是当时全国最华丽的建筑。渥西主教去世之后，此宫遂为亨利八世所有。亨利八世进住此宫并开始扩建，英王爱德华一世即出生于此。

1649 年的清教徒革命使得英国大量宫殿被毁，但汉普顿宫苑由于作为革命的领导者克伦威尔的宫殿而免遭破坏。查理二世复辟后，对汉普顿宫苑进行了扩建，在园中开挖了一条长达1200多米的大运河，建造了三条放射状的林荫道（见图19-63）。但是直到威廉三世时期，汉普顿宫苑才得以进一步发展。威廉三世和其妻玛丽曾聘请英、荷两国的建筑师对宫殿进行修葺，并于1690年聘请著名造园家乔治·伦敦和亨利·怀斯对公园进行扩建，整个宫苑按照勒·诺特式园林风格设计，宫苑主轴正对着林荫道和大运河，宫殿前的半圆形围合空间设置刺绣花坛，占地近4公顷，装饰有13座喷泉和雕塑，边缘是由椴树组成的林荫道。威廉三世后来又将宫殿北面的果园改成了意大利式园林（见图19-64）。至1838年维多利亚女王正式将此宫开放给大众参观。

图19-63　汉普顿宫苑鸟瞰图

图19-64　汉普顿宫苑中的小花园

汉普顿宫苑作为一座大型皇家园林气势宏伟、景观精美，但是其景观的丰富程度远不及凡尔赛宫苑。

四、勒·诺特式园林对荷兰园林的影响

（一）勒·诺特式园林在荷兰的影响

同英国类似，勒·诺特式园林在荷兰的影响也并不是很明显，而且影响也较晚，甚至在凡尔赛宫苑全盛时代的25年后荷兰出版的庭园书上，还未谈及勒·诺特所采用的这种新式样。小规模地模仿法国式庭园，是从威廉三世的宫苑时开始的。究其原因，一方面是因为荷兰人口稠密，土地有限，并且大部分地区有强风，且地下水位很高，妨碍了树木的生长，无法模仿宏伟开阔的具有大片树丛的勒·诺特式园林；另一方面，在阿姆斯特丹富商中固然有能力经营大宅邸的人很多，但他们的民主精神不让他们这样做。

19世纪之前，荷兰宅邸四周都围有深渠，兼作鱼池。庭园一般仿罗马初期而有法国情趣，呈对称的规则形。在哈勒姆以北的Kennemerlant地区，阿姆斯特丹的巨贾们在此造有别墅，大部分庭园都被设计成勒·诺特式，庭园中装饰有丛林、林荫道、河渠以及柑橘园等，但规模都不是很大。

尽管荷兰人对花草情有独钟，常以色彩鲜艳的花卉装点庭园，但他们却不喜欢具有法国风格、灵活而华丽的刺绣花坛，而是喜欢单纯的方形花坛。并常用黄杨修剪成

图案,其间饰以花卉,同时利用彩色的砂土装饰花坛。荷兰园林的树木修剪受到意大利和法国园林的影响,直到18世纪仍然非常流行,通常是将欧洲黄杨和迷迭香的低绿篱,修剪成各种奇异形状作为花坛围边,为了醒目,把花坛角落的树木修成方尖碑形(见图19-65)。

图19-65 荷兰园林中花卉和尖塔状植栽

荷兰人很喜爱林荫道,一般在通往宅邸的大道两侧栽植心叶椴作为行道树,在近哈勒姆的马尔格多有很多古行道树路的残迹,有时也会像沃达孚雷依多一样密植形成长长的绿色隧道。在林荫道的终点设置嵌着装饰性铁格子墙体——漏墙,透过铁格可借景于园外的田园、教会尖塔和其他景物。凉亭或塔楼是荷兰庭园中具有特色的建筑,其形式也特别多样。一般用砖或石建造,并贴有木墙围板,有的还装有暖炉,这些小建筑是荷兰园林独特的符号。

1732年雷多美卡出版了荷兰住宅的美丽版画集。其中住宅都围以河渠,架设凝集了各种构思的小桥,以大的门柱为分界。前庭院一般通向质朴而严肃的砖建筑物;如果无前庭院的,则有心叶椴的行道树路。这里有很多装有各种屋顶的古雅塔楼。为了能清楚地眺望周围的风景,绿篱都修剪得很低。如果从色彩华丽的快艇的甲板上,遥望排列在运河岸边的这个别墅地带的全景,肯定是别有一番情趣的。

在众多的造园家中,辛怀(Simon Schynvoet)、马罗(Daniel Marot)和罗曼(Jacques Roman)3人,忠实地继承了勒·诺特的传统。辛怀设计了索克伦庭园,还建造了海牙周围的主要庭园以及阿姆斯特尔和怀希多两河沿岸多数的别墅。马罗是勒·诺特的弟子,年轻时自凡尔赛到海牙后,不久被任命为威廉三世的宫廷造园家,曾随威廉三世到过英国。他除在海牙工作外,还为威廉三世建造费斯特狄伦宫苑,并为阿尔柏马尔伯爵在兹特封附近建造伏尔斯特庄园。罗曼也同样被威廉三世任用,其最重要的庭园有赫特鲁庭园。

（二）荷兰的勒·诺特式园林精品

1. 安梯恩公爵城堡花园

法兰达斯地区最有趣味的庭园之一，是安梯恩公爵的城堡花园。它距布鲁塞尔18英里，被毁于法国大革命。佛伊的版画是伏尔泰和夏多雷侯爵于1739年在此处旅居时画的，描绘的是庭园最盛期的情景。在佛伊的设计图上，可见到很宽的行道树路，从城堡一直通向堡墙，堡墙处有7个可眺望射击场的多面堡。有被称为帕纳萨斯（Parnassus，希腊中部山峰名，传说为阿波罗神和缪斯神的灵地）的3层假山，各层由围着绿篱的坡道相连接。城附近有鱼池，有被称为纳摩特的用绿篱围边的方形岛，中央有巨大的喷泉。还有绿荫路——在高绿篱内侧围有长300码的行道树路，其终点有园亭和喷泉。此步行道较高，游览者可从这里观看游戏。迷园、柑橘园和装置着巧妙机器的岛，也是这庭园有魅力的地方。

2. 赫特鲁宫苑(Garden of the Het Loo Palace)

赫特鲁宫苑始建于1684年，是威廉三世的一座行宫，宫殿与花园由荷兰建筑师罗曼负责建造。1690年增加了花园的第二部分，即上层花园，并增加了一些设施，如温室、茶室等，但后期由于疏于管理而几近荒芜。1970年，工作人员根据过去赫特鲁宫苑的版画及游记等，对宫苑进行了重建，以期恢复其原始的风貌。1984年夏季，重建工作完成，整个宫苑对外开放。

赫特鲁宫苑在18世纪末以前，保持着规则式，中轴线由前庭开始，穿过宫殿和花园，一直延伸到上层花园尽头的柱廊之外，再经过几千米长的榆树林荫道，最终终止于树林中的尖方碑。中轴线两侧采用严格的对称布局，甚至细部处理都彼此呼应。尤其是花园中八块方形花坛，精美的图案格外引人注目（见图19-66）。

原来的宫殿是由附有侧屋的中央大建筑物组成的，两侧围有方形花坛，一侧名为国王花园，是威廉三世时期建造的，花园中对称布置一对刺绣花坛（见图19-67），花坛以红、蓝花卉构成，象征皇家气势。另外，园中还有用低矮的欧洲黄杨绿篱围成的草坪滚球场，其附近有迷园。威廉三世在此居住时，有一座著名的柑橘园，曾给汉普顿宫苑提供很多植物。有关此宫苑的记述说："绿篱主要是荷兰榆，行道树是由柞、榆和心叶椴组成。修剪的乔灌木大多呈金字塔形。树木之间各种场所的墙上都有壁画。另一侧是女王庭园，在网格状的小路中设置绿荫拱廊（见图19-68），构成私密空间，小路的中央有镀金的铅制喷泉绿色小屋。女王庭园的花坛，围有高约1.2米的荷兰榆绿篱，栽植的都是女性化的花卉，如百合和耧斗菜等，象征圣母玛丽亚。园亭的座凳、支柱和果园步道的格子工艺，均涂以绿色。沿砂石步道和中央喷泉的周围，有栽种在可搬动的木箱内的柑橘和柠檬树，其周围还放置着花盆。"

宫苑中央及次要园路的交叉点上设置大量的喷泉、水池和雕塑，其中最为精美的是维纳斯泉池及丘比特泉池，喷泉中高大水柱与周围平坦开阔的园地形成强烈的对比。园路两侧布置小水渠，将水引到花园的各处水景。

（三）荷兰其他著名的勒·诺特式园林

近海牙处，有几个拥有大规模庭园的宫殿，即利斯维克、翁斯雷尔达克、索尔克孚

图 19-66　赫特鲁宫苑严谨的中轴对称布局

图 19-67　赫特鲁宫苑中精美典雅的刺绣花坛

图 19-68　女王庭园中的绿荫拱廊

利爱特和林中之家等，规模都很大，然而除宫殿外，已全部被毁。

利斯维克(Ryswick)属于纳索家族，其庭园是围有河渠的长方形地区。宫殿因是 1697 年签订和平条约的场所而出名。庭园的建造是整形式，其样式使人联想到近似汉诺威的海伦哈赛恩宫苑，宫殿已被法国人破坏，今只残留庭园部分。

翁斯雷尔达克坐落在海牙与孚克之间，是荷兰最美的宅邸之一，也是威廉三世最满意的一座宫殿。威廉三世是在古庄园宅邸的基础上将此修建得特别华丽。宫殿背后规则地种植有广阔的丛林，对面有动物园，饲养着很多外国鸟兽。在前述的《荷兰造园家》一书中，有17世纪的版画，表现了当时的庭园。

索尔克孚利爱特城堡(Sorgvliet)坐落在通往解乌林克的路上，是海牙附近的另一座重要别墅，为波多兰特公爵所有，是18世纪初多次著名庆典的舞台。整个庭院呈半圆形，中央和两端都有园亭园，园中设置巨大的柑橘园，并设假山，称为帕纳萨斯山假山，园中还筑有洞窟、飞瀑、半圆形天棚、鱼池、迷园、养鹤场以及一组喷泉等，这组喷泉在荷兰是罕见的。这一切早已被毁，今尚残留着一层低矮建筑物的一部分。1780年时，按当时英国传入的造园观点加以改造。

林中之家原是奥林奇公爵为亨利的遗孀阿米莉亚兴建的。1645年时，公爵夫人想在北侧通向海牙入口处的美丽森林中建造别墅，在建房时，夫人一心想把它作为奥林奇家族的纪念物。宫殿造在围有河渠的大方形地区，今日残留的古庭园的唯一部分是河渠，因为此处已完全改观，几乎找不到原始式样的任何痕迹，但有很多版画可展示16—17世纪时宫殿的状况。1715年建筑家比爱尔·波斯特和1758年的贝斯科特各自出版的设计图中，都传下了当时在构思上的区别。

五、勒·诺特式园林对奥地利园林的影响

(一)勒·诺特式园林在奥地利的影响

传统的奥地利园林与西欧中世纪庭园近似，规模不大，但很实用。勒·诺特式园林流行之际，奥地利的统治者们也纷纷按照法国园林模式进行宫苑的重建。但因奥地利多山，所以勒·诺特式园林多集中在维也纳这样的大城市或其周边，并且大多是由本国的设计师仿照法国园林建造而成的，也有由意大利和法国的设计师设计建造的。

由于地形的限制，奥地利无法像法国那样创造大面积且开阔平坦的园林景观，因此在奥地利园林中设计师尽量开辟平缓、开阔的平台，在高处建观景台，通过借景的方法，增强园林景观的空间感。另外，奥地利园林也很讲究植物的修剪，尤其是树篱的运用。树篱常常被修剪成壁龛形式，结合雕塑布置，深绿色枝叶作为背景，与白色大理石雕塑形成鲜明的对比，有时利用树篱设计绿荫剧场，进行露天演出。

(二)奥地利的勒·诺特式园林精品

1. 丽泉宫宫苑(Garden of the Schonbrunn Palace)

丽泉宫宫苑(见图19-69)是奥地利最具有勒·诺特式风格的庭园之一，它原是一座小猎庄，因有一处美丽的泉水而得名。自14世纪以来，属于克洛斯特新堡的寺院管辖。1569年被哈布斯堡家族的马克西米利安二世接管，翌年改建为府邸。1605年鲁道夫二世时期曾遭到破坏，1608年移交给马赛厄斯大公，在此建造狩猎城。随后，城堡由费迪南德二世移交给第二妃艾雷奥罗雷，后又移交给第三妃玛丽·艾雷奥罗雷。1683年宫苑遭土耳其军攻击而荒废。此后，利奥波德一世考虑将它重新修

建，作为皇太子（后称弗兰茨一世）的夏季离宫，并委托宫廷造园家埃尔拉克设计。他起初制订的方案，其规模之大，能与凡尔赛宫苑相匹敌，但因财力不足，改按规模小的第二方案进行。1750年，由弗兰茨一世的皇后玛利亚·特丽莎委托意大利建筑家帕卡锡进行宫苑的修建。

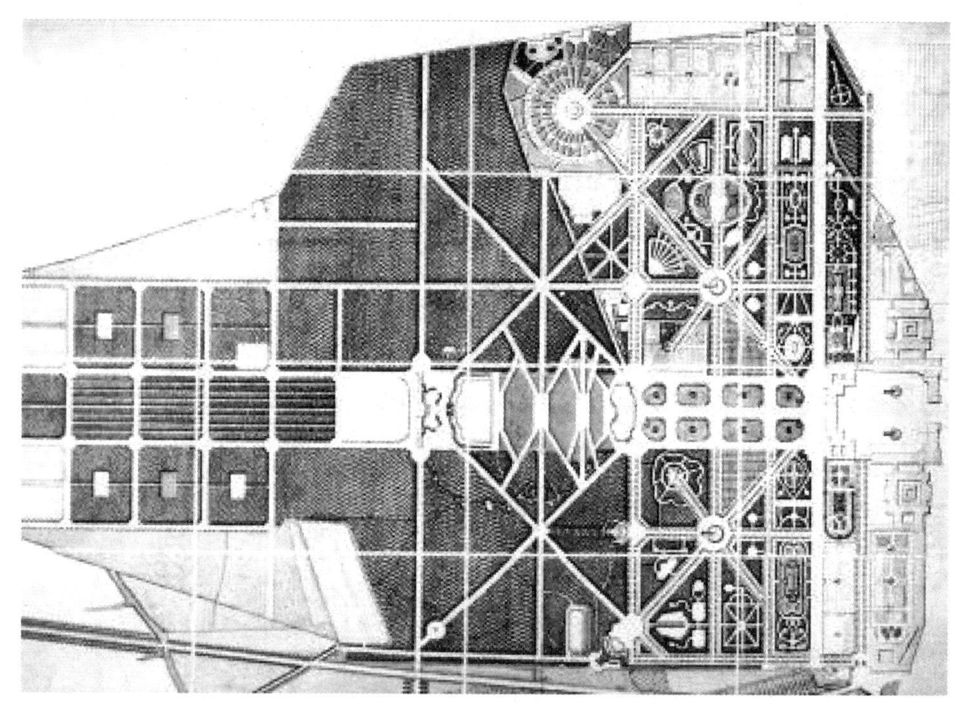

图 19-69　丽泉宫宫苑平面图

图 19-70　尼普顿泉池

宫苑的面积为130公顷，采用规则式布局，一系列水景、花坛对称布局，整个宫苑气势宏伟。主轴线自城堡的正面笔直向前，终止于尼普顿泉池（见图19-70）。从那里经曲折园路登上格罗利艾底——1775年由宫廷建筑家霍恩伯格建于丘陵上的，自这里可眺望宫殿的全景和维也纳城镇。在主轴线的两侧对称布置大型华丽的刺绣花坛。从尼普顿喷水池向东走，有罗马风格的废墟（见图19-71）和方尖碑。宫殿西南的丛林内有动物园，它和翌年建造的植物园（见图19-72）一起，能表明当时宫廷中积极搜集动植物的热情。以主庭园与用高位修剪的树木为界的丛林，在其东西各有广阔的面积。在修剪树木的漏空处，设置有32座由巴依亚、哈凯那瓦和波休等制作的塑像。大理石的白色和由椴树及欧洲七叶树等组成的绿树林形成色彩上的对比，令人赏心悦目，林中自然女神泉池及其塑像也给人以美的印象。

图 19-71　尼普顿喷水池旁罗马风格的废墟

图 19-72　宫苑西南的植物园

总之，尽管丽泉宫宫苑没有凡尔赛宫苑宏大的气势、开阔的视野，但是其景观设计仍然体现了勒·诺特式园林的风格和特点，并且在一些细节的处理上也非常到位。

2. 望景楼花园(Belvedere Garden)

望景楼花园(见图 19-73)宫殿由著名的奥地利名将萨沃亚家族的尤金公爵于 1714—1723 年间着手建造，宫殿由希尔德布朗特设计，是一座美丽的巴洛克式建筑物。宫殿依傍着缓坡而建，包括两座大的宫殿(望景楼)，中央以一座吉拉尔设计的法式花园互通。

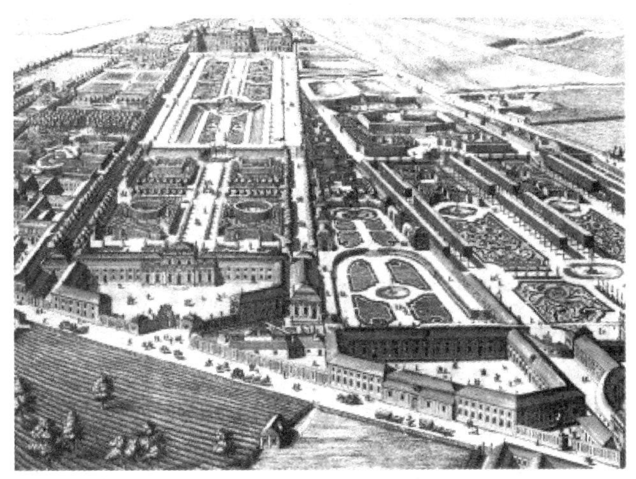

图 19-73　望景楼花园总体鸟瞰效果图

庄园用地狭长，花园与两端的建筑物等宽，按照勒·诺特式园林特点，以建筑物中轴为轴线，采取对称式布局。由于合理地利用地形，在不同位置看到的景观效果有所不同，如从上层的望景楼看去，花园构图严谨均衡；从下层的望景楼向下看，景观按高度逐渐变化，并非一览无余；从亲王的起居室望去，视线正好落在花园的中部，因此花园中层的景观成为整个构图的中心。

如图 19-74 所示，整个花园依地势建造，形成三个层次，每层各有复杂的古典意涵——花园最上层是林帕斯山，中层象征帕那斯山，下层部分象征四大元素，各层次之间通过瀑布和坡道相连。近建筑物的上层花园中布置一对精美的刺绣花坛，并装饰以雕塑和喷泉（见图 19-75），利用五层叠水构成的大瀑布向中层花园过渡。中层花园以下沉式的草坪植坛为主，并装饰有两座椭圆形水池及表现大力神霍尔库尔和阿波罗生活场景的几组雕塑，通过坡道过渡到最下层花园。最底层花园由四块千金榆丛林围合的草坪植坛构成，远处的两块植坛中有以神话故事为主题的喷泉，在底层花园还设置有大型的瀑布，与此相配合，在向上层台地过渡处设置挡土墙，并在挡土墙内设置岩洞和大量海神的雕像（见图 19-76），沿挡土墙有欧洲栗的行道树路直通上部庭园。另外，在下层庭院中还有一座独立的小花园，设有温室和笼舍，用以搜集稀有的动植物。

图 19-74　望景楼花园

图 19-75　上层花园的刺绣花坛及雕塑喷泉

图 19-76　挡土墙内设置的岩洞和海神雕像

（三）其他勒·诺特式园林精品

维也纳市墙内，有黎希丁休达因宫和休瓦尔珍堡宫的庭园。后者是1720年在西那尔指导下，按法国园林风格建造的。这块土地稍有倾斜，特别有助于配置喷泉，西那尔便充分加以利用。所有的园路都建成车道，庭园台阶两旁有通车的马赛克做的斜道。

在萨尔茨堡，也有勒·诺特式庭园，如米那贝尔城苑。米那贝尔城苑位于萨尔察赫河右岸山上，霍艾连姆家族的大主教西蒂希，在17世纪初计划扩建祖传的米那贝尔城，并请造园家蒂赛尔设计建造文艺复兴式的城苑。庭园中设置了很多美丽的雕塑与喷泉，是城镇上屈指可数的美丽庭园。后于18世纪，又开始改建花坛及各处古行道树路，明显具有法国园林特征。

大主教西蒂希除扩建过米那贝尔城苑外，还在市南7千米的郊外，建有夏季离宫赫尔本宫苑，将原狩猎地改建成文艺复兴式风格，后来，又由蒂赛尔改成法国式庭园，其中布满了珍稀物品。

六、勒·诺特式园林对俄国园林的影响

（一）勒·诺特式园林在俄国的影响

俄罗斯园林始于12世纪上半叶，主要以别墅花园为主。在彼得大帝以前的俄罗斯园林多位于风景优美的地方，园中以果树、芳香植物以及药用植物为主，即注重园林的实用性，采用规则式布局，形式较为简单。

彼得大帝时期，由于统治者极为崇尚西欧园林，尤其是对法国园林极为推崇，因此勒·诺特式园林在俄罗斯广为流传。1714年彼得大帝曾在阿德米勒尔提岛上、涅瓦河畔建造夏宫，并模仿凡尔赛宫苑设计大庭园。至此，俄罗斯园林较之从前发生了重大的转变，由原来以实用为主，转变为以娱乐、休闲为主，由原来小规模、简单的布局形式，转变为大规模、繁杂的构图形式。彼得大帝时期的俄罗斯园林同其他国家的勒·诺特式园林一样，以主体建筑——宫殿为中心，形成控制全园的核心，以宫殿轴线为主轴，进行对称式布局，轴线贯穿整个宫苑，园林景观气势宏伟、规模宏大、构图统一。

俄罗斯的勒·诺特式园林在模仿法国园林的同时，也有着自己的特点。比如，在宫苑的选址上以及水体的处理方面，更多地借鉴意大利式园林，宫苑选址在水源充沛之地，并依山而建，形成一系列台地和叠水，结合精美的雕塑，整个园林景观既有辽阔、开敞的空间效果，又具有丰富的景观层次。另外，在植物的选用上，俄罗斯人利用槭橘和桧柏代替黄杨，以乡土树种栎、复叶槭、榆、白桦等形成林荫道，以云杉、落叶松等常绿植物构成丛林，使得俄罗斯园林具有强烈的地方特色和俄罗斯风情。

（二）俄国的勒·诺特式园林精品

1. 彼得宫（Garden of the Peterhof Palace）

1715年，彼得大帝在彼得堡西面30千米处，濒临芬兰湾建造彼得宫。他之所以

修造此宫，不仅是因为该地环境特别优美，更主要的是因为俄国在对瑞典的北方战争(1700—1721)中获胜，在波罗的海寻到了出口处。为纪念此事，建造此宫苑。其后，彼得宫规模不断扩大，达到占地约120公顷的庞大规模。宫苑采用中轴对称布局，由面积15公顷的上花园和面积102.5公顷的下花园组成，位于上下花园之间的宫殿建于高12米的自然平台上，在上部平台的北端，其边界可到达芬兰湾的维斯达，这使得彼得宫具有恢宏的气势。

彼得大帝高薪聘请法国造园师进行宫苑的设计，其中勒·诺特的高足勒·伯朗尤其受到彼得大帝的器重。整个宫苑以法国凡尔赛宫苑为蓝本，具有明显的勒·诺特式园林印记，因此被称为“俄罗斯的凡尔赛宫”。宫苑中的上花园以宫殿对称轴为主轴，对称布局，在中轴线上安排了一系列丰富有趣的水景，如位于中央位置的尼普顿泉池，精美的雕塑屹立于平静的水面之中，变幻多端的水柱与雕像、水镜面构成对比。另外还有夏泉、春泉、方形水镜面等水体，水体的两侧仿照凡尔赛宫苑设计林荫道和丛林。

主轴线从上花园经过宫殿，贯穿至花园。下花园以雕塑、叠水、喷泉等构成的组合景观为主景(见图19-77)。大型的叠水瀑布自上层台地落入水池，旁有洞窟和彩色大理石的7组台阶，其上有一组镀金的雕像(见图19-78)。各种形式的喷泉喷出高低错落的水柱，彼此纵横交错，令人眼花缭乱。水体顺着台阶、台地层层跌落，汇集到最下面的大水池中。池中岩石上有参孙搏狮像(旧约传说中的力大无比的勇士)，巨大的参孙用双手撕开狮子的大口，从狮子口中喷出20米高的水柱，借以纪念俄罗斯打通被封闭的出海口。在扇形水池外围装饰着以希腊神话为主题的众神雕塑以及象征涅瓦河、伏尔加河的河神雕像。最后水体沿着中轴线上平静的河渠汇入大海，因此宫殿的北面是最佳的观景之所，站在宫殿前的台阶上沿中轴线向远处眺望，视线可以一直延伸到海面，其辽阔的视野较之凡尔赛宫苑则有过之而无不及。而由水渠回望，在喷泉水柱、绿树丛林的掩映下，宫殿显得格外宏伟辉煌。

与勒·诺特式园林相同，宫苑的中轴线上设置水渠，河渠两侧为绿毯般的草坪，草坪中装饰有一排圆形小水池，池中涌出一缕缕清泉，宫殿前大型喷泉水景形成对比。草坪旁边是道路，道路的外围设置大片的丛林。彼得宫的丛林中也有许多小林园，但这里的道路以宫殿、马尔尼馆、蒙普列吉尔馆三者为基点，各向外放射出三条道路，在道路的交叉点处设计景点，构成视觉焦点。如林中蘑菇喷泉和橡树喷泉，人们一坐到蘑菇形喷泉下的凳上时，蘑菇伞盖边会突然喷水，将毫无戒备者淋湿；当人们无意地靠近橡树时，金属的橡树叶会突然喷水。丛林中还布设了很多雕像，如亚当、夏娃的雕像，青年阿波罗、酒神以及森林之神的雕像，构成一处处各具特色的小园景，与中轴线上宏伟的气势形成了对比，也使整个宫苑在规则式的布局下，并不显得单调、呆板，而是富于情趣、充满幻想。

彼得宫充分体现了勒·诺特式园林的特点，但又不是教条式的照搬，在选址方面，俄罗斯人青出于蓝而胜于蓝；宫殿的位置在上下花园之间，处于园林景观的包围

图 19-77　彼得宫下花园的组合景观

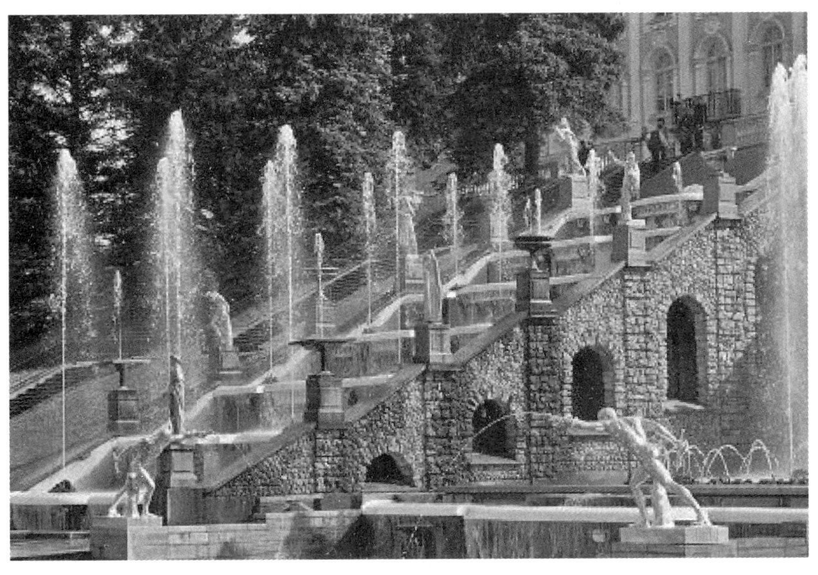

图 19-78　大型的叠水瀑布及镀金的雕像

之中，从景观效果上看也要更胜一筹；而且由于水源充沛，彼得宫的水景至今仍能够不停地运转，这也是俄罗斯人引以为豪的地方。此外，宫苑中的植物数量和种类也比较丰富，当时从内地移植了 4 万株榆、槭和欧洲七叶树等，又从西欧引进西洋山毛榉、心叶椴和果树等，这些树木在俄国都可以安全越冬，这保证了园林景观的观赏效果。

2. 沙皇村(Tsar's Village)

沙皇村(又名普希金城)位于圣彼得堡以南 24 千米处,从 1710 年开始,这个地方属于彼得大帝的妻子叶卡捷琳娜一世。1725 年后,成为沙皇最大的离宫之一。1728 年开始,命名为"沙皇村"。1756 年,具有巴洛克风格的叶卡捷琳娜宫在这里建成。之后又修建了亚历山德罗夫宫、音乐厅、琥珀厅,皆美奂绝伦。1937 年,为纪念普希金逝世 100 周年,沙皇村改名为普希金城。

沙皇村受勒·诺特式园林的影响,宫殿前有放射状的林荫道,以宫殿主体确立中轴线,在轴线上布置大运河,两侧对称式布置形式多样的小林园,其中装饰着水池、喷泉、雕塑,以及露天剧场等活动场地。

沙皇村中最具特色的是叶卡捷琳娜宫苑。叶卡捷琳娜宫建于 1744—1756 年间,是典型的巴洛克式建筑。宫苑在宫殿的南面,占地约 100 公顷,采用轴对称布局,在轴线上布置精美的喷泉、水镜面。在宫殿的前面,与勒·诺特式园林风格相同,设置了大面积的草坪植坛和华丽的刺绣花坛,在其间装点着美丽的雕像(见图 19-79)。

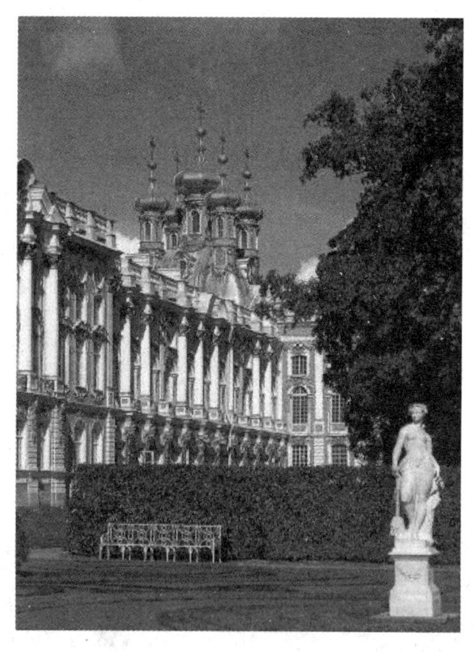

图 19-79 草坪植坛和刺绣花坛中的白色大理石雕像

小　结

勒·诺特式园林在相当长一段时期内不仅在法国,还在整个欧洲形成了一种典型性和时尚性的风格。即使是在现代社会,其设计自身也独具特色,具有很好的借鉴价值。

首先，勒·诺特式园林磅礴的气势令人震撼，勒·诺特利用伸展的直线将人造园林与自然空间衔接了起来，使其与自然空间相融合。这种与自然新的关系产生的效果超过了从前的古堡和庄园花园，也超过了以往意大利等其他地方的花园，它并不是在向自然挑战，只是人工的一种展现。

其次，尽管勒·诺特式园林尺度巨大，但并不显得单调，在每一处园景中都会找到一些精巧、安静的私密空间，这些空间在与典雅、华丽、盛大、戏剧性的巴洛克风格形成对比的同时，也使得整个景观丰富，富于人情味。

此外，勒·诺特式园林形式的另一重要特质是它很适宜进入城市空间，其不仅可以填充位于城市中心的宫殿中宽阔的内庭，还可以被应用于几乎任何一处空地和空间中，而不会产生不协调的问题，因为城市中的道路和空间形状与它原来所属的自然环境和特征有许多共同之处。不仅如此，这种花园形式完全可以被直接用来建造城市，这是真正的花园城市。由于构造原则的一致性，城市的路网完全可以在园路的基础上建立，只是建筑会多一些，占据了原来花木的位置。后来的美国首都华盛顿就是这样诞生的。不管后来的新概念是如何定义的，新的内容究竟是什么，我们都可以在这些经典的园林中找到源头，而在勒·诺特的设计中可以找到城市园林的源头。总之，新东西大多是从过去的经典中脱胎而成的。

【思考和练习】

1. 法国凡尔赛宫苑的园林规划布局有哪些特点和艺术特色？体现了什么文化思想与时代背景？

2. 勒·诺特式园林的特征是什么？

3. 为什么说勒·诺特式园林的出现对欧洲的城市建设产生了巨大影响？

4. 说说勒·诺特式园林在欧洲其他国家的实例与园林特色。

第二十章 工业革命之后的欧洲园林

第一节 历史与文化背景

英国是大西洋中东边的岛国，由大不列颠岛、爱尔兰岛东北部及附近众多的小岛组成，西临大西洋，东隔北海，南以多佛尔海峡和英吉利海峡与欧洲大陆相望。大不列颠岛包括英格兰、苏格兰和威尔士三部分，英格兰是其中面积最大、人口最多、文化发展最早、经济最繁荣和最发达的地区。英格兰北部为山地和高原，南部为平原和丘陵，属海洋性气候，雨量充沛、气候温和，为植物生长提供了良好条件，多雨、多雾形成英格兰的气候特色。

英国是个发达的工业国家，人口密度大，多集中在城市里，尤其是在少数几个大城市中。农业在国民经济中所占比重很小，但传统的畜牧业占主要地位，至今，牧场仍占到农业土地面积的五分之二，这在很大程度上影响到英国国土的自然景观。

最初生活在这里的居民是凯尔特人，公元 1 世纪凯尔特人被罗马人征服；5—6 世纪盎格鲁-撒克逊人（Anglo-Saxons）迁入后开始施行农奴制度，6 世纪基督教传入，7 世纪形成封建制度，8—9 世纪受到北欧海盗的不断骚扰。1066 年，法国诺曼底公爵征服英格兰，于当年圣诞节加冕，成为威廉一世(1066—1087 年在位)，并于 1072 年入侵苏格兰，1081 年入侵威尔士。威廉一世的诺曼王朝建立起强大的中央集权的封建统治。诺曼王朝以后称为金雀花王朝，又称为安茹王朝，于 1154—1485 年间统治英格兰。金雀花王朝之后是都铎王朝，这一时期，社会生产力有了很大的发展，农业逐渐上升，成为欧洲大陆的粮仓，后来手工业也迅速发展，资本迅速上升，终于在 1640 年揭开了资产阶级革命的序幕。伊丽莎白一世时国力强盛，开始了一系列对外扩张，于 1707 年正式形成大不列颠王国，1801 年建立了大不列颠及爱尔兰联合王国。

英国长期以来受到意大利的政治和文化极为深刻的影响，尤其是罗马教皇的控制。教会不仅在精神上紧紧操纵，而且在政权中起着左右大局的作用。直到英王亨利八世时才把僧侣从政权中驱逐出去，并且没收了教会的财产和占有的大量土地。可是新的贵族也同样占有大片的领地，新生的地主们侵吞土地的现象也日益严重。这些人在自己的土地上大肆地建造庄园宫邸，尽情地享乐。在这之前，英国已大量使用火药和火炮，新建庄园就不必再加城堡或壕沟等防卫性设施了。新庄园宫邸和四周环境很自然地联系起来，布置成游憩用的装饰园地，四周比较开放。封闭性强的古典城堡式宫邸仅作为历史的产物而被保留下来。

17 世纪以后英国土地大部分为贵族或地主占有，施行佃农经营制度。佃农主租用大片的土地，雇用工人进行农牧业生产劳动，农牧业工人依靠工资生活。佃农主采用资本主义的生产方式，经营和管理农牧业生产。土地的占有者贵族地主则靠收缴租税坐享其成，他们在社会中成为拥有财富和权势的地方势力。

到18世纪中叶，英国已经完成了农业革命，农业开始采用资本主义经营方式，促进了生产技术的迅速提高，英国的农业曾是世界上最先进的。农业革命也促进了工业革命的发展，原料的丰富、市场的良好、对外贸易的畅通和蒸汽机的发明，为工厂主提供了扩大再生产的条件，破产者都被工厂主吸收进来，变成了依靠双手劳动的工人。在城市里资本家集中了大量的资本和财富，成为当时社会的主体。这适应资本主义生产力和生产关系的变革，所以英国在18世纪最先完成了产业革命。

18世纪英国自然风景园的出现，改变了欧洲由规则式园林统治的长达千年的历史，这是西方园林艺术领域内一场极为深刻的革命，其产生的原因有以下几个方面。

一、文学艺术的影响

当时的诗人、画家、美学家中兴起了尊重自然的信念，他们将规则式花园看作是对自然的歪曲，而将风景园看成是一种自然感情的流露。这为风景园的产生奠定了理论基础。

二、自然地理与气候的影响

欧洲兴起法国勒·诺特式造园热时，英国受影响极少，原因有二：一是英国人固有的保守性；二是在英国丘陵起伏的地形上，要想建造勒·诺特式宏伟壮丽的效果，必须大动土方改造地形，从而耗资巨大。英国多雨潮湿的气候条件利于植物生长，而树木的整形修剪要花费更多的劳力。

三、产业经济的影响

14世纪中叶，黑死病流行，1/3人口减少造成农业结构改变，畜牧业发展导致毛纺业发展，大量饲养牲畜导致大量牧场的出现，明显地改变了英国的乡村景观和风貌。16世纪，禁止砍伐森林法令颁发，保护了英国树林景观。18世纪，牧草与农作物的轮作制，引起了18世纪英国农业制度上的进一步改变，也导致乡村风景面貌改变。

四、中国园林与文化的影响

对中国园林与文化的赞美和憧憬，也在一定程度上促进了英国风景园的形成。中国园林与英国自然风景园的不同之处在于：中国园林源于自然而高于自然，对自然的高度概括，体现出诗情画意；英国风景园为模仿自然，再现自然。中国园林受中国独特的文化、艺术、宗教及文人道德观和审美观的影响，对于另一个民族，要真正领会其美的内涵则不是一件轻而易举的事。因此，虽然当时英国也有不少人热衷于追求中国园林的风格，却只能是取其一些局部而已。

五、英国资产阶级革命与风景式园林

英国园林的风景式风格，也具有其特定的社会背景：英国的资产阶级革命发生在

工厂手工业的早期，资产阶级的力量还不是很强大，而且他们当中有许多是从封建贵族转化而来的，这就决定了它的妥协性和不彻底性，导致思想领域里没有高亢激越的思潮，没有壁垒分明的流派。英国革命的曲折过程和相应的思想文化特点，都在它的园林发展中留下了鲜明的烙印。

英国早期的风景园受意大利文艺复兴的影响，17 世纪末，中国园林被带入英国，影响了英国园林的发展，他们认为中国园林是千变万化的。在 17、18 世纪，英国出现了不少描绘自然风景的画家和诗人，绘画与文学这两种艺术中热衷自然的倾向为 18 世纪英国自然式造园的产生奠定了基础。如风景园的开创者——肯特，原本就是一个画家，因此他的造园“就像画家在画布上构成的那样，配置着旖旎无比的自然物和人造物”。他的座右铭为“自然讨厌直线”，他设计的庭园将直线形苑路、林荫道、喷泉、树篱等一概拒之门外，只留下具有不规则形池岸的水池及弯曲的河流。而他的学生和合作者布朗则将风景园推向高潮。另外，英国的风景式园林自它萌芽之初，就以作家们的文学作品为媒介而得以传播，并对欧洲大陆产生了广泛影响。

六、风景式园林中的自然主义与浪漫主义

在 18 和 19 世纪，英国流行一种称为浪漫主义的建筑思潮，这一方面是由于资产阶级革命后暴露出的新的社会罪恶，使人们感到失望和彷徨，封建贵族则怀念起中世纪的“田园生活”，建筑师也正想摆脱古典主义的束缚，希望能像中世纪的“自由工匠”那样进行“愉快”的创作；另一方面，在拿破仑失败后，西欧各国的民族情绪日益高涨，法国的古典主义被认为是世界主义而遭到排斥。英国和法国是宿敌，英国企图摆脱法国的影响，另辟蹊径，既然法国特别看重古典主义，英国人就对着干，于是拣起了哥特。这种种原因都促成了浪漫主义的兴起。由于英国浪漫主义多借鉴中世纪的哥特风格，所以又称哥特复兴。英国是当时浪漫主义的堡垒，1836—1868 年在伦敦建造的国会大厦是英国大型公共建筑中第一个哥特复兴作品，也是整个浪漫主义建筑盛期的标志。大厦的平面沿泰晤士河西岸向南北展开，入口在西面。正中是八角形中厅，从中厅向南可通上议院，向北是著名的大本钟钟楼，高 96 米。在中厅之上耸立着高达 91 米的采光塔。整个建筑的体型，特别是它沿泰晤士河的立面，轮廓参差，形成了十分丰富的天际线。建筑的所有立面采用垂直划分，既干挺冲拔，又冷峻清癯。

在当时的英国，萌生了反叛 18 世纪前半叶古典主义文学的浪漫主义文学，它摒弃冷酷的理智和形式，是一种崇尚热情和奔放的思想的抒情主义文学，因而当时的诗人所描绘的园林带有浓厚的浪漫主义色彩。著名的田园诗人申斯通记述和建造的理想园林，就是富有浪漫主义色彩的优秀例子。

申斯通于 1764 年著《园林偶感》，将园林美分为壮美、优美以及娴静美三类，这些情感要素在园林中盛极一时。申斯通在一个名叫利索兹的乡村建造了自己的园林，在当时获得好评。园中有水池、小河、小瀑布，在山谷间及弯弯曲曲的园路旁等意想不到的地方，出现了凳子、洞室、废墟、坟墓等，另外还有一些碑，上面刻着献给朋友的文字和讴歌自然美的诗歌。申斯通第一个称呼园林家为 Landscape Gardener，因为从一定意义上优秀的风景画家就是园林家。

第二节　影响18世纪风景园形成的人物与作品

英国自然风景式造园思想，为风景式园林的形成奠定了理论基础。它首先是在英国政治家、思想家和文人圈子中产生的并且借助于他们的社会影响，使得自然风景式园林一旦形成，便广为传播，影响深远。因此，论述英国风景园的形成及特征须从政治家、思想家及文人们的思想观点开始。

1. 威廉·坦普尔(William Temple,1628—1699)

威廉·坦普尔是英格兰政治家与外交家，于1685年出版了《论伊壁鸠鲁的花园》(*Upon the Garden of Epicurus*)一书，其中有关于中国园林的介绍。然而，他本人并未到过中国，只是从一些到过中国的传教士或海员的文字及口头描述中略知一二。他在书中不无遗憾地回顾了英国园林的历史，认为过去只知道园林应该是整齐的、规则的，却不知道另有一种完全不规则的园林，却是更美的，更引人入胜的。他谈到一般人对于园林美的理解是，对于建筑和植物的配植应符合某种比例关系，强调对称与协调，树木之间要有精确的距离，而在中国人眼里，这些却是孩子们都会做的事。他认为中国园林的最大成就在于形成了一种悦目的风景，创造出一种难以掌握的无秩序的美。可惜他的论点对于当时正处于勒·诺特式热潮中的英国园林并未产生明显的影响。

2. 沙夫茨伯里伯爵三世(Anthony Ashley Cooper Shaftesbury Ⅲ，1671—1713)

沙夫茨伯里伯爵三世是政治家、哲学家，受柏拉图主义影响较深。他认为人们对于未经过人手玷污的自然有一种崇高的爱，与规则式园林相比，自然景观要美得多。即使是皇家宫苑中创造的美景，也难以同大自然中粗糙的岩石、布满青苔的洞穴、瀑布等所具有的魅力相比拟。他的自然观不仅对英国，而且对法、意等国的思想界都有巨大的影响。而且，他对自然美的歌颂是与对园林的欣赏、评价相结合的，因此，他的思想是英国造园界新思潮的一个重要支柱。

3. 约瑟夫·爱迪生(Joseph Addison,1672—1719)

约瑟夫·爱迪生是散文家、诗人、剧作家，也是一位政治家。他于1712年发表《论庭园的快乐》(*An Essay on the Pleasure of the Garden*)一文，认为大自然的雄伟壮观是造园所难以达到的，并由此引申为园林愈接近自然则愈美，只有与自然融为一体，园林才能获得最完美的效果。他批评英国的园林作品不是力求与自然融合，而是采取脱离自然的态度。他欣赏意大利埃斯特庄园中任丝杉繁茂生长而不加修剪的景观。他认为造园应以自然为目标，这正是风景园在英国兴起的理论基础。

4. 亚历山大·蒲柏(Alexander Pope,1688—1744)

亚历山大·蒲柏是18世纪前期著名的讽刺诗人，曾翻译过著名的《荷马史诗》。自1719年起，他在泰晤士河畔的威肯汉姆(Twickenham)别墅居住，经常招待名流。此间，他发表了有关建筑和园林审美观的文章。《论绿色雕塑》(*Essay on Verdant Sculpture*)一文对植物造型(topiary)进行了深刻的批评，认为应该唾弃这种违反自然的做法。由于他的社会地位和在知识界的知名度，其造园应立足于自然的观点对英国风景园的形成有很大的影响。

5. 乔治·伦敦(George London)和亨利·怀斯(Henry)

乔治·伦敦和亨利·怀斯是自然式园林的倡导者,并曾参与了肯辛顿园(Kensington)及汉普顿宫苑的初期改造工作。他们两人既对原有的英国园林十分熟悉,也热衷于改造旧园和建造新的风景园。他们还翻译了一些有关园林的著作,如1669年出版了《全能的造园师》(*Complete Gardener*),该书作者是法国路易十四时代凡尔赛宫苑的管理者卡诺勒利(La Kanoleli);1706年出版了《隐退园师》(*The Retired Gardener*),书中以问答的方式表达了作者对造园的见解。

6. 查尔斯·布里奇曼(Charles Bridgeman, 1690—1738)

查尔斯·布里奇曼完全摆脱规则式园林,首创"哈哈"(haha)隐垣。真正的自然式造园是从布里奇曼开始的。他曾从事过宫廷园林的管理工作,是伦敦和怀斯的继任者,也是一位革新者,曾参与了著名的斯陀园(Stowe)的设计和建造工作。在斯陀园的建造中,他虽未完全摆脱规则式园林的布局,但已从对称原则的束缚中解脱出来。他首次在园中应用了非行列式的、不对称的树木种植形式,并且放弃了长期流行的植物雕刻。他是规则式与自然式之间的过渡状态的代表,其作品被称为不规则化园林。

布里奇曼在造园中还首创了被称为"哈哈"(haha)的隐垣,即在园边不筑墙而挖一条宽沟,既可以起到区别园内外、限定园林范围的作用,又可防止园外的牲畜进入园内。而在视线上,园内与外界却无隔离之感,极目所至,远处的田野、丘陵、草地、羊群,均可成为园内的借景,从而扩大了园的空间感。这种暗沟被称为"哈哈",还有一段有趣的传说。据称,在庆祝花园建成的盛会上,当设计者把客人一直带到隐垣旁时,人们才发现已到了园的边界,不觉哈哈大笑,隐垣因此得名"哈哈"。

布里奇曼在建园中善于利用原有的植物和设施,而不是一概摒弃。他所设计的自然式园路也甚为当时的人们所称赞。1724年珀西瓦尔大臣在其访问记中认为由于斯陀园园路设计得巧妙,园子给人的感觉要比实际面积大3倍,28公顷的斯陀园(当时还不包括东半部)需要2个小时才能游玩一遍。由此可见设计者在扩大空间感方面颇有独到之处。

7. 威廉·肯特(William Kent,1685—1748)

威廉·肯特是真正摆脱了规则式园林的第一位造园家,也是卓越的建筑师、室内设计师和画家。他曾在意大利的罗马学习绘画,并于当时结识了英国的伯林顿伯爵,回国后,就负责伯爵宅邸的装饰工作。他还为肯辛顿宫做过室内装饰,以后成为皇室的肖像画家,同时也从事造园工作。

肯特也参加了斯陀园的设计工作,他十分赞赏布里奇曼在园中创造的隐垣,并且进一步将直线形的隐垣改成曲线,将沟旁的行列式种植改造成群落状,这样一来,就更加使得园与周围的自然地形融为一体了;同时,他又将园中的八角形水池改成自然式的轮廓。这些革新在当时受到极高的评价。

肯特初期的作品还未完全脱离布里奇曼的手法。不久就完全抛弃一切规则式的规划,创造出了一条新路,成为真正的自然风景园的创始人。他在园中摒弃常绿篱、笔直的园路、行道树、喷泉等，而欣赏树冠潇洒的孤植树和树丛。他还善于以十分细腻的手法处理地形，经他设计的山坡和谷地，高低错落有致，令人难以觉出人工刀斧的痕迹。他认为风景园的协调、优美，是规则式园林所无法体现的。对肯特来说，新的造园准则即完全模仿自然、再现自然，而"自然是厌恶直线的"(Nature abhors a straight line)，这就是肯特造园思想的核心。据说，为了追求自然，他甚至在肯辛顿园中栽了一株枯树。

肯特的思想对当时风景园的兴起，以及对后来风景园林师的创作方法都有极为深刻的影响。他也为后人留下了不少园林及建筑作品，海德公园的纪念塔、邱园的邱宫都是肯特设计的。

由于他是画家，在他的园林设计中十分明显地体现出受到法、意、荷等国风景画家的影响，甚至有时完全以名人绘画作为造园的蓝本，其中尤其受荷兰风景画家霍延、法国风景画家普桑及克洛德·洛兰的影响更深。霍延的风景画以空间广阔、色彩悦目著称，而洛兰的作品则富有诗意，画中的树木、流水、山丘、建筑以及古代遗迹、田野等是肯特造园的理想境界。肯特认为画家是以颜料在画布上作画，而造园师是以山石、植物、水体在大地上作画。他的这一观点对当时风景园的设计有极大的影响。

8. 朗斯洛特·布朗(Lancelot Brown，1715—1783)

朗斯洛特·布朗是肯特的学生，也是继他之后英国园林界的权威。布朗曾随肯特一起在斯陀园从事设计工作，1741 年被任命为斯陀园的总园林师，他是斯陀园的最后完成者。布朗还曾担任格拉夫顿第三代公爵的总园林师，由于他建造的水池具有与众不同的效果，受到公爵的欣赏，加上斯陀园的主人科伯姆勋爵(Lord Cobham)的推荐，遂担任了汉普顿宫苑的宫廷造园师。他当年栽种的一株葡萄仍保留至今。

布朗原是蔬菜园艺家，后在伦敦学习建筑，再转为风景园林师。由于他所处的时代正是英国风景园兴盛之际，布朗正好成为这一时代的宠儿，由他设计、建造或参与改造的风景式园林约有 200 多处。由于他对任何立地条件下建造风景园都表现得十分有把握，并常有一句口头语，"It had great capabilities"，即大有可为之意，人们因而称他为"万能的布朗"。

布朗擅长处理风景园中的水景，他的成名作就是为格拉夫顿公爵设计的自然式水池。以后，他又在马尔勒波鲁公爵的布仑海姆宫(Blenheim Palace)改建中大显身手。此园原是亨利·怀斯 18 世纪初建造的勒·诺特式花园，以后，由布朗改建成自然风景园，成为他最有影响的作品之一，也是他改造规则式花园的标准手法。他去掉围墙，拆去规则式台层，恢复天然的缓坡草地；将规则式水池、水渠恢复成自然式湖岸，水渠上的堤坝则建成自然式的瀑布，岸边为曲线流畅、平缓的蛇形园路；植物方面则按自然式种植树林、草地、孤植树和树丛；他也采用隐垣的手法，而且比布里奇曼和肯特更加得心应手。此外，他还对第九世布朗洛伯爵的伯利园(见图 20-1)进行了改造，并在该园工作了很长一段时间，他所建的温室、水池、树林等保留至今。

布朗所设计的园林作品中，伍斯特郡的克鲁姆府邸花园也是比较著名的。此园建于 1751 年，被认为是布朗在并不理想的平坦立地条件下出色地创造的一个美丽的自然风景园林代表作。卢顿·胡园原是宰相皮尤特买下的旧园，1763 年由布朗改

图 20-1 布朗改造的伯利园

建。他将一条小河堵住，形成面积达 2.6 平方千米的湖泊。湖中有岛，岛上种树，陆地上有茂密的树林，还采用了隐垣的手法以扩大空间感。

布朗的作品如雨后春笋般出现在英国大地上，甚至有人称他为“大地的改造者”。他这种大刀阔斧破旧立新的做法，也引来了一些人的反对。反对者中主要有威廉·吉尔平和普赖斯，他们认为布朗毫不尊重历史遗产，也不顾及人们的感情，几乎改造了一切历史上留下的规则式园林。普赖斯特别反对他破坏古木参天、浓荫蔽日的林荫道；吉尔平认为林荫道和花坛是与建筑协调的传统布置方式，而布朗对伯利园的改造，与古建筑的风格不相适应，并且抨击他以一种狭隘、偏激的情绪改造旧园林。甚至有人说愿意自己比布朗早死，这样，还可以看到未被布朗改造过的天堂乐园。

另一些著名的诗人、作家则对布朗大加赞扬。不过，真正赞赏布朗的是另一位杰出的风景造园家胡弗莱·雷普顿。许多名不见经传的造园家也追随布朗的足迹，创作了一些杰出的自然式风景园。布朗设计的园林尽量避免人工雕琢的痕迹，以自由流畅的湖岸线、平静的水面、缓坡草地、起伏地形上散置的树木取胜(见图 20-2)。他排除直线条、几何形、中轴对称及等距离的植物种植形式。他的追随者们将其设计誉为另一种类型的诗、画或乐曲。自然派的鼻祖是布朗，因此也称“布朗派”，其后继者是雷普顿和马歇尔·威廉。

9. 胡弗莱·雷普顿(Humphry Repton，1752—1818)

胡弗莱·雷普顿是继布朗之后 18 世纪后期英国最著名的风景园林师。他从小广泛接触文学、音乐、绘画等，有良好的文学艺术修养。他也是一位业余水彩画家。在他的风景画中很注意树木、水体和建筑之间的关系。1788 年后，雷普顿开始从事造园工作。

图 20-2　彼得沃斯花园的水景(布朗早期的作品)

雷普顿对布朗留下的设计图及文字说明进行深入的分析、研究,取其所长,避其所短。他认为自然式园林中应尽量避免直线,但也反对无目的的、任意弯曲的线条;他不像布朗那样,排斥一切直线,主张在建筑附近保留平台、栏杆、台阶、规则式花坛及草坪,以及通向建筑的直线式林荫路,使建筑与周围的自然式园林之间有一个和谐的过渡,愈远离建筑,愈与自然相融合;在种植方面,采用散点式、更接近于自然生长的状态,并强调树丛应由不同树龄的树木组成;不同树种组成的树丛,应符合不同生态习性的要求;他还强调园林应与绘画一样,注重光影效果。

由于雷普顿本人是画家,他十分理解并善于找出绘画与造园的共性。然而,雷普顿最重要的贡献却在于提出了绘画与园林的差异所在。他认为,首先,画家的视点是固定的,而造园则要使人在动中纵观全园,因此,应该设计不同的视点和视角,也就是我们今天所谓的动态构图;其次,园林中的视野远比绘画中的更为开阔,而且画面随着观赏位置发生变化;然后,绘画中反映的光影、色彩都是固定的,是瞬间留下的印象,而园林则随着季节和气候、天气的不同,景象千变万化;此外,画家对风景的选择,可以根据构图的需要而任意取舍,而造园家所面临的却是自然的现实;最后,园林还要满足人们的实用需求,而不仅仅是一种艺术欣赏。从今天造园的观点看来,在绘画与造园之间还有不少可以补充的差异之处,然而,雷普顿的论点对于当时处于激烈争论中的风景园设计是十分重要的,甚至对今日的园林设计工作者也有许多可借鉴之处。

此外,雷普顿创造的一种设计方法,也深受人们的赞赏。当他做设计之前,先画一幅园址现状透视图,然后,在此基础上再画设计的透视图,将二者都画在透明纸上,加以重叠比较,使得设计前后的效果一目了然(见图 20-3)。文特沃尔斯园(Wentworth)就是用这种方法设计的风景园之一。

雷普顿不仅是杰出的造园家,理论造诣也很深,出版了不少著作,如 1795 年出版的《园林的速写和要点》、1803 年出版的《造园的理论和实践的考察》、1806 年出版的《对造园变革的调查》、1808 年出版的《论印度建筑及造园》、1810 年出版的《论藤本及乔木的想象效果》、1816 年出版的《造园的理论与实践简集》。

在 18 世纪初叶到 19 世纪初叶的 100 年间,自然风景园风靡英国造园界,雷普顿

图 20-3 雷普顿所用的比较设计的方法

是这一时代三个最杰出人物中的最后一个。人们认为最早的肯特造园虽少，但影响很大，是风景园的创始者；后来的布朗在约 40 年中，设计的园林遍布全英国国土，经过他的手，有数千公顷的草地、沼泽地被改造成美丽的、景色宜人的林苑；而雷普顿则是风景园的完成者。此外，还有布里奇曼和威廉·钱伯斯，也起了相当大的作用。

10. 威廉·钱伯斯(William Chambers，1723—1796)

威廉·钱伯斯的父母均为苏格兰人，其父在瑞典经商。钱伯斯曾在英格兰求学，1739 年回瑞典从商，在东印度公司工作，因此有机会周游很多国家，也曾到过中国。他并不热衷于商业，却对建筑有浓厚的兴趣，曾收集了许多中国建筑方面的资料，并于 1757 年出版了《中国的建筑意匠》及《中国建筑、家具、服饰、机械和器、皿的设计》。他于 1749 年辞去公司职务，专心研究建筑，并在法国巴黎和意大利罗马留学，1755 年回到英国，担任威尔士王子即后来的国王乔治三世的建筑师，成为声名显赫的人物。以后，他与邱园结下了不解之缘，曾在园中工作了 6 年，留下不少中国风格的建筑，1761 年建造的中国塔和孔庙正是当年英国风靡一时的追求中国庭园趣味的历史写照。此外，他还在园中建了岩洞、清真寺、希腊神庙和罗马废墟。至今，中国塔和罗马废墟仍然是邱园中最引人注目的景点，可惜的是，孔庙、清真寺等均已不复存在了。

钱伯斯还于 1763 年出版了《邱园的庭园和建筑平面、立面、局部及透视图》，此书的问世，使邱园更受当时人们的关注。他又于 1772 年出版了《东方庭园论》，认为布朗所创造的风景园只不过是原来的田园风光，而中国园林却源于自然，高于自然。他认为真正动人的园景还应有强烈的对比和变化，并且造园不仅是改造自然，还应使其成为高雅的、供人娱乐休息的地方，应体现出渊博的文化素养和艺术情操，这才是中国园林的特点所在。

同样，钱伯斯的论点及做法也招致一些人的反对，他们攻击钱伯斯将多种建筑物、雕塑及其他装饰小品罗列在园中的做法，破坏了自然面貌，提倡恢复布朗时代的精神，排斥一切直线，并引起了所谓的自然派和绘画派之争。

11. 普赖斯·奈特

普赖斯·奈特是绘画派的主要人物。奈特提倡以法国 17 世纪风景画家克洛德·洛兰的画为蓝本，布置各种树丛；他著文攻击布朗的造园除了大片树林和人工水池等单调的景色以外，别无他物，他强调造园应体现洛兰和罗萨等艺术家的构思。

12. 斯蒂芬·斯威特则(Stephen Switzer, 1682—1745)

斯蒂芬·斯威特则是伦敦和怀斯的学生，也是蒲柏的崇拜者。他于 1715 年出版的《贵族、绅士及造园家的娱乐》一书是为规则式园林敲响的丧钟。文章批评了园林中过分的人工化，抨击了整形修剪的植物及几何形的小花坛等；他认为园林的要素是大片的森林、丘陵起伏的草地、潺潺流水及树阴下的小路；他对于将周边围起来的规则式小块园地尤为反感，而这正是多年来英国园林中盛行的规划方式。

13. 贝蒂·兰利(Batty Langley, 1696—1751)

贝蒂·兰利于 1728 年出版了《造园新原则及花坛的设计与种植》一书，其中提出了有关造园的方针，共 28 条。例如，在建筑前要有美丽的草地空间，并有雕塑装饰，周围有成行种植的树木；园路的尽头有森林、岩石、峭壁、废墟，或以大型建筑作为终点；花坛上绝不用整形修剪的常绿树；草地上的花坛不用边框范围，也不用模纹花坛；所有园子都应雄伟、开阔，具有一种自然之美，在景色欠佳之处，可以土丘、山谷作为障景，以掩饰其不足；园路的交叉点上可设置雕塑，等等。贝蒂·兰利的思想与真正的风景园林时代尚有一段距离，但是，毕竟已从过去规则式园林的束缚中迈出了一大步。

第三节 英国风景园实例

一、查兹沃斯园(Chatsworth Park)

查兹沃斯园因其长达 4 个世纪的变迁史以及丰富的园景而著称。自 1570 年以来，各个时代的园林艺术风格都在此留下了烙印。查兹沃斯园也因不断的调整、改造，具有多样性的特征，成为世上最著名、最迷人的园林作品之一。

查兹沃斯园最早建于15—16世纪，园中现在仍然保留着1570年修建的林荫道和建有玛丽王后凉亭的台地。1685年，在法国式园林的巨大影响之下，人们开始大规模地改造查兹沃斯园，仅规则式的花园部分，面积就达到48.6公顷(见图20-4)。在建造乡村式住宅的同时，又在河谷的山坡上修建花园。当时英国最著名的造园师伦敦与怀斯参与了查兹沃斯园的建造，建有花坛、斜坡式草坪、温室、泉池、长达几千米的整形树篱和以黄杨为材料的植物雕刻。花园中还装饰着非常丰富的雕塑作品。

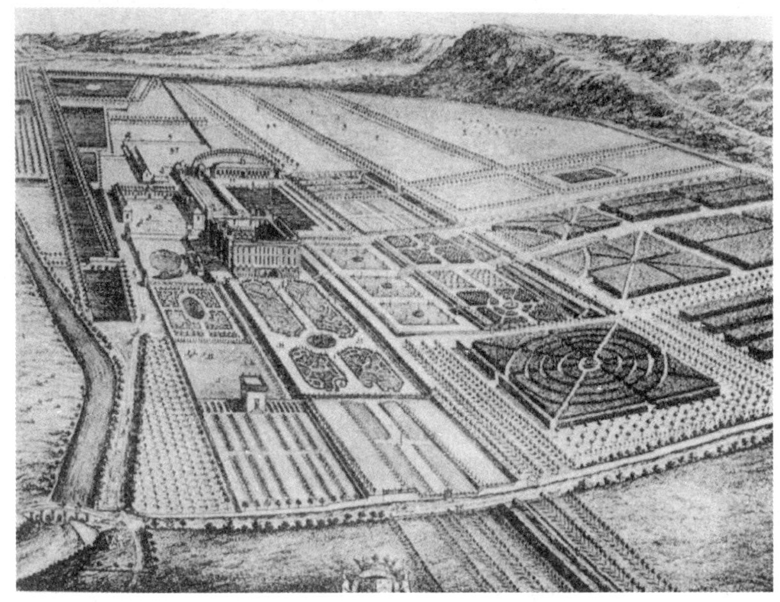

图20-4 17世纪在法国园林影响下的查兹沃斯园的规则构图

当时使人非常惊奇的，是在极其优雅的庄园与周围荒野的沼泽之间形成的强烈对比。英国作家笛福将这个地区描绘成恐怖的深谷和难以接近的沼泽，荒草丛生且无边无际。而在这里，人们可以欣赏到最美妙的山谷和最令人愉快的花园，总之，“是世上最美的地方”。然而，过去的这种强烈对比已不复存在了。自从18世纪后半叶起，这里处处留下了万能布朗的痕迹。

1750年以后，由布朗指挥的风景式园林改建工程，重点便是改造周围的沼泽地；同时，也涉及一部分原有的花园，重新塑造地形，铺种草坪。布朗最关注的是将河流融入风景构图之中，他采用比较隐蔽的堤坝将德尔温特河截流，从而形成一段可以展示在人们眼前的水面(见图20-5)。随后，在河道的一个狭窄处，佩纳斯于1763年建造了一座帕拉第奥式桥梁，通向经布朗改建的新的城堡口。推动18世纪英国风景园发展的著名田园诗人瓦波尔在游览了查兹沃斯园之后认为：大面积的种植、起伏的地形、弯曲的河流、两岸林园的扩展以及园中堆叠的大土丘，都使得人们能够更好地欣赏到河流景色。

图 20-5 布朗改造的河道成为景色优美的水面

幸运的是布朗没有毁掉园内所有的巴洛克式造园景点。1694—1695 年由勒·诺特的弟子格里叶建造的大瀑布大体上得以保留下来。瀑布的每一层因地形的变化，其高度及宽度均有所不同，因而叠水的音响效果也富有变化。地下管道将落水引到海马喷泉，然后再引至花园西部的一处泉池中，最后流入河中。1703 年，建筑师阿尔切尔在山丘之巅建造了一座庙宇式的浴室。

1826 年，年仅 23 岁的帕克斯顿成为查兹沃斯园的总园林师，他担任该职长达 32 年。帕克斯顿主要负责修复工程，同时，也兴建了一些新的水景，大多采用绘画式构图，其中有威灵通岩石山、强盗石瀑布、废墟式的引水渠以及柳树喷泉，还有大温室，现在改成了迷园。帕克斯顿建造的岩石山因处理巧妙而极负盛名。

总之，查兹沃斯园在 17 世纪时为典型的规则式园林，有明显的中轴线，侧面为坡地，布置成一片片坡地花坛，为勒·诺特式园林。18 世纪中叶，布朗对此园进行了改造，其中一部分改成当时流行的自然风景园，特别是在种植设计方面。在坡地升高的地方，改变了原来的道路，作成大片的草坪，林木自由地种植。

二、谢菲尔德园(Sheffield Park Garden)

谢菲尔德园位于伦敦附近，建成在 18 世纪下半叶，至今已有 200 多年的历史，由布朗设计。总体格局是自然风景式，中心由两个湖组成，岸边种有合适沼泽地生长的柏树，高直挺拔，并配有其他多种花木，具有植物园的特色(见图 20-6)。1900 年前后，对该园又进行了第二次修建。该园是由规则式转向自然风景式阶段的一个好实例。

三、霍华德庄园(Park of the Castle Howard)

1699 年，第三世卡尔利斯尔子爵查理·霍华德请建筑师约翰·凡布高为其建造一座带花园的府邸。凡布高后才成为瓦伦流派的非常著名的巴洛克建筑师。27 年

图 20-6　经布朗和雷普顿改造的谢非尔德花园的水景

之后，当凡布高去世时，巨大城堡的西翼始终未能建成。在当时的英国，没有哪座世俗的建筑物能够突出如此巨大的穹顶，没有哪座府邸汇集着如此大量的瓶饰、雕塑、半身像等装饰，也没有哪座花园中点缀着如此珍贵的园林建筑。这些都出现在位于北约克郡的霍华德庄园中(见图 20-7)。

图 20-7　远眺霍华德庄园的城堡

这座贵族府邸建筑不仅为晚期的巴洛克风格，而且花园也显示出巴洛克风格与古典主义分裂的迹象。根据艺术史中纯粹主义者的观点，这正是这座花园的重要意义所在。霍华德庄园和斯陀园一样，表明了从 17 世纪末的规则式传统到随后的风景式演变之间的过渡形式。凡布高、伦敦和斯威特则以及霍华德这样的艺术爱好者，都是追求具有“崇高美”的园林的先驱者。人们寻求空间上的丰富性，而不是由单调的园路构成贫乏而僵硬的轴线；寻求远离法国式的准则而不完全在于一种造园艺术的演变；寻求各种灵活的形式，但并非是毫无章法。

霍华德庄园地形起伏变化较大，面积达 2000 多公顷，很多地方显示出造园形式的演变，其中南花坛的变化最具代表性。1710 年，在一片草地中央建造了一座由巨大的建筑物和几米高的、修剪成方尖碑和拱架的黄杨雕塑组成的复合体，这里现在放置了一座来自 19 世纪末世界博览会上壮观的阿特拉斯雕像喷泉。

根据斯威特则的设计，霍华德在府邸的东面布置了带状的小树林，称之为放射线树林，由曲线形的园路和浓荫覆盖的小径构成的路网，通向一些林间空地，其中设置环形凉棚、喷泉和瀑布。直到 18 世纪初，这个自然的树林部分与凡布高的几何式花坛并存，形成极其强烈的对比。今天人们将这个小树林看作是英国风景式造园史上一个决定性的转变。大部分雕塑现在都失踪了，放射线树林也在 1970 年被完全改造成杜鹃丛林。

在府邸边缘，引申出朝南的弧形散步平台。台地下方有人工湖，1732—1734 年从湖中又引出一条河流，沿着几座雕塑作品，一直流到凡布高设计的一座帕拉第奥式的、称为四风神的庙宇前。布置在最边远的景点是郝克斯莫尔 1728—1729 年建造的宏伟的纪念堂。在向南的山谷中，有一座古罗马桥。郝克斯莫尔建造的壮丽的金字塔周围是一片开阔的牧场。霍华德庄园虽然曾遭到一些粗暴的毁坏，但在整体上仍然具有强烈的艺术感染力。

四、布伦海姆风景园(Park of the Blenheim Palace)

布伦海姆宫是凡布高于 1705 年为第一代马尔勒波鲁公爵建造的，建筑造型奇特，开始显示出远离古典主义的样式。但是，最初由亨利・怀斯建造的花园仍然采用勒・诺特式样，在宫殿前面的山坡上，建了一个巨大的几何形花坛，面积超过 31 公顷，花坛中黄杨模纹与碎砖及大理石屑的底衬形成强烈对比；还有一处由高砖墙围绕的方形菜园。凡布高在布伦海姆的第二个杰作是壮观的帕拉第奥式桥梁。府邸入口前方有宽阔的山谷，山谷中是格利姆河及其支流形成的沼泽地，为了跨越这座山谷，修建了两条垫高的道路和小桥。凡布高打算在山谷中建造一座欧洲最美观的大桥，以使沼泽地成为园中一景。而建筑师瓦伦提出了一个更简朴、观赏性较弱的方案。然而最终仍采纳了凡布高的方案，因此建造了这座与河流相比尺度明显超大的桥梁。

马尔勒波鲁公爵去世不久，他的遗孀就要求府邸的总工程师阿姆斯特朗重新布置河道。阿姆斯特朗将格利姆河整治成运河，并在西边筑堤截流。新的运河水系发挥了应有的作用，将水引到花园的东边，但是在景观效果上却有所削弱。

1764 年，布朗承接了为马尔勒波鲁家族建造风景园的任务，重新塑造了花坛的地形并铺植草坪，草地一直延伸到巴洛克式宫殿立面前。布朗又对凡布高建造的桥梁所在的格利姆河段加以改造，获得了令人惊奇的效果。布朗只保留了现在称为伊丽莎白岛的一小块地，取消两条通道，在桥的西面建了一条堤坝，从而形成壮阔的水面。原来的地形被水淹没了，出现两处弯曲的湖泊，在桥下汇合。由于水面一直达到桥墩以上，因而使桥梁失去了原有的高大感，与水面的比例更加协调。这一成功的改造，使得人们更加欣赏、赞美风景园（见图 20-8）。布朗也因成功地将布伦海姆的巴洛克式花园改造成全新的风景园而引人注目。

图 20-8 经布朗改造之后的布伦海姆风景园

布朗是第一位经过专业训练的职业风景造园家。他对田园文学和绘画中的古典式风景兴趣不大，他所感兴趣的是自然要素直接产生的情感效果。他也较少追求风景园的象征性，而是追求广阔的风景构图。他认为风景园及其周围的自然景观应该毫无过渡地融合在一起。他对园中建筑要素的运用十分谨慎，他创作的风景园总是因几处弯曲的蛇形湖面和几乎完全自然的驳岸而独具特色。通道也不再是与入口大门相接的笔直的道路，而是采用大的弧形园路与住宅相切。布伦海姆风景园既是布朗艺术巅峰时的作品，也是他根据现有园地进行创作的佳例。

五、斯陀园(Stowe Park)

斯陀园（见图 20-9）的园主考伯海姆勋爵是一位辉格党官员，他曾在对路易十四的战争中起到重要作用，后来失去了朝廷的宠爱。在他周围汇集着一些雄心勃勃的青年政治家，由最激进的建筑师在斯陀建造了一座反映其政治与哲学思想的庄园，这便是斯陀园，今天它是一所带有高尔夫球场的贵族寄宿学校。

为使花园的构图、形式与城堡建筑一致，在一个世纪的时间里，有许多建筑师和造园师参与工作，并数次改造它。花园规划最初采用了 17 世纪 80 年代的规则式，1715 年后，花园的规模急剧扩大，园中点缀着一些建筑物和豪华的庙宇，直到 1740 年，斯陀园似乎仍然欲与凡尔赛宫相媲美。

最初负责工程的造园师布里奇曼在斯陀巨大的园地周围布置了一道隐垣，使人的视线得以延伸到园外的风景之中（见图 20-10）。大约 1730 年，肯特代替了布里奇曼，他逐渐改造了规则式的园路和甬道，并在主轴线的东面，以洛兰和普桑的绘画为蓝本，建了一处充满田园情趣的香榭丽舍花园。山谷中流淌的小河，称为斯狄克斯，它是传说中地狱里的河流之一。肯特在河边建造的几座庙宇倒映水中，其中有仿古

图 20-9 斯陀园平面图(版画,1740 年)

图 20-10 隐垣使园内外浑然一体

罗马西比勒庙宇的古代道德之庙。

肯特还在园中布置古希腊名人的雕像,如荷马、苏格拉底、利库尔戈斯和伊巴密浓达等。为了批评当代人在精神上的堕落,肯特建造了一座废墟式的新道德之庙。在河对岸,有英国贵族光荣之庙,此庙仿照古罗马墓穴的半圆形纪念碑,壁龛中有 14 个英国道德典范的半身像,其中有伊丽莎白一世、威廉三世、哲学家培根和洛克、诗人莎士比亚和弥尔顿,以及科学家牛顿等。在香榭丽舍花园边的山坡上有一座友谊殿,考伯海姆勋爵与青年政治家们常在这里讨论如何推翻国王的统治以及建设国家的未来。

园的东部处理成更加荒野和自然的风景,微微起伏的地形,避免了一览无余,使得风景中的建筑具有各自的独立性(见图 20-11)。向南可见建筑师吉伯斯建造的友

图 20-11 规则的局部改造成的典型英国自然风景画面

谊殿，这座纪念性建筑完全借鉴风景画中的造型，非常入画，以后成为风景园的象征。斯陀园的桥梁跨越一处水池东边的支流。水池原为八角形，后被肯特改成曲线形。

在一座小山丘上，有吉伯斯建造的哥特式庙宇，因为在人们的印象中，古代的撒克逊人是与法国人及其统治者相对立的自由民。为了与规则式的法国建筑相对立，庙宇也采用自由而不规则的布局，有着不同高度的角楼。此外，哥特式也用来代表撒克逊人过去的辉煌。

1741 年，当肯特在斯陀园工作时，布朗作为这里的第一位园艺师，在希腊山谷的建造中起到重要作用。希腊山谷建在香榭丽舍花园的北面，是一种类似盆地的开阔牧场风光。

六、斯托海德园(Stourhead Park)

大约 18 世纪中叶，在富于革新精神和有文化修养的贵族中间，崇尚造园艺术成为一种时尚。这一时期一些有重大影响的花园，实际上是由富裕的园主自己设计建造的。斯托海德园是这类英国式传统园林的杰出代表。

斯托海德园(见图 20-12)位于威尔特郡，在索尔斯伯里平原的西南角。1717 年，亨利·霍尔一世买下了这里的地产，于 1724 年建造了帕拉第奥式的府邸建筑。1793 年扩建了两翼，中央部分在 1902 年被烧毁后又重新恢复。在亨利一世期间并未建园，他的儿子亨利·霍尔二世自 1741 年开始建造风景园，并倾注其一生的精力。亨利·霍尔二世之孙理查德·考尔特·霍尔也是该园建设的重要参与者。

如图 20-13 所示，亨利·霍尔二世首先将流经园址的斯托尔河截流，在园内形成一连串近似三角形的湖泊。湖中有岛、有堤，周围是缓坡、土岗；岸边或是伸入水中的草地，或是茂密的丛林；沿湖道路与水面若即若离，有的甚至进入人工堆叠的山洞中；水面忽宽忽窄，或如湖面，或如溪流；既有水平如镜，又有湍流悬瀑，动静结合，变化万千。沿岸设置了各种园林建筑，有亭、桥、洞窟及雕塑等，它们位于视线焦点上，互为

图 20-12 斯托海德的全园景色(版画)

对景,在园中起着画龙点睛的作用。

采用环湖布置的园路,使人们在散步的过程中欣赏到一系列不同的景观画面。园路边建有各种庙宇,每座庙宇代表古罗马诗人维吉尔的史诗《埃耐伊德》中的一句。建筑师弗利特卡夫特建造的府邸采用了帕拉第奥样式,从府邸前的道路向西北方,即可看到以密林为背景、有白色柱子的花神庙。庙两侧有各色杜鹃,白色建筑掩映于花丛之中,和投入水中的倒影构成一幅动人的画面。花神庙所在的土坡上方,有一处天堂泉,与花神庙的绚丽色调不同,显得十分幽静。经过船屋往西北,池水渐渐变窄,可看到远处的修道院及阿尔弗列德塔。沿湖西岸往南,可以见到湖中两个林木葱茏的小岛,随着游人的行进,形成步移景异的效果。

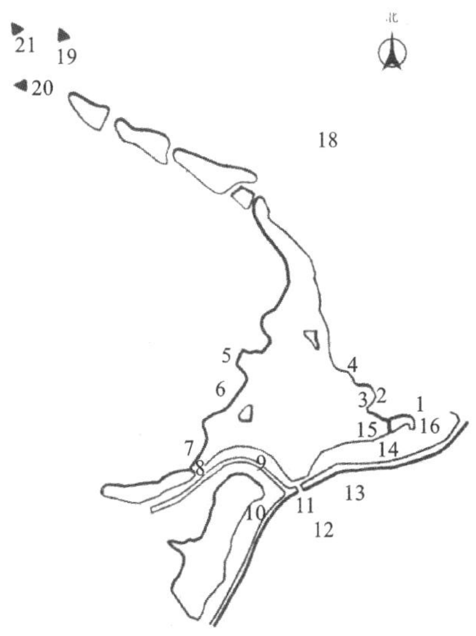

图 20-13 斯托海德平面图

1—宅邸;2—花神庙;3—天堂井;4—船屋;5—岩洞;6—农舍(哥特式村庄);7—先贤祠;8—铁桥;9—堤;10—瀑布;11—岩石桥;12—隐居所;13—阿波罗神庙;14—岩洞地下道;15—石桥;16—布里斯托尔塔;17—教堂;18—方尖塔;19—水车;20—修道院;21—阿尔弗列德塔

西岸最北边,有 1748 年皮帕尔设计的假山,假山中有洞可通行。洞中面对湖水的一面辟有自然式的窗口,这样,既形成由洞中观赏湖上及对岸风光的景框,也便于洞内采光。洞中的水池上有卧着水妖的石床,流水形成的水帘由石床上落入池中。洞中还有一尊河神像,其风格及姿态都反映了古希腊的遗风。

山洞以南是哥特式村庄。当人们从村庄向湖望去，是一幅以洛兰的田园风光画为蓝本的天然图画。湖对岸，几株古树形成景框，湖中有数座小岛，其中一座岛上有建于1754年的缩小了的古罗马先贤祠。在古典园林中，先贤祠是常见的景物，后人以这种建筑作为古罗马精神的象征。

由村庄往南，有座1860年架设的铁桥，东侧是开阔的水面，西侧则是细细的小河，两边景色迥然不同。过桥上堤，堤南水面稍小，比较幽静，对岸有瀑布及古老的水车；远处是缓坡草地、苍劲的孤植树、茂密的树丛及成群的牛羊，一派牧场风光。堤的东头有四孔石拱桥，向北是水面最狭长处，视线十分深远。透过石桥，远望湖中岛屿，对岸的东侧有花神庙，西侧有哥特式村舍及假山洞，成为园中最佳的观景点。画面中以石桥为前景，湖中水禽、岛上树木为中景，远景是对岸的树木及勾画出天际线的阿尔弗列德塔、先贤祠等建筑。

阿波罗神殿是另一处重要的景点。这里地势较高，三面树木环绕，前面留出一片斜坡草地，一直伸向湖岸，岸边草地平缓，上有成丛的树木。从神殿前可以眺望辽阔的水面；而从对岸看，阿波罗神殿又如耸立于树海之上。由此往下，即可进入有地下通道的山洞，出来后经帕拉第奥式的石桥，可从另一角度欣赏西岸的先贤祠、哥特式村舍及岩洞，别有一番情趣（见图20-14）。

图20-14 湖岸优美景色

亨利·霍尔二世在经过改造的地形上遍植乡土树种山毛榉和冷杉，由树林和水景形成的规模宏大的园林代替了过去完全是农作物的乡村景色。以后又种了大量黎巴嫩雪松，意大利丝杉，瑞典及英国的杜松、水松、落叶松等，形成以针叶树为主的壮丽景观。此后，随着引种驯化技术的发展，又引进了南洋杉、红松、铁杉等新的树种。霍尔家族的最后一位园主是亨利·胡奇男爵，他曾修复了被火烧毁的建筑物，并增种了大量石楠和杜鹃。色彩丰富的杜鹃使得五月的斯托海德园更加绚丽多彩。

由于该园的继承者亨利·胡奇的独生子在第一次世界大战中死于战场，他遂于1946年将斯托海德园献给了全国名胜古迹托管协会。此园现已成为对游人开放的著名风景园之一。

七、邱园(Royal Botanic Gardens, Kew)

邱园(见图20-15)为英国皇家植物园，位于伦敦西部泰晤士河畔，两个世纪以来，一直是世界瞩目的植物园之一，其园林景观也体现了英国园林发展史上几个不同阶段的特色。作为植物园，邱园无论在科学性或艺术性上都是十分杰出的，是各国植物学家、园艺学家和园林学家的向往之地，也是一处美丽的游览胜地。

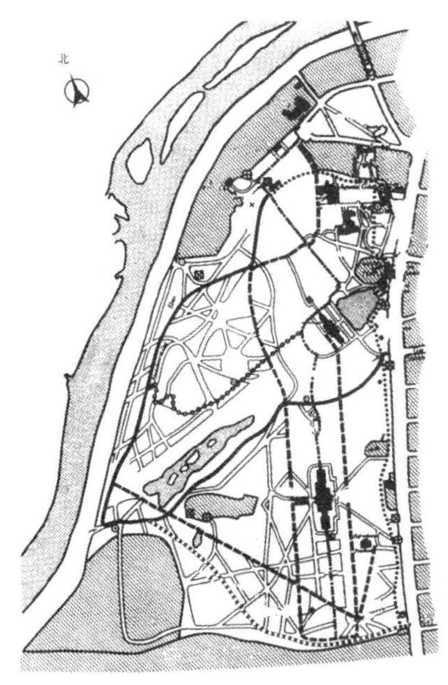

图 20-15 邱园平面图

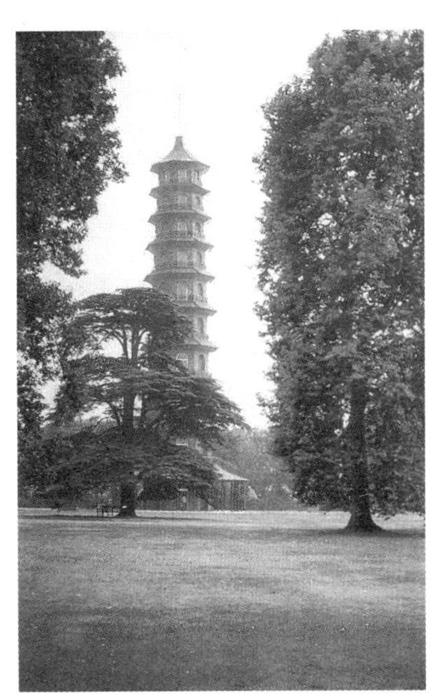

图 20-16 邱园的中国塔

威尔士亲王腓特烈自1731年开始在此居住，住所称为邱宫，其妻在此收集植物品种；1759年，奥古斯塔公主在此居住并在其府邸周围建园。1763年，乔治三世用宫内经费出版了《邱园的庭园和建筑平面、立面、局部及透视图》一书，使更多的人对邱园有所了解，负责此书出版的即威廉·钱伯斯，他在邱园工作期间建造了一些当时十分流行的中国式样的建筑，如1761年建了中国塔(见图20-16)，还有孔庙、清真寺、岩洞、废墟等；之后毁掉了一些，而中国塔和废墟保留至今。这些建筑标志着东方园林趣味对英国园林的影响，不过，按照中国的传统，宝塔层数一般为奇数，而邱园的塔却是10层，这也说明当时在英国园林中只不过是模仿了中国园林一些零星的建筑物，如亭、桥、塔以及假山山洞等，满足了一些人的猎奇心理而已。

邱园的建造时期正是英国风景园盛行之际，而且又处于欧洲园林追求东方趣味的热潮之中，加上十分崇拜中国园林的造园家威廉・钱伯斯的多年经营，使邱园成为这一时期很有代表性的作品之一。

邱园的建设首先以邱宫为中心，以后在其周围建园，又逐渐扩大面积，增加不同的局部，客观上形成了多个中心，其主要性能又是植物园，因此，其规划又不同于一般完全以景观效果为主的花园。邱园以邱宫、棕榈温室等为中心形成局部环境，包括自然的水面、草地，姿态优美的孤植树、树丛。内容丰富又绚丽多彩的月季园、岩石园等种种景色，使邱园不仅在植物学方面在国际上具有权威地位，而且在园林艺术方面也有很高的水平，具有中国风格的宝塔、废墟等也为园林增色不少。至今邱园仍是国际上享有盛誉的园林之一。

至于棕榈温室，不仅室内植物是吸引人们参观的重点，室外园林也很有特色。温室东面为水池，靠近温室一侧的池岸为规则式驳岸，岸边的花坛、雕塑、道路，为了与温室建筑一致，均为规则式规划；而另外三边的池岸则处理成自然式，环池道路也随池岸曲折，路与水面之间的草地形成缓坡，逐渐伸入水中，有成丛的湿生、沼生植物，由路边延伸至水中，在这些地方已很难觉察出池与岸的明显界限了；池中有雕塑、喷泉。池南岸有一对中国石狮子（见图20-17），为中国圆明园的原物，1860年英法联军焚毁圆明园之后，这对石狮子成为邱园的装饰品了。从水池的岸边处理上可以看出设计者力求使温室建筑与自然式园林相协调和由规则式向自然式过渡的匠心。温室的另一侧为整形的月季园，园的南端延伸至远处的透视线终点即中国宝塔。

邱宫建筑的一侧，近年来新建了一处规则式的局部。整齐的长方形水池、修剪的绿篱和成排的雕塑，形成一个独立的空间，体现了伊丽莎白时代的风格。

邱园内有许多古树，如欧洲七叶树、椴树、山毛榉、雪松、冷杉等，难得的是它们都占有非常开阔的空间，因此随着岁月流逝，并无局促之感，不仅树干增高，树冠也日益展开而丰满，给人一种既古老又健壮的印象。当然，由国外引种植物品种之丰富，也是形成邱园特色的重要因素，中国的银杏、白皮松、珙桐、鹅掌楸等名贵树木都在邱园安家落户了。管理良好的草坪地被也是邱园引以为豪的内容之一，园中的开花灌木及针叶树的基部都与草地直接相连，乔木的树荫下也是草地，绿色地被成为乔木、灌木及花卉的背景，在绿色的衬托下，花卉的色彩显得更加鲜艳（见图20-18）。不仅在邱园，英国许多园林都具有这一优势，甚至有的地方以绿毯般的草坪铺成路面，人们可以悠闲地在上面漫步。

邱园的西南部有一连串长长的湖泊水面，虽不如斯托海德园的水面那样辽阔深远，但水中的小岛、嬉戏的水禽，使这里显得十分幽静。

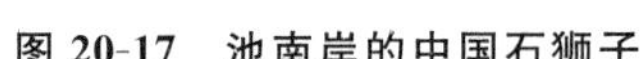

图 20-17　池南岸的中国石狮子

图 20-18　邱园的植物景色

第四节　英国风景式园林对欧洲造园的影响

英格兰式的风景园盛行了 100 余年，对法国、德国、波兰、俄国、瑞士等所有欧洲国家产生影响，后来也影响到美国。这些国家都有风景园的创作。尽管各国的风景园依照当地的条件而表现出某种不同，但是都受到英国风景园的启发。那时封建领地的官邸分散在各农牧业地区，作为领地管理中心完全能和草地风光相结合。18 世纪的风景园，在资本主义制度下，大都是巨富人家效仿法国、意大利精美的苑园而建的，再回到过去的状态是不可能的。但是把风景园提高到 18 世纪的审美程度也是不容易的。风景园还未达到完美的成熟阶段，不能令很多人满意是自然的。

一、对法国的影响

（一）法国“英中式园林”的产生

18 世纪初期，法国绝对君权的鼎盛时代一去不复返了。古典主义艺术逐渐衰落，洛可可艺术开始流行。随着英国出现了自然风景园并逐渐过渡到绘画式风景园以后，在法国也掀起了建造绘画式风景园林的热潮。由于法国的风景式园林借鉴了英国风景式园林的造园手法，又受到中国园林的影响，所以称为“英中式园林”。

然而，这场深入的园林艺术改革运动在英国和法国却表现出不同的特点。在英国，这场艺术革命总带有几分天然的成分，而在法国，人们竭力利用它来对抗过去的思潮。英国人关心的只是怎样创造美丽的花园，追求一个更适合散步和休息的理想场所。英国贵族毁坏一个规则式花园，目的不是指责建造规则式花园的那个时代，甚至也没有责难人。而法国的规则式花园，被人们与宫廷联系在一起，因此，仅仅由于对过去喜爱它的人的憎恨，就足以导致对这类花园的憎恨了。贵族们也同样厌倦了持续半个多世纪的豪华与庄重、适度与比例、秩序与规则的风格。为了表明自己在艺术品位上的独立性，他们与过去的时尚背道而驰。

为英国风景式造园理论在法国的传播做好充分准备的人是卢梭。卢梭因仇恨封建贵族统治的腐朽社会，而仇恨所有规则式花园。他主张放弃文明，回到纯朴的自然状态中。1761 年，卢梭发表了小说《新爱洛绮丝》，这本书被称为轰击法国古典主义园林艺术的霹雳。卢梭在书中构想了一个名为克拉伦的爱丽舍花园。在这个自然式的花园中，只有乡土植物，绿草如茵，野花飘香。园路弯曲而不规则，两边是高高的篱笆，篱笆前边种了许多槭树、山楂树、冬青、女贞树和其他杂树，使人看不见篱笆，而只看见一片树林。"你看它们都没有排成一定的行列，高矮也不整齐。我们从来不用墨线，大自然是从来不按一条线把树木笔直地一行一行地种的。它们看起来不整齐，弯弯曲曲的，实际上是动了脑筋安排的，目的是为了延长散步的地方，遮挡岛子的岸边，这样既扩大了岛子的面积，而又不在不该拐弯的地方拐弯"。

启蒙主义思想家狄德罗在他的《论绘画》一书中，开头第一句话便是，"凡是自然所造出来的东西没有不正确的"，与古典主义"凡是自然所造出来的都是有缺陷的"观点针锋相对。他提倡模仿自然，同时，他要求文艺必须表现强烈的情感。启蒙主义思想家渴望感情的解放，号召回归大自然，主张在造园艺术上进行彻底的改革。

从 18 世纪中叶开始，勒·诺特的权威地位已经开始动摇。建筑理论权威布隆代尔在 1752 年就指责凡尔赛宫苑，说它只适合于炫耀一位伟大君主的威严，而不适合在里面悠闲地散步、隐居、思考哲学问题。他认为在凡尔赛宫苑和特里阿农宫苑，只有艺术在闪光，它们的好东西只代表人们精神的努力，而不是大自然的美丽和纯朴。埃麦农维勒子爵批评勒·诺特屠杀了自然。他发明了一种艺术，就是花费巨资把自己包裹在令人腻烦的环境里。

法国风景式造园思想的先驱者建议向英国和中国学习，这导致了大量介绍中国园林的书籍和文章的出版，一些英国人重要的造园著作，很快被译成法文。18 世纪 70 年代之后，法国又涌现出一批新的造园艺术的倡导者，他们纷纷著书立说，致力于将新的造园理论深入细致化。

吉拉丹侯爵是一个大旅行家，是卢梭思想的追随者。1776 年，他在埃麦农维勒子爵领地上，按照卢梭的设想，建成了一座风景式园林，标志着法国浪漫主义风景园林艺术时代的真正到来。

吉拉丹完全抛弃了规则式园林，因为它是"懒惰和虚荣的产物"。同时他也指责尽力模仿中国式园林的做法，不赞成在园林中有大量的建筑要素。他认为，"既不应以园艺师的方式，也不应以建筑师的方式，而应以肯特的方式，即画家和诗人的方式，来构筑景观"。他强调在关注细部之前，不应失去对整体效果的注意力。他要求处理好作为园林背景的周围环境，就像画家对背景的处理那样，应避免过于开阔的地平线，最好是入画的和视距有限的背景。他认为应该注重树群的形状和大小植物的组合，而不是去关注树叶的不同色调，因为自然会作出安排。外来树木难以与整体相协调，所以应使用乡土树种。水体应安排在林木的背景之前，因为在自然中也是如此。

18 世纪法国启蒙主义运动受到英国理性主义的影响，法国启蒙主义运动倡导人之一的卢梭大力提倡“回归大自然”，并具体提出自然风景式园林的构思设想。

法国风景式造园先驱们的思想和著作与启蒙主义者相比，社会影响力微不足道，但是，他们对风景式园林的具体形式，却起着决定性的作用。

（二）法国风景园实例

1. 埃麦农维勒林园(Parc d'Ermenonville)

1763 年，吉拉丹侯爵购置了埃麦农维勒子爵的领地，并按照风景式园林的原则来改造这片面积 860 公顷的大型领地。从 1766 年开始，历时十余年，终于在一个由沙丘和沼泽组成的荒凉之地上，创建出一个真正的风景式园林的代表作品。

埃麦农维勒林园(见图 20-19)由大林苑、小林苑和荒漠三部分组成。园内地形变化丰富、景物对比强烈，有河流、牧场、丛林、丘陵砂场和林木覆盖的山冈等各种自然地形地貌景观。园内大面积的种植形成变化丰富的植物景观，并引来农奈特河的河水，形成园内的溪流和湖泊。园内因有大量的植物和水景而显得生机勃勃，充满活力。富有哲理的主题性园林建筑，为园林带来了强烈的浪漫情调。园路布置巧妙，从每一个转折处，都可以观赏到河流景观。这个充满幻想的花园，有着步移景异的效果。

图 20-19　埃麦农维勒林园城堡前的景观(版画)

在绘画式园林的造景中，园林建筑起着重要作用。从功能的角度看，这些非理性的小型纪念建筑毫无用途。因此，为了表明其存在的必要性，建筑师通常将亭子、庙宇等与附属建筑结合起来，外观上力求使人产生幻觉或怀旧情感。埃麦农维勒林园的建筑突出富有哲理性的主题，如一座名为“哲学”的金字塔是献给“自然的歌颂者”的。埃麦农维勒林园的建筑还希望帮助人们追忆“道德高尚的祖先的美德”，设计者为此设置了护卫亭、农场、啤酒作坊和磨坊等。

埃麦农维勒林园中还能看到老人的坐凳、梦幻的祭坛、母亲的桌子、哲学家的庙宇，而狭小的、空空如也的先贤祠则保持着未完成的状态，暗喻人类的思想进步永无止境。还有美丽的加伯里埃尔塔，在“纯洁的环境中，引入一个历史上的高卢式的乐符”，唤起人们对古代的回忆。有一些园林建筑后来遭到毁坏，如隐居处、缪斯庙、菲莱蒙和波西斯的小屋。

1778 年，吉拉丹在园内的一个僻静之处，按照卢梭的《新爱洛绮丝》里描写的克拉伦的爱丽舍花园建造了一座小花园，以表示对卢梭的尊敬。花园建成不久，卢梭——吉拉丹的启示者和偶像，在这里度过了他生命中的最后五个星期。卢梭与世长辞后被安葬在一座杨树岛上，开始建了石碑，1780 年，建造了一座古代衣冠冢形状的墓穴，墓碑上刻着“这儿安息着属于自然和真实之人”。

园中建造名人墓穴成为纪念性花园的一种模式，之后曾大量出现。它满足了另一种新趣味，即在造园上表现出的过分的浪漫情感。吉拉丹还提出了一个有趣的构思，即在园林中设置石碑、陵墓、衣冠冢、垂柳或者截断的石柱，使人能够时时缅怀逝去的贤人，忆古思今。

这个林园在法国是独一无二的，它的景致非常优美动人；大量的景点分布在面积可观的园内，完全没有拥挤和闭塞之感。在这里，吉拉丹以“荒漠”代替了英国造园家的“野趣”。

埃麦农维勒林园特点如下。

①园主支持自然风景式园林。

②总体布局为自然风景式，全园由大林苑、小林苑、偏僻之地三部分组成。

③水面中心有一个著名的小岛，岛上种植着挺拔的白杨树，还建有卢梭墓。

④偏僻之地十分自然，有丘陵、岩石、树林和灌木丛林等。

⑤园主将景观欣赏与音乐鉴赏相结合。

2. 小特里阿农王后花园(Le Jardin de la Reine du Petit Trianon)

小特里阿农王后花园(见图 20-20)包括规则式与不规则式两部分。前者是一个小型的法国式花园，一直延伸到大特里阿农宫。在不规则式的花园中，英国园艺师克罗德·理查德为国王收集了许多美丽的外来树木，建造了温室和花圃。这座宛如植物园的花园，由著名植物学家朱西厄管理，由此可见路易十五对植物学的兴趣之浓厚。

路易十六继承王位后，将小特里阿农送给了 19 岁的王后玛丽·安托瓦奈特，并为她修建了一座小城堡。不久之后，王后就对花园进行了全面的改造，使之成为一处绘画式风景园林。

王后先是要求理查德的儿子小理查德进行设计。小理查德是一位有相当造诣的植物学家，对英国园林也非常了解，但对园林设计并不在行。在面积不足 4 公顷的地方，他布置了大量的景点，园路和溪流交织在等宽的弧形带中。王后对其设计不甚满意，因此决定先去参观英国园林。1774 年 7 月，王后参观了卡拉曼子爵的花园，感到

图 20-20 小特里阿农王后花园秋景

非常满意,于是要求卡拉曼子爵为她提交一个方案。

小理查德顺从了卡拉曼子爵的意见,可是代替加伯里埃尔的建筑师密克所作的设计却远离卡拉曼子爵的设想。此后,曾与密克合作过的画家于贝尔·罗伯特参与了设计,尤其是茅屋的造型及选址,以及岩石山和其他小型工程的设计,弥补了建筑师在这方面的不足。

这项工程耗资巨大,设计者将台地改造成小山丘和缓坡草坪,甚至布置了一小段悬崖峭壁,处理得非常巧妙。溪流的走向与小理查德的设计大致吻合。园中还有圆亭、假山和岩洞。

圆亭布置在溪流中央的一座小岛上,与特里阿农宫殿的东立面相对。此亭为著名的爱神庙,12 根科林斯柱支撑着穹顶,中央是爱神像。另一座建筑为观景台,与特里阿农宫殿的北立面相对。

爱神庙建于 1779 年,三年后建成观景台。1780 年 6 月,当王后参观了埃麦农维勒林园之后,又决定建造一座"小村庄"。

"小村庄"始建于 1782 年。在花园东部新购置的地方,围绕着精心设计的湖泊,布置了 10 座小建筑。在从湖中引出的一条小溪边建有磨坊、小客厅、王后小屋和厨房;在湖的另一侧,建有鸟笼、管理员小屋和乳品场等。

这些小建筑物是出于密克和罗伯特的奇思妙想,目的在于产生更敏感和更细腻的情感。它们采用轻巧的砖石结构,外墙面抹灰,绘上立体效果逼真、使人产生错觉甚至幻觉的画面。其中磨坊是最有魅力、外观最简洁的,它模仿诺曼底地区的乡间茅屋，很有特色。小客厅有与磨坊一样的茅草屋顶，外观令人愉悦，室内厅堂也很舒适，王后白天喜欢来此休息。

王后小屋是一座两层小楼，设有餐厅、起居室、台球室等。建筑外形非常简洁，茅草屋顶，几根木柱，附以攀缘植物，突出乡间情趣。

家禽饲养场与王后小屋隔桥相对，周围是栅栏围成的几组封闭小院落，里面有放养着珍稀动物的笼舍。乳品场中有著名的马尔勒波鲁小塔楼。在法国的教科书中，曾提到特里阿农的乳品场：人们看到王后装扮成挤奶的农妇，而未来的国王路易十八则装扮成牧羊人。乳品场有一个凉爽的客厅，在一张大理石桌上，摆放着水果和乳制品。王后高兴时在此举办冷餐会，主食为水果和乳制品。

小特里阿农王后花园建成于 1784 年，是法国风景式园林的杰作之一。王后不惜代价，广泛收罗各种美丽、珍稀之物来装点它。1789 年 10 月 6 日，当一个气喘吁吁的年轻侍卫跑来报告，巴黎的人群已经进入凡尔赛宫时，玛丽王后正在岩石山下面名叫“蜗牛”的岩洞里休息。这座充满幻想的花园的鼎盛时代从此一去不复返了。

（三）法国“英中式园林”特征

18 世纪继英国之后，法国便走上了浪漫主义风景式造园之路，但由于唯理主义哲学在法国根深蒂固，古典主义园林艺术经过几个世纪的发展，有着极高的成就，在法国人的心目中，勒·诺特的造园艺术是民族的骄傲，他的权威性是不会轻易动摇的，因此，18 世纪初期追随风景式造园潮流建造的花园，仍然借鉴勒·诺特的设计原则，只是花园的规模和尺度都缩小了，在一个更加局促的环境中，借助于更加细腻的装饰，改变庄重典雅的风格，使花园更富有人情味，小型纪念性建筑取代雕像，开始在花园中出现。

18 世纪的一些法国风景画家，突破古典主义绘画对题材的限制，在他们的作品中表现出愉快的自然景色和田园风光，这对法国风景园林也有很大影响，一些风景园林甚至以这样的绘画作品为蓝本，“英中式园林”中常有的“小村庄”，更反映出田园风光画对园林情趣的影响。

洛可可风格是路易十五统治时期所崇尚的一种艺术风格，其特征是，具有纤细、轻巧、华丽和烦琐的装饰性，喜用漩涡形的曲线和轻淡柔和的色彩。洛可可风格对法国造园艺术的影响基本只停留在花园装饰风格上，花坛图案更加生动活泼，以卷草为素材，花纹回旋盘绕，复杂纤细，色彩更加艳丽，构图也出现局部的不对称。但这种绣花花坛很快就过时了，而代之以英国式的草坪花坛，在整齐精细的草坪边缘，用一些花卉作装饰，显得朴素、亲切、自然。

洛可可艺术喜好新颖奇特，因而对异国情调抱有浓厚兴趣。17 世纪下半叶以来，中国的绘画和工艺品就深受法国人的喜爱，洛可可艺术的流行与到过中国的欧洲商人和传教士对中国工艺美术及建筑、园林艺术的描述，迎合了追求新奇刺激、标榜借鉴自然的法国人的口味，使得中国园林艺术对法国风景园林产生了明显的影响，风景园中出现塔、桥、亭、阁之类的建筑物和模仿自然形态的假山、叠石，园路和河流迂回曲折，穿行于山冈和丛林之间；湖泊采用不规则的形状，驳岸处理成土坡、草地，间以天然石块。然而，法国人对中国园林艺术的理解还很肤浅，有时只是对中国式建筑物的滥用。作为风景园林的一种独特风格，“英中式园林”在18世纪下半叶曾风行一时，但随着1789年法国资产阶级大革命的爆发以及随后的拿破仑战争，带来了更强有力的新思潮，到18世纪末，“英中式园林”就已不再流行了。

二、对俄罗斯园林的影响

（一）俄罗斯风景园的产生

彼得大帝去世以后，俄国在1725—1762年间，更换了五位国王，政局不稳也影响了园林事业的发展。直至1762年，叶卡捷琳娜二世即位，对内实行中央集权，对外扩张，重新巩固了王位。1801年亚历山大一世即位，由于在与拿破仑交战中取得胜利，开创了俄罗斯帝国的新时期，俄国成为欧洲大陆最强大的国家，这一局面一直持续到19世纪中叶。在此期间，英国自然风景园风靡全欧洲，俄罗斯也深受其影响，开始进入自然式园林的历史阶段。

除了受到英国的影响以外，规则式园林需要进行复杂而经常性的养护管理，耗费大量园艺工人的劳动，也是使人感到棘手的问题。同时，文学家、艺术家们对美的评价开始有了新的变化，崇尚自然，追求返璞归真成为时代的趋势。加之，叶卡捷琳娜二世本人是英国自然风景园的忠实崇拜者，她厌恶园中的一切直线条，对喷泉反感，认为这些都是违反自然本性的，并积极支持自然式风景园的建设。这一切都促使俄罗斯园林由规则式向自然式过渡。这一时期不仅新建了许多自然式园林，也改造了不少旧的规则式园林。

俄罗斯风景园的形成和发展与当时俄罗斯造园理论的发展是分不开的。18世纪末开始出版了一系列造园理论方面的著作，为自然式园林的创作大造舆论，其中最著名的人物是安得烈·季莫菲也维奇·波拉托夫，他对俄罗斯园林的发展和其特色的形成均有很大影响。波拉托夫是著名的园艺学家，出版了许多关于园林建设和观赏园艺方面的著作，也曾为叶卡捷琳娜二世的土拉营区建造过园林，同时，他还擅长绘画，能以画笔描绘出他所提倡的自然式园林的景色。波拉托夫的主要论点在于提倡结合本国的自然气候特点，创造具有俄罗斯独特风格的自然风景园；他承认英国风景园促进了俄罗斯园林由规则式向自然式的过渡，但主张不要简单地模仿英国、中国或其他国家的园林；他强调师法自然，研究、探索在园林中表现俄罗斯自然风景之美。

19世纪中叶，随着农奴制的废除，俄罗斯不可能再出现18、19世纪那种建立在大量农奴劳动基础上的大规模园林了，因而私人的小型园林成为当时的发展趋势。同时，随着资本主义的扩张，商业经济及运输业的发展，新颖的国外植物日益引起人们的关注，观赏园艺受到重视。在这一背景下，俄罗斯开始兴建一系列以引种驯化为主的各种植物园，许多大学建立了以教学及科研为主要目的的植物园；著名的疗养城市索契于1812年建立了以亚热带植物为主的尼基茨基植物园。此后，在俄罗斯各地建立了适应不同气候带、各具特色的植物园，它们对丰富观赏植物种类起到了很大作用。

(二)俄罗斯风景园实例

巴甫洛夫风景园(Pavlov Park)位于彼得堡郊外的巴甫洛夫园，始建于1777年，在持续半个世纪的建造过程中，几乎经过了彼得大帝以后俄罗斯园林发展的所有主要阶段。从该园的平面图(见图20-21)中可以看出，这里有规则式的局部：宽阔、笔直的林荫道通向宫殿建筑，以圆厅为中心展开的星形道路，以白桦树丛为中心的放射形道路等。同时，俄罗斯自然式园林的两个发展阶段，在这里也留下了明显的痕迹。

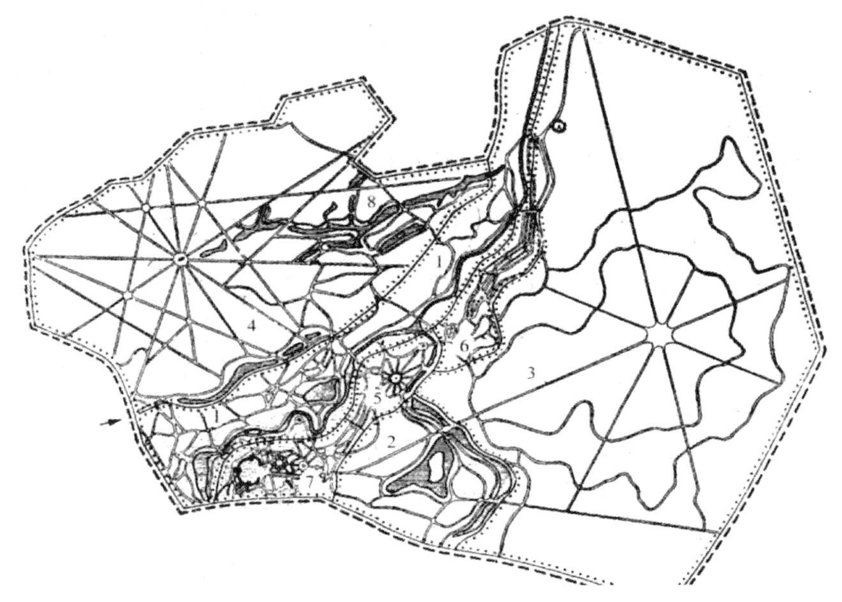

图20-21 巴甫洛夫风景园平面图

1—斯拉夫扬卡河谷；2—礼仪广场区；3—白桦区；4—大星区；5—老西里维亚；6—新西里维亚；7—宫前区；8—红河谷区

1777年，在巴甫洛夫园只建了两幢木楼，辟建了简单的花园，园中有花坛、水池、中国亭(当时欧洲园林中的典型建筑)等。1780年由建筑师卡梅隆进行全面规划，将宫殿、园林及园中其他建筑，按统一构图形成巴甫洛夫园的骨干。卡梅隆为苏格兰人，当他到俄罗斯时，已具有比较成熟的艺术观，这种艺术观形成于古典主义在欧洲盛行之际。因此，他在园中建造了带有廊子的宫殿、古典的阿波罗柱廊、友谊殿堂(见图20-22)等建筑。当俄罗斯园林风格转向自然式时，卡梅隆在全园的不少局部中，仍保留了规则式的构图，道路仍采取几何形图案，如大星区、白桦区、迷园、宫前区等。

1796年，园主保罗一世继承王位后，巴甫洛夫园成了皇家的夏季宫苑，于是，保罗一世又请了建筑师布廉诺进行宫及园的扩建，使这里成为举行盛大节日及皇家礼仪活动的场所。宫前区及新、老西里维亚区都建于此时，在斯拉夫扬卡还建了露天剧

图 20-22　友谊殿堂

场、音乐厅、冷浴室等建筑，新添了许多雕塑及一些规则式的小局部。这一阶段的建设不能不说是成功的。到 19 世纪 20 年代，巴甫洛夫园在艺术上达到了最高的境界。

巴甫洛夫园地势平坦，原为大片沼泽地，斯拉夫扬卡河弯弯曲曲流经园内，稍加整理后，有的地方扩大成水池；沿岸高低起伏，河岸高处种植松树，更加强了地形的高耸感，有时河岸平缓，水面一直延伸到岸边草地上或小路旁；两岸树林茂密，林缘曲折变化，幽暗的树林前有色彩不同的单株树、树丛，形成高浮雕和圆雕的效果；沿河行走，水面及两岸林地组成的空间忽而开朗、忽而封闭，加上植物种植及配置方式的变化，形成一幅幅美妙的构图。

全园以乡土树种为主，成丛、成片人工种植的树林（其中不少是移植的大树），经过若干年后，宛如一片天然森林，在森林中辟出不同的景区。因此，虽然由于建造年代不同，形成不同风格的局部，但全园却统一于森林景观之中；林中辟了许多大小不同、形状各异的空地，使林地具有极高的园林艺术水平；道路引导游人缓缓地漫步于具有明暗对比、色彩各异的各种植物组成的空间中，使人心旷神怡，通过狭窄幽暗的林荫道来到以白桦树丛为中心的林中空地，眼前豁然开朗，在周边暗色松树的衬托下，这里更显得明亮、空旷。

（三）俄罗斯风景园的特征

在俄国，大量建造自然式园林的时期约在 1770—1850 年间，其中又可分为两个阶段：初期（1770—1820）为浪漫式风景园时期，其后（1821—1850）为现实主义风景园时期。

在风景园建设的第一阶段，园中景色多以画家的作品为蓝本，如法国风景画家洛兰、意大利画家罗萨、荷兰风景画家雷斯达尔等人绘画所表现的自然风景，成为造园家们力求在花园中体现的景观。园中打破了直线、对称的构图方式，在充满自然气氛的环境中，追求体形的结合、光影的变化等效果；然而，画面中的风景与现实的园林环境之间毕竟会有很大差异，因此，按照这种理想境界建成的园林，往往只有布景的效果，而对人在园中的活动却很少予以考虑。此外，这时的风景园，往往追求表现一种浪漫的情调和意境，人为创造一些野草丛生的废墟、隐士草庐、英雄纪念柱、美人墓地，以及一些砌石堆山形成的岩洞、峡谷、跌水等，试图以展现在人们眼前的一幅幅画面，引起种种情感上的共鸣——悲伤、哀悼、惆怅、庄严肃穆或浪漫情调等。

浪漫式风景园中的植物虽然不再被修剪，但也未能充分发挥其自然美的属性，只是为了衬托景点、突出景色，在园中或组成框景，或起着背景的作用。

19 世纪上半叶，自然式园林中的浪漫主义情调已经消失，人们对植物的姿态、色彩，对植物的群落美产生了兴趣；园中景观的主要组成不再只是建筑、山丘、峡谷、峭壁、叠水等，而开始重视植物本身了。巴甫洛夫园和特洛斯佳涅茨园都是以森林景观为基础的俄罗斯自然式园林最出色的代表作，尤其巴甫洛夫园以其巨大的艺术感染力展示了北国的自然之美，被誉为现实主义风格的自然式风景园的典范，其创作方法对以后的俄罗斯园林，以至十月革命后苏联园林的建设都产生了深远的影响。

由于俄罗斯地处欧洲大陆北部，大部分地区气候严寒，与英国湿润温暖的海洋性气候有很大的差异，因此，典型的 18 世纪英国风景园主要以大面积的草地上面点缀着美丽的孤植树、树丛为其特色，而俄罗斯风景园却是在郁郁葱葱的森林中，辟出面积不大的空地，在森林围绕的小空间里装饰着孤植树、树丛，这种方式有利于在冬季阻挡强劲的冷风，夏季又可遮阳。在树种应用方面，俄罗斯风景园强调以乡土树种为主，云杉、冷杉、松、落叶松及白桦、椴树、花楸等是形成俄罗斯园林风格不可缺少的重要元素。

三、对德国园林的影响

英国自然式园林影响到德国，18 世纪下半叶德国的一些哲学家、诗人、造园家倡导崇尚自然，在 18 世纪 90 年代德国著名哲学家康德和席勒进一步推崇自然风景式园林。

英国式造园传入德国的时间稍晚于法国，但它给德国造园界带来的影响是巨大的。这种英国式造园在这个从未有过传统庭园样式的国度，自然而然地被德国同化，从而在造园史上形成一种较法国风景式造园更为特殊的样式。

德国风景式造园的产生仍与该国当时的文艺思潮有着不可分割的关系，诗人与哲学家都充当了它的倡导者。瑞士诗人波德默和以写作隽秀平和、如画一般的田园诗见长的克雷斯特，向德国人灌输了崇尚自然美的观念。接着，直接评论庭园的诗人们也出现了。大声疾呼“尊重自然、远离人工”的哈格德隆是德国风景式庭园的第一个倡导人，杰斯纳是风景式庭园的歌颂者，他说：“比起用绿色墙壁造成的迷路，规则齐整、等距种植的紫杉方尖塔来，田园般的牧场和充满野趣的森林更加动人心弦。”他们发挥了有如英国的艾迪生和蒲柏的作用。

启蒙时期的哲学家苏尔则在其《美术概论》中指出：“造园是从大自然中直接派生出来的东西。大自然本身就是最完美无缺的造画家。”他还主张：“正如绘画描绘大自然之美那样，庭园也应该模仿自然美，将自然美汇聚到庭园之中。”另外，虽然此时钱伯斯已将中国风格吸收进英国风景式庭园中，但苏尔却厌恶中国风格，与钱伯斯大唱反调。此后不久，在这个国家出现了著名的森林美学家赫什费尔德，他是基尔大学的美学教授，十分爱好造园，并潜心研究，他通过研究庭园和英国、法国的造园文献，获得了独特的理解和认识。1773年他首先出版了《别墅与庭园之术的考察》一书，接着又在1775年发表了短篇论文《庭园艺术论》。在此文中，他基于自己的独到见解，阐述了风景式造园的原理，后来在1777—1782年间，又出版了由五卷组成的同名巨著，更明确地创立了他的理论。他在上述著作中已经囊括了风景式造园所有的重要因素，即理论的、美学的、历史的因素。他还向艺术家、业余造园家们出示了大量的风景式造园实例。针对那些素不相识的人的来函，他出版了庭园年鉴，并通过评论和具体教授来传播造园思想。他撰写庭园论时，在英国继艾迪生和蒲柏之后，又有大批有关风景式庭园的书籍问世，他对此加以利用。

赫什费尔德认为，庭园应该激发起观者的所有情感，即它是旨在使人得到或愉快或忧愁，或惊奇或敬畏，以及安静平和之感受的一种设施；随着它所激起的感情的不同，风景式庭园又分为田园型、庄严型、协调型、沉思型、明快型、阴郁型、雄壮型等类型，他还举例对此逐一加以说明。赫什费尔德继承了申斯通和蒲柏的思想，主张所谓“感伤的庭园”。此外，他仅以添景物为据，将庭园分为规则式和风景式两类。虽然如此，由于风景式庭园仍然包括了很大的范围，甚至连一些难以成为艺术对象的风景也一概纳入其中，所以赫什费尔德也认为在德国要仿造英国式的林苑是完全不可能的。尽管如前面所说的那样，赫什费尔德设想出情感化的庭园，但另一方面他却不完全排斥传统的规则式庭园，甚至还提出要保留林荫道及水工设施，要对实用性庭园加以更充分的关注；他的不足之处是脱离了实际施工，致使他的理论大多无法予以实施，据说在记载树木名称方面他也漏洞百出。但是，这些缺陷仍无碍于他成为德国造园界的权威。

德国哲学家康德也是一位关注着风景式庭园发展的人。在他的三大批判著作的最后一部《判断力批判》的“艺术的分类”一节中，对庭园作出了敏锐的考察：“绘画艺术，作为造型艺术的第二类，把感性的假象有技巧地与诸理念结合在一起来表现，我欲分为自然的美的描绘和自然产物的美的复合，第一种是真正的绘画艺术，第二种是造园术。因第一种只表现形体扩张的假象，第二种固然按照真实来表现形体的扩张，但也只给予了利用和用于其他目的的假象，作为在单纯参照它们的诸形式时想象力的游戏。后者（造园术）不是别的，只是用同样的多样性，像大自然在我们的直观印象里所呈现的，来装点园地（水、花、丛林、树木，以至水池、山坡、幽谷），只是以另一样的，适合着某种特定的观念而布置起来的。”

康德之所以这样看待造园，正是自然式造园风靡德国的结果。不过根据康德的考察来看，可以认为赫什费尔德的“感伤的庭园”与庭园的艺术本质相去甚远。针对康德将造园作为绘画的一个分支的观点，赫尔德却希望造园要与建筑相结合而又不屈从于建筑法则。他批评了康德的《判断力批判》，认为应该重视造园的艺术性，他说：“区分协调与不协调，了解各种场合的固有特性并加以利用，抱着增强自然之美的积极愿望——如果造园不是艺术的话，那么改造它们之类的活动也就毫无意义了。”

诗圣歌德也诞生在德国风景式造园不断发展的年代，他受到赫什费尔德的著作及沃利兹所造的庭园的启迪，开始对风景式庭园产生兴趣。不久以后，他的成果就变成了魏玛林苑的创造，后来表现在小说《亲和力》的庭园描写。以往风景式庭园的领导者和评论者都只是纸上谈兵，歌德却与他们不同，他像英国的蒲柏和申斯通那样，是一位实际的造园家。由此而言，魏玛林苑就有着特别深刻的意义。林苑从伊鲁姆河左岸树木苍翠葱茏的陡峭岩石地带开始，一部分越过台地直抵贝尔维德雷城的林荫道，其余部分穿过河右岸的草原，一直延伸到建有坡度很大的木瓦屋顶的著名“花园房”。18 世纪初这里还是一片荒芜之地，其中建有中世纪风格的贝尔维德雷城堡，“星形苑路”以这座城堡为中心放射出来，沿路的乔灌木被密密种成一条直线。这里还有通往城堡的螺旋形园路“施内肯贝格”。1776 年查理·奥古斯特公爵在这附近建造了附属于露坛园的凉亭，并将它送给歌德。此后城堡被焚毁，庭园也遭破坏，夷为一片废墟。自 1778 年以来，园内开始建造了称为“鲁易森克罗易斯特”（Luisenklotster）的小庵，哥特式的“教堂骑士之家”“罗马式建筑”及前述的“花园房”等各种建筑，并逐渐以遗址、寺院、铭刻碑文的纪念碑等装扮起来。由此使人想起歌德沉醉于当时感伤的庭园情调之中的情景，这正是韦兰德也赞成将这个林苑称为“歌德式的诗”的原因。用添景物造成的每个局部风景都通过用乔灌木界定范围的大林苑、架着桥的小河、消失在远方的园路、远处教室的塔尖等统一成为一个整体。这样，魏玛林苑一方面受到实际地形的制约，另一方面又表露出小说《亲和力》中的思想观念。但是，歌德对风景式庭园的态度在后来发生了变化。设计魏玛林苑时，曾经吸引过歌德的沃利兹被当作了模仿的对象，但在《感情的胜利》中，歌德却反过来对这个庭园进行了责难和嘲笑。那个时候的歌德否定了感伤主义。稍早于歌德的史学家莫塞尔也在《爱国者的幻想》中称赞了歌德对这种感伤倾向的反叛。

紧接着，与歌德齐名的席勒也以风景式庭园批判者的姿态登上舞台。他在《1795 年迪尤宾根的庭园年鉴》的评论中，对霍恩海姆庭园进行了一番风景式造园美学、哲学的论证。这篇评论收进了他的著作中，其论点清晰，值得所有造园家予以极大的重视。席勒痛斥了当时庭园中许多风景区混乱不堪的现象，他说：“以绘画作为造园的摹本是完全错误的。”他还说，在树木上悬挂注有标志的小匾额虽然被视为不自然的感伤主义，但在英国庭园中见到的自然已非外部的自然，它是经艺术改造提高了的自然，它在教会所有的人——有教养的或没有教养的人——怎样去思考的同时，也教给他们如何去感受。这种思想揭示出席勒对风景式庭园存有的全部疑问。他强烈地感到，在这个特殊的领域（造园）中，自然可以为它提供模仿的材料，但单靠模仿自然是不可能获得艺术样式的。

小　　结

18 世纪的英国自然风景园是在其固有的自然地理、气候条件下，在当时的政治、经济背景下，在各种文学、艺术思潮影响下产生的一种园林形式和风格，尽管曾遭到一些反对和非议，但仍是欧洲园林艺术史无前例的一场革命，并且，对以后园林的发展产生了巨大而深远的影响。

这种园林形式颠覆了欧洲传统的园林风景构图和园林文化，它以大自然为模仿的素材，用绘画的原理进行构图，但不单纯地以绘画作为造园的蓝本，而是再现自然风景的和谐与优美。在社会文化的层面上，英国风景园的出现，代表着新兴的阶级步入社会的主流阶层，即新兴资产阶级的审美思想和情趣成为社会审美思想的主流，取代了以勒·诺特式园林为代表的君主集权时代的造园形式和审美取向，以对自然风景的欣赏取代对人工造景的欣赏。

英国风景园的产生，不仅仅表现为一种新的园林造景形式的出现，同时也喻示着旧的历史时代的终结。它如同西方历史上的“工业革命”一样，对西方乃至全世界的园林文化发展形成广泛而深远的影响，并且奠定了近现代园林发展的方向。

【思考和练习】

1. 英国风景式园林产生的文化与时代背景是什么？

2. 英国风景式园林的特征是什么？

3. 英国风景式园林的代表实例有哪些？举出三四例，并说说其园林布局与置景手法的艺术特色。

4. 说说英国风景式园林在欧洲其他国家的实例与布局特点。

第二十一章　欧美国家的近现代园林

第一节　历史沿革与文化背景

一、历史与文化背景

18 世纪中叶到 19 世纪初，英国发生了工业革命。蒸汽机的发明，新能源、新材料的开发利用，机械化对手工业的取代，交通运输的发展，极大地繁荣了欧洲资本主义经济与文化，巩固了资产阶级革命成果，使欧洲社会实现了跨越式发展。与此同时，大量农民由农村涌入城市，导致城市人口急剧膨胀，城市用地也不断扩大，城市安全、环境、住宅、交通等问题也纷至沓来。

继英国工业革命之后，比利时、法国、德国等欧洲国家也纷纷采用大机器生产，工业蓬勃发展，经济繁荣兴旺，城市呈现一派欣欣向荣的景象。与此同时，也出现了和英国同样的城市问题。

城市问题的出现，冲破了古老的欧洲园林格局，解放了人们的传统思想，也赋予园林以全新的概念，产生了与传统园林内容、形式差异较大的新型园林。

在英国工业革命前后，欧洲各国资产阶级革命浪潮风起云涌，终于导致欧洲封建君主政权的彻底覆灭。因此，许多从前归皇家所有的园林逐步被收为国家所有，并开始对平民开放。18 世纪，英国首先开放了伦敦的皇家狩猎园。法国巴黎郊外的布劳涅林苑原属皇家猎苑，几经改造后，也以自然风景式园林景观向市民开放，尤其是以建在隆尚平原上的跑马场引人游观。另一些原属皇家的园林，成为当时上流社会不可缺少的表演舞台，也是公众聚会的场所，起到类似公共俱乐部的作用。

随着城市建设规模的扩大，除原属皇家而后归国家所有的园林向平民开放以外，城市公共绿地也相继诞生，出现了真正为居民设计，供居民游乐、休憩的花园或大型公园。

与此同时，一些保留皇室的国家那些仍然归属皇室所有的皇家园林也在一定时期对公众开放，私人庄园、花园也逐渐对外开放，并形成一种社会风尚。

19 世纪以后，公园日益引起大众的普遍关注，风格上以自然式为主，同时经常结合规则式。19 世纪没有创立新的造园风格，这一时期的园林多以新古典主义、折中主义的面貌出现。19 世纪末到 20 世纪初，由于社会的巨大变化，文化艺术领域开始了一系列转变，这股强大的革新潮流也推动着园林设计开始摆脱传统的模式，探索新的道路。

二、城市公园运动

西方古典园林从远古的美索不达米亚庭园和古希腊、罗马的柱廊式庭园开始，历经西班牙的伊斯兰庭园，意大利的台地园和法国的勒·诺特式宫苑及英国的自然风景园后，开始了崭新的历史征程。

作为工业时代所带来的种种遗憾和弊端的调剂和缓冲，最早进入工业化时期的英国理所当然地在城市公园的概念、理论及实践方面领先于其他国家，这种领先体现在布朗等发展和完善的英国自然风景园的风格形成了现代城市公园的主要风格。这种极具浪漫主义特质的自然风景园的形成对过分人工化的城市环境有着不容忽视的作用。同时，这种公园对城市开放空间理论的发展有着较大的贡献，标志着西方现代园林发展序幕的欧美城市公园运动正是在此基础上发展起来的。美国城市公园运动始于 1857 年奥姆斯特德和洛克斯设计了纽约中央公园。在此之前，美国造园仍停留在私家庄园、公共墓地及小规模场地的设计阶段。城市公园将服务对象扩大到全体社会，使其成为第一种真正意义上的大众园林，为城市自身与城市文明的需要开创了新纪元。同时，城市公园运动也在北美开创了一个继承西欧园林传统，并且自己独立发展的园林行业。城市公园运动对传统园林的继承和对开辟城市园林功能与类型的贡献远比开拓园林的新形式要大得多。毕竟，城市公园的设计手法从一开始就对浪漫主义的风景情有独钟，如画风格的创造仍是其追求，各种装饰花带和花坛充斥在设计当中只是掩盖了设计风格和创造上的贫乏。这种结局如同绘画中的印象主义和表现主义一般，尽管进行了规模空前的色彩革命，终究离现代主义所倡导的脱离物象的描绘有着很大的距离。园林中设计风格的发展和设计手法的创新仍要继续。

20 世纪初西方新艺术运动及其引发的现代主义思潮使西方园林形成一种有别于传统园林的新园林风格成为可能。19 世纪末、20 世纪初的“新艺术运动”席卷欧洲大陆，强调曲张、动感和装饰的浪漫主义运动是对 19 世纪历史主义的强烈反应，并由此开始了引导艺术放弃写实转向抽象的道路，艺术创作中对形象分裂表达在园林风格的形成过程中再次得到体现。但新艺术运动对园林的影响远小于对建筑领域的影响，因为这一时期所倡导的几何式简洁的表现手法被人们在法国传统的经典园林中意外地看到了。从真正意义上讲，法国的传统园林只是建筑的附庸，它仍旧遵循着建筑中的轴线和形式。这样，在新艺术运动影响下的园林风格发展并没有真正摆脱外界的束缚，从内心美学思考的角度使自身以一种相对独立的姿态登上设计的舞台。

第二节　奥姆斯特德与纽约中央公园

一、奥姆斯特德

弗雷德里克·劳·奥姆斯特德(1822—1903)(见图 21-1)被普遍认为是美国景

图 21-1 弗雷德里克·劳·奥姆斯特德

观设计学的奠基人，是美国最重要的公园设计者。他最著名的作品是其与合伙人沃克斯在100多年前共同设计的位于纽约市的中央公园。这一事件既开了现代景观设计学之先河，更为重要的是，它又标志着普通人生活景观的到来。美国的现代景观设计从中央公园起，就已不再是少数人所赏玩的奢侈品，而是使普通公众身心愉悦的空间。他结合考虑周围自然和公园的城市、社区建设方式将对现代景观设计继续产生重要影响。他是美国城市美化运动原则最早的倡导者之一，也是将美国景观引向郊外发展想法最早的倡导者之一。奥姆斯特德的理论和实践活动推动了美国自然风景园运动的发展。

弗雷德里克·劳·奥姆斯特德1822年出生在美国康涅狄格州的哈特福德，1837年当他即将进入耶鲁大学学习时遭遇了严重的漆树中毒事件，这使得他视力下降，被迫放弃了正常的学业。在接下去的20年里，他努力积累的经验和技能在后来景观设计职业的创立中发挥了积极的作用。在1848—1855年间，他学习了测量和工程学、化学、科学种田，并在斯塔滕岛上经营了一家农场。1850年，他和两个朋友用6个月的时间，在欧洲和不列颠诸岛上徒步旅游，从中不仅领略到乡村景观，还参观了为数众多的公园和私人庄园。在1852年，他出版了第一本著作《一个美国农夫在英国的旅历与评论》(*Walks and Talks of all American Farmer in England*)。同年12月，作为《纽约时报》的一名记者，他开始了在仍受奴隶制统治的南方的旅行，这是两次南方之旅的第一次。在1856—1860年间，他出版了3本关于南方旅行说明和社会分析的著作。1855—1857年间，他是一家出版公司的股东，以及《普特南月刊》(*Putnam's Monthly Magazine*)的主编，这是在文学和政治评论界首屈一指的杂志。在这期间，他有6个月的时间住在伦敦，并在欧洲大陆上多次旅行，其间访问了很多公园。

当开始以景观设计为业时，奥姆斯特德已经形成了一系列为他的设计工作指明目标的社会、政治价值观。从他在新英格兰所获得的优秀遗产中，他发展出对社区以及文化与教育等公共组织重要性的信奉。他在南方的旅行，以及与因1848年德意志革命失败而被放逐的革命者的友谊，使他坚信美国有必要证明共和政府和劳动力自由的优越性。他受到了一系列的影响，最初来自于他的父亲，此外，在景观艺术方面他阅读了如尤维达尔·普赖斯(Uvedale Price)、汉弗莱·雷普顿(Humphrey Repton)、威廉·吉尔平(William Gilpin)、威廉·申斯通(William Shenstone)和约翰·拉斯金(John Ruskin)等英国作家的著作，使他坚信弘扬艺术是将美国社会由近乎野蛮的状态改造成为他所认为的文明状态的好方法。

1857年秋，奥姆斯特德因在文学领域的影响，获得了纽约市中央公园负责人的位置。次年3月，他和卡尔弗特·沃克斯在该公园的设计竞赛中胜出。在接下去的7年里，他主要负责了一些重要的规划项目：最初（1859—1861）是作为中央公园的首席设计师，负责公园建设；之后（1861—1863）任美国卫生委员会主席，负责审查所有联邦军队志愿兵的健康和军队环境卫生，并为军队制定了一套国家医疗保障系统；最后（1863—1865）任加利福尼亚州大型金矿企业马里波萨工业区（Mariposa Estate）的经理。

1865年，奥姆斯特德回到纽约，与沃克斯共同完成他们在中央公园的工作，并设计了布鲁克林的前景公园。在接下去的30年里，直到1895年退休，奥姆斯特德创造了很多种设计典范，它们证明了景观设计学（他和沃克斯首先使用该词）职业能改善美国的生活质量。其中包括：大型的城市公园，主要为了景观体验，以及缓解城市的人工感受和城市生活的压力；"公园道"，一种带有不同的交通方式（其中最重要的是为私人交通而保留的平坦的机动车路面）的宽阔的城市绿道，它们将公园连接起来，并进一步发挥了整个城市公共绿地的优势；公园系统，为城市的所有居民提供了多种多样的公共娱乐设施；风景保护区，使特别优美的风景免于破坏和商用开发的保护区；郊外住宅区，将工作与居住区分开来，并创造了一种社区氛围和家庭生活的环境；私人住宅的庭院，在这里，园艺能开发居住者的审美意识和个性，还包括大量的使家庭活动得以转移到户外的"引人入胜的露天房间"；带宿舍区的机构，在这里，建筑的家庭尺度将为文明的生活方式提供一个培养场所，政府建筑的庭园，建筑物的功能因此将更为高效，而精心的规划，使它们外观的庄严也有所增色。在以上每一领域，奥姆斯特德都创造出了一种独特的设计方法，显示了他眼光的全面性，也针对每一个项目都提出了独特的理念，在处理即便是最小的细节时也能发挥出超常的想象力。

在其职业生涯中，奥姆斯特德始终强调与其他行业的专家进行协作的重要性，尤其是工程师、园艺师和建筑师。在1893年芝加哥举办的哥伦比亚博览会中，奥姆斯特德出任场地规划师时的角色则是这种协作关系的一个典型代表。对于规则而拘谨的名誉法庭（court of honor）建筑，他在伍迪德岛（the Wooded Island）和泻湖岸边配置大量的自然植被的过程中与东部的建筑师们真诚合作，同时他又和建筑形式更为自由的芝加哥建筑师们合作进行建筑外部环境设计。

奥姆斯特德相信打动人的感情是其工作的目标。这在他的公园设计上体现得尤为明显，他创造了景观通道，使游人能融入其中，体验到景观的陶冶，奥姆斯特德称这一过程是"无意识的"。为了完成这个目标，他在景观设计中追求的唯一目标是使景观体验更为深邃，所有的设计要素都要服务于此。奥姆斯特德总是追求超越现实的品位和风尚，他的设计基于人类心理学的基本原则之上。尤其值得一提的是，他提炼升华了英国早期自然主义景观理论家的分析，以及他们对风景的"田园式""如画般"品质的强调。英格兰鹿园是田园景观的缩影，它具有空间扩展感，庭院修整得非常美丽，修剪过的草坪十分平整。他发现这种风格是缓解城市生活不良影响的良策。他在陡峭、破碎的地形中采用"图画般的"风格，大量培植了各种各样的地表植被、灌木、葡萄树和攀缘植物，从而获得了一种丰富、广博而神秘的效果。他自己对这效果的最强烈体验是他 1863 年前往加利福尼亚时途经巴拿马海峡所感受到的。这两个风格都具有不确定性，在实际操作中都缺乏针对性。在奥姆斯特德的表述中，风景(scenery)一词并不是指能清晰见到并被明确定义的可视区域。它必须包括近处光与影的重要组合，或远处细节的遮掩两者之一。这些品质在风景对精神的无意识熏陶过程中是必要的。另外，作为美学敏感性的培养基础，它们也是设计的关键要素。精巧的品质包含了丰富多变、错综复杂，以及纹理、色彩和色调的精细层次，这是奥姆斯特德艺术与文明化目标的基础。他认为，检验文明程度的最终试验就是这种精巧，体现在人们愿意对形式和色彩处理上的细小差别投入研究和劳动。

尽管奥姆斯特德最钟爱的风景要求较大的降水量才能获得效果，但他也认识到美国的大部分地区拥有不同的气候条件。因此，他着手为南方开发了一种独特而鲜明的景观风格，而在半干旱的西部，他则注意到有必要建立一种新的有利于水分保持的地区风格。在旧金山海湾地区和科罗拉多的 6 个项目中，他奠定了这一手法的基础，尤其是在斯坦福大学的校园中体现得最为明显。

奥姆斯特德悉心培养了几个杰出的青年，以继承他的设计理念，但只有他的继子约翰 C. 奥姆斯特德承袭了这一角色。而他的两个学生兼后来的合作伙伴亨利 S. 科德曼(Henry S. Codman)和查尔斯·艾利奥特都先于他去世。

奥姆斯特德和他的公司在他一生中承接了大约 500 个项目。它们包括 100 个公园和娱乐场、200 个私人庄园、50 个居住社区和小区，还有为 40 所学院完成的校园设计。尽管奥姆斯特德在用文字表达他的理念上遇到很多困难，但他仍不失为一名多产作家。在他的景观设计职业生涯中，他亲手书写的 600 份信函和报告都被保留了下来，其内容涉及了 300 个设计项目。他多次自费出版和公开发行重要的报告，其著作的完整名录中包括描述他的南方之旅的信函，以及由美国卫生委员会出版的各种文件，一共有 300 多项。

二、纽约中央公园

纽约中央公园(central park)(见图 21-2、图 21-3)是美国“景观设计之父”奥姆斯特德最著名的代表作，是美国乃至全世界最著名的城市公园，它的意义不仅在于它是全美第一个并且是最大的公园，还在于在其规划建设中，诞生了一个新的学科——景观设计学(landscape architecture)。1858 年，奥姆斯特德与合伙人沃克斯开始设计中央公园，直到 1876 年才全部建成。公园面积达 340 公顷。公园中有总长 93 千米的步行道，9000 张长椅和 6000 棵树木，每年吸引多达 2500 万人次进出，园内有动物园、运动场、美术馆、剧院等各种设施。一百余年的历史证实了它深深地走进了纽约人的生活，是他们的一块神圣不可侵犯的土地。

(一)中央公园的历史背景与社会思潮

19 世纪中叶，美国资本主义经济高度发展，纽约迅速成为世界金融、贸易的中

图 21-2　美国纽约中央公园景色

心。建筑业的兴起、能源的利用、交通的发达、贸易的开展使纽约人口大量聚集，变成了世界上最大的城市。同时，在这个新兴的发达城市，笼罩着一片阴影。那就是拥挤、嘈杂、喧哗无比的环境及日益严重的空气污染。这一切使人们在心灵上有压抑感。他们想冲破这个令人困扰、窒息的空间；同时，他们又迷恋着这里的物质文明和生活享受，梦想着有一个充满新鲜空气、无拘无束、乡野般的美好环境出现在他们的生活之中。于是，一种追寻自然、崇尚自然的浪潮在纽约人中掀起。当时，最有代表性的是一些画家、文人和风景园林设计师。他们沿着哈德逊河漫游，奋力探索他们的大自然主题内容和寻求灵感，创作出不少动人的诗画。这些被后人称为哈德逊河学派的美术作品，至今仍收藏在纽约的许多画廊内。其中特别引人注目的是一位风景园林设计师唐宁，他以设计农村庄园、房地产为实际任务来体现他的思想。他出版了几本这方面的书籍，十分畅销，使人相信他随意、如画般的设计才是纽约应有的园林风格。在这倾慕大自然的浪潮中，沿着哈德逊河旅游成了风靡一时的时髦活动。另一方面，一些从欧洲旅行回来的人也不断地宣扬伦敦、巴黎、德累斯顿、维也纳等皇家园林的美景与风格，这些皇家园林摆脱了长期私有的禁锢，已向公众开放。那里的人们享受绿色园林赐予的喜悦心情深深地感染了纽约人。在这种形势下，记者布来恩和唐宁一起积极要求市政府买地为公众建造一个大公园。布来恩充分利用他编辑和

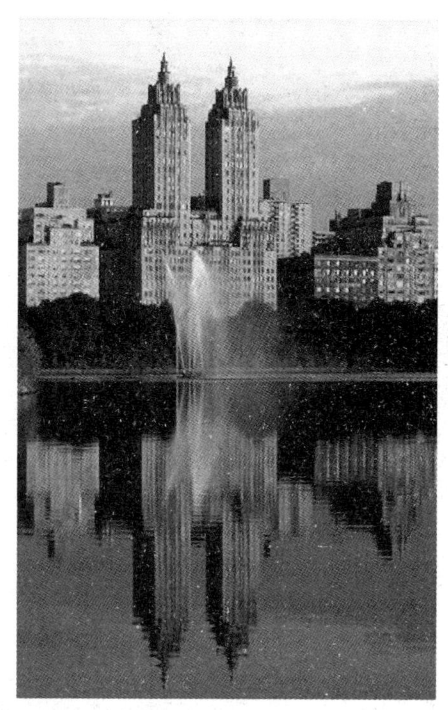
图 21-3 美国纽约中央公园景色

出版的晚邮报来宣传、推动此事，扩大影响。因此，1850 年，在纽约竞选市长的两位候选人也都积极表态支持城市须要建造大公园的主张。他们的态度对纽约决定建造大公园是至关重要的。后来当选为市长的 C. 金斯兰先生在短短几个月内就采取措施要求市议会制定法律保证大公园的建立，为纽约市增添荣誉和骄傲。经过了几番周折，终于在 1856 年取得了为中央公园购地的许可证。

（二）中央公园富有创见的设计

为了建造一个理想的城市绿色空间，在购地之后不久即 1857 年，纽约市政长官为了能获得最佳方案，宣布要举行一次设计竞赛。1858 年 4 月 28 日在中央公园奠基日那天，宣布了从 22 个设计中选出的一个叫“绿草坪”的设计。这一设计的作者是奥姆斯特德和沃克斯。奥姆斯特德是美国最有声望的园林大师。他大器晚成，曾经成功地设计了美国许多著名的风景园林。1857 年他被任命为中央公园的园监，主持清场和建园工作。沃克斯是一位具有艺术才华的画家和建筑师。唐宁在伦敦旅游时，看了他的素描画展，十分赞赏他的作品，并邀他到美国共事。在纽约他大声疾呼并建议中央公园的建设须要进行设计竞赛。在政府采纳后，他主动邀请奥姆斯特德与他共事，俩人通力合作，提出了一个具有创见的、充满艺术想象力的“绿草坪”设计。

从现今的观点来评价，“绿草坪”设计之所以获得成功，原因在于它符合了纽约城市发展的需求，它预见到未来社会生活中人们生态观、娱乐观的变化，它凝聚了纽约人狂热的奔向绿色、追寻自然的思想感情，它倾注了两位设计大师自身的热望、学识和艺术才能。

（三）中央公园的设计风格与思想

奥姆斯特德和沃克斯的设计颇受唐宁那种不拘形式、富于画趣的设计风格的影响。“绿草坪”方案充分体现了这点。这一方案实际上是把荒漠、平淡的地势进行人工改造，模拟自然，体现出一种线条流畅、和谐、随意的自然景观。

他们的设计风格还受到当时英国田园风光的影响。起伏的地势，大片的草地、树丛与孤立木，在此基础之上，加上池塘、小溪和一些人工创造的水景，如瀑布、喷泉、小桥等，形成一种以开朗为基调的多变景观。

他们的设计思想中非常明确的一点是设计即艺术创造，要使人们感观上得到美的享受。因而，每一个小的局部都精心策划。同时，他们发挥了园地上原有的积极因素，改变消极因素。他们富于想象力的处景手法，至今仍被人们赞誉。如水面处理，特别注意了让它能反映云卷云舒的大自然动态；在处理地形时，巧妙地保留了相当一部分裸露岩石，使它们非常得体地成为自然园景的一个重要组成部分。

他们的设计构思还特别注意植物配景，尽可能广泛地选用树种和地被植物，强调一年四季丰富的色彩变化。园内不同品种的乔灌木都经过刻意的安排，使它们的形式、色彩、姿态都能得到最好的显示，同时生长也能得到良好的发展。建园初期，大片地区采取了密植方式，并以常绿树为主，如速生的挪威云杉，沿水边种了很多柳树和多花紫树（见图 21-4）。花灌木品种十分繁多，还开辟了大片的草地和专门牧羊的草地。正是由于在开创时就重视园艺，经过百余年的培育、更新和发展，今日公园的面貌仍旧保留了它原有的自然风格。

图 21-4　美国纽约中央公园景色

他们的设计思想中充分体现了对园内外交通问题的关注。由于中央公园地处曼哈顿闹市中心，这一地理位置的特殊性，使他们意识到必须合理地处理好公园与城市之间的交通关系和规划好园内的道路。在现今汽车泛滥的世界上，许多城市都为穿园交通而困扰。该设计根据地形高差，采用立交方式构筑了四条不属于公园内部的东西向穿园公路，既隐蔽又方便（见图 21-5），不妨碍园内游人的活动。至今人们仍认为在组织和协调城市交通方面，这一设计不愧是一个成功的先例。中央公园四周有低矮围墙。大门在南端，全园四周有许多随意出入口，园外两侧交通十分便利。在当时为方便游人乘马车、骑马和步行来园，他们充分利用地形层次变化设计了车道、马道和游步道系统，各自分流，在相互穿越时利用桥涵解决。沃克斯设计的桥梁没有一个重复。为不妨碍景观，涵洞多置在低洼处，用植物巧妙地加以隐蔽。公园内部道路网的组织考虑到能均匀地疏散游人，使游人一进园就能沿着各种道路很快到达自己理想的场所。直到现在，中央公园的交通网络基本上还保留了原来的框架。

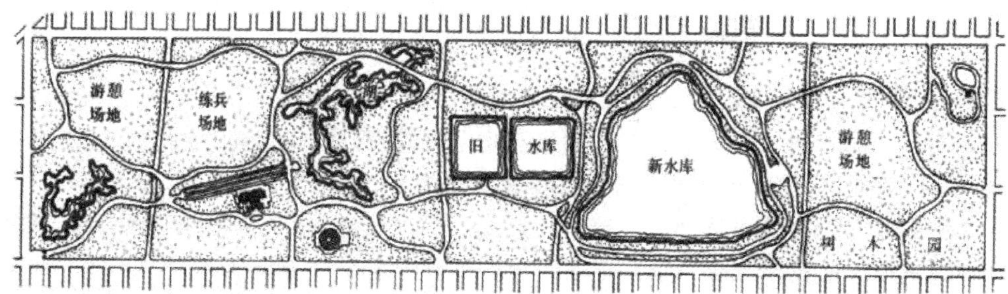

图 21-5 美国纽约中央规划总平面

他们的设计思想非常超前的一点是，预见到人们需要在清新的空气中进行积极的文体活动，而中央公园将是第一个为公民提供开展文体活动的公园。当时，他们特意划出了一些空地，随后经过几十年的建设，这些空地都已陆续建成各种各样的球场及娱乐活动场地。

(四)中央公园的建设与发展

中央公园的建园，有着一番艰辛历程。1856 年以前，在这片令人厌恶的硕大荒地上，到处是鹅卵石、裸露岩层，还有一潭潭死水及缓慢流动的小溪。一些牧羊主和酿酒人擅自占地放牧和做生意，加上一些流动居民，形成了一大片杂乱无章的地区。1858 年开工时，雇用了 3000 名失业工人和 400 匹马进行清场。工程一开始，就遇到牧羊主及棚户们的顽强抵制。他们用石块木棒攻击工人，百般阻挠。尽管如此，工程还是在市民的一片要求声中进行下去。清场工作十分艰巨。他们共运走了 1 万余车杂石及几亿立方米的土壤到公园四周作为矮墙地基。1864 年公园就初具绿色规模，游人就已络绎不绝，当年就超过 6 亿人次。公园的正式开放是在 1876 年，在以后的几十年中，虽经过 20 世纪 30 年代的经济大萧条，湖中的鱼、鸭被吃掉，但这里的工程却始终没有停止过，只不过进展缓慢而已。

1864 年纽约市政府为买地花费了 500 万美元，但建设的资金主要靠富人捐助。这些赞助人虽对公园贡献了大量资金，却也对“绿草坪”规划设计不断地进行干预。他们总想在设计中实现自己的意愿(尽管有些也是为公众利益)，要求修改设计。当时最典型的要数大律师安德鲁(Andrew)、哈斯威尔(Haswell)、格林(Green)。1976 年曾是美国民主党总统候选人的格林，把自己的一生都贡献给了改造纽约市。1857—1870 年他在担任中央公园董事会司库和董事期间多次推行他的计划。这对奥姆斯特德来说是个很棘手的问题。格林曾在公园里占地，建了纽约大都会博物馆，舆论一直认为，尽管他是公园坚强的支持者，但对此做法应负重要责任。至今，没有其他人再敢侵占这块土地。另一种侵犯表现在雕像的建立。捐款者千方百计要为自己树碑立传。面对此事，沃克斯和大画家丘吉尔联名写了一份报告，说明公园是为娱乐、舒适而建，不应该是一个阴森森的树碑立传之地。董事会(多为捐款者)勉强接受了这个建议，限制了林荫路旁雕像的建立，仅建了一些文艺界名人雕像。

总之，在公园设计实施过程中，以上种种干扰之争成了公园传统之争，这些争执一直持续到今天。近代，公园极力表彰一些无私奉献的捐款人，并载入公园的史册，以摆脱这种自我宣传的现象。这一做法已取得成效。

随着美国社会经济的发展，中央公园的设计内容也不断地改进和丰富，主要的变化表现在以下几个方面。

①在公园的东南部，原有一个军火库，奥姆斯特德和沃克斯本想拆除。后被保留下来，作为公园办公室，公园主任又把一些名人送给市政府的动物安置在军火库周围地区。就此，诞生了美国第一个动物园。

②在东 105 街处，在“绿草坪”的设计方案中本想建一个树木园。但在 1899 年建立了几个大型玻璃温室和繁殖室。1934 年，温室消失，取而代之的是诱人的、以露地花卉为主的中央公园的园中园——温室花园了。

③1870 年时的牧羊草地(sheep meadow)于 1934 年改为大草坪(见图 21-6)，不再放牧。羊圈改建成一座漂亮的高级餐馆——绿地酒家(tavern on the green)。大草坪是人们进行日光浴和嬉戏的主要场所。昔日的牧草田园风光已一去不复返了。

图 21-6　纽约中央公园大草坪

④现在大都会博物馆西面的大草坪原来是两个长方形渡槽的老水库，1919 年干枯了，现已建成以球类活动为主的最大的体育活动场所。它北面的水库整治保存完好，是纽约主要的给水水源之一，用铁栅栏围起，周围的小路是人们长跑的理想路线(见图 21-7)，水库中的海鸥、水鸟时起时落，形成大片湖光景色(见图 21-8)。

⑤公园的发展适应了当代各项文化娱乐体育活动的需求。路面改铺沥青，20 世纪 30 年代又修了自行车道，还建了一些永久性的网球场、溜冰场、足球场、排球场、棒球场、草地滚球场等，还有露天音乐台，特别是莎士比亚露天剧场的建立更深受人们欢迎。沿着公园周围还开辟了许多儿童游戏场。

⑥近代，中央公园又把注意力引向园艺、植物品种的培养、植物配置及动物保护。如疏伐、更新成片树林，保养古稀树种，恢复原有品种，引入外来树种，栽培成片露地花卉，保留利用野花，养护大片草地，加强了对一些具有特色的园林，如莎士比亚花

图 21-7　湖边游览道路

图 21-8　美国纽约中央公园湖泊

园、草莓园的建设和管理，还封闭了一片自然保护区。这些工作都是建立在现代化、科学化的基础之上，并吸纳了广大群众的参与。建园初期养殖在林中的不同品种的七对鸟，现已成群。林中的松鼠、鸽子，湖中的鸭子、海鸥都已成为游人喜爱的、容易亲近的伙伴。如今，中央公园仍不愧是一个自然野趣、鸟语花香的境界。

(五)中央公园活动的方式与内容

中央公园活动的开展，有着一段辉煌的历史过程。在建园初期，除了供人们骑马、散步、划船外，它还成为各种精制马车的赛车场。衣着华丽、高雅的上流社会夫人们，鞭打着马儿在人群的欢呼下嬉笑风生地在公园里奔跑。大约在 1875 年，不少绅士们也驾着四套马车加入赛车队伍，并创立了考究的轿式马车俱乐部。到了 1890 年骑自行车活动开始风行，一些衣着开放的女士们骑着镀金的、嵌镶珠宝的自行车招摇过市。时至今日，骑自行车、骑马和租马车兜风在中央公园仍很时髦，且它已成为广大公民所喜爱的活动了。

纽约人十分喜爱在大自然环境中锻炼身体。公园的体育活动场所之多，相当醒目。人们穿着各式运动服，随意地或有组织地进行练习和比赛。公园的汽车道在早上和傍晚，以及周末一律禁驶汽车，而由一些长跑、竞走、骑车、滑板、溜旱冰的人群占据。每年纽约举行的国际马拉松长跑终点站也设在中央公园。几个大草坪是日光浴、休息、遛狗、扔飞盘和自由嬉戏的理想场地。总之，这里是纽约人开展体育活动的大本营，它证实了奥姆斯特德的预见。

图 21-9　在中央公园中进行的设计艺术展

中央公园的文化娱乐活动更是丰富多彩，扣人心弦。除了个人、集体、家庭节假日进行的随意表演和娱乐外，公园重视有组织地开展活动(见图 21-9)，目的是提高人们的文化素质和修养。主要形式如下。

第一种是举行各种文艺表演。每年夏季是黄金季节，在露天音乐台，每天排满了国内外艺术团体的演出。莎士比亚露天剧场也演出它的名剧。特别令人兴奋的是，一些世界名歌唱家也到公园为公众演出。例如1988年夏日的一天，纽约市民携家带口在大草坪上聚集，多达十几万人，手持鲜花、气球，三五成群围坐野餐、消闲。入夜，他们在皎洁的月光下、清爽的环境中、柔软的草地上欣赏世界著名歌唱家帕瓦罗蒂和多明戈的演唱。

第二种方式是“边游边聊”(walks and talks)。它出于奥姆斯特德当年漫游英国时汲取了激情与灵感而写的《一个美国农夫在英国的游历与评论》。这是一种内容丰富、非常随意、小型、自由的游园方式，有导游员带领，如边游边漫谈有关公园的历史、保护，观察昆虫、鸟类，赏花、认树、摄影、作诗，欣赏周围的摩天大楼景观，以及在安徒生雕像旁为孩子们讲童话故事，等等。

第三种形式是学手艺(workshop)。这是一种富于民间风俗、趣味性很强的劳作，如有人教做蝴蝶、植物标本，做风筝、书笺，做木工，编草帽，等等。

以上这些活动非常频繁。每年按四个季节印刷出活动日程安排表，游人可免费索取和参加。总之，中央公园的文化娱乐活动充满了科学性和艺术性。它深深地吸引了广大群众。

(六)中央公园的几点启示

纽约中央公园被认为是世界公园的典范，它的设计与建园的成功给人们以如下启发。

中央公园是城市发展的必然产物，是纽约人生态观转变的反映。园林已成为现代化城市的主要标志之一。中央公园充分体现了这一点。首先，它以优美的自然面貌、清新的空气参与了纽约这个几百万人聚集地的空气大循环，是纽约市的大氧气库。所以，尽管北部有些荒芜，人们仍坚持保护它的完整和不容侵占，保护它的空气与水质的洁净，保护它的林木和草地。其次，中央公园适应了纽约人娱乐观的变化，满足了城市社会生活发展的需求。它不收门票，全年自由出入，免费参加各种活动，不同年龄、不同阶层、不同民族的人都可以在这里找到自己喜爱的活动场所。它已成为人们生活中不可缺少的部分。对城市来讲，它是公园；对个人来讲，它就像自己的私园一样。所以，许多纽约人为它捐款和参加义务劳动。这就保证了公园的朝气与活力。

中央公园的建立更加促进了城市经济、建设与交通的发展。奥姆斯特德预见到，中央公园必将成为这个城市的中心。百余年的发展史见证了城市建筑向公园外四面拓展开去，三条地铁沿公路两侧而过。特别是公园两侧的房地产价值升高，促进了许多豪华公寓及大饭店的建设。东侧五马路一带为黄金地段，地价昂贵。这里的居民推窗眺望，看到的不是几个绿块，而是一片自然风光，享受到的是新鲜的空气。总之，中央公园的诞生与发展说明只有公园与城市平衡发展，才能使城市面貌改观，更加繁荣。

中央公园的建立带动了美国城市公园的蓬勃发展，以及城市绿地系统启蒙思想的诞生。在奥姆斯特德与沃克斯合伙设计了中央公园之后，在全美国掀起了一个建设城市公园的高潮。中央公园建园成功，鼓舞了各个城市纷纷自建公园，而且是各有特色，婀娜多姿。这势头一直持续到20世纪20年代，并波及欧洲及世界各国。

在中央公园设计后，沃克斯又设计了布鲁克林前景公园(prospect park)。它的风格特色可与中央公园相媲美。接着他们二人又共同设计了公园公路，将城市的汽车大道改进为一条充满绿色的宽阔公路，把当时还是两个城市的纽约和布鲁克林的公园联系起来。1873年又改进了海洋公园大道，把前景公园和科尼岛连接在一起，使纽约市的绿地趋向于沟通。此外，在波士顿，也做了类似的设计。这是城市绿地系统思想的启蒙，使绿地真正地融于城市之中，成为城市的重要组成部分。这也是当今在城市规划理论与实践不断发展的新形势下，必须树立的一个思想。

中央公园是世界上第一个为群众设计的公园。奥姆斯特德和沃克斯为此奉献了自己的热情、智慧和艺术才华。园林设计师凯潘说："中央公园就像一件伟大的艺术作品那样值得我们尊敬和保护，尤其，它是一种独特的城市艺术。"

第三节　现代园林规划设计的理论与实践

一、园林规划设计概念

随着园林的发展，园林规划设计概念也变得越来越广泛。从规划角度讲，它注重土地的利用形式，"通过对土地及其土地上物体和空间的安排，来协调和完善园林的各种功能，使人、建筑物、社区、城市，以及人类的生活同生命的地球和谐相处"。从设计角度讲，它注重对环境多方面问题的分析，确立景观目标，并针对目标解决问题，通过具体安排土地及土地上的物体和空间，来为人创造安全、高效、健康和舒适的环境。园林规划设计一般包括宏观的园林环境规划、中观的场地园林规划和微观的详细园林设计三个层次，其涉及对象大到地域综合体，即人类文化圈和自然生物圈交互作用形成的多层次生态系统，小到城市开放空间、道路和建筑物周围空间。其内容包括自然环境、人工环境，以及自然与人工交叠的环境，并针对所有形式的外部空间，大尺度或小尺度，城市或乡村，"硬质或软质"材料构成等。园林依据自然、生态、社会与行为的原则进行规划设计，使人与园林景观资源之间建立一种和谐、均衡的整体关系，并符合人类对于精神、生理上的基本需求，是一个充分提升人类生活环境品质的过程。

二、园林规划设计观念的拓展

全球化趋势园林形式与内涵所呈现的变化和特质展示了园林设计的灿烂前景，要使园林发展跨越障碍，实现可持续发展，则要求园林规划设计作出相应的拓展，首先是观念上的拓展。

1. 园林生态设计观

生态设计观念或结合自然的设计观念，已被设计师和研究者倡导了很长时间，随着全球化带来的环境价值共享和高科技的工具支持，生态设计观必然有进一步的发展，可以将其概括为：

①不仅考虑如何有效利用自然的可再生能源，而且将设计作为完善大自然能量大循环的一个手段，充分体现地域自然生态的特征和运行机制；

②尊重地域自然地理特征，设计中尽量避免对于地形构造和地表肌理的破坏，尤其注意继承和保护地域传统中因自然地理特征而形成的特色景观；

③从生命意义角度去开拓设计思路，既尊重人的生命，也尊重自然的生命，体现生命优于物质的主题；

④通过设计重新认识和保护人类赖以生存的自然环境，建构更好的生态伦理。

2. 人性化园林设计观

全球化是由人类推动的，人类始终是世界的主体，是技术的掌握者、文化的继承者、自然的维护者。园林设计观念拓展的重要一方面即是完善人的生命意义，超越功能意义设计，进入到人性化设计。具体包括：

①以人为本，设计中处处体现对人的关注与尊重，使期望的环境行为模式获得使用者的认同；

②呼应现代人性意义，对人类生活空间与大自然的融合表示更多支持；

③与人类的多样性和发展性相符合，肯定形式的变化性和内涵的多义性。

3. 多元化园林设计观

多元的景观园林发展要求设计强化地方性与多样性，以充分保留有地域文化特色的园林来丰富全球园林景观资源。其观念具体包括：

①根据地域中社会文化的构成脉络和特征，寻找地域传统的园林景观体现和发展机制；

②以演进发展的观点来看待地域的文化传统，将地域传统中最具活力的部分与园林的现实及未来的发展相结合，使之获得持续的价值和生命力；

③打破封闭的地域概念，结合全球文明的最新成果，用最新的技术和信息手段来诠释和再现古老文化的精神内涵；

④力求反映更深的文化内涵与实质，放弃标签式的符号表达。

4. 信息化园林设计观

传统的园林设计集中于展示形态与空间，满足功能要求。全球化的发展要求园林承载更多的信息，相应的园林景观设计必然集中于信息，体现时间优于空间的观念。具体包括：

①应对于信息处理，设置信息调节、疏导的空间，留有增容余地和弹性发展场所；

②为有效读取信息，更多提供一目了然、形象简洁、色彩夺目的形式，尤其是对符号标志系统的处理；

③将信息技术融进设计理念和人的审美需求之中，在更高层次上与情感抒发融为一体；

④创造互动园林景观，使园林应对于不同信息而变化，而不是固定地扮演某种角色，承载某种功能。

5. 技术化园林设计观

全球化时期的园林发展充分利用技术所提供的一切可能性，相应地，设计观念也必然紧密结合技术。表现在：

①体现技术理性，设计作为对人口增加、资源减少、环境变化的回应，反思技术的优越性和潜在危险；

②体现技术弹性，反映技术与人类情感相融合的发展动态和技术审美观念的多样化趋势；

③体现园林景观智能化趋势，创造有“感觉器官”的园林设计，使其如有生命的有机体般活性运转，良性循环；

④尊重地域适宜技术所呈现的景观形式，将其转化为新的设计语言。

6. 创新性园林设计观

除了技术直接导致创新景观之外，全球化发展过程中各种思想自由广泛传播、交流所激发的灵感也成为创新园林景观的源泉，相应地，设计观强调变化、弹性。具体包括：

①将更多园林要素纳入设计中，用多样语汇表达个性化设计；

②改变思维定式，注重探索性，肯定弹性、模糊、不确定设计的价值；

③虚幻世界与现实世界并驾齐驱，以多重尺度拓展创意空间。

7. 艺术性园林设计观

随着人类素质的提高和将更多的休闲时间投入文化艺术活动，艺术和生活界限正在消失，人类生存的一切环境都被赋予艺术色彩，相应地，园林景观设计观念包括：

①强化对美的共同追求，使园林与建筑、规划、景观有更深度的融合；

②将审美的生存观体现于设计中，通过设计把审美上升为人的生存范畴；

③结合时代特征，探索新的有序与和谐的园林景观艺术；

④设计艺术水准的提高取决于对现实的了解、文化的领悟、技术的掌握和个性的发挥。

三、园林景观规划设计方法的拓展

观念刺激方法的产生，方法保证观念的落实。规划设计方法的拓展具体包括实现全球化园林景观发展的相应手段、工具、程序等。

1. 园林景观设计手段拓展

应对于生态、人性、多元、技术等设计观念，设计手段拓展可以从以下几方面获得：

①数量化手段分析环境潜力与价值，实现设计的精确化、数量化、严密化，以达到预定的环境目标；

②互动式手段借助技术创造微气候环境，根据人的舒适度调整日光辐射、气温、空气流动、湿度等环境条件；

③智能化手段设计出可模仿生态系统过程的园林，通过动力装置、光纤传感、电脑程序和“智能型”材料对环境作出相应反应；

④生态工程手段维持生物多样化环境，通过保证一定的庞杂度，实现园林的自组织成长和低度管理；

⑤交叉手段以大量信息、新材料、构筑技术、艺术观念的交叉和融合，生成不断发展的造园形式与内涵；

⑥弹性手段以模糊、不定性的多样构成，贯穿从设计构思到发展至完成的建设过程中，不断吸取新颖想法和根据环境现场作调整。

2. 园林景观设计工具拓展

近年电脑的普及应用导致了设计工具的大进步。随着全球化发展中信息流通和共享的加强，电脑将发挥越来越大的设计辅助作用，不仅打破静态空间的有限性，拓展设计视野，而且配合人工智能模式，建构奇特复杂的空间和绚丽夺目的色彩，使设计师迅速游走于电脑模型与实体模型之间，成为刺激设计灵感的重要媒介。近年发展起来的虚拟实境（visual reality）和虚拟空间（oyberspace）技术以多媒体形式储存、重现模拟空间，更将促成设计工具的大拓展，它们有以下特征：

①永恒性可在电脑上以三度空间再现、复原、创造环境景观，作为设计深化、修正、发展的有效直观工具，而且所有相关设计信息能轻易压缩在光盘中，做长期稳定储存；

②无限性虚拟空间建立在电子环境里，可以无限扩张，多样变化，并从互联网络获得大量资料、信息补充；

③层次性可层层分离、自由组合，使设计者的创作构想有千变万化的组合；

④自由性设计所采用的材料的质感、色彩、透明度、反射性、弹性程度、运动惯性等几乎所有属性都能数值化，并且能够精确设计和轻易更改，使设计者获得极大的创作实验空间；

⑤回馈性设计信息可迅速深入每一家庭，使设计师与业主及使用者有更多交流，获得回馈意见，进而修正设计；

⑥模拟性可模拟园林景观建成后的环境，提供身临其境的真实空间效果和现场体验，帮助设计师前期判断和把握发展方向。

3. 园林景观设计程序拓展

拓展的设计观念与设计方法要求有一个动态与充分回馈的设计程序，具体包括基础研究拓展、步骤安排拓展、回馈过程拓展和使用对象拓展等方面。

①基础研究拓展。在相当长时期内，与园林规划设计相关的环境心理学、行为学

研究一直没有突破性进展，这是因为采用原始的直接观察、访谈记录方法难以迅速收集完整有效的环境行为资料，而且样本有限，更难以归纳出有代表性、令人信服的结论。如今利用电脑的数位特性，可以使研究者通过预设统计程序自动记录环境使用频率、行为轨迹等资料，轻易积累大量行为记录，并以此分析使用者活动、反应模式，作为设计修正的参考。此外，利用虚拟空间环境的再生性，可随时重现特定时空的使用情况和提供追踪观察的充分机会，也成为设计的重要依据。

②步骤安排拓展。传统设计步骤是先验式的，即从完整的设计分析再进入到功能布局安排。全球化世界的文化资源共享为后设式设计步骤提供了支持，即可以先提出设计来源，以跨越多领域的哲学、艺术、媒体、科技等内容作为设计主题，然后发展出有机的设计功能。

③回馈过程拓展。全球化时代信息的充分沟通能迅速将环境中使用者的反应传达给设计师，甚至在设计过程中就可以通过虚拟空间试探使用者的反应，以及时调整设计方向。设计完成后，也可以继续汇总使用意见，以进一步修正设计细节和为其他设计积累经验。

④使用对象拓展。传统园林存在于一定范围内，受到可及性、使用时间和空间容量的限制，只能服务于特定时空的一定数量的使用者。全球化时代的信息通畅、迅捷及虚拟空间的实现，使园林可及性和共享性增大，其使用对象可超越国家、城市疆界和时间限制，人们在家中借助网络就可感受到遥远和过去或未来的园林景观。面对众多的使用者，优秀的设计作品将发挥更大的影响力，而低劣的作品则会迅速遭到淘汰。

四、现代园林景观规划设计的实践

了解上述内容后，我们在现代园林规划设计的实践中，应掌握以下几点。

1. 创造力和直觉力

创造力是必需的。规划师应发展和提升他们的创造能力。园林景观设计师的教育和建筑师、城市规划师是相关联的。解决工程学任务的时候直觉力也同样重要，解决工程学任务也是园林景观设计师的任务，同样需要有足够的工程专业知识的训练，需要有创造力和直觉力的共同作用。园林设计是训练创造力的良好途径，是任何规划课程的开端。

2. 方法论的知识

园林设计师能很好地了解规划方法的可行性是重要的，他应该能够综合不同方法的优点。很好地了解规划理论也是必不可少的。有人说："没有比一个好理论更好的实践。"规划过程经常被定义为一系列的数据转化，因此，园林设计师应了解不同方法在处理空间数据时所起的作用，以及如何将这些方法应用于规划过程。对规划方法的应用应该是园林设计师的强项。

3. 数据的获取

在劳动力的社会分工中，测量和制图学是将真实世界的数据绘制成地图的学科。

虽然并不要求园林设计师自己绘制地图，但是他必须知道各种有关地图、制图技术和绘图法的知识。直接获取数据的一些技能（比如使用 GPS）可能会非常有用，但并不是必须要掌握的。

4. 研究发现

园林规划不是一个研究行为，但离开自然科学和社会科学的知识，园林规划就无法进行下去。科学发现的应用是为了作出一个合理的规划，而这个规划是能够实现具有生态和社会稳定性的园林。一般来说，在一个学科交叉的团队里，有关社会和环境系统的必要论据是由自然科学家和社会科学家提供的。那么，未来的园林设计师们应该知道多少有关这方面的知识呢？用“丰富的知识”这个词并不能准确回答这个问题。规划师懂得的知识越多，对外部专家的依赖性就越小，但是并不期望园林师来代替不同科学学科的专家所起的作用。

5. 研究方法

在规划过程中能够完成也必须完成一些研究。当今，人们期待规划对于真实世界状况的解释接近于科学思想。那么，我们要教给未来规划师们多少有关科学方法的知识呢？答案同样是不确定的。规划是一个非常受约束的行为，也就是说，它是在一个限定的时间和经济结构下完成的，而这些因素原则上是不会对科学研究产生限制的。因此，在规划过程中不应该有科学研究。确实，有时人们期望规划是基于科学论据的，这些论据在规划发生前就已经积累了。不过，现代地理信息系统为规划师把研究转换为数据的使用提供了可能性，这些数据是目录清单阶段收集的。这样的研究可能不会使规划过程变慢，相反，它可能对于建立本地化的重要理论非常有帮助。我们可以得出这样的结论：规划课程中至少应该包括一般地理信息系统应用的这些方法。

6. 部门性的专业技术

有关部门性的专业技术在园林设计师关于水的改造和规划的讨论中被提及得最多。正如前所述，园林是由水利工程、农业、林业等许多工程学科共同规划的。每个学科进行着自己的规划行为，与园林规划有着或多或少的相似点，方法可能相似，评价程序和模型可能相似，使用的数据可能相似。从理论的视角看，没有一个专门的规划和工程部门。在园林开发和保护中在一些方面园林设计师是专家。举例说，德国的景观规划原来被视为部门规划，德国规划师原是作为部门专家，主要参与自然保护与休闲规划项目，后来是与园林景观的视觉质量相关的规划。当视觉评价仍是园林设计师的职责时，基于景观生态学的自然保护越来越成为一个独立的部门，至少在斯洛文尼亚是这样的。究竟多少部门的科学技术知识应该教给园林规划学生呢？有所涉猎就可以了。只有一个例外，就是园林的视觉、文化质量，它依然被视作园林设计师工作的特有领域。

7. 协调利益

规划过程中协调者的角色意味着园林规划师不属于任何一个特有部门。协调过程意味着要关怀文化和视觉可被接受的园林景观。尽管如此,作为在不同社会利益中的协调者,园林设计师要充分理解各个部门是怎样对园林作出他们的评估的,以使他能够对所有部门作出公平的考虑。此外,规划师必须意识到不同的公众可能会有特殊的利益要求,要将其考虑到规划过程中。公众参与方法应该在园林规划教育计划课程中占有重要一席。

小 结

如果从19世纪20年代法国的前卫园林算起,欧美现代风景园林的发展至今已近200年。如果加上早期的摸索期,工业革命后欧美园林风格的转变期,从开始到现在已经将近两个多世纪了。

欧美现代园林的产生和发展始终是与社会、艺术、建筑的发展紧密联系的。社会因素是任何艺术产生和发展的最深层的原因。现代建筑的思想也对现代园林的产生和发展起到了促进作用。现代建筑的自由平面和流动空间提供了一个再思考风景园林价值模式的机会。在建筑学思想的推动下,空间成为现代园林的基本追求之一。

欧美现代园林的发展是一个多元化的趋势。它从来就不是一种统一的现象,而是一种组合许多细流的发展过程。构成现代园林基础的法国现代园林、美国"加利福尼亚学派"、瑞典的"斯德哥尔摩学派"、英国的杰里科、拉丁美洲的马克斯和巴拉甘等,均是吸取了现代主义的精神,结合当地的特点和各自的美学认识而形成的多样化的流派。

今天,我们对现代园林的认识已极其广泛,从传统的花园、庭院、公园,到城市广场、街头绿地、大学和公司园区,以及国家公园、自然保护区、区域规划等,都是风景园林师工作的范围。今天的欧美园林呈现一种多元化的发展趋势。新的园林是分支结构的,而不是收敛聚集的;是多元价值论的,而不是去适应一种普遍承认的价值观。对于一个已分为这么多用途的艺术来说,这是一个不可避免的发展趋势。

【思考和练习】

1. 设计人性化的园林景观主要从哪几个方面着手?
2. 欧美现代园林的发展趋势如何?
3. 什么是多元化园林设计?

综述——中西方古典园林对比

由于历史背景和文化传统的不同，中西方园林在不同思想、文化的基础上形成了各自独有的形态。中国古典园林按照使用者的不同划分为皇家园林、私家园林及其他类园林（包括寺观园林、衙署园林、书院园林、祠堂园林、郊野园林等）这三大类别。而西方古典园林因历史发展不同阶段而有古代、中世纪、文艺复兴园林等不同风格。从整体上看，中西方园林在不同的哲学、美学思想支配下，形式、风格差别十分明显。虽然中西方园林艺术由于各自物质条件和精神条件的不同而形成了两大不同的体系，独具风格、各具特色，但毕竟是世界园林文化的一部分，它们都具有园林艺术的共同特征。

园林是表达人与自然的关系最直接、联系最紧密的一种物质手段和精神创作。对于中西方古典园林的分析比较，更有利于把握园林艺术的共性，使它们互相取长补短，促使中西方园林艺术在更多方面交流、融合。

一、中西方园林历史传统的异同

不同的地理环境和不同的文化历史环境造就了不同的园林艺术风格。中西方艺术风格的不同，最根本的源头是来自中西方人如何看待人与自然的关系。西方规则式园林追求的是秩序与控制，是一种人工化的自然；中国自然式园林追寻的是天人合一，是自然的拟人化。不同的追求和理想，使得中西方园林在艺术形式上有着很大的差别。

（一）文化背景的差异

园林是人与自然对话的一种方式。要探求园林的发展，学习中西方古典园林艺术风格的特色所在，就必须针对园林背后蕴涵着的文化精神及思想基础进行探讨。

1. 哲学认识论的差异

中国人重视整体的和谐，西方人重视分析的差异。中国哲学讲究事物的对立统一，强调人与自然、人与人之间的和谐关系。《易传》提出天人协调，其《象传》谓“裁成天地之道，辅相天地之宜”，又《系辞上》“范围天地之化而不过，曲成万物而不遗”，节制自然须合它自己的法则，辅助自然应适度，效法自然的造化功能而不过分，并用以成就万物而无欠缺，都是人对自然既索取又维护，适度而和谐，不同又必互动而变化。中国园林正是这样，如同中国画写意多于工笔，在造园中也讲究含蓄、深沉、虚幻，尤其是虚实互生，此成为中国园林一大特色。

而西方哲学主张客观世界的独立性，主客观分离。亚里士多德提出物竞天择。培根说，“要命令自然，就要服从自然”，目的在于征服。康德宣称人是自然界的主人，

“理智的(先天)法则不是从自然界得来的,而是理智给自然界规定的”。而黑格尔索性宣称,“绝对理念”是自然的主人,自然界是人精神的“外化”,理性创造了自然界。纵观西方园林的发展历史,可以看到从农业种植及灌溉发展到古希腊、古罗马的园林都是人对于自然的一种约束。从文艺复兴时期的意大利台地园到17世纪下半叶形成的法国古典园林,一直强调着人与自然的抗争。这是因为西方社会发展并形成了一种注重个性、提倡人的尊严、强调个人价值观念的人文主义思想,以人们探求、利用和控制自然的兴趣作引导。可以看出,西方文化思想的发展,是从人与自然相分开来认识自然、探索自然规律的。

2. 实践观念的差异

中国人基于一种整体本体的思考,理性思维趋于具体化。因此,跟中国人谈话最好多举例子、就事论事。而西方人则趋于抽象化,跟西方人谈话则可以多谈观念、方法、法则,他们的理论理性发达。而从整个的历史潮流来看,中国人的实践观念是较重视具体性的。中国人强调社会意识,注重如何在集体社会中进行人格修养,与社会意识相适应,不至于遭到批评,这就形成了讲究过程、境界、精神状态的修身养性的实用主义。西方的实用主义是功利的,他们追求个人的功利,也认为个人的功利追求最后和整体(社会)的功利是一致的。

基于其地理环境不尽相同、哲学观的不同,中西方传统园林发展产生了迥异的结果。西方园林从一开始就与秩序密不可分,他们与自然抗争,并试图征服自然来产生他们认为的和谐美。而中国园林一开始就建立在尊重自然的基础上去模仿自然、再现自然,他们利用自然的可持续性在为自我服务的同时“创造”出自然式的园林,成为人与自然和谐相融的自然美的园林风格。人与自然在起源上是合一的,随着时空的发展变化,人被动地从随同自然向改造自然进化。在这一过程中,中国人和西方人从不同的角度去认识自然,又以不同的方式和态度去改造自然,因此,中西园林各自不同的实践操作理论,正是文化的差异所造成的。

中国古代的辩证思维较西方发达得多,这种思维方式注重总体观念和对立统一观点。儒道两家都注重从总体来观察事物,注重事物之间的联系。老子、孔子都注重观察事物的对立面及其相互转化之处。古代中国人把这种宇宙模式的观念渗透到园林活动中,从而形成一种独特的群体空间艺术。由于文人、画家的介入,中国造园深受绘画、诗词和文学的影响,从一开始就带有浓厚的感情色彩。清人王国维说:“境非独景物也,喜怒哀乐亦人心中之一境界,故能写真景物、真感情者谓之有境界,否则谓之无境界。”意境是要靠“悟”才能获取,而“悟”是一种心智活动,“景无情不发,情无景不生”。因此造园的经营要旨在于意境的营造。从汉以前的园囿式或自然山水式,到唐宋直到明清私家园林,展现的是一种人与自然的情与理。这种强调整体、注重统一的人文价值观维系了中国思想和文化的连续性与持久性,并使中国园林自成体系,稳固至今。

西方文化重视对自然“真”的探索并不断创新,是一种实践观念。这种理性的思维促使西方园林在各个不同时代有着不同的表现。西方园林的发展始于意大利的“文艺复兴”时期。“人性的解放”结合对古希腊、古罗马灿烂文化的重新认识，从而开创了意大利“文艺复兴”高潮，园林艺术也是这个文化高潮里的一部分。17世纪下半叶出现的法国古典主义园林，是唯理主义的一种表现，反映了资本主义对更合乎“理性”的社会秩序的追求，认为理性的东西才有价值，园林提倡明晰性、精确性和逻辑性，提倡“尊贵”和“雅洁”，强调人工美高于自然美，空间序列段落分明，给人以秩序井然和清晰明确的印象。这是典型的古典主义美学价值观，而且这种观念大大影响了人们的审美习惯和观念。直到18世纪，英国自然风景式园林才冲破传统的束缚，以其高度的革命性和旺盛的生命力迅速发展起来，成为近、现代西方园林艺术的主流，直至今天仍对世界园林艺术产生着重要的影响。

（二）中西方园林形成过程的异同

园林的起源与人类的历史有着内在的联系，在原始社会里，我们的祖先主要靠食用植物而生存。因此，园林与食用和药用植物的采集、驯化和栽培密切相关，其最初是为了满足园主实用性的需要，发展到后来都成为纯粹观赏性的园林。

中国以汉民族为主体的文化在几千年长期发展的过程中，孕育出“中国园林”这样一个历史悠久、源远流长的园林体系。公元前11世纪周文王筑灵台、灵沼、灵囿，可以说是最早的皇家园林。春秋战国到西汉时期，迅速发展的园林已具雏形。园林的功能由早先的狩猎、通神、求仙、生产为主，逐渐转化为后期的游憩、观赏为主。大致经历了囿、圃—建筑宫苑—自然山水园—写意山水园—文人诗画山水园几个阶段。由于原始的自然崇拜、帝王的封禅活动，人们尚未建构完全自觉的审美意识。然而“师法自然”作为中国园林一脉相承的基本思想已扎下了根，它以自然为审美对象而非斗争对象。这一思想形成过程是基于人顺乎自然、复归自然的强大力量，这种朴素的行为环境意识是由稳定的文化固有思想决定的。中国园林在漫长发展过程中，经历了从实用型到观赏型的转变。

从可考的历史看，西方园林始于古埃及与古希腊。地中海东部沿岸地区是西方文明的摇篮。古埃及人根据自己的需要将几何学灵活应用于园林设计，形成了世界上最早的规则式园林。古希腊造园如同古希腊建筑一样具有强烈的理性色彩，是通过整理自然，形成有序的和谐。古希腊被古罗马征服后，造园艺术亦被古罗马所继承，并添加了西亚造园因素，发展了大规模庭园。至此，西方园林基本上形成了“天人相胜”的观念，理性的追求已体现在西方园林之中。伴随着文艺复兴，西方园林形成了意大利、法国、英国三种风格。从意大利盛行的台地园林，到17世纪法国的古典主义园林，直到18世纪开始的英国风景式园林。总结起来，西方园林经历了囿、圃—台地花园（文艺复兴式花园）—规则式园林（古典主义园林）—自然风景园林—新古典主义园林几个阶段。同样也是由实用型转变为观赏型。

中西方古典园林虽然经由了各自不同的发展过程，但在起源上存在着相似的地方。

1. 中西方园林起源的相似性

中国园林起源于灵囿和园圃，西方园林的源头是圣林、园圃和乐园。园囿是各自私家园林的原型。灵囿和圣林则用于“通神明”或是“敬上帝”，均与早期宗教活动有一定关系，也分别是各自游乐园的先声。

2. 中西园林发展过程的相似性

中西园林不仅有着十分相似的起源，而且在不同时期出现的园林类型也是相似的。这突出地表现在园林的实用功能和观赏休闲的演变关系上，无论中国还是西方，造园活动都经历了古代的功能园艺—观赏园艺—合宜园艺三个不同的时期。

二、中西方古典园林审美思想的比较

中西方古典园林由于是在相对隔离的文化圈中独立产生和发展的，因而形成了对方所没有的独特风格和文化品质，蕴藏了不同的对园林的审美思想，产生了截然不同的园林形式美。

(一)中国古典园林的美学思想

中国古典园林孕育在中国文化肥田沃土之中，深受绘画、诗词和文学的影响。由于诗人、画家的直接参与和经营，中国园林从一开始便带有诗情画意的浓厚感情色彩。中国画，尤其是山水画对中国园林的影响最为直接和深刻。可以说，中国园林一直是循着绘画的脉络发展起来的，并遵循着“外师造化，内法心源”的原则。外师造化是指以自然山水为创作的摹本，而内法心源则是强调并非机械地抄袭自然山水，要经过艺术家的主观感受以粹取其精华。除绘画外，诗词对中国造园艺术也影响至深。诗对于造园的影响也是体现在“缘情”的一面。中国古代园林多由文人画家营造，不免要反映其气质和情操。这些人作为士大夫阶层无疑反映着当时社会的哲学和道德观念。中国古代哲学“儒、道、佛”的重情义，尊崇自然、逃避现实和追求清静无为的思想形成一种文人特有的恬静淡雅的趣味、浪漫飘逸的风度和朴实无华的气质与情操，这也就决定了中国造园“重情”的美学思想。

1. 中国古典园林的自然美与自然拟人化

基于人性的尺度考虑的同时，崇尚自然的思想在园林中表现为中国人特殊、平和、自然的审美情趣：师法自然；分割空间，融于自然；树木花卉，表现自然；山环水抱，曲折蜿蜒，顺应自然；参差错落，力求与自然融合。中国造园主要是寻求自然界与人的审美心理相契合的方面。中国园林审美观的确立大约可追溯到魏晋南北朝时期，特定的历史条件迫使士大夫阶层淡漠政治而寄情于山水，并借助湖光山色中蕴涵的自然美抒发情感。中国园林虽从形式和风格上看属于自然山水园，但绝非简单地再现或模仿自然，而是在深切领悟自然美的基础上加以概括和总结。明明是人工造山、造水、造园，却又要借花鸟虫鱼、奇山瘦水，制造出“虽由人作，宛若天开”的效果。这种创造顺应自然并更加深刻地表现自然。

2. 中国古典园林的意境美

追求意境的中国绘画、诗词、文学影响到造园，致使中国造园一开始就带有浓厚的感情色彩，注重"景"和"情"，乃至于对情景交融的最高境界的追求。景属于物质形态的范畴，但其衡量标准则是能否借它来触发人的情思，从而具有诗情画意般的环境氛围，即"意境"。白居易在庐山建草堂，赋诗曰："何以洗我耳，屋头飞落泉。何以净我眼，砌下生白莲。左手携一壶，右手挈五弦……倦鸟得茂树，涸鱼返清源。舍此欲焉往，人间多艰险。"这种中国文人的理想，化为人间烟火，便成了私家园林。即使皇家园林，亦比西方皇家园林有着更多闲情逸趣。

3. 中国古典园林讲究的是含蓄、虚幻、深沉、虚实共生

中国造园走的是自然山水的路子，所追求的是诗画一样的境界。如果说它注重造景的话，那么它的素材、灵感只能到大自然中去发掘，越是符合自然天性的东西便越包含丰富的意蕴。中国造园讲究的是含蓄、虚幻、步移景异，其中奥妙正在于含而不露、求言外之意，使人们置身其扑朔迷离和不可穷尽的幻想之中。中国园林的造景借鉴了诗词、绘画中的含蓄、深沉、虚幻，并借以求得大中见小、小中见大、虚中有实、实中有虚、或藏或露、或浅或深的效果，从而把许多全然对立的因素交织融会，使之若浑然天成，充分体现了园林式的中国文化。

（二）西方古典园林的美学思想

西方园林的起源可以上溯到古埃及和古希腊。萌芽时期的西方园林体现着人类为更美好的生活而同自然界恶劣环境进行斗争的精神，是生产者勇于开拓、进取的精神，通过整理自然，形成有序的和谐，西方园林体现的是"天人相胜"的观念和理性的追求。从历史上看，西方哲学都十分强调理性思维对实践的认识作用。公元前6世纪的毕达哥拉斯学派就试图从数和量的关系上来寻找美的因素，这种美学思想一直顽强地统治了欧洲几千年之久，它强调规整、秩序、均衡、对称，推崇圆、正方形、直线，欧洲几何图案形式的园林风格正是在这种"唯理"美学思想的影响下形成的，直到18世纪初期的近乎自然、返璞归真的风景式园林的出现。

1. 西方古典园林的人工美和人化自然

西方规则式园林体现的是人工美，不仅布局严谨，就连花草都修整得方方正正，呈现出图案美，从现象上看，西方造园主要是立足于用人工方法改变其自然状态。虽然在西方美学著作中也提到自然美，但这只是美的一种形式，自然美本身是有缺陷的，非经过人工的改造，便达不到完美的境地。"美是理念的感性显现"，所以自然美不可能升华为艺术美。而园林是人工创造的，它理应按照人的意志加以改造，这样才能达到完美的境地。

2. 西方古典园林的形式美

西方人认为造园要达到完美的境地，必须凭借某种理念去提升自然美，从而达到艺术美的高度，也就是一种形式美。早在古希腊，哲学家毕达哥拉斯就从数的角度来探求和谐。文艺复兴时的达·芬奇、米开朗基罗等人还通过人体来论证形式美的法则。而黑格尔则以"抽象形式的外在美"为命题，对韵律、均衡、对称、和谐等形式美的法则作抽象概括，于是形式美的法则就有了相当的普遍性。它不仅支配着建筑、绘画、雕刻等视觉艺术，甚至对音乐、诗歌等听觉艺术也有很大的影响。因此与建筑有密切关系的园林更是将它奉为金科玉律。西方规则园林那种轴对称、均衡的布局，精美的几何图案构图，强烈的韵律节奏感，都明显地体现出对形式美的刻意追求。

3. 西方古典园林给人以秩序井然和清晰明确的印象

西方规则式造园由于遵循形式美的法则，追求几何图案美，必然呈现出一种几何制的关系，诸如轴线对称、均衡，以及确定的几何状，如直线、正方形、圆、三角形等。尽管组合变化可以千变万化，但仍有规律可循。另外西方人擅长逻辑思维，对事物习惯于用分析的方法以揭示其本质，这种社会意识形态也大大影响了人们的审美习惯和观念。

18 世纪，英国自然风景式园林给西方园林艺术注入了新鲜血液，在世界园林史上开创了园林艺术新局面。随着西方绘画中浪漫主义的出现，情感的追求和表达成为自然风景式的主要特色，它的设计均是以崇尚自然、讴歌自然、赞叹造物的多样与变化作为美学目标的。这种讴歌自然、赞美自然的思想是英国学派重要的美学思想。同时，英国的造园家也深知适当地修饰自然的重要性。钱伯斯认为，自然须要经过加工才会“赏心悦目”，对自然要进行提炼修饰，才能使景致更为新颖。这种观念在英国学派中、晚期的理论和实践中不断得到加强。

综上所述，在中西方古典园林的营建中虽然先期存在着截然不同的审美思想，但伴随着英国自然风景式园林的出现，又将中西方园林艺术的审美思想统一在“源于自然，高于自然”的观点中。

三、中西方古典园林艺术形式的差异

在漫长的文化发展过程中，东西方的园林因不同的历史背景、不同的文化传统而形成迥异的风格。园林作为文化的体现，在东方，以中国古典园林为代表；在西方，则以法国古典主义园林为典型。伏尔泰说“美往往是相对的”。其实，很难分出中法园林孰高孰低，但通过对它们的对比分析，我们可以进一步了解，它们各自的风格是在怎样的历史背景和美学思想的影响下形成的。

在西方，对形式美的追求由来已久，造园遵循的是形式美的法则。早在古罗马时期，维特鲁威即在他的《建筑十书》中提到了比例、尺度、均衡等问题，提出了“比例是美的外貌，是组合细部的协调，均衡是由建筑细部本身产生的协调”形式美的法则，它支配着建筑、艺术、绘画、雕刻等视觉艺术，同时也影响着音乐和诗歌。园林的设计和建设自然而然地也在这一法则的指导下，更加刻意追求形式上的美。西方古典园林中对称的轴线、均衡的布局、精美的几何构图，都充分体现了对形式美的追求和推崇。

中国园林艺术和西方园林艺术是世界园林艺术的两大流派。中国古典园林的精华是皇家园林和私家园林，虽然呈现出诸多差异，但都能代表中国古典园林的特色。中国园林艺术长期受深厚的哲学、美学的陶冶，而园林本身又是经过各种成熟的艺术（诗词、绘画、工艺美术和建筑）交融渗透而独立发展起来的一个形态完善的艺术类别。中国的园林艺术是与诗画同源的，自然山水的美感和神韵是造园者所神往的境界和最终追求，因而“诗情画意”是中国古典园林追求的审美境界，“诗情画意”的景观是中国园林最根本的特色。

西方古典园林中的规则式园林及自然风景式园林，风格迥异，表现形式也迥然不同，它们体现出了西方园林的形式美。西方园林中法国有“园林是陪衬，是背景，是建筑的附属物，确实不是独立完备的艺术”(黑格尔语)的说法。西方园林以科技为缘，将园林建筑化，表现出人工技能之美；中国园林与绘画有缘，将建筑园林化，表现出天然韵律之美。西方园林开阔坦荡，以整体对称图案美见长，而中国园林则以曲径通幽，追求意境取胜。

总的来说，中西方古典园林最突出的差异是在园林景观形式的差别上。自古以来，中国就有崇尚自然、热爱自然的传统与“天人合一”的思想。以含蓄、蕴藉、清幽、淡泊为美，重在情感上的感受。其中，自然物的各种形式属性在审美意识中不占主要地位，而是把人和物紧密地联系在一起，视为不可分割的共同体，从而形成一种主观力量，促使人们去探求自然、亲近自然、开发自然。其园林景观空间上循环往复，峰回路转，是一种模拟自然、追求自然的封闭式园林，是一种“独乐园”。西方的规则式园林则表现为活泼、奢侈、热烈，园林景观空间讲究规则、完整性，以几何形的组合达到数的和谐，追求人工的美，而自然风景式造园则表现为开朗、大方、安详。两种西方园林风格均呈现出一定的开放性和公共性，是可供多数人享乐的“众乐园”。中西方园林艺术的不同之处具体可见下表。

中西方园林艺术形式比较

类　别	西方规则式园林	西方自然风景式园林	中国皇家园林	中国私家园林
园林布局	几何形规则布局	生态型自由式布局	集锦式布局	自然自由式布局
园林道路	轴线笔直式林荫大道	随地形的弯曲道路	注重功能的弯曲道路	迂回曲折、曲径通幽
园林植物	对植、列植、图案花坛	大片成丛栽植	自然式栽植	自然式种植盆栽花卉
园林水景	喷泉、瀑布	大面积自然水面	真山、真水	溪池、滴泉
园林空间	大草坪铺展	无明显内外之分	以墙垣阻隔	假山起伏
园林小品	人物、动物雕像	少量应用	以用石为主	大型整体太湖巨石
园林景态	开敞坦露、限定视线	开放性、公共性	突出主体建筑	幽闭深藏、步移景异
园林风格	骑士的罗曼蒂克	自然的浪漫主义	富丽堂皇、规模宏大	诗情画意、情景交融

通过以上的分析比较，可以看出西方古典园林与中国古典园林的差异：前者在“唯理”的美学思想下形成，强调人工的自然，反映人对自然的改造和控制，体现人的意志，追求的是形式美；后者的美学思想在于“缘情”，强调自然的人格化，撷取自然美的精髓，将人的意志融于自然之中，追求的是自然美。总之，好的园林，无论在东方或是西方，都会使人赏心悦目，但它们有不同的侧重，有不同的美学基础，因而给人以不同的感观享受。如果说中国古典园林意在“赏心”，那么西方古典园林则重在“悦目”。

中国古典园林在“天人合一”的模式下，将人的价值赋予了自然，导致了自然的变化；西方文化重视对自然的“真”的探索并不断创新，西方园林展示的是宇宙的物理秩序，是一种自然的情与理，这种理性的思维促使西方园林在各个不同时代有不同的表现。西方园林给我们的感觉是悦目，而中国园林则意在赏心，这种园林以表现自然意趣为目的，排斥规则、对称，力避人为造作气氛，与轴线对称、几何图形、分行列队等显示人的力量的西方规则式园林大相径庭。

可以说，不同的文化历史环境造就了不同的园林艺术风格。中国园林曲折、多样、精小的特色令人感受到生活情趣，而西方园林的树林、雕塑、建筑则表现出另一种魅力，虽然风格不同，但都是自然美与人工美的结晶，都具有各自的历史、文化和艺术价值。只要用心体会，相信在任何园林中都能找到美，找到快乐。

参 考 文 献

[1] 周维权.中国古典园林史[M].北京:清华大学出版社,1999.

[2] 陈寅恪.金明馆丛稿二编[M].上海:上海古籍出版社,1980.

[3] 陈志华.外国造园艺术[M].郑州:河南科技大学出版社,2001.

[4] 郦芷若,朱建宁.西方园林[M].郑州:河南科学技术出版社,2001.

[5] (日)针之谷钟吉.西方造园变迁史——从伊甸园到天然公园[M].邹洪灿,译.北京:中国建筑工业出版社,1991.

[6] Marina Schniz,Littlefield Susan. Vision of Paradise: Themes and Variation on the Garden[M]. New York: Stewart,Tabori & Chang,1985.

[7] 汪菊渊.外国园林史纲要[M].北京:北京林业大学出版社,1981.

[8] 孙祖刚.西方园林发展概论——走向自然的世界园林史图说[M].北京:中国建筑工业出版社,2003.

[9] (美)彼得·伯克.欧洲近代早期的大众文化[M].杨豫,王海良,译.上海:上海人民出版社,2005.

[10] 王英健.外国建筑史实例集1(西方古代部分)[M].北京:中国电力出版社,2006.

[11] 王瑞珠.世界建筑史西亚古代卷(上、下)[M].北京:中国建筑工业出版社,2005.

[12] 史仲文,胡晓林.世界全史:世界古代中期艺术史[M].北京:中国国际广播出版社,1996.

[13] 刘卿子.两河文明——逝去的辉煌[M].北京:百花文艺出版社,2004.

[14] (美)戴尔·布朗.苏美尔——伊甸园的城市[M].王淑芳,译.桂林:广西人民出版社,2002.

[15] 故宫博物院.凡尔赛宫博物馆——"太阳王"路易十四[M].北京:故宫博物院紫禁城出版社,2005.

[16] 林箐.理性之美——法国勒·诺特尔式园林造园艺术分析[J].中国园林,2006(4).

[17] 郦芷若.古代埃及与巴比伦园林[J].国外城市规划,1988(3).

[18] 胡运骅.西方园林艺术博览——园林篇[M].上海:三联书店上海分店,2002.

[19] 史仲文,胡晓林.世界全史:世界古代前期艺术史[M].北京:中国国际广播出版社,1996.

[20] (日)大桥治三.日本庭园——造型与源流[M].王铁桥,张文静,译.郑州:河南

科学技术出版社,2000.

[21] 王勇.日本文化——模仿与创新的轨迹[M].北京:高等教育出版社,2001.

[22] 刘庭风.日本小庭园[M].上海:同济大学出版社,2001.

[23] 叶渭渠,唐月梅.物哀与幽玄——日本人的美意识[M].桂林:广西师范大学出版社,2002.

[24] (日)升野俊明.日本庭园心得[M].东京:每日新闻社,2003.

[25] 童隽.江南园林志[M].北京:中国工业出版社,1963.

[26] 王毅.园林与中国文化[M].上海:上海人民出版社,1990.

[27] 刘敦桢.中国古代建筑史[M].北京:中国工业出版社,1984.

[28] 陈从周.园林丛谈[M].上海:上海文化出版社,1980.

[29] 孟兆桢.避暑山庄园林艺术[M].北京:紫禁城出版社,1985.

[30] 王军.城记[M].北京:三联书店,2004.

[31] 刘庭风.中日古典园林比较[M].天津:天津大学出版社,2003.

[32] 曹林娣.静读园林[M].北京:北京大学出版社,2005.

[33] 同济大学城市规划教研室.中国园林史[M].北京:中国建筑工业出版社,1982.